U0396844

精准农业航空技术丛书

精准农业航空作业装置及应用

兰玉彬　著

广西科学技术出版社

图书在版编目（CIP）数据

精准农业航空作业装置及应用 / 兰玉彬著 . —南宁：广西科学技术出版社，2022.12
（精准农业航空技术丛书）
ISBN 978-7-5551-1772-8

Ⅰ.①精… Ⅱ.①兰 Ⅲ.①农业飞机 Ⅳ.①S25

中国版本图书馆CIP数据核字（2022）第111862号

JINGZHUN NONGYE HANGKONG ZUOYE ZHUANGZHI JI YINGYONG

精准农业航空作业装置及应用

兰玉彬 著

策　　划：卢培钊　萨宣敏　赖铭洪
责任编辑：邓　霞　何　芯　池庆松　　助理编辑：谢艺文
责任印制：韦文印　　责任校对：苏深灿
版式设计：梁　良　　封面设计：刘柏就

出 版 人：卢培钊　　出版发行：广西科学技术出版社
社　　址：广西南宁市东葛路 66 号　　邮政编码：530023
网　　址：http://www.gxkjs.com　　编 辑 部：0771-5864716

印　　刷：广西壮族自治区地质印刷厂
地　　址：南宁市建政东路 88 号　　邮政编码：530023

开　　本：787 mm × 1092 mm　1/16
字　　数：784 千字　　印　　张：35.25
版　　次：2022 年 12 月第 1 版　　印　　次：2022 年 12 月第 1 次印刷
书　　号：ISBN 978-7-5551-1772-8
定　　价：198.00 元

兰玉彬，国家特聘专家，教育部“海外名师”，欧洲科学、艺术与人文学院（法国欧洲科学院）外籍院士，俄罗斯自然科学院外籍院士，格鲁吉亚国家科学院外籍院士，2021 年中国工程院外籍院士有效候选人。山东理工大学校长特别助理、农业工程与食品科学学院院长，华南农业大学电子工程学院 / 人工智能学院院长，国家精准农业航空施药技术国际联合研究中心主任和首席科学家。

兰玉彬 1982 年本科和 1987 年硕士毕业于原吉林工业大学农机设计与制造专业，1989 年去美国留学，1994 年获美国得克萨斯农工大学农业工程博士学位，1993 ～ 1995 年在美国得克萨斯农工大学农业研究中心从事博士后研究工作，1995 ～ 1999 年任美国内布拉斯加大学控制工程师、研究助理教授，1999 ～ 2005 年任美国佐治亚大学系统福谷分校助理教授、终身副教授，2005 ～ 2014 年任美国农业部农业研究服务署（USDA-ARS）高级科学家，2014 年辞去美国农业部职务全职回国工作。现任国际电信联盟、联合国粮食及农业组织共同组建的基于人工智能和物联网的数字农业焦点组（ITU&FAO FG-AI4A）应用案例与解决方案工作组（WG-AS）主席，国际精准农业航空学会（ISPAA）主席，国际农业与生物系统工程学会（CIGR）精准农业航空工作委员会主席，中国农业工程学会航空分会主任委员，世界无人机联合会副主席，国家航空植保科技创新联盟常务副理事长，农业农村部航空植保重点实验室学术委员会主任，农业农村部产业技术体系棉花田间管理机械岗位科学家，广东省智慧农业工程技术中心主任和首席科学家。入选山东省“一事一议”引进顶尖人才、广东省“珠江人才计划”领军人才、北京市特聘专家，美国得克萨斯农工大学和美国得克萨斯农业生命研究中心兼职教授。

兰玉彬长期从事精准农业航空应用技术研究。主持国家重点研发计划专项“地面与航空高工效施药技术及智能化装备”、国家自然科学基金项目、农业农村部委托植保无人机发展分析和购置补贴评估项目、广东省无人机重大专项、广东省重点研发计划专项及广东省实验室课题等重大项目，项目成果受邀参加国家“十三五”科技创新成就展。发表论文 300 余篇，其中 SCI/EI 收录 200 余篇，近年来两次获中国科学技术协会优秀论文奖、中国农业工程学会 40 周年优秀论文奖，授权发明专利 70 余项，出版《精准农业航空技术与应用》《精准农业航空植保技术》等 5 部专著。在国际上首倡“精准农业航空”理念、技术路线及体系，率先开展了遥感和航空施药相结合的研究工作，领衔的团队引领国际精准农业航空关键技术及装备创新，建立了国内首个“生态无人农场”。曾获中国侨界贡献奖一等奖、农业农村部全国农牧渔业丰收奖一等奖、大北农科技奖创新奖、中国农业工程学会农业航空分会“农业航空发展贡献奖”、美国农业工程师学会得克萨斯州分会“杰出青年农业工程师”奖（1994）、美国农业和生物工程师学会得克萨斯州分会“农业工程年度人物奖”（2012）、美国农业部南方平原研究中心杰出贡献奖（2006 ～ 2013）、世界无人机联合会“中国无人机行业引领推动奖”等。被业界公认为国际精准农业航空领域的开创者、中国植保无人机技术的领军人物。对推动世界精准农业航空学科发展及交流，特别是对中国农业航空及植保无人机的应用发展做出了杰出贡献，被媒体赞誉为“带领我国农业航空飞上新高度”（《科技日报》，2016）。

《精准农业航空技术》丛书是兰玉彬教授及其团队在精准农业航空技术领域多年研究成果的总结，王乐乐、刘琪、韩沂芳等参与了丛书的资料收集和整理工作。

序一

民族要复兴，乡村必振兴。党中央一直把解决好“三农”问题作为全党工作的重中之重。党的十九届五中全会审议通过的《中共中央关于制定国民经济和社会发展第十四个五年规划和二〇三五年远景目标的建议》中明确表示，农业农村改革发展的目标依然是实现农业农村现代化，途径是全面推进乡村振兴。发展精准农业航空技术，研发精准农业航空装备，是推进我国创新驱动发展、强化国家战略科技力量、坚持农业科技自立自强的具体体现。

精准农业航空技术的应用是未来农业航空的发展趋势，也是智慧农业的发展方向。当今世界，科学技术发展日新月异，以信息技术和生物技术为代表的农业高新技术的突破和广泛应用，不但推动了农业传统技术思想、观念和农业科学技术的变革， 而且引发了以知识为基础的农业产业技术革命。世界上越来越多的国家把发展农业高新技术、提高农业科技含量作为实现农业持续发展、提高农产品竞争力的重要途径。精准农业航空技术能够很好地解决农业田间管理中劳动力资源缺乏、人工成本高、传统植保机械作业效率低等现实问题。我国人多地少的基本国情，决定了在今后相当长的时期内，必须依靠现代科学技术，大幅度提高农业综合生产能力。

从世界范围来看，美国、日本及欧洲发达国家的精准农业航空技术和装备在国际上处于领先水平。我国开展精准农业航空植保作业起步较晚，但近年来在政府的大力支持、科研工作者的推进以及各大企业的积极参与下，国内精准农业航空植保作业发展势头十分迅猛。

兰玉彬教授是我国精准农业航空技术研究领域的领军人物，他在国际上首次提出了“精准农业航空”理念和技术路线，长期从事精准农业航空、航空施药技术和航空遥感技术的开发与应用研究，在推动世界精准农业航空学科发展及交流，特别是我国农业航空及植保无人机的应用和发展方面做出了杰出贡献。

《精准农业航空技术》丛书是一套系统介绍精准农业航空遥感技术、施药技术、作业装置及应用的理论研究和实践应用的学术专著。丛书是兰玉彬教授及其团队从事精准农业航空学术研究、技术研发和应用实践20多年的成果总结，丛书的出版对实施乡村振兴战略、推动我国农业现代化、确保国家粮食安全、推进中国“智”造具有重大意义。

《精准农业航空遥感技术》介绍了精准农业航空遥感的信息采集系统、图像数据分析和处理等技术体系，并以具体的农田试验为案例，总结分析了航空遥感技术在病虫害监测与识别、作物杂草分类识别、作物养分检测、农学参数预测等方面的应用，同时还对精准农业航空遥感技术未来的发展趋势做了分析与展望。

《精准农业航空施药技术》在梳理精准农业航空施药技术的发展历史和国内外研究现状的基础上，对航空喷施雾滴沉积影响因素、茎叶喷施农药起效影响因素等进行分析，同时结合具体的研究案例，介绍了精准农业航空施药的雾滴沉积分布、雾滴飘移、喷施效果评价等相关研究成果。

《精准农业航空作业装置及应用》介绍了农用无人机喷头、农用无人机静电喷雾系统、农用无人机作业效果室内检测平台、农用无人机风场特性检测装置、农用无人机风幕式防飘移装置，论述了与农用无人机授粉技术、农用无人机撒播技术、多旋翼农用无人机能源载荷匹配技术、农用无人机避障技术等相关的精准农业航空技术硬件系统和软件系统。

《精准农业航空技术》丛书原创性、实用性、前瞻性、学术性较强，丛书对精准农业航空技术进行深入系统地研究、梳理总结，对实现我国农业现代化、坚持农业科技自立自强具有重大的科研价值、经济价值和社会价值。丛书可为当前蓬勃发展的精准农业的科研及实践提供参考和科学依据，作为从事农业工程、作物栽培与耕作、资源环境和农业信息技术等相关领域研究人员的参考读物，也可作为高等院校相关专业学生的参考书。

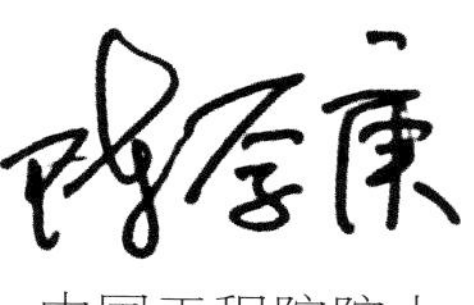

中国工程院院士

序二

近年来，随着气候变化、耕作栽培方式的改变和农作物复种指数的提高，农作物病虫害呈多发、频发态势，重大农作物病虫害时有发生。国以民为本，民以食为天，粮食安全关系民生福祉，关系社会稳定，作为国家总体安全的基础，是治国理政的头等大事。习近平总书记指出，中国人要牢牢把饭碗端在自己手里，中国人的饭碗里要装中国粮。植物保护、科学防治，正是端牢中国人的饭碗、装满中国粮的有力举措。

病虫害治理能力是农业生产力的组成部分，是稳定粮食供应的基本保障。据统计，2015～2020年，我国农作物病虫害年均发生面积65亿亩次、防治面积80亿亩次，经有效防治，每年挽回粮食产量损失1000亿千克左右，占粮食总产量的六分之一。粮食稳产增产离不开农机装备和农业机械化的强力支撑。使用以植保无人机为代表的高工效施药器具进行微型颗粒剂喷施，成为防治农作物病虫害、防控全球性预警灾害的新手段。

精准农业航空技术以农用有人或无人飞机为载体，通过空中和地面遥感，获取并解析农田中作物长势、病虫害程度、土壤情况、光热条件、水分状况等农情信息，依据不同的农情制定生成相应的作业处方图，实现精准的定位、定量、定时植保作业，有助于推进农作物病虫害防治的智能化、专业化、绿色化，有利于推动绿色防控技术的可持续发展。精准农业航空技术通过各种先进技术和信息工具来实现作物的最大生产效率，是“精准农业”理念在航空植保施药领域中的拓展。精准农业航空技术可以激发土壤生产力，采取投入更低的成本获得同样的收益或者更高收益的方式，同时尽可能地降低农耕行为给环境造成的不良影响，让各种类型的农业资源能够被科学有效地利用，从而达到农业收益和环境保护兼顾的目的。

兰玉彬教授编写的《精准农业航空技术》丛书围绕精准农业航空技术，以遥感信息采集系统、遥感图像数据分析技术、静电喷雾系统、变量施药技术、无人机授粉技术、无人机撒播技术、雾滴沉积分布机理等为切入点，结合兰玉彬教授研究团队多年丰富的田间试验案例和实验室案例，对精准农业航空技术进行了深入阐述。丛书共 3 册，分别为《精准农业航空遥感技术》《精准农业航空施药技术》《精准农业航空作业装置及应用》，内容涉及航空作业中遥感信息采集系统的监测识别作用与原理、雾滴沉积分布特性与飘移影响因素、农用无人机的装置特性与农用无人机作业技术、田间航空施药影响因素与建议等。丛书内容丰富、新颖，紧密结合当前精准农业航空技术的实际，对航空技术的作业原理和起效机理进行阐述，既可以作为开展精准农业航空技术研究的学术参考用书，又可以作为田间植保作业的理论指导用书，具有极高的学术价值和应用价值，是一套兼具理论性与实践性的图书。

《精准农业航空技术》丛书的出版，对提高我国农业病虫害防治技术，推进我国农业高质量、高产量、高效率生产发展，加强农业与信息技术融合，强化农业支持保护制度，完善农业科技创新体系，加快建设智慧农业，实现农业现代化、实现可持续发展具有重要意义。同时，《精准农业航空技术》丛书也具有较高的应用价值、指导价值、教育价值，是科研与文化、科研与教育、科研与应用的有效统一，对推动科研成果转化为文化产品、实现科研成果的应用价值具有重要意义。

罗锡文

中国工程院院士

目录

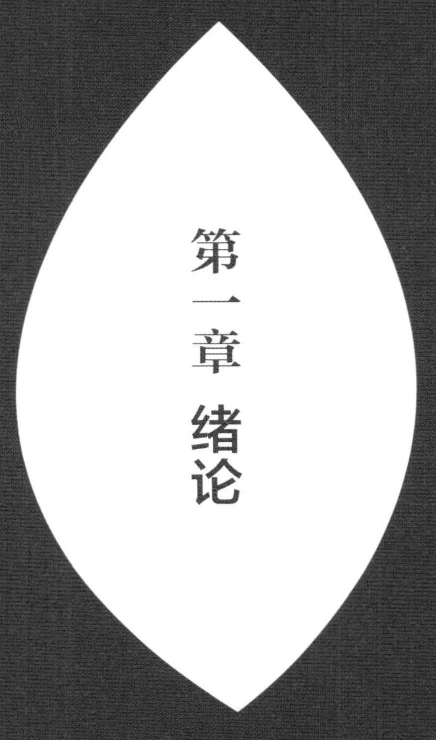

第一章 绪论

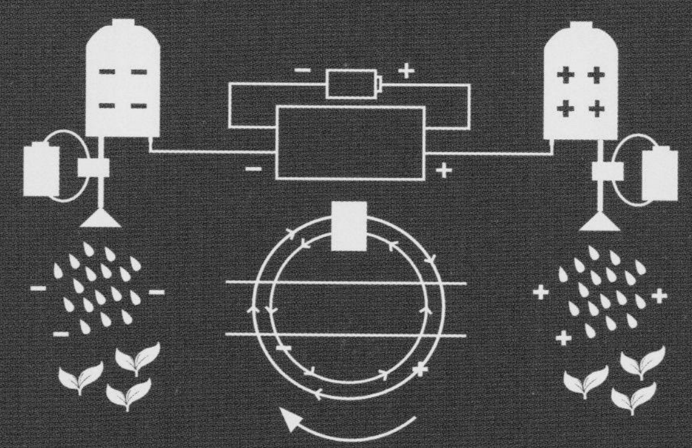

粮食安全是保障国家安全的基础。病虫草害是影响粮食安全和农产品有效供应的重要因素，在世界范围内，采用化学农药喷洒进行病虫草害的防治依然是综合防治方法中的重要手段。我国长期以来受制于落后的农药喷洒设备以及农药使用技术，农药利用率一直处于较低状态，据农业农村部统计，2020 年我国的农药有效利用率仅为 40.6%。不仅如此，由于我国农药使用监管不力，加之农民滥用乱用现象严重，我国农药施用过量现象严重。据统计，我国单位面积的农药使用量是世界平均水平的 2.5 倍，农药污染的耕地面积高达 1.5 亿亩 *。在此情况下，使用精准化的农药喷洒设备、提高我国的农药喷洒技术成为保障我国粮食安全的关键。

近年来，伴随着我国城镇化建设进程的加快，大量的农村劳动力向城市转移，农村的土地通过使用流转的方式向着集约化、规模化、专业化、组织化相结合的新型农业经营方式发展。在新型的经营主体下，原有的传统型植保喷洒作业方式已经难以满足大面积、规模化的实际作业需求，同时在我国的耕地面积中，丘陵山地耕地面积比例大，因此大型的地面机械很难进入田间进行植保作业。为此，研发使用高效率、小型化、精准化的施药设备以解决我国当前施药困难的现状，成为现代农业植保发展的必然趋势。

在当前我国对精准、高效、小型化施药设备迫切需求的条件下，植保无人机迅速发展。作为精准施药设备，植保无人机既可以提高植保作业效率，减少地形对喷洒作业的限制，提高对突发性病虫草害的防控能力，改变我国当前植保机械落后、施药困难的现状，又可以提高我国当前的农药利用率，保障我国的粮食安全和生态安全。为此，我国对农业航空尤其是农用植保无人机的发展给予了大力扶持。2013 年，农业部《关于加快推进现代农业植物保护体系建设的意见》中指出，我国应当强化植保科技创新，大力研发航空植保等高新技术；2014 年，中央一号文件《关于全面深化农村改革加快推进农业现代化的若干意见》提出，“建设以农业物联网和精准装备为重点的农业全程信息化和机械化技术体系，加强农用航空建设”；2015 年，农业部发布《到 2020 年农药使用量零增长行动方案》，提出推广自走式喷杆喷雾机、高效常温烟雾机、固定翼飞机、直升机、植保无人机等现代植保机械。近年来，国家精准农业航空施药技术国际联合研究中心成员在全国各地开展小麦、水稻、玉米、棉花、果树等各种作物的雾滴喷施沉积研究、试验示范以及应用推广，加快了植保无人机施药应用技术的发展和应用推广。截至 2020 年，我国植保无人机的保有量达 10 万架，作业面积达 10 亿亩次。

* 亩为非法定计量单位，1 亩≈ 666.67 m^2。为保持引用数据的原真性，书中仍保留使用亩作为单位。

第一节　精准农业航空技术概述

精准农业航空技术以农用有人或无人飞机为载体，通过利用各种先进技术和信息分析工具来实现作物的最大生产效率，是“精准农业”理念在航空植保施药领域中的拓展。其基本思想就是在对一块田地进行作业之前，先通过空中和地面遥感，获取并解析具有地理位置的农田中的作物长势、病虫草害等农情信息，再以农机具作业幅宽为单元格边长，将农田分为作业网格，依据不同的农情制定生成相应的喷雾作业处方图，并对网格进行按需喷药，即实行精准喷洒，借此实现农药减施。

精准农业航空技术包括但不限于全球定位系统（GPS）、图像实时传输及处理系统、空间地理信息系统、空间遥感监测系统、变量喷施设备及系统、新型专用喷施设备和地面验证技术等。这些新技术的应用可以提高喷施作业效率，减少无用喷施，避免农药浪费。GPS 可以对作业地块进行精准定位，为数据采集及喷施提供条件，经过多年的发展，现已有高精度差分全球定位系统（DGPS）实时动态（RTK）载波相位差分技术的成功应用；借助 GPS 技术和高效率的图像实时传输及处理系统，空间遥感监测系统可以在短时间内获取精确的作业田地空间图像，用以分析农田作物及杂草的水分及营养状况，从而监测病虫草害的状况；利用空间统计学分析遥感系统采集到的空间图像，通过图像处理将遥感数据转换成作物处方图，从而实现航空变量施药作业；变量喷施系统依据作物处方图进行精准的变量喷施，根据农业航空施药模型提供的不同作业参数、作业环境，喷洒系统进行变量施药作业；通过地面验证技术对地面喷洒后的雾滴沉积、雾滴飘移数据进行分析，为农业航空喷洒的效果进行作业评价，为喷施的决策进行设计和指导。以上先进技术及设备在农业航空上的应用目的即实现对农田作物的变量精准喷施。图 1-1-1 为精准农业航空技术概念图（国家精准农业航空施药技术国际联合研究中心用图）。

1.GPS 系统；2. 近地遥感监测系统；3. 喷施系统（有人驾驶飞机、无人机）。

图 1-1-1 精准农业航空技术概念图

第二节 农用无人机装置研究背景

我国是一个农业大国，2018 年全国粮食总产量 65789 万 t，与之相关的农林牧渔业全年贡献 GDP 6.75 万亿元，农业生产对国民经济有重要影响。影响农业产出的因素有很多，其中重要的一点是农药化肥的有效使用。联合国粮农组织调查显示，因受病虫草害的侵害，每年世界粮食产量损失量高达 25%，在农业不发达的国家这一比例更高。对病虫草害的防治手段，目前主要有化学防治、生物防治、机械防治及综合防治。化学防治凭借防治效率高、防治效果好、成本相对低廉、技术及产业体系成熟等优点，成为病虫草害防治的重要手段，八到九成的农业病虫草害依赖化学农药防治。化肥也是影响农业生产的重要因素，其对我国粮食增产的贡献率高达 21% ～ 58%。据有关数据显示，我国每年施用的化肥总量超过 5900 万 t，施用的农药总量超过 30 万 t（折百），化肥亩施用量是美国的 2.6 倍，欧盟的 2.5 倍，而其中只有 35% 左右的农药化肥能被有效利用。近年来，随着农村人口老龄化趋势愈发严重，农村劳动力逐渐匮乏，加之农作物病虫草害发生日趋严重，因此，在病虫草害防治过程中，对农药有效利用的要求逐渐提高。随着社会的进一步发展，作业人员的安全问题越来越受重视，原有的人工喷施方式因为其作业效率低以及对作业人员的伤害等问题，已经远远不能满足农业植保所需，同时在很多特殊条件下，地面机械的使用受到限制，在此情况下，植保无人机凭借其高效的作业效率、广泛的作业区域及较低的作业成本等显著特点，受到越来越广泛的关注。

不同国家有不同的农业耕作环境，各个国家根据自己的实际情况研发与优化对应的农业机械和作业方式。在欧美等以大型农场作业方式为主的国家中，其地面农药喷洒机器以大型的喷雾机械为主，此类机械的传动作业方式分为自走式、牵引式、悬挂式，依托现代化的先进科学技术，在满足环境保护要求的同时，作业机械具备易操作性、可靠性及精确性，实现了精准施药、精准喷洒、高效作业，且作业时更具舒适性和安全性。日韩等国家的农业作业地形以复杂山区为主要构成，以小面积耕作为主，根据实际情况，植保机械以小机械为主，机具功耗较低，机型小巧灵活。相比于其他农业发达国家，我国精准农业航空植保技术发展起步较晚，目前植保机械仍以手动喷雾机和地面喷雾机械为主，施药机具落后，农药使用量大且有效利用率低，因此，精准农业航空植保技术方面的发展必将是我国未来农业发展的一个重要方面。

农用植保无人机具有环境适应性强、作业效率高及作业成本低等显著优点，农用植保无人机微量施药技术有望补齐我国传统植保作业方式单一与我国地域广阔、农业作业条件恶劣多样不相匹配的短板，成为化肥农药减施增效的重要手段，但作为一种新型的、快速发展的植保作业方式，无人机存在着机型复杂多样、作业过程与作业条件不匹配等问题，目前对其研究仍然不够全面。无人机的喷施作业效果受到诸多因素的影响，就作业条件而言有环境温湿度、水平风速等影响因素，就喷施器械而言有无人机类型、无人机飞行高度和速度、喷头类型和喷头在无人机上的分布等影响因素，就喷施药液特性而言有药剂剂型和浓度、雾滴频谱等影响因素。根据不同作业条件，选择合适的喷头和设置不同的喷施参数对喷施效果有直接而重要的影响。对于不同作业条件对植保无人机喷施作业的影响，目前还处于初探阶段，因此，研究不同飞行状态对某一种无人机机型喷施效果的影响具有重要价值。

参考文献

[1] 郭永旺，袁会珠，何雄奎，等．我国农业航空植保发展概况与前景分析[J]．中国植保导刊，2014，34（10）：78－82.

[2] 袁会珠，杨代斌，闫晓静，等．农药有效利用率与喷雾技术优化[J]．植物保护，2011，37（5）：14－20.

[3] 王昌陵，何雄奎，王潇楠，等．无人植保机施药雾滴空间质量平衡测试方法[J]．农业工程学报，2016，32（11）：54－61.

[4] 杨学军，严荷荣，徐赛章，等．植保机械的研究现状及发展趋势[J]．农业机械学报，2002，33（6）：129－131，137.

[5] 何雄奎．改变我国植保机械和施药技术严重落后的现状[J]．农业工程学报，2004，20(1)：13－15.

[6] 薛新宇，梁建，傅锡敏．我国航空植保技术的发展前景[J]．中国农机化，2008（5）：72－74.

[7] 张东彦，兰玉彬，陈立平，等．中国农业航空施药技术研究进展与展望[J]．农业机械学报，2014，45（10）：53－59.

[8] 周志艳，袁旺，陈盛德．中国水稻植保机械现状与发展趋势[J]．广东农业科学，2014(15)：178－183.

[9] 薛新宇，兰玉彬．美国农业航空技术现状和发展趋势分析[J]．农业机械学报，2013，44（5）：194－201.

[10] 燕颖斌．风场对植保无人机喷施雾滴沉积分布的影响规律研究[D]．华南农业大学，2019.

[11] LAN Y B，CHEN S D，FRITZ B K. Current status and future trends of precision agricultural aviation technologies[J]. International Journal of Agricultural & Biological Engineering，2017，10（3）：1－17.

[12] LAN Y B，CHEN S D. Current status and trends of plant protection UAV and its spraying technology in China[J]. International Journal of precision Agricultural aviation，2018，1(1)：1－9.

第二章 农用无人机喷头的研制与应用

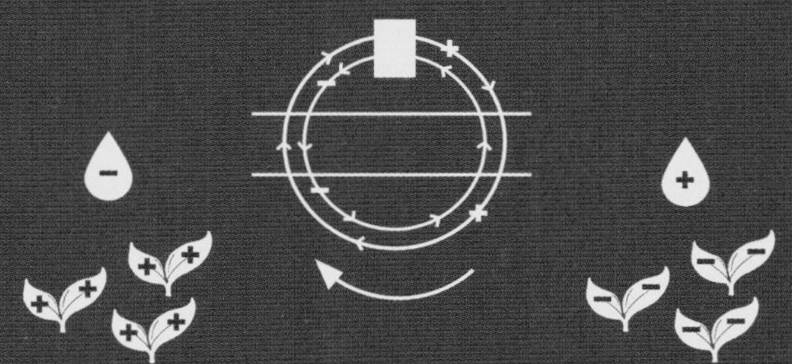

第一节　农用无人机喷头施药技术发展

喷头是植保无人机作业的关键部件，它直接影响决定喷雾效果的几个重要参数。农用喷头的雾滴尺寸是一个重要参数，据调查，植保无人机喷施药效 70% 与喷雾质量有关。几种主流的施药方式如图 2-1-1 所示。不同种类和型号的喷头产生不同尺寸的雾滴，大部分喷头可以产生多种雾滴尺寸。美国农作物保护协会、美国农业与生物工程学会对农用喷头的雾滴大小进行分类：VF（非常细）、F（细）、M（中等）、C（粗）、VC（非常粗）、EC（超粗）。在农业航空领域，有人植保直升机的喷头雾滴粒径一般分布在中等和粗等级区间，而植保无人机对雾滴粒径的要求更为严格，一般在细和中等等级区间。雾滴尺寸的大小与多种因素有关，其中喷头喷施压力和喷头结构是主要决定因素。一般而言，喷头结构影响着喷雾形状、雾滴尺寸和喷施范围，喷施压力影响着流速和雾滴尺寸。

（a）背负式人工施药　　（b）有人直升机施药

（c）地面喷杆机施药　　（d）植保无人机施药

图 2-1-1　几种主流的施药方式

应用航空施药技术有利于实现农业病虫草害的统防统治，提高农业资源利用率，实现精准喷施作业，而微小型无人机喷洒农药因具有运行成本低、作业灵活、自动控制能力强、作业高度低、飘移少，以及旋翼气流辅助增加气流对作物的穿透性等优点，逐步成为航空施药的重要手段。但由于航空喷雾受作业条件和环境因素的影响，我国在航空变量施药技术、低空喷药沉积规律等方面的研究还不够。

航空施药雾化效果受到多方面参数的综合影响，除天气温度、湿度等外部客观条件外，植保无人机本身的飞行参数及喷施系统的结构设计也是重要的决定因素，良好的喷头能够提高喷洒的均匀性，增加沉积量，降低飘移率。虽然近年来我国农业航空发展迅速，但是航空施药喷头却相对落后，主要依靠国外进口或直接使用普通地面液力式喷头。由于航空施药设备和地面施药系统不配套，一些企业直接用地面喷头代替航空喷头，导致喷头的雾滴谱宽，药液沉积位置和沉积量难以控制，防治效果差。近年来国内学者开始注重航空施药专用喷头的研究，主要集中在喷头的结构参数、雾滴沉积分布规律和雾滴尺寸等方面。

随着飞控系统的日渐完善，市场对精准施药提出了更高的要求。针对不同的地块，喷施量、雾滴大小都有不同的适宜范围，针对不同病害状况的田块应进行不同喷施量的调节。因此，变量喷洒系统的研发是实现精准施药的必要前提，其中变量喷头的研发又是关键一环。目前，变量喷施控制主要有压力调节式、浓度调节式和脉冲宽度调制（PWM）间歇喷雾流量调节式 3 种，其中压力调节与浓度调节均有较明显缺陷，PWM 间歇喷雾流量调节最符合精准施药的要求，但其对系统精度要求较高。国外针对 PWM 间歇喷雾对喷头流量及喷雾均匀性控制已进行了大量研究，并有成熟产品面世。国内对变量喷雾技术也有了一些研究基础，但相对而言还不够深入，缺少成熟产品，对变量喷施的研究尚不能完全达到要求。

第二节　农用无人机变量施药部件国内外研究现状

一、变量施药部件国内研究现状

在国内，变量施药的研究先后经历了从地面到航空，从主要对喷施压力、调压阀进行调节到基于 PWM 实现喷雾流量控制的过程。

早期的研究，如王利霞基于 ARM 单片机设计了具有手动控制、自动控制和标准作业 3 种模式的变量喷雾系统，通过对电动调压阀进行控制达到变量施药的目的。喷头喷药量控制误差田间试验结果表明，喷药机以 4.2 km/h（Ⅱ档中油门）速度工作，喷药处方量在 465 ～ 600 kg/hm^2 范围内变化时，完成一次喷施作业的系统喷头喷药量最大控制误差不超过 5%。刘大印研究农药变量喷洒系统时舍弃了流量传感器的应用，将 PWM 和速度通过公式整合起来，针对喷雾机不同的行进速度自动调节 PWM 数值，从而保证喷施量的恒定。后来也有研究者将这一思路应用于无人机施药中，如黑龙江八一农垦大学唐婧利用单片机采集无人机飞行速度、喷施流量等数据，并建立起飞行速度与喷雾流量关系模型及 PWM 占空比与流量关系模型，根据此模型改变 PWM 占空比，实现飞机不同速度下喷雾流量的调控。

江苏大学邱白晶设计了一种基于 GPS 定位技术和雷达测速技术的变速喷洒装置（其变量系统硬件配置框图如图 2-2-1 所示），并开发了控制系统软件。在实验过程中，通过对喷雾参数的监测，描述了喷雾的动态性能。该方法可用于测量设备的响应能力，为喷涂处方与设备的匹配精度提供可靠的依据。江苏大学王浩以 STC12C5410AD 单片机为载体，结合机器视觉技术设计了杂草精准变量喷施系统。中国农业大学王玲设计了微型无人机脉宽调制型变量喷药系统，并在风洞中对悬停状态无人机在不同距离和风速条件下变量喷施的雾滴沉积规律进行了试验研究。试验表明风速是影响雾滴沉积效果的最显著因素，雾滴沉积以抛物线形式分布在采集区域，沉积高峰区随风速增加不仅远离喷头，且飘移沉积量逐渐减少。

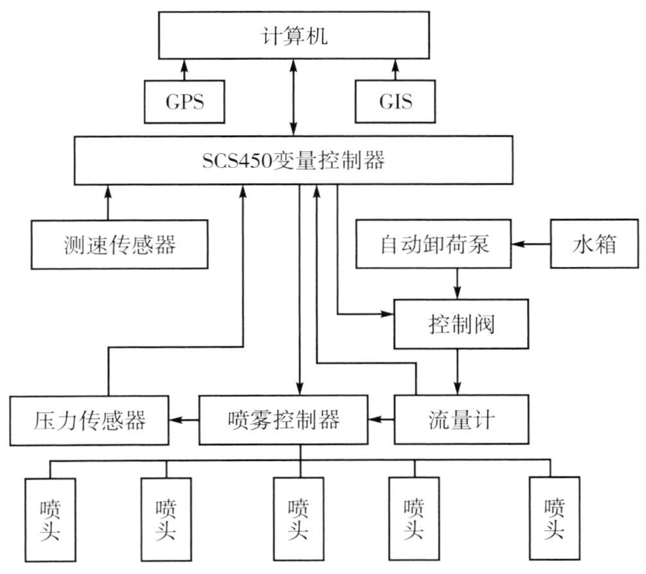

图 2-2-1 邱白晶设计的变量系统硬件配置框图

总体而言，国内对于航空变量施药系统的研究起步较晚，且前期通过改变泵压或喷头入口处的压力实现变量的思路存在一定缺陷，因为雾滴的物理状态会随着压力的改变而改变。如当压力增大时，流速会增加，从而实现流量的增大，但同时雾滴粒径会随之减小。因此通过此方式实现的变量控制并不完全符合精准农业的要求。此后，研究者逐渐倾向于基于 PWM 的变量系统，相较而言其对系统喷施压力影响较小，响应速度更快，系统工作也更稳定。然而，目前与变量系统的产品化仍有一定距离。一方面由于国内研究整体还不够成熟，多停留在样机阶段；

另一方面，很多研究者在设计变量施药系统时，最终目的是为了保持不同速度下亩施药量的恒定。而精准施药所倡导的是根据作物病虫草害处方图在不同区域制定不同的喷施策略，这也在一定程度上限制了研究的进一步深入。

二、变量施药部件国外研究现状

国外关于航空植保喷头的研究主要集中在不同喷头和飞行器参数对雾滴沉积飘移等特性的影响上，且最早是在地面施药领域开展的。早在 20 世纪五六十年代，就已经有文献表明不同的雾滴沉积对农药效果影响很大，并有学者开始探讨农药喷施雾滴沉积的规律。例如，Sandra L. Bird 研究了低空植保施药时农药的飘移情况，证明雾滴体积中径和风速都会影响雾滴飘移率，且前者影响更显著。

但直到 20 世纪末，对于如何优化雾滴沉积以实现对病虫草害的控制仍没有完全解决。D. B. Smith 博士研究了液滴大小、叶片形态和喷雾增稠剂对农药喷雾沉积的影响，证明添加黏度增稠剂没有改善咖啡番泻叶的沉积效率；Vance. Bergeron 通过考虑非牛顿拉伸黏度来抑制液滴反弹，在疏水表面上显著改善沉积效果而不会显著改变溶液的剪切黏度。他们都主要关注雾滴本身的理化性质与农药喷施效果的关系。21 世纪初，国外农业机械现代化日益成熟，人们开始关注不同的植保喷雾设备对农药喷施作业效率及沉积效果的影响。D. Nuyttens 在田间条件下测量了不同类型、型号及喷施压力组合喷雾器的沉积物飘移量，认为较大的喷头尺寸、较低的喷射压力和驱动速度及较低的喷射臂高度通常可减少喷雾飘移。

为通过研究喷施装置实现精准施药，研究者主要从设计变量喷洒控制系统和变量喷头两方面着手。Alvin E. McQuinn 设计了一种可变流量的喷头系统，在喷杆上安装了多个喷头模块，每个模块相互独立且流量可控，通过控制系统和定位系统对多个喷头进行协调控制，以实现整体喷施区域的喷施量调节。Hong Y. Jeon 对超声波传感器在自动变速喷雾器上的应用进行了评估（图 2-2-2），通过适当控制喷雾器上传感器与喷头的位置间距减小误差，使喷雾系统能够精确识别作物冠层距离，并做出不同的喷施决策。E. A. Anglund 研究了地面变量喷雾器的性能，该喷雾器使用基于压力的喷射喷雾器控制技术以恒定和可变的施用率施加化学品，并通过系统仪器监测喷雾器的喷施流量、位置信息和作业速度，用以评估喷雾器的田间应用精度。收集的相关数据提供了用于确定每个恒定和可变速率应用的喷雾器施加率的信息，但由于 GPS 信号滞后和控制阀响应滞后，基于压力的可变速率系统的传输滞后约 2 s。K. H. Dammer 设计了在线传感器和决策支持系统对作物表征参数进行实时测量，根据系统提供的疾病感染概率、时间、混匀喷洒应用率等信息对杀菌剂喷洒系统进行调控，实现实时变速率喷施。

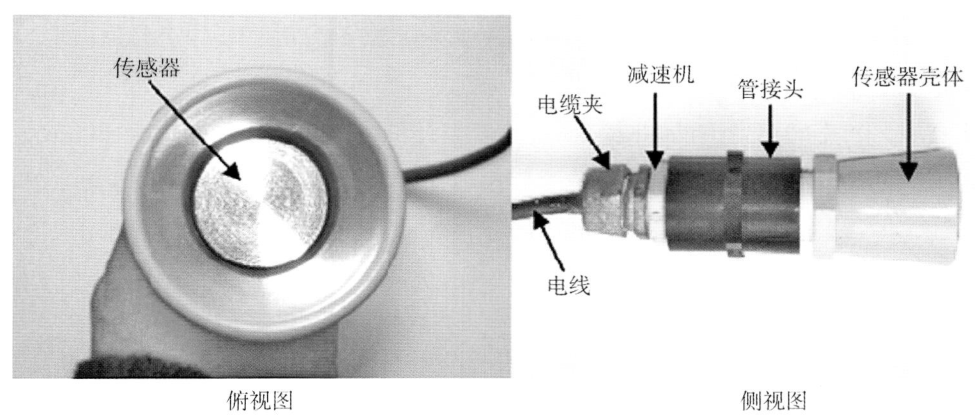

图 2-2-2　Hong Y. Jeon 设计的超声波喷雾器

第三节　基于磁流变液的农用喷头技术研究

一、磁流变液简介

磁流变液（MRF）是一种新兴的智能材料，早在 20 世纪 40 年代，就有研究者发现了磁流变效应，并制备出了最原始的磁流体材料。它将液体的流动性和磁性材料的磁性统一在一种物质中，使之具备了很多新的物理机理和特性。磁流变液主要由三部分组成：磁性颗粒、非磁性载液和添加剂。它是由微米级的磁性颗粒均匀分散于非磁性载液中形成的悬浮体系。在有外部磁场作用时，磁流变液会表现出宾汉流体的特性，磁性颗粒的间距会在毫秒间急剧缩小，从而呈现半固体状态。经过多年的研究和发展，如今的磁流变材料具备了稳定、响应速度快、可逆性好等优势，也正因如此，它的制备、性能和理论研究都有着重要的科学意义。

二、磁流变液国内外研究现状

磁特性、流变特性、可逆性、阻尼特性是磁流变液的几个重要基本特性。磁流变液的应用也基于这些特性展开，并主要应用于制造、建筑、密封、精密加工等行业。

在制造业中，磁流变液减震器是最广泛的应用。美国 Lord 公司作为全球领先的磁流变液制造厂商，于 1995 年率先推出应用于小轿车悬架系统的磁流变液减震器。随后 Delphi 公司也推出了类似的产品，通过发挥磁流变液响应时间短的特性使减震器能够对车身和车轮运动过程中的震动做出实时反馈。如今磁流变液减震技术已经成为汽车零部件领域的重要技术分支。此外，磁流变液制动器和离合器同样以磁流变液为介质，利用其在外部磁场作用下产生的剪切应力实现转矩传递和转速调节。

在建筑领域，利用磁流变液的阻尼特性可有效弥补桥梁等建筑缺乏抵抗震动能力等缺陷。美国诺特丹大学的 Dyke 等人通过制造磁流变阻尼器对大型结构地震进行反馈控制；2001 年日本东京国家新兴科技博物馆首次将磁流变阻尼器用于地震反应控制。另外，我国山东滨州黄河公路大桥、长江大桥、洞庭湖大桥都曾安装磁流变阻尼器等装置，用于控制斜拉索风雨激励的振动。

在密封领域，通常把磁流变液安置在运动件和固定件的缝隙中，利用外加磁场对磁流变液的固定作用实现精确密封。如唐龙等人设计了一种包含永磁体、极靴的旋转轴密封装置，将磁流变液注入密封装置间隙中，并通过施加磁场产生较大的压差以达到密封的目的。

在精密加工领域，磁流变抛光技术是最热门的新兴技术。在磁场中，当磁流变液发生流变后，在流经工件与运动盘形成的小间隙时，工件表面的磁流变抛光液会受到较大的剪切力，从而使工件表面材料被去除。运用计算机控制技术可进一步提高抛光效率，俄罗斯的 Kordonski W. I. 等开创性地在抛光技术中融入磁流变液的流变特性，衍生出这一全新的技术。杨建国等对磁流变抛光常用的两种不同结构装置分别进行了分析，对抛光装置的关键部件的设计进行了讨论。张学成等研究了磁流变液射流在外加轴向磁场作用下的稳定性。

综上所述，磁流变液技术在应用时有以下优点：①状态变化稳定且连续，整个过程具有可逆性，因此易于进行精准控制；②由于其流体特性，在装配和工作时消耗低、响应快、不易磨损；③作为新兴的智能材料，其在磁场控制等方面可以和计算机技术相结合，实现多领域的拓展。但磁流变液长期放置会产生沉淀凝结的现象，且其纯度越低，沉淀现象越严重，而纯度高的磁流变液普遍价格昂贵，且需找到合适的保存条件。同时磁流变液容积较小且黏度较强，其添加、回收及磁场控制必须足够精准。

三、磁流变液的磁化特性

无磁场作用时，磁流变液的内部粒子无规律地自由分布，黏度较弱且呈现可流动性。施加磁场后，磁流变液瞬间由牛顿流体转变为宾汉流体，其黏度显著增强，且随磁场的增强而增强。磁流变液的形态转换发生在毫秒级的时间内，且过程完全可逆。

当受到磁场作用时，磁流变液的宾汉流体特性具体表现为原本随机分布的粒子开始相互快速吸引并沿磁场方向紧密聚集，颗粒间距离变小，形成链状结构同时产生磁性，如图 2-3-1 所示。由于这些链状结构相互聚集，磁流变液的流动性降低，甚至呈半固体状态，宏观剪切应力增强。外加磁场越强，这种聚集程度越高，也就表明磁流变液的磁流变效应越强烈。

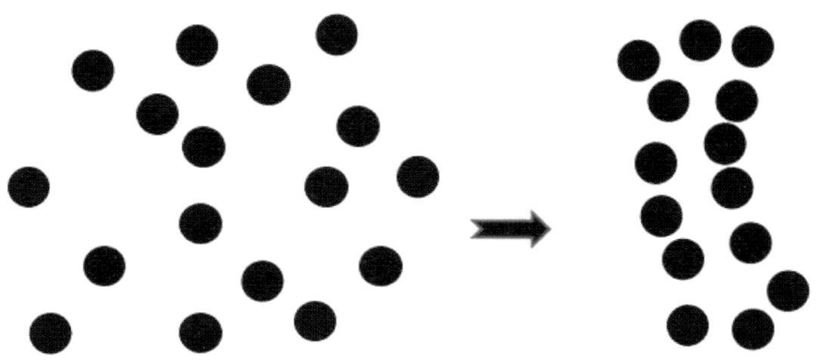

图 2–3–1　施加磁场前后磁性颗粒的运动

用磁化强度 M_L 作为磁流变效应强弱的表征量。根据实际磁流变液轴体及弹性膜的结构、设计，我们假设：

（1）磁流变液在弹性薄膜中均匀分布，在磁化过程中不存在某处的特性变化与周围有显著差异。

（2）磁流变液在流动过程中与磁流变液腔体因摩擦力会产生一些颗粒残留，但由于数量较少，不对实际试验结果产生影响，故计算中不考虑在内。

则磁性液体整体的磁化强度可通过 Langevin 函数描述：

$$M_L = n\int_0^\infty m(x)L(\alpha)f(x)\mathrm{d}x \tag{2.3.1}$$

$$m(x) = \frac{M_d \pi x^3}{6} \tag{2.3.2}$$

$$L(\alpha) = \coth\alpha - \frac{1}{\alpha} \tag{2.3.3}$$

$$\alpha = \frac{\mu_0 mH}{k_B T} \tag{2.3.4}$$

式中，M_L 为磁性液体的 Langevin 磁化强度；x 为纳米磁性颗粒的直径；n 为磁性液体内的颗粒数目；$m(x)$ 与 m 均为磁性颗粒的磁矩；M_d 为磁性颗粒的磁化强度；$f(x)$ 为磁性液体中磁性颗粒的粒径分布函数，一般为对数正态分布的 Langevin 函数；$L(\alpha)$ 为 Langevin 函数；α 表示 Langevin 参数；μ_0 为真空磁导率；H 为外加磁场强度；k_B 为玻耳兹曼常数；T 为温度。

由此可知，磁化强度与磁场强度成正相关，说明磁性液体的磁流变效应强弱主要受到外加磁场强度影响。磁场强度越大，其内部磁性颗粒聚集越明显，磁化程度越强。

设计喷头的结构需要从实现变量功能开始考虑。要利用磁流变液的性质实现变量功能，需要在喷头内部设置能够承载磁流变液的磁流变液腔，能够在特定区域雾化的雾化腔，能够产生磁场的磁场发生装置，能够固定磁流变液腔和磁场发生装置的固定架，能够快捷转换喷孔类型的转换头和旋转盘。为了促进雾化，另增加能使雾滴旋转加速的旋流腔。

四、磁流变液喷头设计理论基础

目前市场上的航空植保喷头多从地面植保器械中挪用而来，存在雾滴粒径偏大、分布不均匀等缺陷。使用小喷孔孔径的喷头可有效减小粒径，但流量也随之减少，同时容易发生堵塞。为弥补传统液力式喷头的种种弊端，需设计一种结构可变的磁流变液变量喷头，在保障喷孔孔径合理的前提下，通过控制磁流体的运动控制进入喷头的药液流量，达到变量喷施的目的，同时尽量减小因磁流体运动产生的压强变化及粒径变化。

选用磁流变液作为实现变量的基础材料，是因其具有独特的流变特性。磁流变液是带有磁性的纳米颗粒分布在基液中所构成的胶体体系，是既具有磁性又具有液体流动性的悬浮液。Fe、Ni、Co是常见的磁性颗粒，但是当温度较高时其磁性会被破坏。在磁性液体中，Fe_3O_4粉、单一或复合铁氧体粉、铁－钴合金粉、稀土永磁粉等材料是更适用的磁性颗粒，其中Fe_3O_4粉目前使用最广泛。当对磁流变液施加磁场时，其性质会在瞬间产生一系列改变，最明显的现象是磁流变液会被磁场吸引而向磁场源聚集。如图2-3-2所示，磁流变液放置于密封玻璃瓶内，用磁铁靠近瓶子一侧，磁流变液会自动产生聚集反应，聚集在磁铁周围。但这种现象并不会恒定不可逆地保持，在撤去磁场后，磁流变液会恢复到原本的形态。这种磁流变效应会导致其形状及体积的改变，为利用这种特性，首先要了解磁流变液的磁化特性及其对内部空间改变起到的作用。

图2-3-2　磁铁对磁性液体的吸引

第四节　传统液力式喷头喷施试验及分析

喷头是植保无人机作业的关键部件，它直接影响到决定喷雾效果的几个重要参数。液力式喷头是目前地面植保和航空植保最常用的喷头类型（图 2-4-1）。液力式喷头通过向液体施加液体压力或者气体压力，使其进入喷头口并在喷头内部的雾化腔里面进行混合，然后通过喷头下端的喷孔喷射出来。在此过程中，液体所受压力与表面张力之间不断相互摩擦，表面张力会使液体表面具有收缩成球形的趋势，而液体本身的黏性会阻止这种变化发生，最终液体因为相互作用力太大而破碎成很多细小的雾滴。液力式喷头包括平面扇形、空心锥形、实心锥形、文丘里气吸形及延长范围扇形、前置喷孔扇形等一些特殊用途喷头。在相同喷头流量、相同水泵压力及相同外部环境情况下，平面扇形和空心锥形喷头产生的雾滴粒径较小，是相对适用于航空植保的喷头类型。喷头雾滴粒径直接受到喷孔孔径和喷雾系统压强的影响，同时喷头位置的差异也会导致雾滴粒径的变化。本测试主要就喷施压力和喷头位置对雾滴粒径的影响进行研究。通过测试现有不同型号喷头在不同压强下的流量、雾滴粒径和雾滴谱，确定现有喷头的雾化水平、雾化规律与突出缺陷，为田间对比试验确定飞行参数提供理论数据，为今后喷施设备的改进提供指导。

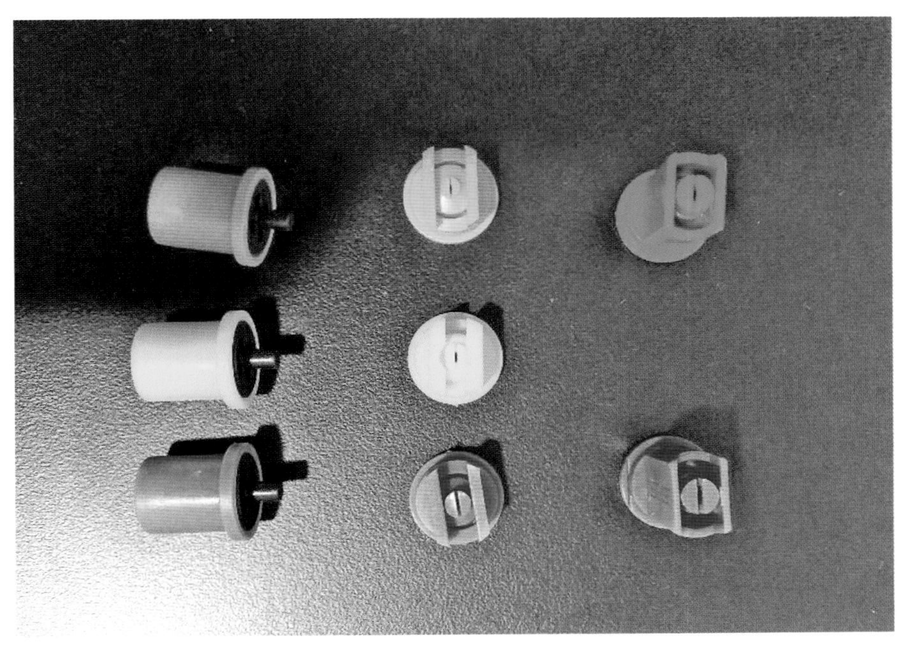

图 2-4-1　几种典型的液力式喷头

华南农业大学精准农业航空施药技术团队通过对传统液力式喷头进行一系列试验和分析，为后续的喷头设计提供依据和参考，并选取雾滴谱与所设计的磁流变液喷头同一等级的液力式喷头进行对比试验。

一、室内液力式喷头试验

（一）试验条件

试验在华南农业大学荷园实验室进行，室内温度 25 ℃，相对湿度 70%。

（二）试验材料

室内试验以清水作为喷施试剂，使用四种 LU120 系列平面扇形喷头（LU120-01、LU120-015、LU120-02、LU120-03）、三种 F110 系列平面扇形喷头（F110-01、F110-015、F110-03）、三种 TR80 系列空心锥形喷头（TR80-005、TR80-0067、TR80-015），以及隔膜泵、无线开关、气动管、减压阀、DP-02 激光粒度分析仪（珠海欧美克仪器有限公司，如图 2-4-2 所示，相关参数见表 2-4-1）等。

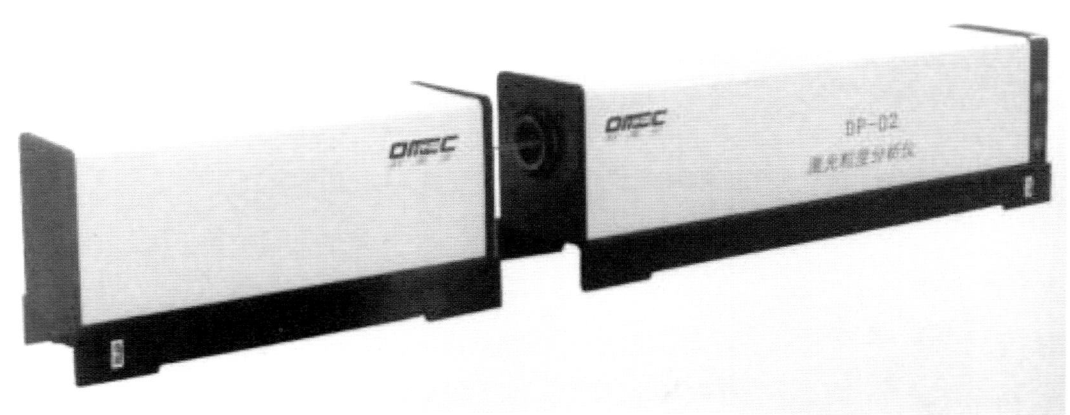

图 2-4-2　DP-02 激光粒度分析仪

表 2-4-1　DP-02 激光粒度分析仪技术参数

参数	数值
测量范围	1 ～ 1500 μm（可扩展 1 ～ 3000 μm）
重复性误差	＜ 3%
测量时间	1 ～ 2 min
独立探测单元数	48

（三）试验方法

（1）将喷头安装于喷雾架上，依次连接气动管、减压阀、无线开关、隔膜泵、药箱。喷头置于激光粒度分析仪激光柱中点垂直正上方，组成一个完整的喷雾平台。

（2）放置好激光粒度分析仪，使激光粒度分析仪的发射端和接收端相距 1.5 m，打开激光粒度分析仪的开关并进行预运行。之后在与激光粒度分析仪相连的计算机上开启激光粒度分析仪配套软件 OMEC DP-02，设定好相关初始参数。对激光粒度分析仪进行手动对中，在发射孔发出的激光柱能正对接收孔中心后，使用软件进行自动对中微调，直到软件显示对中完成且软件主界面只剩一条最左边的绿柱。

（3）在软件主界面对环境背景进行匹配，并用标准粒子板进行校准。之后依次将 LU120-01、LU120-015、LU120-02、LU120-03 喷头连接到喷雾架上。结合植保无人机实际作业情况，将每个喷头放置在距离激光柱中点垂直距离 0.2 m、0.4 m、0.6 m、1.0 m、1.4 m 处进行检测，每项数据检测三次并取平均值，得到雾滴的粒径数据（$Dv_{0.1}$、$Dv_{0.5}$、$Dv_{0.9}$）及粒径分布情况。

激光粒度分析仪测量出的雾滴尺寸数据包括 $Dv_{0.1}$、$Dv_{0.5}$ 和 $Dv_{0.9}$，其中 $Dv_{0.5}$ 表示当全部雾滴按体积从小到大累加，累加到占所接收到的雾滴体积总量的 50% 时所对应的雾滴粒径（雾滴粒径测试平台见图 2-4-3），即体积中径；$Dv_{0.1}$ 和 $Dv_{0.9}$ 分别代表接收雾滴体积占总量 10% 和 90% 时所对应的雾滴粒径。根据以上数据计算分布跨度（RS），分布跨度是衡量喷雾中雾滴分布均匀性的指标，其计算公式为

$$RS=\frac{Dv_{0.9}-Dv_{0.1}}{Dv_{0.5}} \tag{2.4.1}$$

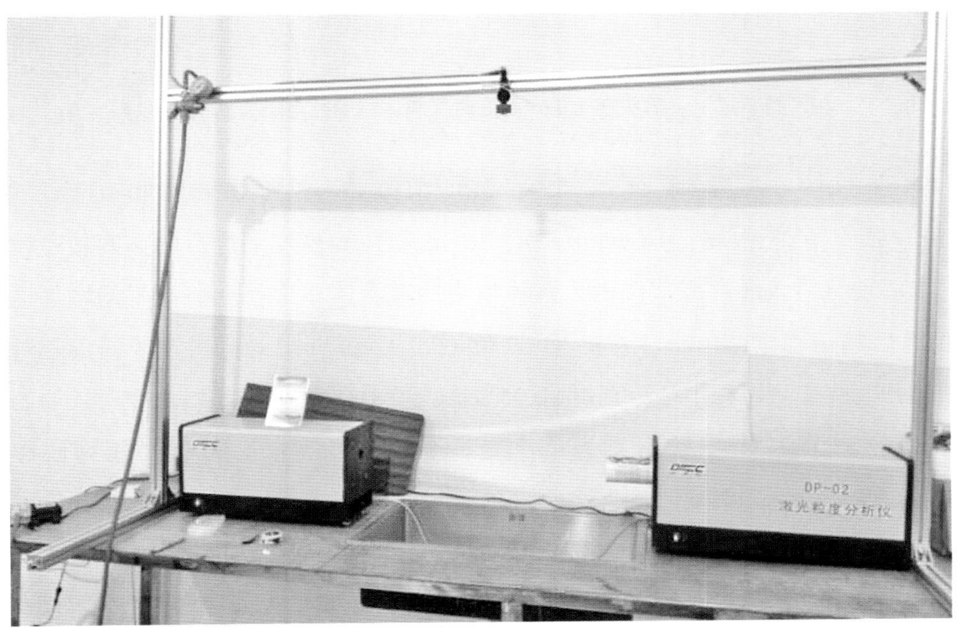

图 2-4-3　雾滴粒径测试平台

（四）试验结果与分析

图 2–4–4 为喷头在距离激光粒度分析仪 1.0 m 时，LU120–01、LU120–015、LU120–02、LU120–03 喷头分别在 0.3 MPa、0.5 MPa 压力下的雾滴谱图。由实测数据可知，当压力为 0.3 MPa 时，LU120–01 喷头的雾滴粒径最小，为 142.05 μm，LU120–03 喷头的雾滴粒径最大，为 194.35 μm；当压力为 0.5 MPa 时，同样是 LU120–01 喷头的雾滴粒径最小，为 112.57 μm，LU120–03 喷头的雾滴粒径最大，为 170.33 μm。可知，同样的喷头在不同高喷洒压力下雾滴粒径变化较小；随着型号增大，LU120 系列喷头雾滴粒径随之增大，但总体都在 110 ～ 200 μm 范围内。但对于小型号的喷头而言，压力对其雾滴体积中径的影响要大于对大型号喷头的影响。这是由于对较大型号的喷头来说，喷洒压力虽然可以改变其雾滴粒径，但影响不了雾滴分级，其喷孔孔径的尺寸是决定雾滴谱的最主要因素。

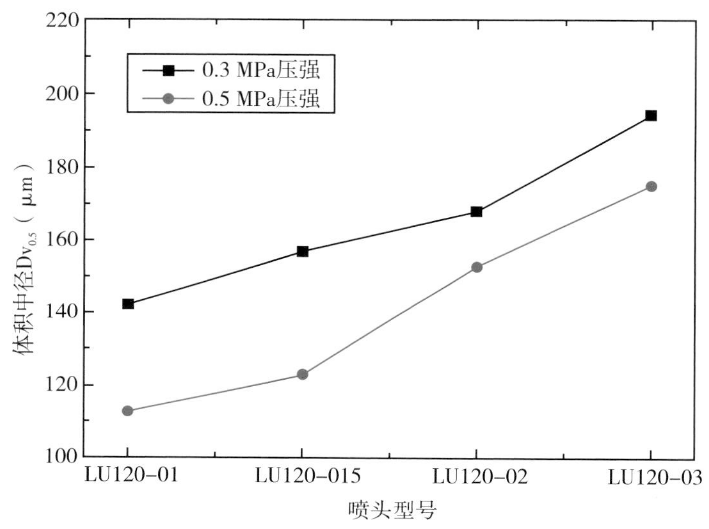

图 2–4–4　喷头在 1.0 m 高度时雾滴体积中径与压力的关系

图 2–4–5 是 TR80–005、TR80–0067、TR80–015、F110–01、F110–015、F110–03 喷头在距离激光粒度分析仪垂直距离 0.2 m、0.4 m、0.6 m、1.0 m、1.4 m 高度下进行的雾滴粒径测试结果。可以看出，在 0.2 ～ 1.4 m 高度范围内，六种喷头的雾滴体积中径随着高度的增加而增大，但在 1.0 m 距离后趋于稳定，值得注意的是 TR80–005 在 1.0 m 距离后出现了回落趋势。其中，TR80 系列三种喷头雾滴体积中径分别由 90.95 μm、90.81 μm、107.94 μm 增加到 127.67 μm、136.08 μm、168.55 μm，增长率分别为 40.37%、49.85%、56.15%。而 F110 系列三种喷头分别由 96.49 μm、99.72 μm、141.50 μm 增加到 138.06 μm、146.36 μm、194.28 μm，增长率分别为 43.08%、46.77%、37.30%。可以看出，TR80 系列喷头整体雾滴粒径的平均增幅更大一些，这是由于本试验所选取的 TR80 系列喷头型号较小，雾滴粒径也偏小，更容易受到外界因素影响而产生变化。

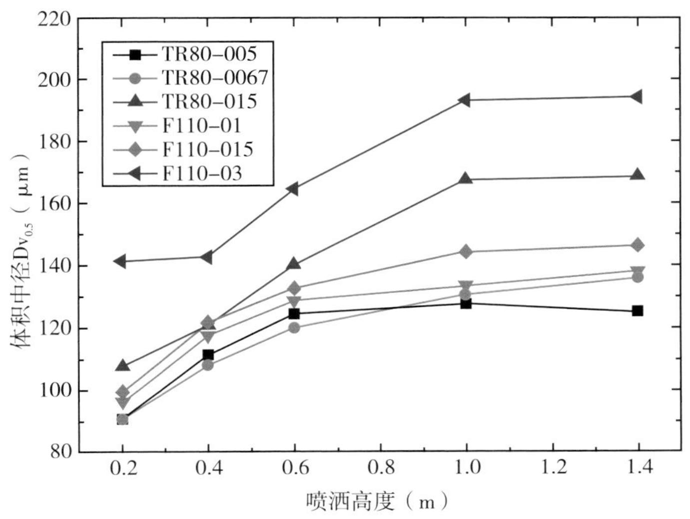

图 2-4-5　雾滴体积中径与喷头喷洒高度的关系

根据测得的雾滴粒径参数（$Dv_{0.1}$、$Dv_{0.5}$、$Dv_{0.9}$）及公式（2.4.1）可以得到几种喷头的分布跨度 RS（表 2-4-2 和表 2-4-3）。通过表 2-4-2 可以看出，在 0.3 MPa 喷洒压力下，LU120-01、LU120-015、LU120-02 的分布跨度在 1.156 ～ 1.219 范围内浮动，而 LU120-03 的分布跨度为 5.136；在 0.5 MPa 喷洒压力下，LU120-01、LU120-015、LU120-02 的分布跨度在 1.263 ～ 1.380 范围内浮动，而 LU120-03 的分布跨度为 1.841。对于 LU120-01、LU120-015、LU120-02 来说，0.3 MPa 时的分布跨度比 0.5 MPa 时的小，说明这几种型号的喷头在较小的压力下其雾滴分布会更均匀。而对于 LU120-03，在两种压力下的分布跨度均明显大于其他几种喷头，且在 0.3 MPa 下分布跨度超过 5，说明当喷头的型号（喷孔孔径）过大时，雾滴分布会变得极不均匀。

表 2-4-2　LU120 系列喷头在 1.0 m 喷洒高度下的雾滴分布跨度

型号	喷洒压力（MPa）	$Dv_{0.1}$（μm）	$Dv_{0.5}$（μm）	$Dv_{0.9}$（μm）	RS
LU120-01	0.3	63.68	142.05	236.87	1.219
	0.5	47.94	112.57	195.78	1.313
LU120-015	0.3	65.82	156.87	255.3	1.207
	0.5	49.02	122.87	218.6	1.380
LU120-02	0.3	72.14	168.05	266.54	1.156
	0.5	61.38	152.83	254.43	1.263
LU120-03	0.3	74.38	194.35	1072.57	5.136
	0.5	68.42	170.33	382.13	1.841

表 2-4-3 不同喷洒高度下各喷头的雾滴分布跨度

型号	高度（m）	喷洒压力（MPa）	$Dv_{0.1}$（μm）	$Dv_{0.5}$（μm）	$Dv_{0.9}$（μm）	RS
TR80-005	0.2	0.3	56.85	90.95	141.23	0.928
	0.4	0.3	64.71	111.48	170.42	0.948
	0.6	0.3	71.38	124.58	202.75	1.055
	1.0	0.3	76.55	127.67	190.04	0.889
	1.4	0.3	73.37	125.11	195.46	0.976
TR80-0067	0.2	0.3	52.84	90.81	141.68	0.978
	0.4	0.3	66.05	108.23	161.82	0.885
	0.6	0.3	70.27	120.10	184.79	0.954
	1.0	0.3	83.77	130.69	191.77	0.826
	1.4	0.3	79.75	136.08	205.99	0.928
TR80-015	0.2	0.3	55.89	107.94	217.24	1.495
	0.4	0.3	65.40	121.09	204.14	1.146
	0.6	0.3	80.73	140.26	216.12	0.965
	1.0	0.3	104.77	167.56	260.17	0.927
	1.4	0.3	93.94	168.55	270.97	1.050
F110-01	0.2	0.3	56.85	96.49	171.26	1.186
	0.4	0.3	65.25	117.65	184.53	1.014
	0.6	0.3	68.78	128.74	209.51	1.093
	1.0	0.3	71.86	133.37	226.14	1.157
	1.4	0.3	75.20	138.06	228.70	1.112
F110-015	0.2	0.3	53.87	99.72	182.19	1.287
	0.4	0.3	66.94	121.88	195.79	1.057
	0.6	0.3	72.96	132.84	213.07	1.055
	1.0	0.3	79.03	144.37	236.41	1.090
	1.4	0.3	82.93	146.36	240.02	1.073
F110-03	0.2	0.3	65.92	141.50	303.14	1.676
	0.4	0.3	75.74	142.76	249.78	1.219
	0.6	0.3	82.81	164.53	276.26	1.176
	1.0	0.3	92.92	193.14	341.57	1.287
	1.4	0.3	98.04	194.28	322.28	1.154

通过表 2-4-3 可以看出，在 0.3 MPa 喷洒压力下，TR80-005 在五种喷洒高度下的分布跨度在 0.889 ～ 1.055 之间，在 0.6m 高度时达到最大值；TR80-0067 的分布跨度在 0.826 ～ 0.978 范围内，在 0.2m 高度时达到最大值；TR80-015 分布跨度范围为 0.927 ～ 1.495，在 0.2 m 高度时达到最大值；F110-01 的分布跨度在 1.014 ～ 1.186 范围内，在 0.2m 高度时达到最大值；F110-015 的分布跨度在 1.055 ～ 1.287 范围内，在 0.2 m 高度时达到最大值；而 F110-03 分布跨度范围为 1.154 ～ 1.676，在 0.2 m 高度时达到最大值。可以看到除了 TR80-005，其余喷头均在设置的最低高度时均匀性最差，这主要由于在喷洒高度过低时雾滴还未相互碰撞破碎完全，雾化过程还未完成。与表 2-4-2 中的结果类似，型号较大的喷头喷出的雾滴分布跨度也偏大，均匀性较差，但 TR80 系列喷头与 F110 系列喷头在相同条件下的均匀性仍好于 LU120 系列喷头，这可能是由于当喷头的喷雾角变大时，其雾滴均匀性也会受到影响。喷雾角对雾滴特性的影响将在田间液力式喷头试验中进一步讨论。

通过以上两组室内试验，可以得出结论：

（1）喷头型号（喷孔孔径）越大，其雾滴粒径越大。喷洒压力越大，其雾滴粒径越小。当喷头型号较小时，喷洒压力对其雾滴粒径的影响更大；反之，当喷头型号较大时，其喷孔尺寸是雾滴粒径的决定性因素。

（2）不同喷洒高度对雾滴粒径测试结果存在影响。整体来看，在 0.2 ～ 1.4 m 高度范围内雾滴粒径随着喷头高度的升高而呈非线性增大，但在一定高度后也有喷头的雾滴粒径出现下降趋势。当喷头型号较小，即雾滴粒径较小时，更容易受到高度因素的影响而产生改变。

（3）对于雾滴的分布跨度，在喷头型号较小、雾滴粒径较小的情况下，分布跨度一般较窄，雾滴均匀性比较好。随着型号增大，$Dv_{0.9}$ 可能出现过大的情况，致使其雾滴均匀性变差。对于同一种喷头，在较小压力下其喷洒系统振动较小，雾滴均匀性会稍好于高压力的情况。另外，当喷洒高度过低时，雾滴存在未雾化完全的情况，也会造成雾滴均匀性变差。

二、田间液力式喷头试验

（一）试验条件

试验于江苏省兴化市周奋乡进行，环境温度 35℃，相对湿度 65%，平均风速 0.9 m/s，试验对象为水稻。

（二）试验材料

田间喷雾作业机器选用大疆 MG-1 植保无人机（图 2-4-6），其参数见表 2-4-4。

图 2-4-6 大疆 MG-1 植保无人机进行现场作业

表 2-4-4 大疆 MG-1 植保无人机参数

主要参数	规格及数值
机型型号	大疆 MG-1 八旋翼植保无人机
外形尺寸（mm×mm×mm）	1471×1471×482
旋翼直径（mm）	533
最大载药量（L）	10
作业速度（m/s）	0～8
作业高度（m）	1～5
有效喷幅（m）	4～6

试验仪器：喷雾系统由 U 形药箱、微型水泵、喷杆、管路、喷头等构成。喷头为扇形喷头，数量为 4 个，沿喷杆方向垂直于飞机中轴线等间距分布，方向朝下，位于 4 个旋翼正下方。试验选用 LECHLER F110-01、F110-02、F110-03、TR80-01、TR80-02、TR80-03、IDK120-01、IDK120-02 共 8 个型号的液力式喷头。

NK-5500 Kestrel 小型气象站（图 2-4-7，相关参数见表 2-4-5）作为环境监测系统用于测量试验实时气象条件，包括温度、湿度、风向等数据。系统每隔 5 s 自动记录 1 次。

同时采用实验室自主研发的北斗定位系统进行作业航迹的绘制及飞行速度与高度的测绘。本系统具备 RTK 差分定位功能，平面精度为 1 cm+0.5 ppm*，高程精度为 2 cm+1 ppm。飞行作业前，北斗定位系统需要对各个采样点进行地面冠层点坐标提取，飞行过程中该系统平台搭载于大疆 MG-1 植保无人机的机身上。选用水敏纸作为雾滴采集卡，水敏纸对液体敏感，遇水产生变色反应。

* 1 ppm 表示飞行器每移动 1 km 误差增加 1 mm。

图 2-4-7　NK-5500 Kestrel 小型气象站

表 2-4-5　NK-5500 Kestrel 小型气象站基本技术参数

测量项目	测量范围	精度	分辨率
风速	0.4 ～ 40 m/s	—	0.1 m/s
空气温度	-29 ～ 70 ℃	1 ℃	0.1 ℃
相对湿度	5% ～ 95%	3%	0.1%

（三）试验方法

1. 预试验

在进行田间作业前，在实验室内进行预实验，对 8 个喷头的雾化水平进行测试。地点为国家精准农业航空施药技术国际联合研究中心喷施雾化实验室。

室内喷施雾化系统包括不锈钢喷施架、隔膜泵、无线开关、减压阀、药箱、液力式喷头、激光粒度分析仪等，如图 2-4-8 所示。

（1）参照室内液力式喷头试验方法安装好喷雾平台。

（2）分别将 8 个型号喷头进行更换测试。根据厂商指导参数，每个型号喷头在 0.3 MPa 压力和 0.6 m 高度下，进行 3 次重复粒径测试。

（3）每次测试通过计算机软件记录粒径数据，并导出粒径函数分布图像。

图 2-4-8　室内喷施雾化系统

2. 田间无人机喷施对比试验

（1）无人机的准备工作。将无人机的陀螺仪、GPS 及电机进行校准，并进行试飞行，确保无人机的稳定性。

（2）采样点布置与收集。如图 2-4-9 所示，选取一块试验田，设置 2 条雾滴采集带，2 条采集带之间间隔 10 m。每条采集带上设置 10 棵采样植株进行雾滴的收集，每棵植株之间水平相隔 1.5 m。每个采样点在水稻穗层布置雾滴采集卡以收集喷施雾滴，并对采样点依次编号。

（3）依照上述布置方式，每个航次共布置 20 张雾滴采集卡。雾滴采集卡为 70 mm × 30 mm 的水敏纸。每进行一个航次飞行，收集当次采集卡并布置新的采集卡。收集好的采集卡装入密封袋中，并连着密封袋一起放入保鲜盒中进行保存。

（4）试验一共进行 8 个航次处理，设定飞行高度与速度保持一致。飞行高度设定在 1.5 m，飞行速度设定在 3.5 m/s。无人机飞行时将北斗定位系统搭载于机身上，定位数据会自动传回 PC 端。田间试验气象及飞行参数见表 2-4-6。

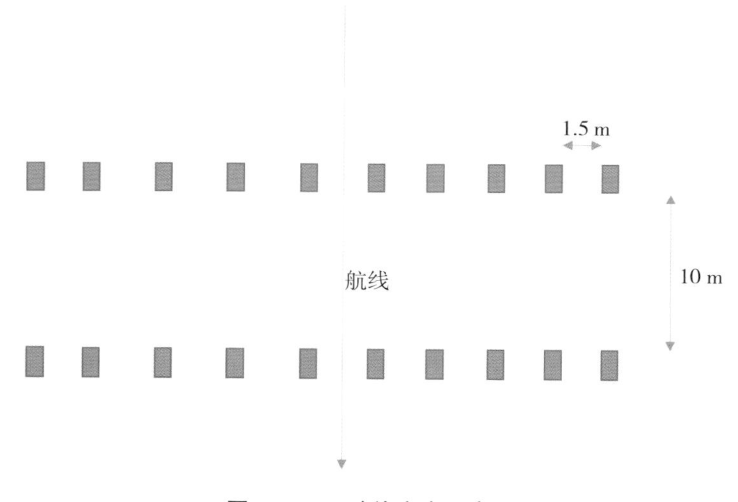

图 2-4-9 喷施方案示意图

表 2-4-6 田间试验气象及飞行参数

试验号	喷头型号	平均温度（℃）	平均风速（m/s）及风向	平均速度（m/s）	平均高度（m）
1	F110-01	24.8	2.1/WNW	3.4	1.6
2	F110-02	24.5	1.8/WNW	3.5	1.7
3	F110-03	24.1	1.6/WSW	3.5	1.4
4	TR80-01	24.3	1.5/WNW	3.3	1.5
5	TR80-02	24.0	1.9/WNW	3.5	1.5

续表

试验号	喷头型号	平均温度（℃）	平均风速（m/s）及风向	平均速度（m/s）	平均高度（m）
6	TR80–03	23.6	2.9/WNW	3.6	1.6
7	IDK120–01	23.6	1.7/WNW	3.6	1.3
8	IDK120–02	23.4	1.7/WNW	3.5	1.5

本次试验共进行了 8 次飞行作业，依照喷头的喷雾形状、喷雾角、喷孔大小的不同选取了 8 个喷头进行更换，每个喷头安装于 MG–1 上飞行 1 次。各个喷头的详细参数见表 2–4–7。

表 2–4–7　试验喷头参数

喷头型号	喷孔形状	喷头材质	喷雾角	雾滴等级
F110–01	扇形	聚合物	110°	F/VF
F110–02	扇形	聚合物	110°	F/VF
F110–03	扇形	聚合物	110°	F/M
TR80–01	空心圆锥	陶瓷	80°	F/VF
TR80–02	空心圆锥	陶瓷	80°	F/VF
TR80–03	空心圆锥	陶瓷	80°	F/M
IDK120–01	平面扇形	聚合物	120°	C/M
IDK120–02	平面扇形	聚合物	120°	C/M

（四）试验结果

喷头室内雾滴谱试验结果如表 2–4–8 所示。由表 2–4–8 可知，相同喷施压力下，F110–01、F110–02、F110–03 的雾滴体积中径范围为 128.74 ～ 164.53 μm，TR80–01、TR80–02、TR80–03 的雾滴体积中径范围为 125.22 ～ 143.42 μm，IDK120–01、IDK120–02 的雾滴体积中径范围为 240.01 ～ 260.55 μm。可以看出，F110 系列喷头与 TR80 系列喷头的雾滴谱数据与室内液力式喷头试验中所测结果相符，且 F110 系列喷头的雾滴体积中径稍大于相同喷孔型号的 TR80 系列喷头，而 IDK120 系列喷头雾滴体积中径显著大于 F110 及 TR80 系列喷头。另一方面，F110–01、F110–02、F110–03 的分布跨度范围为 0.987 ～ 1.103，TR80–01、TR80–02、TR80–03 的分布跨度范围为 1.031 ～ 1.084，而 IDK120–01、IDK120–02 的分布跨度范围为 3.290 ～ 3.497，分布跨度明显偏差较大，显示雾滴分布的均匀性较差。这主要是由于 IDK120 系列喷头为防飘喷头，在雾化过程中雾化腔吸入空气和雾滴混合以达到良好的抗飘移特性，因此其雾滴粒径较大，分布的均匀性也相对较差。

表 2–4–8　喷头室内雾滴谱试验结果

型号	喷施压力（MPa）	$Dv_{0.1}$（μm）	$Dv_{0.5}$（μm）	$Dv_{0.9}$（μm）	RS
F110-01	0.3	61.88	128.74	203.69	1.101
F110-02	0.3	68.91	147.73	231.97	1.103
F110-03	0.3	76.06	164.53	238.38	0.987
TR80-01	0.3	63.42	125.22	192.55	1.031
TR80-02	0.3	69.94	138.99	216.78	1.056
TR80-03	0.3	69.42	143.42	224.86	1.084
IDK120-01	0.3	119.23	240.01	958.46	3.497
IDK120-02	0.3	126.72	260.55	183.84	3.290

本试验在 8 个处理飞行参数一致的情况下进行，保证了试验结果不受飞行速度、高度的差异影响。然而，随着喷头出口孔径的增大，喷头流量也随之增大，导致各处理流量未能保持一致，因此对各喷头流量做出统计，并进行流量与雾滴沉积量之间的关系换算。

根据各喷头流量的不同，设定流量系数 R，表示各喷头流量与标准流量之比。在对雾滴沉积量进行分析时，需将雾滴采集卡所采集的数据除以流量系数后再进行分析。以流量最大的 F110–03 喷头所测流量为标准，即系数为 1；其他各喷头的流量系数为其流量与 F110–03 喷头流量之比。表 2–4–9 是无人机静态测量所得各喷头的流量及流量系数。

表 2–4–9　各喷头流量及流量系数

型号	喷施压力（MPa）	单喷头流量（L/min）	流量系数
TR80-01	0.3	0.39	0.33
TR80-02	0.3	0.80	0.67
TR80-03	0.3	1.19	1
F110-01	0.3	0.39	0.33
F110-02	0.3	0.80	0.67
F110-03	0.3	1.19	1
IDK120-01	0.3	0.40	0.34
IDK120-02	0.3	0.80	0.67

1. 雾滴整体平均沉积量和分布均匀性分析

图 2-4-10 为此次试验所得到的总体雾滴沉积量分布图，表 2-4-10 为各采集点之间的雾滴平均沉积量和分布均匀性。

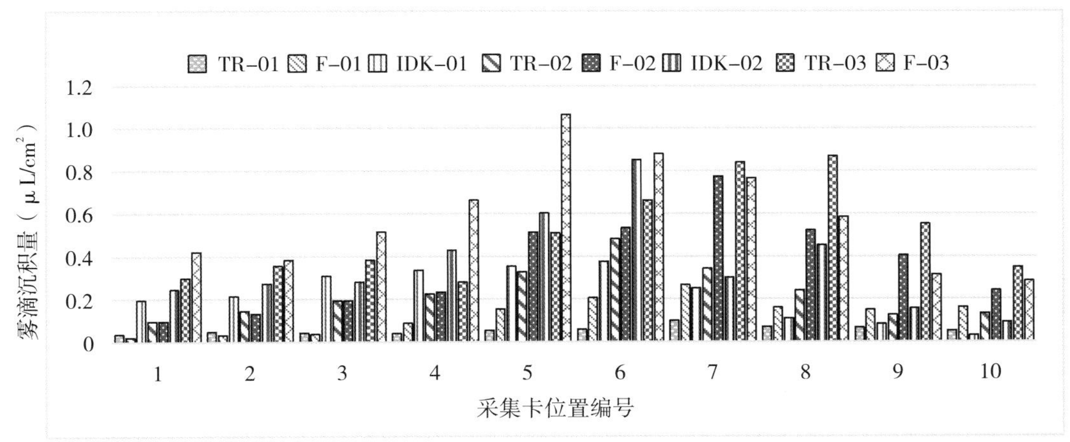

（a）第 1 条采集带雾滴沉积分布

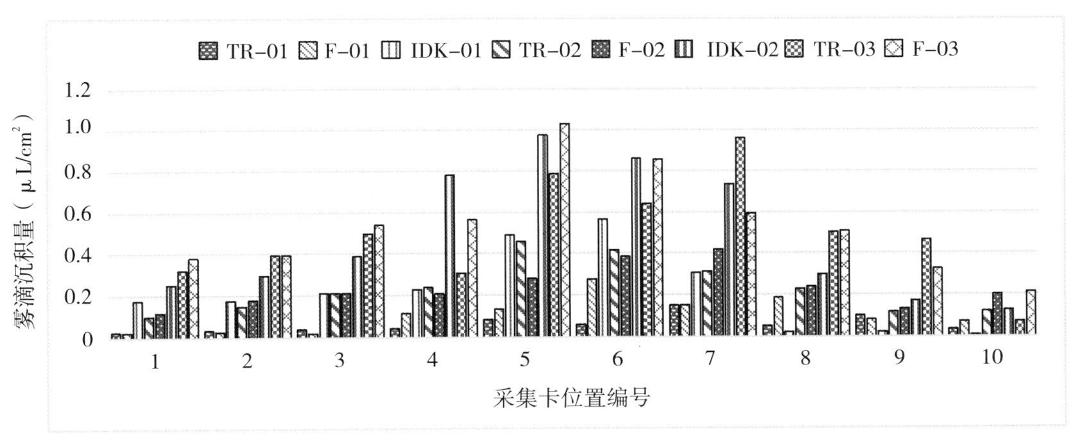

（b）第 2 条采集带雾滴沉积分布

图 2-4-10　总体雾滴沉积量分布

表 2-4-10　雾滴平均沉积量和分布均匀性

型号	采集带位置	平均沉积量（μL/cm²）	变异系数（%）
TR80-01	第 1 条	0.0561	32.80
	第 2 条	0.0607	40.17
TR80-02	第 1 条	0.2310	52.91
	第 2 条	0.2350	59.76

续表

型号	采集带位置	平均沉积量（μL/cm²）	变异系数（%）
TR80-03	第 1 条	0.5103	42.11
	第 2 条	0.4941	51.73
F110-01	第 1 条	0.1270	63.74
	第 2 条	0.1090	75.41
F110-02	第 1 条	0.3620	60.68
	第 2 条	0.2370	41.53
F110-03	第 1 条	0.5880	43.57
	第 2 条	0.5410	40.95
IDK120-01	第 1 条	0.2250	53.95
	第 2 条	0.2230	65.73
IDK120-02	第 1 条	0.3680	61.33
	第 2 条	0.4880	64.60

采用单位面积的雾滴沉积量作为平均沉积量的度量。由表 2-4-10 可以看出，TR80-01、TR80-02、TR80-03 的平均沉积量范围为 0.0561 ～ 0.5103 μL/cm²，其中 TR80-01 的平均沉积量相比其他型号极差；F110-01、F110-02、F110-03 的平均沉积量范围为 0.1090 ～ 0.5880 μL/cm²；IDK120-01、IDK120-02 的平均沉积量范围为 0.2230 ～ 0.4880 μL/cm²。总体来看，在型号相同时，IDK120 系列喷头的平均沉积量相比其他两种类型更高，但主要集中在航线中部的采集点，这一特性会在对有效喷幅的分析中进一步探究。F110 系列喷头平均沉积量跨度更大，说明其各型号之间的沉积差异更显著。采用变异系数 CV 作为 8 组试验中各采集点沉积分布均匀性的度量，变异系数越大，证明其雾滴沉积分布均匀性越差。变异系数的计算公式如下：

$$\mathrm{CV} = \frac{S}{\overline{X}} \times 100\% \tag{2.4.2}$$

$$S = \sqrt{\sum_{i=1}^{n} \frac{(X_i - \overline{X})^2}{(n-1)}} \tag{2.4.3}$$

式中，S 为同组试验采集样本标准差；X_i 为各采集点沉积浓度，μL/cm²；$\overline{X}$ 为各组试验采集浓度平均值，μL/cm²；n 为各组试验采集点个数。

变异系数由平均值和标准差决定，为判断沉积区域的雾滴分布是否均匀，需对平均值和方差分别进行假设检验。经检验，在显著水平α =0.05 条件下，不同的喷头在相同取样位置，雾滴分布的均匀性有显著差异，且两条采集带之间的变异系数差异不显著。由表 2-4-10 可以看出，除了 TR80–01 外，同一条采集带内各喷头的变异系数均在 40% 以上。其中 TR80–01、TR80–02、TR80–03 的变异系数范围为 32.80% ～ 59.76%，F110–01、F110–02、F110–03 的变异系数范围为 40.95% ～ 75.41%，IDK120–01、IDK120–02 的变异系数范围为 53.95% ～ 65.73%。TR80 系列喷头的雾滴均匀性要稍好于 F110 系列，但三种型号之间的相互差异相对较大。IDK120 系列两种喷头的均匀性明显比其他两种喷头差，但由于其变异系数基数较高，相互之间的差异反而较小。

2. 喷雾角对雾滴沉积有效喷幅的影响

喷雾角是一个描述喷头雾化性能的特征参数，直接影响雾滴的沉积分布特性，对雾滴的喷幅范围有最直接的影响。本试验所选用三种系列喷头的标准喷雾角分别为 80°（TR80 系列）、110°（F110 系列）、120°（IDK120 系列）。

对雾滴沉积分布特性进行有效喷幅的判定，目前业内主要有两种方法：

雾滴密度判定法：根据《中华人民共和国民用航空行业标准》中《农业航空作业质量技术指标》规定，在飞机进行超低容量的农业喷洒作业时，作业对象的雾滴覆盖密度达到 15 个 /cm^2 以上就达到有效喷幅。

50% 有效沉积量判定法：根据《中华人民共和国民用航空行业标准》中《航空喷施设备的喷施率和分布模式测定》规定，以平均沉积量为纵坐标，以航空设备飞行路线两侧的采样点为横坐标绘制分布曲线，曲线两侧各有一点的平均沉积量为最大平均沉积量的一半，这两点之间的距离可作为有效喷幅宽度。

中国农业大学宋坚利利用雾滴密度判定法、最小变异系数判定法和 50% 有效沉积量判定法，在静风条件下对单旋翼无人机航空施药时的喷雾幅宽度和喷雾沉积分布均匀性进行研究，认为最小变异系数判定法得到的有效喷幅最小，沉积分布均匀性最好，其次是 50% 有效沉积量判定法，雾滴密度判定法得到的有效喷幅最大，沉积分布均匀性最差；考虑到单旋翼无人机喷雾过程中的雾滴沉积分布特性和工作效率需求，建议采用 50% 有效沉积量判定法确定有效喷幅。华南农业大学陈盛德分别针对不同参数的单旋翼植保无人机及多旋翼植保无人机进行了有效喷幅的评定与试验分析，表明 50% 有效沉积量判定法更适于雾滴粒径相对较大的 3WQF120–12 型植保无人机有效喷幅宽度的评定，雾滴密度判定法更适于雾滴粒径相对较小的 P–20 型植保无人机有效喷幅宽度的评定。

鉴于各处理喷施量的差异，本试验的喷幅判定不适用雾滴密度判定法，且本试验所选用的压力式喷头的雾滴粒径相对离心式喷头的雾滴粒径较大，故采用 50% 有效沉积量判定法进行分析。

将沉积量在 50% 以上的采集点定义为有效沉积，三种系列喷头的有效喷幅范围见表 2–4–11。

表 2-4-11 三种系列喷头有效喷幅范围判定

喷头型号	各采集点是否在有效喷幅内										有效喷幅判定结果（m）
	1	2	3	4	5	6	7	8	9	10	
TR80-01	—	—	—	—	√	√	√	√	√	—	≥ 4.0
TR80-02	—	—	—	√	√	√	√	√	—	—	≥ 4.5
TR80-03	—	—	—	—	√	√	√	√	√	—	≥ 4.5
F110-01	—	—	—	—	√	√	√	√	√	—	≥ 4.5
F110-02	—	—	—	—	√	√	√	√	√	—	≥ 4.5
F110-03	—	—	√	√	√	√	√	√	—	—	≥ 5.0
IDK120-01	—	—	√	√	√	√	√	—	—	—	≥ 4.0
IDK120-02	—	—	—	√	√	√	√	—	—	—	≥ 3.5

对比相同喷孔型号下喷头的雾滴沉积分布，TR80 系列喷头的有效喷幅分布在采集点 4 ～ 9，F110 系列喷头的有效喷幅分布在采集点 3 ～ 9，IDK120 系列喷头的有效喷幅分布在采集点 3 ～ 7。F110 系列喷头的有效喷幅宽度相较 TR80 系列喷头更大，证实在雾滴粒径相似的情况下，随着喷雾角的增大，喷幅宽度也随之增大。IDK120 系列喷头喷雾角最大，但相较 F110 系列喷头喷幅宽度反而较小，这是因为 IDK120 系列所产生的雾滴尺寸较大，更容易向下沉积。

三种系列喷头的有效喷幅及峰值产生的位置各有所差异。TR80 系列三个型号喷头和 F110-01、F110-02 喷头的雾滴沉积量峰值均在采集带偏右侧部分，而 F110-03 的峰值处于采集带偏左侧。这是由于在 F110-03 喷头测试时风向出现变化，导致雾滴飘移有效喷幅的位置也随之改变。而 IDK120 系列喷头的雾滴沉积量峰值及有效喷幅范围均位于采集带中部，这是因为 IDK120 系列喷头的雾滴尺寸较大，受风力和风向的影响较小，不易产生飘移。

3. 同一喷孔型号下不同类型喷头的雾滴沉积分布特性

由图 2-4-10 和表 2-4-10 可知，在相同飞行速度与高度条件下，第 1 条采集带和第 2 条采集带上的雾滴沉积量差异不显著，故计算两条采集带的平均沉积量可直观地对各类型喷头进行对比。图 2-4-11 是三种类型喷头在同一型号（喷孔孔径）下各采集点的平均沉积量（即单位面积的沉积量），其中所有数据根据流量系数进行了换算（后同）。

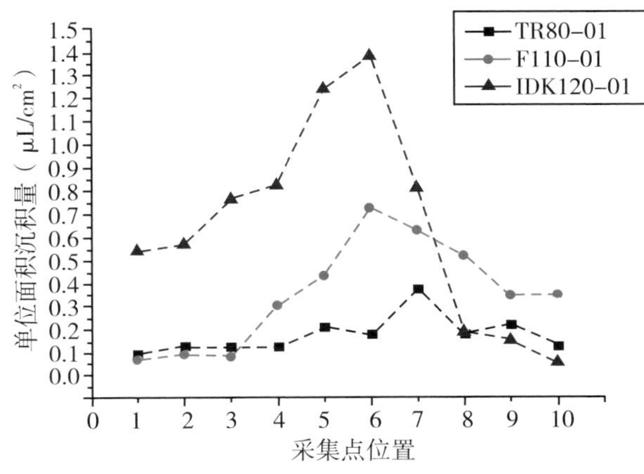

（a）01 号喷头雾滴平均沉积量

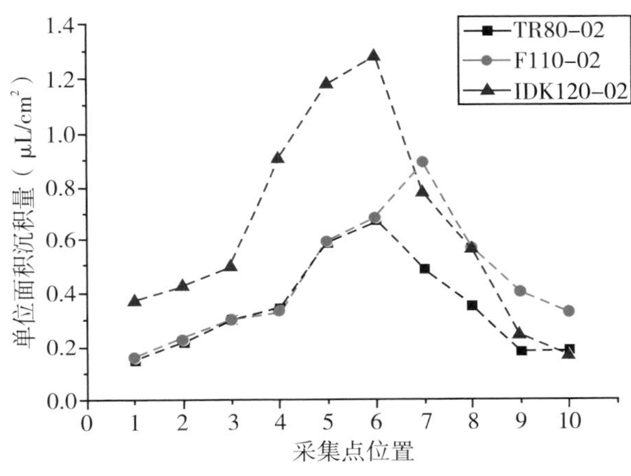

（b）02 号喷头雾滴平均沉积量

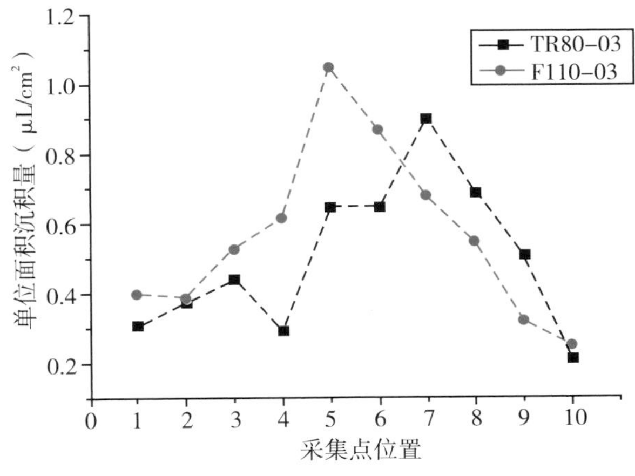

（c）03 号喷头雾滴平均沉积量

图 2-4-11　同一喷孔型号下不同类型喷头的雾滴沉积分布特性

对于同一种型号的三种类型喷头，在相同喷雾参数下流量相同，故亩施药量也相同，此时对雾滴沉积量产生影响的主要因素在于其不同的类型和结构。首先，由图 2-4-11（a）（b）可以看出，在同一大小喷孔等级下，IDK120 系列喷头在采集点 1 ～ 7 号区间内平均沉积量均大于其他两种系列；但在采集点 8 ～ 10 号区间内，IDK120-01 的平均沉积量小于其他两种喷头，IDK120-02 的平均沉积量在 F110-02 与 TR80-02 之间。故可判断：由于 IDK120 系列喷头有效喷幅偏窄，在采集点 8 ～ 10 号区域内雾滴沉积分布较差。其次，由图 2-4-11（a）（b）（c）综合比较可以看出，TR80 系列喷头与 F110 系列喷头在有效喷幅区外的平均沉积量基本无明显差异，而在有效喷幅区内 F110 系列喷头雾滴沉积量较大。由于喷雾角差异及喷孔形状差异主要影响雾滴的喷幅范围及喷雾形状，同时此趋势与室内、室外所测雾滴粒径结果均保持一致，故认为雾滴粒径的差异是导致有效喷幅内平均沉积量产生差异的主要因素。

4. 同一类型喷头不同喷孔型号的雾滴沉积分布特性

图 2-4-12 为不同喷孔型号下雾滴沉积分布特性图。

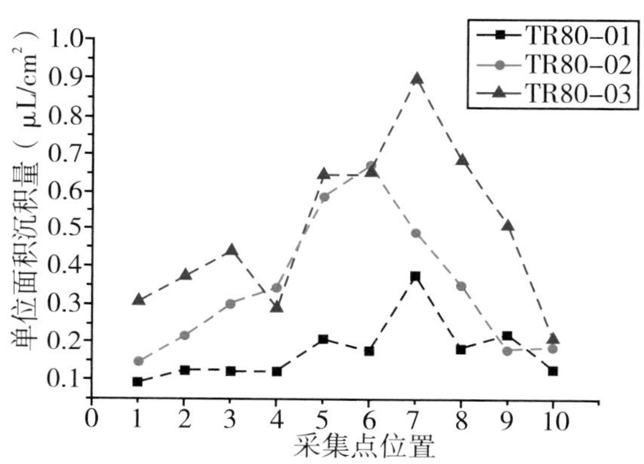

（a）TR80 系列喷头平均沉积量

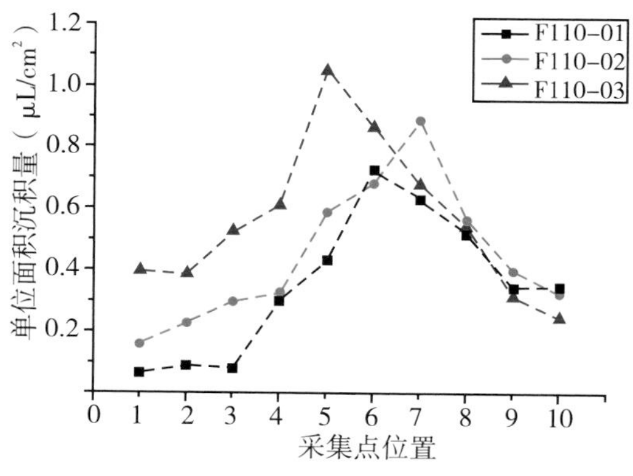

（b）F110 系列喷头平均沉积量

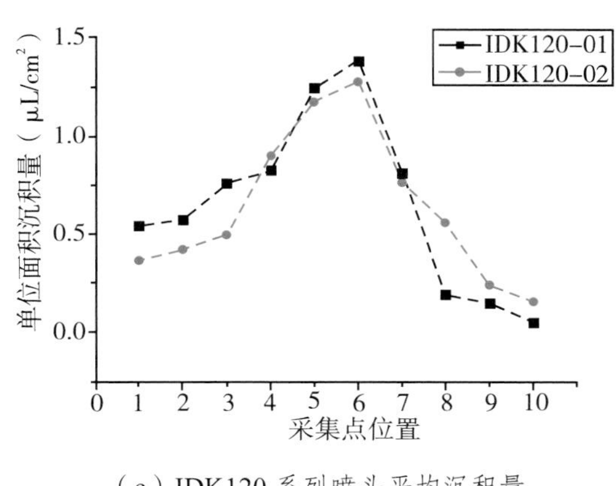

（c）IDK120 系列喷头平均沉积量

图 2-4-12　不同喷孔型号下雾滴沉积分布特性

对比相同系列喷头的雾滴沉积分布，对于 TR80 系列和 F110 系列喷头，在喷雾角一定的情况下，随着喷孔型号的增大，雾滴粒径非线性增大，有效喷幅也随之增大。由图 2-4-12（a）可知，TR80-03 与 TR80-02 的平均沉积量在有效喷幅区中央数值很相近，但在两侧的有效喷幅区外，TR80-03 的平均沉积量要明显高于 TR80-02；TR80-01 的平均沉积量在两个区域内均为三者中最低。

由图 2-4-12（b）可知，在采集点 1 ～ 5 号区域，平均沉积量 F110-03 ＞ F110-02 ＞ F110-01，但在采集点 6 ～ 10 号区域，三者的平均沉积量差异不大。这主要是因为受到自然风的影响，三者的平均沉积量峰值会向顺风方向偏移，并不都处于采集带中部位置。仅从有效喷幅区域来看，F110-03 的平均沉积量仍明显高于其他两种喷头。

由图 2-4-12（c）可知，IDK120 系列两种型号喷头的雾滴平均沉积量分布趋势相似，均集中在采集带中部位置。在有效喷幅区内及左侧有效喷幅区外，IDK120-01 的平均沉积量稍高于 IDK120-02，但在右侧有效喷幅区外，IDK120-01 的平均沉积量又稍低于 IDK120-02，总体来看，两者雾滴沉积量差异不显著。这是由于 IDK120 系列两种喷头本身雾滴粒径分级较高，在实际田间测试中雾滴粒径相差较小，且抗飘移能力较强，导致其最终沉积效果差异不显著。

三、液力式喷头应用分析

（1）液力式喷头的雾滴粒径主要由喷洒压力和自身喷孔孔径决定，同时喷头喷洒高度等参数也会对雾滴粒径产生影响。

（2）对于相同雾化水平的喷头，随着喷雾角的增大，理论上有效喷幅也随之增大。在实际试验中，同等喷孔大小的 TR80 系列喷头的喷幅略小于 F110 系列喷头，但差异不显著；IDK120 系列喷头的喷幅最小。由于 IDK120 系列喷头所产生的雾滴粒径与 F110 系列、TR80 系列的差异较大，因此对有效喷幅的影响较喷雾角因素更为显著。

（3）在流量与TR80系列喷头保持一致的情况下，F110系列喷头的雾滴沉积量稍大于TR80系列喷头，主要是由于两者雾滴粒径存在差异。对于相同系列喷头，喷孔越大，粒径越大，雾滴沉积量也随之增大。IDK120系列喷头总体沉积量明显高于同型号另外两个系列喷头，但从雾滴粒径角度及喷幅角度分析，其难以达到航空植保施药的超低容量施药要求。

（4）经过对液力式喷头在室内和室外条件下的粒径和沉积分布试验分析，可以看到在室内理想状况下，不同类型、型号的喷头对雾滴粒径影响显著。2号及以下的液力式喷头普遍具有合适的雾滴粒径范围，但小型号的喷头流量范围又偏小，因此在实际应用中应注意多种因素的平衡。

室外试验表明，不同类型、型号的液力式喷头对有效喷幅和雾滴粒径的影响较显著，而沉积量由于室外环境的复杂有时难以表现出显著差异。从粒径角度看，只有小部分喷头符合航空植保的要求，但相互之间缺乏统一标准。在实际作业中，针对不同的喷施要求，有时需要频繁更换喷头，这明显影响到喷施效率，同时会加速工件损耗，不利于实现精准施药。因此，探索适用于精准航空施药的专用喷头是必要的。同时，液力式喷头对于流量和粒径的调控方式普遍过于机械化，在不更换喷头的情况下进行变量喷施也是未来的研究重点。

第五节　基于磁流变液的变量喷头研发

一、喷头机械的结构设计

设计喷头的结构需要从实现变量功能开始考虑。要利用磁流变液的性质实现变量功能，需要在喷头内部设置能够承载磁流变液的磁流变液腔，能够在特定区域雾化的雾化腔，能够产生磁场的磁场发生装置，能够固定磁流变液腔和磁场发生装置的固定架，能够快捷转换喷孔类型的转换头和旋转盘。为了促进雾化，另增加能使雾滴旋转加速的旋流腔。

由于需要在内部放置一系列磁流变液装置，喷头壳体设计相对传统喷头拥有更大的体积。壳体端盖位于最上方，方便拆卸和安装各部件。同时壳体上开有进液口和出液口，以及用于引出导线的导线孔。弹性腔设于壳体内，且与壳体之间形成液体流通通道，由于磁流变液的流变效应主要体现在微观上，为了能够影响到宏观空间的改变，弹性腔只能设置在狭窄的雾化腔入口处。液体流通通道分别与进液口、出液口连通，喷头组件设于壳体上且具有与出液口连通的喷雾口，磁场发生装置由设于壳体内的线圈和与线圈垫连接的控制组件组成，控制组件用于控制线圈产生不同的磁场强度。安装架固定于壳体内，且应具有夹持弹性腔的夹持部。弹性腔包括依次连通的上弹性腔、不可变形的连接腔和下弹性腔，连接腔与上弹性腔、下弹性腔之间形成中间小、两边大的腔体结构。磁场发生装置还具有套接于连接腔外壁的保护罩，线圈设于连接腔与保护罩之间，夹持部与保护罩的外壁连接。磁场发生装置还具有固定于保护罩内的环形磁铁，线圈缠绕于环形磁铁上。旋转盘通过手动快捷转换 3 种不同喷孔的喷头类型（平面扇形、空心锥形、延长范围扇形）与液体流通通道相连接。

磁流变液受磁场强度影响时，其发生的变化是连续且可逆的，即当磁场强度增强时，弹性腔内的磁流变液会从黏性很弱的液体逐渐变为黏性很强的类固体；而当磁场强度减弱时，磁流变液会从类固体逐渐变为液体。相应的，宏观上表现为弹性腔的体积逐渐变大或逐渐变小，而壳体内的体积是一定的，因此，在弹性腔的体积逐渐发生变化时，液体流通通道的体积也相应地发生连续的变化，从而对进入喷雾组件的液体流量进行连续调节，以改善雾化特性，提高变量喷施作业效率。

图 2–5–1 是根据上述需求和思路所设计的喷头三维结构图，但在制作过程中考虑到实际加工的难度与精度，将线圈座与磁流变液腔支撑轴座、旋流槽均改为一体式设计，这样的设计也无须再设置固定座，减轻加工成本和安装难度。同时，为了减小磁流变液喷头的整体体积，取消 3 个喷头快捷转换的旋转盘，改为单喷孔的一体式设计，只保留空心圆锥的喷孔。喷头主要结构参数见表 2–5–1，喷头部件加工和改进过程如图 2–5–2 所示。

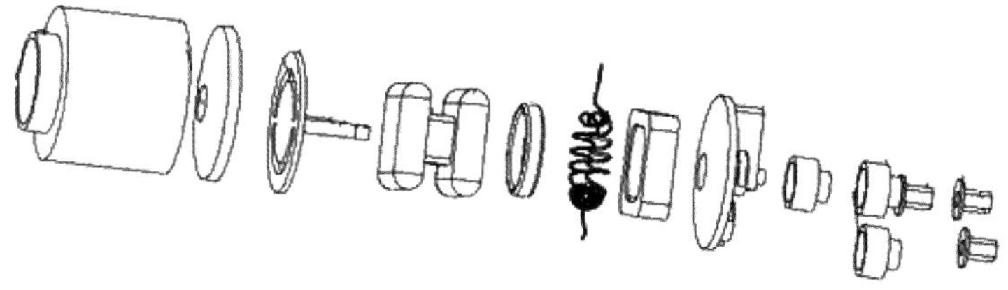

图 2–5–1 变量喷头初版三维结构设计

表 2–5–1 喷头主要结构参数

参数	数值
喷体直径（mm）	50
喷体长度（mm）	103
喷孔直径（mm）	1
旋流槽条数（条）	2
线圈线径（mm）	0.5
线圈截面直径（mm）	30
线圈高度（mm）	35

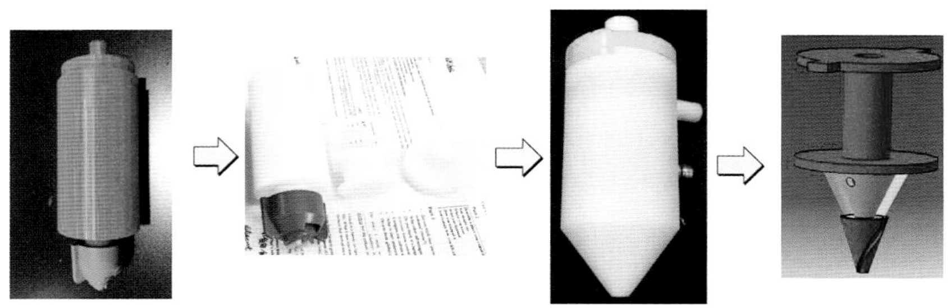

图 2-5-2 喷头部件加工和改进过程

优化后的变液喷头最终结构如图 2-5-3 所示，主要由入水口、磁流变液腔塞、线圈绕线轴、磁流变液腔、喷头端盖、外壳体、导线孔、弹性腔、旋流腔等零部件组成。

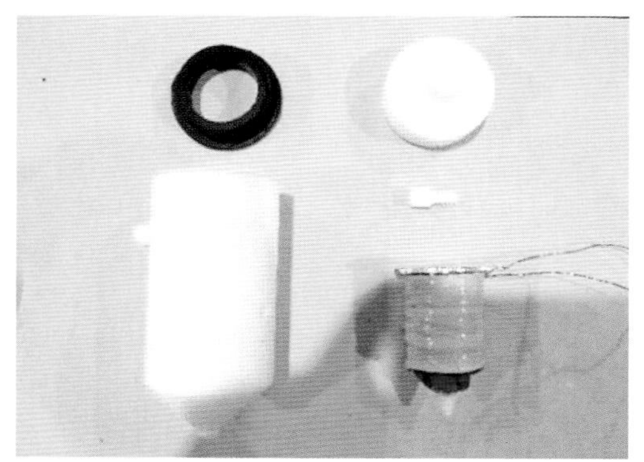

（a）磁流变液喷头实物图

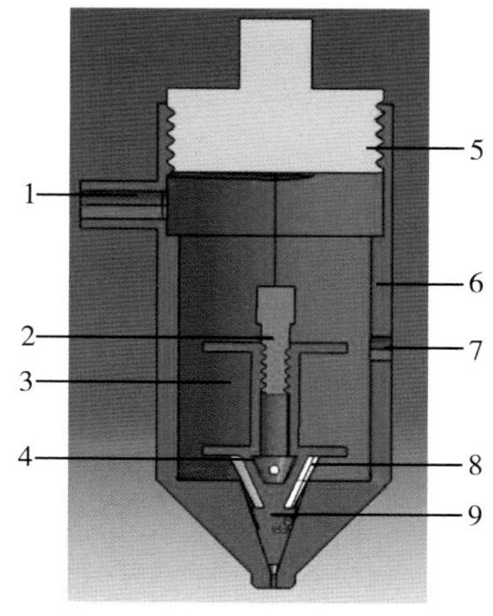

1. 入水口；2. 磁流变液腔塞；3. 线圈绕线轴；4. 磁流变液腔；
5. 喷头端盖；6. 外壳体；7. 导线孔；8. 弹性腔；9. 旋流腔。

（b）喷头三维切割视图

图 2-5-3 优化后的磁流变液喷头

其中，喷体为使液体雾化的主要部件，中部开有通孔用于引出线圈导线，导线引出后在通孔处加注玻璃胶防止滴漏。喷头内部增加了磁流变液与线圈轴结构，因此喷头尺寸比传统液力式喷头大。根据国标 GB/T 18687—2002，为方便喷头内部不同规格的零部件安装与更换，喷头外壳体直径定为 50 mm。喷孔孔径为决定雾化效果的主要参数，传统航空施药空心圆锥喷头的孔径多在 0.5 ～ 2 mm 之间。这里重点探究磁流变效应对喷头流量的调控作用，因此只选取一种适合超低容量喷雾的孔径（1 mm）。旋流腔放置在雾化腔内，液体经过旋流槽受离心力作用加速雾化。旋流腔参照常规旋流喷头多旋流槽的设计，采用对称式结构（双旋流槽），以保证液体加速雾化的均匀性。弹性膜可发生弹性形变，包裹在线圈轴下部外侧形成弹性腔，用于承载磁流变液。弹性膜在填充磁流变液后与喷体内壁留有细微间隙供液体通过。线圈轴外侧缠绕有导线，构成励磁线圈。线圈内部为中空设计，构成用于承载磁流变液的磁流变液腔。其顶端开有磁流变液注液口，下部斜面开有对称通孔。磁流变液从注液口注入，通过下部通孔到达线圈轴与包裹在外的弹性薄膜所组成的腔体，直到磁流变液注射量达到所需值，封闭注液口。弹性腔与线圈组成了喷头控制流量的关键部分。

二、磁场数值分析

1. 磁场对喷头内磁流变液流变特性的影响

要研究磁场对磁流变液流变特性及喷头流量的影响，首先需求得弹性腔及磁流变液腔内磁流变液体积变化的表达式：

$$\Delta V=V_0-V_1 \tag{2.5.1}$$

式中，V_0 为初始加注的磁流变液体积，在添加时可确定；V_1 为施加磁场时磁流变液发生状态改变后的磁流变液总体积。

图 2-5-4 为磁流变液喷头结构计算示意图，图中只标注部分流量计算所涉及的尺寸，其余结构参数见表 2-5-1。

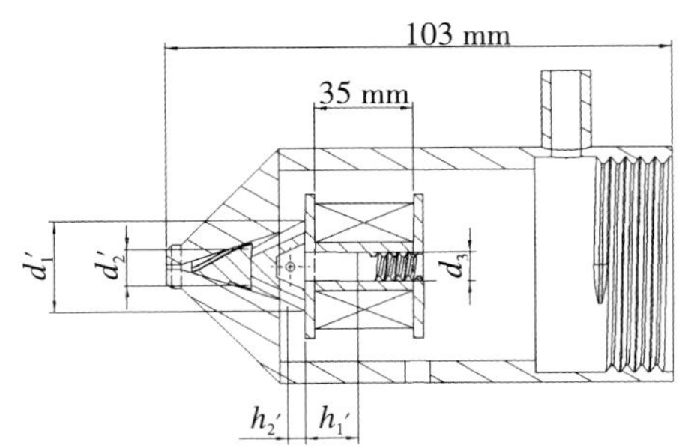

图 2-5-4　磁流变液喷头结构计算示意图

当电源接通时，磁流变液被线圈所产生的磁场所吸引，向线圈所在位置聚拢且形态发生变化，可认为此时弹性腔内磁流变液在任何阶段均相对中心轴体均匀分布，则

$$V_1 = \int_0^{h_1'} \pi d_3^{\,2} \mathrm{d}h + \frac{1}{3}\pi[(d_1-2)^2+(d_1-2)d_2'+d_2']h_2' + \frac{1}{3}\pi(d_1'^2+d_1'd_2'+d_2'^2)h_2' \tag{2.5.2}$$

式中，h_1' 为施加磁场后注液通道内磁流变液实际高度；h_2' 为施加磁场后弹性腔内磁流变液实际高度；d_1' 为施加磁场后弹性腔磁流变液上表面半径；d_2' 为施加磁场后弹性腔内磁流变液的底面半径；d_3 为注液通道半径。

式（2.5.2）中，h_1'、h_2'、d_1'、d_2' 数值与磁流变效应强弱成反比，即磁流变液体积变化与磁流变效应强弱呈正相关。同时，磁流变液体积变化直接对雾化腔入口处的横截面积产生影响，而液体在通道内的流速与流量均受到通道横截面积变化的影响。磁流变液状态改变前后喷头流量变化为

$$\Delta Q = \rho\,|\,v_0 \cos\theta A_0 - v_1 \cos\theta A_1\,| \tag{2.5.3}$$

$$\rho = \rho_s\,\phi_s + \rho_\alpha\,(\phi h + \phi s) + \rho_c\,(1-\phi h) \tag{2.5.4}$$

式中，ρ为液体密度；v_0 为初始液体进入雾化腔的垂直速度；θ 为雾化腔斜面角度；A_0 为此时入口横截面积；v_1 为施加磁场后液体进入雾化腔的垂直速度；A_1 为此时入口横截面积；ρ_s、ρ_α、ρ_c分别为固体相、表面活性剂及基液的密度。

液体在雾化腔入口处的流速可由下式表示：

$$v = \frac{R^{\frac{2}{3}} \times J^{\frac{1}{2}}}{\lambda} \tag{2.5.5}$$

$$R = \frac{A}{x} \tag{2.5.6}$$

式中，R 为水力半径；J 为水力坡度，这里不考虑其影响，则数值为 1；为粗糙系数；A 为喷头内壁粗糙系数；x 为液体接触的内壁横截面周长。

由式（2.5.3）（2.5.5）（2.5.6）可得

$$\Delta Q = \rho \left| n \times \frac{A_0^{\frac{5}{3}} - A_1^{\frac{5}{3}}}{x^{\frac{2}{3}}} \right| \tag{2.5.7}$$

对于同一喷头，粗糙系数λ与内壁周长均为恒定，故可判断其流量主要与雾化腔入口处的有效横截面积有关。当雾化腔入口横截面积增大时，液体流速和流量会同时随之增大。磁流变前后磁流变液体积差越大，则雾化腔入口横截面积变化越大，喷头流量变化越大。由式（2.5.1）（2.5.2）可知，磁流变液体积变化程度由线圈磁场强度决定。而物理学常用磁感应强度 B 代替磁场强度 H 进行磁场计算（二者呈线性关系），其大小主要由线圈的参数决定，所以励磁线圈

的设计很重要。考虑到机械加工水平、实际尺寸等限制，这里磁流变液装置的励磁线圈定为多层圆环电压线圈。

2. 线圈磁感应强度的分析

设计圆环励磁线圈半径保持恒定，改变线圈绕制匝数、导线直径、长度及施加电压的大小，对磁感应强度及磁流变液形态可产生不同程度的影响。设所绕环形线圈截面最内层与最外层半径分别为 r_1、r_2，线圈通电电流为 I。如图 2–5–5 所示，设某一电流元为 Idl（微量），其路径经过某一水平横截面为 x–y 平面，坐标原点与横截面圆心重合，线圈中心轴与 z 轴重合。

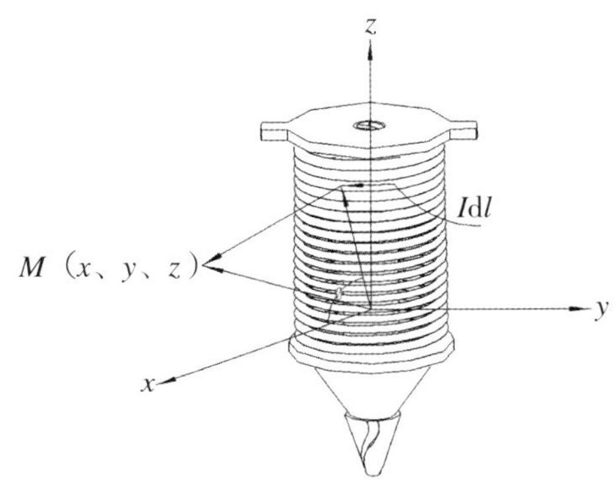

图 2–5–5　圆环线圈磁场分析图

相关研究者通过毕奥 – 萨伐尔定律对圆环线圈周围磁场分布进行了推导。由毕奥 – 萨伐尔定律可知，任意一点的电流元在空间任一点 M（x，y，z）所激发的磁感应强度为

$$B=\oint_L \mathrm{d}B=\oint_L \frac{\mu_0}{4\pi}\frac{\overrightarrow{I\mathrm{d}l}\times\vec{r}\times\sin\theta}{r^3} \tag{2.5.8}$$

式中，$\vec{r}$ 为电流元指向待求场点的单位向量。

M 点对电流元的位置矢量 $\vec{r}$ 为

$$\vec{r}=(x-r\cos\phi)i+(y-r\sin\phi)j+zk \tag{2.5.9}$$

$$\overline{I\,\mathrm{d}l}=-Ir'\sin\phi\,\mathrm{d}\phi i+Ir'\cos\phi\,\mathrm{d}\phi j \tag{2.5.10}$$

由于试验所绕制的为电压线圈，用电压与电阻表示电流，其中

$$R=\frac{\rho L}{A} \tag{2.5.11}$$

式中，ρ 为导体电阻率；L 为导线长度；A 为导线横截面积。

根据上述公式联立得出 M 点在 x、y、z 三个方向的磁感应强度分量为

$$B_x = \frac{u_0 U S r_d z}{4\pi \rho L}\int_0^{2\pi}\frac{\cos\phi \mathrm{d}\phi}{[x^2+y^2+z^2+r_d^{\ 2}-2r_d(x\cos\phi+y\sin\phi)]^{\frac{3}{2}}} \tag{2.5.12}$$

$$B_y = \frac{u_0 U S r_d z}{4\pi \rho L}\int_0^{2\pi}\frac{\sin\phi \mathrm{d}\phi}{[x^2+y^2+z^2+r_d^{\ 2}-2r_d(x\cos\phi+y\sin\phi)]^{\frac{3}{2}}} \tag{2.5.13}$$

$$B_z = \frac{u_0 U S r_d}{4\pi \rho L}\int_0^{2\pi}\frac{(r_d - x\cos\phi - y\sin\phi)\mathrm{d}\phi}{[x^2+y^2+z^2+r_d^{\ 2}-2r_d(x\cos\phi+y\sin\phi)]^{\frac{3}{2}}} \tag{2.5.14}$$

$$r_d = \frac{r_2 - r_1}{\ln\dfrac{r_2}{r_1}} \tag{2.5.15}$$

式中，B_x、B_y、B_z 分别为 M 点在 x、y、z 空间坐标轴三个方向的磁感应强度分量；x、y、z 分别为 M 点在三个方向的坐标；U 为输入电压；r_d 为等效半径，用于将多层线圈转化为电流大小为 NI 的单层圆环线圈进行计算；ρ为导体电阻率；L 为导线长度；S 为导线横截面积；ϕ 为电流元矢量与 x 轴的夹角。

由以上公式可知，圆环电压线圈各方向的磁感应强度与电压、线圈横截面半径、导线直径成正比，与线圈导线总长度成反比，与夹角无关。同时由于计算中省去了匝数，应注意线圈匝数越多，其磁场强度的累积越大。因此在确定线圈尺寸时，为获取尽可能大的磁感应强度与流量控制范围，应选用线径较粗、总长较短、横截面积较大且匝数较多的线圈。

三、线圈磁场仿真模拟

为直观地描述不同参数下圆环线圈周围磁场的分布，可根据公式绘制函数曲线来描绘磁场分布。数学编程软件 MATLAB 中拥有简洁高效的函数图像编码语句，环形电流是电磁学中的经典模型，通过 MATLAB 软件编写程序对磁流变液喷头工作的磁场分布进行仿真分析。本试验主要对圆环线圈磁场某一截面的平面磁场分布与整体空间磁场进行仿真，以尽可能使磁场的分布可视化。

线圈半径和匝数是影响磁场磁感应强度最明显的两个因素。假定圆环线圈中心为坐标原点，真空磁导率为 $4\pi \times 10^{-7}$ T·m/A，线径恒定为 0.5 mm，线圈匝数为 25，电压恒定为 8 V。设置线圈半径为 5 mm、10 mm、15 mm 三个梯度，线圈匝数为 25、50、75 三个梯度，以线圈体积中心为原点进行单层的线圈磁感应强度图像绘制，得出图 2-5-6 至图 2-5-9。

图 2-5-6 是当线圈半径为 15 mm 时任一圆环线圈在 $x = 0$ 平面产生的磁场矢量图。由图 2-5-6 可以看出，磁场线由中心轴向外发散，在中心轴线及中部两侧磁场线较密集，说明此处磁感应强度较大。在圆线圈坐标 ±（0.07 ～ 0.1）m 处磁场线分布最为密集，而在 0 ～ ±0.07 m 范围

内磁感线相对较密集但无明显变化。由于本试验所用线圈直径较小，因此可以认为在较小的平面上磁感应强度无显著差异。

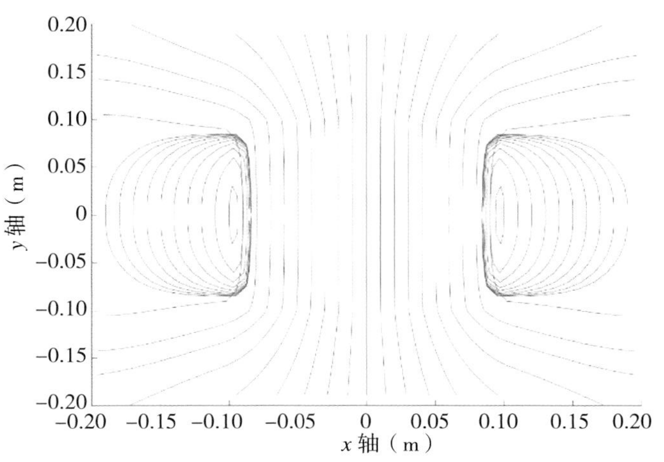

图 2-5-6　$x=0$ 平面产生的磁场矢量图

图 2-5-7 至图 2-5-11 为五种参数下环形线圈切割平面内任一点的磁感应强度分量。由于圆环线圈磁场左右对称，x 轴方向磁场分布旋转即可得到 y 轴方向磁场分布，这里以 $x=0$ 平面为例，只列出此平面上各点磁场 y 轴和 z 轴分量的分布图。其中，所有图中的（a）图均表示 y 轴方向的磁场分量 B_y，所有图中的（b）图均表示 z 轴方向的磁场分量 B_z。

图 2-5-7 至图 2-5-9 表示当线圈半径固定为 15 mm 时，三种不同匝数对磁感应强度的影响。可以看出在匝数为 25、50、75 时，B_y 的波动范围分别为 −0.0019 ～ 0.002 T、−0.0022 ～ 0.002 T、−0.0022 ～ 0.0028 T；B_z 的波动范围分别为 0.0043 ～ 0.0095 T、0.0042 ～ 0.0102 T、0.0048 ～ 0.015 T。可以看出，当线圈匝数增大时，B_y 分量没有明显变化；B_z 分量随匝数的增加而变大，但增幅不明显。

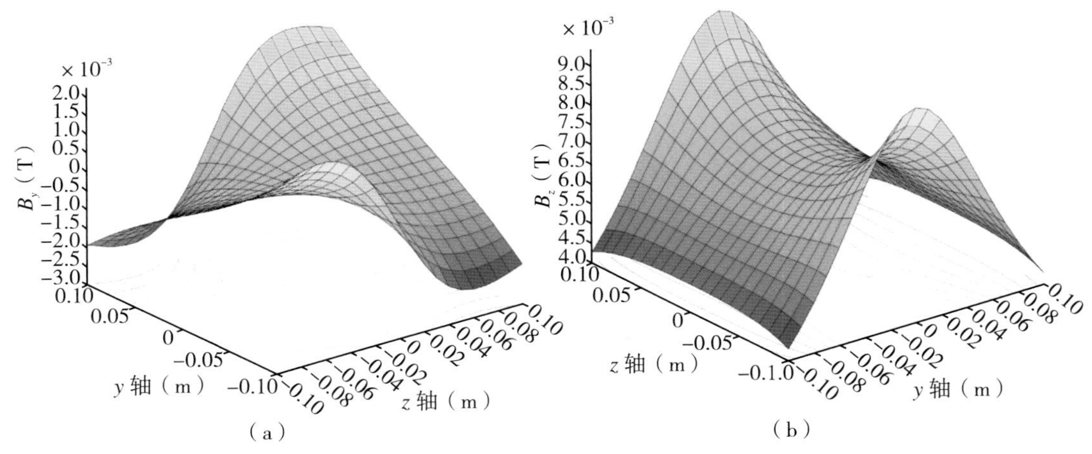

图 2-5-7　线圈半径 15 mm、匝数 25 时的磁场分布

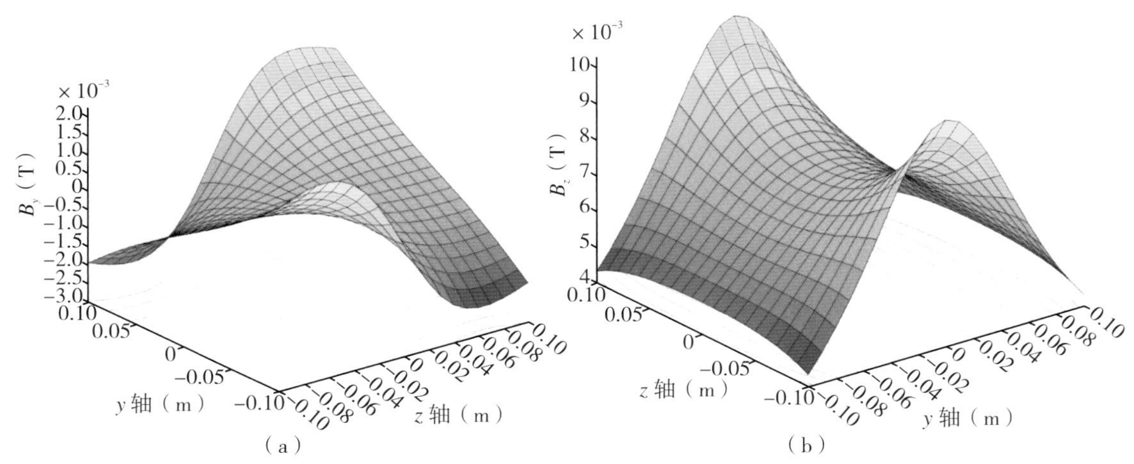

图 2-5-8　线圈半径 15 mm、匝数 50 时的磁场分布

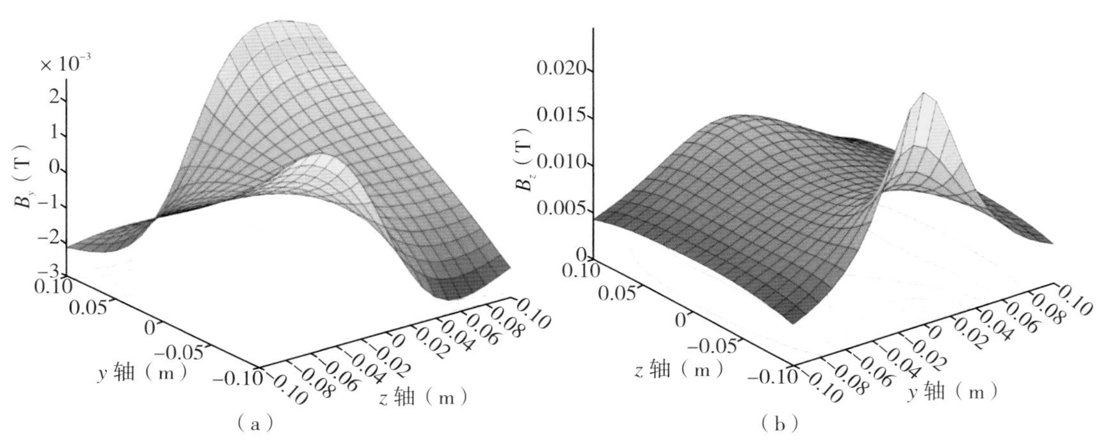

图 2-5-9　线圈半径 15 mm、匝数 75 时的磁场分布

图 2-5-8、图 2-5-10、图 2-5-11 表示当线圈匝数固定为 50 时，三种不同线圈半径对磁感应强度分布的影响。当线圈半径为 5 mm、10 mm、15 mm 时，B_y 的波动范围分别为 −0.00059 ～ 0.00062 T、−0.0012 ～ 0.0015 T、−0.0022 ～ 0.0022 T，B_z 的波动范围分别为 0.0013 ～ 0.0028 T、0.0027 ～ 0.0056 T、0.00102 ～ 0.0042 T。可以看出，当线圈半径变大时，B_y 分量的波动范围变大，相应 B_z 分量的数值增高，且增幅高于改变线圈匝数带来的增幅。图 2-5-7 至图 2-5-11 中磁场整体空间分布趋势相似，可总结得出，对于 $x=0$ 平面内任一点，B_y 分量在坐标原点（0，0，0）附近较小的可视区域内数值很小，在坐标 $y=0.02$ m 和 $z=0.02$ m 附近处突然增大，并沿 y 轴与 z 轴继续逐渐增大；而 B_z 分量由原点沿 y 轴逐渐增大，沿 z 轴逐渐减小。在线圈中心轴线上，其 B_y 分量为 0，只有 B_z 分量，符合理论规律。同时，由于喷头磁流变液腔位于线圈正下方，正处于磁感应强度的增加方向上，可以验证磁流变液腔的布局处于磁场分布较密集的区域上。

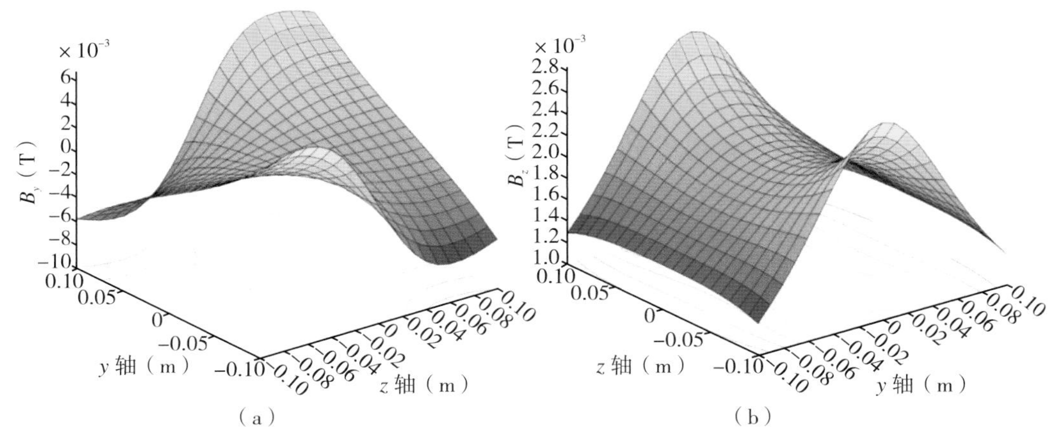

图 2-5-10　线圈半径 5 mm、匝数 50 时的磁场分布

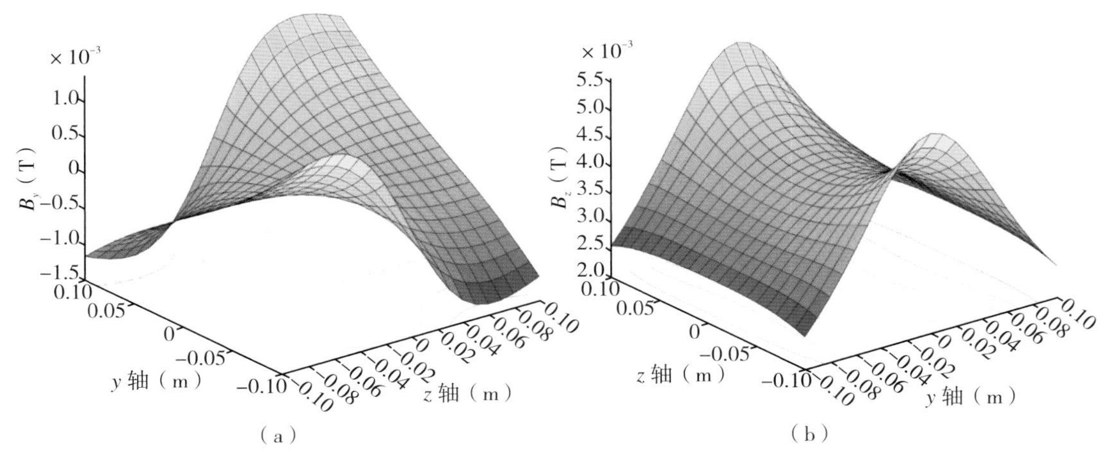

图 2-5-11　线圈半径 10 mm、匝数 50 时的磁场分布

四、线圈参数的确定

依据计算与仿真结果，绕制线圈时应在选取较粗导线的同时确保尽可能多的线圈匝数。一般线圈圆心处磁感应强度大于 30 mT 时才会对磁流变液宏观特征产生显著影响，而铜线线圈漆包线的线径一般为 0.06 ～ 2.24 mm。设定线圈最外层半径为 15 mm，根据式（2.5.14）可计算出当线圈电压为 12 V 时，在圆心处磁感应强度为 30 mT 的线圈漆包线单位长度电阻为 0.26 Ω/m，查表可知此时相对应的线径为 0.28 mm，即当线径大于 0.28 mm 时所产生的磁感应强度才可能符合要求。同时，为防止电流过大及漆包线过细而造成磁路在高温下受到损害，小型励磁线圈线径应保持在 0.2 ～ 1.0 mm 范围内。因此，分别选取 0.3 mm、0.5 mm、0.8 mm、1.0 mm 线径的漆包线进行绕制，并用磁场测量装置高斯计（型号 BST-100，杭州帕菲科技有限公司生产，见图 2-5-12）对其接通电源后产生的实际磁感应强度进行实测。几组测试中，高斯计均放置在线

圈一端的中心轴线处进行测量。当直流电源电压为 12 V 时，电流可调范围为 0 ～ 3.6 A；当直流电源电压为 24 V 时，电流可调范围为 0 ～ 5.0 A。本测试将电流旋钮固定在 3 A 挡位，测得几种参数的线圈在 12 V 和 24 V 电压下的磁感应强度，见表 2–5–2。

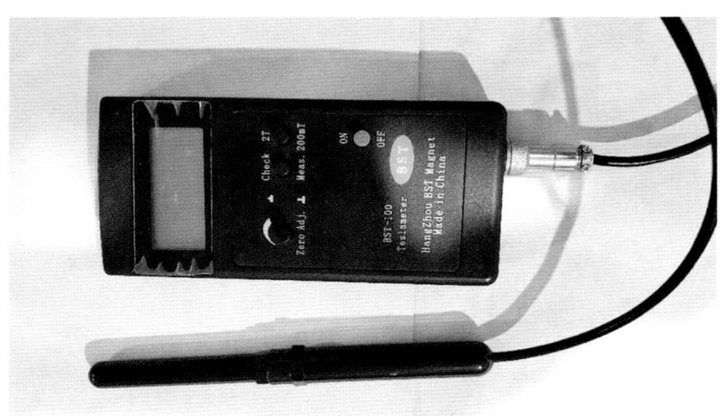

图 2–5–12　高斯计

表 2–5–2　线圈实测磁感应强度

电压（V）	线径（mm）	单层匝数	线圈高度（mm）	磁感应强度（mT）
12	0.3	116	35	20
	0.5	70	35	32
	0.8	44	35	25
	1.0	35	35	21
12	0.3	250	75	28
	0.5	70	35	32
	0.8	55	44	30
	1.0	45	45	26
24	0.3	250	75	38
	0.5	70	35	44
	0.8	55	44	48
	1.0	45	45	36

实际测试中，不同规格线圈所产生的磁感应强度受绕制精度、绕制层数等因素的影响，与理论值有一定偏差。为精简线圈尺寸，在所产生磁感应强度相当的情况下，应选择线圈高度较小的漆包线规格。最终选择 0.5 mm 线径规格的漆包线，线圈高度为 35 mm。

第六节　基于磁流变液的变量喷头研发的室内测试

一、磁流变液变量喷头流量特性

为测定所设计磁流变液变量喷头的喷雾流量特性，课题组对所设计磁流变液喷头及在室内条件下针对不同参数进行了流量特性测试，其中磁流变液喷头各试验参数的设定见表 2-6-1。试验隔膜泵压力恒定为 0.3 MPa，改变喷头内磁流变液注入量及线圈输入电压，研究这两项参数对喷头流量调控的影响。同时与常规农用喷头进行对比，在相同条件下进行测试。每组试验均重复 3 次。

表 2-6-1　试验参数设定

编号	喷施压力（MPa）	磁流变液注入量（mL）	线圈输入电压（V）
1	0.3	0.0	0
2	0.3	0.5	0
3	0.3	0.5	12
4	0.3	0.5	24
5	0.3	1.0	0
6	0.3	1.0	12
7	0.3	1.0	24
8	0.3	1.5	0
9	0.3	1.5	6
10	0.3	1.5	12
11	0.3	1.5	18
12	0.3	1.5	24
13	0.3	1.5	28
14	0.3	2.0	0
15	0.3	2.0	12
16	0.3	2.0	24
17	0.3	2.5	0
18	0.3	2.5	12
19	0.3	2.5	24

测试在华南农业大学荷园喷施雾化实验室进行，室内场地宽阔，不受自然风、光照等因素影响，试验数据稳定可靠。喷雾测试平台搭建如图 2–6–1 所示，包括兆信 KXN–6010D 及龙威 LW–6020KD 直流电源、水桶、支架、普兰迪 PLD–1206 隔膜泵、方威 DN–15 减压阀、红旗 Y–100 压力表等设备。准备几种装有不同剂量磁流变液的喷头及流量范围相近的 LECHLER F110–02VS 型号液力式喷头（LECHLER 公司生产，喷雾角为 110° ，雾化形状为平面扇形）作为对照组。

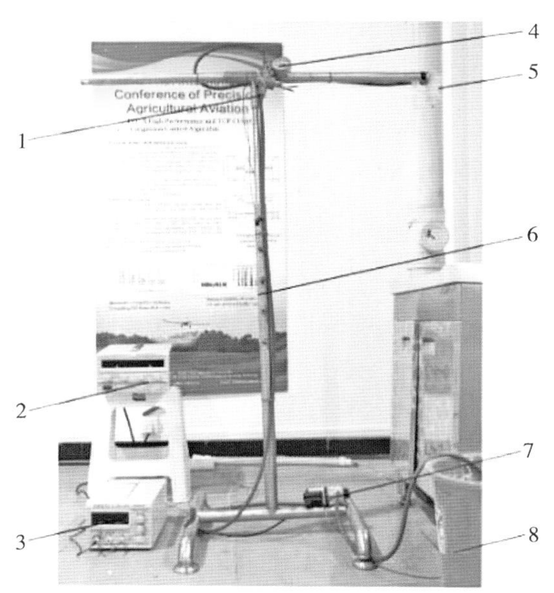

1. 减压阀；2. 线圈电源；3. 水泵电源；4. 压力表；

5. 磁流变液喷头；6. 喷雾支架；7. 隔膜泵；8. 水桶。

图 2–6–1　喷雾测试平台

（一）试验方法

（1）按照图 2–6–1 所示搭建测试平台，依次连接好水泵电源、线圈电源、水桶、水泵、水管、减压阀、压力表等。

（2）测试磁流变液注入量对喷施流量的影响。首先，调节水泵泵压使其恒定在 0.3 MPa，安装 LECHLER F110–02VS 喷头进行流量测试并记录数据，然后将准备好的磁流变液注入量分别为 0.0 mL、0.5 mL、1.0 mL、1.5 mL、2.0 mL、2.5 mL 的喷头依次与水管连接安装，在线圈电压初始状态为 0 时打开电源开关，测试此时流量。其次，分别将线圈电压升至 12 V、24 V，继续测试流量。

（3）进一步测试喷头流量受线圈电压改变的影响。在测试 1.5 mL 磁流变液注入量的喷头流量时分别施加 6 V、18 V、28 V 的电压，依次测试流量。

（二）试验结果

1. 磁流变液注入量对喷施流量的影响

当隔膜泵泵压为 0.3 MPa 时，磁流变液喷头随不同磁流变液注入量的流量变化曲线如图 2–6–2 所示。其中，横坐标为磁流变液注入量从 0 mL 增加到 2.5 mL，纵坐标代表其每分钟的流量数值。紫色曲线为线圈电压 12 V 时喷头流量的变化趋势，红色曲线为线圈电压 24 V 时喷头流量的变化趋势，黑色直线为 LECHLER F110–02VS 喷头在同等泵压下的流量，作为磁流变液喷头流量的对照组。

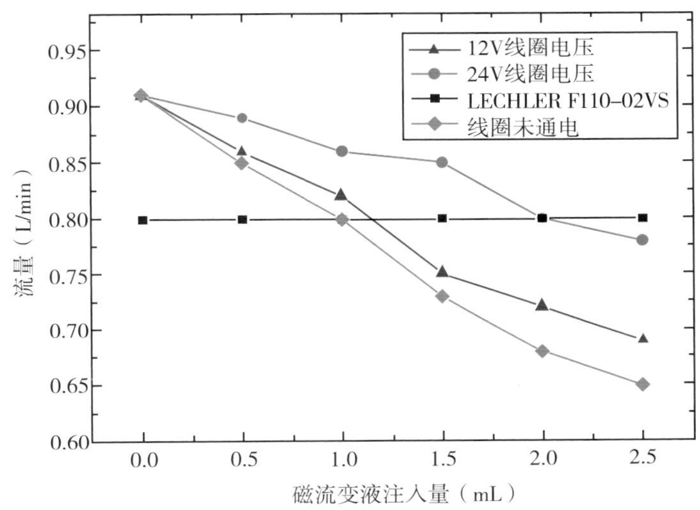

图 2–6–2　喷头流量随磁流变液注入量变化曲线

从图 2–6–2 中可知，在无磁流变液注入的情况下，磁流变液喷头的流量为 0.91 L/min，大于 LECHLER F110–02VS 喷头的流量 0.80 L/min；当施加磁场（线圈通电）时，三种线圈电压（0 V、12 V、24 V）下磁流变液喷头的流量随着不同的磁流变液注入量变化趋势一致，均随着磁流变液注入量的增加而减小，在磁流变液注入量为 2.5 mL 时分别降至 0.65 L/min、0.69 L/min、0.78 L/min。此时，三种情况下磁流变液喷头的流量均小于 LECHLER F110–02VS 喷头的流量。当电压为 0 V 时，喷头流量下降趋势相比 12 V 电压时稍快，两者都明显比 24 V 电压时下降更剧烈，这说明线圈电压变大会对喷头的流量下降起到阻抗作用，下降趋势变缓。

2. 线圈电压对喷施流量的影响

当磁流变液注入量为 1.5 mL 时，喷头流量随线圈电压变化的曲线如图 2–6–3 所示。可以看出，喷头流量的增长曲线可分为三个阶段：当线圈电压小于 6 V 时，电压对喷头流量的影响很不显著，喷头流量一直稳定在 0.72 L/min，说明此时电压过小，产生的磁感应强度难以对磁流变液产生实质影响。当电压在 12 ～ 18 V 之间时，喷头流量呈现持续快速上升趋势，上升到 0.85 L/min，增加了 18%。此时线圈开始对磁流变液产生明显的聚集作用，对流量的影响最显著。当电压超过 24 V 时，喷头流量逐渐趋于稳定，在 0.9 L/min 上下浮动。这是由于当电压超过一定限度时，其磁流变效应对喷头内部结构造成的改变已经接近完全，即使继续增加电压，理论上也不会再对流量产生影响。

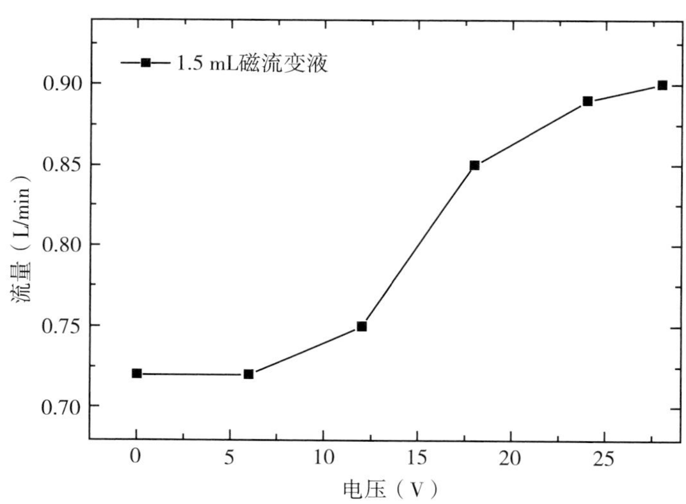

图 2-6-3　喷头流量随线圈电压变化曲线

二、磁流变液喷头雾滴粒径特性测试

（一）试验方法

（1）将喷头安装在风洞筒内的移动喷雾架上，并将喷头内引出的线圈导线顺着风洞筒内壁导出，连接到外部试验台上的直流电源。

（2）安装完毕后，打开电源和水泵电磁阀开关进行试喷，确定可以正常使用后旋转电磁阀旋钮进行系统压力调节。为方便和几种液力式喷头的雾滴谱进行对比，本试验将压力统一在 0.3 MPa，通电线圈电压固定为 12 V。

（3）准备好磁流变液注入量分别为 0.0 mL、0.5 mL、1.0 mL、1.5 mL 的喷头，依次更换到喷雾架上。打开激光粒度分析仪，按照“基于磁流变液的变量喷头研发”小节中的方法进行参数设定，完成后依次对几种喷头进行雾滴粒径测量，得到雾滴的粒径数据（$Dv_{0.1}$、$Dv_{0.5}$、$Dv_{0.9}$）及粒径分布情况，注意每次测量前检查系统压力的稳定性。

（二）试验结果

1. 雾滴粒径分析

当隔膜泵泵压为 0.3MPa 时，磁流变液喷头在磁流变液注入量为 0.0 mL、0.5 mL、1.0 mL、

1.5 mL、2.0 mL 情况下的雾滴体积中径和磁流变液注入量关系图如图 2-6-4 所示。可以看出，雾滴粒径分布范围均在 190 ～ 220 μm 之间，在完全不注入磁流变液时雾滴粒径最大，为 219.15 μm；注入量为 2.0 mL 时粒径最小，为 198.12 μm。随着磁流变液注入量的增加，雾滴粒径呈现缓慢减小趋势。从喷头内部结构来看，当磁流变液注入量为 0.0 mL 时，磁流变液腔的体积最小。喷头开始工作后，由于水流的侧向压力，磁流变液腔受到挤压，磁流变液腔与雾化腔内壁的空间为最大间隙，此时喷头流量最大，但流速较慢，导致雾滴在旋流槽中的旋转加速雾化与其他几种情况相比没有得到充分旋转，因此雾滴粒径也最大。随着磁流变液的添加，通道内间隙变小，使得流速在一定程度上提高了，促进了雾滴的进一步雾化，最终所测得的雾滴粒径数据也随之减小，但总体而言粒径都分布在 200 μm左右，处于细雾滴和中等雾滴的交界范围。

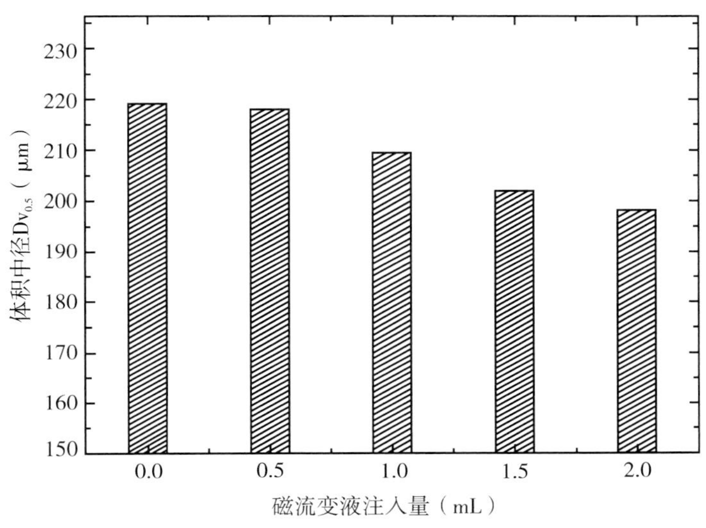

图 2-6-4 雾滴体积中径和磁流变液注入量关系

2. 雾滴谱分析

通过公式（2.4.1）计算雾滴分布跨度（RS）。表 2-6-2 表示的是五种磁流变液注入量下的喷头在 0.3 MPa 压强、12 V 线圈电压条件下所测得雾滴粒径数据及对应得出的雾滴分布跨度。

表 2-6-2 不同磁流变液注入量下的雾滴谱

磁流变液注入量（mL）	$Dv_{0.1}$（μm）	$Dv_{0.5}$（μm）	$Dv_{0.9}$（μm）	RS
0.0	70.22	219.15	358.47	1.315
0.5	75.21	218.00	387.20	1.431
1.0	68.59	209.45	383.97	1.506
1.5	69.22	201.88	365.95	1.470
2.0	66.85	198.12	350.13	1.430

从表 2–6–2 可以看出，在五种试验条件下喷头的雾滴分布跨度在 1.315 ～ 1.506 之间波动。在完全不添加磁流变液的情况下雾滴分布跨度最窄，表示其喷施状态最稳定，雾滴均匀性最好。随着磁流变液的添加，雾滴的分布跨度呈上下波动，注入量为 1.0 mL 时数值达到最大。总体而言，在注入磁流变液后雾滴的分布跨度相比未注入时均有增大，但未呈线性趋势。

在注入磁流变液后，磁流变液受电磁场作用呈半固体状态，此时磁流变液腔与雾化腔内壁形成的间隙具有轻微弹性，造成流体经过此间隙时有微小振动，最终影响到雾滴的均匀性。随着磁流变液注入量的增加，磁流变液状态随之变得稳定，同时通道间隙变小，使得分布跨度又趋于变窄，雾滴分布趋于均匀。

3. 雾滴粒径与雾滴谱对比分析

对比传统液力式喷头喷施试验中对典型液力式喷头所做的雾滴粒径测试，图 2–6–5 为几种喷头在 0.3 MPa 压力下的雾滴体积中径对比。以下用缩写 CL 代表磁流变液喷头，后缀编号代表磁流变液注入量。可以看出，CL 系列喷头在 0.3 MPa 压力下，0.0 ～ 2.0 mL 磁流变液注入量范围内的雾滴粒径分布在 198.12 ～ 219.15 μm，均大于 LU120 系列喷头。LU120 系列喷头在型号增大时雾滴粒径随之变大，其中粒径最大的是 LU120–03 喷头。LU120–03 喷头在 0.3 MPa 压力下和 CL–2.0 喷头的雾滴粒径最接近，为 194.35 μm。

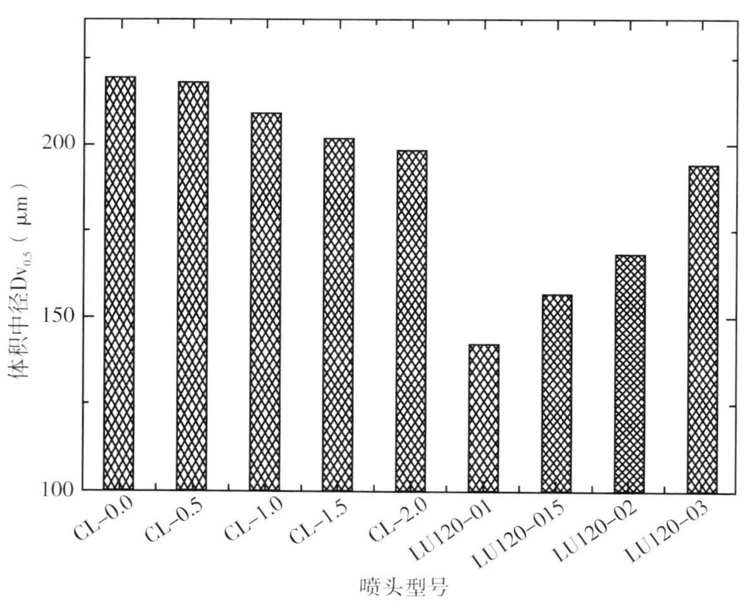

图 2–6–5 雾滴体积中径对比

图 2–6–6 是 CL 系列喷头和 LU120 系列喷头的雾滴分布跨度对比。可以看出 CL 系列喷头的分布跨度范围（1.315 ～ 1.506）相比 LU120 系列喷头的分布跨度范围（1.208 ～ 3.136）较小，这主要是由于 LU120–03 号喷头的分布跨度较大，说明 LU120–03 号喷头的雾滴分布非常不均匀。

但若除去 LU120-03 号喷头，其余 LU120 系列喷头的分布跨度较 CL 系列喷头均偏小，说明其雾滴均匀性整体稍好于磁流变液喷头。

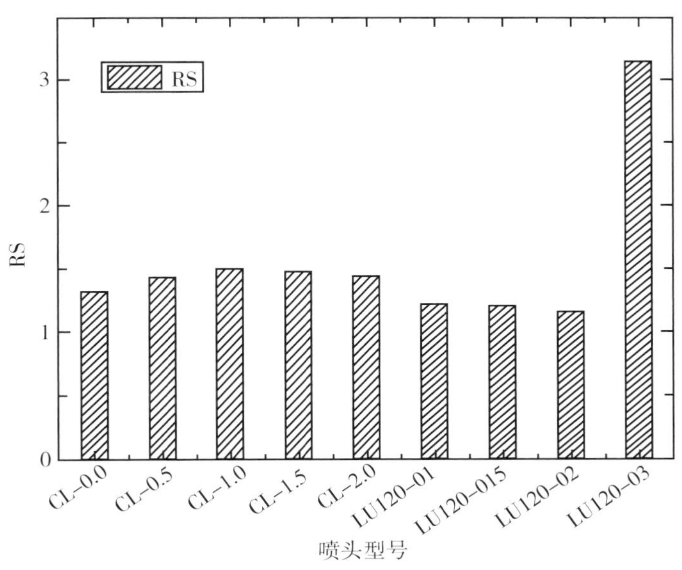

图 2-6-6　雾滴分布跨度对比

三、线圈电压对喷头雾滴粒径的影响

（一）试验方法

调节电磁阀，设置系统喷施压力为 0.3 MPa、0.5 MPa 两个梯度。调节连接线圈的直流电源，设置 0 V、6V、12 V、24 V 四个梯度。依次测量几种参数下喷头的雾滴粒径，得到雾滴的粒径数据（$Dv_{0.1}$、$Dv_{0.5}$、$Dv_{0.9}$）及粒径分布情况。注意每次测量前检查系统压力的稳定性。

（二）试验结果

1. 雾滴粒径分析

当磁流变液注入量为 1.5 mL，隔膜泵泵压设定为 0.3 MPa、0.5 MPa，线圈电压为 0 V、6 V、12 V、24 V 时所测得的雾滴体积中径如图 2-6-7 所示。可以看出，在 0.3 MPa 压力下，喷头雾滴体积中径在 193.48 ～ 206.73 μm 之间变化，变化幅度为 13.25 μm；在 0.5 MPa 压力下，喷头雾滴体积中径在 179.35 ～ 186.32 μm 之间变化，变化幅度为 6.97 μm。两种水泵压力下喷头的雾滴粒径均随着压力的增大而呈增大趋势，但在 0.3 MPa 压力下雾滴粒径的增加幅度较 0.5 MPa 压力下更大。在 0.3 MPa 压力下 0 V、6 V 线圈电压两种情况，以及在 0.5 MPa 压力下 0 V、6 V、12 V 线圈电压三种情况时喷头的雾滴体积中径差异较小，分别在 195 μm 和 180 μm

左右，此时线圈电压对雾滴粒径的改变很小。总体来看，喷洒压力对雾滴体积中径的影响明显大于线圈电压的影响，这与磁流变液喷头设计原理相符合，即对喷头流量进行调控的过程中尽量减小对雾滴粒径的影响。

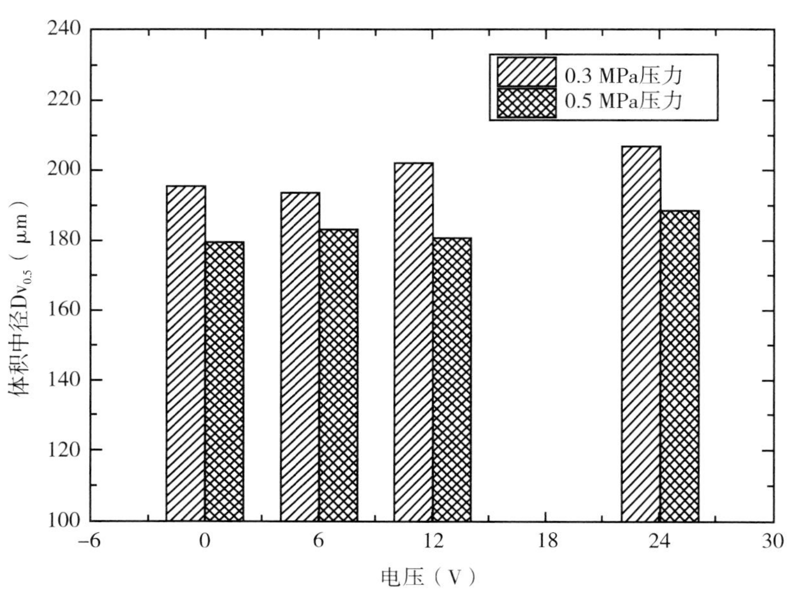

图 2-6-7　雾滴体积中径与线圈电压关系

2. 雾滴谱分析

通过公式（2.4.1）计算雾滴分布跨度。喷头在四种电压、两种喷洒压力条件下所测得雾滴粒径的分布跨度见表 2-6-3。

表 2-6-3　不同电压、不同喷洒压力下的雾滴谱

线圈电压（V）	喷洒压力（MPa）	$Dv_{0.1}$（μm）	$Dv_{0.5}$（μm）	$Dv_{0.9}$（μm）	RS
0	0.3	68.33	195.21	352.37	1.455048
	0.5	62.15	193.48	355.14	1.514317
6	0.3	69.22	201.88	365.95	1.469834
	0.5	72.39	206.73	372.16	1.450056
12	0.3	67.35	179.35	331.77	1.474324
	0.5	61.58	182.86	343.84	1.543585
24	0.3	65.22	180.54	361.34	1.640191
	0.5	73.38	188.32	365.11	1.549119

由表 2-6-3 可以看出，当喷洒压力为 0.3 MPa 时，四种线圈电压下雾滴的分布跨度在

1.4550056 ～ 1.640191 范围内，在 0 V、6 V、12 V 电压下雾滴的分布跨度差异很小，但在 24 V 电压下分布跨度飙升至 1.640191。当喷洒压力为 0.5 MPa 时，四种线圈电压下雾滴的分布跨度在 1.450056 ～ 1.549119 范围内，在 6 V 电压下分布跨度达到最小值，而在 0 V、12 V、24 V 电压下分布跨度差异同样很小。总体来看，在 0 V 和 6 V 电压下雾滴的分布均匀性稍优于在 12 V 和 24 V 电压下，但由于相互之间差异较小，测试中出现分布跨度的波动可能是受到外界环境和试验条件等因素的影响，因此无法判定电压或者喷洒压力的改变是否会对雾滴分布跨度造成明显的影响。

第七节　基于磁流变液的变量喷头研发的室外测试

实验室内理想条件下的雾滴测试排除了自然风和各种干扰因素的影响。本室外测试将喷头搭载于无人机上进行机载试验。在与室内试验同样的试验因素下，对室外相同的喷雾系统进行雾滴采集，设置统一的飞行参数，在三种线圈电压状态下分别测试飞行喷洒的雾滴大小、分布沉积及穿透性。同时根据传统液力式喷头喷施试验的结果，选取同等粒径范围的液力式喷头作为对照组在相同条件下进行试验，验证磁流变液喷头的真实喷雾水平，为今后的喷头设计及改进提供指导。

试验在华南农业大学风洞实验室外场地进行，环境温度 20℃，相对湿度 65%，平均风速 0.3 m/s，试验对象为仿真植株。

一、试验材料

（1）德美特 M234-AT 植保无人机一架（深圳高科新农技术有限公司），无人机的喷雾系统与室内试验喷雾系统保持一致，选用普兰迪 PLD-1206 隔膜泵，并与无人机飞控系统相连。在喷雾架上安装磁流变液喷头和输液管，并与水泵连接。由于直流电源体积和重量过大无法直接安装在无人机上，因此选择锂电池作为喷头内部线圈的供电装置，通过稳压模块进行电压控制，并增加无线开关模块，远程遥控电路的通断。磁流变液喷头的机载喷洒系统连接示意图如图 2-7-1 所示，稳压模块与磁流变液喷头如图 2-7-2 所示，线圈供电电池与无线开关模块如图 2-7-3 所示，飞行喷洒试验如图 2-7-4 所示，无人机机型参数见表 2-7-1。

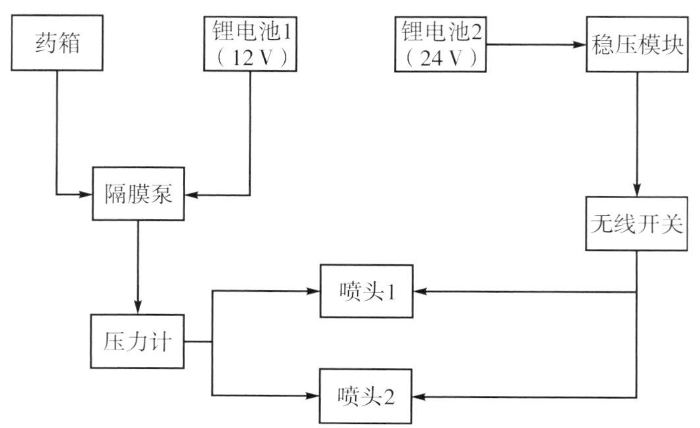

图 2-7-1　机载喷洒系统连接示意图（针对磁流变液喷头）

图 2-7-2　稳压模块与磁流变液喷头

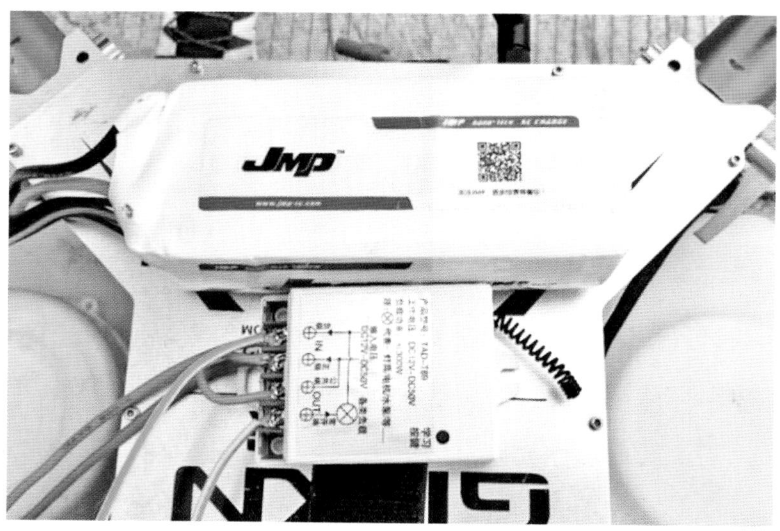

图 2-7-3　线圈供电电池与无线开关模块

图 2-7-4　飞行喷洒试验

表 2-7-1　无人机机型参数

主要参数	规格及数值
机型型号	德美特 M234-AT 植保无人机
外形尺寸（m×m×m）	0.8×0.8×0.5
喷头个数	2
最大载药量（L）	10
作业速度（m/s）	0～6
作业高度（m）	1～5
水泵	普兰迪 PLD-1206 隔膜泵

（2）磁流变液喷头选择雾滴体积中径分级处在中等范围内的 F110-03、IDK120-01、IDK120-02 喷头。

二、试验方法

（1）采集点布置。将仿真植株尽可能密集地摆放在室外试验区域。在仿真植株上布置两条采集带，每条采样带布置 9 个采集点，每个采样点之间相距 0.5 m。采样卡使用水敏纸。

（2）将喷雾系统安装在无人机上。两个磁流变液喷头的位置位于旋翼电机的正下方。校准无人机的陀螺仪、GPS 及电机，并确保无人机的稳定性与安全性。

（3）在测试区域旁边安装好 NK-5500 Kestrel 微型气象站，在起飞前开启，设定每隔 5 s 自动记录温度、湿度、风速、风向等数据。

（4）由于室外条件限制，本试验只设定 3 个梯度线圈电压下的飞行测试，每种线圈电压设置 2 次重复测试，一共 6 个航次。将所有航次的飞行高度、水泵压力与亩喷量设为恒定。飞行高度设定在 1.5 m；压力与室内试验保持一致，为 0.3 MPa；亩喷量定为 1.5 L。为保证亩喷量的恒定，根据传统液力式喷头喷施试验所测得的各喷头流量计算各喷头所需的飞行速度，结果见表 2-7-2。

表 2-7-2　各航次飞行参数设定

喷头型号	压力（MPa）	亩喷量（L）	流量（L/min）	飞行速度（m/s）
磁 1	0.3	1.5	0.72	2.1
磁 2	0.3	1.5	0.72	2.1
磁 3	0.3	1.5	0.75	2.2
F110-03	0.3	1.5	1.19	3.5
IDK120-01	0.3	1.5	0.40	1.2
IDK120-02	0.3	1.5	0.80	2.4

（5）每完成一个航次飞行，收集当次采集卡并布置新的采集卡。将收集好的采集卡装入密封袋中，并将密封袋放入保鲜盒中进行保存。

（6）所有航次全部完成后，将采集卡及时拿出进行图像扫描。将图像保存为 BMP 格式、分辨率 600ppi 的灰度图像，然后运用 DepositScan 软件对每张采集卡的雾滴粒径、雾滴沉积量、雾滴覆盖率等参数进行分析并汇总。

三、试验结果

将 0 V、6 V、12 V 电压下的磁流变液喷头分别以磁 1、磁 2、磁 3 表示，以单位面积沉积量表示雾滴的平均沉积量，6 种喷头所测得的平均沉积量见表 2-7-3。

以 2 条采集带各采集点的沉积量平均值计算各喷头的总体平均沉积量，根据表 2-7-3 绘制的沉积量分布图如图 2-7-5 所示。

表 2-7-3　各喷头平均沉积量

喷头型号	采集带	各采集点单位面积沉积量（μL/cm²）								
		-2.0	-1.5	-1.0	-0.5	0	0.5	1.0	1.5	2.0
磁 1	1	0.003	0.006	0.090	0.290	0.620	0.190	0.042	0.018	0.001
	2	0.001	0.009	0.077	0.303	0.790	0.350	0.059	0.012	0.004
磁 2	1	0.001	0.010	0.053	0.229	0.464	0.127	0.051	0.014	0.002
	2	0.001	0.009	0.030	0.065	0.162	0.054	0.024	0.010	0.005
磁 3	1	0.008	0.031	0.103	0.311	0.766	0.225	0.094	0.017	0.001
	2	0.004	0.029	0.102	0.375	0.796	0.238	0.075	0.025	0.001
F110-03	1	0.009	0.024	0.064	0.243	0.457	0.197	0.095	0.019	0.007
	2	0.009	0.050	0.081	0.206	0.706	0.176	0.062	0.035	0.006
IDK120-01	1	0.009	0.034	0.098	0.474	0.730	0.387	0.054	0.019	0.007
	2	0.014	0.045	0.256	0.591	0.795	0.517	0.102	0.025	0.009
IDK120-02	1	0.010	0.067	0.306	0.457	0.884	0.319	0.093	0.043	0.009
	2	0.019	0.034	0.198	0.474	0.860	0.387	0.054	0.019	0.010

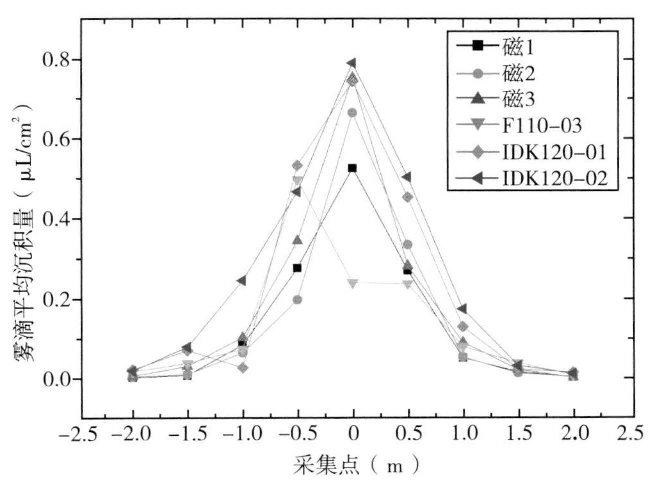

图 2-7-5　各喷头雾滴平均沉积量分布图

在图 2-7-5 中，横坐标代表采集点的位置，0 代表采集点正中心，纵坐标为各采集点的雾滴平均沉积量。由图可以看出，在采集点区域内，IDK120-02 整体雾滴平均沉积量最高，在航线中点达到 0.7895 μL/cm²，且覆盖范围较广；IDK120-01 在采集中心点处的沉积量峰值与 IDK120-02 接近，但在两侧区域平均沉积量稍低；F110-03 雾滴平均沉积量最低，且由于受到侧向风的影响，峰值发生偏移，处于 -0.5 m 位置；磁 3 号喷头与 IDK120-01 雾滴平均沉积量相近，雾滴沉积集中在航线中点附近，但在采集中心两侧区域又稍低于 IDK120-01；磁 1 号喷头雾滴平均沉积量与 F110-03 相近，但有效喷雾区域相对较窄；磁 2 号喷头在中心两侧区域与磁 1 号喷头雾滴平均沉积量差异不大，但在中心峰处明显高于磁 1 号喷头。虽然磁 1 号与磁 2 号喷头在流量上差异很小，但对不同采集点的雾滴平均沉积量还是产生了一定影响。

总体来看，三种线圈电压下的磁流变液喷头的雾滴平均沉积量介于 F110-03 与 IDK120-02 喷头之间，且线圈电压增大，雾滴平均沉积量也变大。但两侧雾滴平均沉积量偏低，有效喷洒区域集中于航线中点附近，即有效喷幅较窄。电压较小时对磁流变液喷头的流量影响较小，但对雾滴平均沉积量特别是中心位置的平均沉积量影响较明显。这是因为在电压较小时，磁流变液的性质更趋向于液体，在磁流变液腔内处于更不稳定的状态，容易受到外界振动影响而产生波动。

参考文献

[1] 张东彦，兰玉彬，陈立平，等. 中国农业航空施药技术研究进展与展望[J]. 农业机械学报，2014，45（10）：53–59.

[2] 杨学军，严荷荣，徐赛章，等. 植保机械的研究现状及发展趋势[J]. 农业机械学报，2002，33（6）：129–131+137.

[3] 陈盛德，兰玉彬，李继宇，等. 植保无人机航空喷施作业有效喷幅的评定与试验[J]. 农业工程学报，2017，33（7）：82–90.

[4] 茹煜，朱传银，包瑞，等. 航空植保作业用喷头在风洞和飞行条件下的雾滴粒径分布[J]. 农业工程学报，2016，32（20）：94–98.

[5] 王双双，何雄奎，宋坚利，等. 农用喷头雾化粒径测试方法比较及分布函数拟合[J]. 农业工程学报，2014，30（20）：34–42.

[6] 邱白晶，王立伟，蔡东林，等. 无人直升机飞行高度与速度对喷雾沉积分布的影响[J]. 农业工程学报，2013，29（24）：25–32.

[7] 秦维彩，薛新宇，周立新，等. 无人直升机喷雾参数对玉米冠层雾滴沉积分布的影响[J]. 农业工程学报，2014，30（5）：50–56.

[8] 陈盛德，兰玉彬，李继宇，等. 小型无人直升机喷雾参数对杂交水稻冠层雾滴沉积布的影响[J]. 农业工程学报，2016，32（17）：40–46.

[9] 吕晓兰，傅锡敏，吴萍，等. 喷雾技术参数对雾滴沉积分布影响试验[J]. 农业机械学报，2011，42（6）：70–75.

[10] 王潇楠，何雄奎，王昌陵，等. 油动单旋翼植保无人机雾滴飘移分布特性[J]. 农业工程学报，2017，33（1）：117–123.

[11] 黄晓宇. 基于磁流变液的农用喷头设计及试验研究[D]. 华南农业大学，2020.

[12] 黄晓宇，兰玉彬，尹选春. 基于磁流变液的农用变量喷头设计及试验[J]. 华南农业大学学报，2019，40（4）：92–99.

[13] XUE X Y，LAN Y B，SUN Z，et al. Develop an unmanned aerial vehicle based automatic aerial spraying system[J]. Computers and Electronics in Agriculture，2016，128：58–66.

[14] LAN Y B，CHEN S D，FRITZ B K. Current status and future trends of precision agricultural aviation technologies[J]. International Journal of Agricultural and Biological Engineering，2017，10（3）：1–17.

[15] MARTIN D E，CARLTON J B. Airspeed and orifice size affectspray droplet spectrum from an aerial electrostatic nozzle forfixed-wing applications[J]. Applied Engineering

inAgriculture，2013，29（1）：5–10.

［16］ FERGUSON J C，CHECHETTO R G，HEWITT A J，et al. Assessing the deposition and canopy penetration of nozzles with different spray qualities in an oat （Avena sativa L.） canopy［J］. Crop Protection，2016，81：14–19.

［17］ FRITZ B K，HOFFMANN W C，LAN Y B. Evaluation of the EPA drift reduction technology（DRT）low-speed wind tunnel protocol［J］. Journal of ASTM International，2009，6（4）：12.

［18］ FRITZ B K，HOFFMANN W C，BIRCHFIELD N B，et al. Evaluation of spray drift using low-speed wind tunnel measurements and dispersion modeling［J］. Journal of ASTM International，2010，7（6）：16.

［19］ HOFFMANN W C，FRITZ B K，LAN Y B. Evaluation of a proposed drift reduction technology high-speed wind tunnel testing protocol［J］. Journal of ASTM International，2009，6（4）：11.

第三章 农用无人机静电喷雾系统的研制与应用

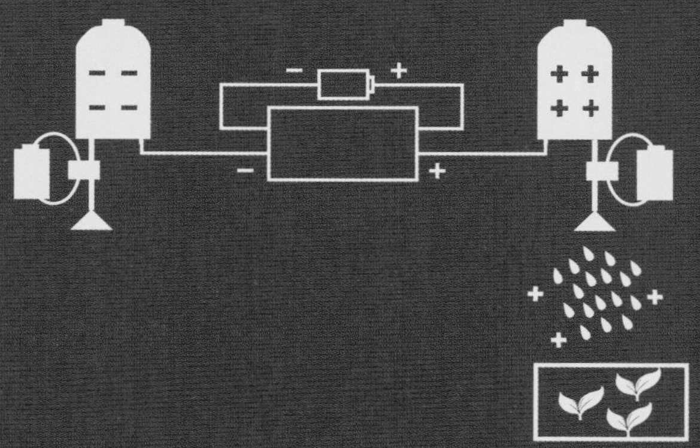

第一节　静电喷雾技术理论研究

一、静电喷雾技术简介

静电喷雾技术是指利用高压电极在喷嘴与喷施靶标之间建立静电场，使经喷嘴雾化后的雾滴携带电荷，雾滴在初始动力、重力和电场力的驱动下，向靶标做沉积运动。因为静电场的“静电环绕”原理，荷电后的雾滴可以迂回沉积到靶标内部被遮盖的部位，如作物叶片背面等，增加雾滴的沉积效果和穿透性。当携带电荷的雾滴靠近靶标时，根据静电感应原理，靶标将产生与雾滴极性相反的电荷，根据库仑定律，雾滴与靶标之间产生库仑力，增加雾滴在靶标上的黏附性。与非静电条件下相同尺寸的雾滴相比，静电条件下的雾滴在喷施靶标上的润湿面更大，黏附性更强，从而可以增大喷施药液与病虫草害的接触面积和接触概率，提高病虫草害的防治效果并降低施药量。航空静电喷雾技术是将静电喷雾设备搭载到航空作业平台上进行植保作业，并将航空植保技术和静电喷雾技术两者优势结合的施药技术。这种技术在有人驾驶飞机上获得了成功，但由于无人机施药技术起步较晚，因此无人机静电喷雾系统还处在实验室研发阶段，还没有成熟的产品应用于市场。设计出应用于农用无人机上的静电喷雾系统，探究无人机静电喷雾系统大田作业规律，对无人机植保技术的发展有一定推动作用。

二、雾滴荷电理论

雾滴的荷电主要有感应荷电、接触荷（充）电、电晕荷电和摩擦生电四种形式。感应荷电的电压一般在 10 kV 以内，处于相对低的电压范围，普遍应用于背负式压力喷雾器、地面喷杆式喷雾器等，是目前主流的雾滴荷电方式。接触荷电作为一种最直接的充电方式，在电能传导方面效率最高，这是被普遍承认的事实，但由于充电电压一般在 10 ～ 35 kV，电压高且绝缘的安全性不易保证，其发展受到约束。就技术本身而言，接触荷电是最稳定、充电性能最好的方式，有较大的挖掘价值和潜力。电晕荷电的电压较高，一般在 40 kV 以上，其荷电性能不稳定且危险系数较大，难以应用于农业静电喷雾中。摩擦生电常用于固体颗粒的荷电，液体雾滴的荷电并不适用。

（一）感应荷电

1. 感应荷电

感应荷电主要通过感应电极和喷嘴配合实现，如图 3–1–1 所示。感应电极一般为环状，通以静电高压后被充上单一极性的高压正电或者高压负电，喷嘴向环状电极所包围的空间电场喷射雾流，感应电极排斥雾流液体中的同性电荷，吸引异性电荷，液体破碎雾化时，雾滴便带上了与感应电极电性相反的电荷。高压静电发生器另一端接入喷嘴、药液管路或药箱，从而构成一个电容器充电电路，感应电极和雾流可以视为电容器的两个极板。

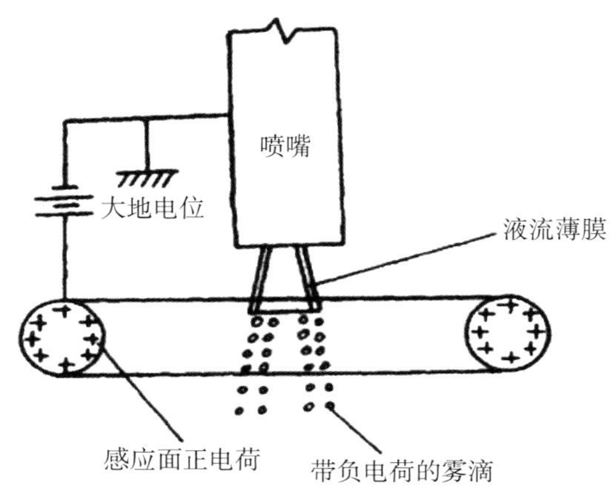

图 3–1–1　感应荷电基本原理

由图 3–1–1 可以看出，破碎雾化后的雾滴极性与感应电极相反，此时，如果电极半径尺寸太小且与雾滴距离过近，受到异性相吸的作用力，雾滴可能会打湿感应电极。打湿后电极上的细小雾滴会向感应区发射，从而使感应荷电转换为接触荷电或者电晕荷电，影响荷电效果。如果雾流直接与电极接触，相当于将电容器两极板击穿，导致电容器充电电路短路和充电电压迅速下降，造成安全隐患。为了避免以上现象的出现和最大化提高充电性能，一般会在电极与雾流的对应面上加一层绝缘物质或者减小电极尺寸。而气力辅助静电喷雾系统采用气流扰动与感应充电相结合的方式，气流对雾流产生的剪切力使雾流雾化更加均匀，且可使雾流被输送到更远的距离，提高了雾滴的穿透性。另一个非常重要的作用是，气流在电极感应区产生滑流，可以在缩小电极板距离提高充电性能的同时，避免雾滴被吸附到电极上。

茹煜指出，当雾流打湿电极后，会导致电极电压迅速下降和感应充电过程向电晕放电转换，这一观点与上述分析一致。在没有气力辅助输送时，研究人员为了避免雾流与感应电极接触，往往采用增大电极尺寸或者增大雾流与电极距离的方式，但这也导致电场强度减弱，使得荷电效率下降。

诸多因素会影响雾滴荷电效果，如感应电极的结构、尺寸、材质、安装距离、荷电电压等，还要考虑被喷施液体的理化性质、导电性等，但其作用机理不尽相同。以环状感应电极的感应充电为例，雾流雾化成雾滴时，表面受到感应电极作用，产生一定量的异性电荷，液体表面感应电荷量与液体表面的电荷密度呈正相关：

$$Q=A_S\cdot\sigma_S \quad (3.1.1)$$

式中，Q 为感应电荷量；A_S 为感应面积；σ_S 为感应面电子密度。

而液体表面电荷密度与电极材料表面的电子密度呈正相关。不同电极材料的功函数是电子跃出电极材料（电子跃迁）所需要的最小的能量，功函数越高的电极材料感应充电能力越高，其表面电子密度越高。因此，液体表面电荷密度与电极材料的功函数成正比。一般选择功函数较高的紫铜和黄铜作为电极材料，能够实现良好的感应荷电效果。常用电极材料的功函数见表3–1–1。

表 3–1–1　电极材料的功函数

电极材料	功函数（eV）
紫铜	4.65
黄铜	4.50
不锈钢	4.50
铝	4.28

同理，喷雾液体作为一种特殊的电极，其理化性质也会影响荷电效果，与金属电极导电原理不同，溶液中的导电物质为自由移动的离子。另外，外加电压可为电子跃迁和电荷转移提供能量，因此荷电效果还与电压相关。

荷质比作为衡量雾滴带电量与质量的比值，反映了充电性能，其表达式为

$$Q/M=(A_S\cdot\sigma_S)/M \quad (3.1.2)$$

M 为被荷电的液体质量，

$$M=\rho\cdot V \quad (3.1.3)$$

所以，

$$Q/M=(A_S\cdot\sigma_S)/(\rho\cdot V) \quad (3.1.4)$$

当电极材料确定时，σ_S 即确定。因此，雾滴荷质比还与电极结构、液体理化性质、喷雾流量等有关。

2. 感应充电电学模型

感应充电法对充电电压要求较低，只需要几千伏充电电压，适用于导电溶液。

对于空心锥形喷雾模式的喷嘴，采用环状电极为雾滴荷电。感应充电时，高压电源的一端接环状电极，另一端接地，环状电极与雾流场之间的空隙是二者之间的绝缘介质，它可以视为

一个阻值较大的电阻 R，与环状电极和雾流场形成的电容器 C 并联，环状电极是电容器的高压极板，液柱在接近喷嘴出口处形成的锥形液膜是电容器的接地极板，电源电势为 V_0，电阻为 R_1，其等效电学模型如图 3-1-2 所示。

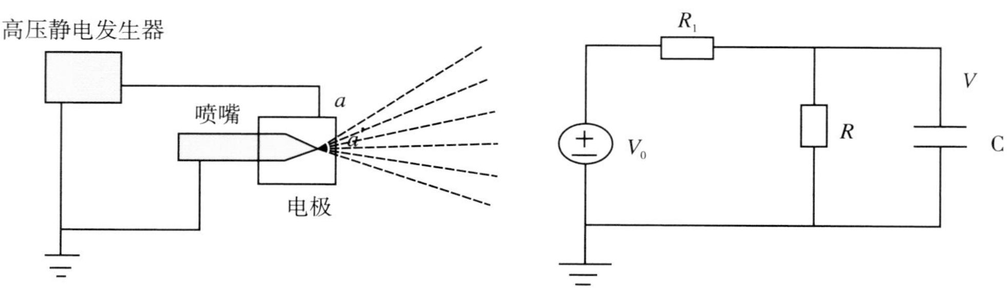

图 3-1-2　感应充电电学模型

（二）接触荷电

接触荷电是指直接将高压电极与液体连通，从而使液体被充上正电荷或者负电荷的过程。接触荷电与感应荷电的充电原理不同，相比感应电极的诱发荷电，接触荷电充电电压高，电极与溶液直接接触，传导效率也高，荷质比往往高于感应荷电。接触荷电中的喷雾液体在药箱、药液管路或者喷头中就已经发生了电性极化，其极性与所连高压静电发生器输出端相同。

接触式正极充电与负极充电的充电原理不同。负电极充电时，负电极接入溶液后，自由移动的电子直接进入溶液，与容易得到电子的微粒如氯离子结合，从而使溶液带上负电荷，这是一个电子转移由金属导体到电解质溶液导体的导通充电过程，此过程是负电极主动赋能，能耗较小。正电极充电时，正电极接入溶液后，吸引溶液中的负离子，排斥溶液中的正离子，从而使喷头一侧的溶液显正电性，液体受液力喷出，被带上正电荷。此过程是受电极作用后的被动带电过程，其导电性能劣于负电极充电，因此对电压的要求略高于负电极充电。

对于金属电极（包括接触荷电充电的输出电极和感应荷电的感应电极），在不加电压时，金属的核外电子绕原子核进行规律运动。在外加电场的作用下，电源负极向外电路输出电子，并通过金属表面的自由电子实现导电或者诱发荷电性能，使绕原子核外运动的自由电子数目发生变化，导致导电性或诱发荷电性能的差异。

水是一种极弱的电解质，能微弱电离，如图 3-1-3 所示是水分子（H_2O）荷电的原理，当水溶液接通电源负极时，两个氢原子分别得到一个带负电性的电子，使整个水分子得到两个电子而呈负电性。当水溶液接通电源正极时，在正极电场的作用下，吸引氧原子表面的两个自由电子向电源正极移动，水分子失去电子后整体呈正电性，在电场力的作用下向远离电源正极的方向运动。水分子和溶液中的其他导电粒子共同作用，使溶液整体呈正电性。

接触荷电的电极容易吸附更多的雾滴，降低电极产生的静电场的强度，影响雾滴充电效果。

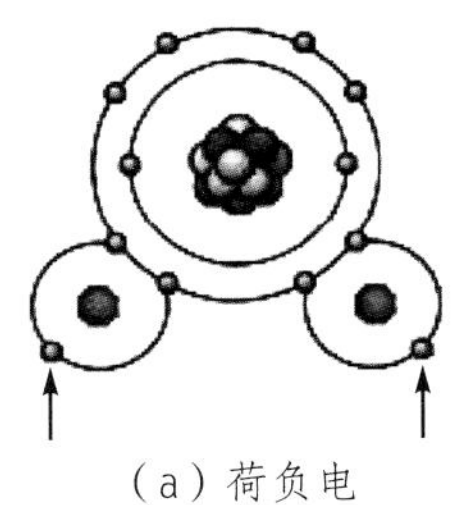
（a）荷负电

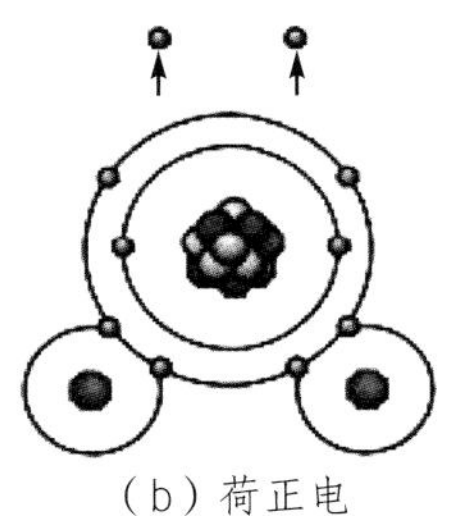
（b）荷正电

图 3-1-3　水分子荷电原理

（三）电晕荷电

电晕荷电法一般用于粒子（颗粒）的荷电，在雾滴荷电领域也有应用，但二者之间有重要的区别。被荷电的颗粒一般有间隔、不连续，如果采用接触荷电或者感应荷电，无法保证电荷能够在颗粒间有效传导和移动，如静电授粉中的花粉颗粒荷电，一般会采用电晕荷电法。而雾滴荷电是由连续的流体分散雾化后的荷电过程，可以在连续流体中实现电荷传导。雾化后的雾滴荷电也可采用电晕荷电的方式，但与固体颗粒相比，其被荷电性能劣于固体颗粒。

电晕荷电原理可以从自然界闪电现象的发生来阐述：雷雨天气时，随着积雨云上负电荷的大量聚集，其相对大地的电压差就会越来越高，但是空气是电阻率巨大的介质，电压只有达到足够高时空气才会被击穿，对大地或者距离积雨云最近的物体放电，此时，大量的负电荷涌向大地，产生巨大电流，伴随闪电的发生。

而在电晕静电喷雾中，电压一般在 40 kV 以上，这还不足以击穿空气向大地放电。但如此高的电压可以使高压电极周围的空气发生电离，产生局部的空气电离区，生成正负两种离子。与接触荷电相似，与电极电性相反的离子被吸收，最终使电离区离子电性与电极相同。喷嘴喷出的雾滴流经电离区时，通过碰撞被荷电。

电晕电场中的雾滴荷电形式主要有电场荷电与扩散荷电两种。电场荷电是电荷与雾滴碰撞导致雾滴荷电，扩散荷电是指离子的扩散运动导致的雾滴荷电，雾滴的总荷电量是两者之和：

$$q = q_{\mathrm{d}} + q_{\mathrm{k}} = \frac{3\varepsilon_{\mathrm{r}}\varepsilon_0\pi d^2 E}{\varepsilon_{\mathrm{r}}+2}\cdot\frac{1}{1+\dfrac{4\varepsilon_0}{Nekt}} + \frac{2\pi\varepsilon_0 dkT}{e}\ln\left(1+\frac{d\overline{\mu}Ne^2t}{8\varepsilon_0 kT}\right) \tag{3.1.5}$$

式中，ε_{r} 为介质相对介电常数；d 为雾滴直径；N 为带电粒子个数；k 为玻耳兹曼常数；t 为雾滴在电晕电场的停留时间；T 为气体热力学温度；$\overline{\mu}$ 为离子的算术平均速度，$\overline{\mu}=(8kT/m\pi)^{0.5}$。

但由于静电喷雾中的雾滴粒径一般在 40 μm 以上，电荷扩散现象相比电场荷电现象微弱得多，因此可以忽略，在 t 时刻，雾滴的荷电量可表示为

$$q_t = 3\pi\varepsilon_0 E d^2 \left(\frac{\varepsilon_r}{\varepsilon_r + 2}\right)\left(1 + \frac{4\varepsilon_0}{Nekt}\right)^{-1} \tag{3.1.6}$$

由上述公式可以看出，电场强度、介电常数是提高雾滴荷电量的关键因素，因此可以通过提高电晕荷电电压、提高喷施液体的离子浓度来提高荷电效率。

电晕荷电法充电电压最高，因此，采用电晕荷电法充电的静电喷雾系统对绝缘性要求非常高。电晕荷电法既适用于导电溶液，也适用半导电和绝缘性溶液。

（四）雾滴荷质比研究现状

雾滴荷质比是指单位时间内，雾滴群所携带的电荷量与雾滴总质量之比，是衡量雾滴荷电效果的重要指标，是描述静电喷雾系统荷电性能的特征参数。理论上，雾滴荷质比越大，雾滴的荷电效果越好，电场力对雾滴的控制能力越强，雾滴的沉积效果越好。目前有三种测量雾滴荷质比的方法，分别是模拟目标法、网状目标法和法拉第筒法。

1. 模拟目标法

模拟目标法是指将荷电雾滴喷施到导电的作物模型上，由集电器等测量沉积到作物模型上的雾滴所携带的电荷量 Q，用荧光示踪剂等方法测出沉积靶标上雾滴的质量 m，由公式（3.1.7）计算出雾滴荷质比。

$$q_t = \frac{Q}{m} \tag{3.1.7}$$

式中，q_t 为雾滴荷质比，mC/kg；Q 为雾滴所携带的电荷量，C；m 为雾滴质量，kg。

图 3-1-4 是 Law 和 Lane 等制作的模拟目标法测量系统。其中，模拟目标为真实作物模型，集电器插在作物体上，用以测量沉积到作物上的电荷量。喷施的溶液为含有一定比例示踪剂的混合溶液，通过荧光示踪剂法测量沉积到模拟目标上的雾滴沉积量，由此计算雾滴荷质比。测量系统中，除真实作物模型外，其他所有部分均由聚四氟乙烯来保持地电位。

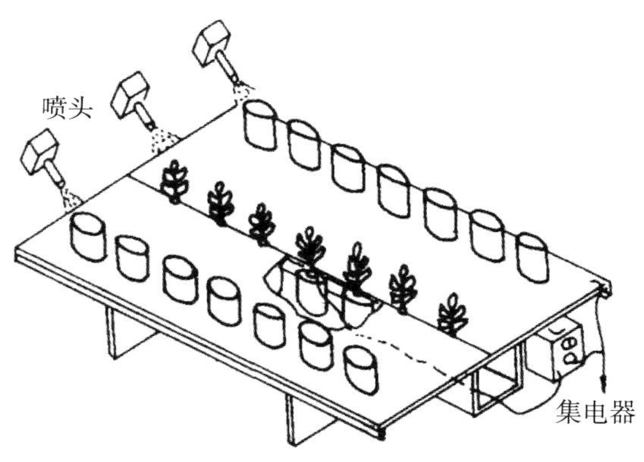

图 3-1-4 模拟目标法测量系统

真实作物或者生长结构与真实作物接近的仿形作物，使测试环境也更接近真实作业环境，因此，采用真实作物或者仿形作物作为测试系统中的喷施靶标时，雾滴荷质比测量的准确性更高。但真实作物结构复杂，不利于数学模型的建立与分析，且仿形作物的制作过程复杂，加工成本高，因此模拟目标法中的实物作物模型由导电材料制作而成的简化模型代替。图 3-1-5 是 Patel 等根据模拟目标法原理建立的一个雾滴荷质比测量系统，在这个测量系统中，研究者以矩形铝板为模拟靶标，铝板上连接电荷量表，用来测量雾滴上携带的电荷量。雾滴质量通过喷嘴流量乘以喷施时间获得，从而获得雾滴荷质比。

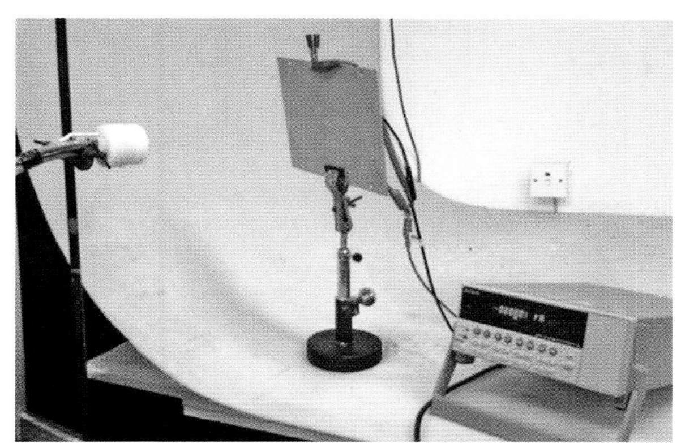

图 3-1-5　模拟靶标测量系统

模拟目标法的应用范围广泛，但模拟靶标制作复杂，雾滴沉积量常常难以测量，使得模拟目标法的应用受到限制。

2. 网状目标法

网状目标法是通过测量微弱电流和收集沉积雾滴量来测量雾滴荷质比。测量装置主要由精密微安表、雾滴收集和测量装置及多层不同目数的金属网等组成。精密微安表通过导线连接到金属网上，雾滴收集和测量装置放置于金属网下侧或者旁侧。当静电喷雾开始后，雾滴喷施到金属网上，金属网上的移动电荷形成微电流流经精密微安表，精密微安表即可测出微电流 I，喷施到金属网上的雾滴最终滴落到雾滴收集装置中，收集到的雾滴经测量装置测出质量 m，再记录喷雾时间 t，通过公式（3.1.8）即可获得雾滴荷质比。

$$q_t = \frac{Q}{m} = \frac{I \times t}{m} \tag{3.1.8}$$

式中，I 为电流，mA；t 为喷雾时间，min。

Splinter 等人设计了一个通过网状目标法测量雾滴荷质比的装置，如图 3-1-6 所示，将六层具有递减目数序列的铜筛网装在雾滴收集箱中，箱体用石蜡座与大地绝缘，直接通过精密微安表测得通向大地的电流，箱体收集的雾滴可以确定喷施量，从而计算出雾滴荷质比。图 3-1-7

是松尾昌树等人设计的雾滴荷质比测量装置，其电流测量方法与前两个测量装置相似，但雾滴沉积量是通过荧光示踪剂法测得。

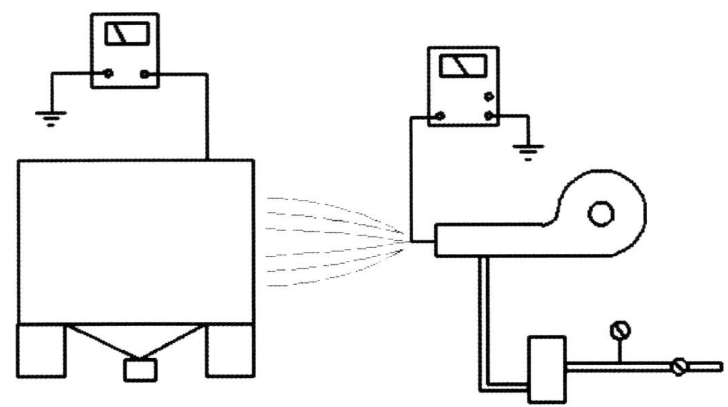

图 3–1–6　Splinter 等人设计的网状目标法测量系统

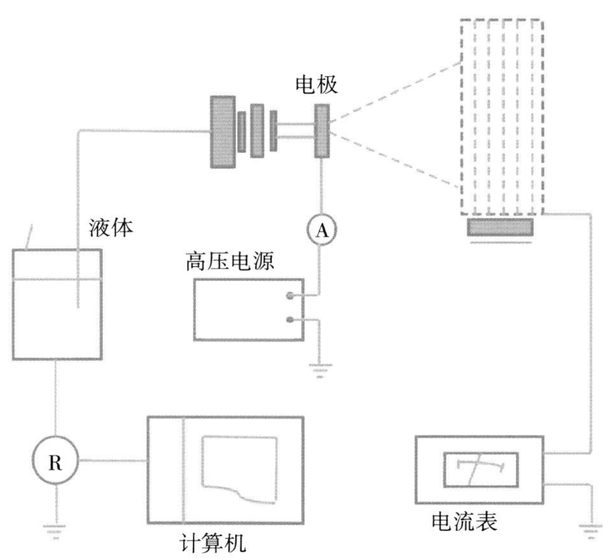

图 3–1–7　松尾昌树等人设计的网状目标法测量系统

相比于模拟目标法，网状目标法测量装置简单，综合成本低，但当喷雾射程较远时，远处的雾滴收集困难，且金属筛网上也会黏附部分雾滴，因此，准确测量雾滴沉积量较为困难。

3. 法拉第筒法

法拉第筒由两个互相绝缘的金属筒组成，图 3–1–8 是法拉第筒测量雾滴荷质比的原理图。公式（3.1.9）是采用法拉第筒法测量雾滴电荷量的公式。

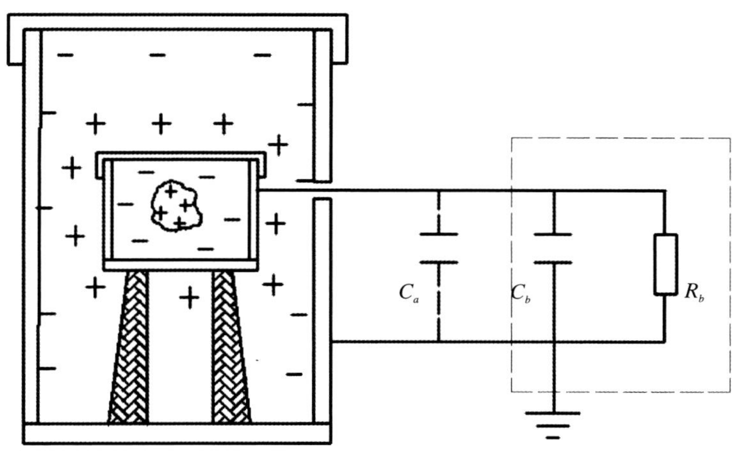

（a）法拉第筒工作原理

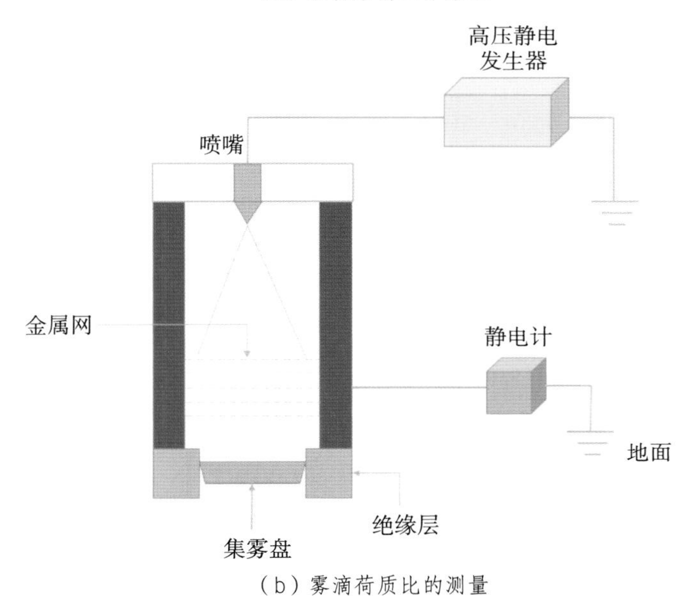

（b）雾滴荷质比的测量

图 3-1-8　法拉第筒测量雾滴荷质比原理图

$$q_t=(C_f+C_b)\times U \tag{3.1.9}$$

式中，C_f 为法拉第筒的固有电容和仪表输入电容；C_b 为仪表的输入电容；U 为仪表的指示电压。为了保证测量的稳定性，一般并联低泄露电容为 C_a，且使 $C_a>(C_f+C_b)$，则

$$q_t=C_a\times U \tag{3.1.10}$$

经过适当标定，即可直接读出被测带电体电荷量。

江苏大学邱白晶等人研制了一种法拉第筒雾滴荷质比测量装置。这个测量装置主要由四个部分组成，分别为雾滴收集装置、雾滴称重装置、电荷量测量装置和数据采集与分析系统，图 3-1-9（a）是此法拉第筒的装置示意图，图 3-1-9（b）是加工后的法拉第筒实物图。这个法拉第筒内筒面倾角为 38°～50° 或者 82°～90°，可以减小荷电雾滴撞击集液筒内筒壁后反弹而造成荷电雾滴的再次测量和逃逸产生的电荷误差，实现对荷电雾滴或粒子荷质比的准确测量。

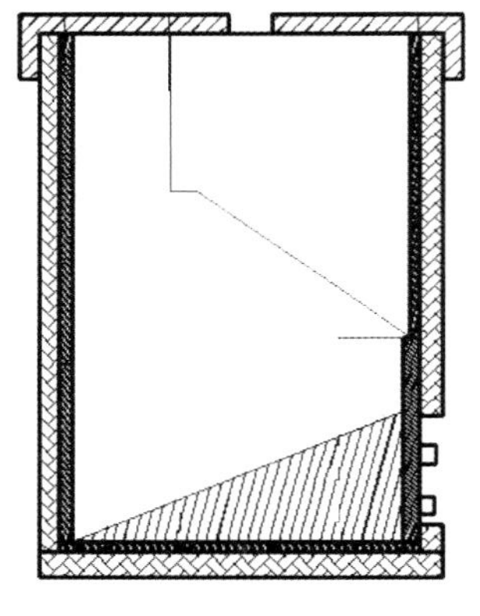
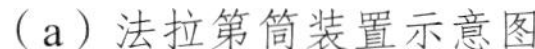
（a）法拉第筒装置示意图

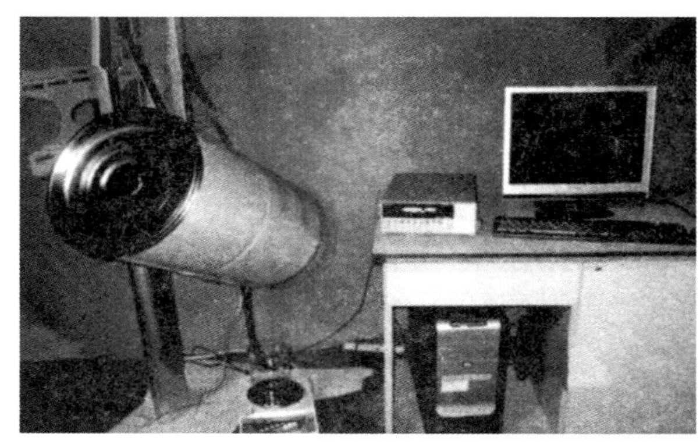
（b）法拉第筒实物图

图 3-1-9　法拉第筒

2012 年邱白晶等人对传统法拉第筒进行改进后，减小了雾滴撞击筒内壁面反弹造成雾滴再次测量而产生的误差，但无法避免。2013 年，邱白晶等人又提出一种非接触式雾滴荷质比测量装置。该测量装置主要由激光发射器、起偏器、反射镜、磁光元件、检偏器、复合偏光棱镜、光电转换器、差分放大器和示波器等组成，运用法拉第磁光效应和安培环路定理测量雾滴群截面上所有雾滴的电荷量，再与雾滴群的质量流量相除便可计算出雾滴荷质比。图 3-1-10 是此雾滴荷质比测量装置的示意图。

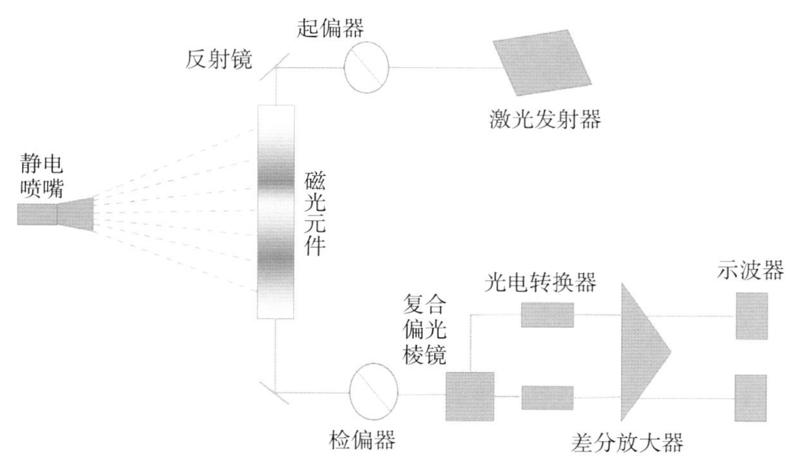

图 3-1-10　非接触式雾滴荷质比测量装置示意图

2013 年，王贞涛也发明了一种非接触式的单雾滴荷质比测量装置，如图 3-1-11 所示。该测量装置主要由上下电极板、光源、高速数码摄像机等组成。单个雾滴在上电极板和下电极板之间电场的作用下产生的电场力垂直向上且大于单个雾滴的重力，单个雾滴进入电场中，雾滴速度与粒径测量装置测量得到单个雾滴的速度和粒径；高速数码摄像机记录雾滴轨迹图像，获得单个雾滴下降的最大距离，将单个雾滴的速度和粒径及下降的最大距离通过公式计算出荷质比。

这种测量装置简单、测量精度高、易于操作，是一种性价比非常高的单雾滴荷质比测量方法。

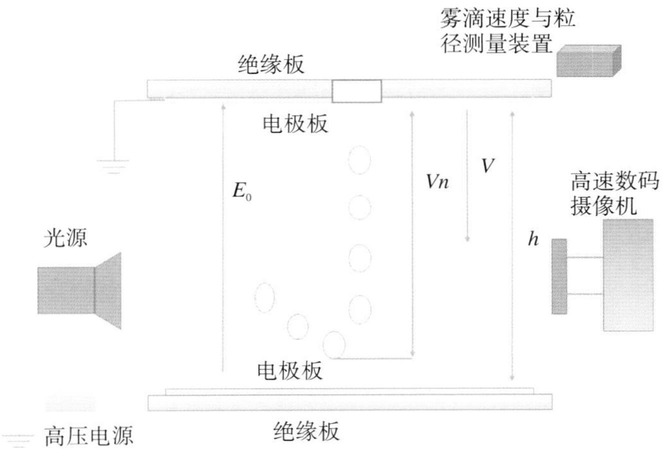

图 3-1-11 非接触式单雾滴荷质比测量装置

（五）雾滴沉积检测方法

测试植保机械喷雾系统的作业质量，探究植保装置的结构参数和作业参数对雾滴沉积效果的影响规律等，均需要通过雾滴沉积检测技术来测量雾滴的沉积情况，包括雾滴的沉积量、沉积密度、沉积的均匀性和覆盖率。因此，雾滴沉积检测方法的测量效率、测量准确性和测量成本等直接影响植保机械测试效率、测试结果的准确性和测试成本，进而对植保机械的研发和发展产生影响。当前的雾滴沉积检测方法主要有荧光示踪剂法、水敏纸图像分析法、计算流体动力学（CFD）模拟技术、Fluent 仿真模拟。

1. 荧光示踪剂法

荧光示踪剂法是指以荧光示踪剂溶液作为喷施溶液进行喷洒作业，采集雾滴沉积样品，用定量的水将样品上的雾滴清洗下来，并用分光光度计对清洗下来的示踪溶液进行测量，计算出雾滴在靶标上的沉积量。荧光示踪剂法和水敏纸图像分析法测量过程图如图 3-1-12 所示。洪添胜等人根据荧光示踪剂法测量了雾滴在葡萄树上的沉积量。宋淑然等人根据荧光示踪剂法测量了雾滴在水稻上的沉积量，并结合 DGPS 技术和 GIS 软件绘制出稻田的雾滴沉积总图和不同层的雾滴沉积分布图。荧光示踪剂法测量成本低，测量精度较高，测量过程简单，是一种测量雾滴沉积量和沉积效率的经典方法，在研究测试植保机械的作业效果，探究植保机械结构和作业参数对雾滴沉积效果影响规律的过程中发挥了重要作用，是认可度非常高的一种定量测量方法。但其测量效率低，所能测量的参数少，越来越难以适应农业植保技术对高效率、高精度和多参数雾滴沉积特性测量方法的需求现状。

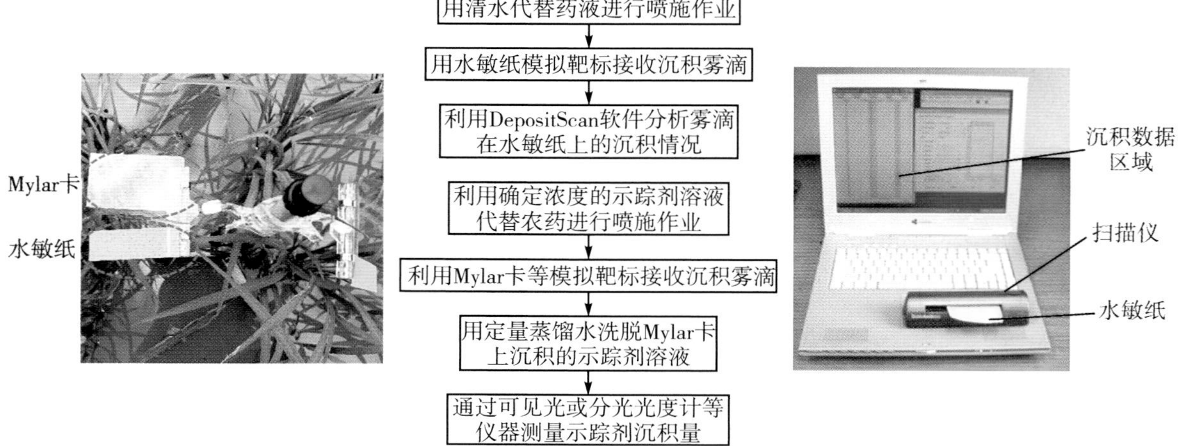

（a）雾滴在水敏纸和 Mylar 卡上的沉积图　（b）水敏纸法和荧光示踪剂法测量流程图　（c）水敏纸快速处理方法

图 3-1-12　荧光示踪剂法和水敏纸图像分析法测量过程图

2. 水敏纸图像分析法

水敏纸图像分析法是利用水敏纸或油敏纸作为靶标，利用扫描仪将收集回来的水敏纸或油敏纸扫描为图片，再利用 Matlab 和 ImageJ 等软件对图片进行分析处理，获得雾滴的沉积情况。水敏纸图像分析法不仅可以测出雾滴的沉积量、沉积效率、沉积密度和覆盖率，还可以测出雾滴粒径和雾滴数。水敏纸图像分析法对雾滴粒径的测量精度受雾滴粒径范围影响。对于 0 ～ 50 μm 的雾滴，水敏纸图像分析法的测量误差最大可达 34%；对于大于 1000 μm 的雾滴，水敏纸图像分析法的测量误差仅有 1.2%。杨希娃等人采用水敏纸图像分析法测量了雾滴在小麦上的覆盖率。Huang 等人利用水敏纸图像分析法研究了在不同作业参数下低飘移喷头的防飘能力。宋淑然采用水敏纸图像分析法测量了雾滴在水稻上的沉积量，并建立了雾滴沉积量与对应的水稻植株面积间的相互关系。水敏纸图像分析法也是研究者探究雾滴沉积规律的一种重要的方法。但水敏纸图像分析法在测量过程中工作量大，数据处理所需时间长，难以快速有效地获取雾滴在靶标上的沉积特性。2010 年，Heping Zhu 设计了一款可以快速测量雾滴沉积分布特性的便携扫描系统，试验人员在试验基地可以直接得到测量结果，极大地提高了水敏纸图像分析法的测量效率，也减少了测量人员的工作量。但水敏纸非常昂贵，并且不可循环利用，因此用水敏纸图像分析法测量雾滴沉积情况的成本非常高，这是水敏纸图像分析法的一大缺点。中国农业科学院植物保护研究所设计了一种成本很低的水敏纸，但该水敏纸测量准确性不高。

3. CFD 模拟技术

随着作业效率极高的航空植保技术的应用和发展，传统的雾滴沉积检测方法已不能满足农业植保技术对高效率、高精度检测方法的需求。2012 年，张京利用红外热像仪测量试验前和试验后作物冠层的温度，根据试验前和试验后作物冠层的温度变化来测量雾滴在作物冠层的沉积效果。为了验证此方法的可靠性，何雄奎把此方法和荧光示踪剂法进行了对比试验，结果显示，两种测量方法的测量结果一致性很好。因此，利用红外热像仪测量雾滴在作物上的沉积特性是可行的。Salyani 根据雾滴沉积量对导体电阻率的影响，设计了一种基于可变电阻器原理的雾滴沉积传感器（图 3–1–13）。2010 年，Zhang H 设计了一种根据地面光谱反射率来测量雾滴在作物上沉积分布特性的方法。2014 年，张瑞瑞基于变介电常数电容器原理和传感器网络技术，设计了一个可以实时检测雾滴在作物上沉积情况的检测装置（图 3–1–14），并与水敏纸图像分析法的试验结果进行比较，以检测此装置测量结果的可靠性。试验结果表明，此装置对雾滴沉积情况的检测结果与水敏纸图像分析法的测量结果一致性很好，但雾滴沉积量的测量精度还达不到要求。因此，目前该系统只能用于测量雾滴在作物上的沉积均匀性和飞机的有效喷幅等参数。2014 年，Kesterson 设计了一款可以实时测量雾滴沉积量和雾滴粒径的传感器，并对此传感器的可靠性进行试验研究，研究结果表明，该传感器对雾滴沉积量和雾滴粒径的测量精度较高，可以满足农业植保技术对雾滴沉积检测技术的要求。唯一的缺点是此传感器对温度变化稍微敏感，所以在进行雾滴沉积检测时，如果空气温度没有明显改变，那么此传感器可准确进行雾滴沉积情况的测量；如果空气温度变化较大，那么测量结果误差可能较大。使用该传感器时可以考虑加上一个温度传感器，提高其在空气温度变化较大时的测量精度。

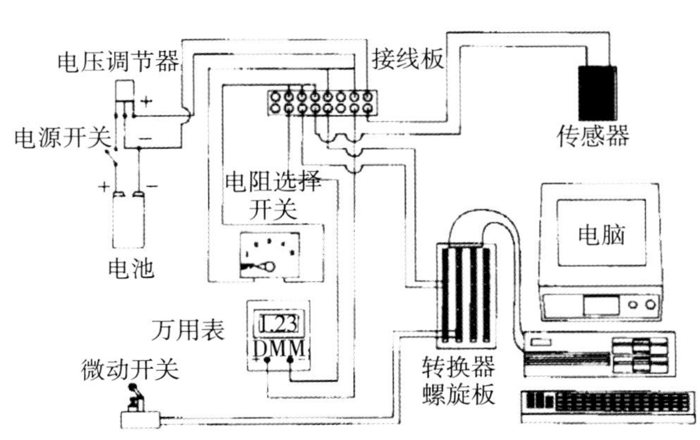

图 3–1–13　雾滴沉积传感器

图 3–1–14　雾滴沉积检测装置

雾滴沉积特性实时检测装置设计和试验的周期长、成本高，很多研究者为了减少试验成本、缩短试验时间，直接在计算机开发的软件上模拟雾滴沉积情况。袁雪等人利用 CFD 模拟技术模拟了温室风送式弥雾机雾滴的沉积情况，并和具体试验结果做对比，验证了模拟结果的可靠性。

在现有雾滴检测方法中，传统的荧光示踪剂法和水敏纸图像分析法相对成熟，研究者的认可度高，应用最多，在现在的农业航空植保技术中，这两种方法也是检测雾滴沉积特性的主要方法，但是这两种方法测量工作量大、测量效率低、测量成本高，无法满足现在农业航空植保技术对高效率、高精度、高可靠性沉积技术的需求。计算机模拟技术是一种低成本、高效率并具有可行性的雾滴沉积检测方法，但是自然环境复杂，计算机无法完全模拟，导致计算机模拟技术模拟出的雾滴沉积情况并不能如实地反映雾滴真实的沉积情况，所以计算机模拟雾滴沉积只是一种辅助方法，不能代替实地试验。目前研制出的可以实时检测雾滴沉积情况的传感器测量效率高，能满足农业航空植保技术的要求，但是其测量精度、测量可靠性和测量参数还不够理想，还需要继续研究、改进和试验。

4.Fluent 仿真模拟

Fluent 是通用 CFD 软件包，起源于 1975 年谢菲尔德大学开发的 Tempest。CFD 数值解法有很多分支，其区别主要在于对控制方程的离散方式，根据离散原理，大体上分为有限差分法（FDM）、有限元法（FEM）和有限体积法（FVM）。

有限差分法是将求解域划分为差分网格，用有限个网格节点代替连续的求解域。有限差分法以 Taylor 级数展开等方法，把控制方程中的导数用网格节点上的函数值的差商代替进行离散，从而建立以网格节点上的值为未知数的代数方程组。该方法是一种直接将微分问题变为代数问题的近似数值解法，数学概念直观，表达简单，是发展较早且比较成熟的数值方法。其从格式的精度进行划分，有一阶格式、二阶格式和高阶格式；从差分的空间形式进行考虑，可分为中心格式和逆风格式。有限差分法主要适用于结构网格，网格的步长一般根据实际地形的情况和柯朗稳定条件来决定。

有限元法的基本求解思想是，把计算域划分为有限个互不重叠的单元，在每个单元内，选择一些合适的节点作为求解函数的插值点，将微分方程中的变量改写成由各变量或其导数的节点值与所选用的插值函数组成的线性表达式，借助于变分原理或加权余量法，将微分方程离散求解。在有限元法中，把计算域离散剖分为有限个互不重叠且相互连接的单元，在每个单元内选择基函数，用单元基函数的线形组合来接近单元中的真解，整个计算域上总体的基函数可以看作是由每个单元基函数组成的，则整个计算域内的解可以看作是由所有单元上的近似解构成。

有限体积法的基本求解思路是，将计算区域划分为一系列不重复的控制体积，并使每个网格点周围有一个控制体积；将待解的微分方程对每一个控制体积进行积分，便得出一组离散方程。其中的未知数是网格点上的因变量的数值。为了求出控制体积的积分，必须假定值在网格点之间的变化规律，即假设值的分段的分布剖面。

就离散方法而言，有限体积法可视作有限元法和有限差分法的中间物。有限元法必须假定值在网格点之间的变化规律（即插值函数），并将其作为近似解。有限差分法只考虑网格点上的数值而不考虑值在网格点之间如何变化。有限体积法只寻求结点值，这与有限差分法相类似。但有限体积法在寻求控制体积的积分时，必须假定值在网格点之间的分布，这又与有限元法相类似。在有限体积法中，插值函数只用于计算控制体积的积分，得出离散方程之后，便可忘掉插值函数；如果需要的话，可以对微分方程中不同的项采取不同的插值函数。

无人机喷施效果受到诸如作业环境、作业器械、药液理化性质等多因素的影响。对于其喷施影响的研究，从内在机理来说，是探究由于喷头内部结构导致药液在喷施时的空间分布和雾滴粒径分布，以及喷施雾滴在外界环境和无人机旋翼下洗风场影响下的合并、碰撞破碎及挥发等，这整个喷施过程研究都可以用流体力学的知识进行考虑。

流体力学是研究流体平衡和运动规律及其在工程实践中应用的一门科学，是力学的一个重要分支，其研究对象包括液体和气体。作为一个有 2200 多年历史的学科，流体力学以质量守恒定律、动量守恒定律和能量守恒定律三大守恒定律为基础。

（1）质量守恒定律也称连续性方程，该定律可表述为单位时间内流体微元体中质量的增加等于同一时间间隔内流入该微元体的净质量，其在直角坐标系中的微分形式如下：

$$\frac{\partial \rho}{\partial t}+\frac{\partial(\rho u)}{\partial x}+\frac{\partial(\rho v)}{\partial y}+\frac{\partial(\rho w)}{\partial z}=0 \tag{3.1.11}$$

式中，ρ 为流体密度；u、v、w 分别为速度沿 x、y、z 方向的速度。

对于不可压流，公式可以化简为

$$\frac{\partial u}{\partial x}+\frac{\partial v}{\partial y}+\frac{\partial w}{\partial z}=0 \tag{3.1.12}$$

即单位时间内流出单位体积空间的质量等于流入该体积空间的质量。

（2）动量守恒定律即纳维－斯托克斯方程，可表述为微元体中流体的动量对时间的变化率等于外界作用在该微元体上的各种力之和，该定律实际上也是牛顿第二定律，其数学表达式为

$$\frac{\partial(\rho u)}{\partial t}+\mathrm{div}(\rho u\,\mathrm{u})=-\frac{\partial p}{\partial x}+\frac{\partial \tau_{xx}}{\partial x}+\frac{\partial \tau_{yx}}{\partial y}+\frac{\partial \tau_{zx}}{\partial z}+F_x \tag{3.1.13}$$

$$\frac{\partial(\rho v)}{\partial t}+\mathrm{div}(\rho v\,\mathrm{u})=-\frac{\partial p}{\partial y}+\frac{\partial \tau_{xy}}{\partial x}+\frac{\partial \tau_{yy}}{\partial y}+\frac{\partial \tau_{zy}}{\partial z}+F_y \tag{3.1.14}$$

$$\frac{\partial(\rho w)}{\partial t}+\mathrm{div}(\rho w\,\mathrm{u})=-\frac{\partial p}{\partial z}+\frac{\partial \tau_{xz}}{\partial x}+\frac{\partial \tau_{yz}}{\partial y}+\frac{\partial \tau_{zz}}{\partial z}+F_z \tag{3.1.15}$$

式中，p 为压力；τ 为梯度动力黏度。

（3）能量守恒定律即热力学第一定律，是包含有热交换的流动系统必须满足的基本定律。该定律可表述为微元体中能量的增加率等于进入微元体的净热流量加上质量力与表面力对微元体所做的功。

$$\frac{\partial(\rho T)}{\partial t}+\mathrm{div}(\rho u_i T)=\mathrm{div}\left(\frac{k}{c_p}\mathrm{grad}T\right)+S_T \tag{3.1.16}$$

展开即

$$\frac{\partial(\rho T)}{\partial t}+\frac{\partial(\rho uT)}{\partial x}+\frac{\partial(\rho vT)}{\partial y}+\frac{\partial(\rho wT)}{\partial z}=\frac{\partial}{\partial x}\left(\frac{k}{c_p}\frac{\partial T}{\partial x}\right)+\frac{\partial}{\partial y}\left(\frac{k}{c_p}\frac{\partial T}{\partial y}\right)+\frac{\partial}{\partial z}\left(\frac{k}{c_p}\frac{\partial T}{\partial z}\right)+S_T \tag{3.1.17}$$

由于传统流体力学的控制方程在大多数情况下无法得出其解析解，因此在解决无人机喷施雾滴等复杂工程实际问题时受到了很多限制。随着计算机技术的不断发展和进步，计算 CFD 逐渐在流体力学研究领域崭露头角，它通过计算机数值计算和图像显示方法，在时间和空间上定量描述流场的数值解，从而达到研究物理问题的目的。它兼具理论性和实践性，成为继理论流体力学和实验流体力学之后的又一种重要研究手段。CFD 软件于 20 世纪 70 年代诞生于美国，但其较广泛的应用是近十几年的事，通过 CFD 软件进行数值模拟，我们能更加深刻地理解问题产生的机理，从而为试验提供指导，节省试验所需的人力、物力和时间，并对试验结果的整理和规律的总结起到很好的指导作用。目前，它已成为解决各种流体流动与传热问题的强有力工具，在水利、航运、海洋、环境、流体机械与流体工程等各种技术学科中都有广泛的应用。

随着计算机软硬件技术的发展和数值计算方法的日趋成熟，出现了基于现有流动理论的商用 CFD 软件，Fluent 是国际上流行的商用 CFD 软件包。它具有丰富的物理模型、先进的数值方法和强大的前后处理功能，可对高速流场、传热与相变、多相流、旋转机械、动网格等流动问题进行精确的模拟，具有较高的可信度。商用 CFD 软件降低了模拟人员的专业门槛，让流体力学研究人员得以从繁复的编程中解放出来，得以用更多的精力研究流体动力学的物理本质、边界条件和计算结果的合理解释，大大方便了实际工程问题的解决。

三、静电喷雾系统理论分析

在泵压作用下，液体经喷嘴的喷孔喷出，形成空心锥形液膜，具有周向和轴向速度的液膜在持续发展过程中，因受外界气体的扰动作用而在其表面形成正弦波。随着波幅的增大，在液膜的顶端破裂成丝状液膜，并最终碎化为大量细小均匀的雾滴，如图 3-1-15 所示。

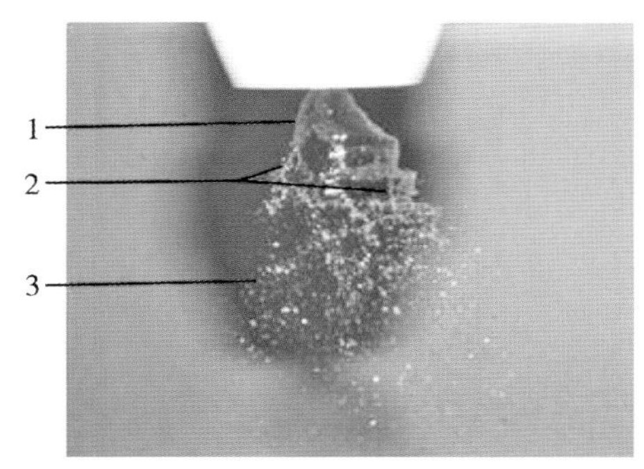

1. 液膜；2. 液丝或液带；3. 液滴。

图 3–1–15　溶液的雾化过程

在雾滴破碎过程中，空气动力和雾滴的表面张力是两个主导雾滴破碎的力，两者的比值是无量纲韦伯数，无量纲韦伯数越大，雾滴越可能发生破碎。

$$We = \frac{\rho_a U_0^2 d_0}{\sigma} \tag{3.1.18}$$

式中，We 为无量纲韦伯数；ρ_a 为喷施环境中气体密度，kg/m^3；U_0 为喷施压力，kPa；d_0 为初始破碎雾滴直径，m；σ 为溶液表面张力，mN/m。

雾滴黏度阻碍雾滴变形，消散空气动力能，减小雾滴继续碎裂的可能性。雾滴黏度与雾滴表面张力的比值为欧曼尼常数。

$$Oh = \frac{\mu_d}{\sqrt{\rho_d d_0 \sigma}} \tag{3.1.19}$$

式中，Oh 为欧曼尼常数；μ_d 为雾滴黏度，m^2/s；ρ_d 为雾滴密度，kg/m^3。

大量试验结果表明，当 $Oh > 0.1$ 时，雾滴黏度对雾滴破碎起着重要作用；当 $Oh < 0.1$ 时，雾滴黏度对雾滴破碎的影响不明显。

雾滴粒径和雾滴粒径的均匀性是描述喷雾系统雾化特性的特征参数，也是影响喷雾系统沉积特性的关键因素。雾滴粒径过大、雾滴均匀性较差等均会影响雾滴在靶标上的沉积效果及农药对作物病虫草害的防治效果，而粒径较小的雾滴则容易发生飘移，因此，雾滴粒径也是重要的研究对象之一。雾化方式、喷嘴结构（尤其是喷孔直径）、喷施压力、喷嘴流量等参数是影响雾滴粒径的关键因素。Rizk 等人以旋流式喷嘴为研究对象，对空心锥形液膜厚度与喷施参数、喷嘴参数的关系进行了大量理论与试验研究，推导出空心锥形液膜厚度与喷施压力、喷孔直径的半经验公式：

$$h_f = 2.7\left(\frac{D_0 S_1 \mu_1}{\sqrt{p_1}}\right)^{0.25} \tag{3.1.20}$$

式中，h_f 为液膜厚度，m；D_0 为喷孔直径，m；S_1 为流量系数；μ_1 为溶液动力黏度，m^2/s；p_1 为喷施压力，Pa。

流量系数 S_1 的经验公式为

$$S_1 = \frac{m_1}{\sqrt{p_1 \rho_1}} \tag{3.1.21}$$

式中，m_1 为溶液的质量流量，kg/s；ρ_1 为溶液密度，kg/m^3。

Wang 等人在 Rizk 的研究基础上，针对环状液膜破碎过程及雾滴粒径尺寸进行了大量的理论推导和试验研究，推导出雾滴粒径的半经验公式：

$$D = A\left(\frac{\sigma_1 \mu_1^2}{\rho_2 p_1^2}\right)^{0.25} (h_f \cos\theta)^{0.25} + B\left(\frac{\sigma_1 \rho_1}{\rho_2 p_1}\right)^{0.25} (h_f \cos\theta)^{0.75} \tag{3.1.22}$$

式中，D 为雾滴粒径，μm；σ_1 为溶液的表面张力，N/s；ρ_2 为空气密度，kg/m^3；θ 为半喷雾角，（°）；A、B 为经验系数。

经验系数 A 和 B 的表达式分别为

$$A = 0.25[\cos 2(\theta - 30^\circ)]^{2.25} + \left(\frac{3.4\times10^{-4}}{D_0}\right)^{0.4} \tag{3.1.23}$$

$$B = 7.7[\cos 2(\theta - 30^\circ)]^{2.25} \left(\frac{3.4\times10^{-4}}{D_0}\right)^{0.2} \tag{3.1.24}$$

由公式（3.1.18）至公式（3.1.24）即可得到雾滴粒径与喷施压力、喷孔直径的关系。

（一）旋流式喷嘴雾化机理

在雾化过程中，雾滴持续发生碎裂的根本原因是雾滴受力不平衡，导致雾滴变形，继而发生碎裂。静电喷嘴雾化过程包括两个阶段：机械雾化过程和静电雾化过程。对于静电喷雾系统，静电作用未开启时，只存在机械雾化过程，静电作用开启后，静电力将会破坏雾滴原有的平衡状态，使雾滴继续发生变形、碎裂，完成静电雾化过程。

在雾滴雾化过程中，雾滴的表面张力和黏度是两个主要阻碍雾滴继续雾化的力，而液体总是沿着阻力小的方向变化，因此，雾滴的表面张力是雾滴雾化过程中最主要的阻力。受力平衡的雾滴在其表面张力作用下，逐渐收缩为近似球体的形状，并在雾滴内外产生压力差 P_0，设雾滴的半径为 R，表面张力为 σ，则存在如下关系（图 3-1-16 是雾滴的受力分析图，图中 σ 与 σ^* 是一对作用力与反作用力）：

$$P_0 = 2\sigma / R \tag{3.1.25}$$

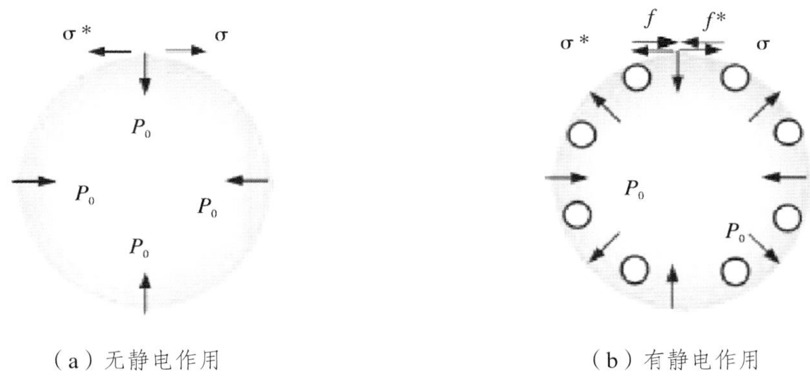

（a）无静电作用　　（b）有静电作用

图 3-1-16　雾滴受力分析

静电作用开启后，雾滴被充上电荷，电荷力的作用是在雾滴内部产生膨胀力，将此膨胀力化为垂直于雾滴表面的力 P_e，膨胀力沿液滴表面表现为与张力反方向的力 f_0，假设雾滴荷电量均匀地分布在雾滴表面上，则根据静电场理论（雾滴静电场模型见图 3-1-17），在荷电雾滴外任意一点 E 处的电场强度为

$$E=\frac{q}{4\pi\varepsilon_0 r_2} \tag{3.1.26}$$

式中，E 为电场强度；q 为雾滴荷电量，C；ε_0 为真空介电常数；r_2 为该点距离雾滴中心的距离，m。

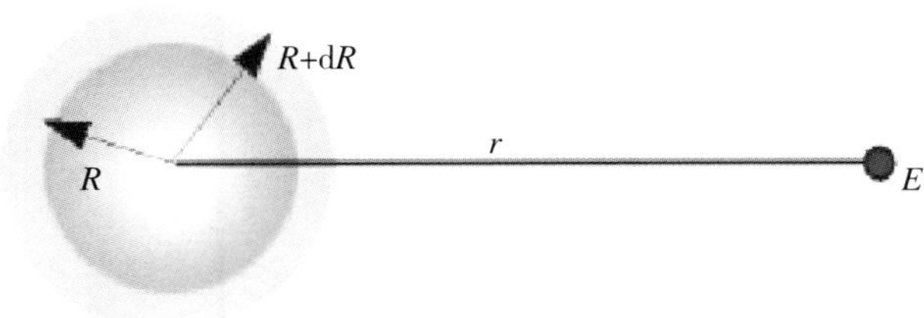

图 3-1-17　雾滴静电场模型

雾滴表面点位 V 和储存在液滴上的电能 W 分别为

$$V=-\int_{\infty}^{R}E\mathrm{d}r=\frac{q}{4\pi\varepsilon_0 R} \tag{3.1.27}$$

$$W=-\int_{0}^{q}V\mathrm{d}q=\frac{q^2}{8\pi\varepsilon_0 R} \tag{3.1.28}$$

保持 q 为常量，如果雾滴半径从 R 增加至 $R+\mathrm{d}R$，可以得到微分关系：

$$\mathrm{d}W = -\frac{q^2}{8\pi\varepsilon_0 R^2}\mathrm{d}R \tag{3.1.29}$$

考虑该过程 P_e 做功应等于 dE，则

$$\mathrm{d}W = -4\pi R^2 P_e \mathrm{d}R \tag{3.1.30}$$

令式（3.1.29）和式（3.1.30）相等，可得

$$P_e = \frac{q^2}{32\pi^2\varepsilon_0 R^4} \tag{3.1.31}$$

当 P_e=P_0 时即为荷电雾滴破碎的临界状态。令式（3.1.25）和式（3.1.31）相等，可得

$$q_{max} = 8\pi\sqrt{\varepsilon_0 \sigma R^3} \tag{3.1.32}$$

式中，q_{max} 为雾滴电荷极限，C。

当雾滴所携带的电荷量超过 q_{max} 时，雾滴所受的电场力将强于雾滴的表面张力，雾滴将再次发生破碎，细化为粒径更小的雾滴。当雾滴所携带的电荷量低于此电荷量值时，雾滴所受电场力将弱于雾滴表面张力，雾滴处于稳定状态。雾滴荷电后，其表面张力的变化为

$$\Delta\sigma = \frac{q^2}{64\pi^2\varepsilon_r R^3} \tag{3.1.33}$$

雾滴荷电后的表面张力为

$$\sigma_n = \sigma - \Delta\sigma \tag{3.1.34}$$

式中，ε_r 为喷施溶液的相对介电常数；σ 为雾滴荷电前的表面张力，mN/m；σ_n 为雾滴荷电后的表面张力，mN/m；R 为雾滴的半径，μm；q 为雾滴所携带的电荷量，mC。

在实际应用中，给雾滴荷电的主要目的是利用电场力制衡雾滴重力和其他外力对雾滴沉积的影响，更好地控制雾滴沉降。因此，雾滴荷质比成为一个衡量雾滴荷电效果的重要参数，与瑞利极限相对应的雾滴荷质比，称为瑞利极限雾滴荷质比，其计算公式为

$$(q/m)_R = \frac{q_R}{4\pi a^3 \rho_1 / 3} = \frac{6}{\rho_1}\left[\frac{T\varepsilon_0}{D^3}\right]^{1/2} \tag{3.1.35}$$

式中，（q/m）$_R$ 为瑞利极限雾滴荷质比，mC/kg；q_R 为瑞利极限电荷量，C；D 为雾滴半径，m；ρ_1 为雾滴电荷密度，C/m^3；T 为雾滴表面张力，N/s。

公式（3.1.35）指出，瑞利极限雾滴荷质比随着溶液表面张力的增加而增加，随着雾滴半径的增加而减小。理论证明，粒径更小的雾滴会有更高的荷质比，更容易控制雾滴沉降。

在雾滴沉积过程中，如果雾滴蒸发比较明显，雾滴粒径的减小将促使雾滴达到瑞利极限，促使雾滴发生碎裂。Abbas 和 Latham 研究发现荷电雾滴蒸发后达到瑞利极限，继而碎裂为更小的雾滴，并且随着雾滴蒸发的持续，这个过程也会持续重复下去。Elaghazalv 和 Castle 利用瑞利极限标准和能量理论分析雾滴蒸发的不稳定性，两位研究者的研究结论与 Abbas 和 Latham 的研

究结论一致。

通过对比雾滴雾化所需时间和雾滴充满电所需时间，可以确定雾滴是否充分地充满电。雾滴雾化所需时间如公式（3.1.36）所示（$Oh > 0.5$），雾滴充电所需时间如公式（3.1.37）所示，仅在雾滴电学性质的基础上计算雾滴充电的弛豫时间，因此不需要做假设，雾滴充电的弛豫时间由公式（3.1.37）计算。

$$T_{\mathrm{tot}} = \frac{5}{(1 - Oh/7)} \tag{3.1.36}$$

$$\tau = \varepsilon_0 \varepsilon_{\mathrm{r}} / \sigma \tag{3.1.37}$$

（二）电极材料对雾滴荷电效果的影响理论

当喷雾系统的静电作用开启后，经过电场区域的溶液开始发生极化，产生与电极极性相反的电荷，完成雾滴充电。从溶液介电弛豫时间表达式可以看出，溶液的荷电能力（极化速度）取决于溶液的介电常数和导电率。为了保证更好的荷电效果，溶液需要在最佳极化区域完成极化过程。因此，溶液的介电弛豫时间需要小于溶液雾化所需时间。

液膜表面感应出的电荷总量是影响雾滴荷质比的关键因素，根据静电感应的特征，溶液表面感应电荷总量与电极材料表面电子密度呈正相关。因此，雾滴荷质比的大小最终归结为电极材料的荷电能力。

电极材料的静电感应能力取决于电极材料的内部性质，可从电极材料的费米能级、功函数和电子排布 3 个角度进行解释。

在绝对零度时，电子所占据的最高能级称为费米能级。在金属材料中，费米能表达式为

$$\varepsilon_{\mathrm{F}} = \frac{h^2}{2m}(3\pi^2 n)^{2/3} \tag{3.1.38}$$

式中，h 为普朗克常数；m 为电子质量；n 为电子密度。

在导电过程中，满载流子对电极材料的导电过程不做任何贡献，仅不满载流子参与电极材料的导电过程，因此只有费米能级附近的电子参与材料的导电过程。在导电过程中，参与导电过程的电子总能量等于电压值，因此费米能级成为衡量激发电极材料导电性能所需最小电压值的表征值。

在感应荷电法中，溶液能感应出的电荷总数相差不大，大约为 10^8 个 /mm^2。溶液感应电荷密度与电极材料表面的电子密度呈正相关，因此电极材料在外电场的作用下，保持其表面电子不逸出的能力也是间接影响溶液荷电效果的重要因素。功函数是电子跃出电极材料所需最小的能量，因此电极材料的感应能力与逸出功成正比。

处于稳定状态的原子，核外电子在原子核的引力作用下，规律地分布在原子核外侧，处于基态状态。规律排布的核外电子受到外力作用后，将进入不稳定状态（激态），随着外力作用

的增加，电子的不稳定性增强，容易摆脱原子核的控制，成为自由电子。原子核对电子的控制能力越弱，在外力作用下，电子越容易摆脱原子核的控制，继而材料的静电感应能力越强，雾滴荷电效果越好。因此，电极材料的静电感应能力与电子排布规律相关，核外电子越不稳定，电极材料的静电感应能力越强。

第二节　国内外静电喷雾技术研究现状

一、国内静电喷雾技术的研究现状

我国对静电喷雾技术的研究起步较晚，20 世纪 70 年代，静电喷雾技术才开始逐渐应用于我国农业植保领域。近年来，越来越多的学者开始致力静电喷雾技术的研究。杨超珍等人建立了感应充电过程的电学模型，探讨了电极结构参数对雾滴荷电效果的影响，为静电电极的结构设计提供了可靠的依据。茹煜等人针对喷嘴结构、电极电压、电极形状和电极位置等参数对静电喷雾雾化和沉积效果的影响进行了大量理论与试验研究，设计、优化多个静电喷嘴结构、电极结构和电极位置，分析雾滴电晕荷电和感应荷电机理，建立多个由不同电极形状所诱导出的电场空间分布模型，为合理设计静电充电装置，正确确定雾流场空间分布，保证雾滴拥有足够的充电时间提供理论依据。贾卫东等人利用相位多普勒测试系统分析计算了带电雾滴的空间速度和粒径分布，构建了带电雾滴群撞击靶标界面的过程，对比带电雾滴与非带电雾滴在靶标上的黏附能力，全面分析了静电喷雾技术对雾滴沉积的影响原理。在学者们几十年的研究基础上，我国成功研制出多款静电喷雾器，如手动式静电喷雾器、背负式静电喷雾器（图 3-2-1）、高射程静电喷雾车和果园自动对靶静电喷雾机（图 3-2-2）等。其中，手动式静电喷雾器和背负式静电喷雾器已经逐步投放市场，成为商品化产品。

图 3-2-1　背负式静电喷雾器

图 3-2-2　果园自动对靶静电喷雾机

航空静电喷雾技术是将静电喷雾装备搭载到航空作业平台上进行植保作业。2005 年，新疆通用航空公司从美国 SES 公司引进一套航空静电喷雾设备，改装搭载到我国农用飞机上进行试飞并取得成功，这是我国早期相对完善、相对成熟的航空静电喷雾系统。2007 年，茹煜等人设计了一个双喷嘴航空静电喷头，该航空静电喷头和美国 Air Electrostatic Spraying System 航空静电喷雾系统中的喷头相似，通过三通接头将两个喷嘴连接成 U 形，采用双极感应充电模式，平衡机翼电压，保证静电喷雾系统作业安全。茹煜等人以电极电压为喷施变量，对该双喷嘴静电喷头进行了雾化特性试验，试验结果表明，充电电压为 10kV 时，该静电喷头可以产生细小均匀的雾滴，并可以获得最大荷质比 2.65 mC/kg。2011 年，茹煜等人以此航空双喷头静电喷嘴为核心部件，针对 Y–5B 型固定翼农用飞机设计了一套航空静电喷雾系统（图 3–2–3），并对该航空静电喷雾系统进行了有效喷幅、雾滴沉积和雾滴飘移等试验研究。试验结果表明，与常规喷雾相比，该航空静电喷雾系统能使雾滴沉积提高 14 个 /cm^2，有效喷幅达到 42 m，雾滴飘移明显减少。周宏平等人针对茹煜等人设计的航空静电喷嘴［图 3–2–4（a）］，从电极、喷嘴材料和喷嘴加工工艺等几个方面进行改进设计，确定电极最佳长度为 16 mm，电极外边缘到喷孔外表面的最佳距离为 10 mm［图 3–2–4（b）］。金兰在上述研究基础上，针对原有的环状电极式航空静电喷嘴进行了电极形状改进设计［图 3–2–4（c）］，并对改进后的锥形电极式航空静电喷嘴进行雾滴粒径和雾滴荷电效果试验，研究雾滴粒径和电极电压对荷电雾流场分布和雾滴荷电效果的影响。

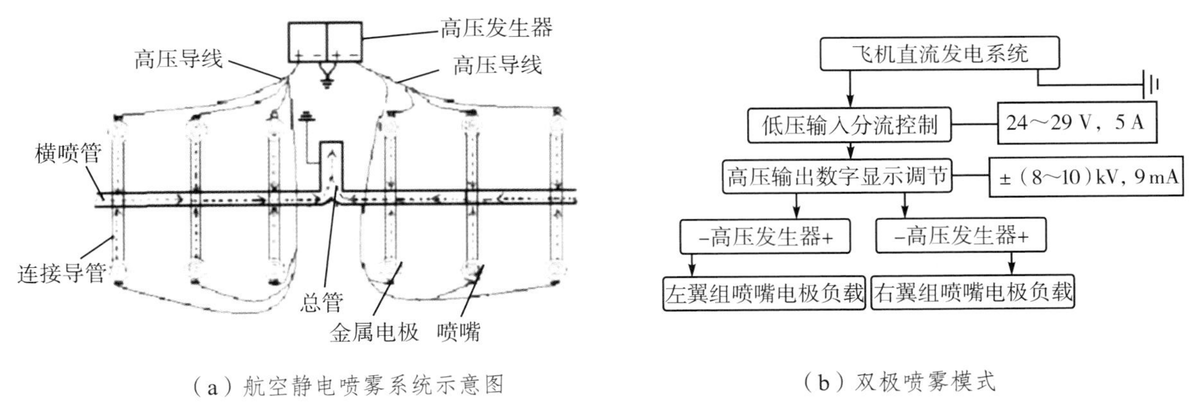

（a）航空静电喷雾系统示意图　　（b）双极喷雾模式

图 3–2–3　Y–5B 型固定翼农用飞机航空静电喷雾系统

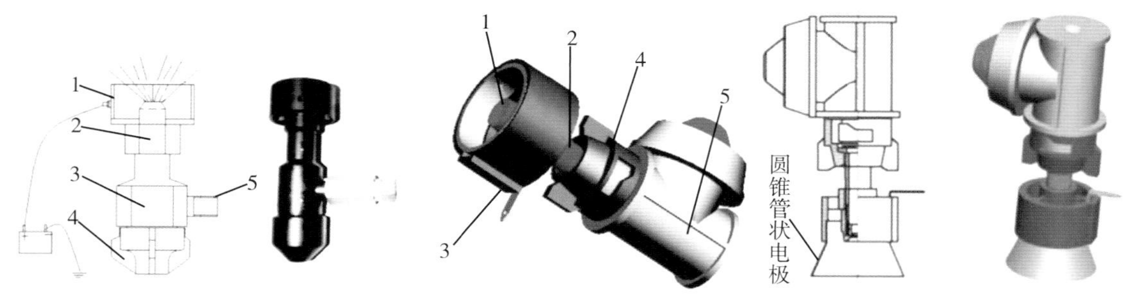

1. 电极；2. 喷嘴前体；
3. 喷嘴体；4. 溢流阀；5. 连接头。
（a）原航空静电喷嘴

1. 喷嘴帽；2. 喷嘴体；3. 电极支撑座；
4. 旋拧接头；5. 溢流阀。
（b）第一次改进后的航空静电喷嘴

（c）第二次改进后的航空静电喷嘴

图 3-2-4　航空静电喷嘴改进过程

2015 年，茹煜等人针对 XYBD 型无人机设计了一套静电喷雾系统（图 3-2-5）。该静电喷雾系统由药箱、高压电源、蓄电池、高压导线、喷杆、管路泵、流量控制阀和静电喷嘴等组成，采用双极充电模式，以保证无人机机身电荷平衡，正常进行植保作业。2016 年金兰等人以 AF-811 型无人直升机为飞行平台，设计了一套与其相配套的静电喷雾系统（图 3-2-6），并进行有效喷雾测试，试验结果表明，在 3 m 作业高度条件下，这套静电喷雾系统的有效喷幅为 6.5 m。这套静电喷雾系统中，静电喷嘴可根据风向自动调节喷嘴方向，减少自然风对施药效果的影响。刘鹏在 Y-5B 型固定翼飞机常规喷嘴的基础上设计了新型航空静电喷嘴，并对其性能参数等进行了室内与大田试验研究，试验结果表明，新型航空静电喷嘴的雾滴粒径小于 100 μm，雾滴的跟随性良好，在较远处仍然有电荷存在，雾化效果和沉积效果明显优于常规喷嘴。

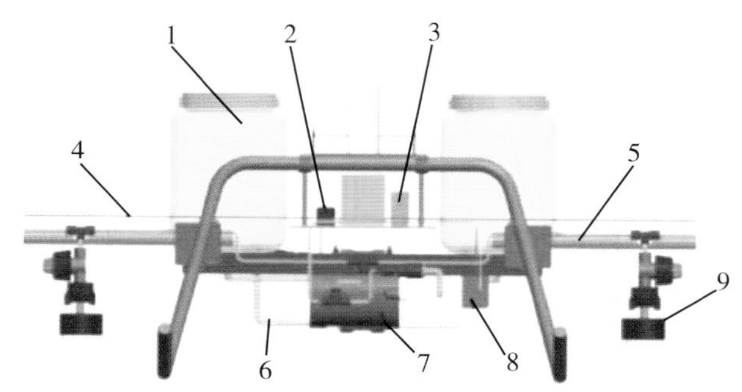

1. 药箱；2. 高压电源；3. 蓄电池；4. 高压导线；
5. 喷杆；6. 管路泵；8. 流量控制阀；9. 静电喷嘴。

图 3-2-5　XYBD 型无人机静电喷雾系统

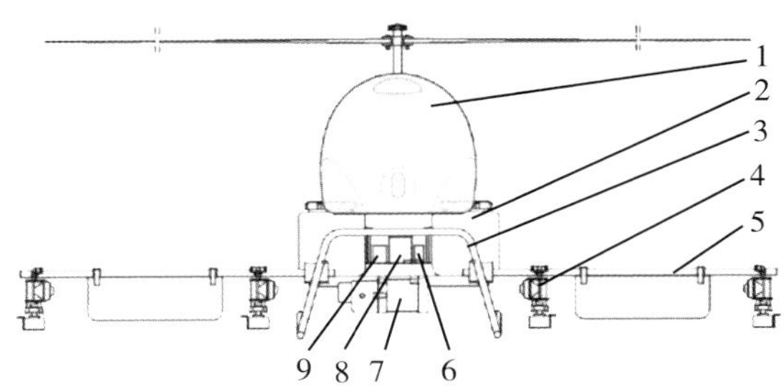

1. 机身；2. 药箱；3. 起落架；4. 喷头；5. 摆动悬臂；6. 电池；

7. 水泵；8. 控制装置；9. 高压静电发生器。

图 3-2-6　AF-811 型无人直升机静电喷雾系统示意图

虽然研究者们已经研制了多个航空静电喷嘴，并搭建了多套航空静电喷雾系统，但当前研发的航空静电喷嘴还处于试验和结构优化阶段，并没有投入到航空作业中。目前搭建的航空静电喷雾系统也处于大田试验阶段，还未成为成熟的作业产品。

二、国外静电喷雾技术的研究现状

1882 年，Rayleigh 开始研究雾滴电离化。1925 年，Busse 发现带电雾滴荷质比接近 0.6 μC/kg 时，雾滴将发生碎裂。1934 年，Chapman 通过黄铜雾化器雾化雾滴来研究静电雾化现象，发现 10 μm 的雾滴可以携带约 600 个电子电荷（180 μC/kg）。

20 世纪 40 年代，法国 Hampe 第一次尝试将静电技术与农药喷洒技术相结合进行农药喷洒，拉开静电技术应用于农业植保领域的序幕。20 世纪 50 年代，密歇根州立大学的 Carleton 和 Bowen 教授也尝试将静电技术应用于农业植保领域，两人试验研究发现，固体农药颗粒经过电离区域后被充上电荷，呈现电极性。随后，Bowen 团队对农药颗粒充电问题及农药颗粒充电后的沉积问题进行了大量研究。同一时期，德国也进行了很多静电施药技术的研究。20 世纪 60 年代，研究者开始细化对静电施药技术的研究，密歇根州立大学的 Bowen 和 Splinter 等人从理论与实践两个方面探究了农药充电过程及静电作用对农药颗粒沉积的影响。Sasser 等人研究了空气相对湿度对农药颗粒电晕荷电效果的影响。Cooke 等人研究了静电作用对沉积农药颗粒的尺寸分布的影响。Webb 等人致力研究空气相对湿度、农药颗粒电阻率、农药颗粒云密度和沉积表面类型等因素对静电击穿现象的影响。

由于固体农药颗粒容易发生飘移，脱靶后的固体农药粒子对生态环境造成严重污染，且液体农药的雾化情况（雾滴直径等）更容易控制，因此，在 20 世纪后期，固体农药逐渐被液体农药取代。研究者开始将静电喷施固体农药技术的研究转向静电喷施液体农药技术。

20 世纪 60 年代，静电喷雾技术开始应用于农业航空领域。1966 年，美国农业部（USDA-ARS）

Calton 博士和 Isler 博士最早研制出一种电动旋转式静电喷嘴，如图 3–2–7 所示。两位博士对自主研制的旋转式静电喷嘴进行了荷电试验，试验结果表明，此旋转式静电喷嘴可以使雾滴带电，但雾滴带电极性不稳定。为解决这个问题，Calton 对雾滴充电方法进行了研究，最终确定双极充电和交替充电等方法可以使雾滴带电极性保持稳定，并且采用双极充电方法，雾滴飘移现象在一定程度上被抑制。

图 3–2–7　早期应用于航空植保领域的电动旋转式静电喷嘴

20 世纪 70 年代，Calton 等人对航空静电喷雾技术理论展开研究。1975 年，Calton 建立了 Cessna180 型飞机作业高度与电容的函数。1977 年，Calton 探究了农用飞机机身周围电场的分布情况，并在前面研究工作的基础上，于 1978 年研制出一种电荷探测器，通过此电荷探测器探究在荷电雾滴沉降过程中雾滴荷电量的变化情况，明确静电作用在沉降过程中对雾滴的驱动作用。1979 年，Calton 对第一代旋转式静电喷嘴进行改进，并对改进后的喷嘴进行风洞试验，测试其雾滴荷电和沉积情况，如图 3–2–8 所示。改进后的静电喷嘴开始应用于农业航空静电喷雾系统。

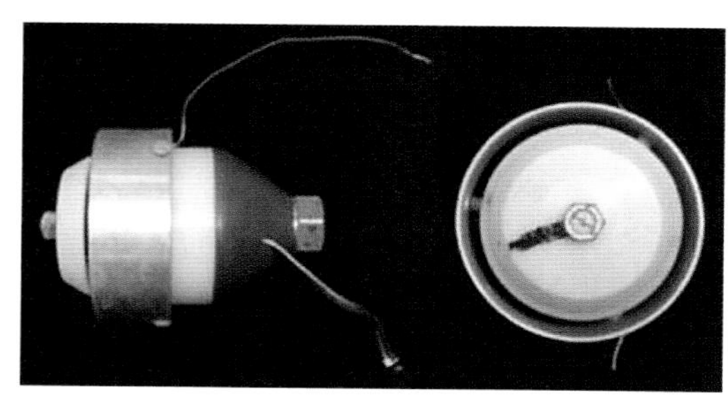

（a）第二代航空静电喷嘴

（b）第二代航空静电喷嘴风洞测试图

图 3–2–8　第二代喷嘴相关图

20 世纪 80 年代末，美国佐治亚大学的 S.E.Law 等专家，成功研发出两款静电喷雾系统，并于 1989 年获得专利授权。美国 ESS 公司购买了 S.E.Law 这两个静电喷雾系统的专利权，并对其进行多次改进，将其发展成为成熟的静电喷雾产品，成功投入市场应用。

1999 年，Calton 博士对其第二代旋转式静电喷嘴及其航空静电喷雾系统进行了多次改进，改进后的航空静电喷雾系统结构简单且坚固耐用，能满足旋转电机等载重需求。图 3-2-9 为改进后的航空静电喷嘴模型。同年，Calton 博士获得专利授权。2003 年，Krik 在其对航空静电喷雾系统及常规喷雾系统田间喷洒效果试验研究的基础上，最终确定 Calton 设计的航空静电喷雾系统结构（图 3-2-10）。Calton 博士设计的航空静电喷雾系统的专利权被 SES 公司购买，并进行了大规模生产（图 3-2-11），将航空静电喷雾系统推向市场。新型注塑喷嘴体研制成功后，航空静电喷雾系统更加成熟，不但制作容易，而且性能更加可靠。航空常规喷雾（左）与航空静电喷雾（右）雾滴粒径对比如图 3-2-12 所示。

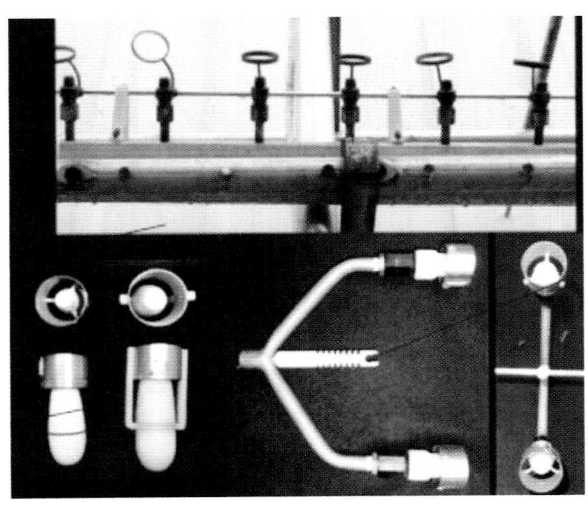

图 3-2-9　改进后的航空静电喷嘴模型

图 3-2-10　最终定型的航空静电喷雾系统结构

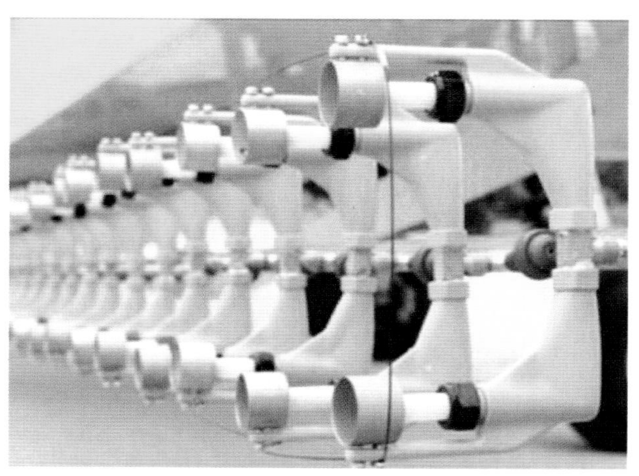

图 3-2-11 SES 公司的航空静电喷雾系统

图 3-2-12 航空常规喷雾（左）与航空静电喷雾（右）雾滴粒径对比

第三节 农用无人机静电喷雾系统的设计

一、旋流式静电喷嘴结构设计

静电喷嘴采用旋流式喷嘴，如图 3-3-1 所示。该旋流式喷嘴主要由上壳体、导流柱、旋流腔、下壳体、电极座、电极、橡胶垫圈和旋流阀芯等部分组成。旋流阀芯是旋流式喷嘴的核心部件之一，加压的液体经过旋流阀芯上的旋流槽后，将产生角动量而形成螺旋运动，并在旋流腔中旋转加速。溶液经喷嘴的喷孔喷出后，仍保持一定程度的螺旋运动，加强外界对液膜的扰动作用，加速液膜破碎，增强液膜的破碎程度。旋流槽数量直接影响喷嘴的体积流量，而旋流槽的螺旋角对雾滴的体积中径有较为明显的影响，随着螺旋角的增大，雾滴的体积中径增大。因此，为了保证雾化效果，实现低流量喷雾，在旋流阀芯上开 2 条对称的、旋流角为 30° 的旋流槽，如图 3–3–1（c）所示。旋流腔上的喷孔设计了 1.00 mm、1.25 mm、1.50 mm 3 个系列，如图 3–3–2 所示。静电喷嘴总长 97 mm，可通过快插接头与输液管连接。

图 3–3–2 是旋流式静电喷嘴加工后的实物图，由于现阶段的植保无人机载重较低，为了降低植保无人机静电喷雾系统的重量，研究者自主研发的旋流式喷嘴由工程塑料加工制成，雾化效果稍弱于由不锈钢加工制成的喷嘴。

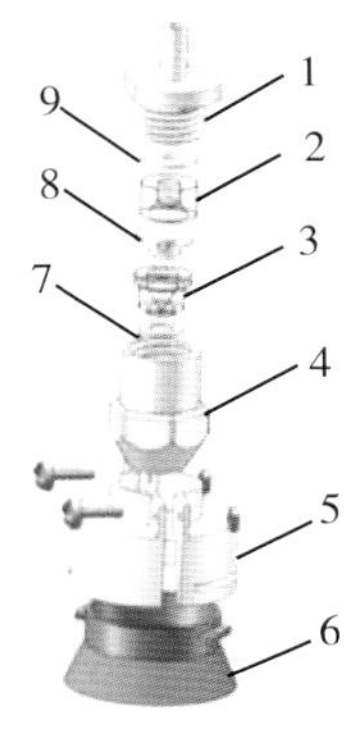

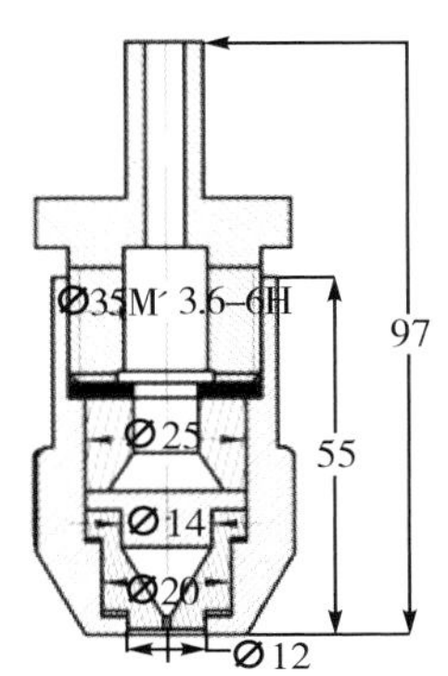

1. 上壳体；2. 导流柱；3. 旋流腔；4. 下壳体；5. 电极座；
6. 电极；7. 橡胶垫圈；8. 旋流阀芯；9. 橡胶垫圈。

（a）静电喷嘴轴测图　　（b）旋流喷嘴剖视图

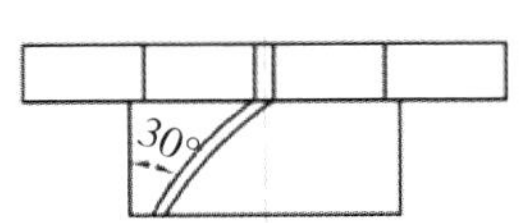

（c）旋流阀芯

图 3–3–1　静电喷嘴结构示意图

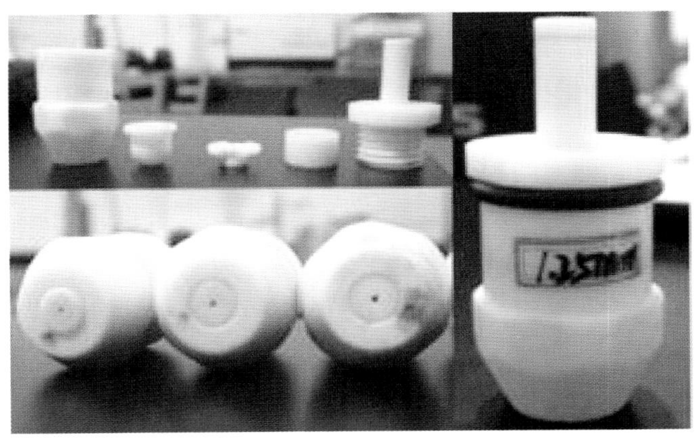

图 3–3–2　旋转式静电喷嘴实物

二、旋流静电喷嘴电极和电极座设计

为了增大雾滴与电极重叠区域，提高雾滴荷电效果，电极设计为圆柱与圆锥拼接式电极，电极与电极座连接部分设计为圆柱形，与喷雾区域重合部分设计为圆锥形，如图 3–3–3（a）所示。在 250 kPa 无静电喷施条件下，旋流喷嘴的雾化角达到 65°，因此电极锥角设计为 65°，以防止雾滴打湿电极，影响雾滴荷电效果，同时确保电极与液膜距离最小，电极与雾流场重叠区域最大。电极总高 35 mm，与雾流场重叠区域高 20 mm。

电极座设计为 2 个阶梯式空心半圆柱，图 3–3–3（b）是电极座的其中一半。将 2 个电极座第一阶台放置于喷嘴下壳体凸台上，通过螺钉和螺母固定在喷嘴外壳上，电极座定位结束；将电极凸起沿电极座上的滑槽滑至螺旋槽起始位置，用力旋紧，大约旋合至 0.6 圈时，电极上端面顶紧在电极座第二阶台上，电极座和电极旋合在一起，电极通过电极座连接到喷嘴上。图 3–3–4 是 4 种不同材料电极加工后的实体图。

液体从上壳体流入，经导流柱到达旋流阀芯，经过旋流阀芯，在旋流腔内产生高速旋转液体；高速旋转液体从旋流腔内喷孔喷出，进入电极产生的电场区域，感应带电后的液柱在离心力和空气动力作用下，雾化为均匀细小的带电雾滴。

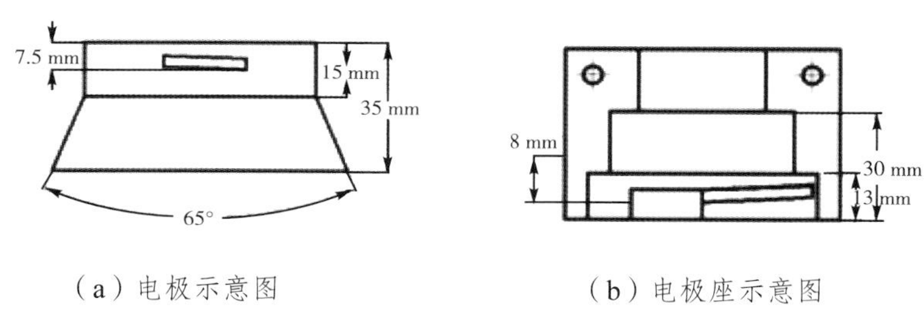

（a）电极示意图　（b）电极座示意图

图 3–3–3　电极与电极座示意图

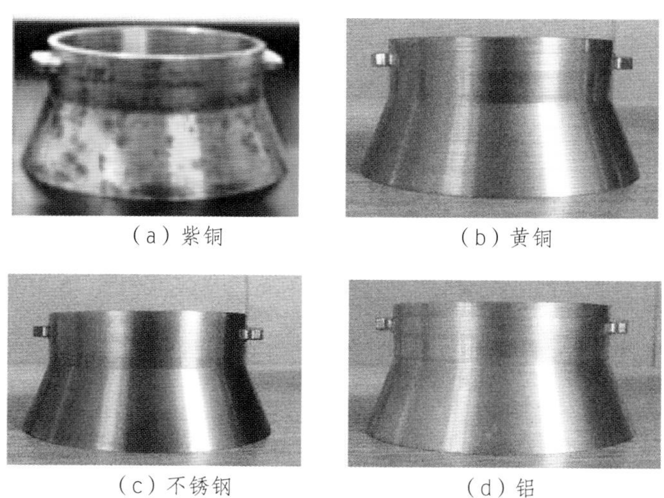

（a）紫铜　（b）黄铜　（c）不锈钢　（d）铝

图 3–3–4　不同材料的电极实体图

较强的旋翼风场会削弱静电作用对雾滴的驱动力，因此，建议选择的电动多旋翼型植保无人机为植保无人机静电喷雾系统的搭载平台。静电喷嘴在无人机上的放置方式与大疆 MG–1 原喷雾系统喷嘴的放置方式一致。

试验采用双极充电法为雾滴充电，植保无人机静电喷雾系统如图 3–3–5 所示。

图 3–3–5　植保无人机静电喷雾系统

三、高压静电连接方式

高压静电连接方式是航空静电喷雾系统中的重要部分，不仅影响着雾滴荷电效果，而且对飞机作业时的安全有非常大的影响。高压静电连接方式包括单极充电法、双极充电法和交替充电法等。

单极充电法是高压静电发生器的正极或负极接到喷嘴电极上，使喷嘴电极产生高压静电场，为雾滴充电。经这种连接方法充电后的雾滴均保持一种电性，根据同性电荷相排斥原理，采用这种连接方法充电后的雾滴，在沉积过程中较少出现雾滴融合的现象，因此，雾滴粒径较小，雾滴穿透性较强。单极充电法一般应用于地面静电喷雾系统中，在航空静电喷雾系统中较少被应用。因为航空静电喷雾系统搭载在飞机上，若采用单极充电法为航空静电喷雾系统充电，高压静电发生器的一个输出端接喷嘴电极，另外一个输出端只能接在飞机上，如此，在航空静电喷雾系统作业过程中，飞机机身上的电荷量无法保持平衡，容易出现安全问题。

双极充电法是一个高压静电发生器的输出端（正极）连接在喷雾系统一侧的喷嘴电极上，另一个高压静电发生器的输出端（负极）连接在喷雾系统另一侧的喷嘴电极上，两个高压静电发生器的另一个输出端分别连接在无人机机身两侧，喷雾系统两侧喷嘴数量和喷施参数完全保持一致。如此，静电喷雾系统无论搭载在地面植保器械上还是飞机上，喷雾系统的整体电势均可以保持为 0，从而保证植保器械作业过程中的安全。双极充电法常应用于航空静电喷雾系统中，茹煜、刘武兰等人搭建的静电喷雾系统均采用双极连接法。

交替充电法是相邻喷嘴电极上连接不同极性的电源输出端。与双极充电法相同的是，这种连接方法同样可以保证静电喷雾系统的整体电势为 0，确保静电喷雾系统在作业过程中的安全。与双极充电法不同的是，交替充电法使相邻喷嘴雾化的雾滴所携带的电荷极性相反，根据异性电荷相吸引原理，在雾滴沉降过程中，携带极性相反电荷的雾滴会结合在一起，成为粒径更大的雾滴，可以抗衡自然风等对雾滴的作用，减少雾滴飘移。

四、农用无人机静电喷雾系统设计

在旋流式静电喷嘴和锥形电极设计与制作的基础上，搭建了如图 3–3–4 所示的植保无人机静电喷雾系统，该静电喷雾系统由植保无人机（大疆 MG–1）、静电喷嘴、12 V 直流电源、高压静电发生器、隔膜泵、药箱和导液管组成。静电喷嘴和电极是研究者自主研制的，高压静电发生器在天津东文高压电源有限公司定做，该高压静电发生器采用双极输出模式，输出电压范围为 –10 ～ 10 kV，最高输出电流为 1 mA。

现在农用植保无人机市场上的主流机型已经基本确定，分别为以大疆和极飞为代表的电动多旋翼植保无人机，以高科新农为代表的电动单旋翼植保无人机，以安阳全丰和无锡汉和为代表的油动单旋翼植保无人机，这几家公司的无人机均受到行业内大多数人的认可。电动植保无人机起降容易，操作简单，自主化程度高，因此采用电动植保无人机作为植保无人机静电喷雾系统的搭载平台。2017 年 8 月，华南农业大学兰玉彬教授团队与南京善思生物科技有限公司和云南省勐海县植保植检站合作，共同测试了电动单旋翼植保无人机（高科新农 HY–15–L）和电动多旋翼植保无人机（大疆 MG–1）的田间作业效果。试验效果表明，和电动多旋翼植保无人机相比，电动单旋翼植保无人机的旋翼风场更强，在雾滴沉积过程中，对雾滴的驱动作用更强；在每个相同的作业条件下，电动多旋翼植保无人机喷洒的雾滴在水稻上的沉积量均少于电动单旋翼植保无人机。

第四节　农用无人机旋流式静电喷雾系统的测试

一、旋流式静电喷嘴雾化性能测试试验

（一）喷嘴雾化特性测试系统

喷嘴雾化特性测试系统（图 3–4–1）包括喷嘴雾化效果测试系统和喷嘴荷电效果测试系统两个部分，前者主要由喷雾系统和雾滴粒径信息采集系统组成，后者主要由喷雾系统和雾滴荷电

量测量系统组成。

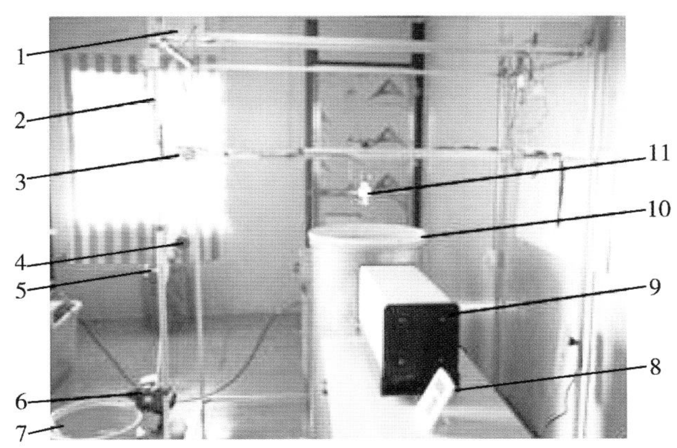

1. 高压电源；2. 喷雾支架；3. 流量计；4. 压力表；5. 压力调节阀；6. 液压泵；7. 水箱；
8. 温湿度表；9. 激光粒度分析仪；10. 法拉第筒；11. 静电喷嘴。

图 3-4-1　喷嘴雾化特性测试系统

激光粒度分析仪是通过颗粒的衍射或散射光的空间分布(散射谱)来分析颗粒大小的仪器[图 3-4-2（a）]，可以测量雾滴粒径和雾滴分布信息，生成雾滴谱报告。激光粒度分析仪主要由准直激光发生装置、信号采集装置和数据处理系统组成，信号采集装置集成了主探测器、辅助探测器、稳压电源和数据采集电路。信号采集处理系统完成雾滴粒径信息的采集，计算机完成数据处理并显示数据处理结果。试验采用欧美克 DP-02 激光粒度分析仪进行雾滴信息采集、计算和分析，获得雾滴粒径信息和雾滴粒径分布情况。图 3-4-2（b）是欧美克 DP-02 激光粒度分析仪。表 3-4-1 是此激光粒度分析仪的技术规格参数。

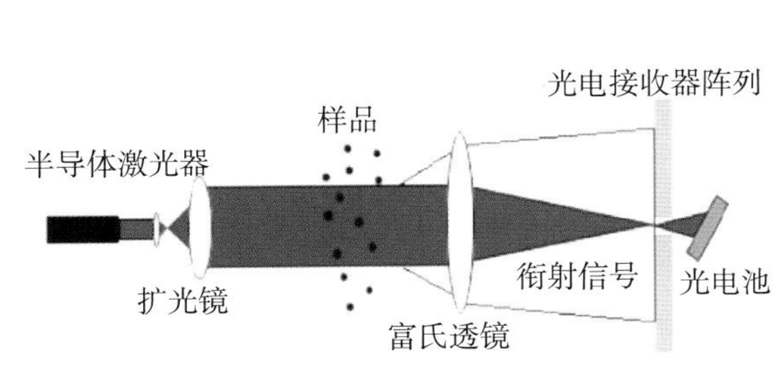

（a）激光粒度分析仪工作原理图

（b）欧美克 DP-02 激光粒度分析仪

图 3-4-2　激光粒度分析仪

表 3-4-1 激光粒度分析仪技术规格参数

参数	规格及数值
型号	DP-02
工作电源	220 V/50Hz
输出功率	2 ～ 3.5 mW
波长	0.6328 μm
探测器	He-Ne 激光器
独立探测单元数	48
测量范围	1 ～ 1500 μm
中值粒径重复精度	± 3%
数值采样分析时间	≤ 2 min
工作温度	25 ℃左右
工作湿度	< 85%（25 ℃）

采用法拉第筒法测量雾滴荷电情况。雾滴荷电效果测量系统主要包括喷雾系统、法拉第筒和电荷量表等。图 3-4-3 是团队自主设计、加工的法拉第筒。该筒由不锈钢制成，内筒直径 400 mm、高 800 mm，外筒直径 500 mm、高 1000 mm。电荷量表（0 ～ 40 μC）用于测量雾滴所携带的电荷量。

图 3-4-3 法拉第筒

（二）雾化特性试验设计

为了确定本课题组自主研发的 3 个系列静电喷嘴的最佳作业参数，同时探究电极材料对静电喷嘴雾化和荷电效果的影响，本试验设计了电极材料、喷施压力、喷孔直径和电极电压 4 个试验因素，各因素的水平见表 3-4-2。

表 3-4-2　试验因素水平

水平	试验因素			
	喷施压力（kPa）	喷孔直径（μm）	电极电压（kV）	电极材料
1	6×10^4	1.00	0	紫铜
2	8×10^4	1.25	1	黄铜
3	1.2×10^5	1.50	2	铝
4	1.5×10^5		3	不锈钢
5	2.1×10^5		4	
6	2.4×10^5		5	
7			6	
8			7	
9			8	
10			9	
11			10	

采用欧美克 DP-02 型喷雾粒度分析仪进行雾滴粒径信息采集和计算。试验时，旋流式静电喷嘴放置于激光发射装置与激光接收装置正中间，激光光束正上方 0.35 m 处。依据表 3-4-2 依次进行试验，每个水平值重复 3 次。试验时，室内温度为（23.4 ± 3）℃，湿度为（50 ± 5）%。

雾滴谱相对宽度是雾滴均匀性的评价指标。根据《中华人民共和国民用航空行业标准》，雾滴谱相对宽度（RSF）定义为 90% 累积体积直径（$Dv_{0.9}$）和 10% 累积体积直径（$Dv_{0.1}$）的差值与雾滴体积中径（$Dv_{0.5}$）的比值。雾滴谱相对宽度越接近 1，代表喷雾系统雾化雾滴的均匀性越好。本文定义 UF 值为 RSF 与 1 的差值的绝对值，根据 UF 值，可直接描述喷雾系统所雾化雾滴的均匀性。RSF 和 UF 值的公式分别为

$$RSF=\frac{Dv_{0.9}-Dv_{0.1}}{Dv_{0.5}} \tag{3.4.1}$$

$$UF=|RSF-1| \tag{3.4.2}$$

喷嘴喷施流量也是影响喷嘴雾化效果的重要因素，为了更好地分析静电喷嘴的雾化和荷电效果，试验进行前，测试了旋流式静电喷嘴在各个作业参数条件下的喷施流量，测量结果见表 3-4-3。

表 3-4-3　静电喷嘴流量

喷孔直径（mm）	喷施压力（Pa）					
	6×10^4	8×10^4	1.2×10^5	1.7×10^5	2.1×10^5	2.4×10^5
1.0	180	226	322	429	470	501
1.25	265	289	369	470	542	579
1.5	358	421	507	608	667	720

表 3-4-4 至表 3-4-6 分别为电极材料的费米能级、功函数和电子排布情况。

表 3-4-4　电极材料的费米能级

电极材料	锌	铜	铝	铁
费米能级（eV）	4.6	7.1	11.8	15.2

表 3-4-5　电极材料的功函数

电极材料	紫铜	黄铜	不锈钢	铝
功函数（eV）	4.65	4.50	4.50	4.28

表 3-4-6　电极材料的电子排布情况

电极材料	电子排布
29Cu	2，8，18，1（$3d^{10}$，$4s^1$）
26Fe	2，8，14，2（$3d^6$，$4s^2$）
13Al	2，8，5（$3s^2$，$3p^1$）

二、旋流静电喷嘴荷电效果测试试验

（一）雾滴荷质比试验设计

通过公式（3.4.3）和公式（3.4.4）计算雾滴荷质比。具体依据表 3-4-2 进行试验，每个水平值重复 3 次。试验时，室内温度为（23.4 ± 3）℃，湿度为（50 ± 5）%。

$$C_t=\frac{Q_c}{M} \tag{3.4.3}$$

$$M=\rho V \tag{3.4.4}$$

式中，C_t 为雾滴荷质比，mC/kg；Q_c 为雾滴群所携带的电荷量，mC；M 为喷施雾滴的总质量，kg；ρ为溶液密度，m^3/kg；V 为测量时间内溶液的体积，m^3。

（二）雾滴荷质比试验结果

1. 喷施压力和喷孔直径对雾滴荷电效果的影响

以电极电压为 8 kV、电极材料为紫铜的喷施条件为例，分析喷施压力和喷孔直径对雾滴荷质比的影响规律。

图 3-4-4 描述了 3 个不同孔径喷嘴的雾滴荷质比随喷施压力的变化规律。当喷施压力在 170 kPa 以内时，随喷施压力的增加，雾滴荷质比逐渐增大；但当喷施压力超过 170 kPa 后，随着喷施压力的增加，雾滴荷质比出现减小的趋势。这可能是因为喷施压力为 170 kPa 时，溶液介质弛豫时间与雾滴破碎时间恰好相等。当喷施压力在 170 kPa 以内时，溶液介质弛豫时间始终小于雾滴破碎时间，保证了在雾滴碎裂前溶液已经完成充电过程。而随着喷施压力的增加，雾滴继续发生雾化，碎裂为更细小的雾滴，增加雾滴在电场里继续感应出电荷的能力。因此，当喷施压力在 170 kPa 以内时，随喷施压力的增加，雾滴荷质比呈增大趋势；当喷施压力超过 170 kPa 时，雾滴碎裂时间已经超过介质弛豫时间，说明溶液还没有充分荷电就已经碎裂为雾滴，离开最佳荷电区域向靶标沉积了，导致雾滴荷质比随喷施压力的增加而呈减小趋势。

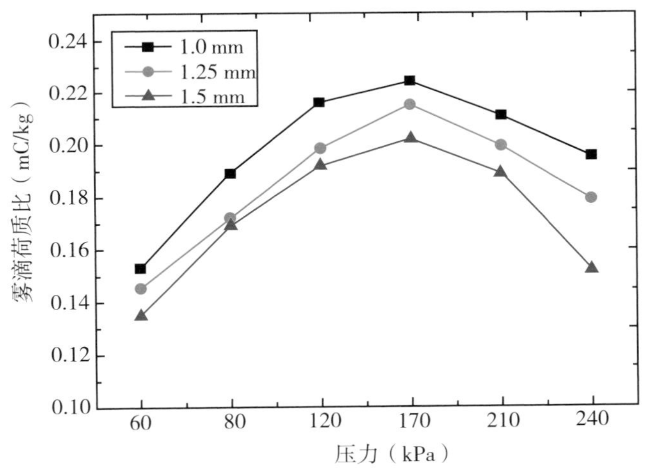

图 3-4-4　雾滴荷质比随喷施压力的变化曲线

喷孔直径直接影响液膜厚度和雾滴粒径，通过对雾滴粒径的影响间接影响雾滴荷质比。从图 3-4-4 可知，3 个喷嘴中，喷孔直径为 1.0 mm 的喷嘴，雾滴荷电效果最好。当喷孔直径由 1.5 mm 缩小至 1.0 mm 时，雾滴荷质比由 6.8% 增加到 7.1%。

2. 电压对雾滴荷电效果的影响

以喷孔直径为 1.0 mm 的喷嘴在喷施压力为 170 kPa 条件下的荷电情况为例，分析电压和电极材料对雾滴粒径的影响，如图 3-4-5 所示。

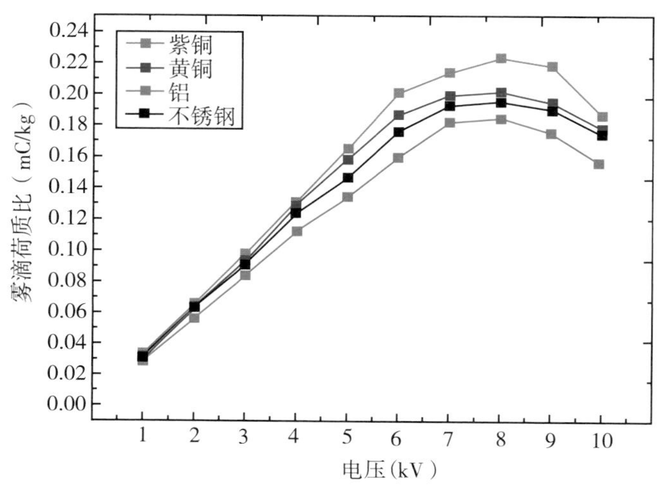

图 3-4-5　雾滴荷质比随电压的变化曲线

图 3-4-5 描述了喷孔直径为 1.0 mm 的喷嘴分别在紫铜、黄铜、铝和不锈钢 4 种电极材料喷施条件下，雾滴荷质比随电极电压的变化情况。从图 3-4-5 分析可知，4 种电极材料的充电效果依次为紫铜＞黄铜＞不锈钢＞铝。在 4 种电极材料中，紫铜费米能级最低，激发紫铜费米面周围的电子进入导带，参与导电过程所需的能量最小，在相同的施加电压条件下，紫铜材料被激发出参与导电过程的电子最多，电子活跃程度最高，产生的电场也最强。此外，在 4 种电极材料中，紫铜的功函数最大，其维持表面电子最大化的能力最强。因此，在相同的电极电压下，紫铜表面拥有最高的电子密度。根据静电感应特征，紫铜做电极材料时，溶液表面的电子密度最大，碎裂后，雾滴携带的电荷量最多，荷质比最大。

雾滴荷质比随电极电压的变化曲线类似一条半抛物线，当电极材料为紫铜，电极电压为 8 kV 时，雾滴荷质比最大，最大值为 0.22 mC/kg。

综合以上试验结果，确定此静电喷嘴最佳作业参数：最佳喷施压力为 170 kPa，最佳电极电压为 8 kV，紫铜为最佳电极材料，喷孔直径为 1.0 mm 的喷嘴雾化和荷电效果最好。因此，以喷孔直径 1.0 mm 的静电喷嘴为例，在最佳喷施条件下，测试其在静电作用关闭和开启两种条件下的雾滴沉积情况，分析静电作用对雾滴沉积的影响。

三、旋流静电喷嘴沉积效果试验

（一）试验方法

沉积试验采用质量分数为 5% 的食品级诱惑红染色剂作为喷施溶液，2.5 cm × 7.5 cm 的铜版纸作为雾滴采集卡，2 棵龙血树作为沉积靶标（龙血树叶子的表面特征与水稻相似）。2 棵植物的总高为 115 cm，冠层高 60 cm，冠幅宽 55 cm，将其并排放置于手推车上，并排放置后的植物总冠幅为 100 cm（植物相邻侧部分重叠）。每棵植物布 3 个采样层，每个采样层布 7 个采样点，具体布点方式如图 3-4-6 所示。喷雾系统总高 310 cm，喷嘴放于 2 棵植物的正中间，距离植物冠层 150 cm，如图 3-4-7 所示。

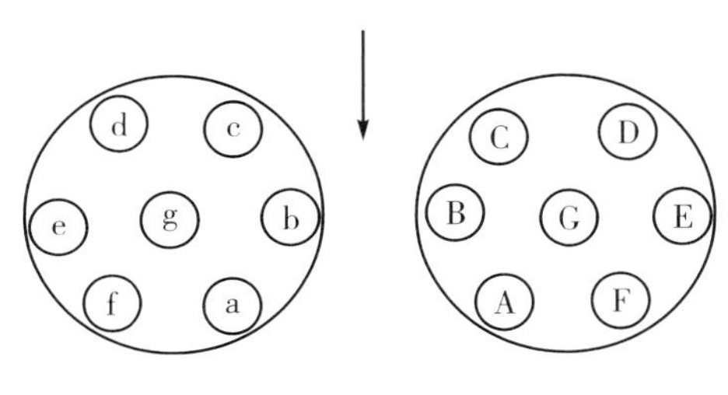

（a）布点示意图

（b）布点实物图

图 3-4-6　布点图

图 3-4-7　沉积试验现场布置图

试验进行前，将 2 棵植物并排放置于手推车上，待喷雾系统开启并稳定工作后，手推车以 3 m/s 的速度从喷嘴正下方驶过，完成雾滴沉积过程。试验重复 3 次。每次试验完成后，待铜版纸上的雾滴干燥 3 ～ 5 min，然后按照序号收集铜版纸，并逐一放入相应的密封袋中，带到精准农业航空喷施雾化实验室进行数据处理。用扫描仪将收集的铜版纸逐一进行扫描，通过 ImageJ 软件分析扫描后的图像，获得雾滴在作物叶片上的具体沉积情况。图 3-4-8 是喷孔直径为 1.0 mm 的喷嘴在有静电和无静电 2 种情况下，在同一采样点上的雾滴沉积情况。

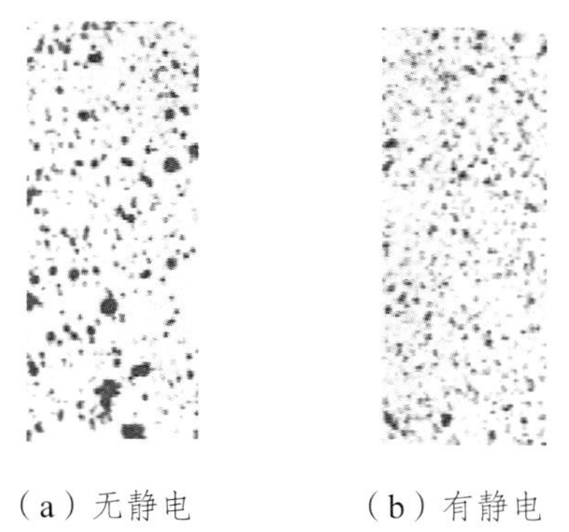

（a）无静电　（b）有静电

图 3-4-8　雾滴在铜版纸上沉积示意图

（二）试验结果

1. 静电作用对喷嘴喷幅和雾滴沉积密度的影响

图 3-4-9 描述了喷孔直径为 1.0 mm 的喷嘴在有静电作用和无静电作用 2 种喷施条件下，雾滴在各个采样点的沉积情况。从图 3-4-9 可知，相比于其他采样点，a、b、c 和 A、B、C 6 个采样点处的雾滴沉积量较多，从 g、G 采样点开始，采样点与喷嘴的水平距离越来越远，雾滴的沉积量也呈下降趋势。根据《中华人民共和国民用航空行业标准（2016）》中《农业航空喷洒作业质量技术指标》规定，在飞机进行超低容量的农业喷洒作业时，作业对象的雾滴覆盖密度达到 15 个 /cm^2 以上就达到有效喷幅。从图 3-4-9 可知，在无静电作用时，喷孔直径为 1.0 mm 的喷嘴，有效喷幅在 g、G 采样点附近。施加静电作用后，喷孔直径为 1.0 mm 的喷嘴有效喷幅扩大至采样点 e、E 附近，有效喷幅大约增大了 50 cm。

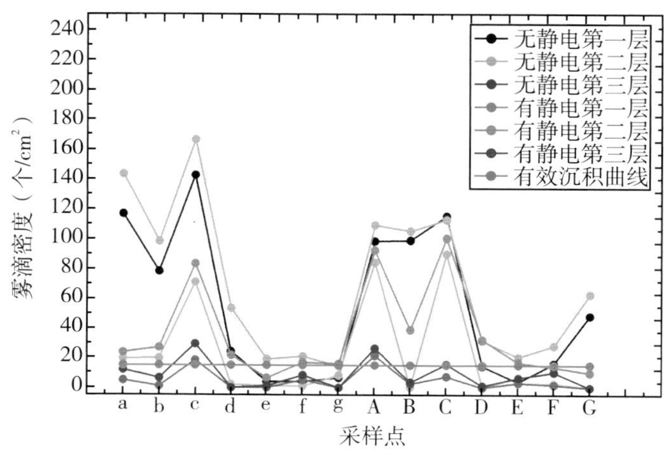

图 3-4-9　喷孔直径为 1.0 mm 的喷嘴雾滴的沉积情况

相比于非静电喷雾，在静电喷雾的条件下，喷孔直径为 1.0 mm 的喷嘴在 3 个采样层的沉积密度由上至下分别增加了 23 个 /cm^2、19 个 /cm^2、10 个 /cm^2。其中，在第二采样层，喷嘴的沉积密度提高了 19.04%，在第三采样层，喷嘴的沉积密度提高了 33.33%。试验表明，静电作用确实可以有效提高雾滴在作物上的沉积效果，在静电力的驱动下，雾滴可以穿透植物顶层，迂回沉积到植物内层。

2. 静电作用对不同粒径雾滴沉积效果的影响

表 3-4-7 是喷孔直径为 1.0 mm 的喷嘴各级粒径雾滴在各个采样层的沉积情况。由表 3-4-7 可知，施加静电作用后，50 ～ 80 μm 区间的雾滴在 3 个采样层的沉积量均增加了 3 倍，在 80 ～ 120 μm 区间，雾滴的沉积量也增加了近 2 倍；120 μm 以上的各级雾滴，在施加静电作用后，3 个采样层的雾滴沉积量也依次增加了 11.2%、–0.6%、16.2%、9.3%、49.5%、63.6%，161.9%、120.0%、53.5%、48.3%、41.7%、146%，–14.6%、18.8%、55%、25.9%、36.6%、104.1%。这表明，随着雾滴粒径的增大，静电力对雾滴的控制能力呈下降趋势，其中，静电力对 50 ～ 120 μm 区间的雾滴驱动效果最好。

表 3-4-7　喷孔直径为 1.0 mm 的喷嘴各级粒径雾滴的沉积情况

雾滴粒径分级（μm）	无静电第一层（个 /cm^2）	无静电第二层（个 /cm^2）	无静电第三层（个 /cm^2）	有静电第一层（个 /cm^2）	有静电第二层（个 /cm^2）	有静电第三层（个 /cm^2）
50 ～ 80	77.2	86.0	18.9	338.4	253.1	57.2
80 ～ 120	168.8	115.4	66.2	273.7	258.7	87.1
120 ～ 150	105.2	38.3	29.4	117.0	100.3	25.1
150 ～ 180	75.8	34.3	13.8	75.3	75.4	16.4
180 ～ 210	58.6	30.3	6.0	68.1	46.5	9.3
210 ～ 250	58.3	31.7	5.8	63.7	47.0	7.3
250 ～ 300	45.7	25.4	4.1	68.3	36.0	5.6
＞ 300	90.2	26.7	7.3	147.6	65.8	14.9

图 3-4-10 是喷孔直径为 1.0 mm 的喷嘴在有静电和无静电 2 种喷施条件下，各级粒径雾滴沉积比例图。在无静电作用时，80 ～ 120 μm 区间内的雾滴沉积数所占比例最高，为 28.78%，其他区间的雾滴沉积比例相差不大。静电作用开启后，50 ～ 80 μm 区间内的雾滴沉积比例明显增大；180 μm 以下雾滴沉积数占据了总沉积数的 66.91%，是此喷嘴的主要沉积区间。

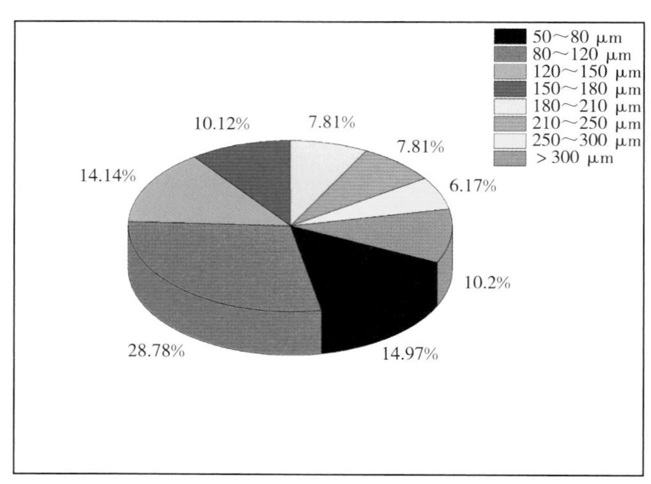

（a）非静电作用下各级雾滴沉积比例

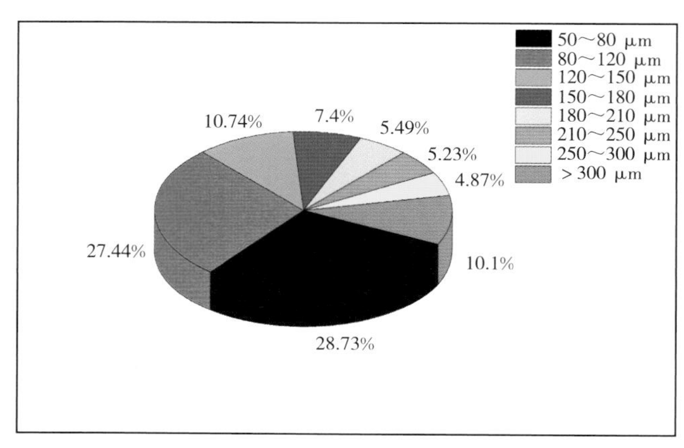

（b）静电作用下各级雾滴沉积比例

图 3-4-10　喷孔直径为 1.0 mm 的喷嘴各级粒径雾滴的沉积比例图

四、静电喷雾系统的室外作业效果试验研究

在雾滴沉降过程中，电场力对雾滴有一定的驱动作用，对喷嘴喷幅、雾滴的沉积和飘移效果等均有一定影响，但具体的影响规律尚未统一。因此，本研究以静电作用和无人机作业高度为试验变量，测试课题组自主研制的植保无人机静电喷雾系统的作业效果，探究静电作用和植保无人机作业高度对静电喷雾系统作业效果的影响规律。

植保无人机静电喷雾系统的室外沉积试验于 2018 年 1 月 3 日在极飞试验场地进行，试验前，在试验场地用小型气象站测量风速和风向（图 3-4-11）。确定一个长 50 m、宽 20 m 的试验区域，在试验区域中，将仿真树沿与风向呈 30° 角的方向插入土地中。按图 3-4-12（a）所示的采样点布置方式依次布点：从左边第一棵仿真树开始布置采样点，共布置 9 个采样点，每个采样点间隔 1 m，此区域为雾滴沉积效果测试区域。从沉积区域最右侧的采样点起，按 1 m、3 m、5 m、10 m、10 m 的间距继续布置 5 个采样点，这 5 个采样点用来测试植保无人机静电喷雾系统喷施的雾滴在地面的飘移情况，此区域为雾滴飘移区。在雾滴沉积区域，每个采样点布置 3 层 Mylar 卡和铜版纸［图 3-4-12（b）］，测试植保无人机静电喷雾系统的雾滴穿透效果。

（a）植保无人机静电喷雾系统作业图

（b）小型气象站

图 3-4-11　植保无人机静电喷雾系统室外试验图

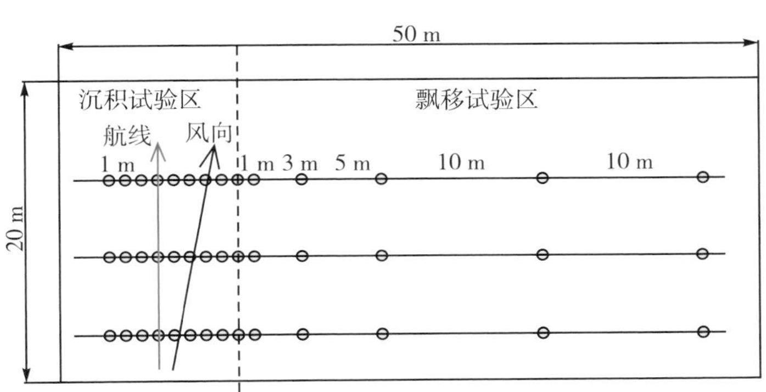

（a）布点示意图

（b）铜版纸和 Mylar 卡布置图

图 3-4-12　布点图

试验喷洒溶液是质量分数为0.5%的罗丹明B溶液。采样点布置完成后，植保无人机搭载课题组自主研制的静电喷雾系统，按表3-4-8设计的试验参数，逐一进行静电喷雾系统的性能测试试验。植保无人机共进行18架次飞行与喷施试验（6个处理，每个处理重复试验3次），每次喷施结束后，待Mylar卡干燥后，按采样点顺序逐一收回Mylar卡，并装入密封袋中，放在提前准备好的冰盒中，避免Mylar卡受到污染，影响试验效果。试验过程中，小型气象站持续测量距离作物冠层2 m处的气象条件，包括风速、风向、温度和湿度。每组试验重复3次，试验过程中，温度在18 ℃左右，湿度在78%左右，风速在0.8～1.2 m/s。

表3-4-8 试验参数

水平	试验因素	
	无人机作业高度（m）	静电作用
1	1	开启
2	2	关闭
3	3	

（一）数据处理

每次试验完成后，待采集卡上的雾滴干燥后，按照序号收集雾滴采集卡，并逐一放入相对应的密封袋中（图3-4-13）。待回到实验室后，将收集的铜版纸逐一用扫描仪[图3-4-14（a）所示]扫描，扫描后的图像用图像分析软件DepositScan进行分析，获得不同喷施条件下雾滴在仿真树上的沉积密度。

图3-4-13 雾滴沉积情况采集卡

由于荧光分光光度计［图 3-4-14（b）］体积过大，无法携带，因此 Mylar 卡采集回来后放入冰盒，低温保藏，带回实验室处理。根据 Mylar 卡的着色情况，预估示踪剂的沉积浓度在 1.5 μg/mL 以内，因此本次处理配制了 6 个标准浓度溶液，分别为 0.005 μg/mL、0.3 μg/mL、0.6 μg/mL、0.9 μg/mL、1.2 μg/mL、1.5 μg/mL，用这 6 个标准浓度溶液拟合了一条标准浓度曲线，拟合度为 0.9967。完成标准浓度曲线拟合后，用蒸馏水清洗 Mylar 卡 2 ～ 3 次，将 Mylar 卡上的荧光示踪剂洗净，转移到对应编号的比色管内，用比色皿装样，利用已经拟合好的标准浓度曲线逐点进行测量，获得雾滴在各个采样点沉积量的数据。

（a）惠普扫描仪

（b）荧光分光光度计

图 3-4-14　大田试验仪器

（二）雾滴飘移数据计算方法

根据 ISO 22866 标准分别计算单位面积飘移量（β_{dep}）、飘移率（λ）、累积飘移率（β_T）和飘移百分比（$\beta_{\%i}$）。计算方法如下：

$$\beta_{\text{dep}}=\frac{(\rho_{\text{smpl}}-\rho_{\text{blk}})\cdot F_{\text{cal}}\cdot V_{\text{dil}}}{\rho_{\text{spray}}\cdot A_{\text{col}}} \tag{3.4.5}$$

$$\lambda=\frac{\beta_{\text{dep}}}{\beta_V/100}\times 100 \tag{3.4.6}$$

$$\beta_T=\int_1^{20}\lambda(x)\mathrm{d}x \tag{3.4.7}$$

$$\beta_{\%i}=\frac{\lambda_i}{\beta_T} \tag{3.4.8}$$

其中：

$$\beta_V=\frac{Q}{10w\cdot s} \tag{3.4.9}$$

式中，β_{dep} 为单位面积雾滴飘移量，μL/cm^2；ρ_{smpl} 为洗脱液的荧光分光光度计示数；ρ_{blk} 为空白采样器的荧光分光光度计示数；ρ_{spray} 为喷施溶液中荧光示踪剂的浓度，g/L；V_{dil} 为洗脱液的体积，L；F_{cal} 为荧光分光光度计示数与荧光示踪剂浓度的关系系数；A_{col} 为 Mylar 卡面积，cm^2；λ 为飘移率，%；β_V 为喷施药液量，L/hm^2；Q 为喷嘴流量，mL/s；w 为无人机喷幅，m；s 为无人机飞行速度，m/s。

第五节　基于空中回路的农用无人机航空静电喷雾试验台构建

一、航空静电喷雾系统的基本组成

室内航空静电喷雾系统试验台主要由供电电源、高压静电发生器、独立水箱、药液管路、隔膜泵、喷杆、喷头、遥控开关、时间继电器、电压调节装置、悬挂装置等组成。航空静电喷雾系统示意图如图 3-5-1 所示。

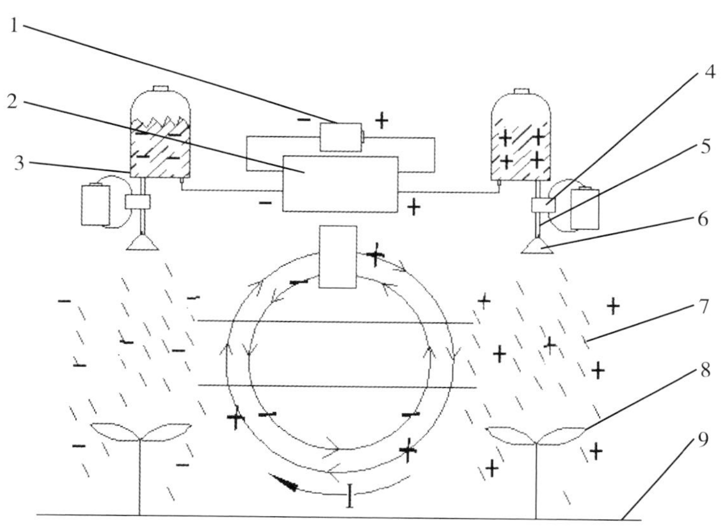

1. 供电电源；2. 高压静电发生器；3. 独立水箱；4. 隔膜泵；5. 药液管路；6. 喷头；7. 荷电雾滴云；8. 靶标植株；9. 大地。

图 3-5-1　航空静电喷雾系统示意图

该系统与 SES 公司的航空静电喷雾系统有相同点，但也有非常大的区别。相同点在于，都是采用正负双极性喷雾，一个（组）喷头喷带正电的雾滴，对称排布的另一个（组）喷头喷带负电的雾滴。不同点在于，SES 航空静电喷雾系统的参数有两侧喷杆保持相等的质量流量和电量，荷质比至少为 0.8 mC/kg；采用不导电的空心锥形喷嘴，用以产生足够尺寸的雾滴以达到上述荷质比要求；双独立电源供电，使用的药液特性满足上述荷质比要求。本文中的航空静电喷雾系统采用单高压静电发生器（组）双极输出正负高压；采用接触式荷电方式，电压一般在 15 ～ 35 kV，高于感应喷头充电电压；互不相通的双独立药箱设计；涉及吸附性问题时，雾滴云、植物（靶标）、大地也作为整个航空静电喷雾系统中的一部分。

使用两个定滑轮和绝缘的尼龙绳配合，将航空静电喷雾系统悬挂于房顶，模拟其置空的状态，区别于航空静电喷雾与地面静电喷雾的接地情况（图 3–5–2）。

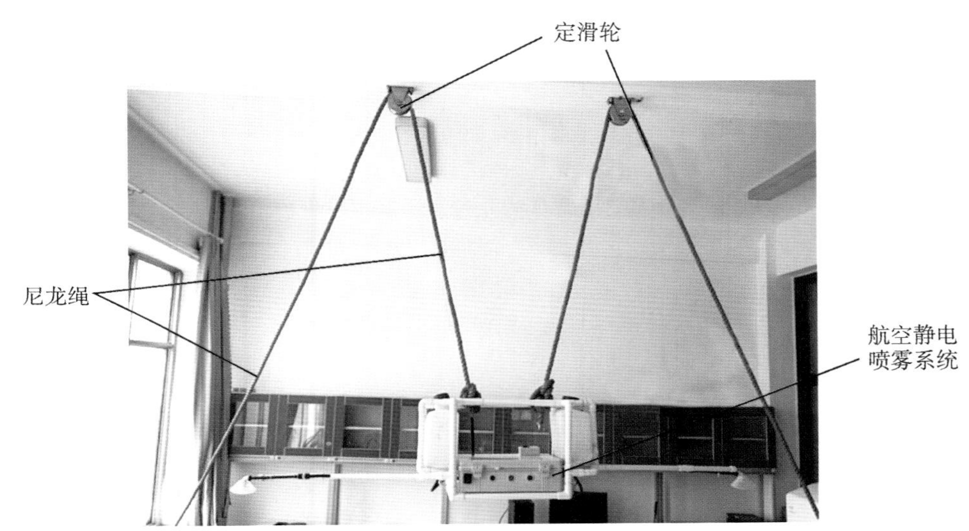

图 3–5–2　航空静电喷雾系统试验台

二、高压静电发生器

（一）高压静电发生器原理

常见的高压静电发生器有电子管式和晶体管式，区别在于升压核心元件的不同。以晶体管式为例，如图 3–5–3 所示，12 V 的直流电源提供稳定电能，经过 NE555 振荡线圈或者集成电路将其转换成 5 ～ 20 Hz 的频率，即产生振荡电流信号。振荡电流信号再经过 VT 晶体管的放大电路，被转换为交流信号，实现 12 V 直流升压至 6 ～ 10 kV 交流。再经过电路 D1、D2、D3、D4……倍压整流，输出高压直流。当高压静电发生器装有调压旋钮时，可以根据实际需求，选择在 n 级倍压输出（10 + 5 n）kV 的直流高压，如想要输出 30 kV，只需要选择 D4 级倍压电路输出。由此也可以看出，常见的接触式充电法的电压一般在 10 kV 以上。

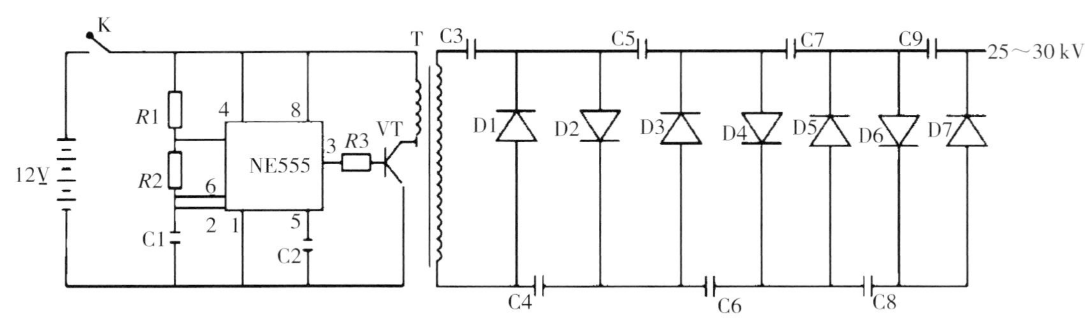

图 3-5-3　高压静电发生器原理图

（二）高压静电发生器的类型

高压静电发生器的类型较多，最常使用的几种见表 3-5-1。

表 3-5-1　常见的几种高压静电发生器

编号	品牌	型号	产地
A	浩瑞电子	HR-JD-20K	中国
B	东文高压	DW-P303-1ACDF0	中国
C	雾星	—	中国

根据试验需求，选用 C 型号高压静电发生器，其额定输入电压为 12 V，工作电流为 300 mA 左右，可以同时产生并输出 30 kV 左右的正极高压和负极高压，额定输出电流 1 mA。同时，为了探究电压参数对静电喷雾效果的影响，配以带数字显码的电压调节装置，测量静电电压所使用的仪器为南京长创科技有限公司生产的 CC1940-4 型高压数字表（图 3-5-4）。数字显码与实际电压的对应关系见表 3-5-2。

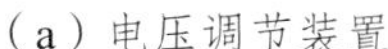
（a）电压调节装置

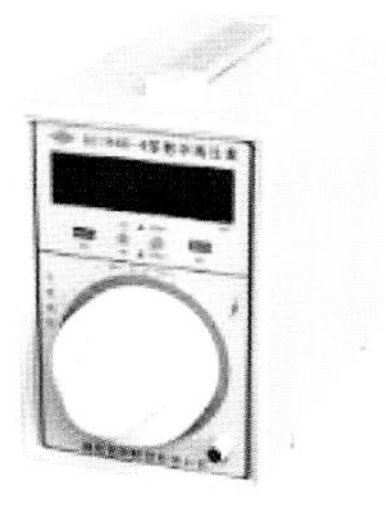
（b）CC1940-4 型高压数字表

图 3-5-4　电压调节装置与 CC1940-4 型高压数字表

表 3-5-2　数字显码与对应电压值

数字显码	对应高压（kV）
8	13.5
9	16.0
10	19.7
11	22.8
12	25.0
13	27.0
14	29.0
15	30.0
16	32.7
17	33.7
18	35.0

三、时间继电器与开关控制电路

遥控开关控制电路（SONGLE-KGS-B50 型）可分别独立控制高压静电发生器的电源开关、隔膜泵 A 的电源开关、隔膜泵 B 的电源开关，由遥控器远程发送开关信号，可避免使用触碰式开关造成试验台晃动。时间继电器（OMRON H3Y-2 型，图 3-5-5）串联于隔膜泵供电电路，有延时开启与延时关闭两种动作电路，量程有 1.0 s、5.0 s、10.0 s、30.0 s 等，精度最小为 0.1 s。其控制电路图如图 3-5-6 所示。

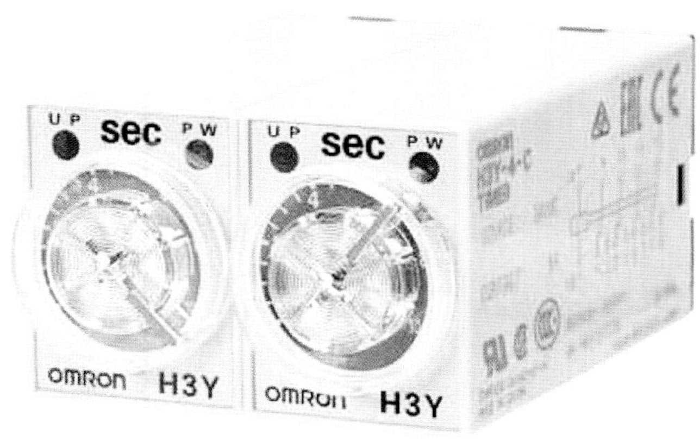

图 3-5-5　OMRON H3Y-2 型时间继电器

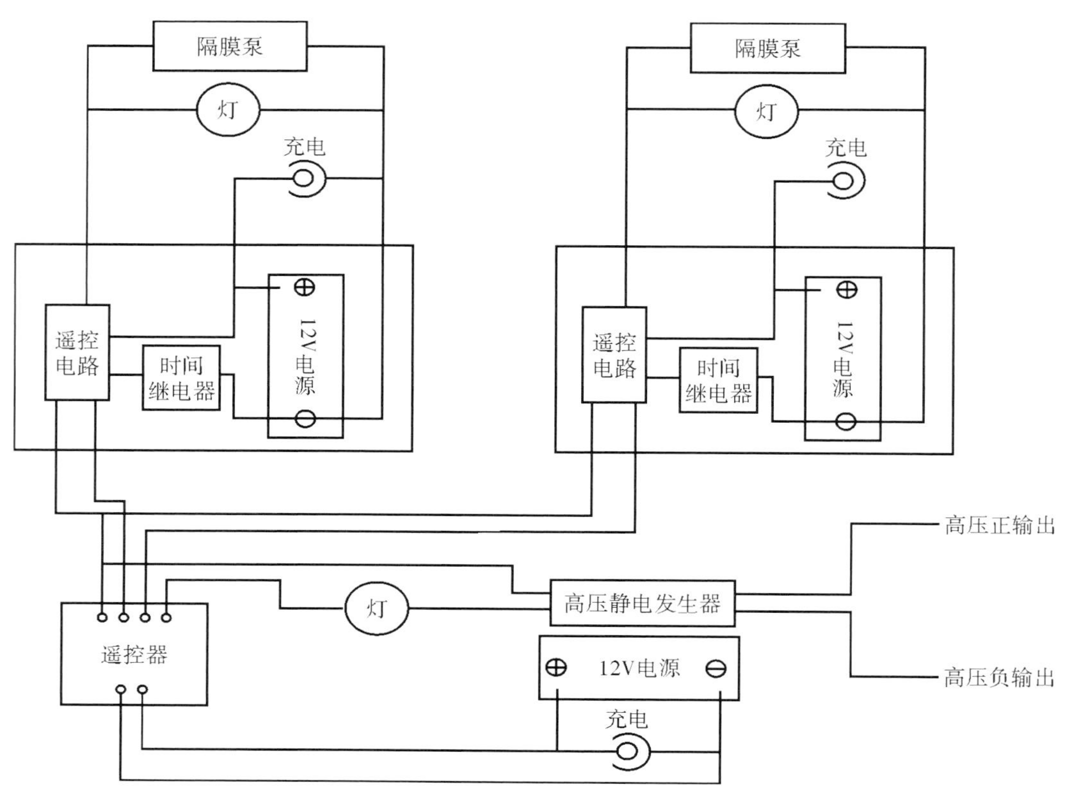

图 3-5-6　遥控开关控制电路图

四、水箱的选择

常规的搭载于固定翼农用飞机、旋翼无人机的喷雾系统一般会采用一个水箱，也有如全丰 3QWF120-12、汉和“水星一号”等单旋翼无人机采用对称布置的双水箱结构。双水箱结构往往中间采用一个三通阀连接，利用连通器原理提高飞机飞行的平稳性。在液体充电时，连通的双水箱可以视为一个水箱。

美国 SES 公司生产的航空静电喷雾系统采用两套充电系统和单水箱的结构设计。药液流经感应喷头的感应区后，一侧的喷头充以正电压，另一侧的喷头充以负电压。根据静电感应原理，感应充电后，雾滴带走一种电荷，剩余的与雾滴相反极性的电荷会沿着药液管路移动至药箱，而双极喷雾产生的剩余电荷极性相反，同时向药箱中部汇集。如果产生的电荷量一定，则两种电荷汇集后中和，不显电性；但是如果极性不同的两种电荷分别从两端源源不断地向中间汇集，可能会形成短路电流。基于以上考虑，试验采用了互不相通的双独立水箱的结构设计，具体采用的是全丰 3QWF-80-10 型植保无人机的水箱，PP 材质，耐腐蚀且绝缘性好。

第六节　基于空中回路的农用无人机航空静电喷雾理论研究

异性电荷之间静电力的吸附机制可以改变雾滴运动轨迹，使雾滴运动到常规喷雾到达不了的作物背面。实现此效应的基本吸附原理：当带一种电荷的雾滴靠近靶标作物时，作物会感应产生与雾滴极性相反的电荷，基于异性相吸原理，雾滴被吸附至靶标作物，从而提高雾滴沉积率。因此，可通过提高雾滴的带电性能（即荷质比）来提高雾滴云团与植物之间产生的感应强度。也有研究表明，一些植物本身会产生电信号，如动作电位导致细胞膜外呈现正电位，这会吸引带负电的雾滴。但是植物自身产生的电荷量与静电喷雾雾滴云团所携带的电荷量相差甚远，因此在静电喷雾领域中鲜有利用植物自身产生的生物电的应用研究。由此总结，在静电喷雾情景中，产生电荷雾滴吸附行为的两种基本原理为感应电与生物电。

一、空中回路航空静电喷雾静电学物理模型

余登苑等提出给植株施加电压的方式，使植株带上与雾滴相反的电性，这大大提高了植株与雾滴之间的相互吸引力。当植株带电 +4 kV，喷头电极电压 –57.5 kV 时，沉积的雾滴可达到正面 68.1 个 /cm^2、背面 55.2 个 /cm^2 的效果。由此可见，此方法对于静电喷雾的吸附性改善是显著的。但在农田中喷洒农药时，喷雾器的位置是不固定的，要移动喷雾器来对不同位置的农作物植株进行喷洒，主动将靶标作物接到与喷雾极性相反的高压电极的做法效率较低、可行性较差，且影响人和农机具的行驶安全、作业安全，因此此方法没有进一步应用。

基于前期试验的积累和总结，结合以上启发，本文提出了一种主动让植物带电的方法，但并不是将植物直接接通高压电极，而是采用在喷雾器与大地之间的空间中构建一个电荷转移回路的方式，大地和植物都被串联进这个空间电荷转移回路（即空中回路）中，雾滴云成为电荷转移的载体和介质。具体实现方式如下。

使用一个（组）高压静电发生器同时产生并输出正负两种电荷，两种电荷分别流经独立药箱、管路后由两侧喷头喷出，通过连续下落的雾滴形成湿润的雾滴云团连接大地（或流经接地靶标后连接大地），正负电荷都流入大地后互相吸引，做方向相反的反向运动，从而在空间中形成一个电荷转移的回路，即空中回路。正负电荷的反向运动在靶标与雾滴云团的交界面则表现为荷电雾滴与靶标的相互吸引，其本质为电流的产生。即高压静电发生器的正输出通过液体管路、空中湿润的雾滴云团及大地的连接后使负极喷雾下方的靶标带上了正电，负输出也通过对称的

路线使正极喷雾下方的靶标带上了负电，此过程通过湿润的雾滴云团连接大地后实现。

图 3–6–1 是空中回路航空静电喷雾静电学物理模型，该模型以高压静电发生器为中心，两输出端分别输出静电正高压和静电负高压。整个模型被分为三部分：第一部分是液体区（L 区），主要包括药箱、管路和喷头中的液体；第二部分是湿润的雾滴云团区（A 区），指经过破碎和雾化的荷电雾滴离开喷头到达大地或者靶标的部分，是实现空中回路的核心部分；第三部分是固体区（S 区），指大地和接地的植株靶标，正负电荷在此区域相遇。在 L—A 交界，发生液体到连续雾滴的传导介质变化；在 A—S 交界，完成连续液滴到固态传导介质的变化。通过形成此电荷转移回路的方式，使植物带电。模型中的放大特写部分即植株被带电后吸引相反极性雾滴的过程。该模型阐释的雾滴 – 靶标吸附原理与静电感应吸附的不同之处在于，感应吸附中植物所带的电荷是感应产生的，而该模型中植物所带的电荷是由高压静电发生器的另一输出端转移而来的。

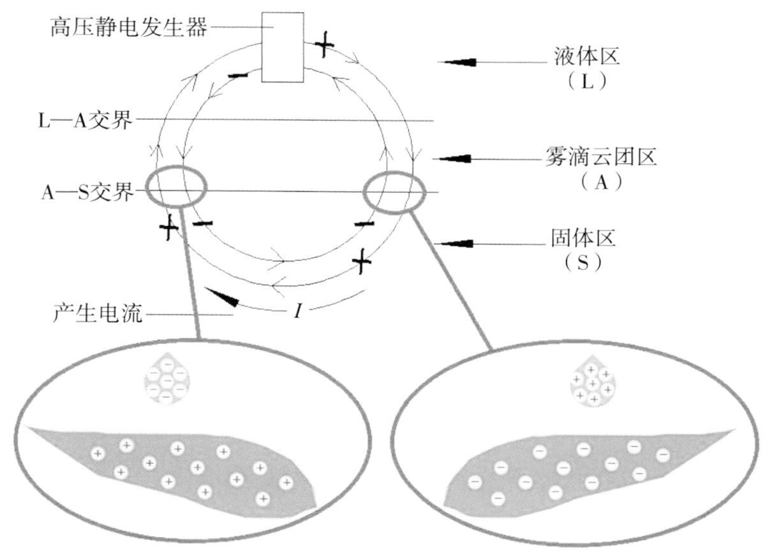

图 3–6–1　空中回路航空静电喷雾静电学物理模型

二、理论验证试验

（一）试验设计

为区别空中回路模型与传统单极性喷雾及双极性喷雾（不构成电荷转移回路的形成条件）等几种喷雾模式对雾滴 – 靶标吸附沉积效果的影响，以及探索构建电荷转移的空中回路是否能使靶标植株或者使模拟靶标带电，基于搭建的室内航空静电喷雾试验台，做了六组航空静电喷雾对比试验。试验中涉及 A、B 两种试验条件，具体情况如下。

A 试验条件：室内温度 17 ～ 19℃，地面干燥，空气湿度 39% ～ 42%，经测定，此条件下实验室地面不导电。

B 试验条件：室内温度 17 ～ 19℃，地面洒水拖湿，空气湿度 55% ～ 61%，经测定，此条件下实验室地面具有导电性。

关于导电性测定的说明：传统最常用的土壤电导率（电阻率）测定方法是四极法（温纳法），即在同一条直线上选择四个相同距离的测量点插入导电电极，两端的测量点为电流输入端，中间的两点为电压测量端，结合测量点之间的间距即可测出土壤电阻率。而对于植物电导率的测定，可采用李民赞等提出的植物叶片活体电导率测量装置及方法。但在实验室条件下，以上两种方法并不适用。因此，本试验采用了小灯泡亮灯法，具体方式为将一段地面串联至回路中，A 试验条件下灯泡毫无反应，而 B 试验条件下灯泡有微弱亮光，这能够比较直观地比较出两种条件下地面导电性的差异。

开展喷雾试验时，每个处理的喷雾时间均为 2.0 s，此时喷雾量与常规非静电喷雾模式下的用液量相近。选择的接触充电电压为 30 kV，喷头距离靶标的高度为 0.5 m。不同处理的具体差异如下，其示意图见表 3–6–1。

处理一：高压正电极喷雾，模拟靶标，A 试验条件。

处理二：高压负电极喷雾，模拟靶标，A 试验条件。

处理三：双高压电极喷雾，模拟靶标，A 试验条件。

处理四：双高压电极喷雾，模拟靶标，A 试验条件，两侧模拟靶标用导线连接并串联高压数显微安表（量程为 0 ～ 19999 μA）。当电流流过电流表时，电流表正接显示正值“+ X”，反接显示负值“-X”，“X”代表电流值的大小，“ ± ”代表电流的方向。正接是指电流表的上接线柱接到正极喷雾下方的模拟靶标导线上，下接线柱接到负极喷雾下方的模拟靶标导线上；反接与之相反。

处理五：双高压电极喷雾，模拟靶标，B 试验条件。

处理六：双高压电极喷雾，植株靶标，B 试验条件。

表 3–6–1　六种处理喷雾方式示意图表

处理一	处理二	处理三

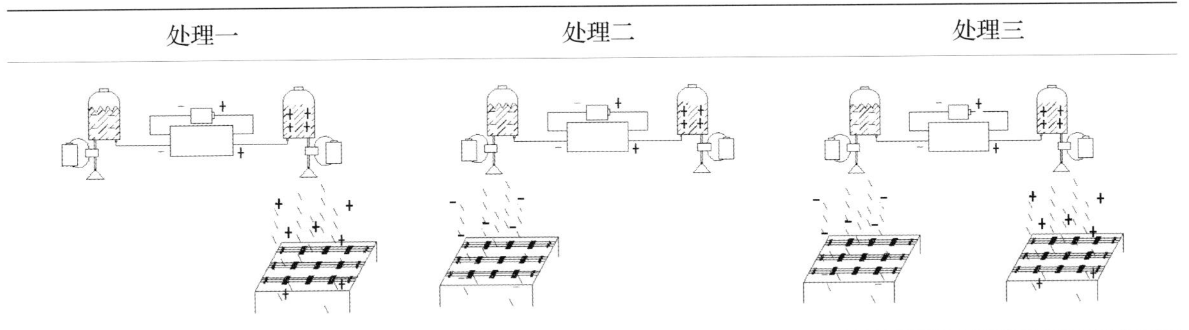

续表

处理四	处理五	处理六

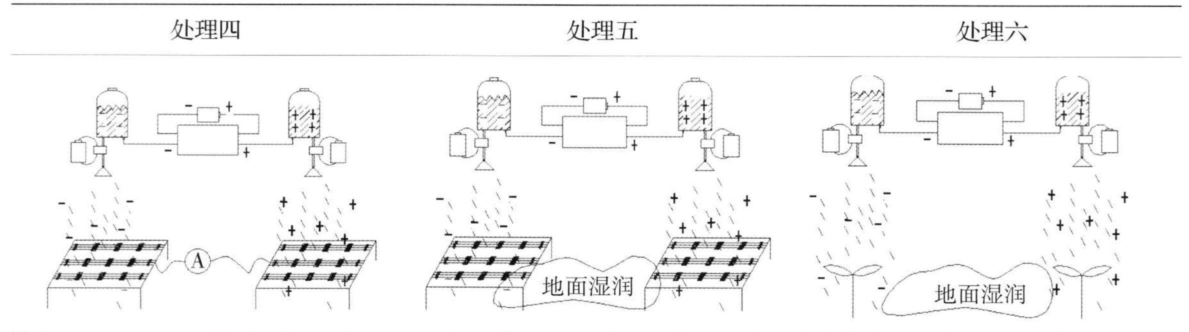

（二）靶标的设计与选择

在田间作物中，植物叶片会呈现不同的叶倾角，而叶背沉积量与叶倾角的大小有关，一般叶倾角越大，叶背沉积量越大。叶片受气流影响时，还会呈现叶背朝上、叶正朝下的现象，因此叶背雾滴吸附沉积情况的评价标准不好统一。为了明确本试验中靶标的测定状态，如图 3-6-2 所示，所涉及模拟靶标中的试纸及所选择的植株靶标中的叶片和试纸都处于水平状态。

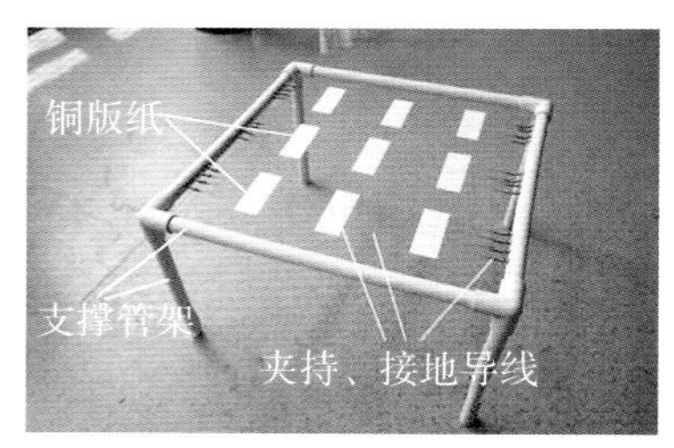

（a）模拟靶标

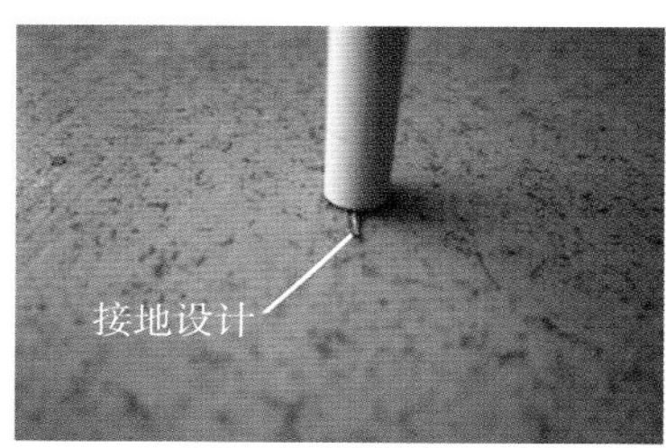

（b）靶标接地设计

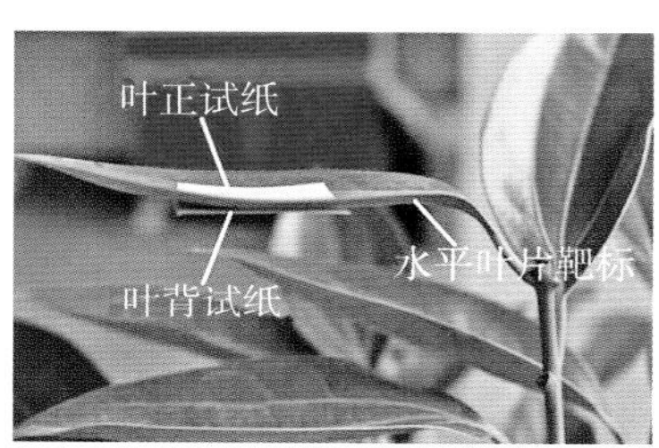

（c）植株靶标

图 3-6-2　靶标的设计

1. 模拟靶标

模拟靶标法是喷雾效果检测常用的方法，如图 3-6-2（a）（b）所示，利用四根铁丝将纸片固定，铁丝通过中空的塑料管后接地来模拟田间作物的接地。

2. 植株靶标

选择兰屿肉桂作为植株靶标，选择处于水平状态的叶片作为测试靶标叶片，将纸片按照如图 3-6-2（c）所示的方式固定，在叶片的正反面相同位置固定等大的纸片，纸片的规格为 80 mm × 30 mm。

（三）雾滴测试方法

试验中使用 5% 质量分数的诱惑红食品添加剂水溶液作为示踪剂（图 3-6-3），通过染色雾滴在铜版纸正反面的分布情况评价喷雾效果，扫描铜版纸彩色图像做定性分析。

图 3-6-3　铜版纸（左）与示踪剂（右）

（四）试验结果与分析

六组不同处理的喷雾试验结果见表 3-6-2。其中，处理一到处理五为铜版纸纸片正面和背面的扫描图，处理六为植物叶片正面和背面两张铜版纸的扫描图。另外，处理四中高压数显微安表的数值为 +（1 ～ 2）μA（不稳定跳动）。

表 3-6-2　试验结果

	处理一	处理二	处理三
正面		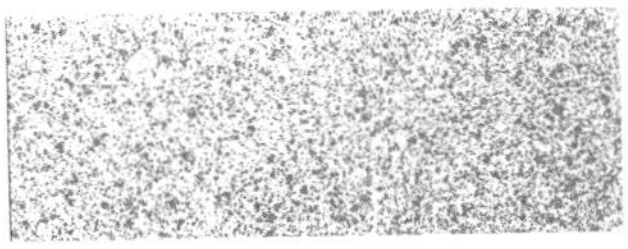	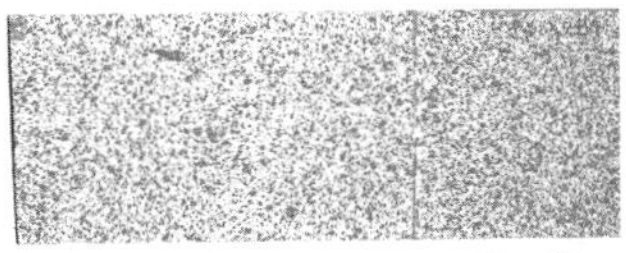
背面			

	处理四	处理五	处理六
正面	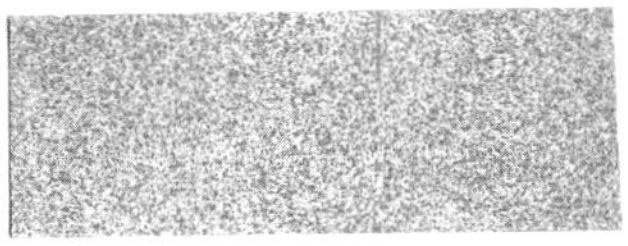	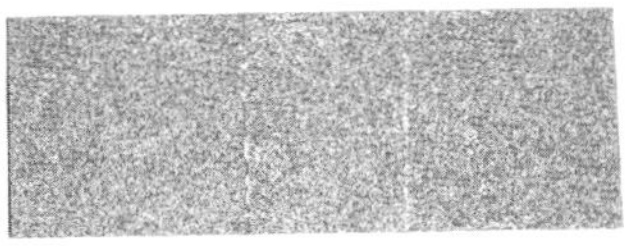	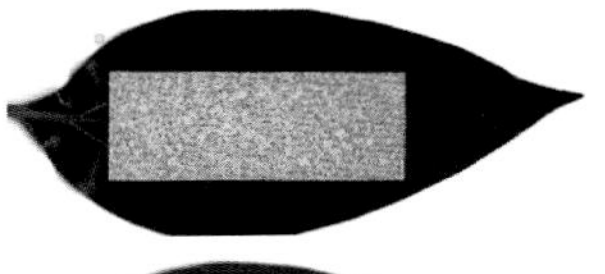
背面			

对比处理一和处理二可知，不论是正电极喷雾还是负电极喷雾，在铜版纸背面雾滴的吸附沉积效果几乎无差异，沉积密度接近 0。说明在此种条件下，荷电雾滴与靶标之间产生的感应吸附力不足以克服重力等阻力，无法实现良好的水平靶标背面沉积效果。

雾滴的运动状态分析如图 3-6-4 所示，以区别航空静电喷雾与地面静电喷雾的差异。航空静电喷雾中的雾滴由上而下运动，要使雾滴改变运动轨迹、被吸附沉积至水平靶标的背面，需要改变的运动方向角度在 90° ～ 180° ［图 3-6-4（a）］。而地面静电喷雾在植物侧向喷雾时，很可能平行于叶片喷雾或者在低于叶片的位置向上喷雾［图 3-6-4（b）］。雾滴要到达叶片背部，需要改变的运动方向角度在 0° ～ 90° ，说明航空静电喷雾和地面静电喷雾实现叶背沉积所需要的吸附力相差很大。对于航空静电喷雾，尤其是对水平靶标喷雾时，基于静电感应产生的吸附力不足，这可能是处理一和处理二叶背沉积量非常少的原因。

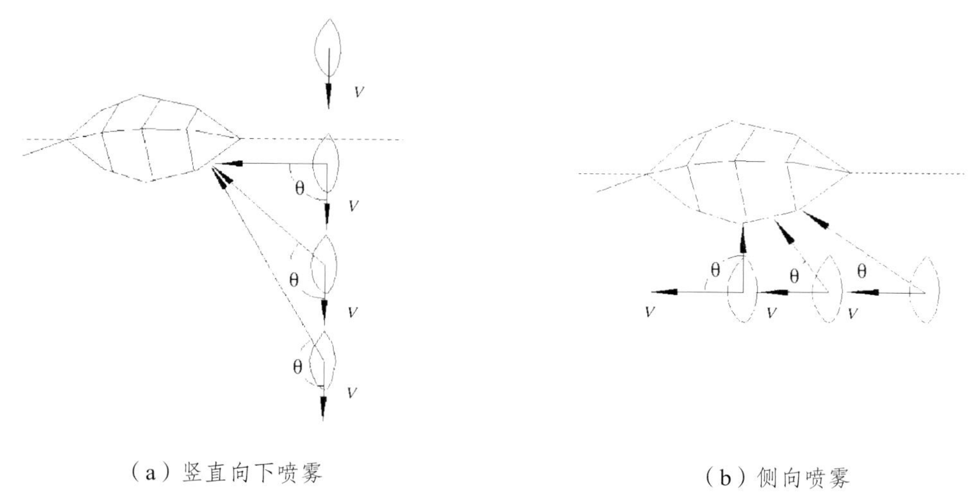

图 3-6-4　竖直向下喷雾与侧向喷雾的雾滴运动方向角变化

与处理一、处理二相比，处理三并没有在叶背显示出明显的静电吸附沉积量优势，这可能是因为地面干燥绝缘的条件无法使电荷继续运动到异侧喷雾下方的靶标上。而处理四与处理三相比，靶标背部的沉积出现了质的变化，雾滴沉积量显著提升。它们之间的不同就在于是否为正负电荷的相遇创造条件：处理三中为干燥的塑料地面，不具有导电性，两侧的雾滴下落到地面后聚集，但是无法继续向异侧运动；处理四由导线相接，雾滴云团中的电荷接地后能够通过导线继续运动到异侧靶标上，吸引做下行运动的极性相反的雾滴。而且处理四中高压数显微安表的显示值为 +（1 ～ 2）μA，证明了确实有电流产生。且非常重要的是，电流值为正值，这表明电流方向是从正极喷雾下方到负极喷雾下方，而非相反，这其中存在正负电荷的反向运动。因此，利用雾滴云团接地是一种有效的方法，而构成电荷转移回路让植物带上与雾滴相反极性的电荷是提升吸附力的关键。

处理四、处理五与处理一、处理二、处理三相比，靶标背部的沉积量优势非常明显，可以分析出是处理四、处理五都为电荷的转移创造了条件，但是两者的沉积量仍有一些差距，可能是导线和潮湿地面的电导率不同影响了电荷转移效率，从而造成了差异。

值得一提的是，处理四、处理五的靶标背部产生了相似的突刺状分布效应：靶标试纸边缘产生了很多“尖刺”突出，并非均匀分布（图 3–6–5）。这可能与模拟靶标的导线排布有关，导线的排布影响了电场排布，从而出现了这一奇特的现象。

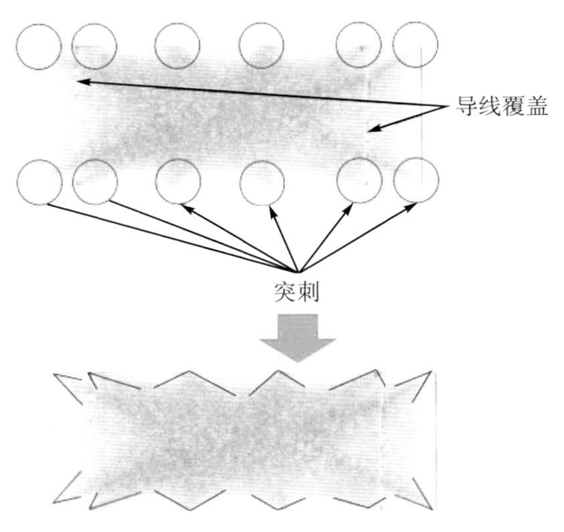

图 3–6–5　突刺状分布效应

导线是否将雾滴吸附至试纸靶标背部呢？这种假设可以通过处理一、处理二、处理三的背部沉积情况得到解释。尽管处理一、处理二、处理三的模拟靶标与处理四、处理五相同，但前者并没有因为导线的存在而造成大量雾滴沉积，这证实了导线并没有对叶背沉积效果造成很大干扰。导线的存在影响的是分布的均匀性，但导线的有无并不影响靶标背面是否能够造成大量雾滴的吸附沉积。处理五和处理六的区别在于靶标的不同，处理六的背部沉积图像相对更加均匀，可能的原因是叶片周围的电场分布相对均匀，且没有受到导线的干扰。

通过处理四、处理五、处理六与处理一、处理二、处理三的对比，电流的形成及电流方向，证明了通过雾滴云团接地，并且形成电荷转移回路给靶标带上电的方法，可以大大提高水平靶标背部的雾滴沉积量，而且效果非常显著。这与静电感应吸附原理的不同之处在于吸附力的强弱。因此，构建空中回路提高雾滴 – 靶标吸附效果的方法被证明是可行的，这为未来改善航空静电喷雾在靶标背面的沉积提供了一种新的思路。

航空静电喷雾空中回路的构建属于物理学领域分支的静电学问题。在工业静电喷涂、静电打印机等行业有类似原理应用，但是与航空静电喷雾中构建空中回路的方法相比还是有很大差异。首先是油漆、墨粉等与农药喷雾液体雾滴的荷电属性差异较大，一般来说前者的荷电相对更容易。其次是应用场景不同，本试验最大的创新之处是在航空静电喷雾系统置空的场景下巧妙利用了雾滴云实现接地，将雾滴云作为电荷转移的载体，并形成一个完整的电荷转移回路，提高了雾滴与靶标之间的吸附力，最终提高了雾滴在水平靶标背部的雾滴吸附沉积量。

三、荷电雾滴轨迹探究试验

为了更好地评测本试验中搭建的航空静电喷雾系统试验台的静电喷雾环绕吸附效果，采用数码相机和高速摄像机两种仪器对雾滴的吸附过程进行了可视化拍摄，以表征荷电雾滴的实际运动状态。

（一）试验材料与方法

试验中所用到的仪器设备主要有航空静电喷雾系统、兰屿肉桂盆栽、高速摄影机、普通数码相机、强光源、笔记本电脑、大容量移动硬盘等，试验现场如图 3-6-6 所示。为了提高拍摄的可见度，得到更加清晰的雾滴图像，航空静电喷雾系统所喷施的液体为 5% 质量分数的诱惑红食品添加剂水溶液。普通数码相机作为辅助拍摄工具，当背对光源对雾滴进行拍摄时，也有一定的识别度。

图 3-6-6　试验现场

试验时，为了能够绘制完整的雾滴运动轨迹线并截出合理区域，选取一片处于水平状态的兰屿肉桂叶片为拍摄对象，叶片上下处于屏幕中间，左右约占屏幕长度的 3/5。拍摄时间约为 1.0 s，拍摄完毕并存储在 Phantom 软件中读取播放，对单一雾滴的运动轨迹进行追踪，绘制完整的雾滴运动轨迹曲线。

（二）试验结果与分析

通过慢速率播放雾滴的运动影像，可以看到一些白色的亮点（小雾滴）绕过叶片的边缘迂回到叶片背面附着。图 3-6-7 为使用数码相机在强光源照射下拍摄的雾滴图像，在背光条件下肉眼也能明显看到雾滴的迂回运动。

从拍摄影像可以看出，在静电喷雾场景中雾滴大致可以分为三类：下落雾滴、迂回雾滴和叶间无序雾滴。播放画面中的雾滴群不断下落，受重力影响，相对较大的雾滴轨迹线基本不变，呈下落趋势。雾滴群中一部分粒径相对较小的雾滴在运动至叶片覆盖范围的下方时，运动方向发生迂回。从图 3-6-8 追踪到的单一雾滴轨迹线也可以看出，此时雾滴的运动轨迹与电场线有着类似的分布特点，说明其受电场力的作用较大。其从初始运动方向到实现叶片背面附着，运动方向改变角为 114.24°，此时雾滴完成了航空静电喷雾由上而下喷射情形的大于 90°、小于 180° 的运动方向角转变，说明雾滴 - 靶标之间具有较强的吸附能力。图 3-6-7 中还有一部分雾滴进入了叶片与叶片之间的间隙，从图像来看这一类雾滴运动的方向性已经没有那么明确，更像是尘埃粒子的布朗运动，此类雾滴运动形成的原因可能是雾滴在输运过程中产生电荷损失，以及进入叶间后发生了放电现象，其本身的后续吸附力动力不足，无法向叶背继续运动，转而在叶间做下落或者有一定倾角的下落运动。通过以上对静电雾滴的分类和迂回雾滴轨迹线的追踪，可以更好地了解雾滴的吸附行为。

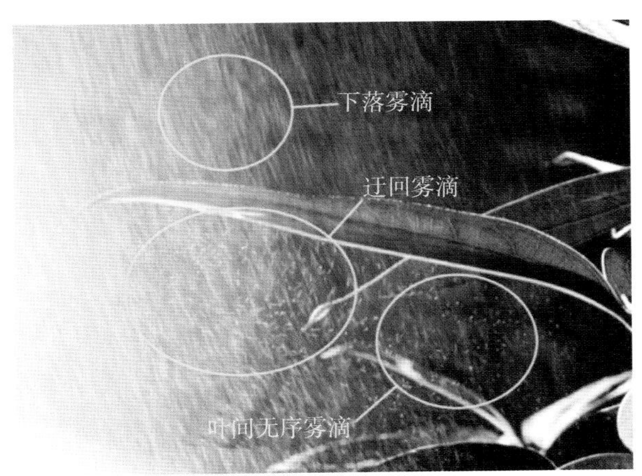

图 3-6-7　静电喷雾雾滴的运动图像

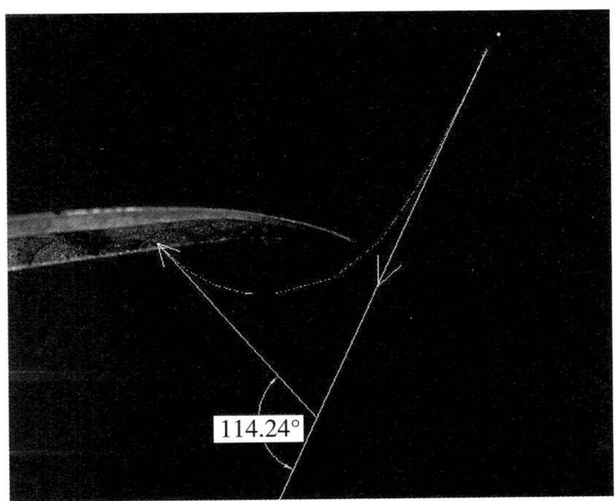

图 3-6-8　荷电雾滴轨迹线追踪

参考文献

［1］张亚莉，兰玉彬，FRITZ B K，等．美国航空静电喷雾系统的发展历史与中国应用现状［J］．农业工程学报，2016，32（10）：1–7.

［2］杨超珍，吴春笃，陈翠英．环状电极感应充电机理及其应用研究［J］．高电压技术，2004，30（5）：9–11.

［3］茹煜，郑加强，周宏平，等．航空双喷嘴静电喷头的设计与试验［J］．农业机械学报，2007，38（12）：58–61+57.

［4］周宏平，茹煜，舒朝然，等．航空静电喷雾装置的改进及效果试验［J］．农业工程学报，2012，28（12）：7–12.

［5］茹煜，金兰，周宏平，等．基于圆锥管状电极的高压静电场对雾滴荷电的影响［J］．高电压技术，2014，40（9）：2721–2727.

［6］茹煜，郑加强，周宏平，等．感应充电喷头环状电极诱导电场的分布研究［J］．农业工程学报，2008，24（5）：119–122.

［7］茹煜，贾志成，周宏平，等．荷电雾滴运动轨迹的模拟研究［J］．中国农机化，2011（4）：51–55.

［8］茹煜，金兰，周宏平，等．雾滴荷电特性对其沉积分布及黏附靶标的影响［J］．南京林业大学学报（自然科学版），2014，38（3）：129–133.

［9］贾卫东，李萍萍，邱白晶，等．农用荷电喷雾雾滴粒径与速度分布的试验研究［J］．农业工程学报，2008，24（2）：17–21.

［10］贾卫东，薛飞，李成，等．荷电雾滴群撞击界面过程的 PDPA 测试［J］．农业机械学报，2012，43（8）：78–82.

［11］栾华，张青，王稳祥．Z03K000B 静电频谱喷洒系统加改装与飞行试验［J］．新疆农垦科技，2006（5）：46–47.

［12］茹煜，周宏平，贾志成，等．航空静电喷雾系统的设计及应用［J］．南京林业大学学报（自然科学版），2011，35（1）：91–94.

［13］金兰，茹煜，孙曼利，等．圆锥管状电极式航空静电喷头的性能试验［J］．南京林业大学学报（自然科学版），2015，39（5）：155–160.

［14］茹煜，金兰，贾志成，等．无人机静电喷雾系统设计及试验［J］．农业工程学报，2015，31（8）：42–47.

［15］金兰，茹煜．基于无人直升机的航空静电喷雾系统研究［J］．农机化研究，2016，38（3）：227–230.

［16］刘鹏. 农用航空静电喷头的设计与试验研究［D］. 大庆：黑龙江八一农垦大学，2014.

［17］文晟，兰玉彬，张建桃，等. 农用无人机超低容量旋流喷嘴的雾化特性分析与试验［J］. 农业工程学报，2016，32（20）：85–93.

［18］王玲，兰玉彬，HOFFMANN W C，等. 微型无人机低空变量喷药系统设计与雾滴沉积规律研究［J］. 农业机械学报，2016，47（1）：15–22.

［19］曹建明. 液体喷雾学［M］. 北京：北京大学出版社，2013.

［20］张海艳. 植保无人机静电喷雾系统的研制与试验研究［D］. 华南农业大学，2018.

［21］兰玉彬，张海艳，文晟，等. 静电喷嘴雾化特性与沉积效果试验分析［J］. 农业机械学报，2018，49（4）：130–139.

［22］赵德楠. 基于空中回路的航空静电喷雾系统设计与试验研究［D］. 山东理工大学，2020.

［23］WANG X F，LEFEBVRE A H. Mean drop sizes from pressure-swirl nozzles［J］. Journal of Propulsion and Power，1987，3（1）：11–18.

［24］ZHOU W，HU J R，FENG M L，et al. Study on imaging method for measuring droplet size in large sprays［J］. Particuology，2015，22（5）：100–106.

第四章 农用无人机作业效果室内检测平台搭建

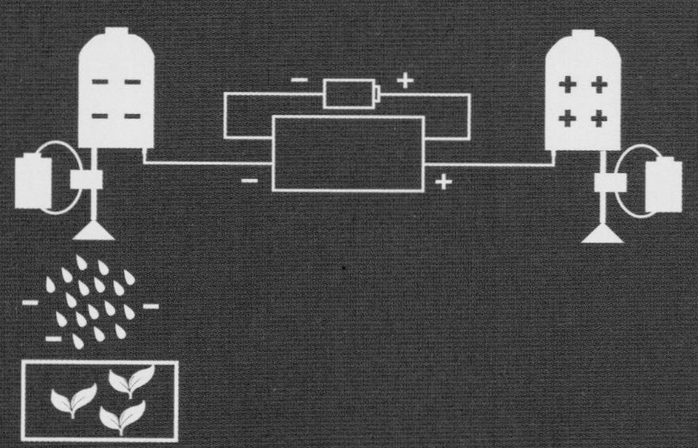

第一节　农用无人机作业效果影响因素及检测方法

一、雾滴粒径

雾滴粒径是描述喷雾系统雾化性能的重要参数，雾滴粒径的检测是测试和评价喷雾系统雾化效果不可或缺的环节。因此，科学有效地测量雾滴粒径信息对探究雾化机理、优化喷嘴结构和设置植保机械作业参数等具有积极的推动作用。

雾滴粒径又称为雾滴粒度或者雾滴直径，如果雾滴是圆球形状［图 4–1–1（a）］，那么雾滴粒径就是雾滴的直径；如果是不规则形状［图 4–1–1（b）］，那么雾滴粒径就是通过雾滴重心连接雾滴表面两点之间的线段。

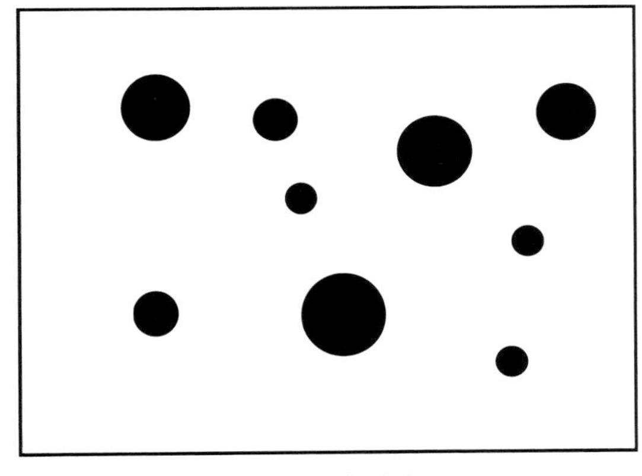

（a）圆球形状

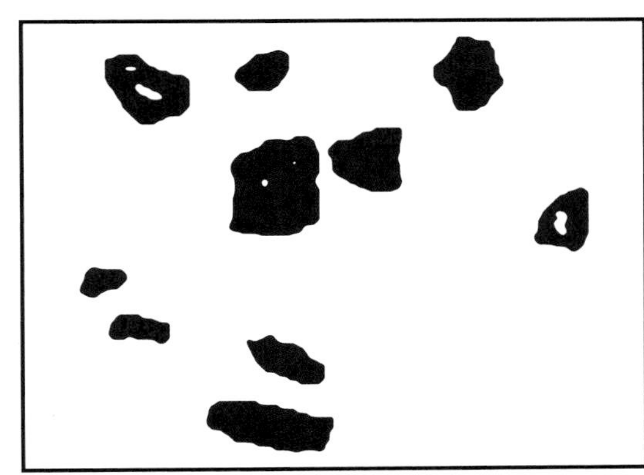

（b）不规则形状

图 4–1–1　雾滴的不同形状

常用喷施设备喷施雾滴的粒径不是单一的，而是呈一定的正态分布。目前对雾滴粒径的常用表示方法有四种，即雾滴体积中值粒径（volume median diameter，VMD）、雾滴质量中值粒径（quality median diameter，QMD）、雾滴数量中值粒径（number median diameter，NMD）及雾滴沙脱平均粒径（sauter mean diameter，SMD）。常用体积中值粒径和数量中值粒径表示雾滴粒径。

雾滴体积中值粒径：在一次喷雾中，将全部雾滴的体积从小到大按顺序累加，当累加值等于全部雾滴体积的 50% 时，所对应的雾滴粒径为体积中值粒径，简称体积中径（图 4–1–2）。体积中径能表达绝大部分药液的粒径范围及其适用性，因此喷雾中大多用体积中径来表达雾滴群的大小，并作为喷头的选用依据。

数量中值粒径：在一次喷雾中，将全部雾滴从小到大按顺序累加，当累加的雾滴数量为雾滴总数的 50% 时，所对应的雾滴粒径为数量中值粒径，简称数量中径（图 4-1-2）。如果雾滴群中细小的雾滴数量较多，将使雾滴中径变小，但数量较多的细小雾滴的总量在总施药液量中只占非常小的比例，因此数量中径不能准确反映大部分药液的粒径范围及其适用性。

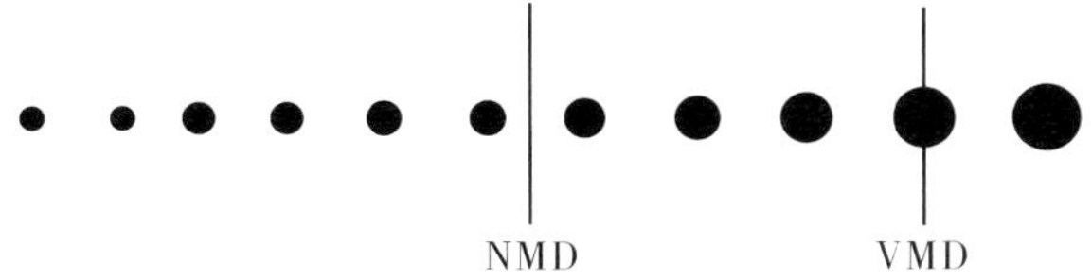

图 4-1-2　雾滴的数量中值粒径（NMD）和体积中值粒径（VMD）示意图

对于药液喷施效果的研究，其直接观测目标是雾滴沉积飘移特性，而其本质是对喷施雾滴粒径分布的研究和雾滴喷施过程中与环境相互影响关系的研究。对于同样体积的药液，其形成的雾滴粒径直接影响其覆盖面积、飘移距离及蒸发量。以 1 个粒径为 500 μm 的雾滴为例，当其粒径减少一半变为 250 μm 时，其雾滴个数可以变成 8 个，如果再减少一半，可以分散成 64 个……以此类推，相比于大粒径雾滴，小粒径雾滴可以产生更多的雾滴数目，靶标可以获得更高的沉积覆盖密度和均匀性，也更容易附着在靶标上，减少不必要的损失。但粒径过小的雾滴容易受环境温度、湿度的影响，更容易产生飘移和蒸发。通常来说，在适宜的环境中进行喷雾作业时，粒径范围在 100 ～ 400 μm 的雾滴为有效雾滴。

为了表达雾滴粒径分布，从小到大按一定的间隔选多个代表粒径 X_0，X_1，X_2，X_3，…，X_n，组成相应的粒径区间分别为 $[X_0，X_1]$，$[X_1，X_2]$，$[X_2，X_3]$，…，$[X_{n-1}，X_n]$；各区间内雾滴的相对质量分别为

V_1，V_2，V_3，…，V_n。

就组成了粒径的质量分布：

$$\sum_{i=1}^{n} V_i = 1 \tag{4.1.1}$$

上述各粒径区间上的雾滴质量用累积值表示粒径分布，称为累积分布。它表示粒度从无限小到某代表粒径之间的所有颗粒质量占总质量的百分比，用 V_1，V_2，V_3，…，V_n 表示，式中

$$V_i = \sum_{j=1}^{i} V_j \tag{4.1.2}$$

平均粒径 $X(p，q)$ 的公式如下：

$$X(p，q) = \frac{\sum_{i=1}^{n} n_i \overline{X}_i^{p}}{\sum_{i=1}^{n} n_i \overline{X}_i^{q}} \tag{4.1.3}$$

式中，n_i 表示粒度的雾滴个数分布；$\overline{X}_i^{p}$、$\overline{X}_i^{q}$ 表示第 i 粒径区间上雾滴的平均粒径。

农业上根据雾滴粒径大小一般将雾滴分为非常细（very fine）、细（fine）、中等（medium）、

粗（coarse）、非常粗（very coarse）和极度粗（extreme coarse）这六个等级。

值得注意的是，雾滴粒径并不表示农药雾滴的杀伤面积，农药雾滴的杀伤面积指雾滴的作用范围，远比其自身的粒径范围大，杀伤面积用公式（4.1.4）计算：

$$S=\frac{1}{2\times \mathrm{LN}_{50}}\times 100 \quad (4.1.4)$$

式中，S 为杀伤面积，mm^2；LN_{50} 为雾滴致死中密度，指致使受试生物半数死亡的雾滴密度。

二、农用无人机航空喷施雾滴飘移影响因素分析

（一）雾滴粒径影响因素分析

雾滴的体积中径是评价雾滴大小的重要指标。根据英国农作物保护协会给出的参考喷头，农用喷头的雾滴粒径可以划分为非常细（≤ 100 μm）、细（101 ～ 200 μm）、中等（201 ～ 300 μm）、粗（301 ～ 450 μm）和非常粗（≥ 450 μm）这五个等级。研究表明，雾滴越小，在空气中停留的时间越长，就越容易引起飘移。表 4-1-1 给出了不同粒径的雾滴下降 3 m 所需要的时间。从表中可以看出，非常粗和粗的雾滴在空中停留的时间非常短，不易引起飘移；而非常细的雾滴则至少停留 10 s 甚至几分钟。因此在航空喷施作业过程中不宜选用产生的雾滴粒径太小的喷头。

表 4-1-1　不同雾滴粒径下降 3 m 所需时间

雾滴粒径（μm）	在静止空气中下降 3 m 需要的时间（s）
5（非常细）	3960
20（非常细）	252
100（非常细）	10
240（中等）	6
400（粗）	2
1000（非常粗）	1

雾滴粒径会影响雾滴的飘移量。Yates 等研究发现，雾滴飘移总量随着雾滴 VMD 的增大而显著降低，雾滴 VMD 为 420 μm 的水平飘移量不到雾滴 VMD 为 290 μm 的 50%，而雾滴 VMD 为 450 μm 的水平飘移量更是不到雾滴 VMD 为 175 μm 的 19%。同样，Bird 等通过总结田间试验，发现雾滴 VMD 为 500 μm 的水平飘移量只有雾滴 VMD 小于 200 μm 的 10% ～ 20%。茹煜等通过风洞试验对 60 ～ 450 μm 不同粒径的雾滴进行了研究，结果发现在相同风速条件下，雾滴 VMD 为 150 μm 的水平飘移量比雾滴 VMD 为 60 μm 的减少了 1/3。王玲等通过风洞正交试

验对 100 ～ 250 μm 不同粒径的雾滴进行了研究，结果发现在相同风速条件下，雾滴 VMD 为 100 μm 时更容易发生飘移，且其飘移总量明显比雾滴 VMD 为 200 μm 和 250 μm 的多。

雾滴粒径还会影响雾滴的最大飘移距离。王国宾利用极飞 P20 植保无人机进行田间试验，结果发现在相同风速条件下，雾滴 VMD 为 100 μm 处理组的 90% 飘移距离为 22.5 m，而雾滴 VMD 为 150 μm 处理组的 90% 飘移距离则为 15.8 m。茹煜等通过建立雾滴飘移模型研究了风洞条件下雾滴飘移的影响因素，发现雾滴 VMD 为 60 μm 时，雾滴在风洞的水平飘移距离最大为 30.25 m；当雾滴 VMD 为 150 μm 时，雾滴在风洞的水平飘移距离最大为 10.76 m。王玲等对不同粒径的雾滴进行了飘移研究，结果发现在相同风速条件下，雾滴 VMD 为 100 μm 时更容易发生飘移，其飘移距离明显比雾滴 VMD 为 200 μm 和 250 μm 的远。

（二）风速影响因素分析

风速是影响植保无人机喷施雾滴飘移最明显的因素。研究表明，一定的风速有助于增强雾滴的沉积效果，但风速过大时（ ＞ 5 m/s）会引起严重飘移，应该停止作业。表 4–1–2 给出了不同大小雾滴下降 3.048 m 时飘移的距离。从表中可以看出，风速对细雾滴的飘移距离影响显著，风速为 0.45 m/s 时飘移距离只有 4.7 m，而风速为 2.23 m/s 时飘移距离就已经达到 23.5 m。因此也再次证明应避免在风速过大时进行航空喷施作业。

表 4–1–2　不同大小雾滴下降 3.048 m 的飘移距离

风速（m/s）	飘移距离（m）	
	100 μm（非常细）	400 μm（粗）
0.45	4.7	0.9
2.23	23.5	4.6

不同风速会影响雾滴的飘移距离。茹煜等通过建立雾滴飘移模型研究了风洞条件下风速的影响因素，发现风速对雾滴飘移距离的影响极为显著。风速为 0.5 m/s 时，雾滴在风洞的水平飘移距离最大为 5.79 m；而风速为 4 m/s 时，雾滴在风洞的水平飘移距离最大为 42.56 m。王潇楠等进行了油动单旋翼植保无人机在不同风速下的飘移试验，研究发现当风速为 0.76 m/s 时，90% 飘移雾滴沉降在下风向水平距离 9.3 m 范围内；而当风速为 5.5 m/s 时，90% 飘移雾滴沉降在下风向水平距离 14.5 m 范围内。鲁文霞等通过极飞 P30 植保无人机研究了风速为 0.1 ～ 4 m/s 时对雾滴沉积飘移的影响，结果表明风速为 0.1 m/s 时，90% 飘移雾滴沉降在下风向水平距离 6 m 范围内；而当风速为 4 m/s 时，90% 飘移雾滴沉降在下风向水平距离 22 m 范围内。张宋超等通过模拟仿真和田间试验，分别研究了植保无人机在风速为 1 m/s、2 m/s、3 m/s 的条件下雾滴的飘移情况，结果表明，雾滴在下风向的最大飘移距离和最大沉积量位置随着风速的改变而发生

明显变化。

不同风速还会影响雾滴的飘移量。王潇楠等通过测定油动单旋翼植保无人机的雾滴飘移特性，发现当风速为 0.76 m/s 时，雾滴的累积水平飘移率为 14.3%；而当风速为 4 m/s 时，雾滴的累积水平飘移率为 75.8%。王玲等通过风洞试验研究了 1 m/s、2 m/s、3 m/s 和 4 m/s 的风速对微型无人机变量喷施系统雾滴飘移的影响，结果表明风速对雾滴飘移的影响极为显著，当风速超过 4 m/s 时，雾滴飘移总量明显增大。Wang 等把单个旋翼和喷嘴固定在德国的 JKI 风洞内，研究了旋翼风速对雾滴飘移的影响，试验结果表明，一定的旋翼风速可以显著降低雾滴的飘移量，但如果旋翼风速太大，则会导致下旋风在环境风的影响下发生变化，进而削弱对雾滴的挤压效果，从而增加飘移量。Han 等利用计算机仿真研究了四旋翼无人机在不同飞行速度下对雾滴飘移的影响，并通过国家精准农业航空中心的风洞实验室进行了试验验证，试验结果表明，四旋翼无人机的飞行速度为 6 m/s 时，雾滴飘移量相对于飞行速度为 4 m/s 和 2 m/s 时分别增加了 17.2% 和 27.2%。因此，无人机飞行速度对雾滴飘移的影响也是显著的。

（三）环境影响因素分析

环境参数是雾滴飘移试验不可忽略的重要因素。环境参数主要包括环境风速、大气稳定度、温度、湿度等。其中，风速在环境因素中起最主要的作用，但考虑到前文已经分析了风速对雾滴飘移的影响，这里主要讨论大气稳定度和温度、湿度对雾滴飘移的影响。

大气稳定度：大气稳定度是描述大气层中空气垂直运动方式的指标。研究结果表明，相对稳定的大气稳定度会提高喷施雾滴的飘移潜力。Yates 等通过雾滴喷施试验发现，大气稳定度对下风向距离远的雾滴影响较大，下风向的雾滴飘移随着大气稳定度的降低而减少，另外，大气稳定度对下风向飘移距离越大的雾滴沉积影响越大。Hoffmann 等通过研究不同时间段雾滴的沉积与飘移的特性，发现大气稳定度的稳定状态一般在夜晚时段，在该时段内进行雾滴喷施试验，雾滴飘移量较大，这是由于大气稳定度较高，雾滴自身重力不足以抵抗地面密度较大的冷空气的浮力而随空气飘移。Bird 等在几种不同的大气稳定度条件下进行雾滴喷施试验，结果表明，大气稳定度对小粒径雾滴的沉积与飘移特性影响更显著，且小粒径雾滴在空气中悬浮停留的时间随着稳定性的增加而增加；对于中等粒径的雾滴，高大气稳定度时的雾滴沉积密度是低大气稳定度时的 40%。Payne 等在不同的环境条件下进行雾滴喷施试验，结果表明，中等风速和低大气稳定度条件下的雾滴飘移量比低风速和高大气稳定度条件下的雾滴飘移量要大。

温度、湿度：环境温度、湿度主要通过雾滴粒径的大小来影响雾滴的沉积与飘移特性，雾滴粒径越小，就越容易蒸发掉。研究表明，环境温度过高会加快雾滴的蒸发速度，增大雾滴在空气中的蒸发比率，从而减少作物靶区的雾滴沉积量。同时，环境温度过高也会增加农药的挥发量，影响环境安全。Luo 等通过试验发现，一个粒径为 1070 μm 的雾滴在温度为 25 ℃、相对湿度为 20% 的环境中，需要 300 s 才能完全蒸发掉；而在温度为 25 ℃、相对湿度为 60% 的环境中，需要 540 s 才能完全蒸发掉。另外，一个粒径为 910 μm 的雾滴在温度为 25 ℃、相对湿度为 20% 的环境中，需要 420 s 才能完全蒸发掉；而在温度为 25 ℃、相对湿度为 60% 的环境中，需要 780 s 才能完全蒸发掉。为了更好地理解雾滴粒径减小原理，一些专家学者开发了一系列数学模型来预测雾滴的蒸发速率。Wolf 等通过风洞试验发现，一个粒径为 100 μm 的雾滴在温度为 25 ℃、相对湿度为 30% 的试验环境下，经过 75 cm 的位移后，其雾滴粒径减小了一半。Picot 等利用 AGDISP 模型来验证环境温度为 10 ℃、相对湿度为 60% 的条件下雾滴粒径的变化，结果表明，一个粒径为 85 μm 的雾滴经过 107 s 后，其雾滴粒径会减小一半。

三、雾滴粒径检测方法

机械测量法、电子测量法和光学测量法是测量雾滴粒径的主要方法。由于机械测量法和电子测量法的测试设备体积大，测量精度低，不能实时进行雾滴粒径测量，且对雾流场本身产生影响，因此现在很少用这两种测量方法。光学测量法具有效率高、精度高、不干扰雾流场和可实时进行雾滴粒径测量的优点，是当前主要的雾滴粒径测量方法。

光学测量法包括光散射法、闪光摄影法和全息法。

（一）光散射法

光散射法是目前使用最为广泛的粒子测量方法之一，激光粒度分析仪和相位多普勒粒子分析仪等就是基于光散射原理进行粒子测量。目前，两种仪器均是粒子测量领域比较成熟的仪器，可以同时计算输出多种粒度数据，包括粒子平均粒径、比表面积、区间粒度分布和累计粒度分布等，相位多普勒粒子分析仪还可以计算出粒子运动速度及速度分布情况。相比于相位多普勒粒子分析仪，激光粒度分析仪的成本较低，所以激光粒度分析仪在中国的应用更为广泛。激光粒度分析仪主要由准直激光发生装置、信号采集装置和数据处理系统组成，信号采集装置集成了主探测器、辅助探测器、稳压电源与数据采集电路。信号采集处理系统完成雾滴粒径信息的采集，计算机完成数据处理并显示数据处理结果。目前，国内市场上的激光粒度分析仪大多采用硅光电池或者光电二极管作为探测器，这类探测器存在信号不稳定等问题。李彩容等基于电荷耦合器（CCD）探测技术，提出应用图像处理方法设计光电探测器，以改善市场上探测器不稳定的问题。严博等将图像传感器作为激光粒度分析仪的探测器进行试验，优化后的激光粒度分析仪在粒径测量精度、拓宽粒径测量范围、自动化和智能化程度等方面都有很大提高。赵琦等设计了一套旋转圆盘针孔方法来校准前向散射式粒径探测器，试验验证该校准方法离散性好、重复性高，优于传统校准方法。激光粒度分析仪测量原理如图 4-1-3 所示。

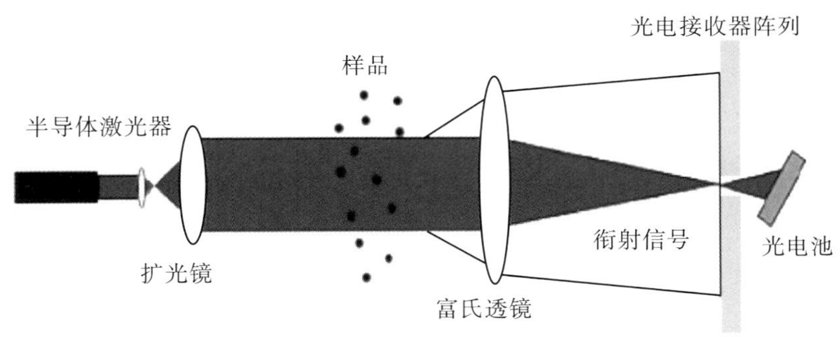

图 4-1-3　激光粒度分析仪测量原理

欧美克和济南微纳等品牌是国内认可度较高的激光粒分析度仪品牌（图 4-1-4）。欧美克 DP-02 激光粒度分析仪和济南微纳 Winner 319 激光粒度分析仪均专用于雾滴粒径测量，欧美克 DP-02 激光粒度分析仪的粒径测量范围为 1 ～ 1500 μm，济南微纳 Winner 319 激光粒度分析仪的粒径测量范围为 1 ～ 2000 μm。但国内的激光粒子测量技术与国际水平还有些距离。马尔文公司的粒子测量技术在世界处于领先水平，其动态光散射粒度仪的测量范围达到亚纳米数量级，可以测量高浓度浑浊的样品。马尔文公司在光学系统、信号处理系统和软件设计上，融入了背散射和折叠式毛细管样品池设计等技术，粒子粒径测量范围得到很大改善，达到 0.3 nm ～ 10 μm。

（a）欧美克 DP-02 激光粒度分析仪

（b）济南微纳 Winner 319 激光粒度分析仪

图 4-1-4　激光粒度分析仪

CCD 高速摄像技术的原理是被记录高速运动的目标受到光的照射产生反射光，一部分光透过高速成像系统的成像物镜成像后，落在光电成像器件的像感面上，像感面上的目标像被光电器件快速响应，实现图像的光电转换，将带有图像信息的各个电荷包转移到读出寄存器中，读出信号经过信号处理后传输至电脑中，通过电脑读出图像并输出结果。这里所用到的高速摄像系统由 CCD 高速摄像机、光缆、1.3 kW 新闻灯作为光源和计算机系统等组成，其中 CCD 以类似电荷包形式储存和传输信息，将接收的图像信号利用 CCD 像敏面的信号存储，再转移到寄存器中，最终形成了视频信号，这个视频信号经过后部的处理电路进行处理或计算。CCD 高速摄像技术在国内外已得到广泛的应用，尤其在处理高速运动状态和微观细节上具有显著的优势。例如，王静等借助 CCD 高速摄像技术对芦竹切割过程进行在线跟踪拍摄，为芦竹收割机的设计与研究提供了理论支撑和技术指导。吴中平等利用 CCD 高速摄像机测量水下物体运动速度。一些作物如水稻等是不严格的自花传粉，有 3% ～ 5% 的是异花传粉，花粉相当细小，会随风力落到隔壁雌蕊柱头上。为观察水稻花粉在非自然环境下传播时的运动状态，华南农业大学精准农业航空施药技术团队利用高速摄像机尝试拍摄水稻花粉运动轨迹，利用粉笔灰模拟花粉，对研究花粉传播、授粉具有指导意义。

（二）闪光摄影法

闪光摄影法包括浸入摄影法（图 4–1–5）和直接摄影法。

浸入摄影法是拍摄粒子进入捕集液（与喷施溶液不相容、不相吸）后的图像，通过光电扫描自动粒度分析仪测量雾滴粒径。直接摄影法是直接拍摄雾流场图片，通过光电扫描自动粒度分析仪测量粒子直径。随着摄影设备成本的降低和图像处理技术的发展，直接摄影法获得了研究者的关注。

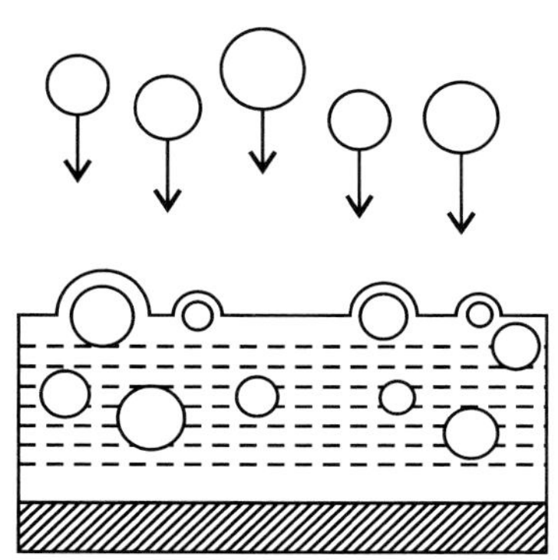

图 4–1–5　浸入摄影法

粒子图像测量法是将摄影技术与图像处理技术相结合的一种粒子测量方法（图 4–1–6），是由直接摄影法发展而来。粒子图像测量法的设备简单、测量成本低、测量精度高，对测量环境的要求低，可以在户外大田等环境进行测量，也可以测量宽雾滴谱的雾流场。目前在农业植保领域、灌溉领域和汽车发动机燃油雾化等领域均有研究。陈小艳等建立了一个专门测量大流量、大雾滴的粒子图像测量系统，这个粒子图像测量系统粒径测量范围为 40.5 μm ～ 8.1 mm，可测宽幅度雾流场中雾滴的粒径，为多喷嘴间距布置的优化提供了可靠的数据参考。Zhou 等基于 IMA 技术和图像处理程序建立了一个粒子图像测量系统，这个系统可以测量雾滴稠密、雾滴谱较宽、雾滴粒径较大、非球形粒子的粒径，系统粒径测量范围为 50 μm ～ 4 mm。相比于激光粒度仪和相位多普勒粒子分析仪等粒子粒径测量设备，粒子图像测量法对粒子测量环境要求较低，可以适应农田作业环境。2009 年，祁力钧等开发了一套可以用于田间环境的图像雾滴测量方法，此方法通过改进的分离粘连雾滴算法，对雾滴图像进行了分离处理，提高了雾滴粒径测量精度。祁力钧将此方法测得的雾滴数据与激光粒度仪的测量结果进行对比分析，结果表明，此方法测得的雾滴数据误差在 6% 以内。

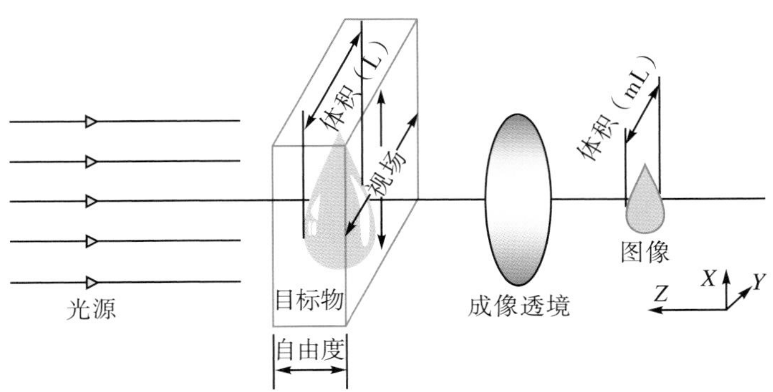

图 4-1-6　粒子图像测量原理

粒子图像测量法在测量高速运动的粒子粒径时，粒子图像中常出现拖影粒子、重叠粒子和非球体粒子等，图 4-1-7 是粒子图像测量法现存的技术难点。这几个问题一直影响粒子图像测量法的精度。陈小艳等通过缩短曝光时间，减少颗粒运动造成的粒子图像拖影问题。钟辉等通过自适应灰度阈值和亚像素边缘检测方法分割脱焦的水滴成像，通过形态学参数的定量表征分割重叠和拖影的水滴图像，最终获得水滴粒径的概率密度数目分布和累计数目分布。Kiao 根据自动分割阈值算法计算每一个落入焦平面上的雾滴的粒径，纠正失焦影响，估算雾滴粒径。杜永成等人基于对图像数字矩阵中单个粒子外接矩阵的提取分析，建立了一种改进的图像法，使普通 CCD 相机可以适应数字粒子图像测速（DPIV）技术，实现高速运动雾滴粒径的测量。

（a）对焦雾滴图

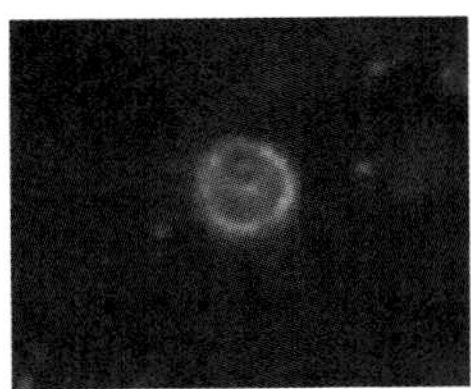
（b）脱焦雾滴图

（c）重叠雾滴图

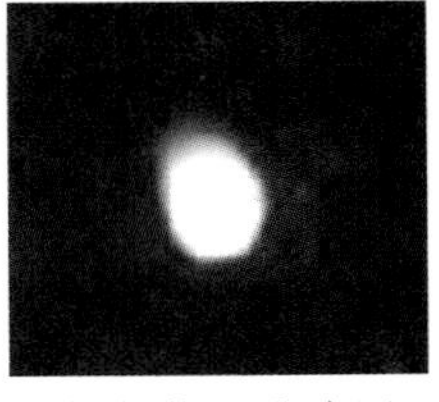
（d）拖影雾滴图

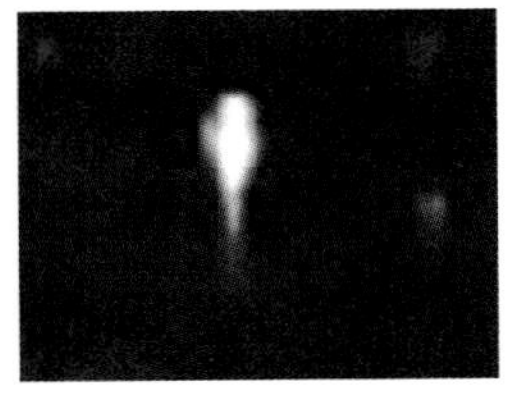
（e）重叠拖影雾滴图

图 4-1-7　粒子图像测量法现存的技术难点图

（三）全息法

全息法是通过拍摄粒子场图片，再处理粒子场图片而获得粒子粒径信息，也属于直接摄影法，只是全息法拍摄的图片是全息图，可以记录粒子场三维瞬态信息。将高速摄影设备与全息光源系统结合使用可以连续获得粒子场随时间的变化情况。

全息法摄影曝光时间短，拍摄的图片清晰，粒子失焦现象出现较少，且全息法可以拍摄粒子场多个界面的粒子瞬态信息并记录，日后需要时可逐幅呈现，方便研究和对比。但全息法摄影系统复杂、摄影设备成本较高，不适合推广使用。

上述 3 种粒子粒径测量方法中，光散射法应用最广泛，基于光散射法研制的激光粒度分析仪已经是技术非常成熟的粒子测量设备，可以实时测量粒子场中粒子粒径信息，生成雾滴谱，且测量速度快、不干扰雾流场、测量准确性高、成本较低，因此应用最广泛。但由于散射角的限制，激光粒度仪只能测量窄束粒子场中粒子的信息，应用范围有限。由闪光摄影法发展而来的粒子图像测量法是近几年领域内新发展起来的一种粒子测量技术。粒子图像测量法的测量设备简单、测量成本低、测量精度高，对测量环境的要求低，可以在户外大田等环境进行测量，可以测量宽雾滴谱的雾流场，弥补了激光粒度分析仪的不足。全息法可以测量和记录三维雾流场随时间的变化情况，是一种高精度测量方法，但其测量系统复杂且成本高，不合适推广使用。

第二节　室内雾滴沉积效果试验平台的搭建和试验

本研究搭建了室内雾滴沉积效果试验平台，并对该平台进行室内与室外验证。

一、雾滴沉积效果试验平台机械结构设计

（一）总体方案

雾滴沉积效果试验平台是植保无人机在室内试验的综合性平台，在室内代替室外环境进行试验，可避免环境因素和不可控因素的干扰，为室外作业质量评价和参数优选提供指导意义。

本平台具有精确的定高定速、控制无人机旋翼风场的功能，平台机械部分分为轨道小车装置、升降装置、导轨和滑块、传感器装置和无人机装置五大部分。平台实物图如图 4–2–1 所示，三维结构图如图 4–2–2 所示。

1. 滑动装置；2. 升降装置；3. 轨道与滑块；4. 传感器装置；5. 无人机。

图 4-2-1　雾滴沉积效果试验平台实物图

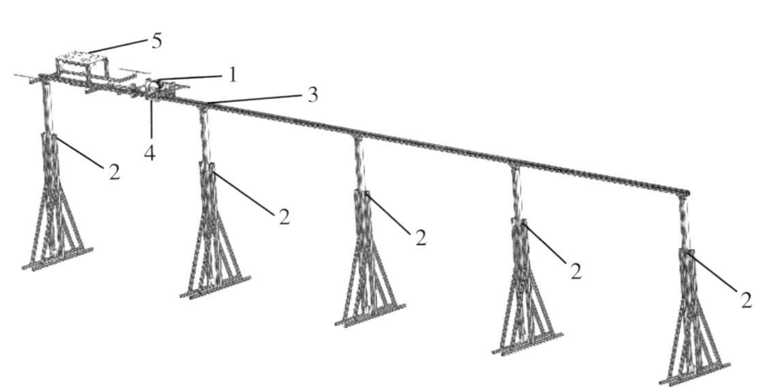

1. 滑动装置；2. 升降装置；3. 轨道与滑块；4. 传感器装置；5. 无人机。

图 4-2-2　雾滴沉积效果试验平台三维结构图

（二）轨道小车装置

轨道小车装置控制整个平台的运行速度，由控制器中程序控制驱动器脉冲个数和频率来改变步进电机的转速和转向，从而提供精确可调的速度变化，为无人机提供动能，室内环境下牵引植保无人机飞行，模拟在室外的飞行。无人机旋翼模拟实际飞行中的风场，不提供升力和动力带动无人机飞行。

轨道小车装置包括动力系统、控制系统、电源系统和车架系统。动力系统包括110步进电机（杭州步科机电有限公司）、步进电机驱动器（杭州步科机电有限公司）、同步带轮（山东麦迪传动带有限公司）、橡胶同步带（山东麦迪传动带有限公司）、电源线（正泰电工 BVR 单芯多股软线），控制系统包括微电脑控制器（杭州步科机电有限公司），电源系统包括24 V航模电池（JMP 6S 4200 mAh）、12 V 航模电池（权盛电子 3S 5200 mAh）、电源开关（正泰电工 2P）、电源端子排（TC1510）、串联 XT60 头接口，车架系统包括沿前进方向左边的电源系统支撑架、右边的步进电机支撑架和连接架，连接架与滑动装置的方形滑动块连接，牵引轨道小车装置滑行，轨道小车装置实物图如图 4-2-3 所示、三维结构图如图 4-2-4 所示。

图 4-2-3 轨道小车装置实物图

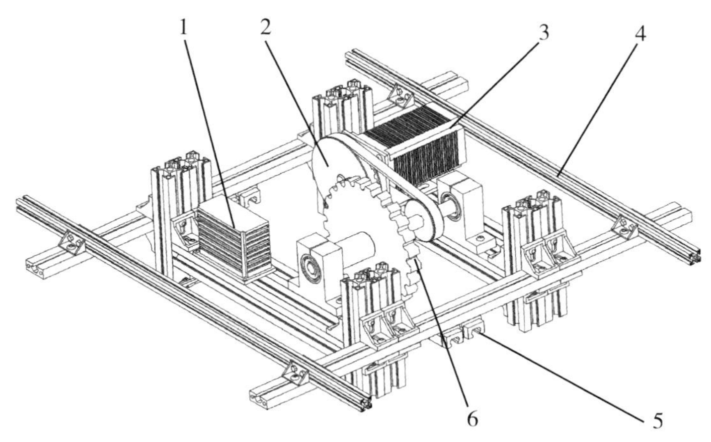

1. 步进电机驱动器；2. 二级齿轮传动；3. 步进电机；4. 轨道小车车架；5. 滑动块；6. 滚动齿轮。

图 4-2-4 轨道小车装置三维结构图

在结构设计上，轨道小车装置设计为两边结构，前进方向左边为电池安装位置，右边为步进电机安装位置，微电脑控制和驱动器安装在顶部，正好能均匀分配重量，电池安装在一边方便拆卸电源系统进行充电。步进电机选型为 110 三相混合式步进电机，可接直流电使其运转，但是直流电压要达到 150 V 以上，因此本装置选用了 7 节 24 V 的航模电池串联，能达到电机的额定直流电压。

传动装置设计了二级传动，在整个电机与平台的配合安装上，有两个备选方案。方案一中只设计了同级传动，由于电机的扭矩过小，不够带动无人机装置，同时齿轮的位置受到电机安装高度的影响，如图 4-2-5（a）所示，因此此方案不适用于滑动车装置；方案二加入了减速器装置，扭矩可以带动无人机装置运行，但是速度降低后，滑动车装置无法正常在导轨上运行，轴承座与减速器轴安装位置固定，无法改变高度，与同步带无法套合运行，如图 4-2-5（b）所示，因此此方案也被否决。

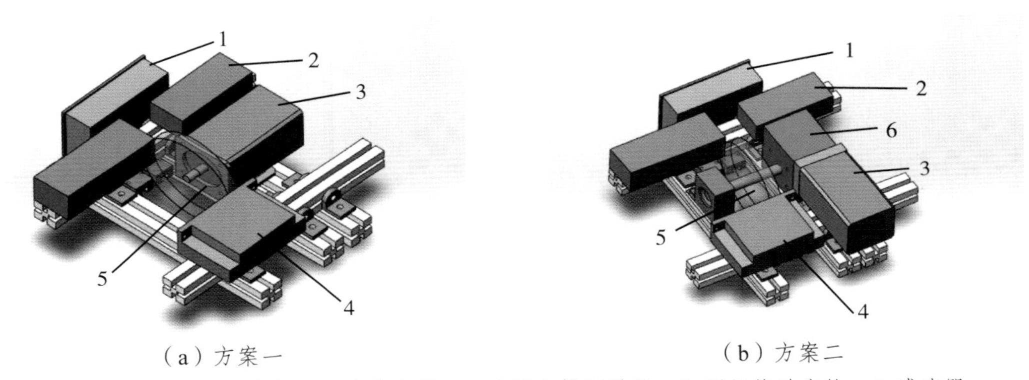

（a）方案一　　（b）方案二

1. 步进电机控制器；2. 电源；3. 步进电机；4. 步进电机驱动器；5. 同级传动齿轮；6. 减速器。

图 4-2-5　轨道小车装置三维结构图备选方案

对以上两个方案进行改进，得到了可行的方案三，如图 4-2-6 所示。方案三中的改进之处为将减速器改为二级传动装置，既解决了扭矩过小又解决了速度过小的问题，同时，此装置的步进电机和轴承套都安装在可以上下移动的铝型材板上，可以调节高度与同步带套合。传动装置简图如图 4-2-7 所示。

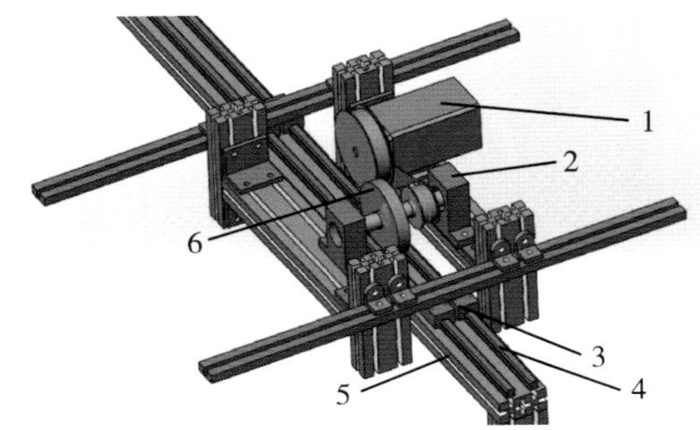

1. 步进电机；2. 轴承座；3. 滑块；4. 导轨；5. 齿形带；6. 二级传动装置。

图 4-2-6　轨道小车装置结构图方案三

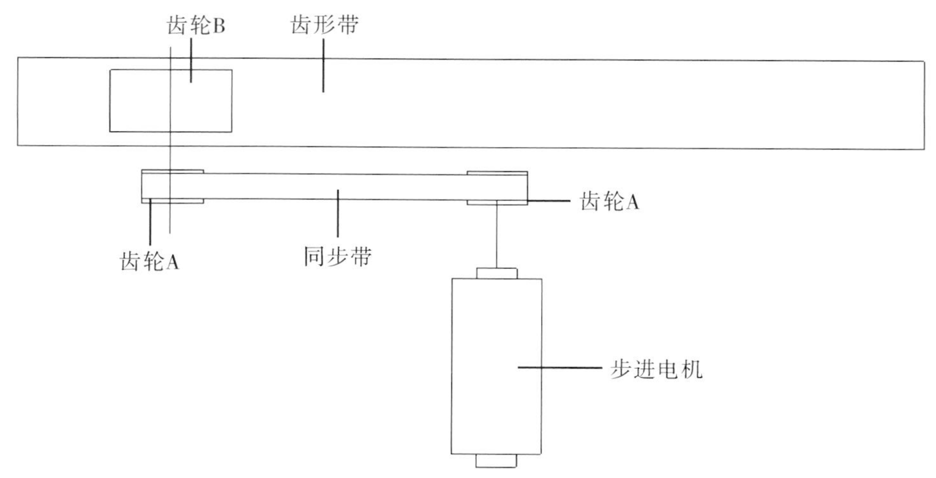

图 4-2-7　传动装置简图

（三）升降装置

雾滴沉积效果试验平台的升降装置控制着整个平台的高度，高度调节范围为 2 ～ 3 m（离地面），即在升降装置调节为 0 m 时，滑动车装置和无人机装置离地面高度为 2 m；升降装置调节至 1 m 时，滑动车装置和无人机装置离地面高度为 3 m，为整个平台的最高高度，如图 4-2-8 所示。

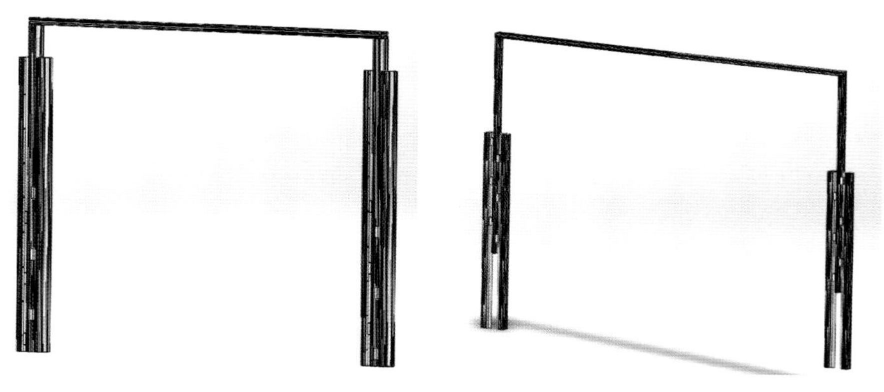

图 4-2-8　升降装置

升降装置模拟了植保无人机在室外作业中的高度，植保无人机作业过程中，离植物冠层距离为 1 ～ 2 m 为最佳作业高度，本平台中仿真植物的高度为 1 m，因此能模拟植保无人机喷洒作业中的飞行高度变化范围。

升降装置分为五个立柱，每两个立柱共同支撑 3 m 长的 4080 铝型材。每个立柱由两根长度为 1.8 m 的 4080 铝型材、一根长度为 2 m 的 4080 铝型材、两根光轴及六个轴承套构成，2 m 的 4080 铝型材与两根光轴通过螺钉固定，1.8 m 的 4080 铝型材与轴承套通过螺钉固定，放置在

4080 铝型材两侧，光轴与轴承套间隙配合，单个自由度上下滑动。

升降装置在上升下降过程中使用工业千斤顶进行推动（图 4-2-9）。上升过程中，在五个立柱中间长度 2 m 的 4080 铝型材下插入工业千斤顶支撑座，五个立柱同时压抬工业千斤顶摇杆，每次压抬过程中，工业千斤顶会上升一个齿位，即 2.25 cm。在下降过程中，不能直接将工业千斤顶的插销拔下，需要在升降装置上方给予 50 kg 重物作为压力，在有压力的情况下，工业千斤顶不会在拔下插销后自动降落，否则会自动下落。因此，本装置在升降装置下降过程中的设计方案是在每个立柱的铝型材左右两侧共加 50 kg 的杠铃片，这样在拔下插销后，可以通过压抬摇杆每次进行 2.25 cm 的下降。五个立柱保持同步上升下降，能精准控制高度的变化，达到本平台高度的精确调节。

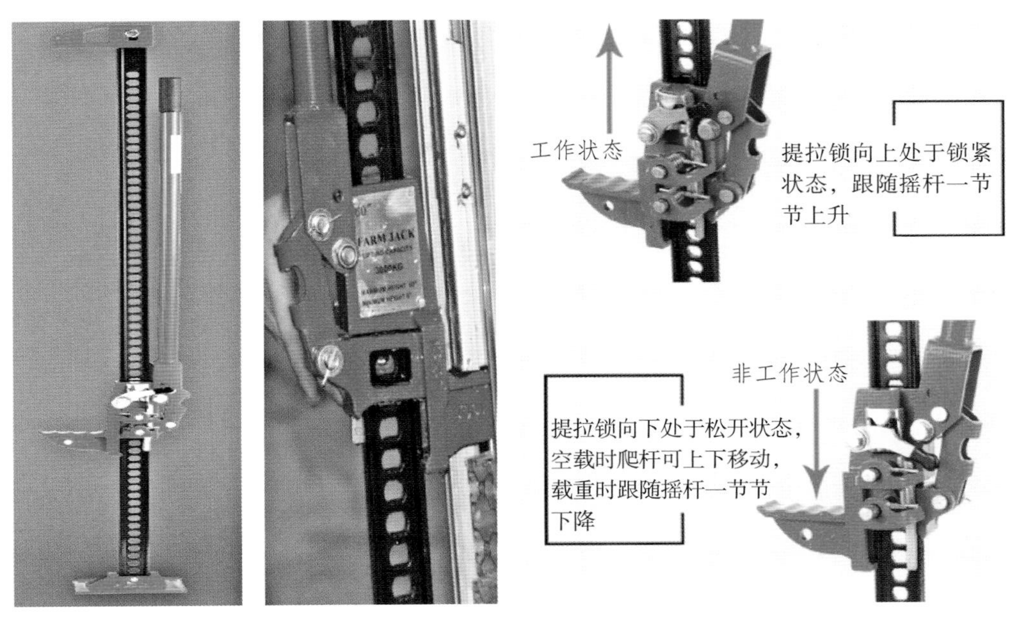

图 4-2-9　工业千斤顶升降图

（四）导轨和滑块

雾滴沉积效果试验平台中的轨道与滑块是轨道小车装置和无人机装置水平直线运行的轨道，如图 4-2-10 所示。滑动装置包括直线导轨（TRH 高组装重型，上海奔琪机电设备有限公司）、方型滑块（B 型，上海奔琪机电设备有限公司）、聚氨酯同步带（山东麦迪传动带有限公司）、4080（欧标）铝型材（深圳市武创科技有限公司）。为方便拆卸、搬运，铝型材分 3 m 一段，总共 4 段，各段之间有连接块连接，下方用升降装置的立柱支撑，支撑处用直角块刚性固定。聚氨酯同步带平铺在铝型材上面，直线导轨压在同步带上，通过螺钉将直线导轨与铝型材固定，保持同步带水平铺展，直线导轨压紧，可以保证滑动车装置在直线导轨上平移，步进电机传动轮能在同步带上滚动，牵引无人机装置在滑动装置上运行。

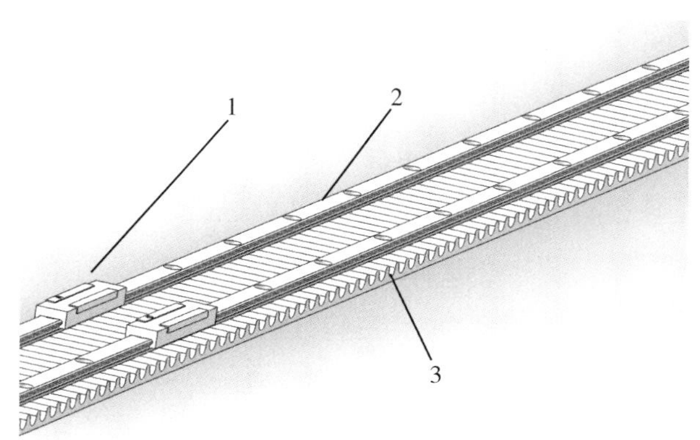

1. 方形滑块；2. 直线导轨；3. 齿形同步带。

图 4-2-10　导轨与滑块

本平台设计了双直线导轨滑动装置，可以保持滑动车装置和无人机装置平稳运动，能承受无人机旋翼在旋转过程中产生的前进方向的左右扭矩，避免了单直线导轨容易与滑块产生前进方向的偏移摩擦，使得装置无法顺利在导轨上运动的情况。同时双导轨装置也能均匀地压实同步带，避免出现单边脱离、翘起的情况，双导轨装置中间间隙部分正好是齿轮在同步带上的滚动路线，双导轨设计起到限位作用，可以防止齿轮在同步带上跑偏，如图 4-2-11 所示。

图 4-2-11　双导轨设计图

（五）传感器装置

雾滴沉积效果试验平台传感器装置由三个光电传感器组成，保证轨道小车在运行过程中不会冲出滑动装置。选用的是上海沪工集团的 5 V 漫反射型红外光电开关，检测范围 3 ～ 80 cm，响应时间 0.1 s，光电传感器的感应器竖直向下，在滑动装置下安装感应板，如图 4-2-12 所示，感应板与光电传感器之间的距离为 10 cm，满足光电开关的检测距离。当感应器感应到感应板，滑动车装置会紧急停止运行，可以有效地保护整个平台。三个光电传感器分别安装在滑动车前进方向的左边和右边，左边两个起急停、限位作用，右边一个起复位作用，感应板安装在滑动装置的终止位置和起始位置，轨道小车的启动、停止、复位在步进电机控制器里已编好程序，光电传感器作为程序的感应输入，为整个平台的运行提供了安全保障。传感器安装实物图如图 4-2-13 所示。

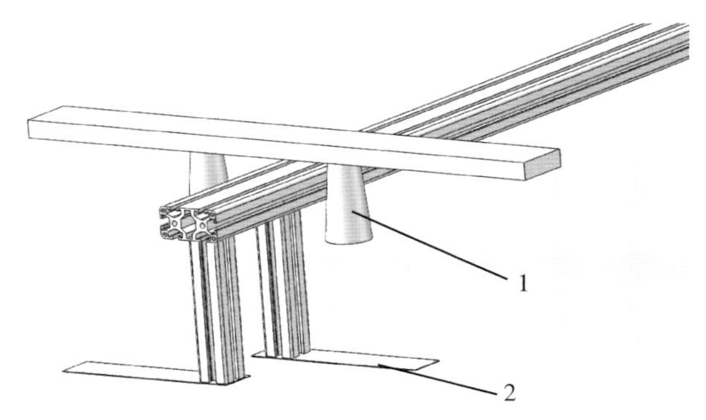

1. 光电传感器；2. 感应板。

图 4-2-12　传感器装置安装位置

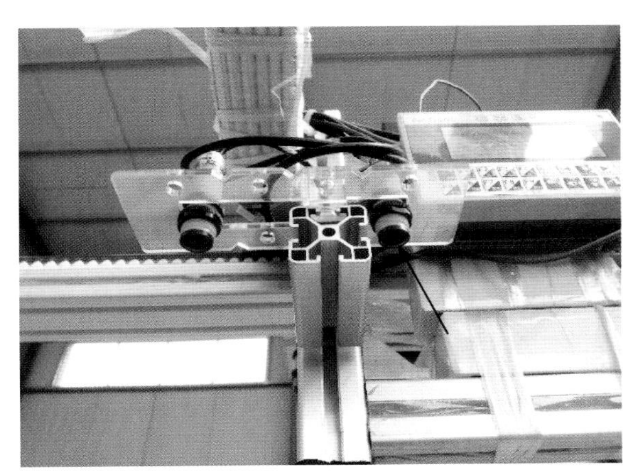

（a）光电传感器

（b）感应板

图 4-2-13　传感器装置安装实物图

（六）无人机装置

无人机装置可以搭载旋翼型无人机，包括油动、电动等植保无人机（空载 25 kg 以内），只需要将起落架与无人机装置的承载架及起落架前后用直角块与无人机装置的承载架固定即可，如图 4-2-14 所示。由于植保无人机比较重，需要测试无人机装置在搭载无人机后的承受能力。将无人机装置从平台上卸下，装载至无人机升力检测平台试验承载能力。试验结果证明无人机装置可以承载植保无人机，转动无人机的旋翼时不会出现拉动装置脱离的现象，如图 4-2-15 所示。

图 4-2-14　无人机装置固定方法

图 4-2-15　无人机升力检测平台

在本试验中，为了测试无人机在喷施过程中的雾滴沉积效果，需要改变无人机的旋翼转速及喷头之间的距离等相关参数。商业植保无人机受到本身的系统化、一体化影响，无法精确地改变自身的相关参数，因此，本试验自行搭建了无人机装载装置，如图 4-2-16 所示，为无人机雾滴沉积效果试验提供可以改变无人机自身参数的条件。

自搭建无人机装置包括 2020（欧标）铝型材（深圳市武创科技有限公司）搭建的无人机机架、1540（欧标）铝型材（深圳市武创科技有限公司）搭建的无人机机臂、10L 药箱（合肥翼飞特电子科技有限公司）、电调（好盈 HV80 A）、电机（恒力源 8318 kV100）、隔膜泵（普兰迪 1206，12 V，45 W）、电调分电板（合肥翼飞特电子科技有限公司）、遥控器（乐迪 AT9）、防滴漏喷体（力成）、雾化喷嘴（LECHLER）、直流降压模块（Risym LM2596）、航模电池（JMP 6S 10000 mAh 25C）、碳纤桨（六月航空 3080 30 寸）。

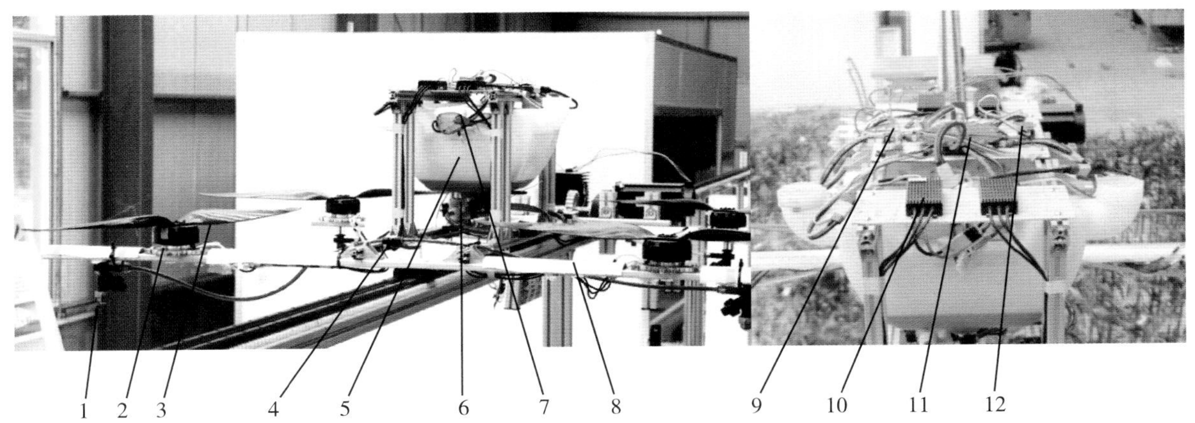

1. 喷头；2. 电机；3. 碳纤桨；4. 无人机装置承载架；5. 药箱；6. 水泵；7. 航模电池；8. 圆形机臂；9. 降压模块；10. 电调；11. 分电板；12. 接收机。

图 4–2–16　自搭建无人机整体结构图

自搭建无人机可以改变电机的转速从而将旋翼风场量化，两节 JMP6S 电池为电调供电，一节 JMP3S 电池为隔膜泵供电，同时通过降压模块将电压降为 5 V 为遥控器接收机供电。飞机不进行飞行，因此未加飞控系统，整个飞机模块化，电机安装位置、喷头安装位置及无人机的尺寸可以按需求更换。本试验中无人机左、右电机距离为 1 m，前、后电机距离为 1.2 m。无人机分电板将电池的电流分四路给予四个电调（图 4–2–17），电调的信号线分别接上分电板的接口，分电板的总接口通过焊接的杜邦线汇成一路接上遥控器接收机，因此遥控器的接收机不通过飞控控制无人机的电机转速。

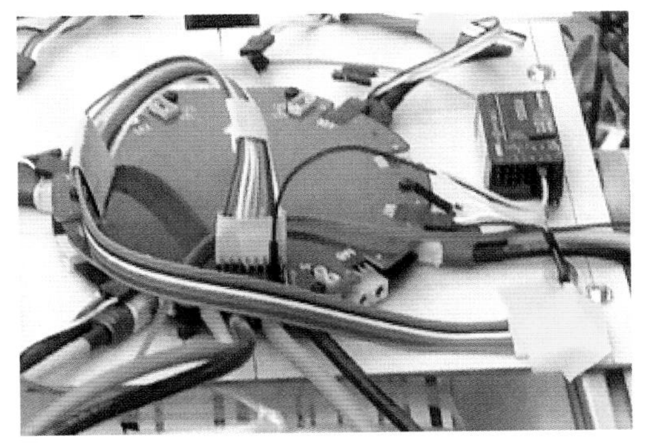

图 4–2–17　无人机分电板

室内雾滴沉积效果试验中，可以通过精确改变遥控器的油门来改变无人机的电机转速，实现在试验中改变旋翼风场因素，提高试验数据准确性。

二、雾滴沉积效果试验平台机械控制系统设计

（一）总体方案

雾滴沉积效果试验平台控制系统部分主要包括微电脑控制器、步进电机驱动器、步进电机、无人机遥控器和接收机、光电传感器。微电脑控制器可控制轨道小车装置的运行、无人机装置的喷洒及传感器装置的开闭，遥控器可控制无人机旋翼的转动。控制系统部分为整个试验平台的核心，保障整个平台安全性和运行准确性，体现了农业航空装备的智能化。

本平台中，微电脑控制器选用的是 BR010 可编程一体机，此控制器可对步进电机的速度、路程及往返进行灵活控制，同时能输入继电器、晶体管等设备，可负载一些需要的设备，如喷洒系统中的水泵。无人机控制系统主要是由遥控器控制接收机来进行精准控制旋翼的旋转，水泵作为外接设备输入微电脑控制器，用程序控制隔膜泵的通断和开启时间，达到精准控制喷洒的目的。光电传感器作为微电脑控制器的输入装置，当光电传感器的光电头感应接通后，能使电机瞬间停转，三个光电传感器接入微电脑控制器，分别实现复位、急停、限位的功能。

（二）步进电机选型

步进电机是一种将电脉冲转化为角位移的开环控制电机，是一种根据脉冲信号工作的电动机，又称脉冲电动机，按结构可分为反应式步进电机（VR）、永磁式步进电机（PM）、混合式步进电机（HB），按相数可分为两相式步进电机、三相式步进电机和多相式步进电机。

步进电机与对应的驱动电路、控制系统组成一个完整的执行系统，整个系统具有结构简单、可靠性高、体积小、实用性强等优点，能适用于各种不同的场合。图 4-2-18 为三相步进电机绕线图。

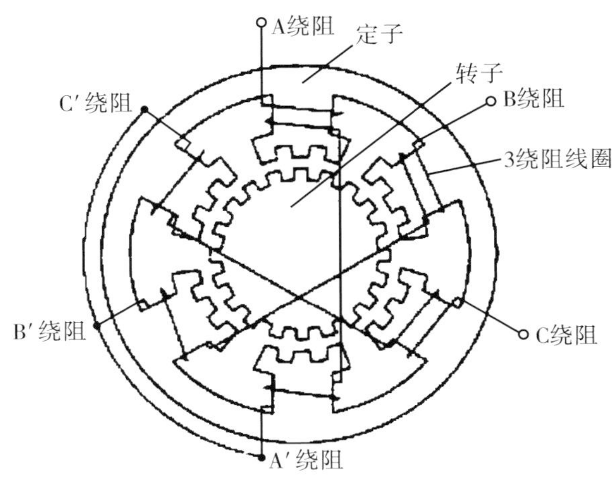

图 4-2-18　三相步进电机绕线图

为保证平台正常运行并达到一定的速度要求，需要对步进电机的选用进行计算。

（1）轨道小车行驶中的惯性力计算：

$$F_j = m \times a \quad (4.2.1)$$

$$v_u^2 - v_0^2 = 2 \times a \times S \quad (4.2.2)$$

式中，m 为负载重量，kg；a 为轨道小车加速度，m/s^2；v_u 为轨道小车末速度，m/s；v_0 为轨道小车初速度，m/s；S 为加速阶段运行路程，m。

理论上轨道平台最高速度可以达到 v_u=3 m/s，负载 m=30 kg，加速阶段 S=3 m，计算得 F_j=45 N。

（2）步进电机驱动力计算：

$$F = F_f + F_w + F_i + F_j \quad (4.2.3)$$

式中，F_f 为负载滚动摩擦力，N；F_w 为空气阻力（可忽略不计），N；F_i 为负载最大静摩擦力，N；F_j 为加速过程中惯性力，N。

负载与导轨之间有四个方形滑块滑动，负载滚动摩擦力是碳素钢之间滚动摩擦，可得摩擦系数为 0.05，最大静摩擦的摩擦系数为 0.3，负载重量为 30 kg，计算得启动瞬间需要最大拉力 F=195 N。

当轨道小车匀速运行时，加速度为 0，此时 F_j 与 F_i 均为零，计算得最小拉力 F=60 N。

（3）步进电机的力矩计算：

$$M = \frac{F \times r}{N} \quad (4.2.4)$$

式中，M 为步进电机输出力矩，N·m；F 为驱动力，N；r 为驱动轮半径，m；N 为步进电机个数。

齿形带上驱动轮半径 r=0.06 m，由于轨道小车始终保持直线运动，无法多电机同步设计，

因此 N=1。

计算得轨道小车加速阶段 M=11.7 N·m，匀速运动阶段 M=3.6 N·m。

小车加速阶段最大力矩为 11.7 N·m，步进电机选型通常需要加有 50% 以上的余量，因此本平台中选用力矩为 20 N·m 的 110 三相混合型步进电机。

（4）步进电机功率计算：

$$P=\mu \times m \times g \times v \tag{4.2.5}$$

式中，P 为步进电机输出功率，W；μ 为摩擦系数，取 0.2；m 为负载重量，kg，取 30 kg；g 为重力加速度，m/s²，取 9.8 m/s²；v 为轨道小车运行速度，取 3 m/s。

计算得 P=176.4 W，选用步进电机符合功率要求。

（5）步进电机转速计算：

$$n=\frac{v}{\pi \times d} \tag{4.2.6}$$

式中，n 为步进电机转速，r/s；d 为驱动轮直径，m，取 0.12 m。计算得 n=8 r/s。

滑动小车装置上有二级传动装置，与电机相连的齿轮直径为 0.06 m，在齿形带上滚动的齿轮直径为 0.12 m。

本滑动车装置中选用的是 110 三相混合式步进电机，具有步距角小、力矩大、动态性能稳定、易于启停、控制精度高等优点，这也是市场上较容易购买的最大力矩的步进电机，具体参数见表 4–2–1。

表 4–2–1　110 三相混合式步进电机参数

项目	参数
步距角	1.2°
步距角精度	±5%（整部、空载）
电阻精度	±10%
电感精度	±20%
温升	80 ℃
功率	1200 W
转矩	20 N·m
转速	33 r/s（空转）
工作电压	220 V（交流电）/150 V（直流电）

步进电机的转动角度由输入脉冲信号个数决定，转速由脉冲信号频率决定，即步进电机转动的速度和转动角度与脉冲信号个数和频率呈正比例关系。将电机的电源线的通电顺序改变即可改变步进电机的旋转方向。步进电机的转速控制时会出现失步、过冲现象，因此需要选择适合负载的步进电机和匹配驱动器，要对控制器的频率进行精确调节。对于控制器的脉冲信号频

率调节有软件延时和硬件延时两种方法。本装置平台使用硬件调节控制器的脉冲信号来控制步进电机的转速。

步进电机在运行中若是变速行驶，需要升降脉冲信号频率，否则会出现因频率太高而堵转或因频率太低而运转失步的现象。频率太高时步进电机突然停转会出现步进电机超程现象。调节步进电机的转速时，控制器需要变化脉冲频率。若步进电机的运行频率为 f_0，则开始启动时频率需要低于 f_0，启动后逐渐升为 f_0 正常运转，在快要停止时脉冲信号频率需要先低于 f_0，以免出现堵转、超程现象。常用的升降频控制方法有直线法、指数曲线法、抛物线法，如图 4–2–19 所示。

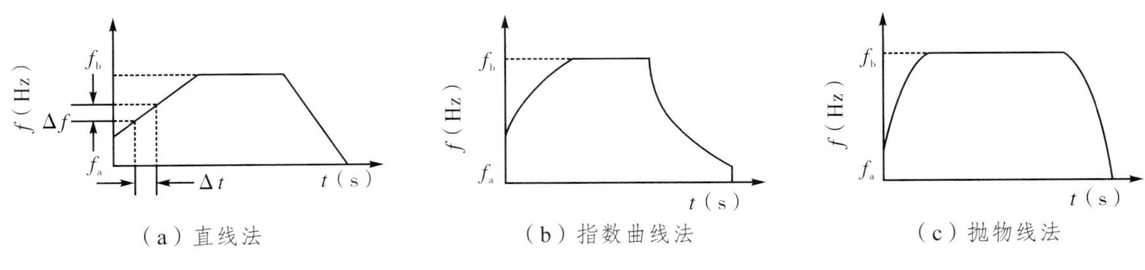

图 4–2–19　升降频控制方法

步进电机的特点是控制器脉冲信号个数与转子角位移严格按照正比关系，脉冲信号频率变化的快慢决定转子转速的快慢，步进电机通电后便停留在某一位置不动，具有自锁性，必须给予脉冲信号后才能运转。

在实际运行中，步进电机在负载过大的情况下，力矩随着电机转速增加急速下降，图 4–2–20 为步进电机力矩与频率关系曲线。当转速过大，拉力不足以提供负载的动力，就会出现失步、堵转现象。实际试验中，选取的 110 步进电机要能拉动 30 kg 负载而不出现失步现象，最大能运行转速为 4 r/s，轨道运行速度计算公式为

$$v=n\times\pi\times d \tag{4.2.7}$$

式中，n 为步进电机转速，r/s；d 为驱动轮直径，m，取 0.12 m。计算得 v=1.5 m/s。

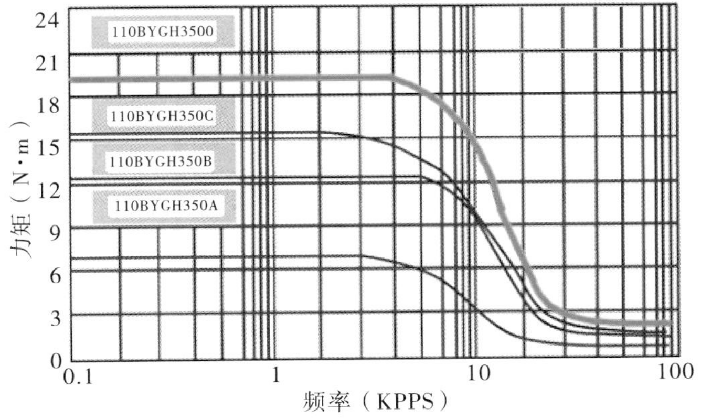

图 4–2–20　步进电机力矩 – 频率特性曲线

实际试验中，轨道小车最大速度为 1.5 m/s，无法达到 3 m/s，原因可能有以下三点：①轨道小车滑块与导轨之间的最大静摩擦力很大，导致刚开始启动时需要很大的拉力；②使用的电源为直流电源，电压值为 168 V，使得步进电机无法达到最大功率运行；③选用步进电机本身问题，力矩没有额定的 20 N·m。

（三）步进电机驱动器

步进电机的驱动是靠步进电机的各相励磁绕组轮流通以电流，来实现步进电机内部磁场合成方向变化，从而使步进电机转动。步进电机细分用单片机控制，脉冲指令发送给脉冲发生器，脉冲个数和频率通过脉冲分配器发送至脉冲放大器，从而控制步进电机的步距角和转速。图 4-2-21 为步进电机驱动器控制步进电机的转速和步距角原理图。步进电机和步进电动机驱动器构成步进电机驱动系统。步进电动机驱动系统的性能，不但取决于步进电动机自身的性能，也取决于步进电动机驱动器的优劣。

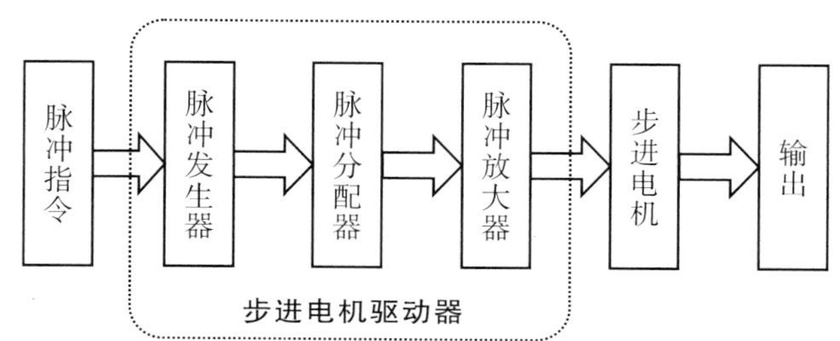

图 4-2-21　步进电机驱动器控制步进电机转速和步距角原理图

步进电机的驱动器控制着步进电机的转速和步距角，本平台选用的驱动器型号为 3M2280，采用八位拨码开关来设定电流和步距角。工作电流的动态设定挡位拨值见表 4-2-2，其中 SW1 ～ SW4 是动态电流的设定；步距角的细分设定挡位拨值见表 4-2-3，其中 SW5 ～ SW8 是步距角的设定。

表 4-2-2　工作电流设计

输出电流峰值（A）	平均电流（A）	SW1	SW2	SW3	SW4
2.0	1.4	off	off	off	off
2.4	1.7	off	off	off	on
2.8	1.9	off	off	on	off
3.2	2.2	off	off	on	on
3.6	2.5	off	on	off	off
4.2	2.9	off	on	off	on

续表

输出电流峰值（A）	平均电流（A）	SW1	SW2	SW3	SW4
4.8	3.3	off	on	on	off
5.2	3.6	off	on	on	on
5.6	3.9	on	off	off	off
6.0	4.2	on	off	off	on
6.4	4.5	on	off	on	off
6.8	4.8	on	off	on	on
7.2	5.0	on	on	off	off
7.6	5.3	on	on	off	on
8.0	5.6	on	on	on	off
8.4	5.9	on	on	on	on

表 4-2-3　步距角细分设定

脉冲	SW5	SW6	SW7	SW8
200	on	on	on	on
400	off	on	on	on
1600	on	off	on	on
3200	off	off	on	on
6400	on	on	off	on
12800	off	on	off	on
25600	on	off	off	on
600	off	off	off	on
1000	on	on	on	off
1200	off	on	on	off
2000	on	off	on	off
4000	off	off	on	off
5000	on	on	off	off
6000	off	on	off	off
8000	on	off	off	off
10000	off	off	off	off

步进电机驱动器脉冲个数与转速计算公式为

$$V=\frac{t\times e}{360\times c} \tag{4.2.8}$$

式中，V 为步进电机转速，r/s，本步进电机转速为 4 r/s；t 为步进电机驱动器脉冲数；e 为步进电机步距角，本平台步进电机步距角为 1.2°；c 为步进电机驱动器细分数，取 1。计算得 t=1200。

本装置中输出平均电流 5.9A，脉冲 1200，因此驱动器的挡位拨值为 on（SW1）、on（SW2）、on（SW3）、on（SW4）、off（SW5）、on（SW6）、on（SW7）、off（SW8），使得步进电机力矩和转速都能达到最大值。

步进电机控制器连接的接线图如图 4-2-22 所示，其中 PUL（脉冲）、DIR（方向）、ENA（使能）接口与控制器连接，驱动器上 UVW（三相步进电机接口）接口与三相步进电机连接，连接不分顺序，若电机反转，只需要调换其中两根线接口即可。外接电源可接直流电源，但 110 型步进电机需要大于 150V 的直流电源才可带动，因此本装置中采用 7 块 24V 航模电源串联连接。

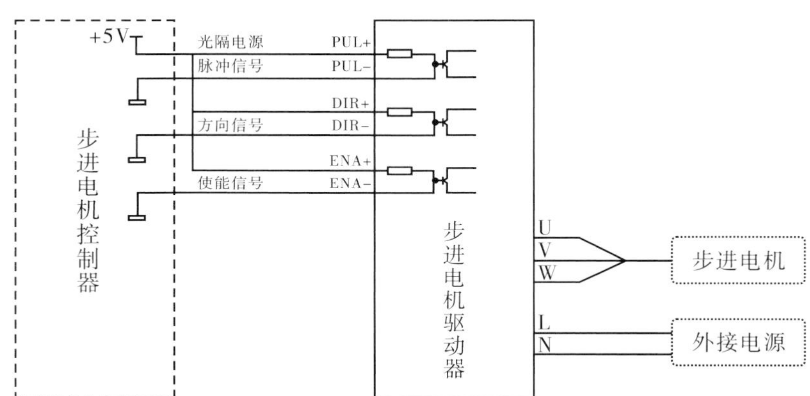

图 4-2-22 步进电机控制器接线图

（四）步进电机控制器编程

步进电机控制器提供脉冲信号和脉冲方向给步进电机驱动器，驱动器将脉冲信号进行转化，提供步进电机放大功率的电流信号，步进电机接受脉冲信号后开始运转。步进电机驱动器提供脉冲信号的方向、数量、频率，分别控制步进电机转子的旋转方向、角位移、速度。当步进电机停止运转时，无需电磁制动或机械制动即能够产生刹车动力，刹车后步进电机转子处于自由运动状态，外部推力能够推动电机运转，电机上电后，产生自锁，外力则无法推动。图 4-2-23 为步进电机控制原理图。

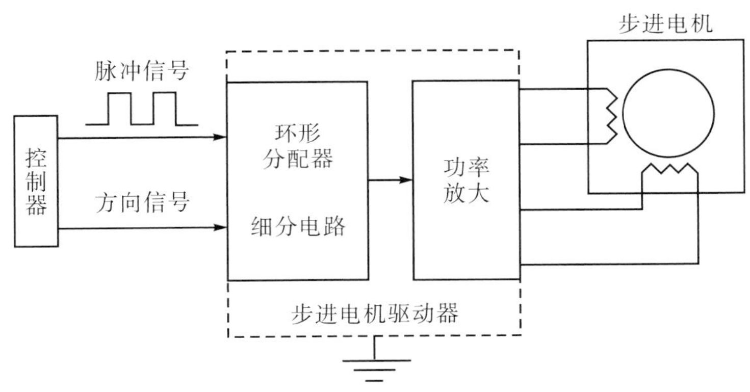

图 4-2-23　步进电机控制原理图

微电脑控制器选用的是浙江奔腾数控电子技术公司的 BR010-11RT8X2M 型号步进电机控制器，其中 BR010 表示奔腾数控可编程系列产品标志，11 表示步进电机控制输出端口数量为 11 个，R 表示继电器输出方式，T 表示晶体管输出方式，8X 表示输入端口数量为 8 个，2M 表示二路脉冲。控制器的具体参数见表 4-2-4。

表 4-2-4　步进电机控制器具体参数表

项目	参数
型号	BR010-11RT8X2M
工作电压	24 V
最大功率	16 W
可控制电机轴数	2 个
继电器最大输出电流	5 A
输入感应接口	24 V
最大输出频率	65000 Hz
程序最大行数	100 行
负载电压	0 ～ 220 V
输入输出端口数量	11（输出），8（输入）

微电脑控制器需要控制步进电机的精确运行，无人机喷洒系统的开关及光电传感器的限位、急停、复位功能。基于上述三个功能实现微电脑控制器控制的流程，如图 4-2-24 所示。

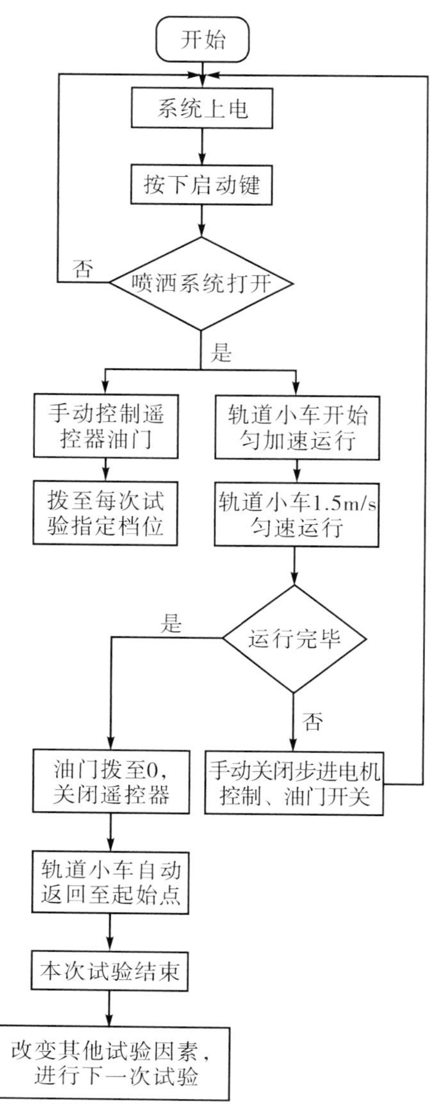

图 4-2-24　微电脑控制器控制平台流程图

微电脑控制器控制系统可以编写 19 种程序，控制步进电机运行是其中一种程序编程。控制器的程序含义详见表 4-2-5。

表 4-2-5　步进电机控制器编程规则及其程序含义

程序号	程序语法	程序含义
01	子程序 A-1 线 -F1 触发	程序开始语句
02	====== 结束或反跳	程序结束语句
03	Y01=1	输出端口语句
04	等待 X0=1 过 00.0 后 − > b	输入信号检测语句

续表

程序号	程序语法	程序含义
05	如 1 那跳 00 否则跳 00 不返	判断语句　跳转语句　循环语句
06	01.00 秒	固定延迟语句
07	等：菜单 00	可变延迟语句
08	循环开始　次 000	循环开始语句
09	循环结束	循环结束语句
10	计数加一	计数器语句
11	X 机正转 01000 速 01000 等停	电机脉冲控制语句
12	a=00010	直接赋值语句
13	b 变量：b	相互赋值语句
14	a=a+0001	运算语句
15	允许：X0 在线程 0 触发	线程控制语句
16	显示：菜单 00 在 0 行 0 列正显	显示文字语句
17	跳（0=0）？ A：+23 不返	高级判断语句
18	01 行空白	空白行语句
19	单步	单步语句

根据控制器程序编写规则，为实现平台上所需的功能，编写程序如下：

子程序 A—1 线—F2 触发（手动操作，按 F2 键启动）

05.00 秒

Y01=1（Y01 接口控制无人机喷洒装置）

X 机正转 03000 速 00800 不等（步进电机慢速启动）

X 机正转 10000 速 01500 等停

Y01=0

05.00 秒

a < = > X 机急停

等待 X1=1 过 00.0 后 - > a

等待 X2=1 过 00.0 后 - > a

如 1 那跳 +1 否则跳 -6 不返

X 机反转 12000 速 00800 等停

Y01=0

等待 X3=1 过 00.0 后 - > a

如 1 那跳 +1 否则跳 -3 不返

计数器加一

======= 结束或反跳

（1）解释程序语句：等待 X1=1 过 00.0 后 - > a。

X 接口为输入信号，X1 接急停光电传感器，X2 接限位光电传感器，X3 接复位光电传感器，当检测到有输入信号时，直接跳转到被赋值的变量 a。

（2）解释程序语句：如 1 那跳 +1 否则跳 -6 不返。

若上句语句成立，即为 1 时，则跳转到其他语句，+1 表示此语句下一个语句，-6 表示此语句上的第 6 条语句，不返则执行完不再返回此语句，而是从跳转的语句顺序执行下去。

（3）解释程序语句：X 机正转 10000 速 01500 等停。

此语句是唯一的电机控制语句，一套完整的电机控制需要两方面的设置：一是先在菜单里设置好固定功能，如螺距、零点接口等；二是程序里面的动作指令设计。10000 表示电机运行的总距离，01500 表示电机的运行速度，等停表示步进电机感应输入信号会停止此条程序运行并进入下一条语句。

（五）电气原理

本平台的电气接线图如图 4-2-25 所示，控制器上接入 24 V 的直流航模电源，驱动器上需要接电压超过 150 V 的直流电源，因此本平台选择 7 节 24 航模电源串联连接，喷洒系统和遥控器接收机上接 12 V 航模电池，遥控器接收机上需要加 12 V 降为 5 V 的降压模块，分电板上接两节 24 V 航模电池。

步进电机控制器上有专门的接口供驱动器连接，三相步进电机接线接口为 WVU，不分正负，若电机反转，将其中两根线调换接口即可。无人机喷洒系统需要控制器进行控制，隔膜泵作为继电器输出与 Y1 相连，安全装置中三个传感器作为输入接口与驱动器相连，急停、限位、复位分别与 X1、X2、X3 相连。

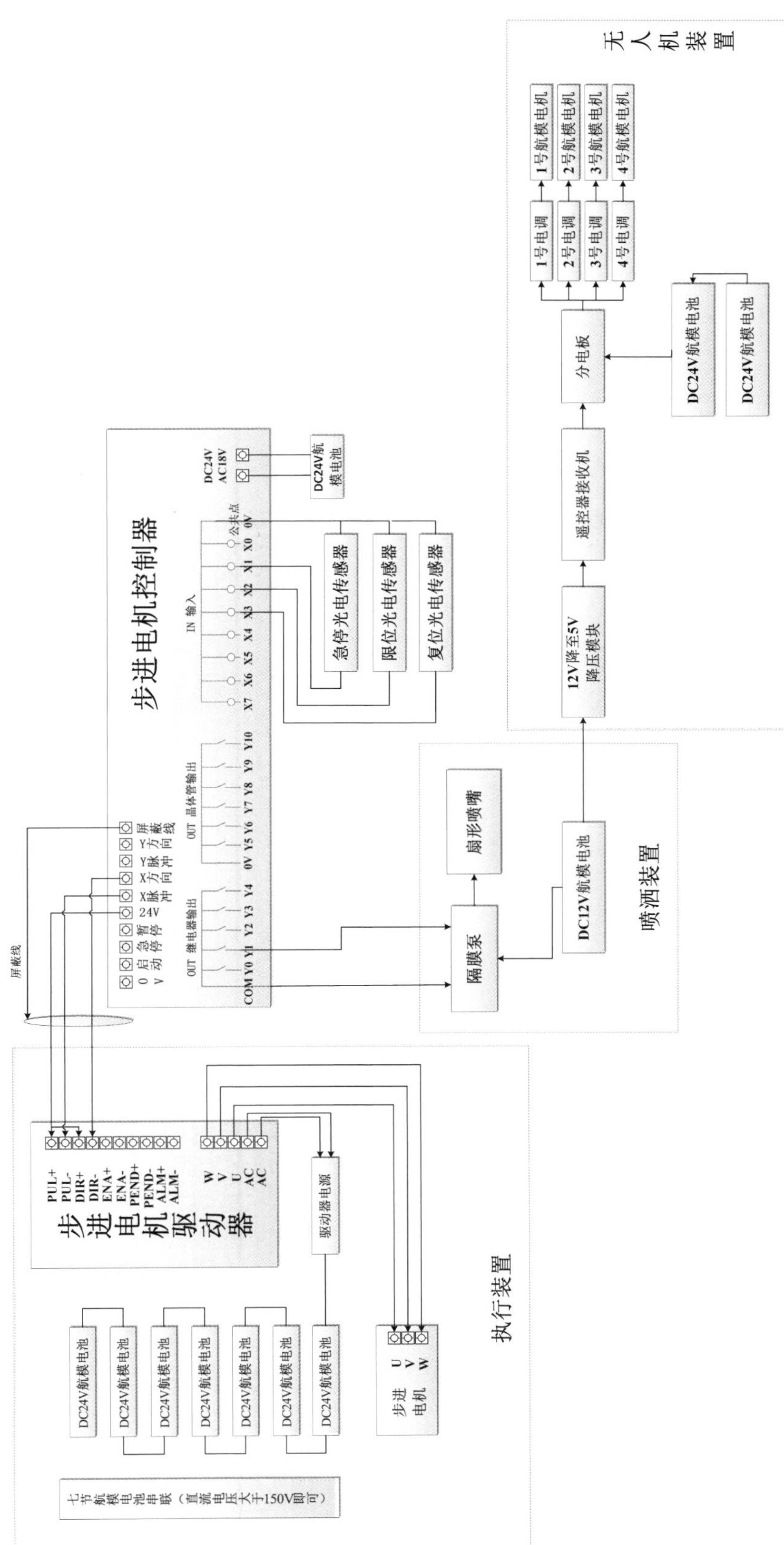

图 4-2-25　雾滴沉积效果试验平台控制部分电气接线图

三、雾滴沉积效果试验方案设计

（一）室内静态环境下扇形喷嘴雾滴粒径分析和水泵压力标定试验方案

1. 试验目的

室内静态环境下对不同型号扇形喷嘴的雾滴粒径进行分析，分析喷嘴的粒谱特性，对喷洒系统中的水泵进行标定，为雾滴沉积效果试验中喷嘴型号因素的改变提供对应的压力值。

2. 试验材料

（1）扇形喷嘴，产品参数见表 4–2–6。

表 4–2–6　LECHLER 扇形喷嘴产品参数

喷嘴型号	压力（MPa）	流量（L/min）	喷嘴颜色
LECHLER 110–01（橙色）	3.0	0.39	
	3.5	0.42	
	4.0	0.45	
	5.0	0.50	
LECHLER 110–015（绿色）	1.5	0.42	
	2.0	0.48	
	2.5	0.54	
	3.5	0.63	
LECHLER 110–02（黄色）	1.0	0.48	
	1.5	0.58	
	2.0	0.65	
	2.5	0.73	

（2）普兰迪隔膜泵，具体型号参数见表 4–2–7。本试验选用的 1206 型隔膜泵（图 4–2–26）可以调节的最大压力范围适合本试验三种喷嘴的定流量泵压调节。

表 4–2–7　普兰迪隔膜泵产品参数表

水泵型号	压力范围（MPa）	功率（W）	电流（A）	流量（L/min）	外形尺寸（mm×mm×mm）
1201	0 ～ 0.62	0 ～ 0.62	1.6	2.90	160×100×60
1202	0 ～ 0.60	0 ～ 0.60	1.4	2.40	160×100×60
1203	0 ～ 0.50	0 ～ 0.50	1.0	1.35	160×100×60

续表

水泵型号	压力范围（MPa）	功率（W）	电流（A）	流量（L/min）	外形尺寸（mm×mm×mm）
1204	0 ~ 0.45	0 ~ 0.45	0.8	0.95	160×100×60
1205	0 ~ 0.62	0 ~ 0.62	1.8	3.15	160×100×60
1206	0 ~ 1.00	0 ~ 1.00	3.5	4.00	160×100×60

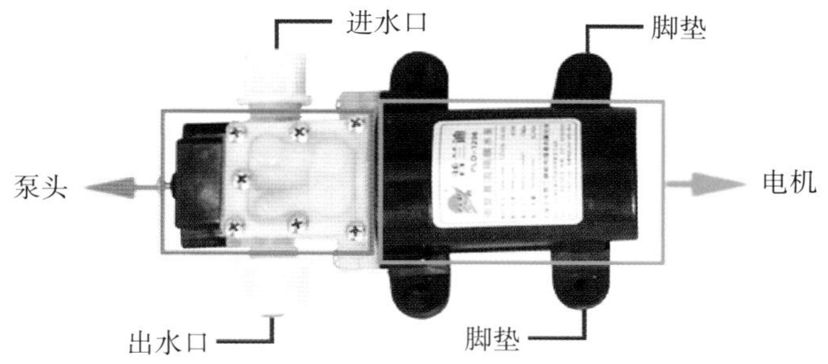

图 4-2-26　普兰迪 1206 隔膜泵

（3）激光粒度分析仪（欧美克 DP-02 激光粒度分析仪，如图 4-2-27 所示），具体参数指标见表 4-2-8。

图 4-2-27　DP-02 激光粒度分析仪外观图

表 4-2-8　DP-02 激光粒度分析仪参数指标

参数	数值
测量范围（μm）	1 ~ 1500（可扩展 1 ~ 3000）
重复性误差	＜ 3%
测量时间（min）	1 ~ 2
独立探测单元数	48
探测器	He-Ne 激光器
波长（μm）	0.6328

激光粒度分析仪是利用光的散射或衍射原理。激光器发出的激光束经显微物镜聚焦、针孔滤波和准直镜准直后，变成了一组平行光束照射到待测的雾滴上，其中一部分光被散射，散射光经傅里叶透镜后，照射到光电探测器阵列上。光电探测器阵列由一系列同心环带组成，每个环带是一个独立的探测器，能将投射到上面的散射光能线性地转换成电压，然后送给数据采集卡。数据采集卡将电信号放大，再进行 A/D 转换后送入计算机。计算机中激光粒度仪分析软件将粒径进行数据收集处理，生成对应粒径相关参数。具体工作原理如图 4–2–28 所示。

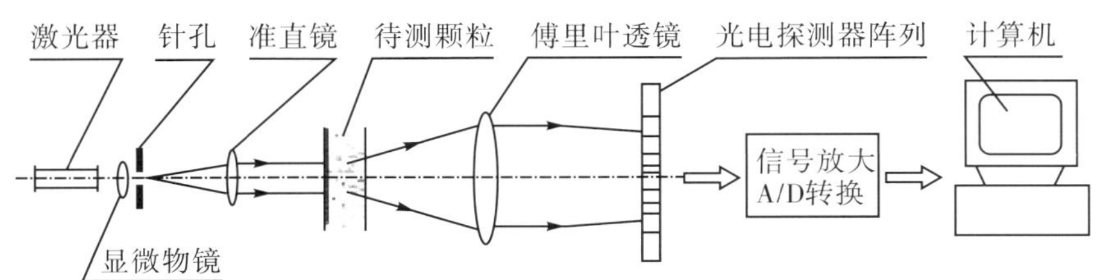

图 4–2–28　激光粒度分析仪工作原理图

（4）植保无人机液力式喷头（力成防滴漏喷头）、塑料水管、塑料水桶、调节架、量杯、码表、压力表、12V 稳压开关电源。

3. 试验条件

试验时间：2017 年 12 月 8 日

试验地点：国家精准农业航空研究中心农业航空喷施雾化实验室

环境温度：23 ℃

相对湿度：55%

平均风速：0 m/s（室内门窗关闭环境）

试验对象：LECHLER 扇形雾化喷嘴

4. 试验设计

室内静态环境下扇形喷嘴雾滴粒径分析试验和水泵压力标定试验均为雾滴沉积效果试验中以改变喷嘴型号因素为前提的试验。扇形喷嘴雾滴粒径试验分析了不同型号喷嘴的粒谱特性，通过粒径分布跨度、雾滴体积中径等常规参数分析每种型号的喷嘴，为实际喷施作业提供静态环境下测试指导。水泵压力标定试验是为雾滴沉积效果试验中更换喷嘴后仍可保持相同的喷施流量，而确定改变后的喷施压力。雾滴沉积效果试验中单喷嘴流量值为 0.5 L/min，对应不同喷嘴型号下隔膜泵的泵压。

雾滴沉积效果试验中无人机用两个喷头进行喷洒，规定每个喷头流量为 0.5 L/min，因此本试验中流量为定值，根据每种型号喷嘴的压力流量对应表（见表 4–2–9），可得定流量下不同喷嘴所对应的压力值。

表 4-2-9　LECHLER 扇形雾化喷嘴流量泵压对应表

喷嘴型号	流量（L/min）	压力（MPa）
LECHLER 110-01（橙色）	0.32	2.0
	0.36	2.5
	0.39	3.0
	0.42	3.5
	0.45	4.0
	0.50	4.5
LECHLER 110-015（绿色）	0.35	1.0
	0.41	1.5
	0.50	2.2
	0.54	2.5
	0.59	3.0
	0.63	3.5
LECHLER 110-02（黄色）	0.42	0.5
	0.50	1.2
	0.56	1.5
	0.65	2.0
	0.73	2.5
	0.80	3.0

注：此表为普兰迪隔膜泵官方给出的 LECHLER 喷嘴流量和水泵压力之间的关系数据，在试验结果分析中会进行验证，验证不同喷嘴在同一流量下的隔膜泵压力值。

5. 试验步骤

（1）装置搭建：将 12 V 稳压开关电源与隔膜泵连接，电线不分正负极，隔膜泵的进出水口分别用塑料水管接上，进水管通入塑料水桶中，出水管接上压力表后接上喷头，喷头放在固定架上，喷嘴竖直向下，喷嘴狭缝口与激光粒度分析仪激光线水平，如图 4-2-29 所示。

（2）打开激光粒度分析仪开关，预热 30 min 后，打开粒径分析软件，进行激光粒度分析仪校准。

（3）在软件界面上抠取背景，用标准粒子板测试，若粒子粒径在误差范围内，则可以进行试验，采集数据并保存标记。

（4）打开稳压电源开关，调节压力表压力以适合每个喷嘴的泵压，再进行手工流量的测试（图 4–2–30），记录单位时间内量杯中水为 0.5 L 时的泵压。

图 4–2–29　室内静态环境下雾滴粒径测试装置

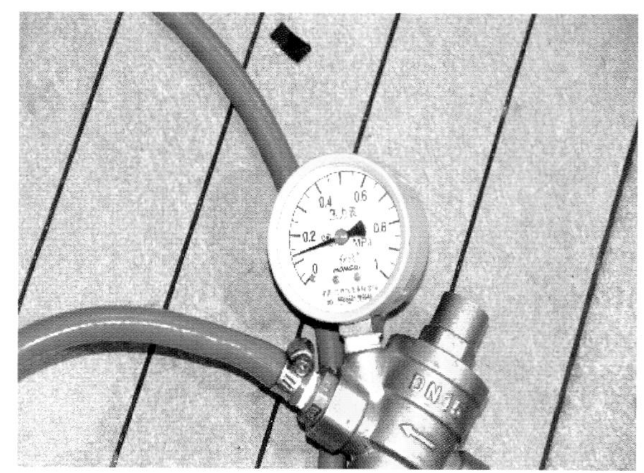

图 4–2–30　手工测定喷头流量和压力表调压

（5）流量测试完毕后，记录当前压力值，该压力值即为每种型号喷嘴在流量为 0.5 L/min 时的压力值，每种型号喷头在定流量、变压力情况下，重复步骤（2）、（3）进行三次试验，分别记录数据。

（6）标定好三种喷嘴的压力值，在雾滴沉积分布规律试验中，更换每种喷嘴时需要将隔膜泵的泵压调至对应值。

（7）试验完成后，对得到的数据进行分析。

6. 试验结果与分析

（1）LECHLER 110–01 扇形雾化喷嘴雾滴粒径三次分布图（图 4–2–31）。

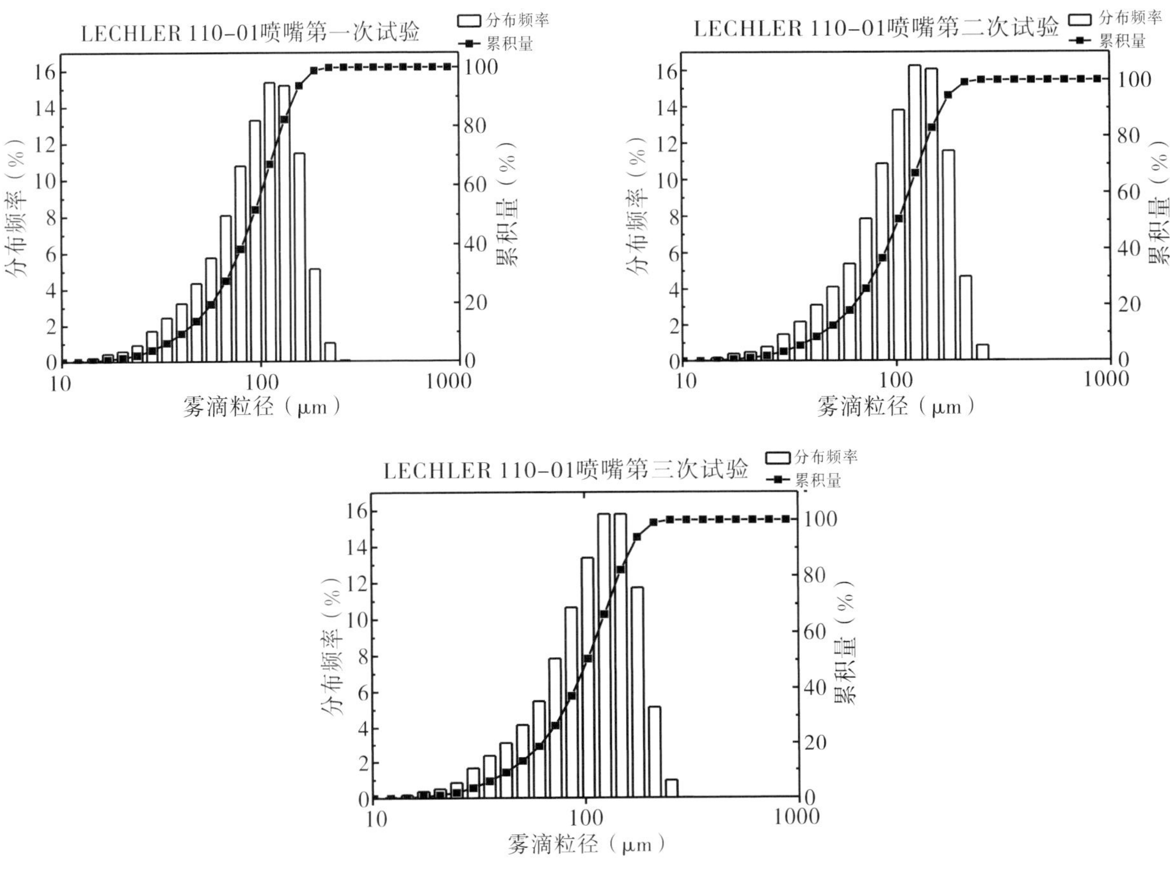

图 4-2-31　LECHLER 110-01 扇形雾化喷嘴雾滴粒谱图

注：图中左边纵坐标“分布频率”表示粒径雾滴占整个雾滴群的百分比；右边纵坐标“累积量”表示将雾滴按从小到大排列，直至雾滴的累计占整个雾滴群的百分比。图 4-2-32、图 4-2-33 同。

（2）LECHLER 110-015 扇形雾化喷嘴雾滴粒径三次分布图（图 4-2-32）。

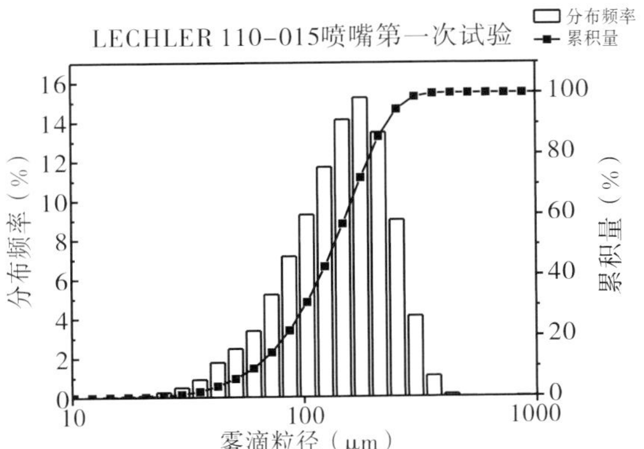

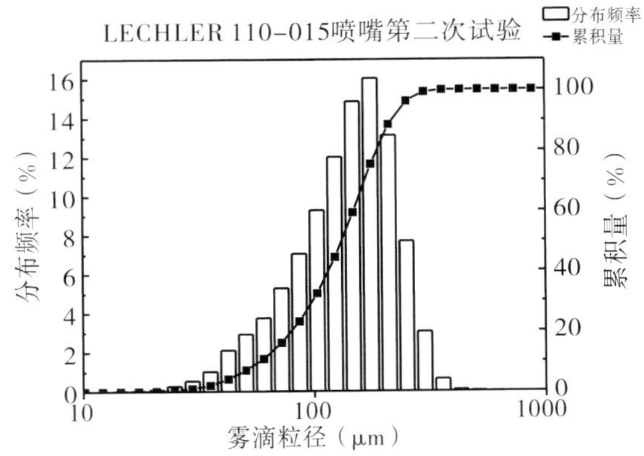

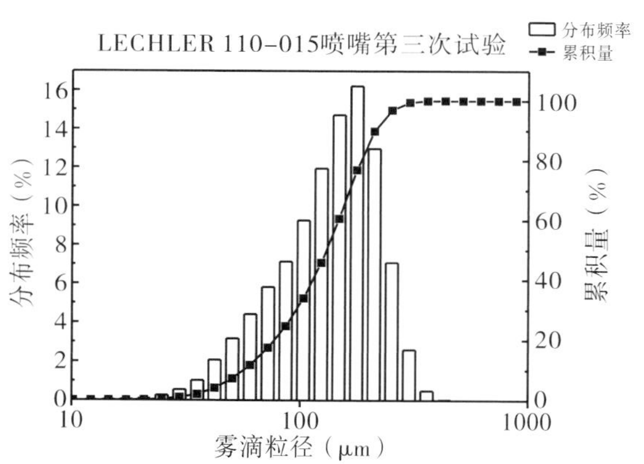

图 4-2-32　LECHLER 110-015 扇形雾化喷嘴雾滴粒谱图

（3）LECHLER 110-02 扇形雾化喷嘴雾滴粒径三次分布图（图 4-2-33）。

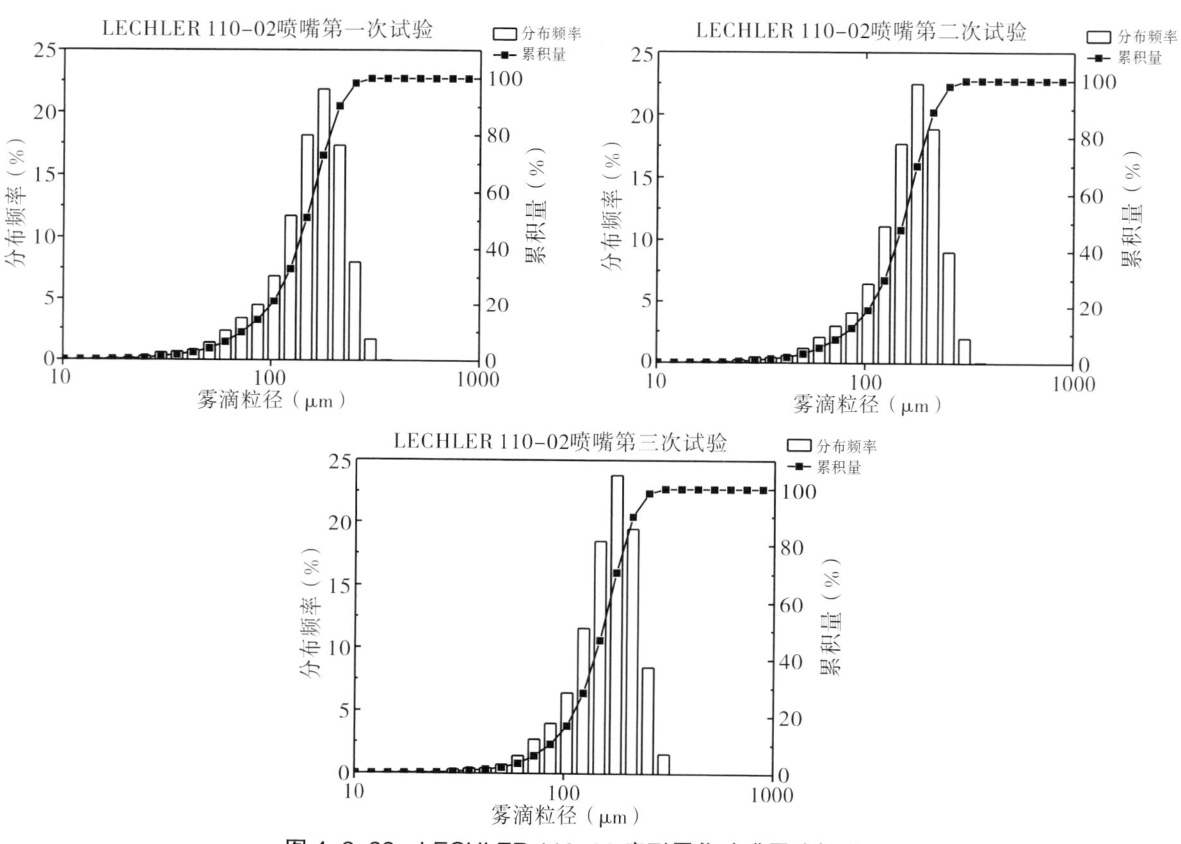

图 4-2-33　LECHLER 110-02 扇形雾化喷嘴雾滴粒谱图

图 4-2-31 至图 4-2-33 为 LECHLER 喷嘴常用于植保无人机上的三种型号扇形雾化喷嘴的雾滴粒径分布图。试验测得三种喷嘴的雾滴体积中径在 100 ～ 150 μm，且随着喷嘴型号的增大，雾滴体积中径会增大。三种型号喷嘴整体分布频率较集中，LECHLER 110-015 喷嘴的雾滴粒径分布范围最广，有较广的雾滴粒径谱，因此，在室内静态环境下测得 LECHLER 110-015 喷嘴更

利于雾滴粒径的扩散。

（4）三种型号喷嘴雾滴粒径分布对比。

雾滴粒径分布跨度 S 是雾滴粒径分布宽度的一种度量，S 越小，雾滴粒径分布越窄，其一致性越小，反则越大，S=1 时表示雾滴粒谱对称分布。

$$S=\frac{(Dv_{0.9}-Dv_{0.1})}{Dv_{0.5}} \tag{4.2.9}$$

式中，$Dv_{0.9}$ 为雾滴累计分布为 90% 的雾滴粒径，即小于此粒径的雾滴体积占全部雾滴体积的 90%；$Dv_{0.1}$ 为雾滴累计分布为 10% 的雾滴粒径，即小于此粒径的雾滴体积占全部雾滴体积的 10%；$Dv_{0.5}$ 为雾滴体积中径。

由表 4-2-10 可知，雾滴粒径分布跨度大小为 LECHLER 110-015 ＞ LECHLER 110-01 ＞ LECHLER 110-02，则雾滴粒径分布一致性为 LECHLER 110-015 ＞ LECHLER 110-01 ＞ LECHLER 110-02。

表 4-2-10　激光粒度分析仪下不同型号喷嘴雾滴粒径分布

喷嘴型号	试验次数	雾滴粒径（μm）						分布跨度	ΦVol ＜ 150 μm
		$Dv_{0.1}$	平均值	$Dv_{0.5}$	平均值	$Dv_{0.9}$	平均值		
LECHLER 110-01（橙色）	第一次	43.27	44.28	101.08	102.07	165.57	164.90	1.18	85.33%
	第二次	45.32		102.57		163.62			
	第三次	44.24		102.57		165.50			
LECHLER 110-015（绿色）	第一次	61.79	58.94	135.72	133.02	227.66	218.94	1.20	57.75%
	第二次	58.30		132.70		217.33			
	第三次	56.74		130.63		211.82			
LECHLER 110-02（黄色）	第一次	73.20	79.25	146.25	149.64	209.91	211.82	0.89	53.32%
	第二次	78.81		150.82		214.54			
	第三次	85.75		151.85		211.00			

由图 4-2-34 可以看出，LECHLER 110-02 喷嘴的 $Dv_{0.9}$ 没有 LECHLER 110-015 喷嘴的 $Dv_{0.9}$ 大，可能由于 LECHLER 110-02 喷嘴的大雾滴粒径值比较小，结合 LECHLER 110-015 喷嘴分布跨度比较大，因此 LECHLER 110-015 喷嘴的 $Dv_{0.9}$ 相对大于 LECHLER 110-02 喷嘴的 Dv_{90}。

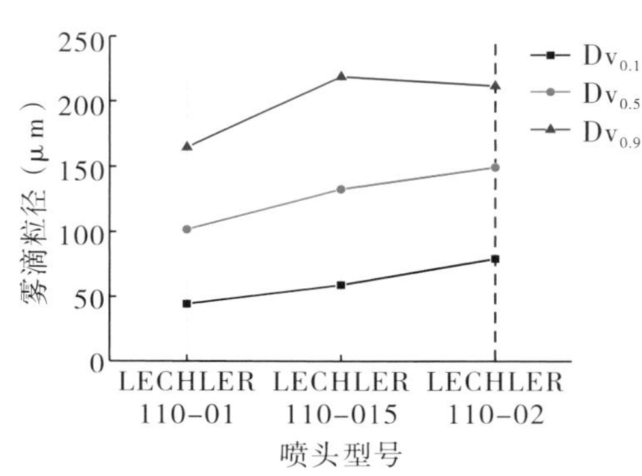

图 4-2-34　三种型号喷嘴雾滴粒径分布

粒径小于 150 μm 的雾滴占全部雾滴体积的百分比为 ΦVol < 150 μm，粒径小于 150 μm 的雾滴相对表面积较小，容易挥发和飘移，用激光粒度分析仪实际测试三种喷头，粒径小于 150 μm 的雾滴占全部雾滴体积的百分比分别为 85.33%（LECHLER 110-01）、57.75%（LECHLER 110-015）、53.32%（LECHLER 110-02），则抗飘移性能分别为 LECHLER 110-02 > LECHLER 110-015 > LECHLER 110-01，为实际植保无人机作业中喷嘴的选取提供了静态环境下雾滴粒径的试验依据。

由综合分布跨度 S 和尺寸小于 150 μm 的雾滴占全部雾滴体积的百分比可知，LECHLER 110-015 喷嘴更适合在植保无人机喷施作业中使用，因为其雾滴粒径扩散较广，一致性较好，抗飘移性较强。

（5）喷洒系统标定试验分析。

隔膜泵的标定试验中，三种型号喷嘴均为定流量，由隔膜泵压力与喷嘴流量对应表（表 4-2-11）可知，单喷头流量为 0.5 L/min 时，LECHLER 110-01 喷嘴压力平均值为 4.5 MPa，LECHLER 110-015 为 2.2 MPa，LECHLER 110-0.2 为 1.2 MPa，进行手动压力标定，如图 4-2-35 所示，得出压力值与 LECHLER 提供喷嘴型号对应隔膜泵压力值一致，最终得到三个喷嘴对应三个标定好的隔膜泵，如图 4-2-36 所示。

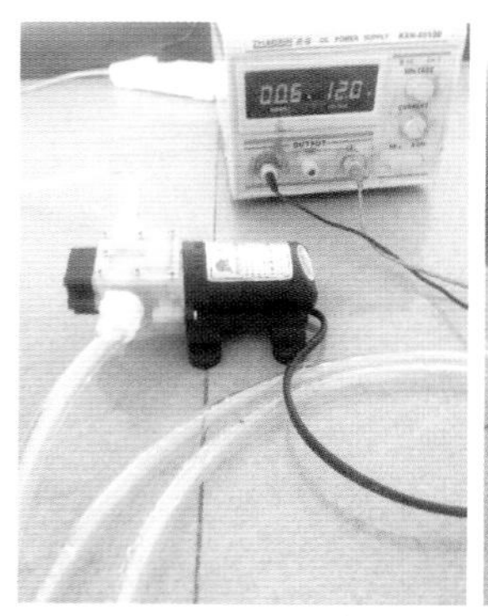

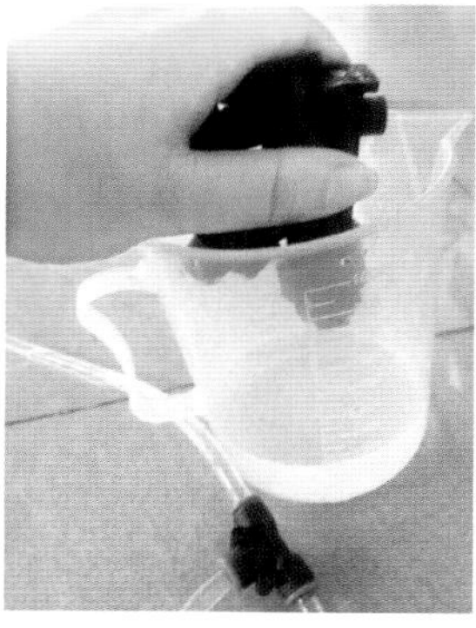

图 4-2-35　手动隔膜泵压力标定

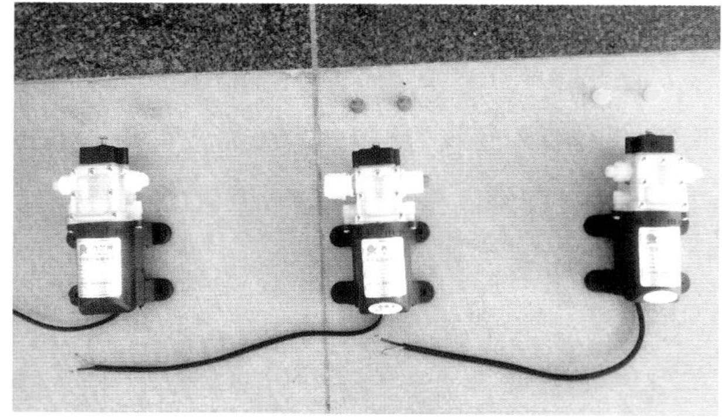

图 4-2-36　压力标定好的隔膜泵与喷嘴对应图

根据 LECHLER 喷嘴的压力流量对应表，在标定试验中，水管接入流量计，调节压力至单喷嘴流量保持在 0.5 L/min，得出数据结果见表 4–2–11。

表 4–2–11　LECHLER 喷嘴定流量下隔膜泵标定

喷嘴型号	流量（L/min）	试验次数	压力（MPa）	平均值
LECHLER 110–01	0.5	1	4.5	4.5
		2	4.4	
		3	4.5	
LECHLER 110–015	0.5	1	2.2	2.2
		2	2.0	
		3	2.3	
LECHLER 110–02	0.5	1	1.2	1.2
		2	1.2	
		3	1.3	

由表 4–2–11 可以看出，每个喷嘴进行三次试验，标定的平均值与喷嘴压力流量对应表一致，完成隔膜泵定流量标定试验。

（二）单旋翼下方风场量化试验方案

1. 试验目的

旋翼风场是雾滴沉积效果试验中的可变因素，但旋翼风场是一个时刻变化的值，因此可以将旋翼风场量化为旋翼升力。本试验于室内测试遥控器控制单旋翼在不同油门值上的电机转速、旋翼升力和电流值。

2. 试验材料

（1）自搭建旋翼风场量化试验测试架（4080 铝型材、直角块、T 形螺钉、螺母），如图 4–2–37 所示。

（2）S 形拉压力传感器（蚌埠大洋传感器有限公司）、非接触数字转速表、电调（好盈 HV80A）、电机（恒力源 X8318 kV100）、碳纤桨（六月航空 3080）、无人机遥控器（乐迪 AT9）、5 V 降压模块、12 V 航模电池、电调分电板（合肥翼飞特电子科技有限公司）、60 V 可调稳压直流开关电源（香港龙威仪器仪表有限公司）。

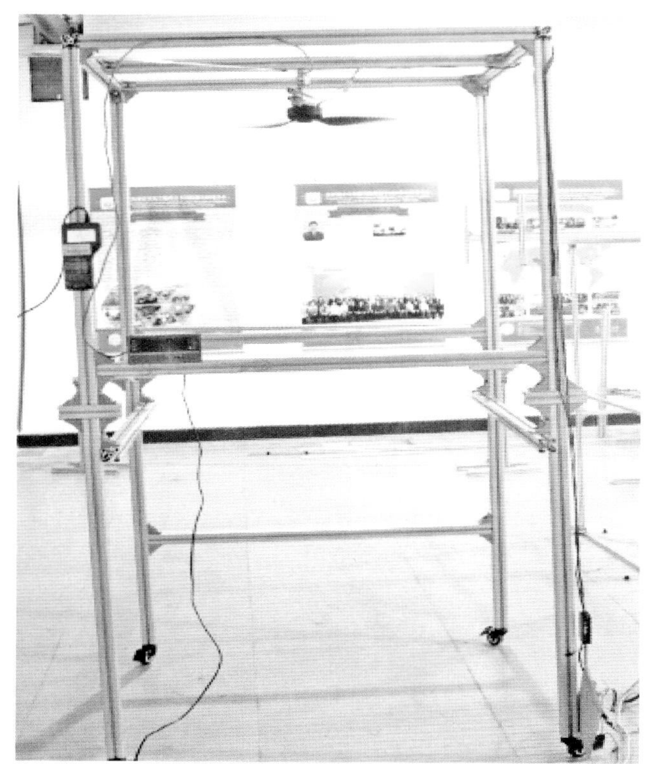

图 4-2-37　旋翼风场量化试验测试架

3. 试验条件

试验时间：2017 年 12 月 12 日
试验地点：国家精准农业航空研究中心无人机展厅
环境温度：25 ℃
相对湿度：53%
试验对象：无人机单旋翼

4. 试验设计

旋翼为无人机提供升力，风场是向下的，本试验的测试架为防止地面效应（运动物体贴近地面运行时，地面对物体产生的空气动力干扰）的影响，将旋翼反向装于测试架上，使用拉压力传感器测旋翼转动中的拉力，风场是向上的，有效防止了地面效应，同时升力向下，消除了升力过大将装置拉起的安全隐患，如图 4-2-38 所示。

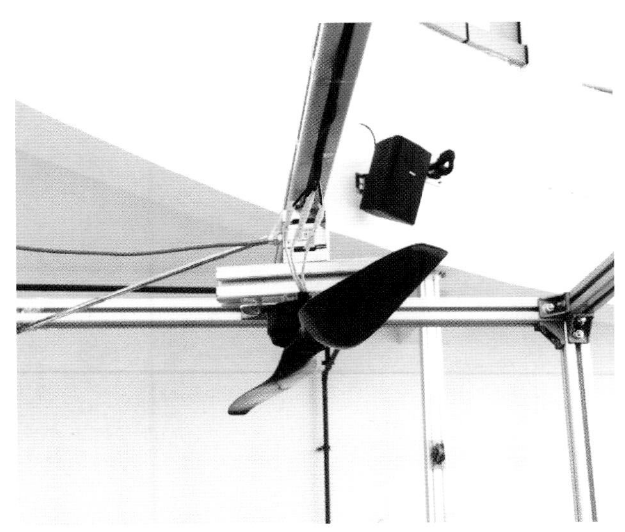

图 4-2-38　旋翼反装于电机上

试验中，拨动遥控器油门，用转速表测电机转速，拉压力传感器测旋翼的拉力，电流变化在开关电源上有显示。遥控器油门的变化是 0 ～ 100%，每次变化 10%，共有十个变化值，每个变化值测三次，取平均值，绘制油门与电机转速、旋翼升力、电流变化关系曲线。

5. 试验步骤

（1）将拉压力传感器装在测试架顶部铝型材下方，电机与拉压力传感器连接，旋翼反装于电机上，电机与电调连接，电调与分线板连接，分线板接在 48 V 稳压直流开关电源上，遥控器接收机电路通上降压模块，将 12 V 电压降到接收机需要的 5 V 电压，接收机信号线连接电路板与电调信号线连通，所有线路沿着测试架边缘布置，防止影响风场。

（2）打开直流开关电源，将电压调至 48 V 稳压模式，先不装旋翼，测试电机的转速，使遥控器油门分别为 0、10%……90%、100%，每个油门挡位测三次，记录电机的转速数据。

（3）装上旋翼，改变油门的挡位，分别测试三次，记录拉压力传感器的拉力数据和电流变化数据。

（4）将记录好的每个挡位的三个数据取平均值，进行分析，绘制遥控器油门挡位与电机转速、旋翼升力、电流变化的关系曲线。

6. 试验结果与分析

（1）单旋翼下方风场量化试验数据。室内单旋翼下方风场量化试验得到遥控器油门与电机转速、旋翼升力、电流变化之间的关系，建立函数关系，本次试验中每个油门值测试三次，选取平均值作为计算结果，降低试验中的人为干扰因素和试验误差，具体试验所得数据见表 4-2-12。

表 4-2-12 单旋翼风场量化试验数据

旋翼油门	试验次数	拉力值（N）	平均值	电流值（A）	平均值	转速（空转）（r/min）	平均值
0	1	0.0	0.0	0.00	0.00	0	0
	2	0.0		0.00		0	
	3	0.0		0.00		0	
10%	1	2.3	2.1	0.20	0.19	504	502
	2	2.1		0.18		498	
	3	1.8		0.20		505	
20%	1	7.6	7.5	1.00	1.00	1000	1004
	2	7.4		1.00		1008	
	3	7.5		1.00		1005	
30%	1	15.5	15.3	2.50	2.50	1500	1497
	2	15.4		2.48		1505	
	3	15.1		2.52		1485	
40%	1	28.5	27.8	6.10	6.11	2000	1984
	2	29.0		6.12		1953	
	3	26.0		6.10		2000	
50%	1	41.7	39.7	10.80	10.6	2446	2453
	2	38.4		10.50		2455	
	3	38.9		10.50		2457	
60%	1	55.2	54.5	17.10	16.97	2956	2959
	2	53.2		16.80		2958	
	3	55.0		17.00		2962	
70%	1	67.6	67.2	24.00	24.10	3424	3429
	2	65.8		24.20		3421	
	3	68.2		24.00		3442	
80%	1	80.2	81.0	32.00	32.13	3874	3884
	2	81.0		32.20		3890	
	3	81.8		32.20		3888	
90%	1	90.2	90.7	41.80	41.50	4345	4348
	2	90.8		41.80		4348	
	3	91.0		40.90		4350	
100%	1	100.0	99.6	51.00	50.67	4818	4826
	2	98.9		50.20		4830	
	3	99.8		50.80		4830	

（2）单旋翼下方风场量化试验分析。根据表 4-2-12 中数据，分别绘制电流变化与电机转速、旋翼升力关系曲线，如图 4-2-39 所示。遥控器油门与电机转速（空转）关系曲线如图 4-2-40 所示，与旋翼升力关系曲线如图 4-2-41 所示。可以看出遥控器油门与电机转速呈线性关系，与旋翼升力呈非线性关系。

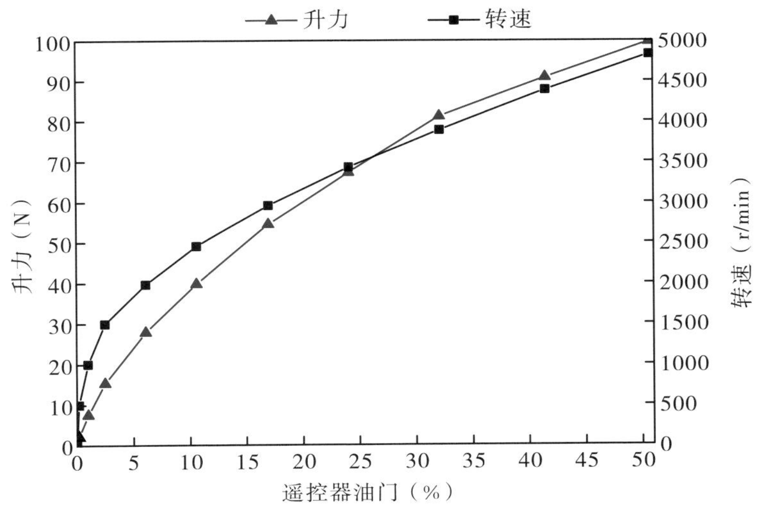

图 4-2-39　电源电流与电机转速（空转）、旋翼升力之间关系曲线

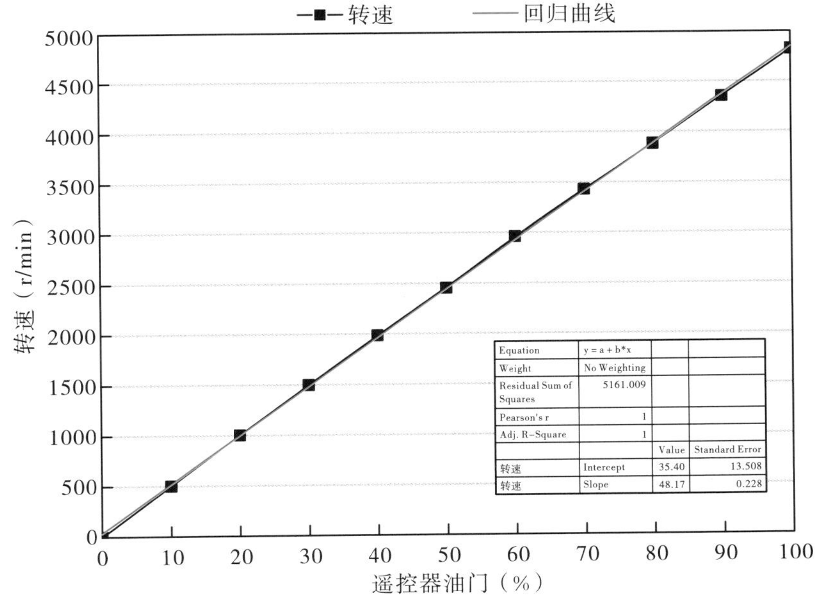

图 4-2-40　遥控器油门与电机转速（空转）拟合回归曲线

遥控器油门与电机转速（空转）拟合函数公式为

$$y=48.18x+35.41 \tag{4.2.10}$$

式中，y 为电机转速，r/min；x 为遥控器油门。相关系数 R^2=1。

由于本试验主要通过建立遥控器油门值与旋翼升力的关系模型，为雾滴沉积效果试验中旋翼升力因素提供函数计算，而本试验中测试电机转速主要是为了测试电机运转是否稳定，不需要测试电机的工作效率，因此未测试加上旋翼后的电机转速值。

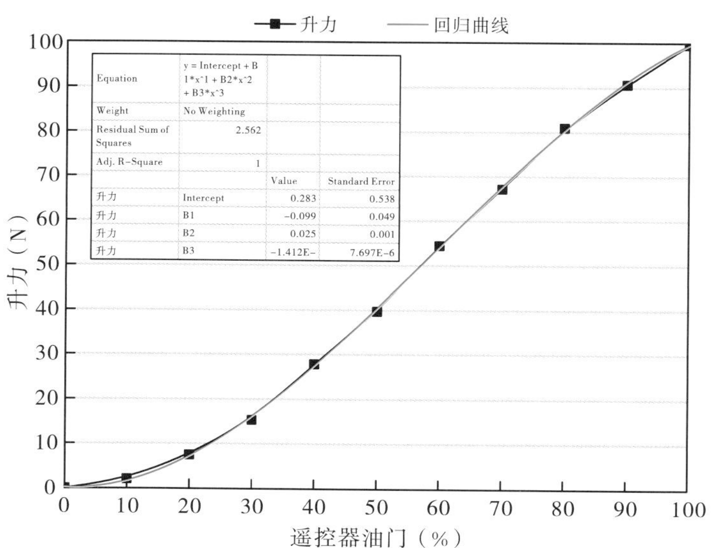

图 4-2-41 遥控器油门与旋翼升力值拟合回归曲线

遥控器油门与旋翼升力拟合函数公式为

$$y=(-1.41\times10^{-4})\,x^3+0.03x^2-0.1x+0.28 \qquad (4.2.11)$$

式中，y 为旋翼升力，N；x 为遥控器油门。相关系数 R^2=1。拟合依据是通过观测量数据本身的特点确定一种最佳模型为三次曲线模型，利用最小二乘法在 Origin 软件中拟合出三次曲线更接近离散点，因此得到遥控器油门和旋翼升力为三次曲线关系。

遥控器油门与旋翼升力拟合曲线为 30%～90%，呈线性关系，拟合出一次回归曲线如图 4-2-42 所示，拟合函数公式为

$$y=1.29x-23.44 \qquad (4.2.12)$$

式中，y 为旋翼升力，N；x 为遥控器油门。相关系数 R^2=0.998。

根据雾滴沉积试验方案设计，其中一个因素为旋翼风场，三个水平载药量分别为 3L、6L、9L，鉴于高科新农 M234-AT 无人机空载时重为 14 kg，因此分配到单个旋翼上升力分别为 42.5 N、50 N、57.5 N，根据公式（4.2.12）可得遥控器油门分别为 51%、57%、63%。

雾滴沉积效果试验中，对于旋翼风场因素的三个水平值，室内试验中改变遥控器油门分别为 51%、57%、63%，与室外试验中药箱分别加入试剂 3L、6L、9L 是同样水平。

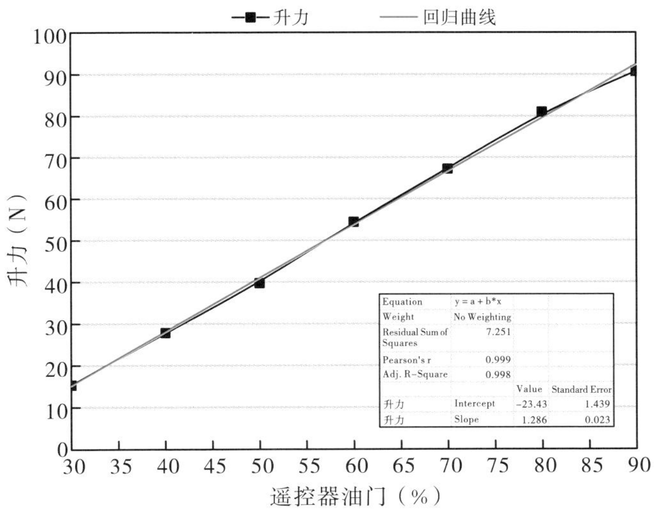

图 4-2-42　旋翼油门与旋翼升力拟合曲线

（三）室内雾滴沉积效果试验方案

1. 试验目的

在雾滴沉积效果试验平台上研究植保无人机喷施作业的雾滴沉积效果，设计四因素三水平正交试验，通过雾滴粒径分布、沉积密度、沉积量、沉积均匀性和穿透性评价指标进行作业质量评价，并用极差分析室内环境下的喷施作业参数。

2. 试验材料

（1）自搭建无人机，主要参数见表 4-2-13。

表 4-2-13　自搭建无人机参数表

参数	值 / 型号
机身尺寸（长 × 宽 × 高）	1200 mm×1400 mm×400 mm
载药量	10 L
喷头类型	液力式
喷头间距	680 ～ 1320 mm
空载重量	20 kg
桨距	76 cm
电机型号	恒力源 Q9XL（8318）植保电机（kV100）
电调型号	好盈乐天 HV80A

续表

参数	值 / 型号
电池型号	JMP 6S 1000 mAh 22.2 V 25C
水泵型号	普兰迪 1206 隔膜泵
喷嘴型号	LECHLER 无人机专用扇形喷嘴

（2）NK–5500 Kestrel 微型气象站，基本参数见表 4–2–14。

表 4–2–14　NK–5500 Kestrel 微型气象站基本技术参数

测量项目	测量范围	精度	分辨率
风速	0.4 ～ 40 m/s	0.1 m/s	0.1 m/s
空气温度	–29 ～ 70 ℃	1 ℃	0.1 ℃
相对湿度	5% ～ 95%	3%	0.1

（3）雾滴采集卡：200 g 铜版纸（天色双面彩喷高光铜版纸），尺寸为 30 mm × 80 mm。

（4）扫描仪：惠普 Scanjet 200。

（5）药液：诱惑红染色剂。

（6）作物：仿真富贵竹（尺寸为 0.4 m × 0.4 m × 1.0 m）。

（7）其他材料：卷尺、一次性橡胶手套、信封袋、万向夹、镊子、剪刀、笔记本电脑、一次性口罩、电子天平称、塑料桶、塑料量杯、便携式保鲜盒。

3. 试验条件

试验时间：2017 年 12 月 20 日

试验地点：国家精准农业航空研究中心风洞实验室

环境温度：22 ℃

相对湿度：55%

平均风速：0 m/s（室内门窗关闭环境）

试验对象：仿真富贵竹

室内试验环境如图 4–2–43 所示。

图 4-2-43 室内试验环境

4. 试验设计

雾滴沉积效果与无人机的综合性能、喷雾系统参数、气象条件、无人机操作员等多种因素影响相关，在室外很难从单一因素来试验植保无人机的雾滴沉积效果，因此本试验结合室内试验平台设计了多种相关因素的雾滴沉积效果试验，拟从正交试验层面来优选雾滴沉积效果参数。

本试验选取四个因素，每个因素三个水平，采用一种科学的试验方法——正交试验。正交试验是研究多因素多水平的一种试验方法，它是根据正交性从试验中挑选出部分有代表性的点进行试验，这些有代表性的点具备均匀分散、齐整可比等特点，是一种高效率、快速、经济的试验设计方法。日本著名的统计学家田口玄一将所有水平组成正交表。表中 L 为正交表的代号，n 为试验次数，t 为水平数，c 为列数。因此，本试验设计的四因素三水平正交试验应该表示为 Ln（tc）= L9（3^4），具体正交表见表 4-2-15。

表 4-2-15 L9（3^4）四因素三水平正交试验表

试验号	列号			
	1	2	3	4
1	1	1	1	1
2	1	2	2	2
3	1	3	3	3
4	2	1	2	3
5	2	2	3	1
6	2	3	1	2
7	3	1	3	2

续表

试验号	列号			
	1	2	3	4
8	3	2	1	3
9	3	3	2	1

本试验中改变的具体因素和水平见表 4-2-16，旋翼风场因素中每次改变 3L 重量的升力变化对应的旋翼风场，考虑到实际作业中无人机药箱容量留有余量，不宜满载作业，故未进行升力满载试验。

表 4-2-16　四因素三水平试验设计表

因素水平	A- 高度（距作物冠层）（m）	B- 旋翼风场（L）	C- 喷嘴型号	D- 喷头距旋翼中心水平距离（cm）
1	1.0	载药量 3	LECHLER 110-01 橙色	-16（沿机臂）
2	1.5	载药量 6	LECHLER 110-015 绿色	0
3	2.0	载药量 9	LECHLER 110-02 黄色	+16（沿机臂）

结合科学的正交试验和本试验中所改变的因素和水平，共设计了 9 组试验，具体的试验组次见表 4-2-17。

表 4-2-17　雾滴沉积效果正交试验表

试验组号	试验因素				水平组合
	A- 高度（距作物冠层）（m）	B- 旋翼风场	C- 喷嘴型号	D- 喷头距旋翼中心水平距离（cm）	
1	1	1	1	1	$A_1B_1C_1D_1$
2	1	2	2	2	$A_1B_2C_2D_2$
3	1	3	3	3	$A_1B_3C_3D_3$
4	2	1	2	3	$A_2B_1C_2D_3$
5	2	2	3	1	$A_2B_2C_3D_1$
6	2	3	1	2	$A_2B_3C_1D_2$
7	3	1	3	2	$A_3B_1C_3D_2$
8	3	2	1	3	$A_3B_2C_1D_3$
9	3	3	2	1	$A_3B_3C_2D_1$

室内雾滴沉积试验平台总长度为 12 m，平台上起始 3 m 和离终点 3 m 两段距离不布置采集带，防止开始喷施时雾滴喷雾的不均匀、平台加速阶段的速度不均匀，离终点 3 m 距离作为平台的减速带亦不设采集带。本试验设计了 3 条采集带，分别放置在离平台起始点 4 m 处（采集带一）、6 m 处（采集带二）、8 m 处（采集带三），每条采集带长度为 6 m，以航线为原点，左右各延伸 3 m，每条采集带上各布置上、中、下 3 层，每层各布置 13 个采集点，每个采集点处用万向夹夹住仿真富贵竹的竹竿部分，万向夹的另一端夹住雾滴采集卡，雾滴采集卡水平夹在万向夹上，上、中、下 3 层离地面位置分别为 0.9 m、0.6 m、0.3 m。

每条采集带上的上、中、下采集点以航线正下方的采集点为 0 点，左右分别布置 6 个采集点，2 个采集点之间的距离为 0.5 m，最左边采集点为 –3 m，最右边采集点为 3 m。为方便雾滴采集卡后期的数据处理，在每条采集带的 13 个采集点的雾滴采集卡上分别做上标记，标记为 –3、–2.5……2.5、3，每层采集卡装进 1 个信封袋。为方便快速布置雾滴采集卡，在每个信封袋上做上标记，共 9 组试验即无人机运行 9 个架次，每组试验中有三个采集带，每个采集带分为上、中、下 3 层，因此信封袋上的标记分别为“架 1—①—上”“架 1—①—中”……“架 9—③—中”“架 9—③—下”，表示无人机飞行架次数、采集带数、采集点层位置，如图 4–2–44 所示。为使试验中每个架次的顺序不乱和方便快速布点，每个架次的 9 个信封袋放在一个透明密封袋中，9 个架次的透明密封袋放入保鲜盒中。试验方案中采集点和采集带具体布置如图 4–2–45 所示。

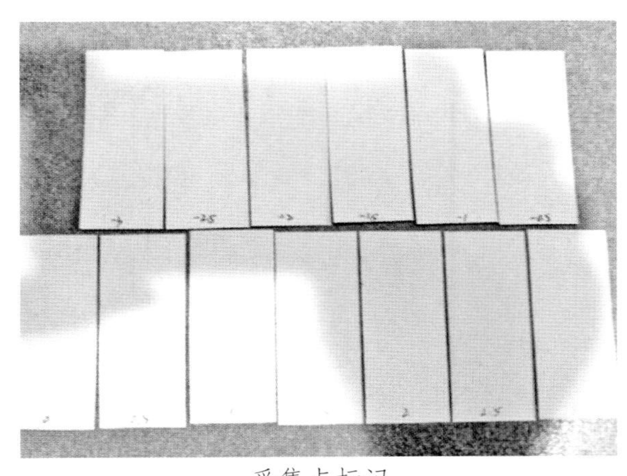

采集点标记

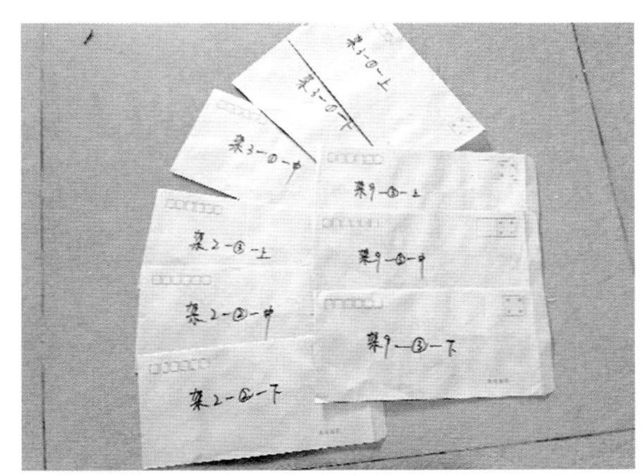

信封袋标记

图 4–2–44　采集点标记

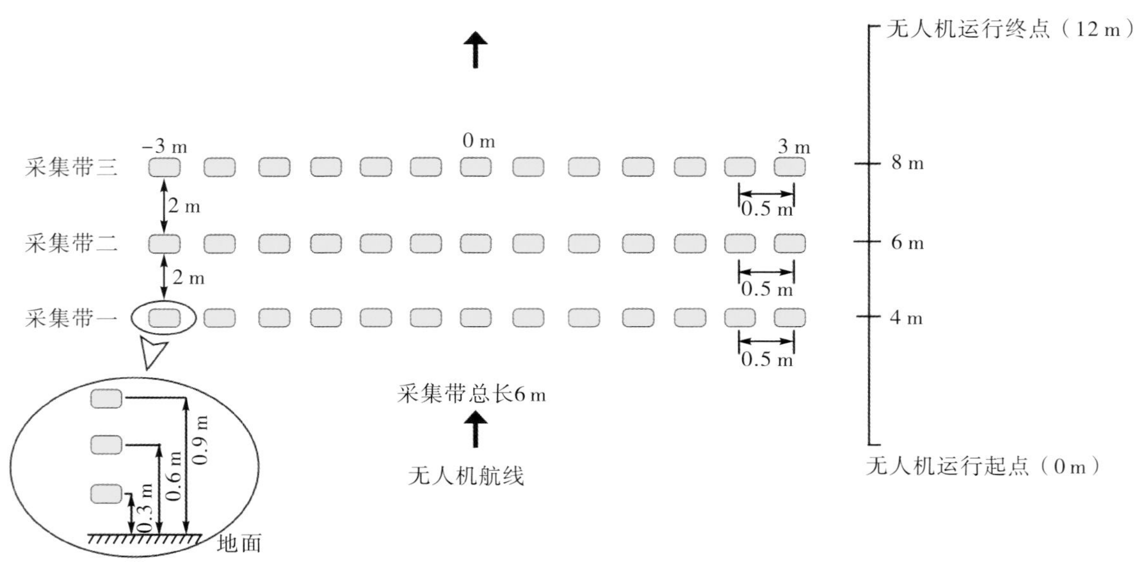

图 4-2-45　室内雾滴沉积效果试验采集带、采集点布置

5. 试验步骤

（1）采集点布置。按照试验设计中做的标记，将第一个架次的采集点布置好，所有的雾滴采集卡均水平布置，每个采集点的上、中、下三层雾滴采集卡不要放置在同一竖直直线上，要交叉角度布置，以免无人机喷洒过程中，上层雾滴采集卡阻挡雾滴进入中下层，影响雾滴的采集。

（2）将编写好的程序导入室内试验平台上轨道小车装置中的控制系统，第一遍试运行，测试整个平台是否运行正常。打开无人机喷雾系统，测试喷雾系统以及整个无人机装置控制是否正常运行，在测试平台附近架起 NK-5500 Kestrel 微型气象站，该气象站可自动记录每个架次试验中的温度、湿度、风速等信息。

（3）诱惑红染色剂配比。诱惑红染色剂与水的比例为 5 g ： 1 L，倒入塑料桶中搅拌均匀后，加 5 L 至无人机药箱中进行喷洒，如图 4-2-46 所示。

（4）进行第一个架次的试验。高度、遥控器油门位置、喷头型号及喷头离旋翼中心的水平距离均已调节到第一架次飞行的指定水平后，按下微电脑控制器启动按钮，喷雾系统开始工作，程序上等待 5 s 后，滑动车装置带动无人机装置运行，同时将遥控器油门拨到指定水平，进行试验。

（5）滑动车装置在程序控制下运行结束后，停下，此时喷雾系统的水泵在程序运行完毕后，停止喷洒，手动将遥控器油门拨为 0，旋翼停转，程序等待 5 s 后，执行下一个程序，滑动车装置返回到起始位置，架次一的试验完成。

图 4-2-46　诱惑红染色剂与水配比

（6）等待 2 min，待雾滴采集卡上的雾滴自然晾干后，将布置的雾滴采集卡按顺序收回对应的信封袋中，将同一个架次的信封袋装进透明密封袋中，透明密封袋放入保鲜盒中保存，避免折叠和进水，按照步骤（1）进行下一个架次的雾滴采集卡布置。

（7）根据正交试验表上的每组试验对应的因素水平变化，在每次试验中调节四个因素的水平到对应的位置，按照步骤（3）（4）进行第二架次的试验。

（8）重复步骤（1）（3）（4）（5）（6），进行剩余 7 个架次的试验。

（9）9 组试验完成后，将保鲜盒中的 9 组试验数据进行数据扫描处理，用惠普 Scanjet 200 扫描仪将每个信封袋中的雾滴采集卡扫描成 BMP 格式、分辨率为 600ppi 的灰度图片。

（10）9 组试验的雾滴采集卡扫描完成后，用 Deposit 软件进行处理，获取每张雾滴采集卡的雾滴粒径、雾滴覆盖率、雾滴沉积密度、雾滴沉积量等数据，汇总 9 组试验数据。

（四）室外雾滴沉积效果试验方案

1. 试验目的

室外试验的试验因素、水平与室内一样，使用与室内相同的喷雾系统、相同的采集点布置方式和相同的植株，同样的四因素三水平正交试验，分析室外环境喷洒时雾滴的粒径分布、沉积密度、沉积量、均匀性和穿透性，并用极差分析室外环境下喷施作业参数优选，与室内试验结果进行对比，验证室内试验平台数据结果的准确性，为室外作业提供指导。

2. 试验材料

（1）德美特 M234-AT 植保无人机机架（深圳高科新农技术有限公司，如图 4-2-47 所示），无人机的喷雾系统选用室内试验喷雾系统，选用普兰迪 1206 隔膜泵、力成喷体和 LECHLER 扇形喷嘴，相关参数见表 4-2-18。

图 4-2-47 德美特 M234-AT 植保无人机

表 4-2-18 德美特 M234-AT 植保无人机主要性能指标

主要参数	规格及数值
机架尺寸（m×m×m）	0.8×0.8×0.5
最大载药量（L）	10
喷头个数（个）	2
喷嘴	LECHLER 110-01、LECHLER 110-015、LECHLER 110-02 扇形喷嘴
喷头距离（cm）	68 ～ 132
作业速度（m/s）	0 ～ 6
水泵	普兰迪 1206 隔膜泵
喷洒流量（L/min）	0.5

（2）喷头安装架（碳纤管）、喷头固定套（树脂材料，3D 打印件）如图 4-2-48 所示。

图 4-2-48 喷头安装架和喷头固定套

（3）其他试验材料同室内雾滴沉积效果试验材料。

3. 试验条件

试验时间：2017 年 12 月 22 日

试验地点：华南农业大学荷园饭堂侧边大草坪

环境温度：13.36 ℃

相对湿度：73%

平均风速：0.47 m/s

试验对象：仿真富贵竹

4. 试验设计

室外雾滴沉积效果试验设计同室内雾滴沉积效果试验，亦是四因素三水平正交试验，布置 3 条采集带，每条采集带布置上、中、下 3 层采集点，每层布置 13 个采集点，每个采集点之间距离为 0.5 m，上、中、下 3 层采集点离地面高度分别为 0.9 m、0.6 m、0.3 m，具体试验设计同室内雾滴沉积效果试验方案。

5. 试验步骤

（1）喷雾系统装载在 M234–AT 植保无人机上，2 个喷头起始位置在电机的正下方，试验中改变喷头距电机中心的距离分别为左右 16 cm，此数值主要是因为 M234–AT 植保无人机用的是 30 寸桨叶，下压风场最大位置在桨叶的最高凸起处，而此位置正好离桨叶中心 16 cm，所以本试验选取的距离为桨叶下压风场最大处。深圳市大疆创新科技有限公司的 MG–1P 和 MG–1S ADVANCED 系列植保无人机、深圳高科新农技术有限公司的 M23 四旋翼植保无人机喷头在机臂上布置亦是如此，大疆创新植保无人机将喷头沿机臂向内延伸至旋翼凸起最高处，高科新农四旋翼植保无人机沿前进方向，前两个电机下方喷头向内延伸至旋翼凸起最高处，后两个电机下方喷头向外延伸至旋翼凸起最高处。

（2）进行 M234–AT 植保无人机的陀螺仪校准、GPS 校准以及电机校准，空载预飞行一段时间，观察无人机的稳定性以及磁场是否有干扰。

（3）采集点布置，按照试验设计中做的标记，将第一个架次的采集点布置好，上、中、下所有的雾滴采集卡均水平布置，每个采集点上的上、中、下 3 层的雾滴采集卡不要布置在同一竖直直线上，要交叉角度布置，以免无人机喷洒过程中，上层雾滴采集卡阻挡雾滴进入中下层，影响雾滴的采集。

（4）在采集带附近架起 NK–5500 Kestrel 微型气象站（选取地点不要让无人机的风场对气象站有干扰），气象站可自动记录每个架次试验中的温度、湿度、风速等信息。诱惑红染色剂与水配比比例为 5 g：1 L。

（5）根据正交试验表上的 9 组试验，进行第一架次的飞行。飞行结束后，收集每个采集点上的雾滴采集卡，收集完成后布置下一个架次的雾滴采集卡，改变相应参数，进行下一组试验。高度因素的改变直接在无人机控制器上实现，喷头之间的距离手动改变，旋翼风场是通过改变无人机药箱的载药量而变化的，依次改变每组试验的因素水平进行 9 组试验。

（6）收集每组试验的雾滴采集卡放入对应的信封中，再将每一个架次的 9 个信封装在一个透明密封袋中，将透明密封袋放入保鲜盒中，避免折叠和进水。

（7）9 组试验完成后，将保鲜盒中的 9 组试验数据进行数据扫描处理，用惠普 Scanjet 200 扫描仪将每个信封袋中的雾滴采集卡扫描成 BMP 格式、分辨率为 600ppi 的灰度图片。

（8）9 组试验的雾滴采集卡扫描完成后，用 Deposit 软件进行处理，获取每张雾滴采集卡的雾滴粒径、雾滴覆盖率、雾滴沉积密度、雾滴沉积量等数据，汇总 9 组试验数据，进行下一步的分析。

（五）室内外雾滴沉积效果试验结果分析

本试验中室内外环境下雾滴沉积效果对比试验采用四因素（作业高度、旋翼升力、喷头型号、喷头距旋翼中心水平距离）三水平正交试验，拟从有效喷幅、雾滴粒径、雾滴沉积密度、沉积量、沉积均匀性和穿透性角度分析雾滴沉积分布特性，对室内外试验喷施作业质量评价和参数优选，对比室内外试验结果，让室内试验为室外作业提供指导作用。

1. 作业效果评定指标和表示

本试验数据分析中选用比较常用的分析雾滴粒径的一种因素——雾滴体积中径，即 $Dv_{0.5}$。

雾滴沉积密度是单位面积雾滴沉积个数的总和，单位为个 /cm^2；雾滴沉积量是单位面积雾滴沉积的体积总和，单位为 μL/cm^2；雾滴沉积均匀性和穿透性用雾滴变异系数（Coefficient of Variation，CV）表示。

雾滴变异系数计算公式为

$$CV=\frac{SD}{\overline{X}}\times 100\% \tag{4.2.13}$$

$$SD=\sqrt{\frac{\sum_{i=1}^{n}(X_i-\overline{X})^2}{n-1}} \tag{4.2.14}$$

式中，CV 为雾滴沉积密度（沉积量）变异系数，%；SD 为沉积密度（沉积量）标准差；$\overline{X}$ 为平均沉积密度（沉积量）；n 为样本数目；X_i 为第 i 个雾滴采集卡上的雾滴沉积密度（沉积量）。

喷洒中无人机的有效喷幅的判定方法有三种，分别是雾滴密度判定法、最小变异系数判定法、50% 有效沉积判定法。

根据《中华人民共和国民用航空行业标准》中《农业航空作业质量技术指标　第 1 部分：喷洒作业》的规定，飞机在进行超低量喷洒作业时，作业对象上的雾滴沉积密度不小于 15 个/cm^2 时为喷洒的有效区域。此方法为雾滴密度判定法。

根据《中华人民共和国民用航空行业标准》中《航空喷施设备的喷施率和分布模式测定》的规定，以沉积率为纵坐标，以航空设备飞行路线两侧的采样点为横坐标绘制分布曲线，将曲线两侧各有一点的沉积率为最大沉积率一半的两点间距定义为有效喷幅宽度。此方法为 50% 有效沉积量判定法。

根据 ASAE 标准 S341.3，根据单喷幅宽度设定不同间距作为有效喷幅宽度，通过计算分别模拟 3 个喷幅的叠加药液沉积情况，并对中间第 2 个喷幅中的叠加沉积量计算平均值得到沉积变异系数，系数最小值所对应的间距为有效喷幅宽度。此方法为最小变异系数判定法。

由于本试验中采集带长度较短（考虑到室内试验场地因素限制），有效喷幅区较大，几乎能占满整个采集带，因此采用雾滴密度判定法更为适合。

2. 有效喷幅计算

根据本章第二节试验设计，雾滴沉积效果试验为四因素三水平正交试验，其中一个因素为喷头之间的水平距离变化，因此试验中的有效喷幅会随每一架次的飞行而改变，具体每一组试验的因素水平见表 4-2-19。

表 4-2-19　雾滴沉积分布试验飞行架次对应的因素水平

飞行架次	正交试验	高度（距冠层）（m）	旋翼升力（N）	喷嘴型号	喷头距离（m）
1	$A_1B_1C_1D_1$	1.0	42.5	LECHLER 110-01	0.78
2	$A_1B_2C_2D_2$	1.0	50.0	LECHLER 110-015	1.00
3	$A_1B_3C_3D_3$	1.0	57.5	LECHLER 110-02	1.32
4	$A_2B_1C_2D_3$	1.5	42.5	LECHLER 110-015	1.32
5	$A_2B_2C_3D_1$	1.5	50.0	LECHLER 110-02	0.78
6	$A_2B_3C_1D_2$	1.5	57.5	LECHLER 110-01	1.00
7	$A_3B_1C_3D_2$	2.0	42.5	LECHLER 110-02	1.00
8	$A_3B_2C_1D_3$	2.0	50.0	LECHLER 110-01	1.32
9	$A_3B_3C_2D_1$	2.0	57.5	LECHLER 110-015	0.78

由表 4-2-19 可知，其中架次 3、4、8 的喷头距离最大，因此有效喷幅会大于其他几组架次，架次 1、5、9 试验组的有效喷幅最小。根据前文介绍的有效喷幅的计算方法，本试验中选用雾滴密度判定法来计算有效喷幅。基于室内试验中，飞行速度较慢，飞行高度较低，旋翼风场较大，会产生较大的下压风场，使得雾滴的穿透性较好，本试验直接取每一架次三条采集带上、中、下三层采集点的平均值来计算每一架次的雾滴沉积密度平均值。具体的室内、室外雾滴沉积密度平均值见表 4-2-20 及表 4-2-21。

表 4-2-20　室内 9 组试验的雾滴沉积密度平均值

采集点位置（m）	架次								
	1	2	3	4	5	6	7	8	9
-3.0	11.36	6.44	7.98	6.90	7.76	3.47	4.68	12.30	10.86
-2.5	23.43	15.75	15.33	16.33	11.40	7.29	9.79	19.66	15.20
-2.0	28.27	20.03	20.29	22.45	13.16	6.50	8.79	30.52	11.34
-1.5	37.28	39.20	25.32	26.86	17.97	25.00	13.70	32.00	14.29
-1.0	45.65	45.36	28.11	34.67	29.73	40.00	15.46	42.60	35.83
-0.5	113.00	59.36	71.09	65.00	66.39	72.19	46.77	99.07	53.86
0	99.13	44.64	29.71	55.00	50.32	96.54	78.02	132.00	33.08
0.5	144.00	65.23	63.57	74.00	64.50	54.57	49.00	118.21	53.84
1.0	98.26	30.25	34.87	45.22	18.00	6.71	18.90	39.97	27.72
1.5	53.25	18.56	25.56	38.34	15.00	7.50	13.87	29.92	20.48
2.0	25.32	12.63	21.12	25.80	12.00	2.69	8.37	21.62	14.38
2.5	7.02	8.68	18.47	20.22	8.62	5.66	5.01	15.27	9.01
3.0	6.09	4.91	11.24	13.57	2.53	6.99	5.17	11.96	8.01

表 4-2-21　室外 9 组试验的雾滴沉积密度平均值

采集点位置（m）	架次								
	1	2	3	4	5	6	7	8	9
-3.0	1.61	0.81	1.50	7.57	6.47	31.20	3.38	1.34	6.84
-2.5	5.65	5.68	6.05	17.28	11.79	48.57	8.91	7.57	8.87
-2.0	7.56	7.00	6.55	20.20	10.73	50.00	8.99	3.81	10.04
-1.5	19.60	8.41	8.02	25.30	15.45	34.31	12.40	9.10	17.82
-1.0	16.67	10.51	11.23	27.00	29.55	40.23	26.55	10.53	19.69

续表

采集点位置（m）	架次								
	1	2	3	4	5	6	7	8	9
-0.5	40.44	15.32	12.30	43.00	50.06	43.27	35.94	16.00	26.70
0	46.23	25.65	14.20	58.49	68.32	102.00	40.33	19.20	42.00
0.5	124.00	65.00	65.08	72.52	72.74	109.86	50.87	56.00	52.38
1.0	139.00	55.22	46.78	63.19	80.30	89.00	60.87	85.03	79.01
1.5	148.00	83.38	68.22	109.88	38.41	53.00	35.33	102.00	45.00
2.0	132.51	52.52	23.64	92.78	16.18	35.96	27.08	136.00	26.00
2.5	67.41	34.38	18.35	63.64	14.60	29.54	13.32	124.01	53.00
3.0	7.94	15.17	14.23	24.73	8.11	15.50	4.40	96.00	12.00

由表 4–2–20 可得，室内雾滴沉积分布试验的 9 组飞行架次喷幅有明显规律性，根据喷头之间距离变化，喷幅有一定的变化；由表 4–2–21 可得，室外试验由于外界自然风的干扰，架次 2、架次 3、架次 8 的喷幅向采集带一边偏移。室内室外试验中，有效喷幅在 –2.5 ～ 2.5 m，本文在对比分析中只分析喷施的雾滴沉积，没有飘移区和靶标区的严格区分，因此对于雾滴粒径、雾滴沉积密度、沉积量、沉积均匀性和穿透性，依然选取所有的采集点进行分析。

3. 雾滴分布对比

本试验中雾滴粒径选取雾滴体积中径（$Dv_{0.5}$）进行试验对比，图 4–2–49 至图 4–2–57 分别是室内（左图）、室外（右图）雾滴粒径的对比图。

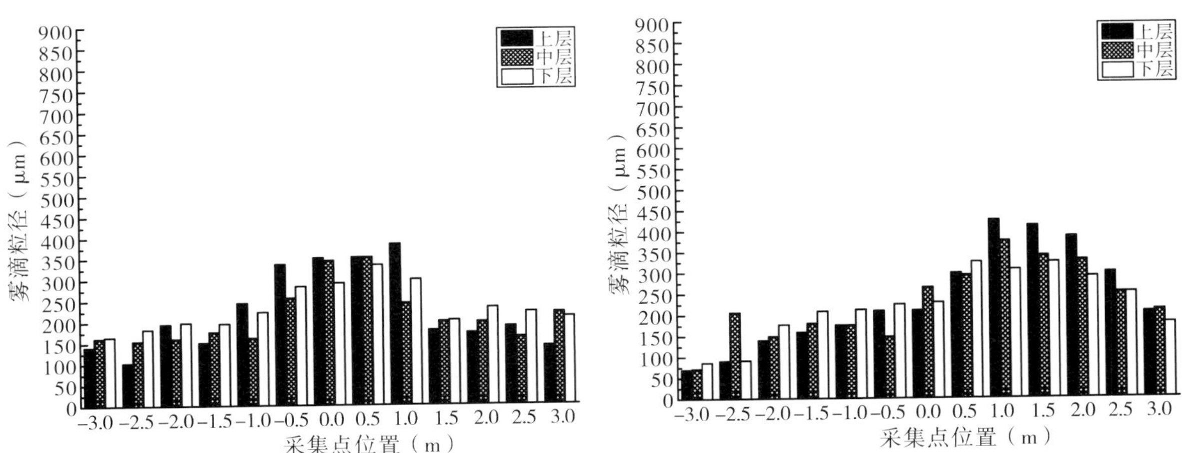

图 4–2–49　架次 1 雾滴体积中径在采集点上、中、下三层的对比

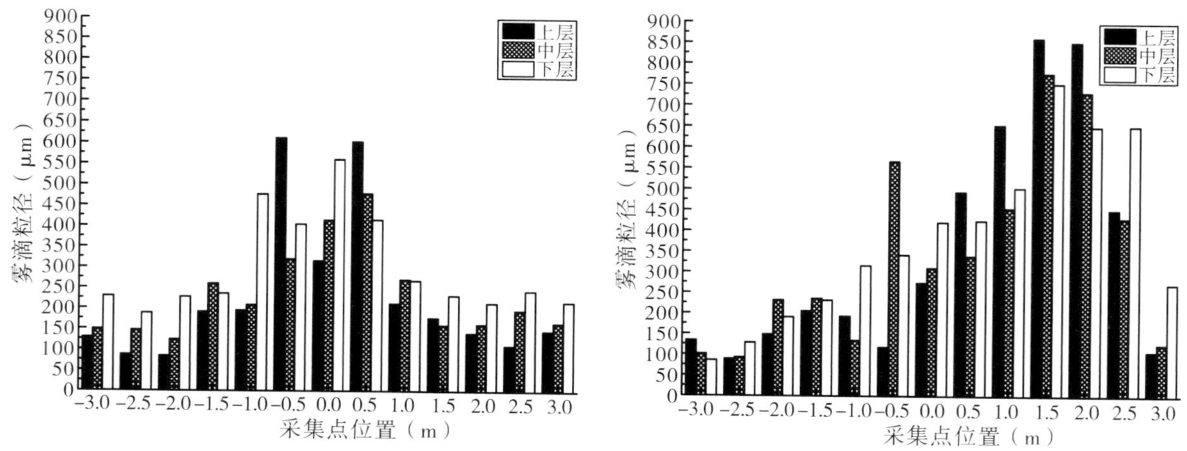

图 4-2-50　架次 2 雾滴体积中径在采集点上、中、下三层的对比

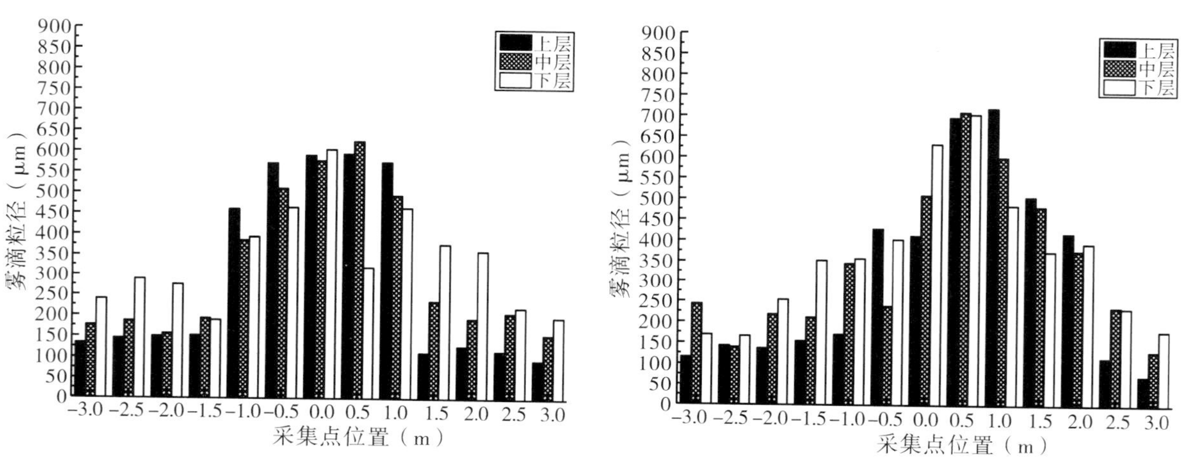

图 4-2-51　架次 3 雾滴体积中径在采集点上、中、下三层的对比

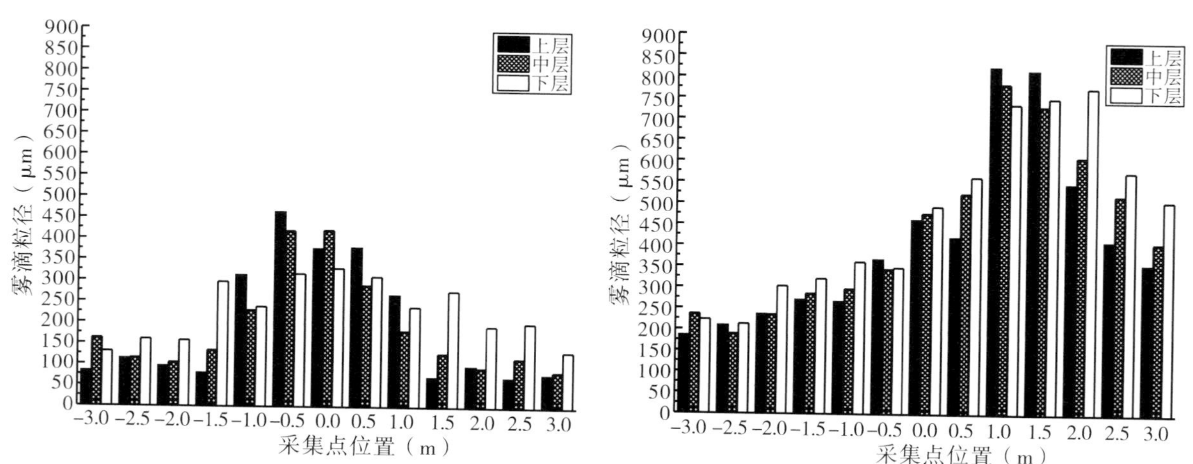

图 4-2-52　架次 4 雾滴体积中径在采集点上、中、下三层的对比

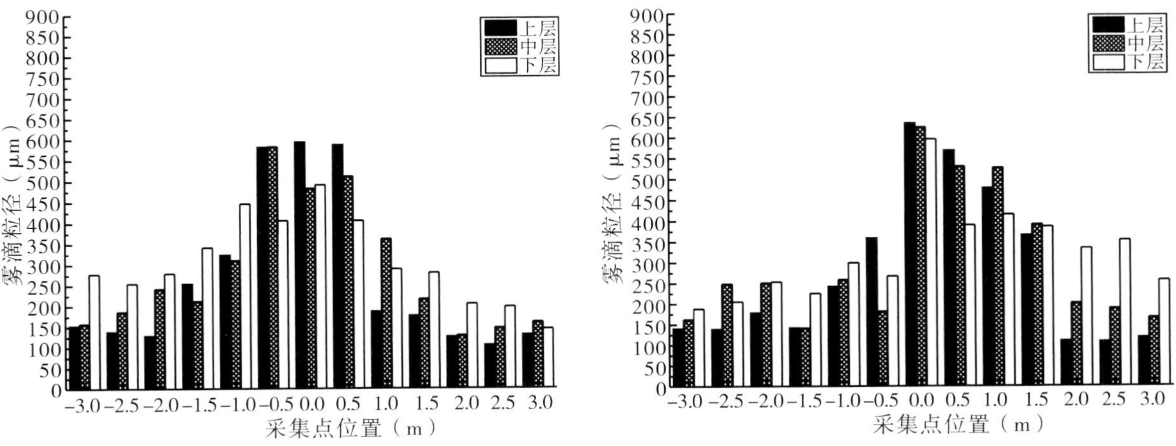

图 4-2-53　架次 5 雾滴体积中径在采集点上、中、下三层的对比

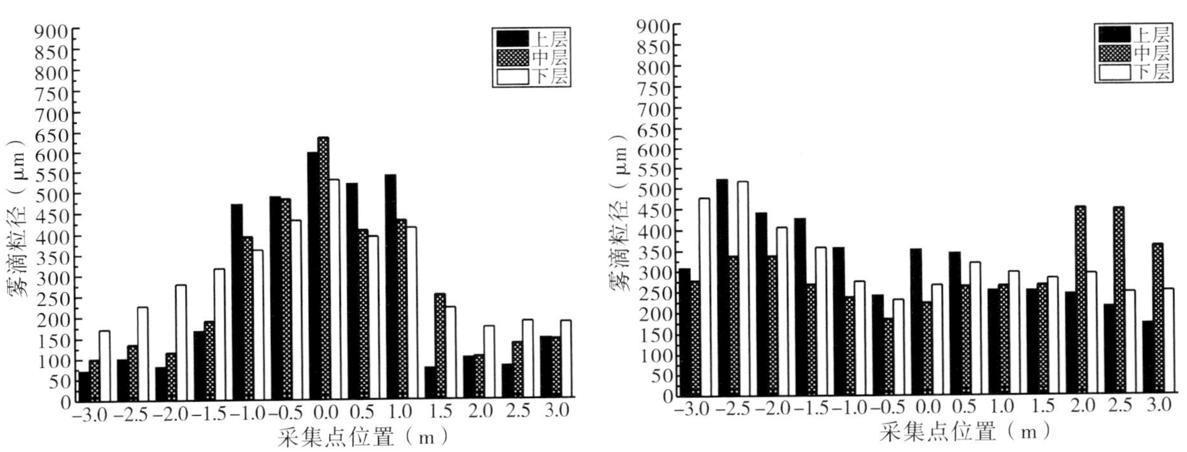

图 4-2-54　架次 6 雾滴体积中径在采集点上、中、下三层的对比

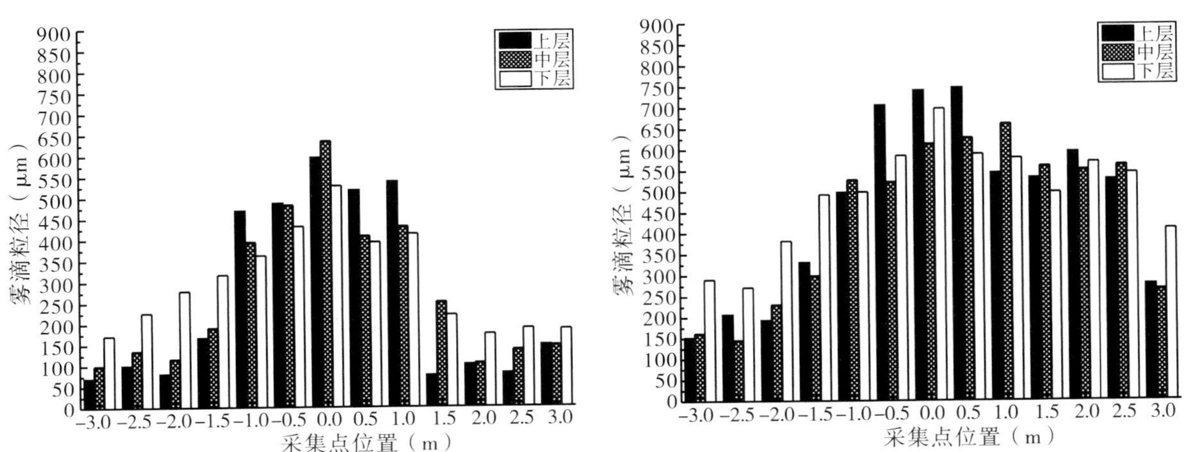

图 4-2-55　架次 7 雾滴体积中径在采集点上、中、下三层的对比

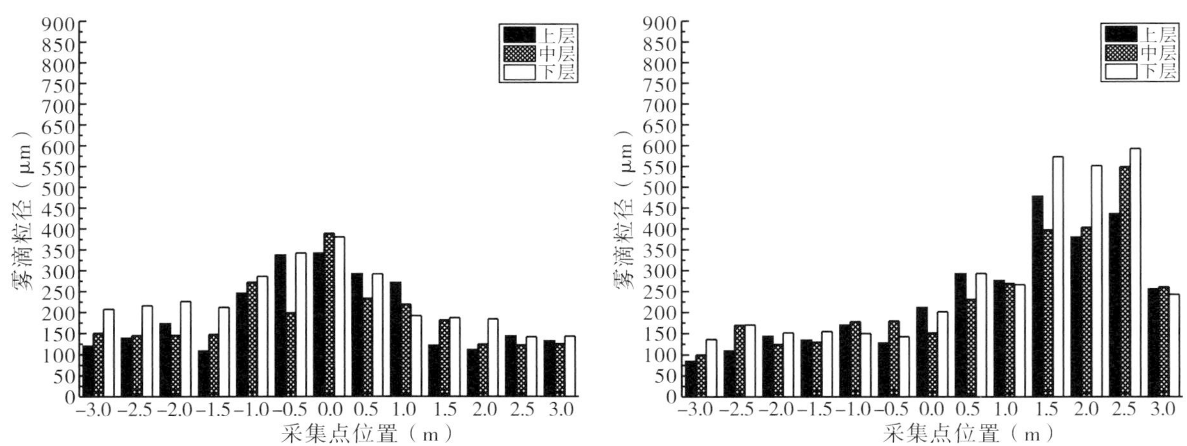

图 4-2-56　架次 8 雾滴体积中径在采集点上、中、下三层的对比

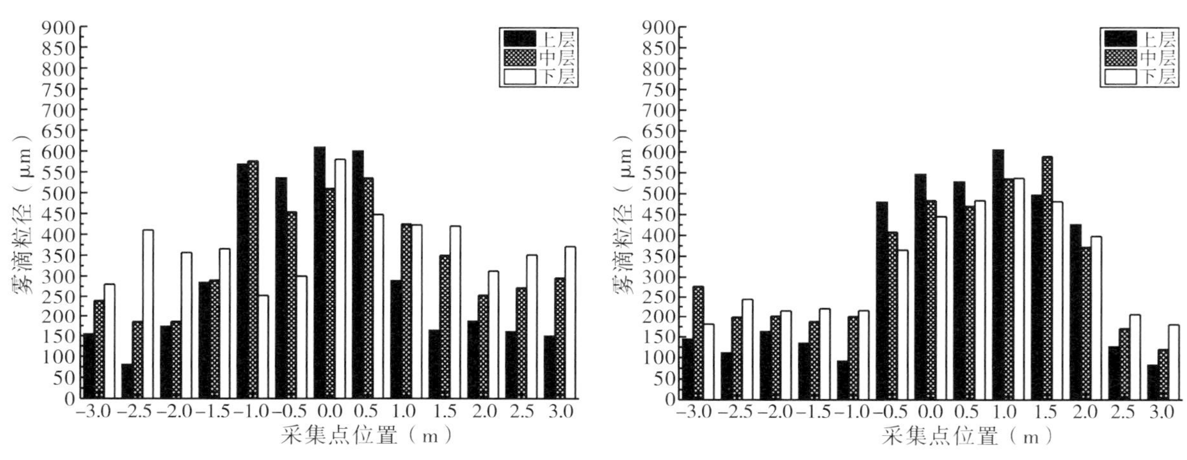

图 4-2-57　架次 9 雾滴体积中径在采集点上、中、下三层的对比

室内 9 个架次雾滴体积中径在采集点上、中、下三层均匀分布，呈山峰状分布，峰值在两喷嘴之间的采集点上；室外 9 个架次由于受到外界风的干扰，雾滴体积中径的峰值向顺风方向偏移，且上、中、下三层之间分布不均匀。

室外试验的雾滴体积中径值大于室内试验的，室内试验更能模拟雾滴粒径真实值。

室内、室外试验中，旋翼风场大的区域雾滴体积中径明显大于两端旋翼风场小的区域，雾滴体积中径随着旋翼风场的减小而逐渐减小，这种现象在室内试验中尤为突显。

从整体上看室内、室外的试验，下层的雾滴体积中径要大于上、中层，中层雾滴体积中径最小，在旋翼风场作用下，上层叶片被吹开，细雾滴集中于中层，粗雾滴由于自身重力下降到下层。

图 4-2-58 表示室内、室外雾滴沉积试验雾滴体积中径对比，试验数据是三条采集带上、中、下三层的平均值，可以最大程度减小采集点收集、处理的误差。从图（a）（b）（c）（d）（e）可以看出，室外试验中雾滴体积中径峰值偏离旋翼风场最大值，而图（f）（g）（h）（i）中峰

值在旋翼风场中心点处，室内试验中峰值均处于采集带的中心点位置，且两端处雾滴体积中径逐渐减小，由此可以推测外界环境风对试验结果产生了干扰作用，在室内环境中进行试验可以有效避免干扰。从整体上可以看出，室外试验的雾滴体积中径大于室内，可能由于室外环境的湿度较大，从而影响雾滴沉降。

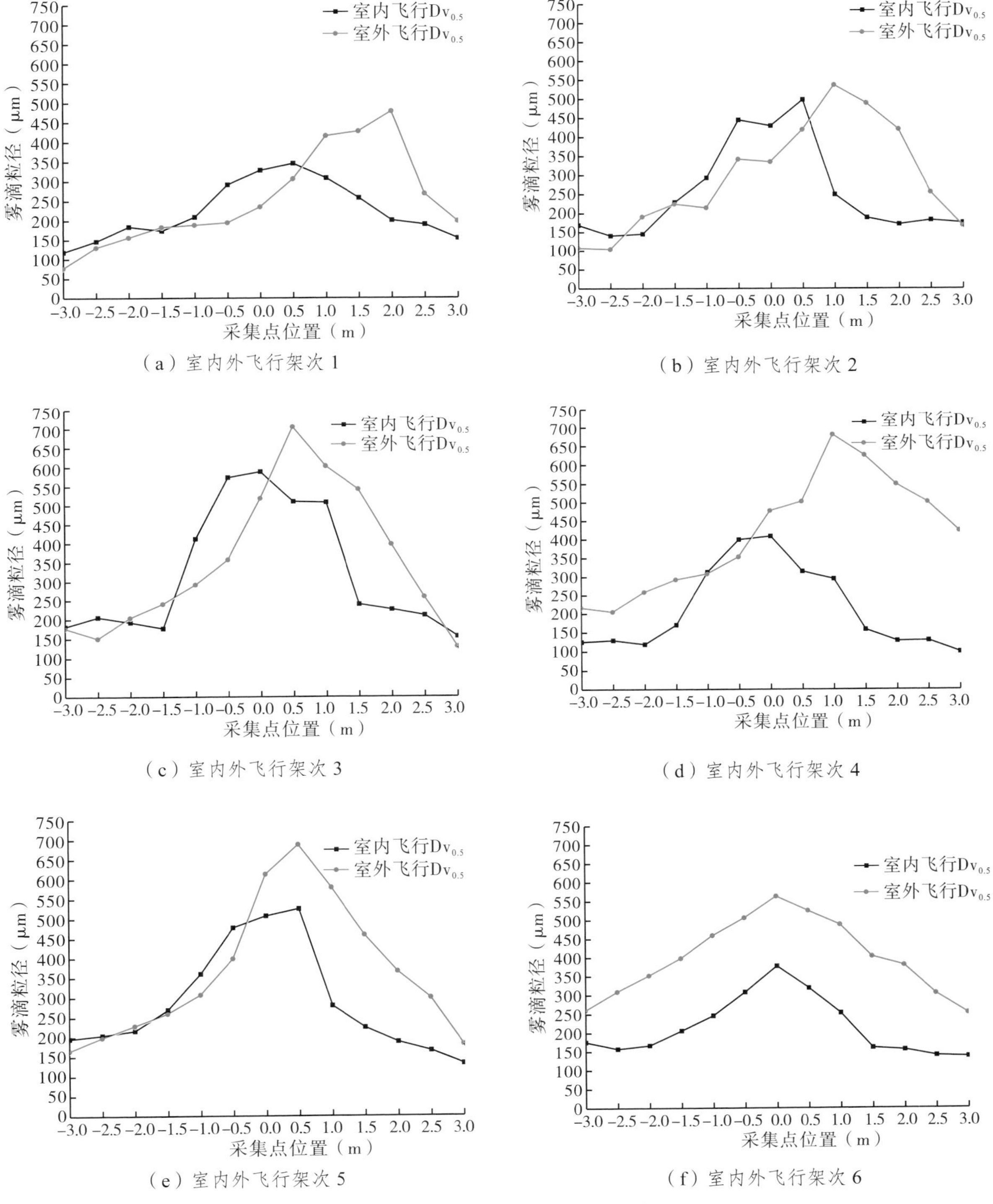

（a）室内外飞行架次 1

（b）室内外飞行架次 2

（c）室内外飞行架次 3

（d）室内外飞行架次 4

（e）室内外飞行架次 5

（f）室内外飞行架次 6

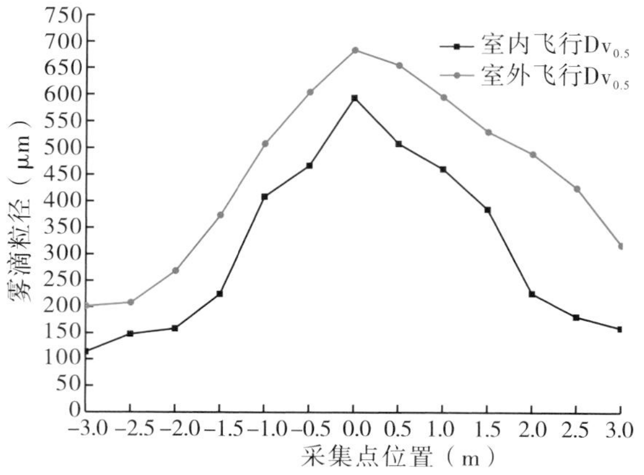

（g）室内外飞行架次 7

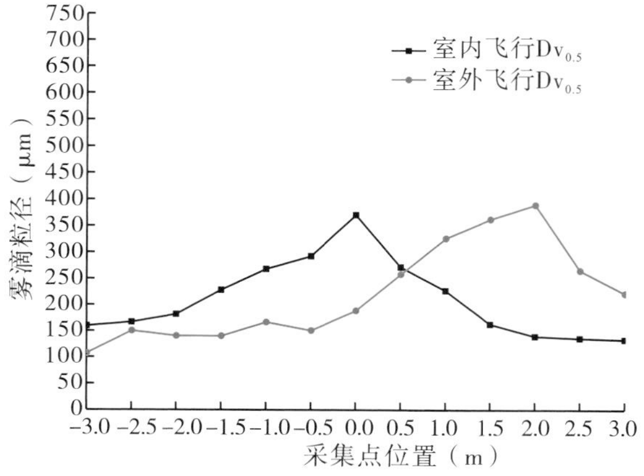

（h）室内外飞行架次 8

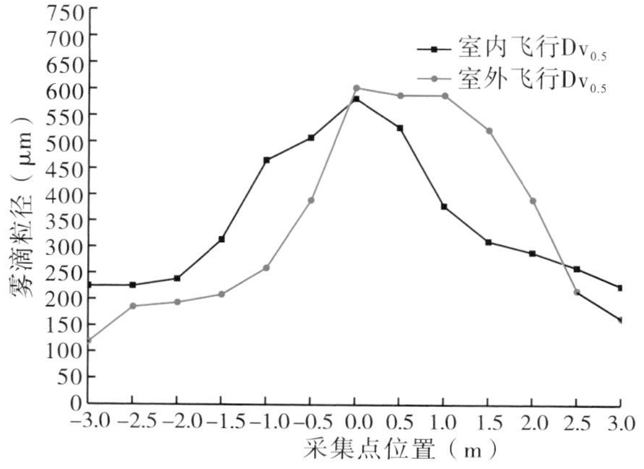

（i）室内外飞行架次 9

图 4-2-58　室内外雾滴沉积效果试验雾滴体积中径对比图

图中（a）（f）（h）雾滴体积中径峰值小于（b）（c）（d）（e）（g）（i），因为这三组分别用了 LECHLER 110-01 喷嘴，由室内静态环境下喷嘴粒谱分析可得，雾滴体积中径大小为 LECHLER 110-02 ＞ LECHLER 110-015 ＞ LECHLER 110-01，因此可以得出动态试验中雾滴粒径大小关系与室内静态环境下试验结论一致，均为 LECHLER 110-02 喷嘴雾滴粒径最大，LECHLER 110-015 次之，LECHLER 110-01 最小。

4. 雾滴沉积密度对比

图 4-2-59 为室内外 9 组试验的雾滴沉积密度对比图，每一个采集点均取三条采集带的上、中、下三层的雾滴沉积密度平均值，由于每组试验进行一次，因此取三条采集带数据的平均值更具有代表性。

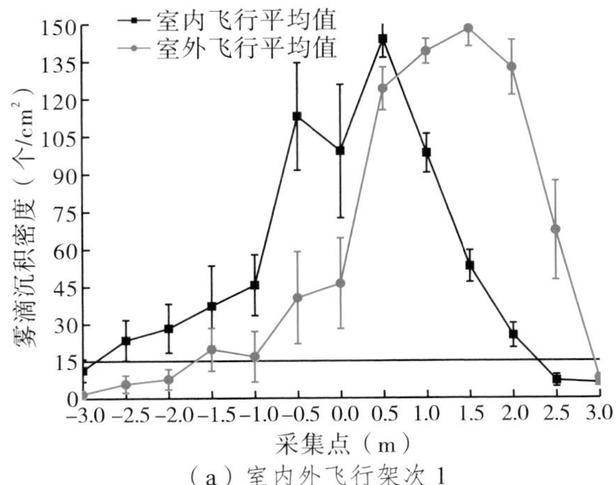

（a）室内外飞行架次 1

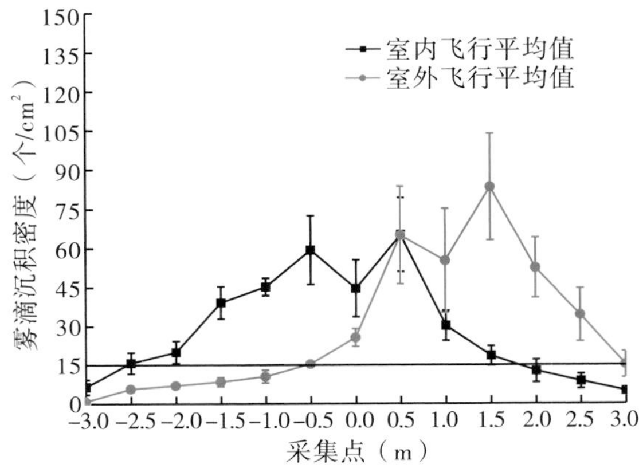

（b）室内外飞行架次 2

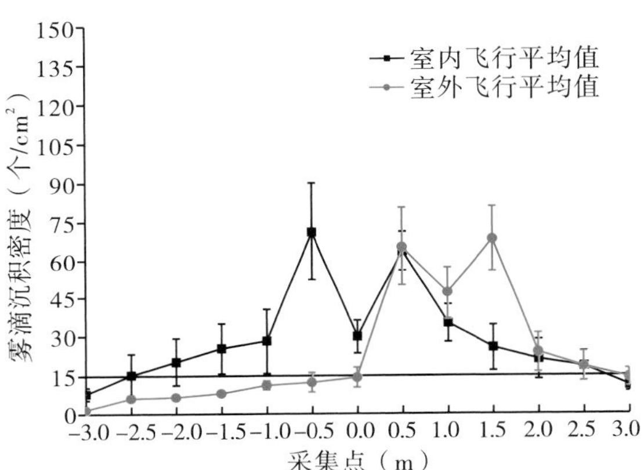

（c）室内外飞行架次 3

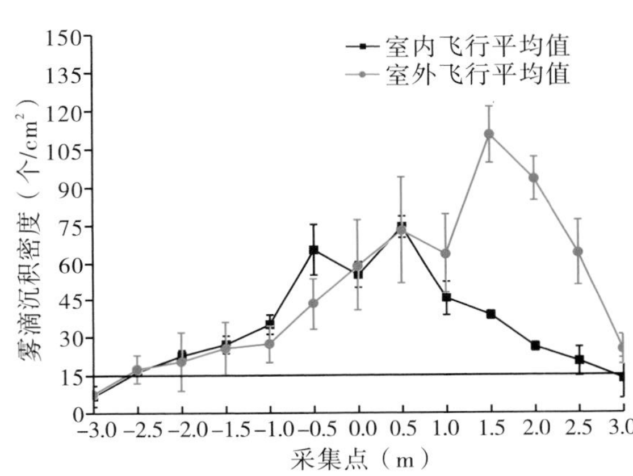

（d）室内外飞行架次 4

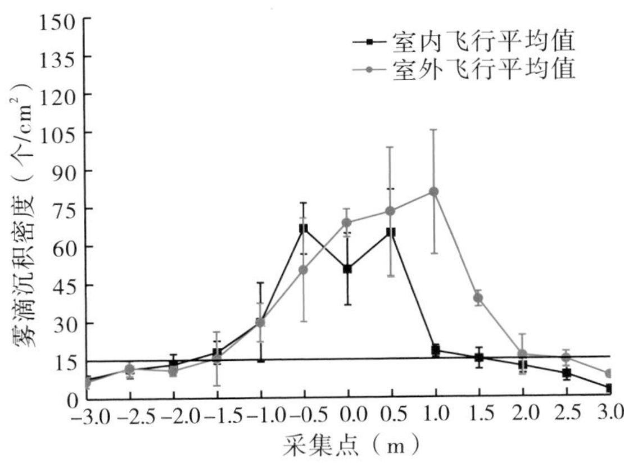

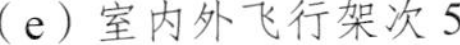
（e）室内外飞行架次 5

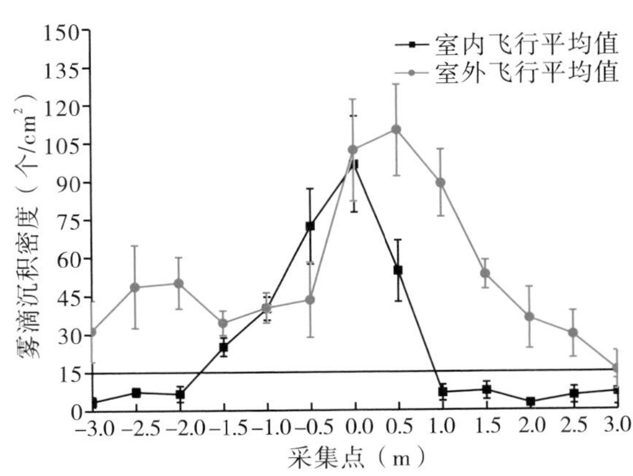

（f）室内外飞行架次 6

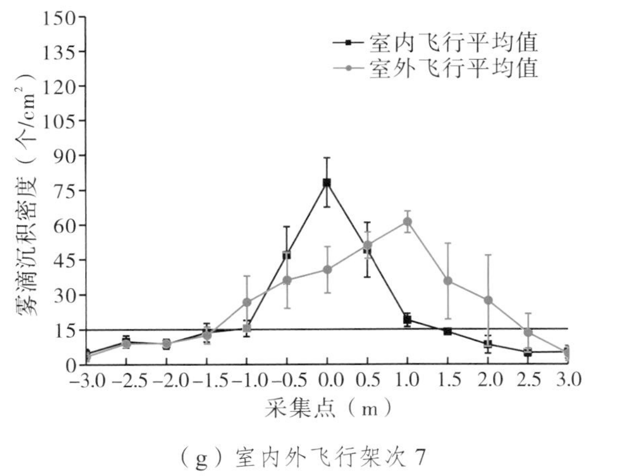

（g）室内外飞行架次 7

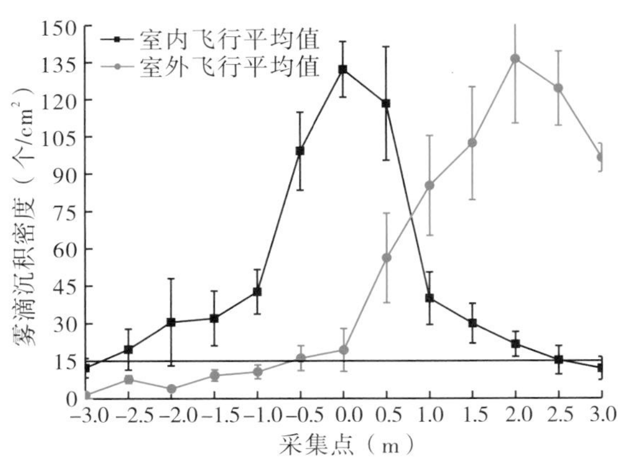

（h）室内外飞行架次 8

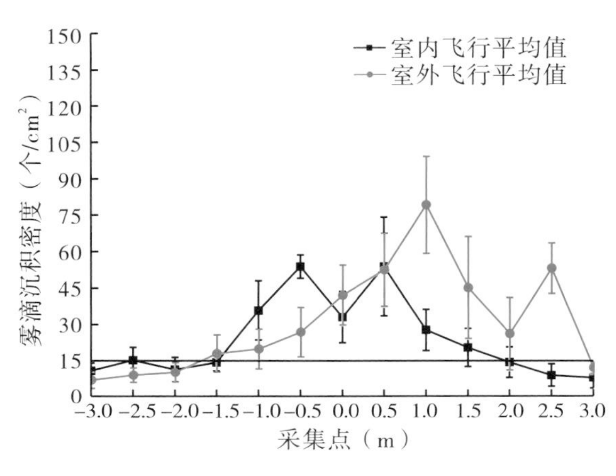

（i）室内外飞行架次 9

图 4–2–59　室内外雾滴沉积效果试验雾滴沉积密度对比图

由图 4–2–59 可以看出 9 组试验中，雾滴沉积密度呈山峰状分布，室内试验中峰值在采集点 0.0 m 附近，室外试验由于受外界风的干扰，峰值会向顺风方向偏移，如图（a）（d）（f）（g）（h）所示，且随着风场的减弱，雾滴沉积密度逐渐减小，旋翼风场对雾滴沉积密度影响不显著。

根据规定，有效喷幅区雾滴沉积密度大于 15 个 /cm^2，9 组试验中有效喷幅区均在采集点 –2.0 ～ 2.0 m 左右，除个别室外飞行架次受外界风影响向一边偏移，喷头距旋翼中心水平距离对雾滴的喷幅影响不显著。

在同一架次的室内外试验对比中，雾滴沉积密度几乎一致，表明外界风对雾滴沉积密度影响不显著。

架次 1、6、8 的雾滴沉积密度整体偏大，架次 2、4、9 次之，架次 3、5、7 相对较小，这三组中均有喷嘴因素的变化。架次 1、6、8 用了 LECHLER 110–01 喷嘴，架次 2、4、9 用了 LECHLER 110–015 喷嘴、架次 3、5、7 用了 LECHLER 110–02 喷嘴，这说明喷嘴型号对雾滴沉积密度影响显著，显著性大小为 LECHLER 110–01 ＞ LECHLER 110–015 ＞ LECHLER 110–

02。要达到雾滴沉积密度作业指标，更适合选用 LECHLER 110-01 喷嘴。

5. 雾滴沉积量对比

图 4-2-60 为室内外试验中雾滴沉积量在采集点上、中、下三层的对比，每一层每个采集点的雾滴沉积量是三条采集带的平均值，最大程度减小了试验误差。

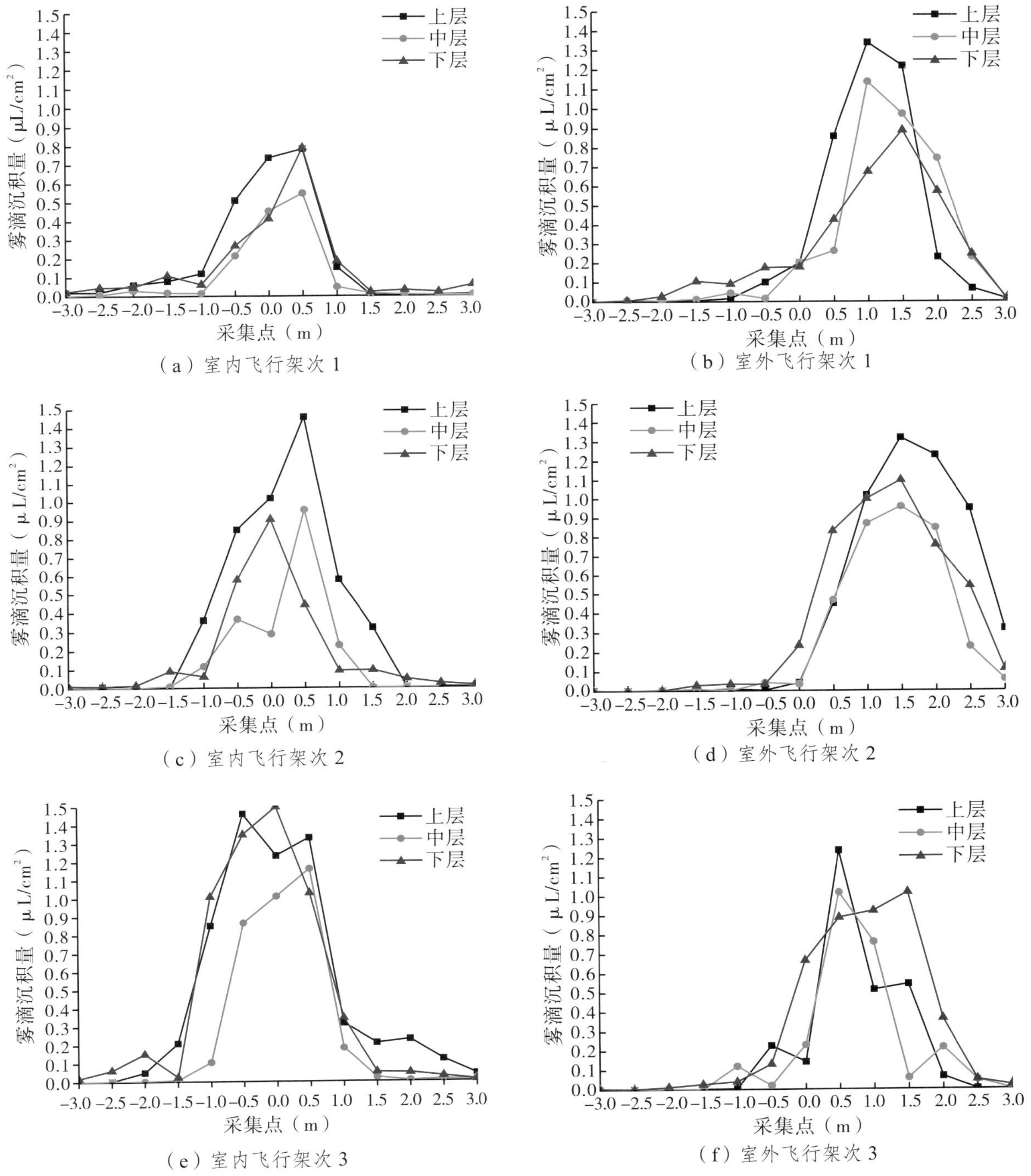

（a）室内飞行架次 1　（b）室外飞行架次 1

（c）室内飞行架次 2　（d）室外飞行架次 2

（e）室内飞行架次 3　（f）室外飞行架次 3

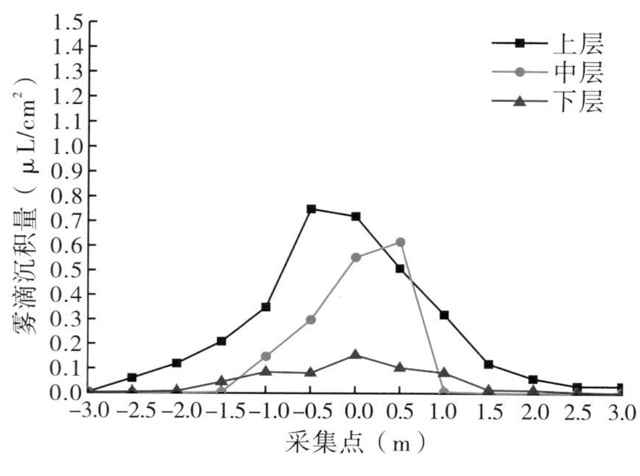

（g）室内飞行架次 4

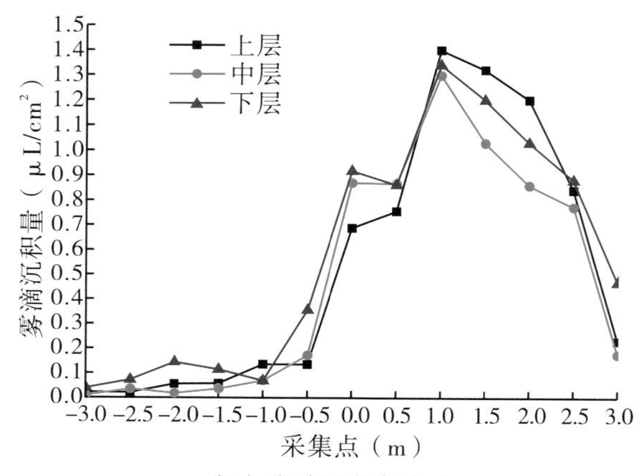

（h）室外飞行架次 4

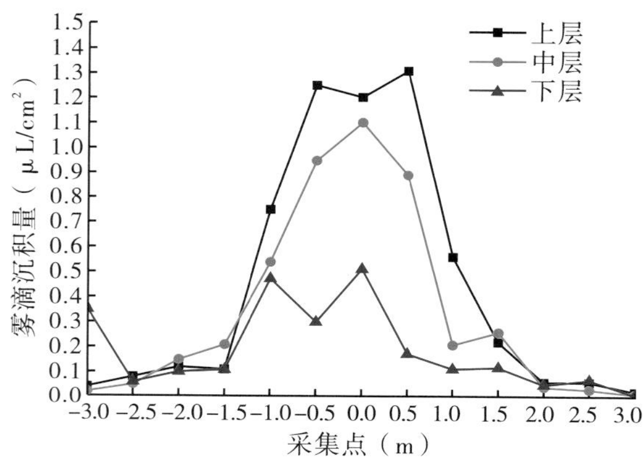

（i）室内飞行架次 5

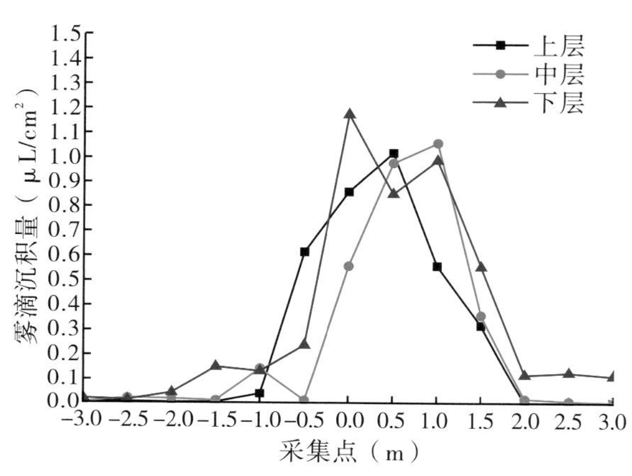

（j）室外飞行架次 5

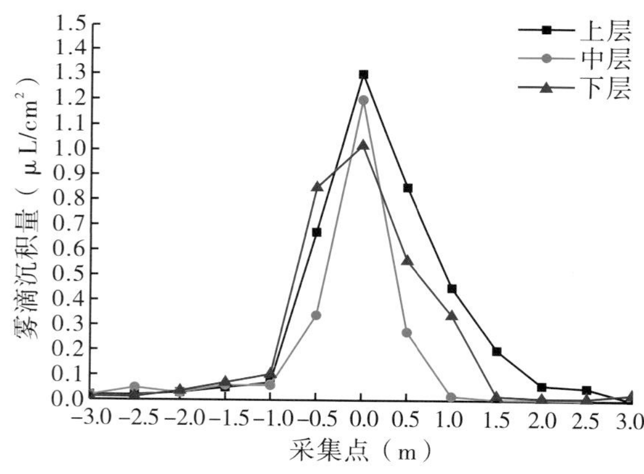

（k）室内飞行架次 6

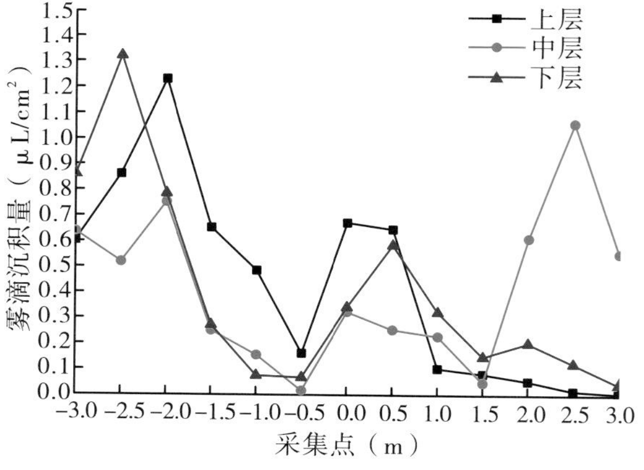

（l）室外飞行架次 6

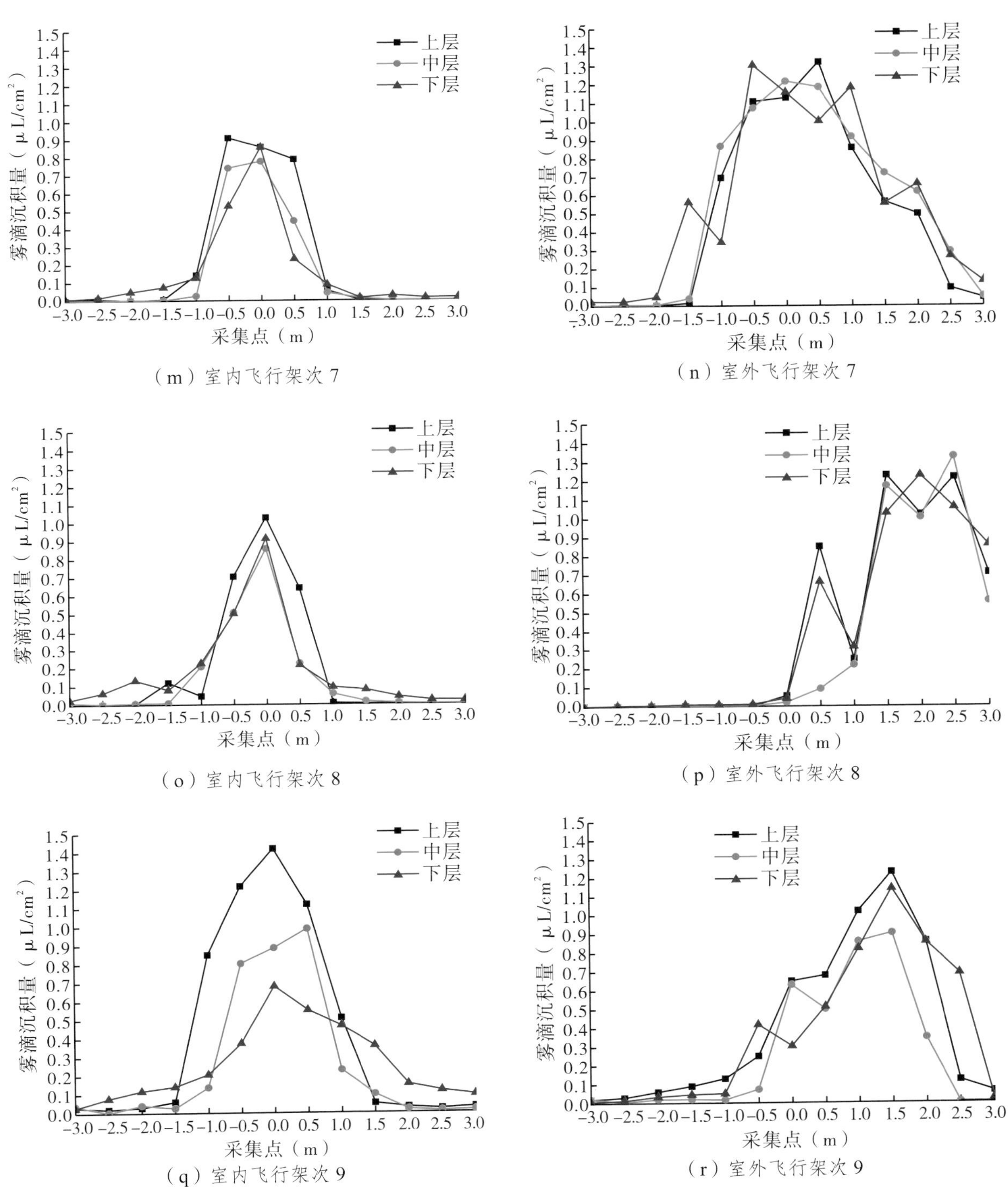

（m）室内飞行架次 7

（n）室外飞行架次 7

（o）室内飞行架次 8

（p）室外飞行架次 8

（q）室内飞行架次 9

（r）室外飞行架次 9

图 4-2-60 室内外雾滴沉积量上、中、下三层对比图

由图 4-2-60 可以看出，上层的雾滴沉积量大于中、下层，原因是无人机在运行中，旋翼的下洗风场导致雾滴更快地沉积在叶片上，上层叶片没有阻挡，沉积量会大于中、下层，且旋翼风场大的试验架次 3、6、9 中的雾滴沉积量明显多于其他架次，因此旋翼风场对雾滴沉积量有显著影响。

在同一组室内外试验的雾滴沉积量对比中，室外沉积量多于室内沉积量，外界环境风对雾滴的沉积有促进作用。

室内试验雾滴沉积量呈山峰状分布，峰值在旋翼之间的中点上，室外沉积量峰值顺着环境风方向偏移，环境风对雾滴沉积量有干扰，使得雾滴沉积量分布不均匀。

6. 雾滴沉积均匀性对比

图 4-2-61 分别为室内外 9 组试验上层采集带的雾滴沉积均匀性分析，图中用三条采集带相同采集位置采集点的雾滴变异系数（CV）平均值表示雾滴沉积均匀性。

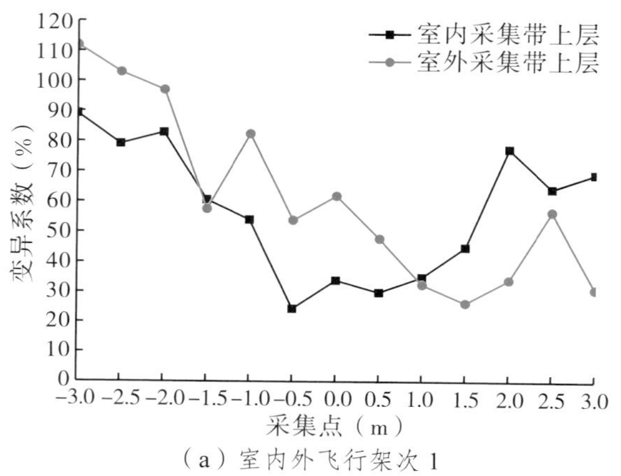

（a）室内外飞行架次 1

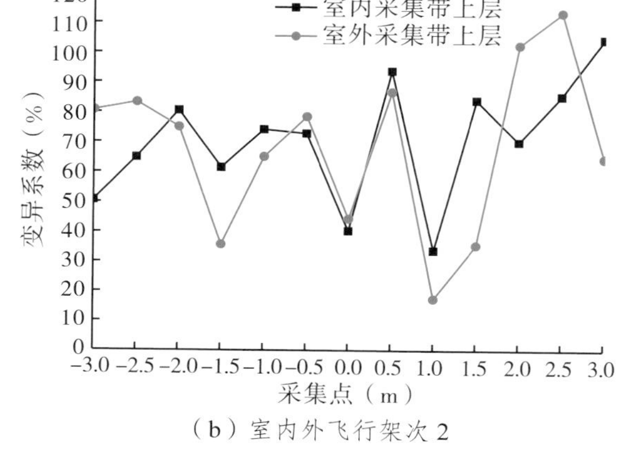

（b）室内外飞行架次 2

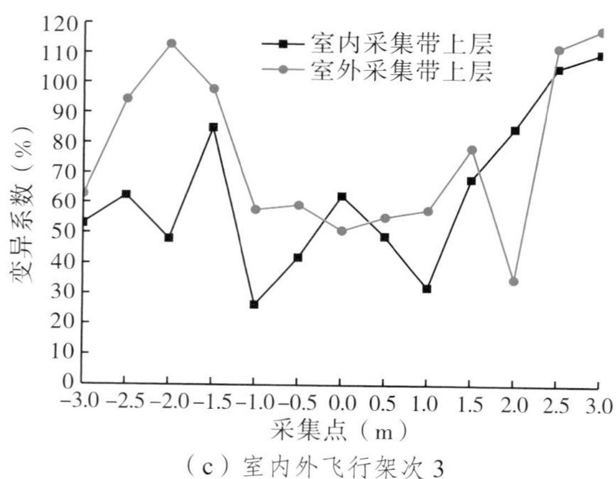

（c）室内外飞行架次 3

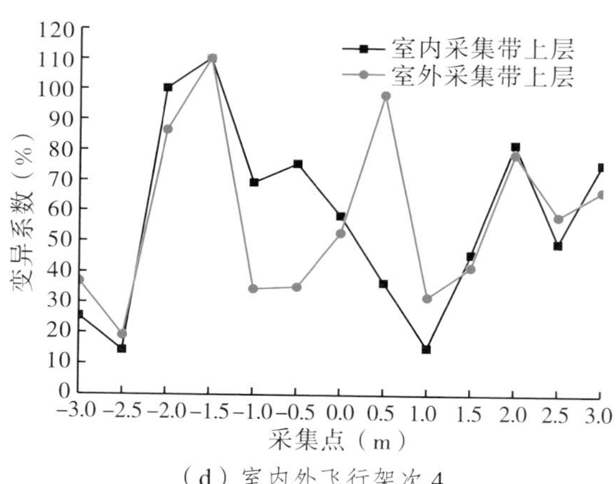

（d）室内外飞行架次 4

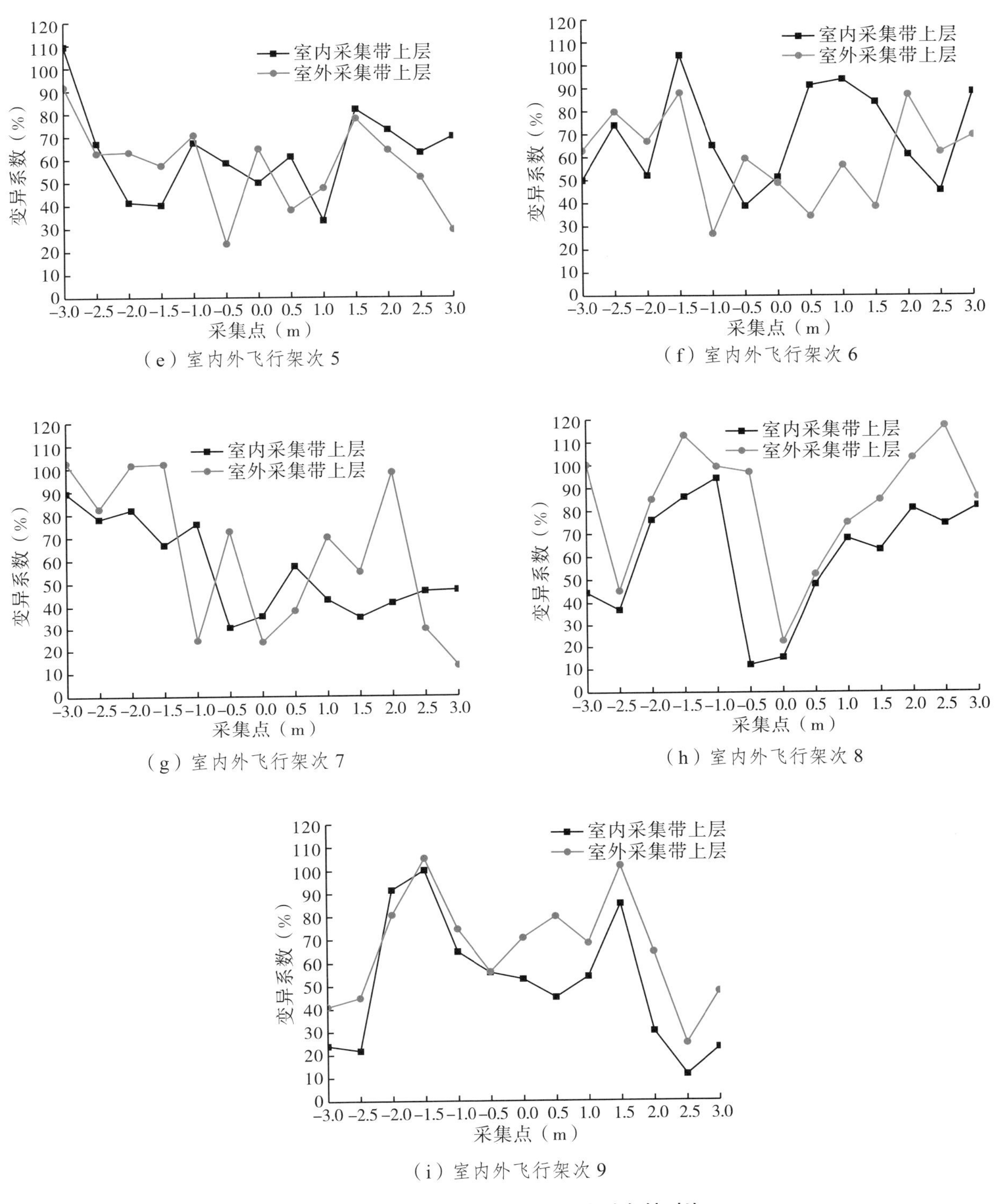

（e）室内外飞行架次 5

（f）室内外飞行架次 6

（g）室内外飞行架次 7

（h）室内外飞行架次 8

（i）室内外飞行架次 9

图 4-2-61　室内外上层雾滴沉积均匀性对比

由图 4-2-61 可以看出，室内外试验上层采集带每个采集点的 CV 值相差不大，表示室内外试验雾滴沉积均匀性一致；CV 值均在 120% 以内，表示雾滴沉积均匀性较好；在每组试验采集带上，CV 值波动幅度不大，表示雾滴沉积分布较均匀。

从室内外 9 组试验可以看出，室内试验的上层采集带雾滴沉积均匀性优于室外试验，可能是室外环境风的扰动对雾滴沉积分布有影响，而且 CV 值由采集点两端向中点逐渐减小，在旋翼正下方雾滴分布最均匀，表明旋翼风场的下压能提高雾滴沉积均匀性，旋翼风场对雾滴沉积均匀性有显著影响。

7. 雾滴沉积穿透性对比

图 4-2-62 的折线图表示雾滴沉积的穿透性，雾滴沉积穿透性用采集点上、中、下三层雾滴沉积密度的 CV 值表示，CV 值越小，表示雾滴沉积穿透性越好。

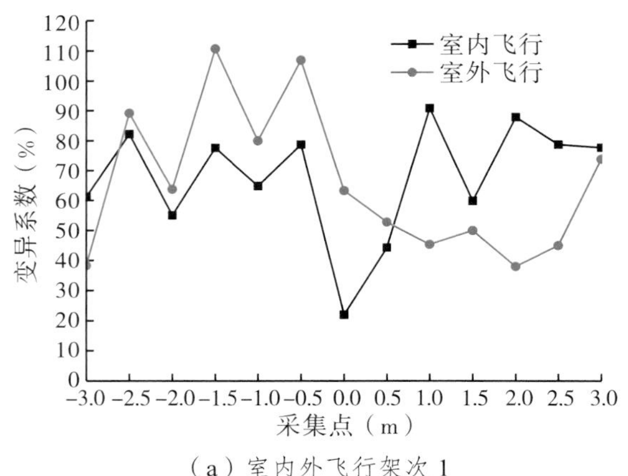

（a）室内外飞行架次 1

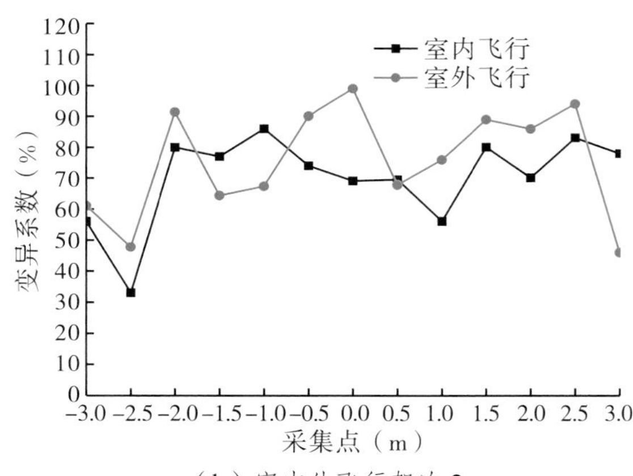

（b）室内外飞行架次 2

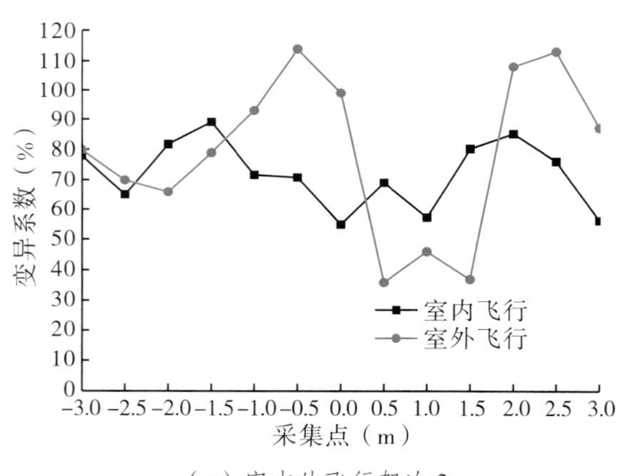

（c）室内外飞行架次 3

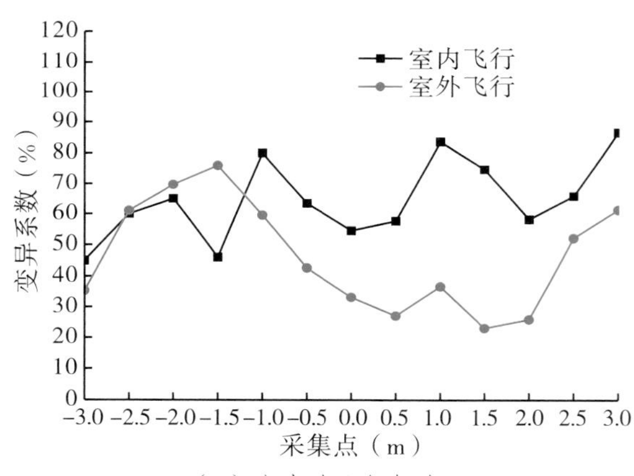

（d）室内外飞行架次 4

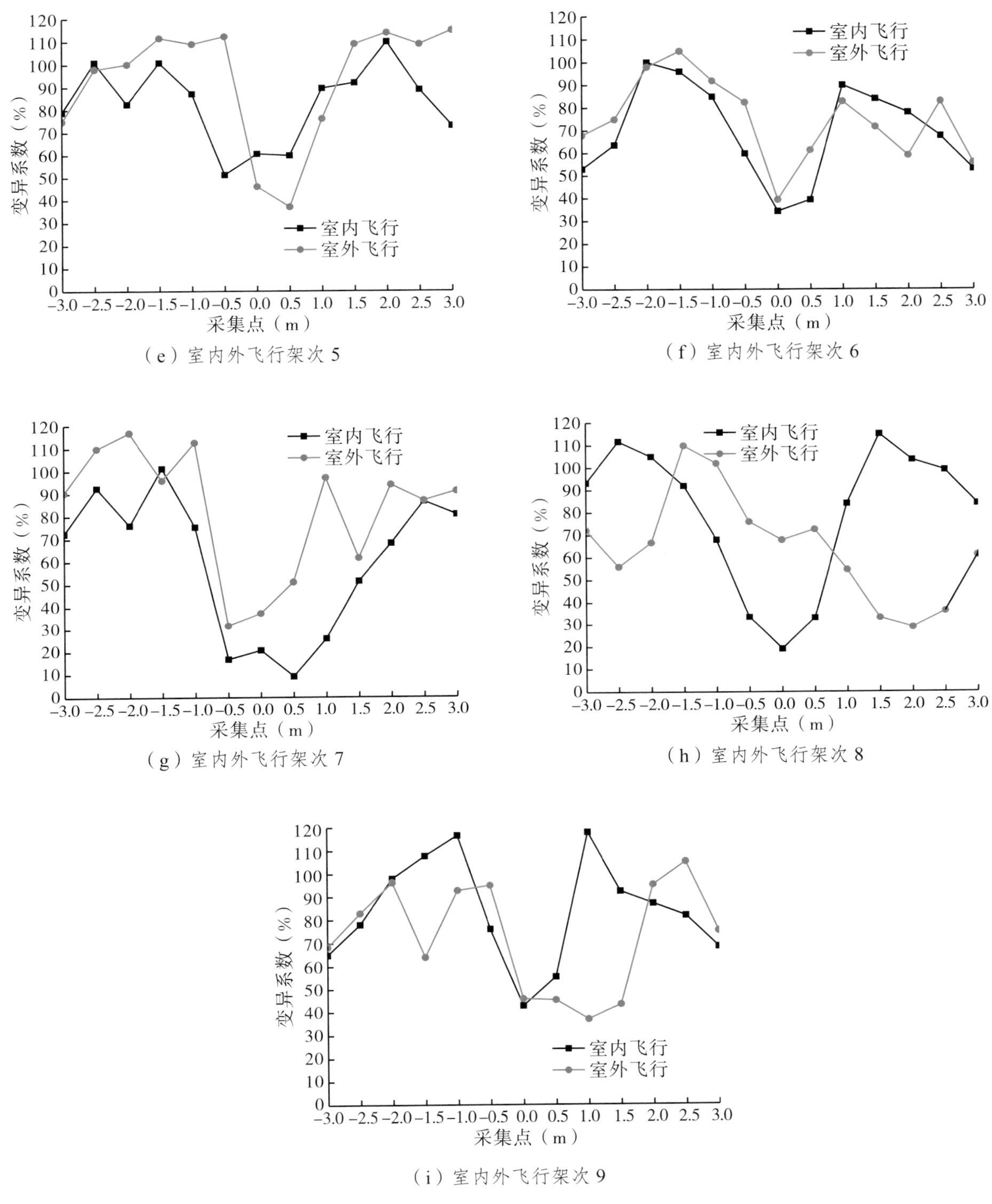

图 4-2-62　室内外雾滴沉积穿透性对比

由图 4-2-62 可以看出，室内外试验中采集带上 CV 值呈 M 形分布，采集带边缘和中间 CV 值较小，穿透性好。中间穿透性好是由于旋翼的下压风场促进雾滴的穿透，边缘穿透性好可能是由于旋翼边缘产生涡流促使雾滴下沉紊乱，旋翼中心的雾滴向两侧吹散，促进雾滴的穿透。

由试验架次 1、架次 7、架次 8 可以看出，室内试验的雾滴沉积穿透性大于室外试验，其他架次室内外试验 CV 值相差不大。整体上看，采集点之间的 CV 值波动不大，在 50% ～ 120%，旋翼风场较大的架次其 CV 值偏小，穿透性较好，故可知旋翼产生的风场有助于雾滴的穿透。

架次 7、8、9 的 CV 值要小于架次 1、2、3、4、5、6，得出试验架次 7、8、9 雾滴沉积穿透性要优于试验架次 1 至 6，且试验架次 1、2、3 雾滴沉积穿透性最差，表明飞行高度对雾滴沉积穿透性有显著影响，且离作物冠层 2 m 时雾滴沉积穿透性最好。

四、室内外雾滴沉积效果试验极差分析

（一）室内外雾滴沉积效果试验极差分析

在室内外雾滴沉积效果试验结果分析中，采用极差分析得出作业质量评价和参数优选，其中表 4-2-22 至表 4-2-25 为雾滴沉积密度、沉积量、均匀性和穿透性数据分析结果，表 4-2-26 至表 4-2-33 为雾滴沉积密度、沉积量、均匀性和穿透性的极差分析结果，每个采集点的数据取三条采集带的平均值，减少试验误差。

表 4-2-22　室内试验雾滴沉积密度、均匀性和穿透性数据分析结果

试验组号	因素 A	因素 B	因素 C	因素 D	雾滴沉积密度（个 /cm^2）			均匀性（%）			穿透性（%）
					上层	中层	下层	上层	中层	下层	
1	1	1	1	1	31.77	30.25	46.67	152.80	131.30	92.10	24.90
2	1	2	2	2	12.07	13.37	30.44	145.90	182.30	88.60	55.00
3	1	3	3	3	21.60	23.66	25.77	158.20	152.30	122.00	8.98
4	2	1	2	3	22.18	13.70	14.38	139.00	138.60	116.80	28.10
5	2	2	3	1	22.50	20.33	22.59	159.70	160.60	85.70	5.90
6	2	3	1	2	20.90	20.27	24.49	200.10	181.40	114.00	10.40
7	3	1	3	2	32.42	13.76	23.28	194.60	175.90	100.00	40.30
8	3	2	1	3	41.09	38.65	65.50	137.70	135.10	60.90	30.70
9	3	3	2	1	17.96	21.28	36.66	143.40	134.80	90.00	39.40

表 4-2-23　室内试验雾滴沉积量数据分析结果

试验组号	因素 A	因素 B	因素 C	因素 D	雾滴沉积量（μL/cm²）		
					上层	中层	下层
1	1	1	1	1	0.27	0.25	0.20
2	1	2	2	2	0.34	0.22	0.19
3	1	3	3	3	0.31	0.21	0.07
4	2	1	2	3	0.42	0.28	0.21
5	2	2	3	1	0.28	0.17	0.16
6	2	3	1	2	0.20	0.21	0.10
7	3	1	3	2	0.37	0.29	0.18
8	3	2	1	3	0.46	0.28	0.29
9	3	3	2	1	0.40	0.27	0.22

表 4-2-24　室外试验雾滴沉积密度、均匀性和穿透性数据分析结果

试验组号	因素 A	因素 B	因素 C	因素 D	雾滴沉积密度（个 /cm²）			均匀性（%）			穿透性（%）
					上层	中层	下层	上层	中层	下层	
1	1	1	1	1	35.00	48.03	64.00	152.8	130.3	97.1	29.6
2	1	2	2	2	15.40	20.04	33.89	190.9	151.9	120.1	41.6
3	1	3	3	3	13.83	17.95	25.54	196.7	149.9	128.5	31.1
4	2	1	2	3	31.74	42.25	46.53	103.8	102.0	87.6	18.9
5	2	2	3	1	20.21	23.44	34.06	172.5	142.4	84.4	28.0
6	2	3	1	2	41.11	32.33	53.48	87.3	105.4	80.0	25.1
7	3	1	3	2	20.30	22.59	26.46	127.2	113.5	85.9	15.0
8	3	2	1	3	52.20	55.61	68.93	118.2	101.1	86.6	13.5
9	3	3	2	1	27.49	26.16	39.53	143.0	119.6	103.0	23.7

表 4-2-25　室外试验雾滴沉积量数据分析结果

试验组号	因素 A	因素 B	因素 C	因素 D	雾滴沉积量（μL/cm²）		
					上层	中层	下层
1	1	1	1	1	0.67	0.28	0.26
2	1	2	2	2	0.57	0.35	0.68
3	1	3	3	3	1.24	0.47	0.35

续表

试验组号	因素 A	因素 B	因素 C	因素 D	雾滴沉积量（μL/cm^2）		
					上层	中层	下层
4	2	1	2	3	0.42	0.29	0.38
5	2	2	3	1	0.71	0.60	0.59
6	2	3	1	2	0.53	0.47	0.53
7	3	1	3	2	1.53	0.96	0.60
8	3	2	1	3	0.72	0.77	0.63
9	3	3	2	1	0.82	0.84	1.08

从雾滴沉积密度角度分析，由表 4-2-22 可以看出，室内环境下雾滴沉积效果试验中结果最理想的试验组号为第 8 组，作业参数水平为 $A_3B_2C_1D_3$（飞行高度为距作物冠层 2 m、旋翼升力为载药量 6 L、喷嘴型号为 LECHLER 110-01、喷头距旋翼中心距离沿机臂长度向外 16 cm），雾滴的沉积密度分别为 41.09 个 /cm^2（上层）、38.65 个 /cm^2（中层）、65.5 个 /cm^2（下层），此组试验的结果优于其他组，因此，第 8 组在室内试验中为较优作业参数水平。从表 4-2-24 可以看出，室外环境下雾滴沉积密度最理想组号为第 8 组，作业参数水平为 $A_3B_2C_1D_3$（飞行高度为距作物冠层 2 m、旋翼升力为载药量 6 L、喷嘴型号为 LECHLER 110-01、喷头距旋翼中心距离沿机臂长度向外 16 cm），雾滴的沉积密度分别为 52.20 个 /cm^2（上层）、55.61 个 /cm^2（中层）、68.93 个 /cm^2（下层），此组试验的结果优于其他组，因此，第 8 组在室外试验中为较优作业参数水平，与室内试验中影响雾滴沉积密度水平一致。

从雾滴沉积量角度分析，由表 4-2-23 可以看出，室内环境下雾滴沉积效果试验中结果最理想的试验组号为第 8 组，作业参数水平为 $A_3B_2C_1D_3$，雾滴的沉积量分别为 0.46 μL/cm^2（上层）、0.28 μL/cm^2（中层）、0.29 μL/cm^2（下层），此组试验的结果优于其他组，因此，第 8 组在室内试验中为较优作业参数水平。从表 4-2-25 可以看出，室外环境下雾滴沉积量最理想组号为第 7 组，作业参数水平为 $A_3B_1C_3D_2$（飞行高度为距作物冠层 2 m、旋翼升力为载药量 3L、喷嘴型号为 LECHLER 110-02、喷头在旋翼中心正下方），雾滴的沉积量分别为 1.53 μL/cm^2（上层）、0.96 μL/cm^2（中层）、0.60 μL/cm^2（下层），此组试验的结果优于其他组，因此，第 7 组在室外试验中为较优作业参数水平。

从雾滴沉积均匀性角度分析，以每层采集点三条采集带 CV 的平均值来表示雾滴沉积均匀性。从表 4-2-22 可看出，室内雾滴沉积试验中结果较为理想的一组为第 8 组，作业参数水平为 $A_3B_2C_1D_3$，雾滴沉积均匀性 CV 值分别为 137.70%（上层）、135.10%（中层）、60.90%（下层），CV 值均小于其他组，因此第 8 组在室内试验中为较优作业参数水平。从表 4-2-24 可看出，室外雾滴沉积试验中结果较为理想的一组为第 6 组，作业参数水平为 $A_2B_3C_1D_2$（飞行高度为距作物冠层 1.5 m、旋翼升力为载药量 9 L、喷嘴型号为 LECHLER 110–01、喷头在旋翼中心正下方），雾滴沉积均匀性 CV 值分别为 87.3%（上层）、105.4%（中层）、80%（下层），CV 值均小于其他组，因此第 6 组在室外试验中为较优作业参数水平。

从雾滴沉积穿透性角度分析，以三条采集带上、中、下三层平均雾滴沉积密度的 CV 值表示雾滴沉积穿透性。从表 4–2–22 可直观看出，室内试验中结果较优的一组为第 5 组，作业参数水平为 $A_2B_2C_3D_1$（飞行高度为距作物冠层 1.5 m、旋翼升力为载药量 6 L、喷嘴型号为 LECHLER 110–02、喷头距旋翼中心距离沿机臂长度向内 16 cm），雾滴沉积穿透性 CV 值为 5.90%，小于其他试验组，因此第 5 组为室内试验较优作业参数水平。从表 4–2–24 可看出，室外试验中结果较为理想的一组为第 8 组，作业参数水平为 $A_3B_2C_1D_3$（飞行高度为距作物冠层 2 m、旋翼升力为载药量 6 L、喷嘴型号为 LECHLER 110–01、喷头距旋翼中心距离沿机臂长度向外 16 cm），雾滴沉积穿透性 CV 值为 13.5%，小于其他试验组，因此第 8 组为室外试验中较优作业参数水平。

表 4–2–26 至表 4–2–27 为室内外试验中雾滴沉积密度极差分析结果。根据表 4–2–26 得出，室内试验中影响雾滴沉积密度较优作业参数水平为 $A_3B_2C_1D_3$（飞行高度为距作物冠层 2 m、旋翼升力为载药量 6 L、喷嘴型号为 LECHLER 110–01、喷头距旋翼中心距离沿机臂长度向外 16 cm），且根据极差分析结果可知，室内试验中影响雾滴沉积密度的因素的主次顺序为喷嘴型号＞飞行高度＞喷头距旋翼中心距离＞旋翼风场。根据表 4–2–27 得出，室外试验中影响雾滴沉积密度较优作业参数水平为 $A_3B_1C_1D_3$（飞行高度为距作物冠层 2 m、旋翼升力为载药量 3 L、喷嘴型号为 LECHLER 110–01、喷头距旋翼中心距离沿机臂长度向外 16 cm），且根据极差分析结果可知，室外试验中影响雾滴沉积密度的因素的主次顺序为喷嘴型号＞喷头距旋翼中心距离＞飞行高度＞旋翼风场。

表 4–2–26　室内试验雾滴沉积密度极差分析结果

指标	因素 A			因素 B			因素 C			因素 D		
	上层	中层	下层	上层	中层	下层	上层	中层	下层	上层	中层	下层
K_1	65.45	67.37	102.88	86.38	57.81	84.33	93.76	89.27	136.66	72.24	71.96	105.92
K_2	65.58	54.30	61.46	75.66	72.35	118.53	52.22	48.35	81.48	65.39	47.39	78.22
K_3	91.47	73.69	125.44	60.46	65.21	86.92	76.52	57.74	71.64	84.87	76.01	105.65
$\overline{K}_1$	21.82	22.46	34.29	28.79	19.27	28.11	31.25	29.76	45.55	24.08	23.99	35.31
$\overline{K}_2$	21.86	18.10	20.49	25.22	24.12	39.51	17.41	16.12	27.16	21.80	15.80	26.07
$\overline{K}_3$	30.49	24.56	41.81	20.15	21.74	28.97	25.51	19.25	23.88	28.29	25.34	35.22
极差	8.68	6.46	21.33	8.64	4.85	11.40	13.85	13.64	21.68	6.49	9.54	9.23
较优水平	A_3	A_3	A_3	B_1	B_2	B_2	C_1	C_1	C_1	D_3	D_3	D_1

注：K_i 表示 i 水平时各因素所对应试验结果之和（表 4–2–27 至表 4–2–33 同）。

表 4-2-27 室外试验雾滴沉积密度极差分析结果

指标	因素 A			因素 B			因素 C			因素 D		
	上层	中层	下层	上层	中层	下层	上层	中层	下层	上层	中层	下层
K_1	64.23	86.01	123.43	87.04	112.87	136.99	128.31	135.97	186.41	82.70	97.62	137.59
K_2	93.06	98.02	134.07	87.81	99.08	136.88	74.64	88.45	119.94	76.81	74.96	113.83
K_3	99.99	104.36	134.91	82.44	76.43	118.55	54.34	63.97	86.06	97.77	115.81	140.99
$\overline{K}_1$	21.41	28.67	41.14	29.01	37.62	45.66	42.77	45.32	62.14	27.57	32.54	45.86
$\overline{K}_2$	31.02	32.67	44.69	29.27	33.03	45.63	24.88	29.48	39.98	25.60	24.99	37.94
$\overline{K}_3$	33.33	34.79	44.97	27.48	25.48	39.52	18.11	21.32	28.69	32.59	38.60	47.00
极差	11.92	6.12	3.83	1.79	12.15	6.15	24.66	24.00	33.45	6.99	13.62	9.05
较优水平	A_3	A_3	A_3	B_2	B_1	B_1	C_1	C_1	C_1	D_3	D_3	D_3

表 4-2-28 至表 4-2-29 为室内外试验中雾滴沉积量极差分析结果。根据表 4-2-28 得出，室内试验中影响雾滴沉积量较优作业参数水平为 $A_3B_2C_2D_3$（飞行高度为距作物冠层 2 m、旋翼升力为载药量 6 L、喷嘴型号为 LECHLER 110-015、喷头距旋翼中心距离沿机臂长度向外 16 cm），且根据极差分析结果可知，室内试验中影响雾滴沉积量的因素的主次顺序为飞行高度＞喷嘴型号＞旋翼下洗风场＞喷头距旋翼中心距离。根据表 4-2-29 得出，室外试验中影响雾滴沉积量较优作业参数水平为 $A_3B_2C_2D_2$（飞行高度为距作物冠层 2 m、旋翼升力为载药量 6 L、喷嘴型号为 LECHLER 110-015、喷头在旋翼中心正下方），且根据极差分析结果可知，室外试验中影响雾滴沉积量的因素的主次顺序为飞行高度＞喷嘴型号＞喷头距旋翼中心距离＞旋翼下洗风场。

表 4-2-28 室内试验雾滴沉积量极差分析结果

指标	因素 A			因素 B			因素 C			因素 D		
	上层	中层	下层	上层	中层	下层	上层	中层	下层	上层	中层	下层
K_1	0.92	0.68	0.46	1.06	0.82	0.59	0.93	0.74	0.59	0.95	0.69	0.58
K_2	0.90	0.66	0.47	1.08	0.67	0.64	1.16	0.77	0.62	0.91	0.72	0.46
K_3	1.23	0.84	0.69	0.90	0.69	0.39	0.96	0.67	0.41	1.19	0.77	0.57
$\overline{K}_1$	0.31	0.23	0.15	0.35	0.27	0.20	0.31	0.25	0.20	0.32	0.23	0.19
$\overline{K}_2$	0.30	0.22	0.16	0.36	0.22	0.21	0.39	0.26	0.21	0.30	0.24	0.15
$\overline{K}_3$	0.41	0.28	0.23	0.30	0.23	0.13	0.32	0.22	0.14	0.40	0.26	0.19
极差	0.11	0.06	0.08	0.06	0.05	0.08	0.08	0.04	0.07	0.09	0.03	0.04
较优水平	A_3	A_3	A_3	B_2	B_1	B_2	C_2	C_2	C_2	D_3	D_3	D_1

表 4-2-29　室外试验雾滴沉积量极差分析结果

指标	因素 A			因素 B			因素 C			因素 D		
	上层	中层	下层	上层	中层	下层	上层	中层	下层	上层	中层	下层
K_1	2.49	1.11	1.30	2.19	1.72	1.93	1.78	1.11	1.47	2.33	1.04	0.99
K_2	1.66	1.36	1.50	3.34	1.78	1.63	2.76	2.09	2.05	2.77	2.02	1.72
K_3	3.07	2.57	2.31	1.68	1.53	1.54	2.67	1.84	1.57	2.11	1.97	2.39
$\overline{K}_1$	0.83	0.37	0.43	0.73	0.57	0.64	0.59	0.37	0.49	0.78	0.35	0.33
$\overline{K}_2$	0.55	0.45	0.50	1.11	0.59	0.54	0.92	0.70	0.68	0.92	0.67	0.57
$\overline{K}_3$	1.02	0.86	0.77	0.56	0.51	0.51	0.89	0.61	0.52	0.70	0.66	0.80
极差	0.47	0.49	0.34	0.56	0.08	0.13	0.33	0.33	0.19	0.22	0.33	0.47
较优水平	A_3	A_3	A_3	B_2	B_2	B_1	C_2	C_2	C_2	D_1	D_2	D_3

表 4-2-30 至表 4-2-31 为室内外试验中雾滴沉积均匀性极差分析结果。根据表 4-2-30 得出，室内试验中影响雾滴沉积均匀性较优作业参数水平为 $A_3B_2C_1D_1$（飞行高度为距作物冠层 2 m、旋翼升力为载药量 6 L、喷嘴型号为 LECHLER 110-01、喷头距旋翼中心距离沿机臂长度向内 16 cm），且根据极差分析结果可知，室内试验中影响雾滴沉积均匀性的因素的主次顺序为飞行高度＞喷嘴型号＞旋翼下洗风场＞喷头距旋翼中心距离。根据表 4-2-31 得出，室外试验中影响雾滴沉积均匀性较优作业参数水平为 $A_2B_1C_1D_1$（飞行高度为距作物冠层 1.5 m、旋翼升力为载药量 3 L、喷嘴型号为 LECHLER 110-01、喷头距旋翼中心距离沿机臂长度向内 16 cm），且根据极差分析结果可知，室外试验中影响雾滴沉积均匀性的因素的主次顺序为飞行高度＞喷嘴型号＞旋翼下洗风场＞喷头距旋翼中心距离。

表 4-2-30　室内试验雾滴沉积均匀性极差分析结果

指标	因素 A			因素 B			因素 C			因素 D		
	上层	中层	下层	上层	中层	下层	上层	中层	下层	上层	中层	下层
K_1	457.0%	465.9%	302.6%	486.5%	445.8%	308.9%	490.6%	447.8%	266.9%	455.9%	426.7%	267.8%
K_2	498.8%	480.5%	316.4%	443.3%	477.9%	235.2%	428.4%	455.6%	295.3%	540.6%	539.5%	302.6%
K_3	475.7%	445.8%	250.9%	501.7%	468.5%	325.9%	512.6%	488.8%	307.8%	491.9%	466.8%	338.8%
$\overline{K}_1$	152.3%	155.3%	100.9%	162.2%	148.6%	103.0%	163.5%	149.3%	89.0%	152.0%	142.2%	89.3%
$\overline{K}_2$	166.3%	160.2%	105.5%	147.8%	159.3%	78.4%	142.8%	151.9%	98.4%	180.2%	179.8%	100.9%
$\overline{K}_3$	158.6%	148.6%	83.6%	167.2%	156.2%	108.6%	170.9%	162.9%	102.6%	164.0%	155.6%	112.9%
极差	13.9%	11.6%	21.8%	19.5%	10.7%	30.3%	28.1%	13.7%	13.6%	28.2%	37.6%	23.7%
较优水平	A_1	A_3	A_3	B_2	B_1	B_2	C_2	C_1	C_1	D_1	D_1	D_1

表 4-2-31　室外试验雾滴沉积均匀性极差分析结果

指标	因素 A			因素 B			因素 C			因素 D		
	上层	中层	下层	上层	中层	下层	上层	中层	下层	上层	中层	下层
K_1	540.4%	432.2%	345.7%	383.8%	345.8%	270.6%	358.4%	336.8%	263.8%	468.4%	392.3%	284.6%
K_2	363.6%	349.7%	252.1%	481.7%	395.4%	291.1%	437.7%	373.5%	310.6%	405.5%	370.8%	286.0%
K_3	388.4%	334.2%	275.5%	427.0%	374.9%	311.5%	496.4%	405.7%	298.8%	427.7%	365.4%	301.9%
$\overline{K}_1$	180.1%	144.1%	115.2%	127.9%	115.3%	90.2%	119.5%	112.3%	87.9%	156.1%	130.8%	94.9%
$\overline{K}_2$	121.2%	116.6%	84.0%	160.6%	131.8%	97.0%	145.9%	124.5%	103.5%	135.2%	123.6%	95.3%
$\overline{K}_3$	129.5%	111.4%	91.8%	142.3%	125.0%	103.8%	165.5%	135.2%	99.6%	142.6%	121.8%	100.6%
极差	58.9%	32.7%	31.2%	32.6%	16.5%	13.6%	46.0%	23.0%	15.6%	21.0%	9.0%	5.8%
较优水平	A_2	A_3	A_2	B_1	B_1	B_1	C_1	C_1	C_1	D_2	D_3	D_1

表 4-2-32 至表 4-2-33 为室内外试验中雾滴沉积穿透性极差分析结果。根据表 4-2-32 得出，室内试验中影响雾滴沉积穿透性较优作业参数水平为 $A_2B_2C_3D_1$（飞行高度为距作物冠层 1.5 m、旋翼升力为载药量 6 L、喷嘴型号为 LECHLER 110-02、喷头距旋翼中心距离沿机臂长度向内 16 cm），且根据极差分析结果可知，室内试验中影响雾滴沉积穿透性的因素的主次顺序为飞行高度＞喷嘴型号＞旋翼下洗风场＞喷头距旋翼中心距离。根据表 4-2-33 得出，室外试验中影响雾滴沉积穿透性较优作业参数水平为 $A_2B_2C_3D_1$（飞行高度为距作物冠层 2 m、旋翼升力为载药量 3 L、喷嘴型号为 LECHLER 110-02、喷头在旋翼中心正下方），根据极差分析结果可知，室外试验中影响雾滴沉积穿透性的因素的主次顺序为飞行高度＞旋翼下洗风场＞喷头距旋翼中心距离＞喷嘴型号。

表 4-2-32　室内试验雾滴沉积穿透性极差分析

指标	因素 A	因素 B	因素 C	因素 D
K_1	108.7%	100.4%	56.0%	70.2%
K_2	44.4%	61.6%	102.5%	92.7%
K_3	107.4%	98.6%	102.0%	97.6%
$\overline{K}_1$	36.2%	33.5%	18.7%	23.4%
$\overline{K}_2$	14.8%	20.5%	34.2%	30.9%
$\overline{K}_3$	35.8%	32.9%	34.0%	32.5%
极差	21.4%	12.9%	15.5%	9.1%

表 4-2-33 室外试验雾滴沉积穿透性极差分析

指标	因素 A	因素 B	因素 C	因素 D
K_1	102.4%	63.6%	68.3%	81.3%
K_2	72.0%	83.1%	84.3%	81.7%
K_3	52.2%	79.9%	74.1%	63.5%
$\overline{K}_1$	34.1%	21.2%	22.8%	27.1%
$\overline{K}_2$	24.0%	27.7%	28.1%	27.2%
$\overline{K}_3$	17.4%	26.6%	24.7%	21.2%
极差	16.7%	6.5%	5.3%	5.9%

分别对室内外雾滴沉积效果试验的各个评价指标进行极差分析，得出对于不同评价指标的较优作业参数水平不同，室内室外同一指标的较优作业水平亦有不同。表 4-2-34 总结了室内外不同评价指标的较优作业水平。

表 4-2-34 室内室外试验作业指标参数优选

衡量指标	试验环境	较优作业水平	影响因素主次顺序
雾滴沉积密度	室内试验	$A_3B_2C_1D_3$	喷嘴型号＞飞行高度＞喷头距旋翼中心距离＞旋翼风场
	室外试验	$A_3B_1C_1D_3$	喷嘴型号＞喷头距旋翼中心距离＞飞行高度＞旋翼风场
雾滴沉积量	室内试验	$A_3B_2C_2D_3$	飞行高度＞喷嘴型号＞旋翼风场＞喷头距旋翼中心距离
	室外试验	$A_3B_2C_2D_2$	飞行高度＞喷嘴型号＞喷头距旋翼中心距离＞旋翼风场
雾滴沉积均匀性	室内试验	$A_3B_2C_1D_1$	飞行高度＞喷嘴型号＞旋翼风场＞喷头距旋翼中心距离
	室外试验	$A_2B_1C_1D_1$	飞行高度＞喷嘴型号＞旋翼风场＞喷头距旋翼中心距离
雾滴沉积穿透性	室内试验	$A_2B_2C_3D_1$	飞行高度＞喷嘴型号＞旋翼风场＞喷头距旋翼中心距离
	室外试验	$A_3B_2C_1D_3$	飞行高度＞旋翼风场＞喷头距旋翼中心距离＞喷嘴型号

由表 4-2-34 的总结可得，对于雾滴沉积试验，不同的评价指标有不同的作业优选，本试验选取较为常用的雾滴沉积密度、沉积量、沉积均匀性、穿透性四个评价指标对雾滴沉积效果进行作业参数优选，并对作业参数的影响主次顺序进行分析。

对于不同的评价指标有不同的作业参数水平，雾滴沉积均匀性与穿透性要配合雾滴沉积密度和沉积量进行优选。

在室内试验中，可以得到较优的作业参数水平为 $A_3B_2C_1D_3$（飞行高度为距作物冠层 2 m、旋翼升力为载药量 6 L、喷嘴型号为 LECHLER 110-01、喷头距旋翼中心距离沿机臂长度向外

16 cm），影响因素的主次顺序为飞行高度＞喷嘴型号＞旋翼风场＞喷头距旋翼中心距离；在室外试验中，可以得到较优的作业参数水平为 $A_3B_2C_1D_3$（飞行高度为距作物冠层 2 m、旋翼升力为载药量 6 L、喷嘴型号为 LECHLER 110-01、喷头距旋翼中心距离沿机臂长度向外 16 cm），影响因素的主次顺序为飞行高度＞喷嘴型号＞喷头距旋翼中心距离＞旋翼风场。因此，室内雾滴沉积效果试验结果与室外试验结果几乎一致。在作业参数优选方面，室内外作业水平均为 $A_3B_2C_1D_3$（飞行高度为距作物冠层 2 m、旋翼升力为载药量 6 L、喷嘴型号为 LECHLER 110-01、喷头距旋翼中心距离沿机臂长度向外 16 cm）；作业效果评价方面，室内试验作业效果优于室外试验。因此室内试验可以为实际作业参数优选提供指导。

（二）小结

通过室内外雾滴沉积效果试验对比分析可以发现，室内试验由于没有外界风的干扰，作业质量优于室外试验。在作业参数优选方面，室内外试验的最优参数一致，作业参数显著性影响也几乎一致，由此可见，室内雾滴沉积效果试验平台的搭建和试验研究是有意义的，可以为实际作业参数优选提供指导。

第三节　风洞风速及雾滴粒径对喷嘴雾滴飘移的影响

本节通过风洞中由地面垂直向上 0.1 ～ 0.7 m 的 4 根采集线、沿水平方向 2 ～ 14 m 的 13 根采集线，定性、定量地分析了在不同位置、不同雾滴粒径（100 μm、150 μm、200 μm）及不同风速（2 m/s、4 m/s 和 6 m/s）条件下的雾滴飘移情况。首先介绍了试验所需的材料与设备及试验设计，其次介绍了试验数据的获取过程，最后详细分析了试验数据。

一、材料与方法

（一）试验仪器与设备

本试验使用华南农业大学国家精准农业航空中心的农用风洞实验室。该风洞采用直流开口式设计，主要包括动力段、过渡段、扩散段、稳定段、收缩段和试验段 6 个部分，如图 4-3-1 所示，风洞详细技术指标见表 4-3-1。

图 4-3-1 风洞实验室外观图

表 4-3-1 风洞技术指标

主要参数	数值
测试段尺寸（m×m×m）	20×2.0×1.1
风速范围（m/s）	2 ～ 52
湍流度（%）	＜1
轴向静压梯度	＜0.01
动压稳定性系数（%）	＜1
平均气流偏角（°）	＜1

试验采用的固定喷雾系统由农业农村部南京农业机械化研究所设计。该系统由延时继电器、储水箱、增压泵、卸压阀、压力表、喷施管道以及喷头 7 个部分组成。通过调节减压出口压力，精确控制喷施压力；通过调节继电器模式，实现定时喷施。雾滴粒径分布测量装置采用欧美克 DP-02 型激光粒度分析仪，如图 4-3-2 所示，其测量粒径范围在 1 ～ 1500 μm。该仪器的工作原理是，从发射端发射一束激光穿过喷雾区域，根据不同粒径粒子对激光散射光角度不同，在接收端的不同区域布置感光片收集获得散射光强度，最终通过计算机运算获得喷雾雾滴粒径分布比例。荧光度检测设备为日本 JASCO 公司生产的 FP-8300 荧光分光光度计及其配套软件。

（a）风洞雾滴粒径测试

（b）激光粒度分析仪

图 4–3–2　激光粒度分析仪及雾滴测试试验

（二）喷雾试验参数及处理

雾滴粒径参数可由 DP–02 型激光粒度分析仪及其配套软件直接读出，对于雾滴飘移特性，则通过聚乙烯采集线的雾滴沉积质量间接获得，具体方法如下。

首先配制标准母液以拟合标准曲线。根据试验前的计算，配制 5 个不同浓度等级的罗丹明 B 溶液，分别为 5×10^{-5} g/L、1×10^{-4} g/L、2×10^{-4} g/L、5×10^{-4} g/L、2×10^{-3} g/L，并将配制好的母液分别放入 FP–8300 荧光分光光度计中，用波长为 552 nm 的光激发，测定波长为 575 nm 的发射光强度作为溶液中罗丹明 B 浓度的依据，测定的拟合曲线为 y=201341x+4.83142，拟合度为 99.95%，满足试验的精度要求。

其次处理样品。用 10 mL 的移液枪注入 40 mL 的去离子水充分振荡洗涤，从中取 2 mL 放到石英皿，并将石英皿放入荧光分光光度计测试槽中，通过仪器及其配套软件测试其发射光强度，即可测得罗丹明 B 溶液的浓度值。

最后将 FP–8300 荧光分光光度计及其配套软件得到的原始数据导入 Excel 2010，进行雾滴沉积质量和雾滴飘移率的计算。

雾滴在采集线的沉积总量用 A_d 来表示：

$$A_d=\sum_{i=1}^{n} d_i\left(\frac{s}{w}\right) \tag{4.3.1}$$

式中，n 为采集线的数量，对水平方向和垂直方向分别求和；d_i 为第 i 根采集线示踪剂的沉积；s 为采集线间的距离；w 为采集线的直径。

$$T_a=V\times c \tag{4.3.2}$$

式中，T_a 为喷施示踪剂总量；V 为喷雾体积；c 为示踪剂浓度。

$$S=\frac{A_d}{T_a}\times100\% \tag{4.3.3}$$

式中，S 为飘移率，即采集线的雾滴沉积量占雾滴喷施示踪剂总量的百分比。

为了更好地分析雾滴的最大飘移距离，选用 90% 飘移位置定义：

$$D_t(\%)=\int_2^{14} f(x)\,\mathrm{d}x \tag{4.3.4}$$

$$D(\%)=\int_2^{i} f(x_i)\,\mathrm{d}x/D_t \tag{4.3.5}$$

式中，$D_t(\%)$ 为飘移区内的累积水平飘移；$D(\%)$ 为位置 $f(x_i)$ 的累积水平飘移率；$f(x_i)$ 为 i 位置的飘移率。90% 飘移距离定位为累积水平飘移率达到 90% 时的距离（m）。

为分析风洞条件下雾滴垂直飘移和水平飘移的具体情况，将垂直平面和水平平面各采集线的飘移率依次展示出来，以得出风速和粒径对风洞雾滴飘移的影响规律。最终试验数据采用两因素重复方差分析方法在 SPSS V22.0 软件中进行分析，试验结果通过 OriginPro 9.1 软件进行绘图表示。

二、试验设计

（一）雾滴粒径测试试验

为分析雾滴粒径在风洞条件下对雾滴飘移的影响，首先对试验的操作环境进行雾滴粒径测试，以确定试验时的操作参数。雾滴粒径大小用 $Dv_{0.5}$ 表示，是指小于此雾滴直径的雾粒体积占全部雾粒体积的 50%，也称为体积中径。

试验采用德国 Lechler 公司的 LECHLER 110-01 喷嘴、美国 Teejet 公司的 Teejet 110-03 喷嘴及中国力成公司的 LICHENG 110-05 喷嘴，其他沉积溶度测量设备如图 4-3-3 所示。试验时激光粒度分析仪两机体镜头相距 1.5 m 且对称放置在喷嘴两侧水平支架上，喷嘴与激光粒度仪光束距离 0.35 m，喷嘴喷雾羽流与激光线垂直、与风洞观察窗平行。3 种喷嘴在标准压力 0.3 MPa 的条件下测得的平均粒径大小分别为 106.23 μm、140.16 μm 及 189.17 μm，数据不能很好地满足试验所需的 3 种粒径要求。因此通过改变固定喷雾系统的喷施压力，以达到试验目标。当调整的压力产生的雾滴粒径大小很接近所需雾滴粒径时，每组测试试验重复 3 次，以确定满足试验要求。

试验采用德国德图公司生产的 Testo 512 压差风速仪，如图 4-3-4 所示。试验时风洞的风速在 2 ～ 6 m/s，属于低风速，因此忽略风速对雾滴粒径的影响。3 种喷嘴（图 4-3-5）在筛选喷雾压力下雾滴粒径的测试结果如表 4-3-2 所示。由表 4-3-2 可知，LECHLER 110-01 喷嘴的雾滴粒径的平均值为 99.90 μm，标准差为 1.31；Teejet 110-03 喷嘴的雾滴粒径的平均值为 149.58 μm，标准差为 1.01；LICHENG 110-05 喷嘴的雾滴粒径的平均值为 197.07 μm，标准差为 1.11。该试验结果满足试验要求（100 μm、150 μm、200 μm），此时 3 种喷头的压力分别为 0.35 MPa、0.20 MPa、0.25 MPa，用作后面雾滴飘移试验的操作参数。

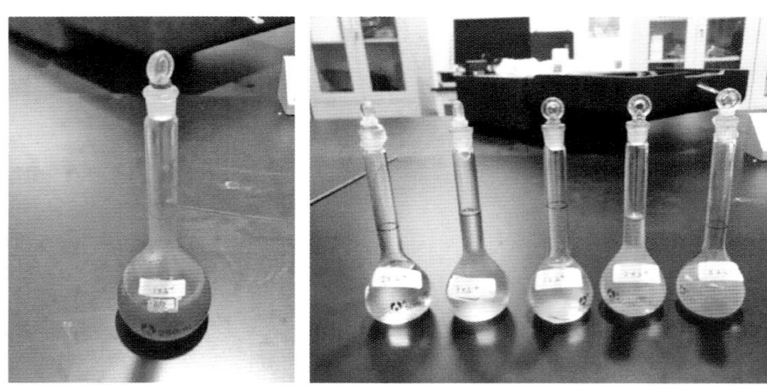

（a）母液　　（b）配制溶液

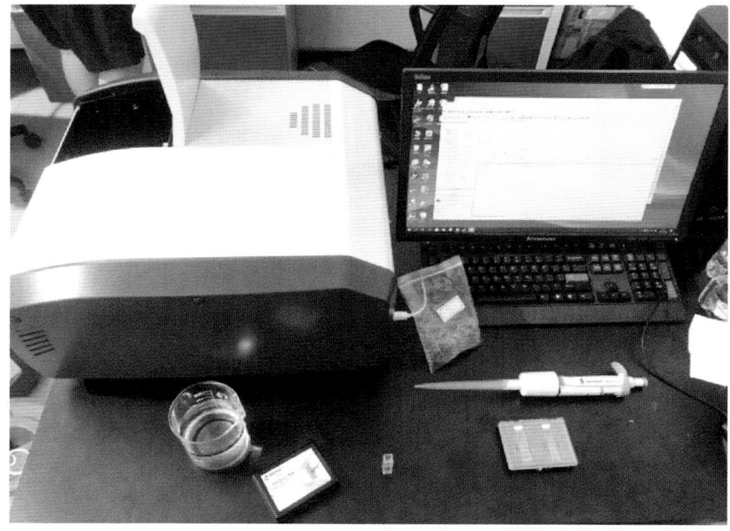

（c）测试仪器及软件

图 4-3-3　沉积溶度测量设备

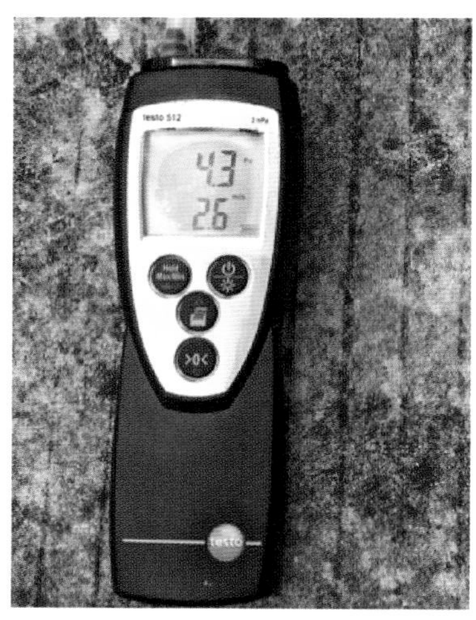

图 4-3-4　Testo 512 压差风速仪

图 4-3-5　喷嘴

表 4-3-2　筛选压力下雾滴粒径的测试结果

单位：μm

喷嘴类型	雾滴粒径（$Dv_{0.5}$）		
	0.35 MPa	0.20 MPa	0.25 MPa
LECHLER 110-01	101.75	99.10	98.86
Teejet 110-03	148.22	150.64	149.88
LICHENG 110-05	198.45	195.74	197.02

（二）雾滴飘移测试试验

试验时喷头被固定在距离风洞地面 0.8 m 的中心位置，雾滴沉积由直径 1 mm 的聚乙烯线收集。在顺风方向，距离喷头 2 m 的位置，由风洞地面向上 0.1 ～ 0.7 m 放置 4 根间隔为 0.2 m 的采集线，这些采集线用来检测穿过垂直平面空气的雾滴沉积，分别命名为 V1、V3、V5 和 V7。此外，沿水平方向在距离地面 0.1 m 高的位置以 1m 的间隔距离分别放置 13 根采集线，以检测喷雾从 2 m 到 14 m 范围内的水平飘移，分别命名为 H2、H3、H4、H5、H6、H7、H8、H9、H10、H11、H12、H13 和 H14（其中，H2 即 V1）。风洞地面铺设草皮地毯，以防止喷洒到风洞地面的溶液反弹到采集线上。试验布置原理如图 4-3-6 所示，实际布置如图 4-3-7 所示。

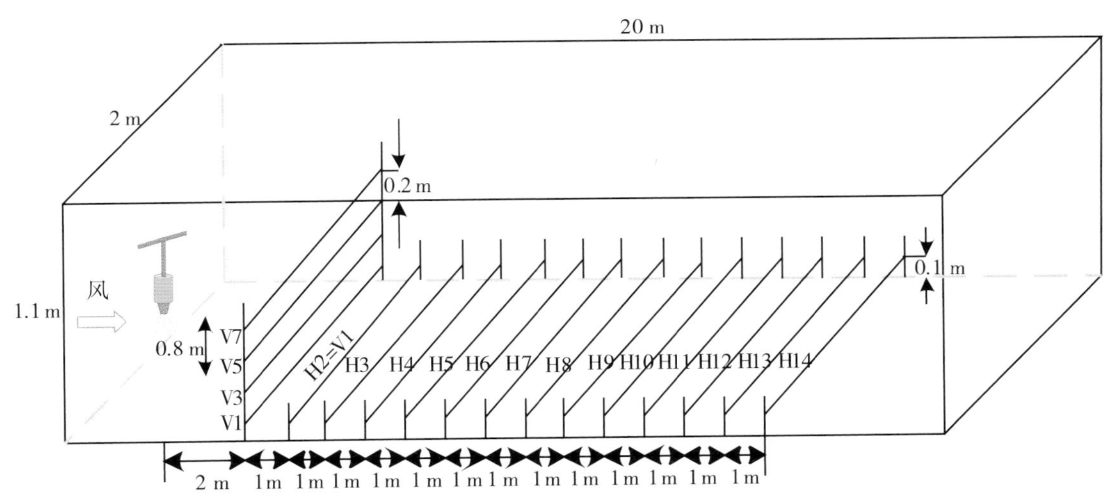

图 4-3-6　风洞试验布置原理图

（a）水平布置点

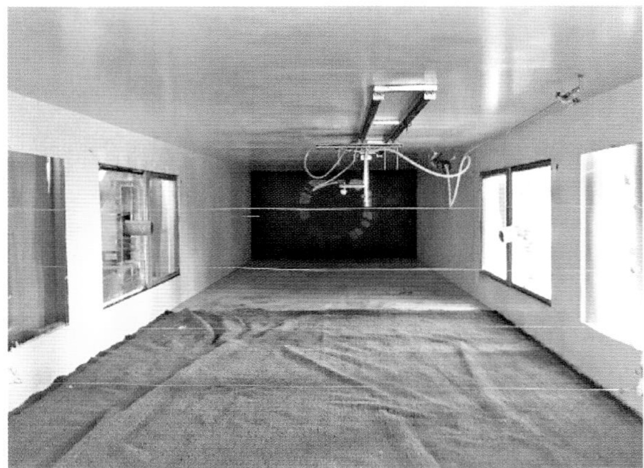
（b）垂直布置点

图 4-3-7　风洞试验实际布置图

喷头喷施时间由时间继电器控制，确保每个测试的喷雾时间都固定在 10 s。选择罗丹明 B（阿拉丁，绿色，R104961）荧光示踪剂与清水按照 5 g/L 的比例配比后作为喷雾介质。每组试验重复 3 次，取其平均值作为最终数据。喷施结束，待附着在线上的雾滴充分晾干后戴一次性橡胶手套收集，并将采集线放置在封装袋中，及时带回实验室避光低温保存。

三、结果与分析

（一）雾滴粒径对雾滴累积飘移率的影响

不同风速条件下雾滴粒径对雾滴累积垂直飘移率和累积水平飘移率的影响如图 4-3-8 所示。处理结果采用 LSD 多重比较，显著性水平选择 $\alpha=0.05$。

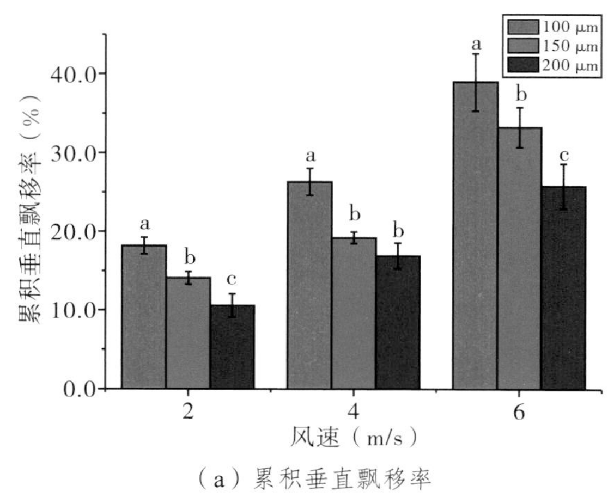

（a）累积垂直飘移率

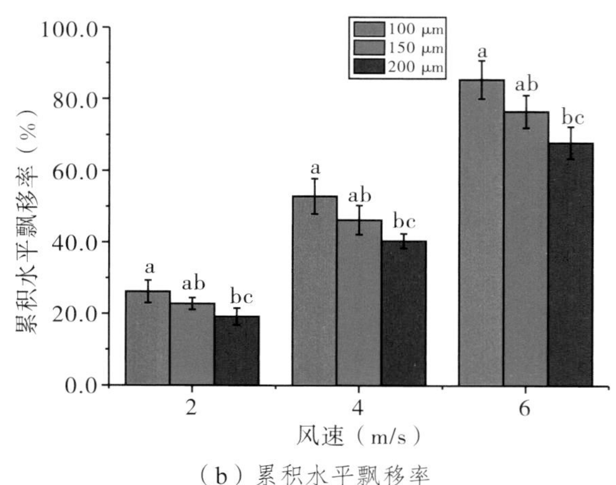

（b）累积水平飘移率

图 4-3-8　雾滴粒径对雾滴整体飘移的影响

如图4-3-8(a)所示，雾滴粒径在风速为2 m/s(P=0.002)、4 m/s(P=0.001)和6 m/s(P=0.001)时都显著影响雾滴的累积垂直飘移率。累积垂直飘移率最低的为雾滴粒径200 μm的处理，且显著低于雾滴粒径100 μm的处理。只有4 m/s时雾滴粒径150 μm的处理与雾滴粒径200 μm的处理之间的差异不显著，以及6 m/s时雾滴粒径100 μm的处理与雾滴粒径150 μm的处理之间的差异不显著，其他处理之间的差异显著。

如图4-3-8(b)所示，雾滴粒径在风速为2 m/s(P=0.039)、4 m/s(P=0.048)和6 m/s(P=0.027)时都显著影响雾滴的累积水平飘移率。累积水平飘移率最低的同样为雾滴粒径200 μm的处理，且显著低于雾滴粒径100 μm的处理，其他处理之间的差异不显著。

不论是累积垂直飘移率还是累积水平飘移率，都是随着雾滴粒径的增大而降低，且雾滴粒径的差别越大，降低的程度越高。尤其是累积水平飘移率，只有当雾滴粒径相差100 μm时，处理之间的差异才显著。因此，虽然雾滴粒径可以显著降低雾滴的飘移率，但是雾滴粒径的处理间隔要足够大，才能起到更好的防飘移效果。

（二）雾滴粒径对雾滴各位置飘移率的影响

图4-3-9为下风向2 m垂直平面处飘移率的分布情况。由图4-3-8（a）可知，雾滴粒径对累积垂直飘移率的影响显著。从图4-3-9也可以看出，雾滴粒径越大，垂直飘移率越小。以图4-3-9距离地面0.1 m的采集线为例，风速为2 m/s时，雾滴粒径100 μm处理的飘移率为6.2%，而雾滴粒径200 μm处理的飘移率只有3.0%；风速为4 m/s时，雾滴粒径100 μm处理的飘移率为7.1%，而雾滴粒径200 μm处理的飘移率只有4.4%；风速为6 m/s时，雾滴粒径100 μm处理的飘移率为9.3%，而雾滴粒径200 μm的垂直飘移率只有6.0%。总体上，相同垂直高度位置，雾滴粒径大的处理要比雾滴粒径小的处理飘移率小。

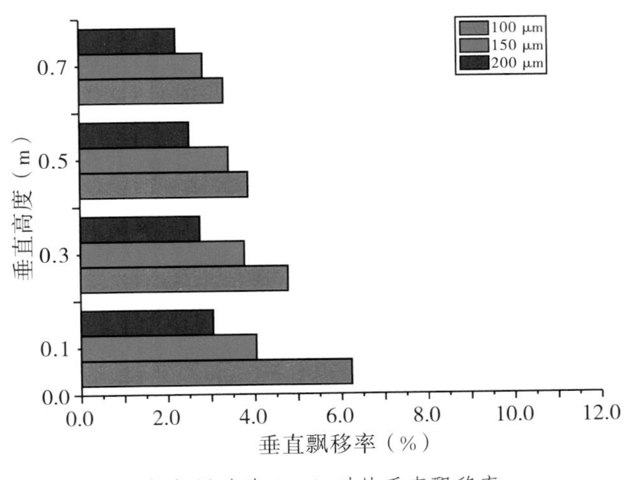

（a）风速为2 m/s时的垂直飘移率

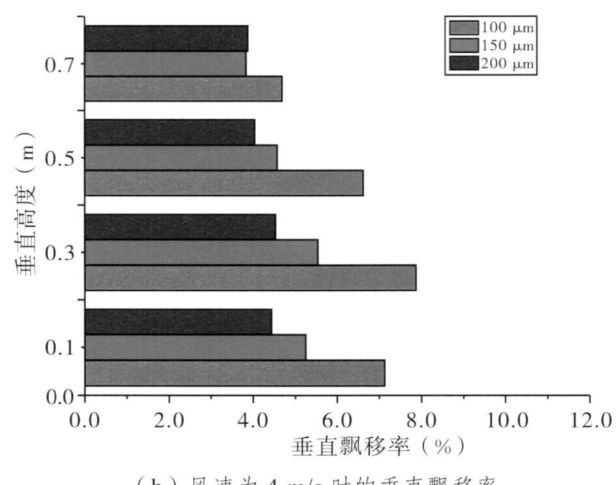

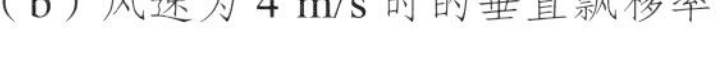
（b）风速为 4 m/s 时的垂直飘移率

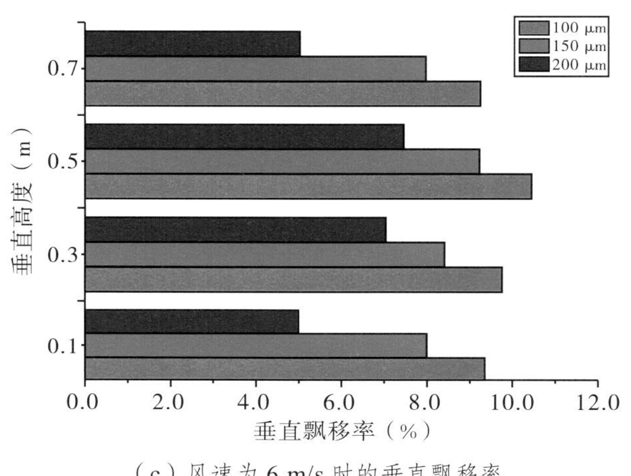

（c）风速为 6 m/s 时的垂直飘移率

图 4–3–9　风速和雾滴粒径对雾滴垂直飘移的影响

图 4–3–10 为雾滴从 2 m 到 14 m 范围内的水平飘移情况。由图 4–3–8（b）可知，雾滴粒径对累积水平飘移率的影响显著。从图 4–3–10 也可以看出，雾滴粒径越大，水平飘移率越小。以图 4–3–10 距离喷头 3 m 的采集线为例，风速为 2 m/s 时，雾滴粒径 100 μm 处理的水平飘移率为 3.55%，而雾滴粒径 200 μm 处理的水平飘移率只有 2.46%；风速为 4 m/s 时，雾滴粒径 100 μm 处理的水平飘移率为 4.82%，而雾滴粒径 200 μm 处理的水平飘移率只有 3.56%；风速为 6 m/s 时，雾滴粒径 100 μm 处理的水平飘移率为 6.7%，而雾滴粒径 200 μm 处理的水平飘移率只有 5.16%。总体上，相同水平位置，雾滴粒径大的处理要比雾滴粒径小的处理飘移率小。

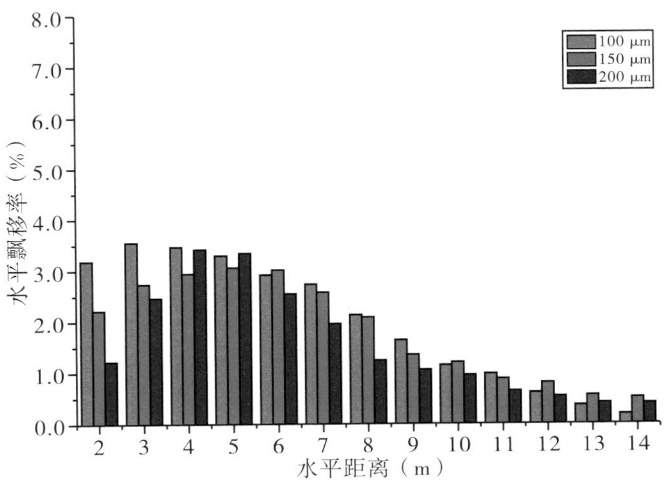

（a）风速为 2 m/s 时的水平飘移率

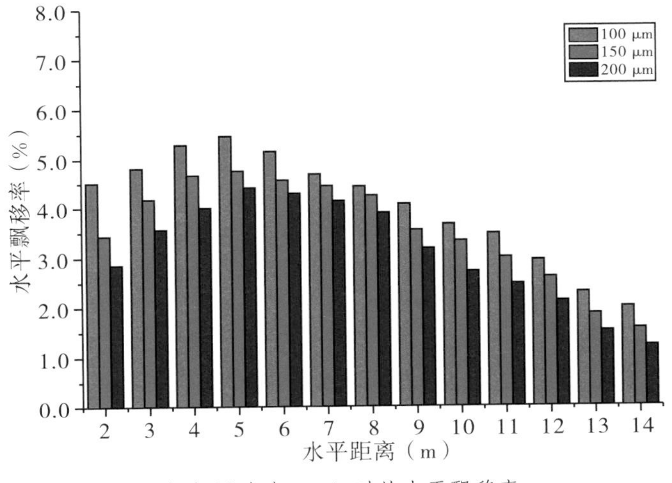

（b）风速为 4 m/s 时的水平飘移率

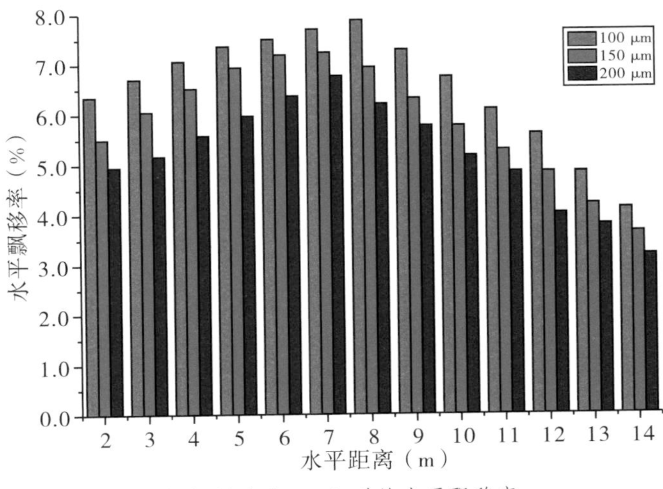

（c）风速为 6 m/s 时的水平飘移率

图 4-3-10　风速和雾滴粒径对雾滴水平飘移的影响

（三）风速对雾滴累积飘移率的影响

不同雾滴粒径条件下风速对雾滴累积垂直飘移率和累积水平飘移率的影响如图 4–3–11 所示。处理结果采用 LSD 多重比较，显著性水平选择 α =0.01。

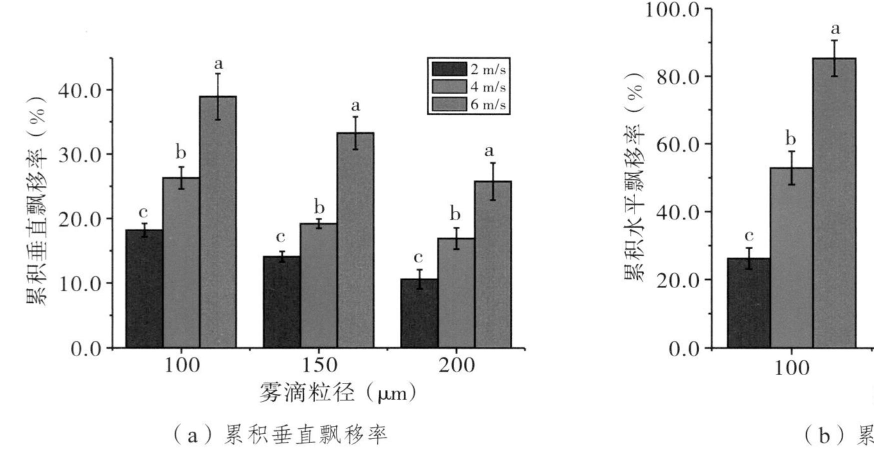

（a）累积垂直飘移率

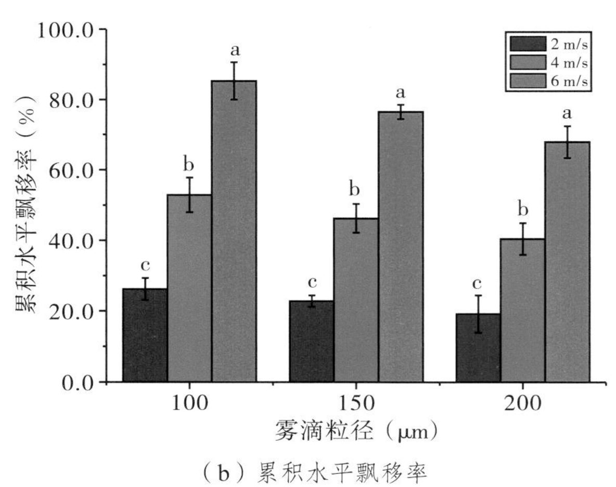

（b）累积水平飘移率

图 4–3–11　风速对雾滴整体飘移的影响

如图 4–3–11（a）所示，风速在雾滴粒径 100 μm（$P < 0.0001$）、150 μm（$P < 0.0001$）和 200 μm（$P < 0.001$）时都极显著影响雾滴的累积垂直飘移率。飘移率最高的为风速为 6 m/s 的处理，且极显著高于风速为 4 m/s 和风速为 2 m/s 的处理。除了风速为 4 m/s 和风速为 2 m/s 的处理之间没有极显著的差异，其他处理之间的差异极显著。

如图 4–3–11（b）所示，风速在雾滴粒径 100 μm（$P < 0.0001$）、150 μm（$P < 0.0001$）和 200 μm（$P < 0.0001$）时都极显著影响雾滴的累积水平飘移率。飘移率最高的为风速为 6 m/s 的处理，且极显著高于风速为 4 m/s 和风速为 2 m/s 的处理。同时，其他处理之间的差异也极显著。

不论是累积垂直飘移率还是累积水平飘移率，都是随着风速的提高而提高，且风速的差别越大，提高的程度越高。尤其是累积水平飘移率，2 m/s 风速间隔的影响效果已经非常显著，因此后文的进一步研究也将更详细地分析风速对雾滴飘移的影响。

（四）风速对各位置雾滴飘移率的影响

由图 4–3–11（a）可知，风速对累积垂直飘移率的影响极显著。图 4–3–9 为下风向 2 m 垂直平面处飘移率的分布情况，从图 4–3–9 也可以看出，风速越大，飘移率越大。以图 4–3–9 距离地面 0.1 m 的采集线为例，雾滴粒径 100 μm 时，风速为 2 m/s 处理的飘移率为 6.2%，而风速为 6 m/s 处理的飘移率达到 9.3%；雾滴粒径 150 μm 时，风速为 2 m/s 处理的飘移率为 4.0%，而风速为 6 m/s 处理的飘移率达到 7.5%；雾滴粒径 200 μm 时，风速为 2 m/s 处理的飘移率为 3.0%，而风速为 6 m/s 处理的飘移率达到 6.0%。总体上，相同垂直高度位置，风速大的处理要比风速小的处理飘移率大。

此外，风速还影响最大垂直飘移率的位置。风速为 2 m/s 时，飘移率随着高度的增加而减少；风速为 4 m/s 和 6 m/s 时，随着高度的增加，飘移率先增加，分别于 0.3 m 和 0.5 m 高度达到峰值后再减少。表明风速较小时，飘移率随着取样高度的增加而降低；风速较大时，最大飘移率所在的取样高度增加。原因可能是当风速较小时，雾滴受自身质量的影响，飘移的距离不是很远，容易沉积在较低的位置；而当风速较大时，雾滴飘移的距离变远，在下风向 2 m 垂直平面内，主要雾滴穿过的平面高度变高，最大飘移率所在的取样高度增加。

图 4–3–10 为雾滴从 2 ～ 14 m 范围内的水平飘移情况。由图 4–3–11（b）可知，风速对累积水平飘移率的影响极显著。从图 4–3–10 也可以看出，风速越大，水平飘移率越高，且随着距离的增加呈先增大后减小的趋势。图中风速为 6 m/s 围成的面积明显大于风速为 4 m/s 和风速为 2 m/s 围成的面积，符合风速极显著的影响关系，且风速为 6 m/s 时部分雾滴已经超出 15 m 的范围。

另外，风速还影响累积水平最大飘移率的位置。从表 4–3–3 可以看出，风速为 2 m/s 时 90% 飘移距离在 9.4 ～ 10.2 m 的位置，风速为 4 m/s 时 90% 飘移距离在 11.3 ～ 11.7 m 的位置，风速为 6 m/s 时 90% 飘移距离在 12.1 ～ 12.4 m 的位置。表明风速越大，雾滴飘移的距离越远，雾滴飘移越严重。

（五）建立雾滴飘移模型

为进一步分析风速和雾滴粒径对雾滴水平飘移率的影响，统计 9 组处理在不同条件下的水平飘移率 y 与水平距离 x 的回归方程及其 90% 飘移距离，结果见表 4–3–3。从拟合的方程可以看出，除风速为 2 m/s、雾滴粒径 100 μm 处理组的函数关系呈指数下降且决定系数只有 0.74 外，其余处理皆呈多项式函数整体下降且决定系数都大于 0.86。前者特殊且决定系数较低，可能是处理时出现了较大的误差所致。而对于其他处理组，在距离喷嘴较近位置的水平飘移率先有小幅度提高，然后随着距离的增加依次降低。该结果跟田间试验时水平飘移率随着距离增加而依次递减的规律有些不同，原因可能是喷嘴的喷施时间（10 s）过长，也可能是每组试验喷施完后未及时关闭风机，在后面的试验中将做进一步的改善。

表 4–3–3　拟合方程及 90% 飘移距离

风速（m/s）	雾滴粒径（μm）	拟合方程	决定系数 R^2	90% 飘移距离（m）
2	100	$y=-0.0001x^2-0.0013x+0.0394$	0.96	9.4
2	150	$y=-0.0002x^2+0.0008x+0.0268$	0.86	10.2

续表

风速（m/s）	雾滴粒径（μm）	拟合方程	决定系数 R^2	90% 飘移距离（m）
2	200	$y=0.0467e^{-0.169x}$	0.74	10.0
4	100	$y=-0.0004x^2+0.0031x+0.0434$	0.96	11.7
4	150	$y=-0.0005x^2+0.0051x+0.0303$	0.94	11.3
4	200	$y=-0.0005x^2+0.0057x+0.0234$	0.92	11.5
6	100	$y=-0.0007x^2+0.0087x+0.0476$	0.98	12.4
6	150	$y=-0.0006x^2+0.0082x+0.0427$	0.96	12.2
6	200	$y=-0.0006x^2+0.0081x+0.0349$	0.93	12.1

上文已知风速和雾滴粒径对雾滴水平飘移率影响显著。现分析风速 A、雾滴粒径 B 对累积水平飘移率 y 的影响，利用 SPSS 的逐步回归法进行分析，建立多元线性回归方程：

$$y=0.133591A-0.00123B+0.137816\ (R^2=0.979) \tag{4.3.6}$$

表明该拟合方程可以很好地表达 3 个变量之间的相关性。从方程也可以看出风速可以提高雾滴水平飘移率，雾滴粒径可以降低雾滴的水平飘移率，而且风速的影响权重要比雾滴粒径的大。

通过上文分析可知，雾滴粒径和风速对不同位置的水平飘移率具有显著的影响，且不同位置的水平飘移率成二次多项式函数关系，雾滴粒径和风速与水平飘移率成线性关系。对 27 组数据不同位置的飘移率和采样距离、风速及雾滴粒径进行 SPSS 多元非线性拟合，结果如下：

$$D_p=(-a\times D_t^2+b\times D_t+c)\times(d\times W_s-e\times D_s+f) \tag{4.3.7}$$

式中，D_p 为水平飘移率，%；D_t 为下风向到喷嘴的距离，m；W_s 为风速，m/s；D_s 为雾滴粒径，μm。但是拟合结果不收敛，分析原因主要是多项式函数关系中 b 值不固定导致无法使用多项式函数关系拟合。当拟合函数改为幂函数时，经过 14 次迭代出现最优解，其拟合结果如下：

$$D_p=\exp(-0.042D_t)\times(0.014W_s-1.29\times10^{-4}D_s+0.017) \tag{4.3.8}$$

表 4-3-4 为描述性统计及方差分析表，其中 R^2=0.828，表明拟合效果较好，但也说明了前面试验的无关变量控制情况不是特别好，在后面试验中要做进一步优化。从拟合模型来看，雾滴水平飘移率与风速呈正相关线性函数关系，与雾滴粒径呈负相关函数关系，该结果与飘移率和 90% 飘移位置的结论基本相同。需要注意的是，该拟合模型只适用于此喷施系统及类似的环境温湿度条件（如广州地区）。

表 4-3-4　描述性统计量及方差分析表

变异来源	自由度	平方和	F 值	Pro > F	自变量	系数	标准差
回归项	4	0.205	164.389	0	D_t	0.042	0.005
残差项	113	0.008	—	—	W_s	0.014	0.001
未修正总数	117	0.213	—	—	D_s	1.29×10^{-4}	1.29×10^{-4}
修正后总数	116	0.048	—	—	常数	0.017	0.005

第四节　风洞条件下风速及雾滴粒径对农用无人机雾滴飘移的影响

本节为第三节中在相同变量条件下带旋翼的风洞对照试验，即其他条件不变，在风洞出口架设植保无人机进行风洞试验。为确保足够的飘移距离，将下风向的水平距离延伸到 21.5 m。本节首先介绍了植保无人机的架设以及试验设计，其次介绍了试验数据的获取过程，最后详细分析了试验数据。

一、材料与方法

（一）试验仪器与设备

本试验采用自行组装的四旋翼植保无人机，如图 4-4-1 所示，主要性能指标见表 4-4-1。该机型有 4 个喷头，喷头对称分布在机身两侧。试验采用德国 LECHLER 公司的 LECHLER 110-01 喷嘴、美国 Teejet 公司的 Teejet 110-03 喷嘴以及中国力成公司的 LICHENG 110-05 喷嘴，如图 4-3-5 所示。测试设备主要有 Testo 512 压差风速仪、温湿度计、欧美克 DP-02 激光粒度分析仪（测量范围 1 ~ 1500 μm）、FP-8300 荧光分光光度计及其配套软件。

图 4-4-1　试验机型

表 4-4-1　植保无人机主要性能参数

主要参数	规格及数值
机型型号	翼飞特四旋翼电动无人机
外形尺寸（mm×mm×mm）	1470×1470×482
旋翼直径（mm）	540
最大载药量（L）	10
作业速度（m/s）	0～8
作业高度（m）	1～5
有效喷幅（m）	—

（二）喷雾参数及处理

雾滴在采集线上的沉积总量用 A_d 来表示：

$$A_d = \sum_{i=1}^{n} d_i\left(\frac{s}{w}\right) \tag{4.4.1}$$

式中，n 为采集线的数量，对水平方向和垂直方向分别求和；d_i 为第 i 根采集线上示踪剂的沉积；s 为采集线间的距离；w 为采集线的直径。

$$T_a = V \times c \tag{4.4.2}$$

式中，T_a 为喷施示踪剂总量；V 为喷雾体积；c 为示踪剂浓度。

$$S = \frac{A_d}{T_a} \times 100\% \tag{4.3.3}$$

式中，S 为飘移率，即采集线收集的雾滴沉积量占雾滴喷施示踪剂总量的百分比。

为更好地分析雾滴的最大飘移距离，选用 90% 飘移位置定义：

$$D_t(\%) = \int_{2}^{21.5} f(x)\,\mathrm{d}x \tag{4.4.4}$$

$$D(\%) = \int_{2}^{i} f(x_i)\,\mathrm{d}x/D_t \tag{4.4.5}$$

式中，$D_t(\%)$ 为飘移区累积水平飘移；$D(\%)$ 为 i 位置的累积水平飘移率；$f(x_i)$ 为 i 位置的飘移率；90% 飘移距离定位为累积水平飘移率达到 90% 时的距离，m。

为分析风洞垂直飘移和水平飘移的具体情况，需将垂直平面和水平平面各采集线的飘移率依次展示出来，以得出风速和雾滴粒径对风洞雾滴飘移的影响规律。最终试验数据采用两因素重复方差分析方法在 SPSS V22.0 软件中进行分析，其显著性为 99%。试验结果通过 OriginPro 9.1 软件进行绘图表示。

二、试验设计

（一）雾滴粒径测试试验

由本章第三节可知，LECHLER 110–01 喷嘴在 0.35 MPa 喷施压力下的雾滴粒径接近 100 μm；Teejet 110–03 喷嘴在 0.2 MPa 喷施压力下的雾滴粒径接近 150 μm；LICHENG 110–05 喷嘴在 0.25 MPa 喷施压力下的雾滴粒径接近 200 μm。因此，只要把植保无人机的喷施压力调整到相应值便可满足试验条件。调整过程使用了水压表和可调水泵，如图 4–4–2 和 4–4–3 所示。

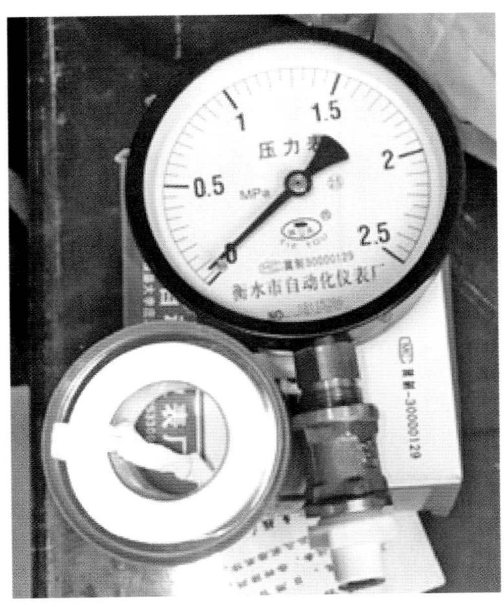

图 4–4–2　水压表

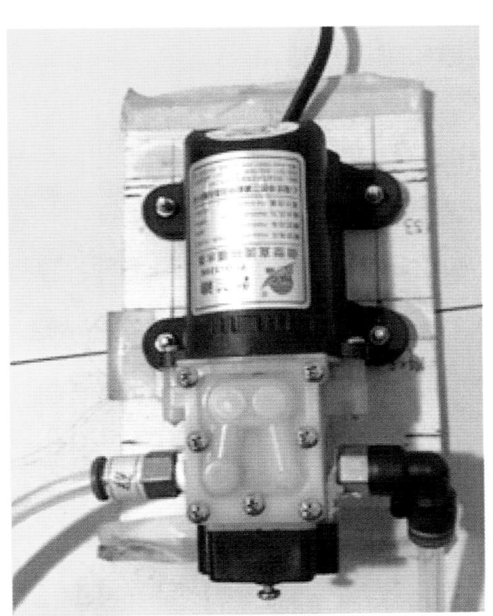

图 4–4–3　可调水泵

（二）雾滴飘移测试试验

组装的四旋翼植保无人机放置在风洞出口中间，由金属架支撑，如图 4-4-4 所示。将四旋翼植保无人机用细钢丝绑在金属支架上，支架底部用 2 桶 30 L 的水压住，确保无人机固定在一个位置上，无人机距离地面 1.5 m。

图 4-4-4 固定支架和植保无人机

试验时喷嘴距离地面 1.4 m，喷洒 5 g/L 的罗丹明 B 溶液，雾滴飘移由直径为 1 mm 的聚乙烯线采集，聚乙烯线布置在风洞出口后面。聚乙烯线架设在桅杆上，2 根桅杆相距 3.2 m，沿无人机方向对称排列。在下风向距离喷头平面 2 m 的位置，分别向上垂直、向后水平布线。垂直方向由距离地面 0.3 ～ 1.3 m 放置的 6 根聚乙烯线组成，间距为 0.2 m，分别命名 V1、V3、V5、V7、V9 和 V11。水平方向由沿下风口在距离地面 0.3 m 高的位置放置的 14 根聚乙烯线组成，间距为 1.5 m，分别命名 H2、H3.5、H5、H6.5、H8、H9.5、H11、H12.5、H14、H15.5、H17、H18.5、H20 和 H21.5（其中，H2 即 V1）。风洞出口地面铺设草皮地毯，以防止喷洒到地面的溶液反弹到采集线上。试验布置示意图如图 4-4-5 所示，实际布置图如图 4-4-6 所示。

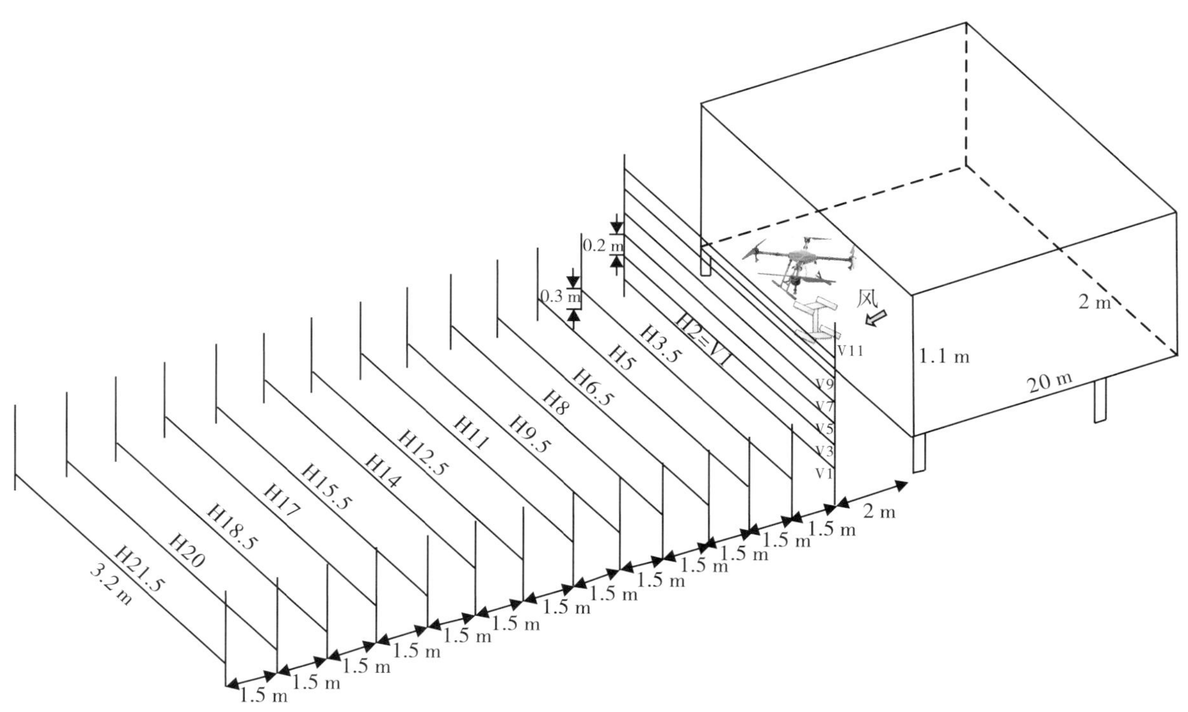

图 4-4-5 风洞试验示意原理图

图 4-4-6 风洞试验实际布置图

试验在风洞出口附近环境风速接近 0 m/s 的情况下完成，并且在风洞出口外两侧用长木板隔挡，以减少环境风速对试验的影响。试验时，四旋翼植保无人机的风速保持在刚启动状态，此时测量旋翼的下风场大约为 3 m/s。每组试验喷施 5 s，做 3 次重复试验，取其平均值作为最终数据。喷施结束，待附着在线上的雾滴充分晾干后，戴一次性橡胶手套收集，将采集线放置在封装袋中，并及时带回实验室避光低温保存。处理样品时，加入 40 mL 的去离子水充分振荡洗涤，每次测试的洗脱液由校准过的荧光分析仪（JASCO，型号 FP-8300，日本）测定荧光剂含量。

三、结果与分析

（一）雾滴粒径对雾滴累积飘移率的影响

不同风速条件下雾滴粒径对雾滴累积垂直飘移率和累积水平飘移率的影响如图4-4-7所示。处理结果采用LSD多重比较，显著性水平选择 $\alpha=0.05$。

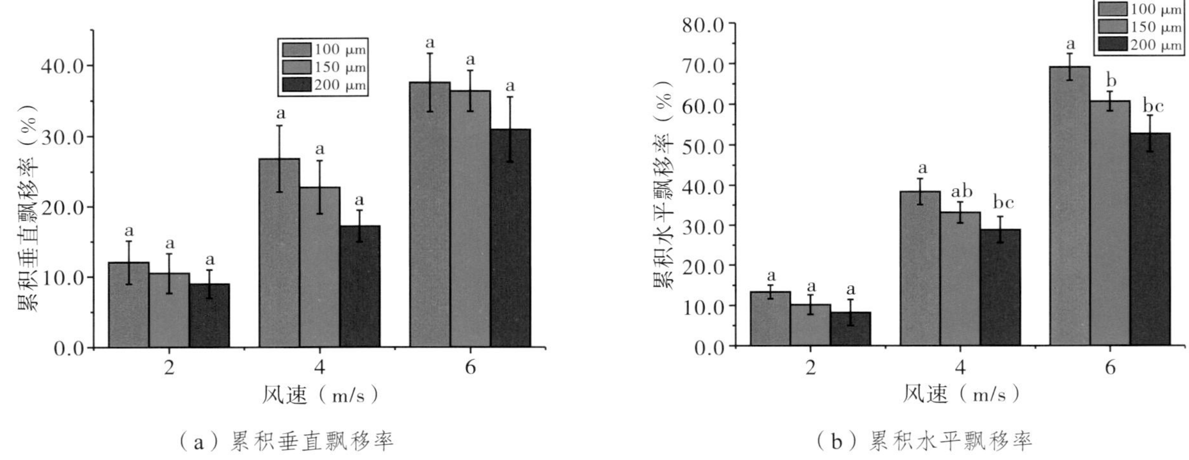

（a）累积垂直飘移率　　（b）累积水平飘移率

图4-4-7　雾滴粒径对雾滴整体飘移的影响

如图4-4-7（a）所示，雾滴粒径在风速为2 m/s（P=0.544）、4 m/s（P=0.105）和6 m/s（P=0.275）时都没有显著影响雾滴的累积垂直飘移率。该结果与风洞内试验不同，推测可能是受到植保无人机下旋风场的影响导致。但整体趋势依然是雾滴粒径100 μm的处理＞雾滴粒径150 μm的处理＞雾滴粒径200 μm的处理。

如图4-4-7（b）所示，雾滴粒径在风速为4 m/s（P=0.048）和6 m/s（P=0.010）时都显著影响雾滴的累积水平飘移率，而风速为2 m/s（P=0.264）时，对累积水平飘移率不存在显著性影响。推测也可能受到植保无人机下旋风场的影响，试验时测得旋翼下风场风速达到3 m/s，因此当风洞风速为2 m/s时产生的飘移就不够明显了。风速为4 m/s和6 m/s时，飘移率最低的为雾滴粒径200 μm的处理，且显著低于雾滴粒径100 μm的处理。风速为4 m/s时，雾滴粒径100 μm和150 μm处理之间的差异不显著，雾滴粒径150 μm和200 μm处理之间的差异也不显著；风速为6 m/s时，雾滴粒径100 μm和150 μm处理之间的差异显著，雾滴粒径150 μm和200 μm处理之间的差异不显著。

不论是累积垂直飘移率还是累积水平飘移率，都是随着雾滴粒径的增大而降低。对于累积水平飘移率，当风速较大时，雾滴粒径可以显著降低雾滴的累积飘移率，但雾滴粒径的处理间隔要足够大，才能起到更好的防飘移效果。

（二）雾滴粒径对各位置雾滴飘移率的影响

图 4–4–8 为下风向 2 m 垂直平面处飘移率的分布情况。由图 4–4–7（a）可知，雾滴粒径对累积垂直飘移率的影响不显著。但从图 4–4–8 可以看出，整体上依然符合雾滴粒径越大，飘移率越小的规律。以图 4–4–8 距离地面 1.3 m 的采集线为例。风速为 2 m/s 时，雾滴粒径 100 μm 处理的垂直飘移率为 1.2%，而雾滴粒径 200 μm 处理的垂直飘移率只有 0.2%；风速为 4 m/s 时，雾滴粒径 100 μm 处理的垂直飘移率为 2.8%，而雾滴粒径 200 μm 处理的垂直飘移率只有 0.5%；风速为 6 m/s 时，雾滴粒径 100 μm 处理的垂直飘移率为 7.5%，而雾滴粒径 200 μm 的垂直飘移率只有 1.4%。总体而言，相同垂直高度位置的飘移率，雾滴粒径大的处理要比雾滴粒径小的处理飘移率小，该结果与风洞内试验组的规律相同。

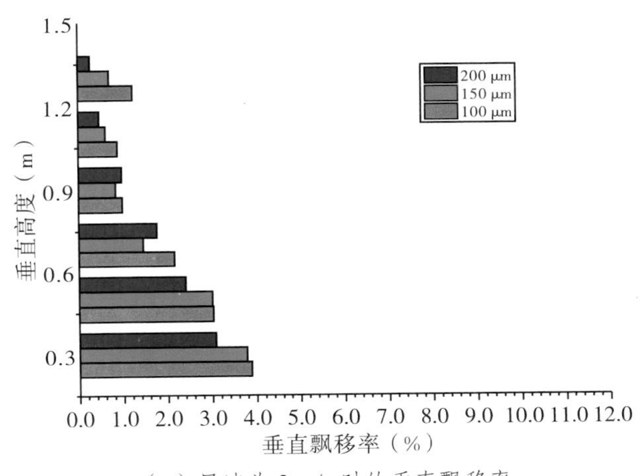

（a）风速为 2 m/s 时的垂直飘移率

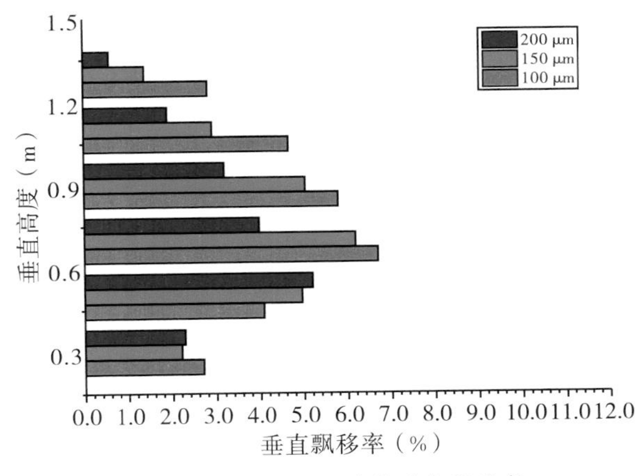

（b）风速为 4 m/s 时的垂直飘移率

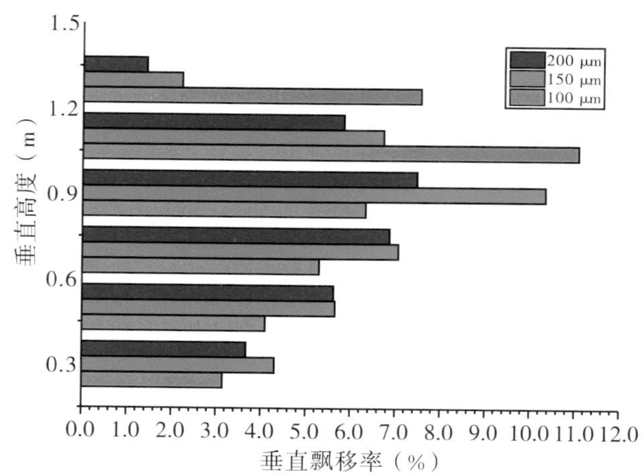

（c）风速为 6 m/s 时的垂直飘移率

图 4-4-8　风速和雾滴粒径对雾滴垂直飘移率的影响

图 4-4-9 为雾滴从 2 m 到 21.5 m 范围内的水平飘移情况。由图 4-4-7（b）可知，雾滴粒径对累积水平飘移率的影响显著。以图 4-4-9 距离喷头 3.5 m 的采集线为例。风速为 2 m/s 时，雾滴粒径 100 μm 处理的水平飘移率为 3.76%，而雾滴粒径 200 μm 处理的水平飘移率只有 2.27%；风速为 4 m/s 时，雾滴粒径 100 μm 处理的水平飘移率为 12.87%，而雾滴粒径 200 μm 处理的水平飘移率只有 9.75%；风速为 6 m/s 时，雾滴粒径 100 μm 处理的水平飘移率为 17.30%，而雾滴粒径 200 μm 处理的水平飘移率只有 12.90%。总体而言，相同水平位置的飘移率，雾滴粒径大的处理要比雾滴粒径小的处理飘移率小，该结果与风洞内试验组的规律相同。

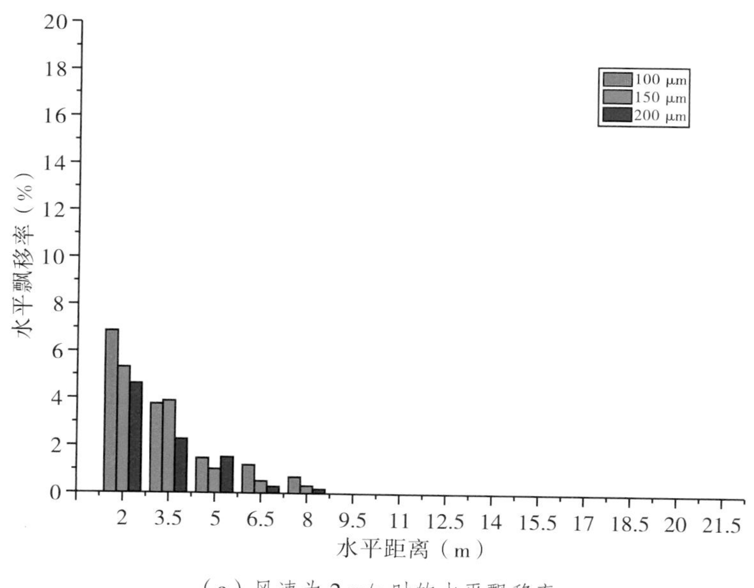

（a）风速为 2 m/s 时的水平飘移率

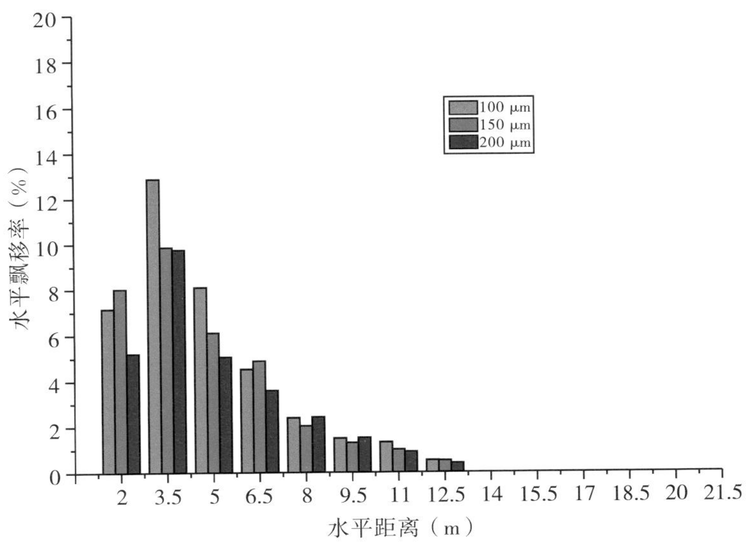

（b）风速为 4 m/s 时的水平飘移率

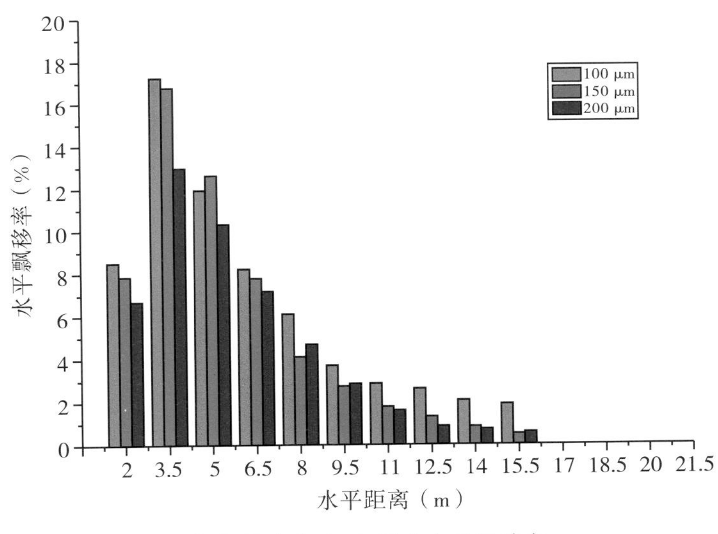

（c）风速为 6 m/s 时的水平飘移率

图 4-4-9　风速和雾滴粒径对雾滴水平飘移率的影响

（三）风速对雾滴累积飘移率的影响

不同雾滴粒径条件下风速对雾滴累积垂直飘移率和累积水平飘移率的影响如图 4-4-10 所示。处理结果采用 LSD 多重比较，显著性水平选择 α =0.01。

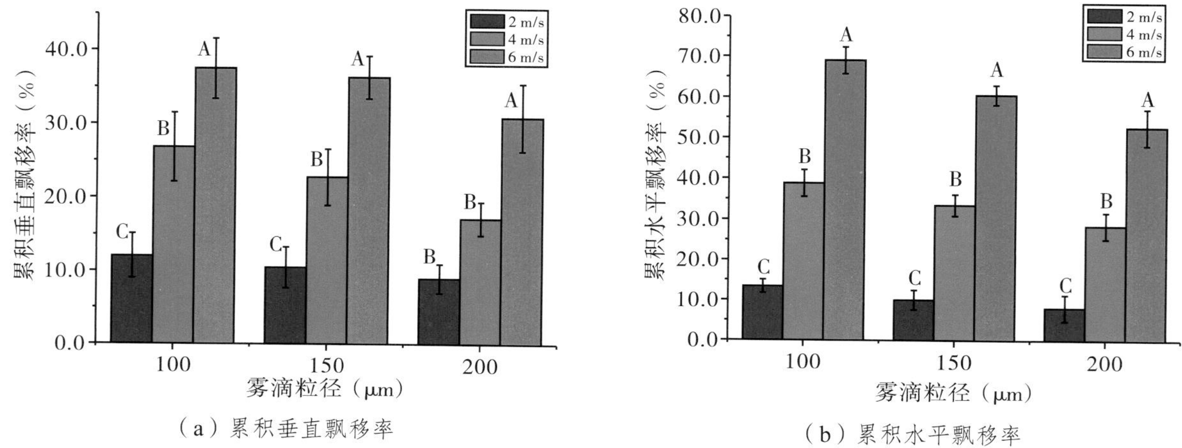

（a）累积垂直飘移率 （b）累积水平飘移率

图 4-4-10 风速对雾滴整体飘移的影响

如图 4-4-10（a）所示，风速在雾滴粒径 100 μm（P=0.002）、150 μm（P=0.001）和 200 μm（P=0.001）时都极显著影响雾滴的累积垂直飘移率。飘移率最高的风速为 6 m/s 的处理，且显著高于风速为 4 m/s 和风速为 2 m/s 的处理。在雾滴粒径 200 μm 时，除了风速为 4 m/s 和 2 m/s 的处理之间不存在极显著性差异，其他处理之间都存在极显著性差异。

如图 4-4-10（b）所示，风速在雾滴粒径 100 μm（$P < 0.0001$）、150 μm（$P < 0.0001$）和 200 μm（$P < 0.0001$）时都极显著影响雾滴的累积水平飘移率。飘移率最高的风速为 6m/s 的处理，且显著高于风速为 4 m/s 和风速为 2 m/s 的处理，其他处理之间的差异也极显著。

不论是累积垂直飘移率还是累积水平飘移率，都是随着风速的提高而提高，风速的差别越大，提高的程度越高，且 2 m/s 的风速水平间隔的效果已经很明显，该结果与风洞内试验组的规律基本相同。

（四）风速对各位置雾滴飘移率的影响

由图 4-4-10（a）可知，风速对累积垂直飘移率的影响极显著。图 4-4-8 为下风向 2 m 垂直平面处飘移率的分布情况，从图 4-4-8 也可以看出，风速越大，飘移率越大。以图 4-4-8 距离地面 1.3 m 的采集线为例。雾滴粒径 100 μm 时，风速为 2 m/s 处理的垂直飘移率为 1.2%，而风速为 6 m/s 处理的垂直飘移率达到 7.5%；雾滴粒径 150 μm 时，风速为 2 m/s 处理的垂直飘移率为 0.5%，而风速为 6 m/s 处理的垂直飘移率达到 2.0%；雾滴粒径 200 μm 时，风速为 2 m/s 处理的垂直飘移率为 0.2%，而风速为 6 m/s 处理的垂直飘移率达到 1.4%。总体上，相同垂直高度位置的飘移率，风速大的处理要比风速小的处理飘移率大。此外，风速还影响最大垂直飘移率的位置。风速为 2 m/s 时，飘移率随着高度的增加而减少；风速为 4 m/s 和 6 m/s 时，随着高度的增加，飘移率先增加，分别于 0.7 m 和 0.9 m 高度达到峰值后再减少，该结果与风洞内试验组的规律基本相同。

图 4–4–9 为雾滴从 2 m 到 21.5 m 范围内的水平飘移情况。由图 4–4–10（b）可知，风速对累积水平飘移率的影响极显著。从图 4–4–9 也可以看出，风速越高，水平飘移率越高，且随着距离的增加呈整体下降的趋势。

另外，风速还影响水平最大飘移率的位置。从表 4–4–2 可以看出，风速为 2 m/s 的 90% 飘移距离在 4.8 ～ 5.6 m 的位置，风速为 4 m/s 的 90% 飘移距离在 7.8 ～ 8.1 m 的位置，风速为 6 m/s 的 90% 飘移距离在 10.2 ～ 12.8 m 的位置。表明风速越大，雾滴飘移的距离越远，雾滴飘移越严重。比较表 4–3–3 和表 4–4–2，风洞内试验组的 90% 飘移距离明显大于带旋翼试验组的 90% 飘移距离，这也说明了植保无人机下旋风场具有明显的抗飘移作用。

（五）建立雾滴飘移模型

为进一步分析风速和雾滴粒径对雾滴水平飘移率的影响，统计 9 组处理在不同条件下的水平飘移率 y 与水平距离 x 的拟合方程及其 90% 飘移位置，结果见表 4–4–2。

表 4–4–2　拟合方程及 90% 飘移位置

风速（m/s）	雾滴粒径（μm）	拟合方程	决定系数 R^2	90% 飘移位置（m）
2	100	y=0.1346e$^{-0.382x}$	0.965	5.2
2	150	y=0.1633e$^{-0.508x}$	0.963	5.6
2	200	y=0.1649e$^{-0.567x}$	0.952	4.8
4	100	y=0.2367e$^{-0.281x}$	0.900	8.1
4	150	y=0.22e$^{-0.287x}$	0.947	7.9
4	200	y=0.1706e$^{-0.269x}$	0.891	7.8
6	100	y=0.2187e$^{-0.1539x}$	0.932	12.8
6	150	y=0.3304e$^{-0.2535x}$	0.971	10.5
6	200	y=0.2598e$^{-0.23478x}$	0.962	10.2

从拟合方程可以看出，各处理皆呈多项式函数整体下降且决定系数基本都大于 0.89，该结果与风洞内试验组的规律有差异。风洞内试验组的水平飘移率随着距离的增加，先有小幅度提升然后依次降低；而本试验在风速为 2 m/s 时，水平飘移率随着距离的增加依次降低。推测可能是受到旋翼下风场的影响导致。风速为 2 m/s 时，旋翼风场的下压作用，将风洞带出来的雾滴大部分沉积在不太远的距离；而在风速为 4 m/s 和 6 m/s 时，由于风速比试验时旋翼的下旋风场风速 3 m/s 大，从而与风洞内试验组的规律基本相同。

已知风速和雾滴粒径对雾滴水平飘移率影响显著，现考察风速 A、雾滴粒径 B 对累积水平飘移率 y 的影响，利用 SPSS 的逐步回归法进行分析，建立多元线性回归方程：

$$y=0.126A-0.001B+0.007 \quad (R^2=0.950) \tag{4.4.6}$$

该拟合方程可以很好地表达 3 个变量之间的相关性。从方程也可以看出风速可以提高雾滴水平飘移率，雾滴粒径可以降低雾滴的水平飘移率。

通过上文分析可知，雾滴粒径和风速对不同位置的水平飘移率具有显著的影响，且不同位置的水平飘移率呈幂函数关系，雾滴粒径和风速与水平飘移率呈线性关系。现对 27 组数据不同位置的飘移率和采样距离、风速及雾滴粒径进行 SPSS 多元非线性拟合，经过 17 次迭代出现最优解，其拟合结果如下：

$$D_p=\exp(-0.200D_t)\times(0.049W_s-4.4\times10^{-4}D_s+0.028) \tag{4.4.7}$$

式中，D_p 为水平飘移率，%；D_t 为下风向到喷嘴的距离，m；W_s 为风速，m/s；D_s 为雾滴粒径，μm。

表 4-4-3 为描述性统计及方差分析表，其中 R^2=0.907，表明拟合效果较好。从拟合模型来看，水平飘移率与风速呈正相关线性函数关系，与雾滴粒径呈负相关函数关系，该结果与飘移比例和 90% 飘移位置的结论基本相同。需要注意的是，该拟合模型只适用于此植保无人机及类似的环境温湿度条件（如广州地区）。对比风洞内拟合的模型 $D_p=\exp(-0.042D_t)\times(0.014W_s-1.29\times10^{-4}D_s+0.017)$，风洞出口模型的位置权重明显比风洞内拟合的模型权重大，而风速和雾滴粒径的权重则相反，表明旋翼下风场对雾滴飘移的影响显著，且降低了风速和雾滴粒径的影响效果。

表 4-4-3　描述性统计及方差分析表

变异来源	自由度	平方和	F 值	Pro ＞ F	自变量	系数	标准差
回归项	4	0.276	20.359	0	D_t	0.200	0.012
残差项	65	0.013	—	—	W_s	0.039	0.004
未修正总数	69	0.289	—	—	D_s	4.4×10^{-4}	1.18×10^{-4}
总数修正后	68	0.137	—	—	常数	0.028	0.022

（六）不带旋翼与带旋翼试验组的比较分析

通过前面的分析比较，已经推断出植保无人机的旋翼下风场会对雾滴飘移产生影响，下面挑选雾滴累积垂直飘移率、累积水平飘移率及 90% 飘移距离三个指标对其做进一步分析，显著性水平选择 α=0.05（图 4-4-11）。

图 4-4-11（a）中，不带旋翼试验组与带旋翼试验组对雾滴累积垂直飘移率的影响差异 P=0.239，表明二者之间差异不显著。

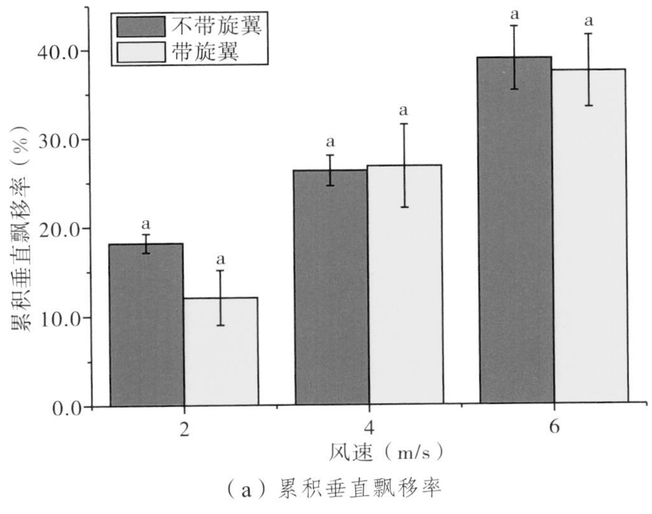

（a）累积垂直飘移率

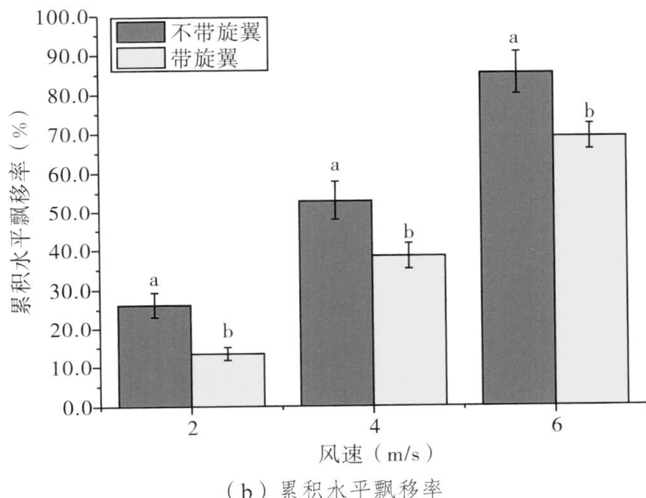

（b）累积水平飘移率

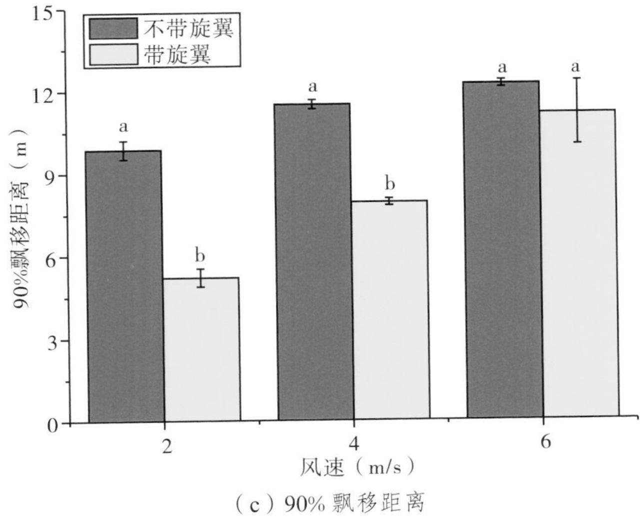

（c）90% 飘移距离

图 4-4-11　不带旋翼试验组与带旋翼试验组比较

图 4-4-11（b）中，不带旋翼与带旋翼试验组对雾滴累积水平飘移率的影响差异 P=0.00，表明二者之间差异显著。单独分析不同风速下二者的差异，二者之间的差异在风速为 2 m/s 时（P=0.007）、风速为 4 m/s 时（P=0.025）、风速为 6 m/s 时（P=0.021）都显著，且带旋翼试验组的雾滴累积水平飘移率显著低于风洞内试验组的处理，说明植保无人机的下旋风场可以显著地降低雾滴的累积水平飘移率。

图 4-4-11（c）中，不带旋翼与带旋翼试验组对雾滴 90% 飘移距离的影响差异 P=0.00，表明二者之间差异显著。单独分析不同风速下二者的差异，二者之间的差异在风速为 2 m/s 时（P < 0.001）、风速为 4 m/s 时（P < 0.001）都显著，而在风速为 6 m/s 时（P=0.266）不显著。说明在风速较低时植保无人机的下旋风场可以显著地降低雾滴的飘移距离，而在风速较高时对飘移距离的降低效果不显著。这也从侧面反映了风速对雾滴飘移的影响效果更明显。

参考文献

[1] 吕晓兰，傅锡敏，宋坚利，等.喷雾技术参数对雾滴飘移特性的影响[J].农业机械学报，2011，42（1）：59–63.

[2] 茹煜，朱传银，包瑞.风洞条件下雾滴飘移模型与其影响因素分析[J].农业机械学报，2014，45（10）：66–72.

[3] 王颉.试验设计与 SPSS 应用[M].北京：化学工业出版社，2006.

[4] 李继宇，周志艳，兰玉彬，等.旋翼式无人机授粉作业冠层风场分布规律[J].农业工程学报，2015，31（3）：77–86.

[5] 兰玉彬，彭瑾，金济.农药喷雾粒径的研究现状与发展[J].华南农业大学学报，2016，37（6）：1–9.

[6] 陈盛德，兰玉彬，BRADLEY K F，等.多旋翼无人机旋翼下方风场对航空喷施雾滴沉积的影响[J].农业机械学报，2017，48（8）：105–113.

[7] 王立伟，蔡东林，吴建浩，等.小型无人直升机喷雾沉积试验研究[J].农机化研究，2013，35（5）：183–185.

[8] 王立伟，丁国荣，蔡东林，等.小型无人直升机飞行速度对喷雾沉积的影响[J].农机化研究，2013，35（8）：170–172+176.

[9] 秦维彩，薛新宇，周立新，等.无人直升机喷雾参数对玉米冠层雾滴沉积分布的影响[J].农业工程学报，2014，30（5）：50–56.

[10] 陈盛德，兰玉彬，李继宇，等.小型无人直升机喷雾参数对杂交水稻冠层雾滴沉积分布的影响[J].农业工程学报，2016，32（17）：40–46.

[11] 杜文，曹英丽，许童羽，等.无人机喷雾参数对粳稻冠层沉积量的影响及评估[J].农机化研究，2017（4）：182–186+191.

[12] 岳昌全.植保无人机雾滴沉积效果室内试验平台设计及试验研究[D].华南农业大学，2018.

[13] 兰玉彬，彭瑾，金济.农药喷雾粒径的研究现状与发展[J].华南农业大学学报，2016，37（6）：1–9.

[14] 张海艳.植保无人机静电喷雾系统的研制与试验研究[D].华南农业大学，2018.

[15] BACHE D H，SAYER W J D. Transport of aerial spray：A model of aerial dispersion[J]. Agricultural Meteorology，1975，15（2）：257–271.

[16] CHEN S D，LAN Y B，LI J Y，et al. Effect of wind field below unmanned helicopter on droplet deposition distribution of aerial spraying[J]. International Journal of Agricultural and Biological Engineering，2017，10（3）：67–77.

[17] YAO W X, WANG X J, LAN Y B, et al. Effect of UAV prewetting application during the flowering period of cotton on pesticide droplet deposition [J]. Frontiers of Agricultural Science and Engineering, 2018, 5 (4): 455-461.
[18] KIRK I W.Measurement and prediction of atomization parameters from fixed-wing aircraft spray nozzles [J]. Transactions of the ASABE, 2007, 50 (3): 693-703.

第五章 基于风洞平台的无人机作业参数检测试验研究

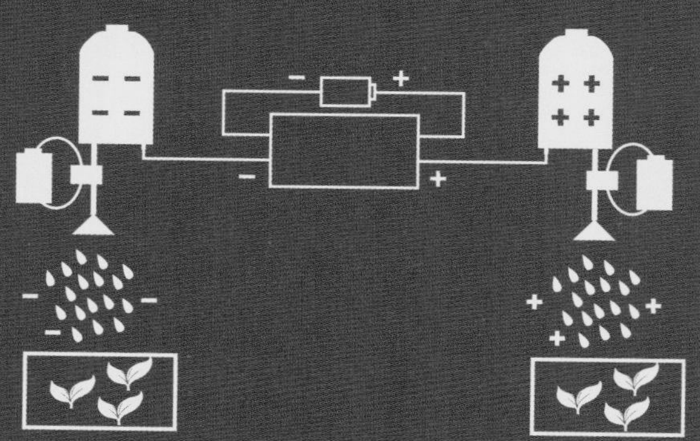

第一节　风洞平台试验概述

风洞（wind tunnel）是以人工的方式产生并且控制气流，用来模拟飞行器或实体周围气体的流动情况，并可量度气流对实体的作用效果以及观察物理现象的一种管道状实验设备，它是进行空气动力实验最常用、最有效的工具之一。风洞试验在农药喷施方面指在风洞中安置相关喷施设备，研究气体流动及其与喷施雾滴的相互作用，以了解实际雾化器的雾化特性和沉积飘移特性的一种空气动力试验方法。近年来，国内外许多研究机构用风洞进行了大量的雾滴喷施试验。通过风洞试验测雾滴沉积飘移特性，选择恰当的雾滴沉积飘移收集手段对试验结果极其重要。风洞试验的喷雾飘移采样方法很多，依据其收集器材的性质可以分为主动采样和被动采样。主动采样方法包括旋转取样器、等速取样器等，通过机械运动主动采集某一范围内的雾滴；被动采样包括用各种线如聚乙烯线、棉绳、尼龙绳等，各种平带、管或筒来测量经过一个区域的喷雾量。

根据不同划分标准，可以对风洞进行分类。根据试验段气流速度大小可以划分为低速风洞、高速风洞、亚声速风洞、跨声速风洞、超声速风洞、高超声速风洞、常规高超声速风洞；根据风洞结构可以划分为直流式风洞和回流式风洞。不同风洞的工作原理、结构、尺寸和风力大小均有一定差异，但一般而言，风洞都由以下 3 个必要部分组成：驱动系统、洞体和测量控制系统。驱动系统用来产生所需流场品质的风，洞体用于根据试验要求安装模型从而进行试验测量和观测，测量控制系统用来获取、记录试验中所得的各种试验数据。

第二节　国内外农用无人机风洞试验研究现状

一、国外农用无人机风洞试验研究现状

国外风场对雾滴沉积分布规律的研究主要集中在有人驾驶飞机及其适配的航空喷头。以美国为例，美国的农业航空发展历史悠久、应用广泛并且体系完善。美国自 1906 年便有飞机撒播农药进行畜牧业飞防的历史，其作业范围包括播种、施肥、灭虫草害，其国家和州级农业航空协会有来自飞机生产制造企业、飞行员、农场主等飞防相关行业的从业者近 2000 名，且每年都

召开高技术含量的年会。美国林业局自20世纪70年代开始，就用计算机模型分析和预测航空施药中的雾滴飘移沉积情况，从仅考虑天气因素和蒸发因素的FSCBG（Forest Service Cramer-Barry-Grim）模型发展到考虑不同机型产生的不同气流变化，以及不同喷嘴结构、药液理化性质等更多因素的AGDISP（Agricultural Dispersion）模型。

Hewitt等先后对大量不同类型的喷头进行试验探究，并于2001年给出了影响雾滴尺寸的几个关键性因素：喷头类型（相比于漫灌，锥孔型喷嘴可以产生更细的雾滴）、喷口尺寸（越窄的喷口越能产生细化雾滴）、喷施角（对于平面扇形喷头，喷施角越宽越能产生细的雾滴）、喷施压力（在一定范围内，喷施压力越大，产生的雾滴越细）、药液成分及其产生的总物理特性（主要是表面动张力、拉伸黏度和剪切黏度）以及蒸发（影响蒸发的3个主要因素是雾滴初始粒径、空气温度和相对湿度）。Teske等以AU4000和AU5000旋转雾化器为研究对象，在澳大利亚昆士兰大学的开路式风洞条件下，对不同添加剂、药液流率、空气流速以及叶片角度对喷施效果的影响进行了研究，验证了结果的相关性。Kirk先后研究了CP直流喷头的应用参数和喷施质量，并对其在直升飞机和固定翼飞机上的应用进行试验，通过改变不同管道压力、风速和喷头安装角度，对美国常用的11种CP系列喷头进行了雾滴粒径拟合，扩充了航空雾滴喷施模型，证明了飞行速度是影响大多数喷嘴模型雾化的主要因素。对于特定的喷嘴，输入其喷嘴孔尺寸、喷射角度、喷射压力和飞机空速，便可以输出液滴尺寸参数、飘移潜在参数和液滴光谱分类等数据。在美国环境保护局主导下，Fritz等基于美国农业部农业航空研究中心的航空施药风洞，通过激光粒度仪研究了高速（100 mph[1]、120 mph、140 mph）和低速（1 m/s和2.5 m/s）条件下的雾滴粒径分布规律，以达到尽可能减少雾滴飘移损失的目标，证明高速情况下雾滴谱和风速之间有很强的相关性。Martin等也利用该风洞对固定翼机载静电喷雾在不同风速条件下的雾滴分布规律进行了研究。Dekeyser等通过结合实验室试验和计算流体力学模拟技术，对几种常用喷头的羽流分布和附带空气流进行研究，证明了液体分布与空气流动直接相关。Duga综合考虑树木结构、冠层风流和喷雾器的运动3个因素，通过建立三维计算流体力学模型，评估了果园喷雾器的喷雾沉积和飘移，并对具有不同喷嘴布置的苹果园的飘移量进行了验证。Hong等开发了一个综合的CFD模型来预测由空气辅助农药喷雾器吹制的树冠内部和周围的空气速度分布，并与实际测试结果进行对比，证明模型可以合理预测空气辅助喷雾器排出的空气分布。

二、国内农用无人机风洞试验研究现状

我国有人驾驶飞机在农业领域应用较少，基础设施如农业航空风洞等数量少，可开展的研究有限，因此，国内关于风场对雾滴沉积分布规律的研究主要集中在无人机的喷施研究方面，

1　mph为非法定计量单位，1 mph ≈ 1.61 km/h。为保持引用数据的原真性，书中仍保留使用mph作为单位。

多为某一机型对某种作物的喷施研究，但总体上缺乏系统性和条理性。黄丽娟通过研究有人驾驶飞机喷施情况，提出作业温度、湿度等气象条件对飞机作业效果的影响很大，并初步指出当空气湿度大于 60%，飞行高度大于 7.7 m，以及在气流变化较大的时间段（上午 9 时和下午 3 时左右）要避免作业，同时要尽可能进行侧风修正并在合适的高度下作业。张京等利用红外热成像仪，研究使用 WPH642 无人直升机喷施前后水稻冠层的温度变化，从而评估沉积效果，确定了该机型的最佳作业参数为飞行高度 2 m、飞行速度 1.5 m/s。高圆圆等利用 AF811 植保无人机在 5 m/s 的飞行速度下对处于生长中后期的夏玉米进行玉米螟防治试验，选定了最佳喷施高度为 2.5 m，也初步证实了不同稀释度的药剂和不同添加剂对喷施效果有重要影响。王立伟等使用无锡汉和航空技术公司生产的无人直升机，通过培养皿承接和采样卡采样，并使用显微镜图像处理的方法，进行了该机型的最佳飞行高度和飞行速度测定试验，选定其最佳飞行高度为 1 m，最佳飞行速度为 3 m/s。邱白晶等以无锡汉和 CD–10 植保无人直升机为飞行平台，以飞行高度和飞行速度为变量，进行二因素三水平雾滴喷施试验，并对喷施沉积浓度和沉积均匀性进行显著性分析，最终建立四者之间的关系模型。管贤平同样在自然环境下以 CD–10 植保无人机为研究对象，测定该机型的临界作业风速为 3 m/s，临界作业高度为 1.5 m。秦维彩等以 N–3 型植保无人直升机为研究平台，以生长中后期的玉米为研究对象，通过在确定飞行高度下改变喷施幅宽和在确定喷施幅宽下改变飞行高度这两种方式，用聚酯卡承接罗丹明 B 染色剂洗脱，获得不同喷施条件下玉米冠层 4 个不同高度的雾滴沉积量、沉积百分比和雾滴分布均匀性，测定了该机型的最佳喷施参数为飞行高度 7 m、飞行速度 7 m/s。张宋超等同样以 N–3 型直升机为研究平台，通过三维模拟结合大田试验的方法，在飞行速度 3 m/s 下对不同水平风速和飞行高度的雾滴飘移情况进行验证，得到飞行高度对飘移距离影响不大而水平风速与飘移结果相关性很大的结论，并初步对数值模拟与大田试验结果进行相关性分析，证明其决定系数均大于 0.68。曾爱军等针对常用扇形喷头，通过对飘移潜在指数（DIX）的计算，证明雾滴粒径和风速是影响雾滴飘移的主要因素。

国内也逐渐有学者通过风洞和流场进行模拟研究，不过多是对喷头的单一研究，未考虑载体的影响。张慧春等在昆士兰大学开展风洞试验，研究了风速、喷头结构型号、药剂和采样距离 4 个因素对雾滴飘移的影响，建立了包含以上 4 个因素的多元非线性雾滴飘移特性模型，提出了判断喷头雾谱等级的量化标准。唐青等在北京市农林科学院小汤山精准农业示范基地开展试验，研究了标准扇形喷头和空气诱导喷头在高速气流条件下的雾化特性。孙国祥等运用三维模拟离散相技术，通过改变喷雾高度和风速，建立了雾滴沉积量和沉积率的预测模型。刘雪美等通过三维流场模拟多相流模型，研究在自然风影响、辅助气幕胁迫和自身重力作用下雾滴在连续相和雾滴粒子群离散相耦合的交互作用影响。

第三节　两种类型喷头的风洞试验雾滴沉积效果

小型风洞内，风机扇叶产生的气流为花粉运动的动力源，花粉沿着气流的方向运动，此运动过程与花粉的特性及风洞的内部结构有直接关系，因此在试验时还需要对风洞内花粉受力情况、风洞内的风场以及花粉分布量进行分析，为进一步研究田间无人机风场分布与花粉分布规律提供理论依据。

一、两种类型喷头的数值模拟仿真

目前国内市场上机型繁多，研究者对无人机喷施的研究侧重于不同机型对不同作物的喷施应用研究，而关于作业条件对无人机机型和喷头的影响的基础性综合研究还比较欠缺。本试验旨在测定影响无人机喷施效果的几个关键因素对于某一机型喷施效果的影响规律，分析飞行高度、飞行速度、侧向风速及不同类型喷头的喷施特性对于同一款无人机内在喷施机理和效果的影响，研究其各自及交互影响规律。据此，为无人机不同作业条件下喷施作业参数的设定提供参考和指导，优化田间作业飞防喷施参数设置，以期适应不同作业条件下的飞防要求，在保证喷施效率的同时获得更好的喷施效果。

（一）两种喷头的模拟

1. 计算域模型构建

为了模拟不同水平风速对平面扇形喷头和离心式喷头的影响，同时便于后期对比验证，在 SolidWorks 2017 中建立计算域物理模型。为避免后期与风洞试验对照、数值模拟时不必要的回流等问题，设模拟计算域为长 20 m、宽 2 m、高 1.1 m 的箱体，完成建模后将模型保存为“.x–t”格式。在 ANSYS Workbench 15.0 下集成三维建模软件 Geometry 中将建立的模拟计算域模型打开，为方便后期统计，在计算域底面以喷施原点正下方的点为圆心建立一个狭长椭圆面 A_{face}，用于后期统计雾滴准确沉积。该椭圆面 A_{face} 是以喷头轴心为圆心，a 为半长轴、b 为半短轴的椭圆，a、b 和 A_{face} 的计算公式分别为式（5.3.1）（5.3.2）和（5.3.3），沉积面在距喷雾口高度为 l 的平行面上。

$$a=l\times\tan(\theta_1+\theta_2) \tag{5.3.1}$$

$$b = l \times \tan\left(\arctan\frac{l_a}{l_b} + \theta_2\right) \tag{5.3.2}$$

$$A_{\text{face}} = \pi ab \tag{5.3.3}$$

式中，a 为准确沉积区域的半长轴，m；b 为准确沉积区域的半短轴，m；A_{face} 为雾滴准确沉积区域，m^2；θ_1 为喷射半角，°；θ_2 为喷雾扩散角，°；l 为沉积面高度，m，此处为 0.6 m；l_a 为喷口半短轴，mm，此处为 0.095 mm；l_b 为虚拟原点到喷口距离，mm，此处为 1.2 mm。同时在计算域内 x 为 2 ～ 15 m 处以 1 m 为间距建立的多个面，用以切割上述雾滴沉积面，切割好以后为保证后期节点之间的迭代，将切分的块重新组合，同时为便于后期设置边界条件，给每个面命名。

用 Meshing 进行四面体网格（Tetrahedrons）的 Patch Conforming 划分。物理场参照类型（Physics Preference）为 CFD，关联性（Relevance）为 100，对于网格尺寸的控制，相关性中心（Relevance Center）设置为细化（Fine），平滑度（Smoothing）设置为高（High），跨度中心角（Span Angle Center）设置为细化（Fine）。为保证后期结果准确性，划分过程优先考虑网格质量，其余设置保持默认。网络划分单元总数为 300163 个，划分结果如图 5-3-1 所示。

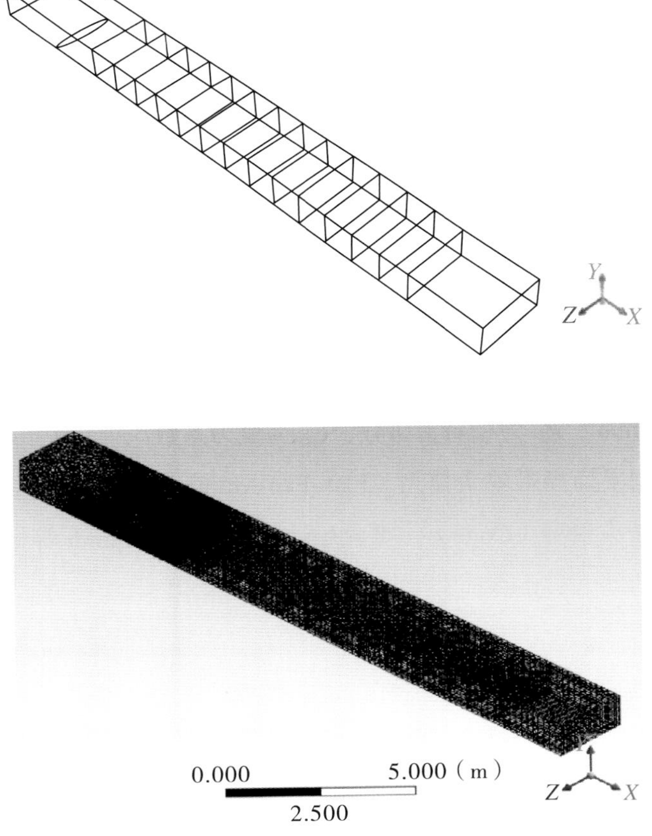

图 5-3-1　四面体网格（Tetrahedrons）的 Patch Conforming 划分结果

2. 模拟参数确定

根据需要，采用基于压力的瞬态模拟求解，设置重力加速度方向为 Y，大小为 9.8 m/s^2。为精确模拟和捕捉空气流场细节，根据喷雾气流特征，连续相湍流模型采用 Launder 和 Spalding 提出的标准 $k-\varepsilon$ 模型，其输运方程如公式（5.3.4）和公式（5.3.5）：

$$\frac{\partial}{\partial t}(\rho k)+\frac{\partial}{\partial x_i}(\rho k u_i)=\frac{\partial}{\partial x_j}\left[\left(\mu+\frac{\mu_t}{\sigma_k}\right)\frac{\partial k}{\partial x_j}\right]+G_k+G_b-\rho\varepsilon-Y_M+S_k \tag{5.3.4}$$

$$\frac{\partial}{\partial t}\left(\rho\varepsilon\right)+\frac{\partial}{\partial x_i}\left(\rho\varepsilon u_i\right)=\frac{\partial}{\partial x_j}\left[\left(\mu+\frac{\mu_t}{\sigma_\varepsilon}\right)\frac{\partial\varepsilon}{\partial x_j}\right]+\mathrm{C}_{1\varepsilon}\frac{\varepsilon}{k}\left(G_k+\mathrm{C}_{3\varepsilon}G_b\right)+\mathrm{C}_{2\varepsilon}\rho\frac{\varepsilon^2}{k}+S_\varepsilon \tag{5.3.5}$$

式中，G_k 为由于平均速度梯度引起的湍动能产生项，Pa/s；G_b 为由于浮力影响引起的湍动能产生项，Pa/s；Y_M 为可压缩湍流脉动膨胀对总耗散率的影响，Pa/s；ρ为连续相密度，kg/m^3；ε 为湍动耗散率；k 为湍动能，m^{2}s^{-2}；μ为连续相动力黏度，Pa·s；μ_t 为湍流黏度，Pa·s；σ_k 为湍动能普朗特数；σ_ε 为湍动耗散率普朗特数；t 为时间，s；u_i 为第 i 个方向上的速度，m/s; S_k 为用户自定义项，Pa/s; S_ε 为用户自定义项，Pa/s^2; $\mathrm{C}_{1\varepsilon}$、$\mathrm{C}_{2\varepsilon}$、$\mathrm{C}_{3\varepsilon}$ 为经验常数，分别为 1.44、1.92、0.09。该模型在保证雷诺应力求解计算精度的条件下具有好的稳定性和经济性。近壁面处理方法为标准壁面功能。

模拟选用 Fluent 中的离散相模型（Discrete Phasemodel），考虑离散相雾滴与空气的相互作用（Interaction with Continuous Phase），每迭代一次流场更新一次离散相，启用非稳态粒子追踪（Unsteady Particle Tracking）离散相雾滴输送方程，离散相粒子步长为 0.01 s，采用根据 C.T. Crowe 和 L.D.smoot 等提出的欧拉 – 拉格朗日方法求解，其离散相颗粒运动方程为

$$\frac{\mathrm{d}\vec{u}_p}{\mathrm{d}t}=\frac{18\mu}{\rho_p d_p^2}\frac{C_D Re}{24}\left(\vec{u}-\vec{u}_p\right)+\frac{g_y\left(\rho_p-\rho\right)}{\rho_p}+\frac{\rho}{2\rho_p}\frac{\mathrm{d}}{\mathrm{d}t}\left(\vec{u}-\vec{u}_p\right) \tag{5.3.6}$$

式中，$\vec{u}$ 为连续相速度，m/s；$\vec{u}_p$ 为颗粒速度，m/s；ρ_p为颗粒密度，kg/m^3；d_p 为颗粒直径，m；g_y 为重力加速度，m/s^2；Re 为相对雷诺数；C_D 为曳力系数。

扇形喷嘴模型采用平面扇形喷头模型（Flat–Fan Atomizermodel），如图 5–3–2 所示，离心式喷头模型采用锥形喷头模型（Cone），雾化破碎模型采用 Schmidt 等提出的线性化不稳定液膜雾化模型。

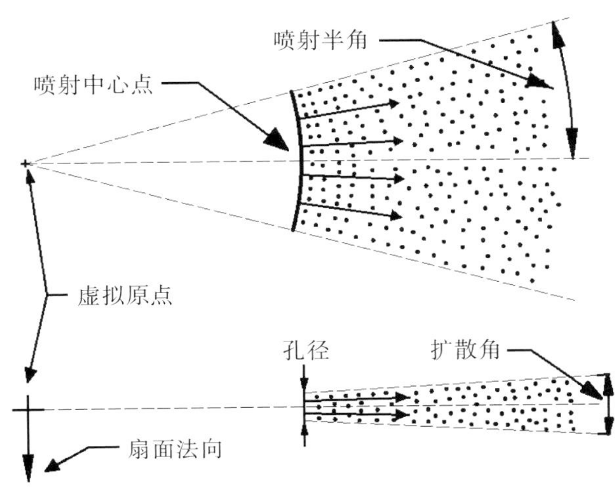

图 5-3-2　平面扇形喷头喷施模型

喷雾模拟考虑离散相雾滴碰撞和聚合，判断雾滴合并和反弹，主要依据得到的临界值。临界值是碰撞韦伯数及集合雾滴管与小液滴的半径的函数，计算公式如下：

$$b_{\text{crit}} = (r_1 + r_2)\sqrt{\min\left(1.0, \frac{2.4f}{We}\right)} \tag{5.3.7}$$

式中，b_{crit} 为判断雾滴碰撞合并或反弹临界值，m；r_1、r_2 为小液滴半径，m；f 为 r_1、r_2 的函数；We 为碰撞韦伯数，雾滴碰撞二次破碎模型选用 Taylor 比拟破碎模型（TAB）。

对于压力扇形喷头和离心式喷头，其在 Fluent 中的设置参数见表 5-3-1。

表 5-3-1　压力扇形喷头和离心式喷头在 Fluent 中的设置参数

喷头	变量	值	喷射方式
压力扇形喷头	*X*-Center（m）	0	平面扇形喷头模型
	Y-Center（m）	0.6	
	Z-Center（m）	0	
	X-Virtual Origin（m）	0	
	Y-Virtual Origin（m）	0.612	
	Z-Virtual Origin（m）	0	
	X-Fan Normal Vector	1	
	Y-Fan Normal Vector	0	
	Z-Fan Normal Vector	0	
	Temperature（k）	298	
	Flow Rate（kg/s）	0.02	

续表

喷头	变量	值	喷射方式
压力扇形喷头	Start Time（s）		平面扇形喷头模型
	Stop Time（s）		
	Spray Half Angle（deg）	60	
	Orifice Width（m）	0.00019	
	Flat Fan Sheet Constant	3	
	Atomizer Dispersion Angle（deg）	6	
离心式喷头	*X*-Center（m）	0	锥形喷雾模型
	Y-Center（m）	0.6	
	Z-Center（m）	0	
	Temperature（k）	298	
	Start Time（s）		
	Stop Time（s）		
	Azimuthal Start Angle（deg）	0	
	Azimuthal Stop Angle（deg）	360	
	X-Axis	0	
	Y-Axis	1	
	Z-Axis	0	
	Velocitymagnitude（m/s）	50	
	Cone Angle（deg）	90	
	Radius（m）	0.03	
	Swirl Fraction	0.1	
	Total Flow Rate（kg/s）	0.01	
	Min.Diameter（m）	1e-06	
	Max.Diameter（m）	0.0003	
	Mean Diameter（m）	0.00011	
	Spread Parameter	3.5	
	Number of Diameters	10	

设置好各项参数以后，获得喷施离散相的粒径分布，进行全局初始化，以 0.001 s 为迭代步长，对喷雾进行离散相模拟，雾滴喷施时间范围为 0.00 ～ 0.01 s，迭代总步数为 15 步。通过对极短时间内释放一束粒子的粒径统计，代替实际测试中穿过激光粒度仪光束的雾滴粒径分布。

（二）数值模拟结果

1. 压力式喷头数值模拟结果

扇形喷头喷施离散相在空中的分布如图 5-3-3 所示。

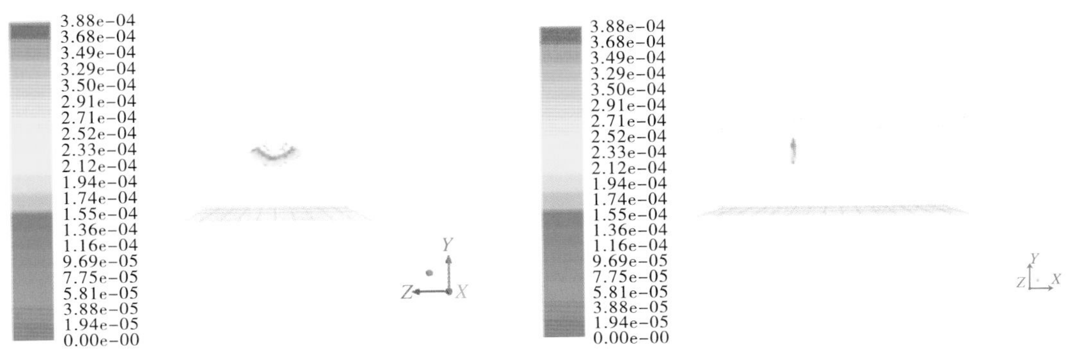

图 5-3-3　扇形喷头喷施离散相在空中的分布

统计 0 ～ 6 m/s 这 7 个不同入口风速条件下平面扇形喷头喷施雾滴在空中的粒径分布，结果见表 5-3-2。

表 5-3-2　模拟喷头在不同入口风速条件下的离散相粒子分布参数

入口风速（m/s）	0	1	2	3	4	5	6
$D_{V0.5}$（μm）	218.49	229.05	225.51	227.10	235.25	238.84	241.78
V_{100}	10.21%	5.70%	3.96%	4.04%	4.30%	4.68%	5.36%

表 5-3-2 为 7 个等间隔水平风速下离散相的粒子参数，可见随着水平风速的增大，雾滴数量中径 $D_{V0.5}$ 呈逐渐增大趋势，与此同时，V_{100} 和雾滴谱宽度也在一定范围内振荡，建立风速 v 和 $D_{V0.5}$ 的线性关系公式为

$$D_{V0.5}=3.5425v+216.69 \tag{5.3.8}$$

其决定系数（R^2）为 0.8757。

在其有效喷施范围内，在不同水平风速影响下，离散相雾滴在空中的分布情况正视图和俯视图如图 5-3-4 所示。

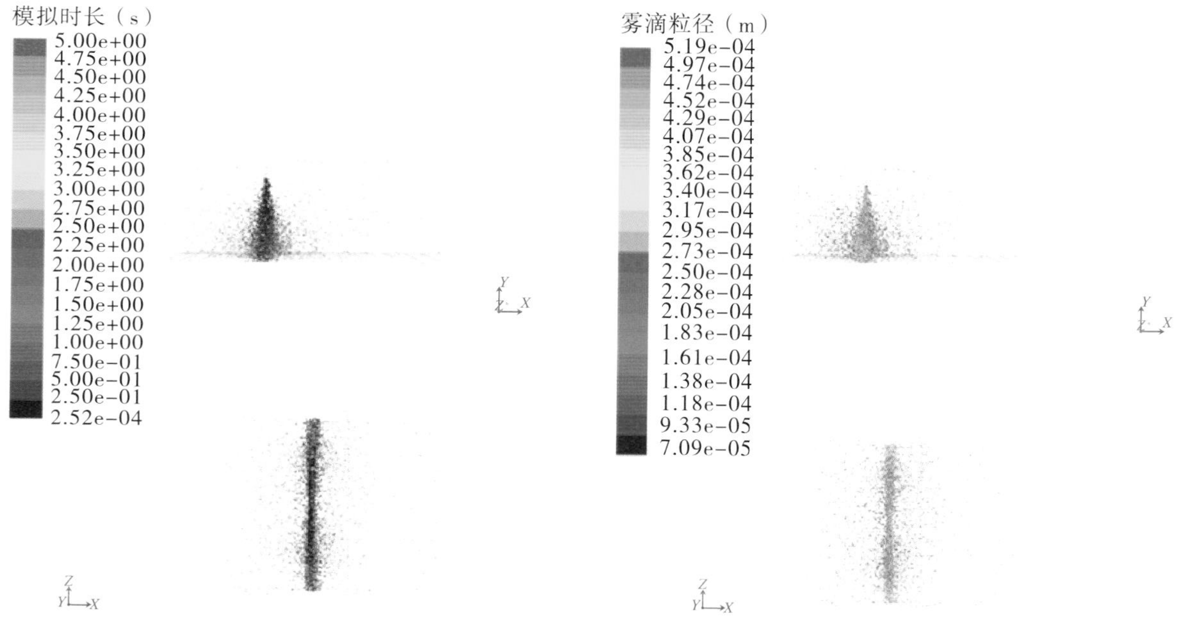

模拟时长（s）
5.00e+00
4.75e+00
4.50e+00
4.25e+00
4.00e+00
3.75e+00
3.50e+00
3.25e+00
3.00e+00
2.75e+00
2.50e+00
2.25e+00
2.00e+00
1.75e+00
1.50e+00
1.25e+00
1.00e+00
7.50e-01
5.00e-01
2.50e-01
2.52e-04

雾滴粒径（m）
5.19e-04
4.97e-04
4.74e-04
4.52e-04
4.29e-04
4.07e-04
3.85e-04
3.62e-04
3.40e-04
3.17e-04
2.95e-04
2.73e-04
2.50e-04
2.28e-04
2.05e-04
1.83e-04
1.61e-04
1.38e-04
1.18e-04
9.33e-05
7.09e-05

（a）v=0 m/s

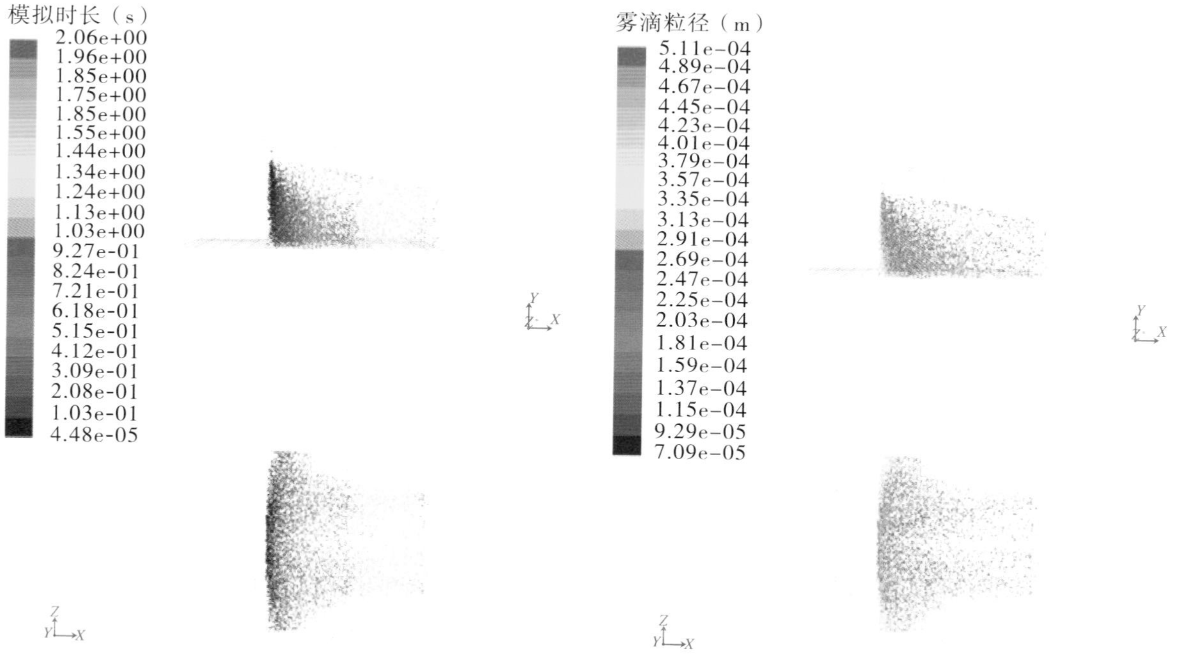

模拟时长（s）
2.06e+00
1.96e+00
1.85e+00
1.75e+00
1.85e+00
1.55e+00
1.44e+00
1.34e+00
1.24e+00
1.13e+00
1.03e+00
9.27e-01
8.24e-01
7.21e-01
6.18e-01
5.15e-01
4.12e-01
3.09e-01
2.08e-01
1.03e-01
4.48e-05

雾滴粒径（m）
5.11e-04
4.89e-04
4.67e-04
4.45e-04
4.23e-04
4.01e-04
3.79e-04
3.57e-04
3.35e-04
3.13e-04
2.91e-04
2.69e-04
2.47e-04
2.25e-04
2.03e-04
1.81e-04
1.59e-04
1.37e-04
1.15e-04
9.29e-05
7.09e-05

（b）v=1 m/s

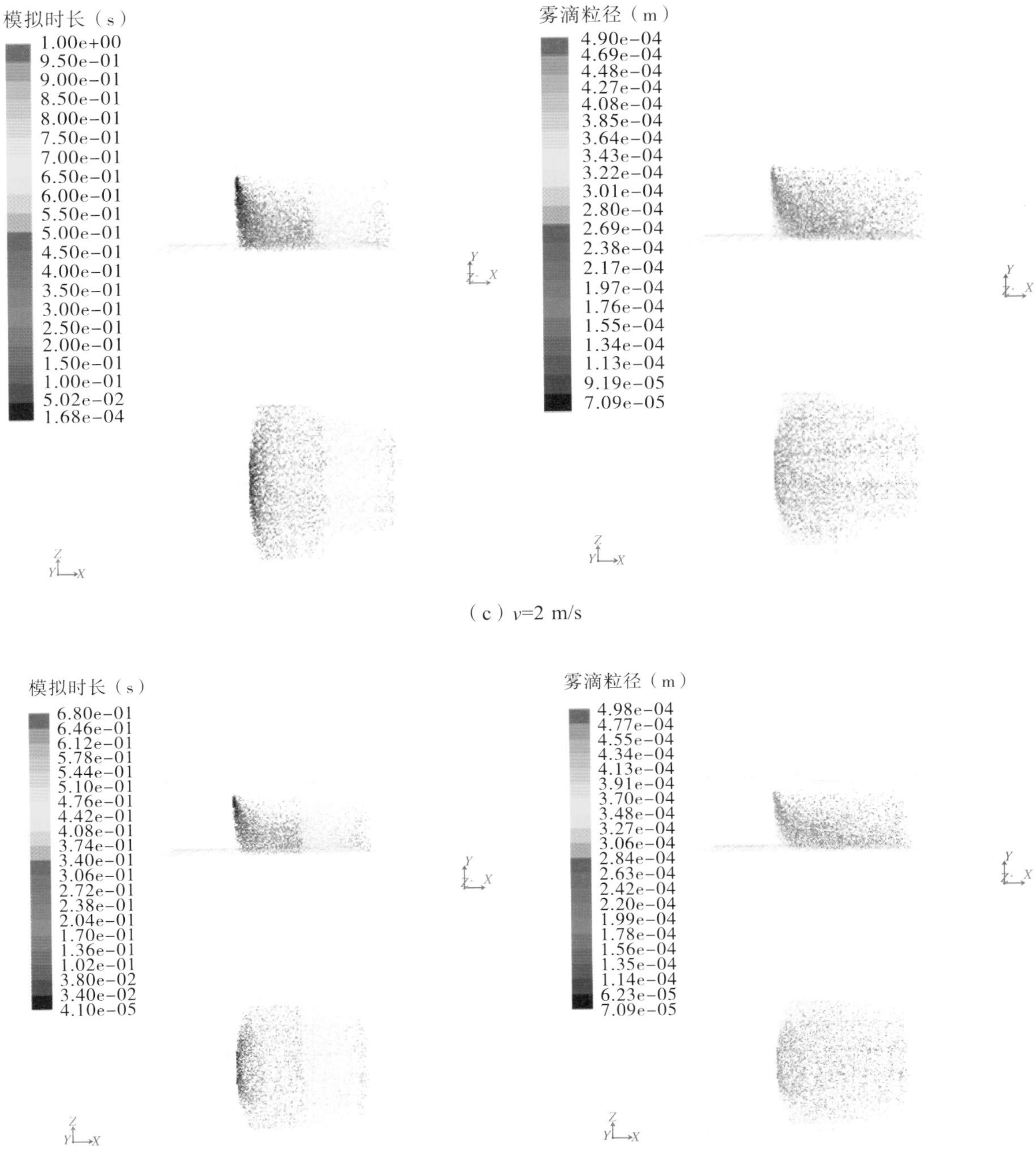
模拟时长（s）
1.00e+00
9.50e-01
9.00e-01
8.50e-01
8.00e-01
7.50e-01
7.00e-01
6.50e-01
6.00e-01
5.50e-01
5.00e-01
4.50e-01
4.00e-01
3.50e-01
3.00e-01
2.50e-01
2.00e-01
1.50e-01
1.00e-01
5.02e-02
1.68e-04
雾滴粒径（m）
4.90e-04
4.69e-04
4.48e-04
4.27e-04
4.08e-04
3.85e-04
3.64e-04
3.43e-04
3.22e-04
3.01e-04
2.80e-04
2.69e-04
2.38e-04
2.17e-04
1.97e-04
1.76e-04
1.55e-04
1.34e-04
1.13e-04
9.19e-05
7.09e-05
模拟时长（s）
6.80e-01
6.46e-01
6.12e-01
5.78e-01
5.44e-01
5.10e-01
4.76e-01
4.42e-01
4.08e-01
3.74e-01
3.40e-01
3.06e-01
2.72e-01
2.38e-01
2.04e-01
1.70e-01
1.36e-01
1.02e-01
3.80e-02
3.40e-02
4.10e-05
雾滴粒径（m）
4.98e-04
4.77e-04
4.55e-04
4.34e-04
4.13e-04
3.91e-04
3.70e-04
3.48e-04
3.27e-04
3.06e-04
2.84e-04
2.63e-04
2.42e-04
2.20e-04
1.99e-04
1.78e-04
1.56e-04
1.35e-04
1.14e-04
6.23e-05
7.09e-05

（c）v=2 m/s

（d）v=3 m/s

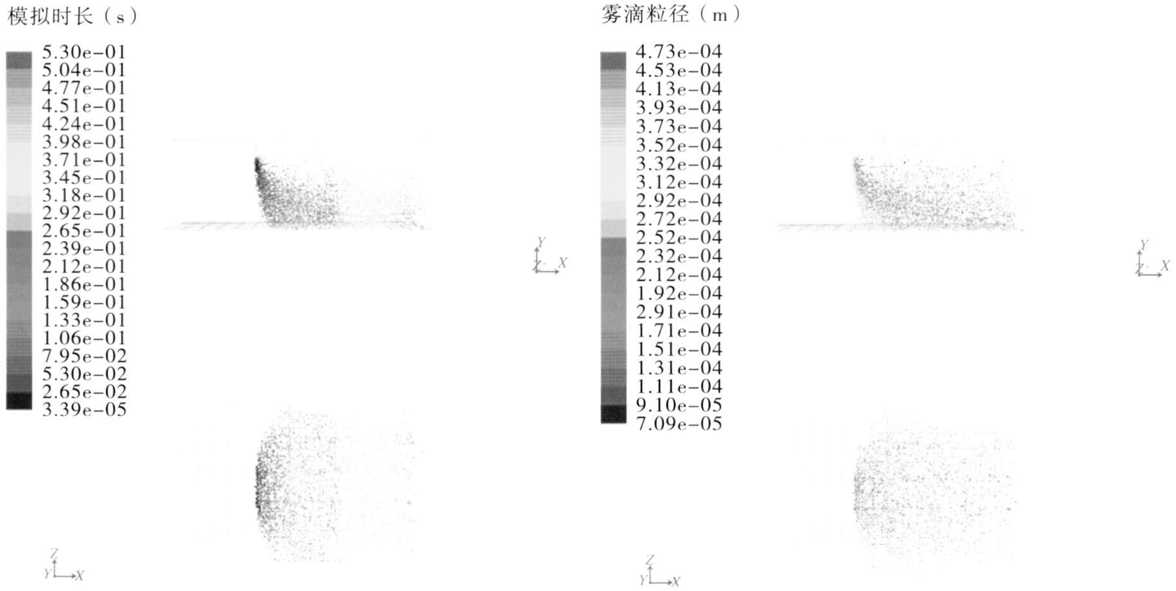

模拟时长（s）
5.30e-01
5.04e-01
4.77e-01
4.51e-01
4.24e-01
3.98e-01
3.71e-01
3.45e-01
3.18e-01
2.92e-01
2.65e-01
2.39e-01
2.12e-01
1.86e-01
1.59e-01
1.33e-01
1.06e-01
7.95e-02
5.30e-02
2.65e-02
3.39e-05
雾滴粒径（m）
4.73e-04
4.53e-04
4.13e-04
3.93e-04
3.73e-04
3.52e-04
3.32e-04
3.12e-04
2.92e-04
2.72e-04
2.52e-04
2.32e-04
2.12e-04
1.92e-04
2.91e-04
1.71e-04
1.51e-04
1.31e-04
1.11e-04
9.10e-05
7.09e-05

（e）v=4 m/s

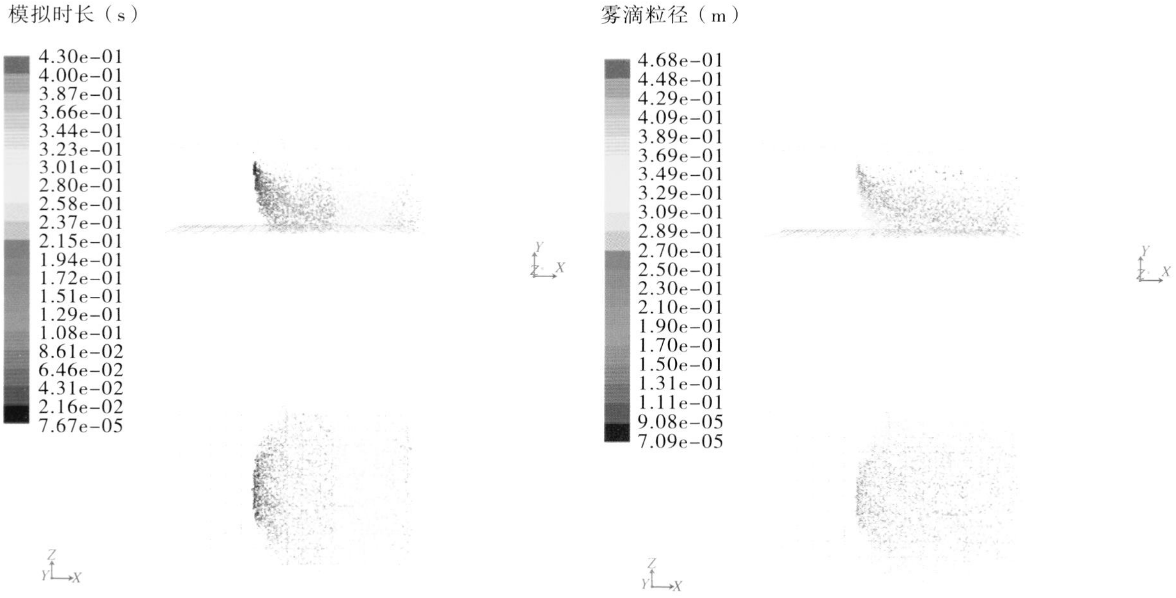

模拟时长（s）
4.30e-01
4.00e-01
3.87e-01
3.66e-01
3.44e-01
3.23e-01
3.01e-01
2.80e-01
2.58e-01
2.37e-01
2.15e-01
1.94e-01
1.72e-01
1.51e-01
1.29e-01
1.08e-01
8.61e-02
6.46e-02
4.31e-02
2.16e-02
7.67e-05
雾滴粒径（m）
4.68e-01
4.48e-01
4.29e-01
4.09e-01
3.89e-01
3.69e-01
3.49e-01
3.29e-01
3.09e-01
2.89e-01
2.70e-01
2.50e-01
2.30e-01
2.10e-01
1.90e-01
1.70e-01
1.50e-01
1.31e-01
1.11e-01
9.08e-05
7.09e-05

（f）v=5 m/s

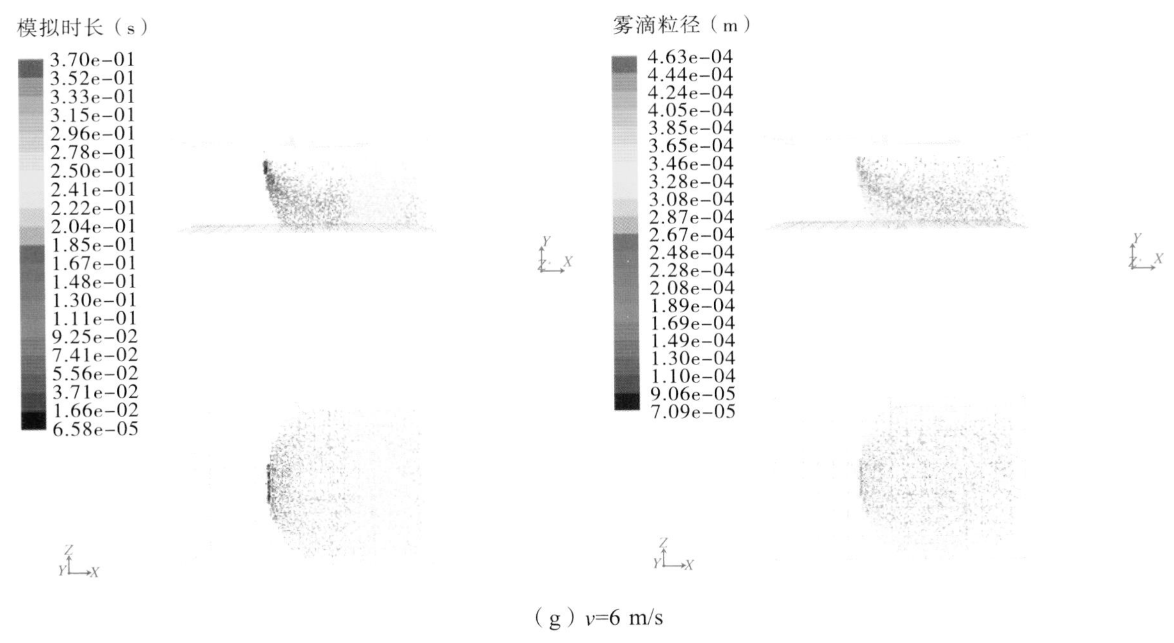

（g）v=6 m/s

图 5-3-4 不同风速条件下压力扇形喷头雾滴空间分布情况模拟图

图 5-3-4 为 0 ～ 6 m/s 水平风速条件下，不同喷施时长的雾滴在空中的分布图和喷施过程中不同粒径的雾滴在空中分布的正俯视图。对于每一个风速，左侧图片为不同喷施时长的雾滴在空中的分布，颜色由蓝到红表示其离开喷嘴的时间由短到长；右侧图片为不同粒径的雾滴在空中的分布，颜色由蓝到红表示雾滴粒径由小到大。由模拟结果得出，在每一个风速条件下，释放较早的雾滴总是会更早地去往下风向，也更倾向于向地面沉降，这符合常规认知，越早释放的雾滴累计受重力和风力影响时间越长，在竖直向下的重力和水平风向风力的影响下，更容易移动到下风向靠近地面的位置；粒径较大的雾滴沉降更快，也更容易向左右两壁面堆积，因为扇形喷头喷施的雾滴在一开始便具有喷头长羽流方向的动能，且雾滴粒径越大，动能越大。随着进风口风速从 0 m/s 增长至 6 m/s，喷雾雾滴向下风向的飘移越来越明显，喷雾口雾滴粒子以喷射半角为60° 的扇形面分布，并以 6° 的扩散角向外扩散。雾滴飘移程度随风的速变化而变化，逐渐偏离喷雾中心轴线（x=0 m，z=0 m，y=0 ～ 1 m），向下风向偏移。当风速较小（0.5 m/s 和 1 m/s）时，两侧下风向粒径小于 200 μm 的雾滴明显被卷到扇面后，粒径越小雾滴距离 z=0 平面越近，此时离散相呈现出非流体特性，说明离散相雾滴和连续相空气相互耦合、彼此影响，x 轴向雾滴分布变化明显，z 轴向雾滴分布对称。由图可知，当风速为 0 m/s 和 0.5 m/s 时，粒子在模拟时间内均处于计算区域内；当风速为 1 m/s、2 m/s、3 m/s、4 m/s、5 m/s 和 6 m/s 时，离散相雾滴分别在 2.00 s、1.02 s、0.69 s、0.53 s、0.43 s 和 0.37 s 时就已逃逸出计算区域。

研究不同水平风速对雾滴沉积飘移效果的影响，统计离散相在喷施高度分别为 0 m、0.2 m、0.4 m、0.6 m、0.8 m 及 1.0 m 时沿风速方向、不同距离的平面上的分布量，结果如图 5-3-5 所示。

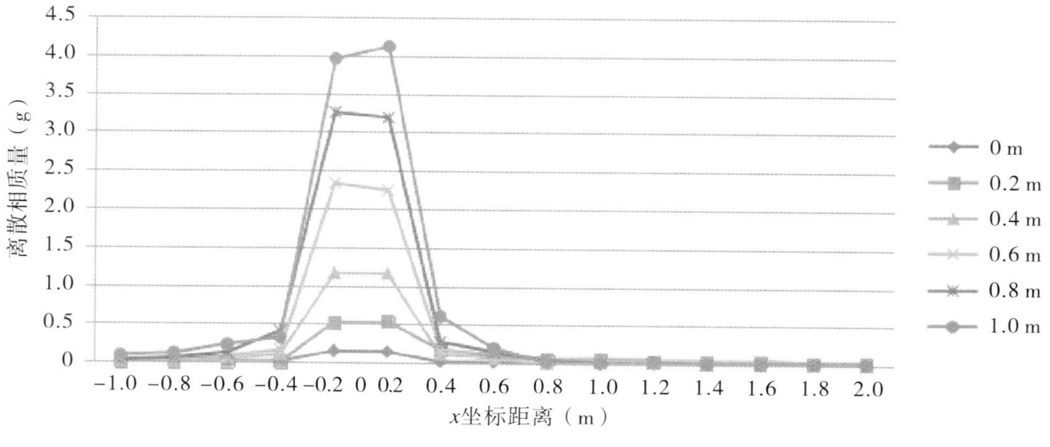

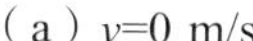
（a）v=0 m/s

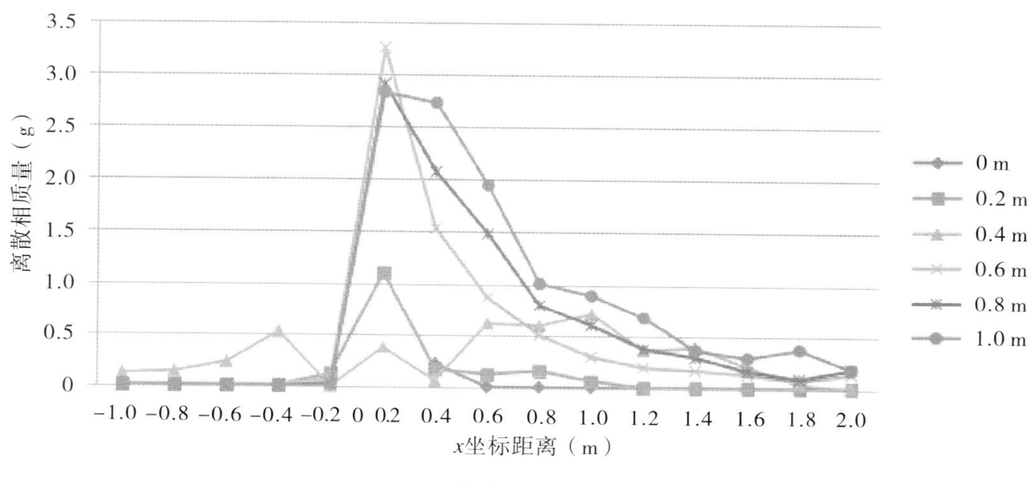

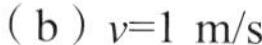
（b）v=1 m/s

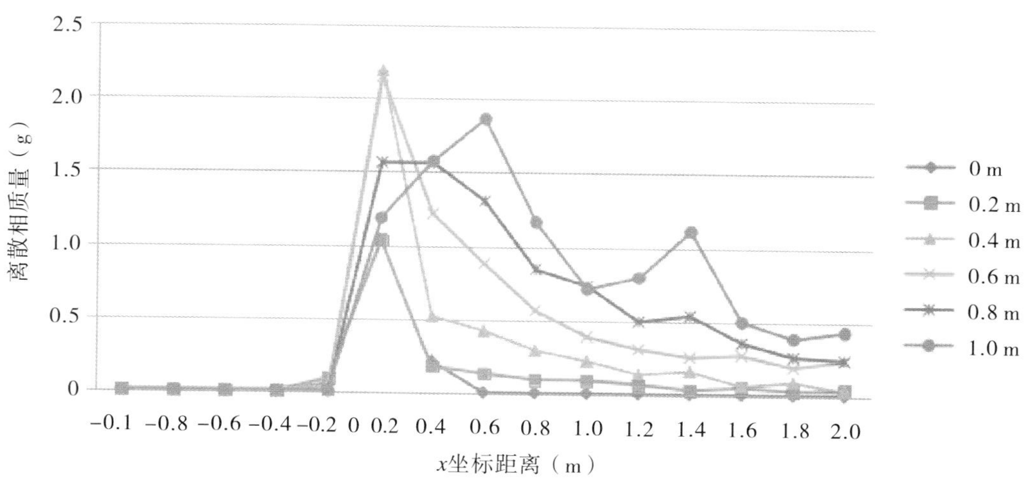

（c）v=2 m/s

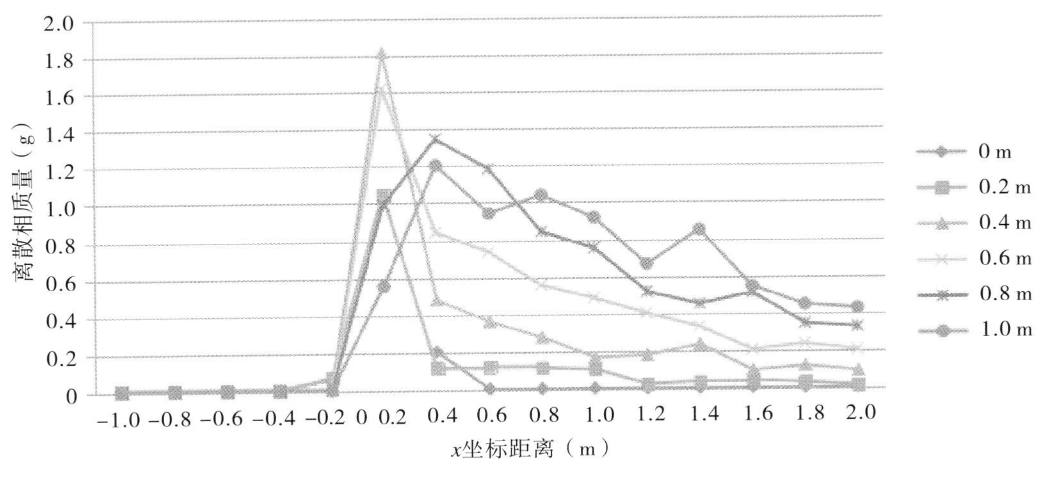

（d）v=3 m/s

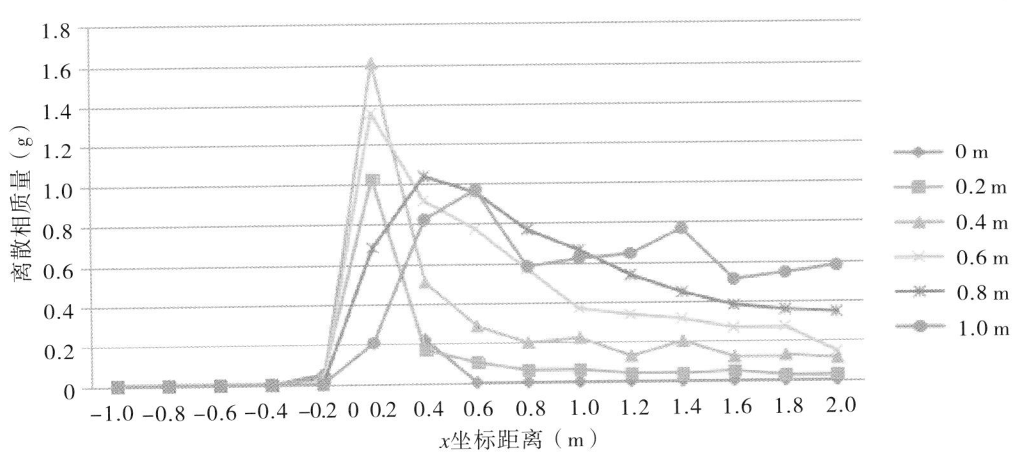

（e）v=4 m/s

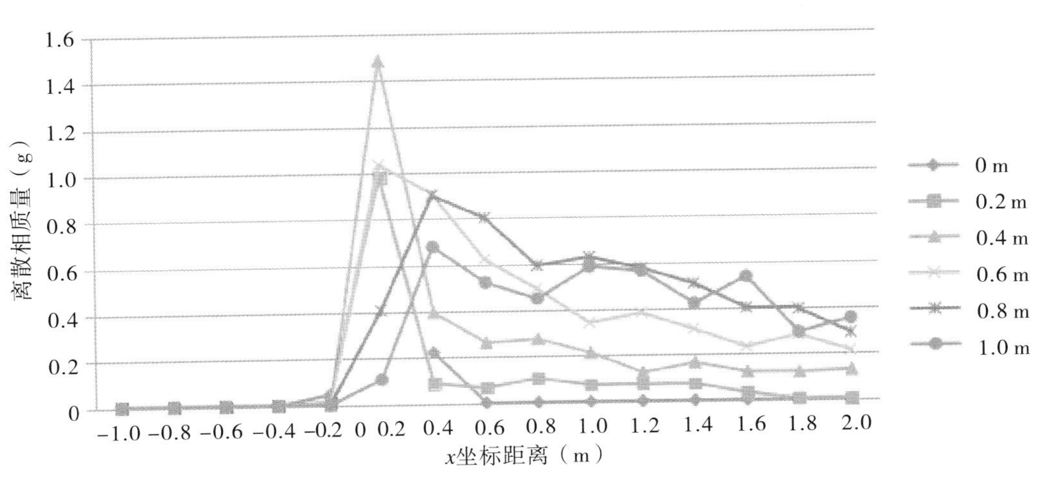

（f）v=5 m/s

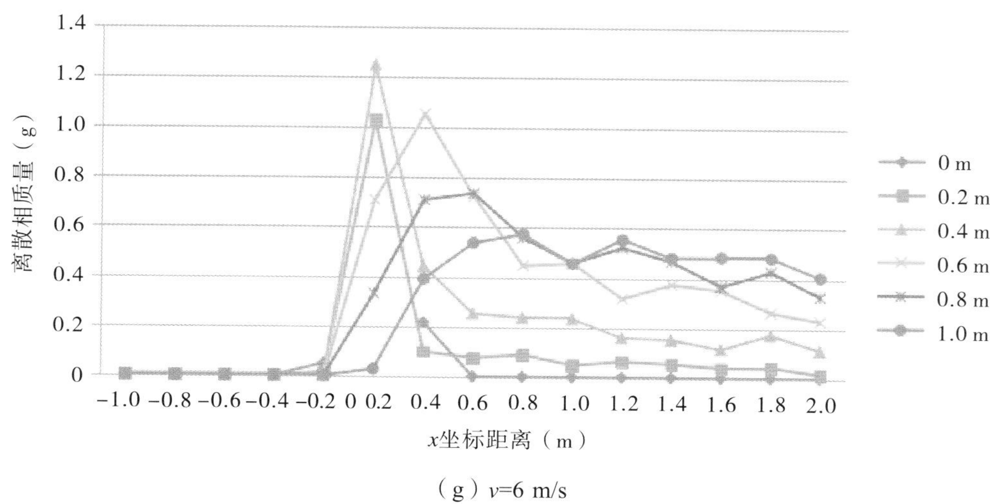

（g）v=6 m/s

图 5-3-5　不同水平风速条件下压力扇形喷头雾滴沉积数据统计折线图

由不同水平风速条件下雾滴在沉积高度为 0 m、0.2 m、0.4 m、0.6 m、0.8 m、1.0 m 不同水平距离范围内的沉积数据可知：当水平风速为 0 m/s 时，离散相雾滴在各个高度平面上的雾滴沉积关于喷施原点沿 x 轴大致对称，沉积质量随沉积高度增加而增加。这是因为在雾滴喷施到达稳定状态后，同一时刻喷施的雾滴，粒径较大的雾滴更容易向地面沉积，因此在稳定阶段的雾滴束中，越靠近地面，大粒径雾滴占比越高，即越往下沉积质量越大。进一步研究发现，在此条件下雾滴沉积质量 m 和沉积高度 h 的相关关系为

$$m=9.5506h-0.2314 \tag{5.3.9}$$

其 R^2=0.98。

随着风速的增加，在统计区间内，每一沉积高度的沉积质量峰值逐渐减小，下风向每一沉积高度的沉积质量趋于相等，0.4 m 沉积高度的离散相质量逐渐升至最大。对于每一高度，下风向沉积质量逐渐增加；对于每一风速，离散相雾滴累计沉积质量随沉积高度增加而增加。

统计不同水平风速条件下各沉积高度平面的总离散相沉积量，结果如图 5-3-6 所示。

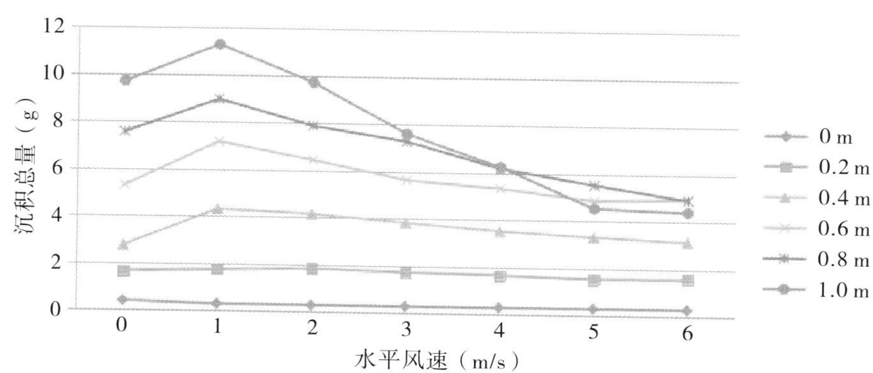

图 5-3-6　不同水平风速条件下各沉积高度离散相沉积总量折线图

由图 5-3-6 可知，各沉积高度平面雾滴沉积量在风速为 1 m/s 时达到峰值，随着侧向风速的增大，飘移逐渐加重，沉积距离增大，产生的飘移越严重。当风速小于 4 m/s，离散相沉积质量随沉积高度的增加而增加；当风速大于 4 m/s，在离散相雾滴运动过程中，雾滴受水平风力的影响更加明显，雾滴在降落到地面前就已飘移出水平统计区域。

拟合 1 m/s 及以上风速条件下各沉积高度与沉积质量关系线性方程，结果见表 5-3-3。

表 5-3-3　不同沉积高度的侧向风速和沉积量拟合线性公式

沉积高度（m）	侧向风速与沉积质量线性方程	R^2
0	y=0.0004x+0.2641	0.0328
0.2	y=−0.049x+1.8294	0.7244
0.4	y=−0.2495x+4.5731	0.9893
0.6	y=−0.4661x+7.3356	0.9078
0.8	y=−0.8149x+9.6285	0.9900
1.0	y=−1.466x+12.41	0.9654

由表 5-3-3 可知，在沉积高度大于 0.2 m 时，沉积量和水平风速均有很好的线性相关性，且随着沉积高度的增加，其拟合直线斜率逐渐增加。

最后，统计喷施时间为 5s 的地面离散相沉积质量，调整、选择适当的离散相沉积质量浓度范围区间。如图 5-3-7 所示，雾滴水平飘移程度随风速的增加而提高。随着进风口风速从 0 m/s 增长至 6 m/s，雾滴水平飘移越来越明显，高浓度沉积区域逐渐偏离喷雾中心轴线（x =0 m），向下风向偏移，沉积质量浓度大于 0.008 kg/m³ 的 x 轴区域边界由 5 m 逐渐推移至 13 m。同时，对于下风向的离散相沉积质量浓度，底面与两壁交接处有两段沉积浓度很高的窄条，在距两侧壁面 0.1 m 处存在一块沉积质量浓度较低的区域，随着风速的增大，该区域沿 x 轴方向逐渐拉长。

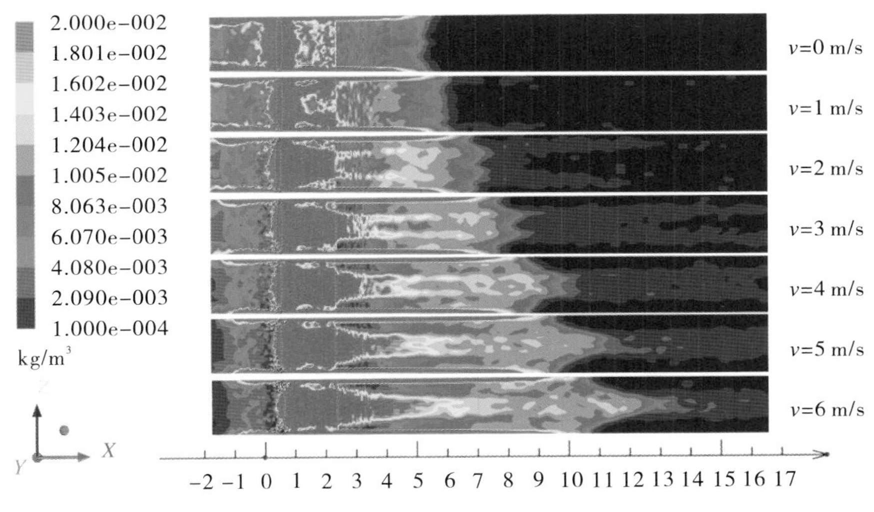

图 5-3-7　不同风速情况下雾滴分布情况图

建立 x =1 m 平面内气流的 z 方向分速度云图和风洞内 x 轴方向的流线图复合图（图 5-3-8）。云图中，颜色由蓝向红表示 z 方向分速度由负变为正。在 x =1 m 处分速度近似对称分布，表明此平面的风洞内气流携带离散相粒子在 x =1 平面及其附近空间内存在着涡旋；同时，通过流线图可以看出，从入口处进入的平行气流通过扇形喷雾面后形成两个关于 x、y 平面对称的涡旋，涡旋的影响范围高度超出喷雾的初始位置，导致雾滴在一定空间范围内上扬，在此处两侧下风向粒径较小雾滴明显被卷到喷施扇面后，粒径越小，雾滴越靠近风洞中心平面，此时离散相呈现出非流体特性，说明离散相雾滴和连续相空气相互耦合、彼此影响。对于沉积在底面上的雾滴，x 轴向沉积质量分布变化明显，z 轴向雾滴接近分布对称，从 z 轴中心轴线向两侧呈现出由低到高再到低的 M 形分布。

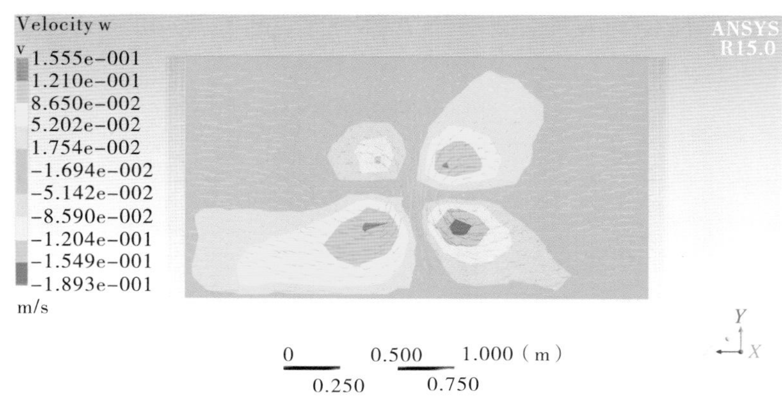

图 5-3-8　在 x 为 1 m 平面内离散相粒子 z 方向分速度矢量图

进一步统计风洞内底面上不同区域的雾滴沉积质量，计算狭长椭圆内雾滴沉积质量与总的离散相沉积质量的比值，得到某一风速下的准确沉积率，同时计算下风向 2 m 后地面和出风口捕获雾滴沉积量与总的沉积质量的比值，得到该风速下的水平飘移率。得到不同水平风速影响下离散相的准确沉积率和水平飘移率，如图 5-3-9 所示。

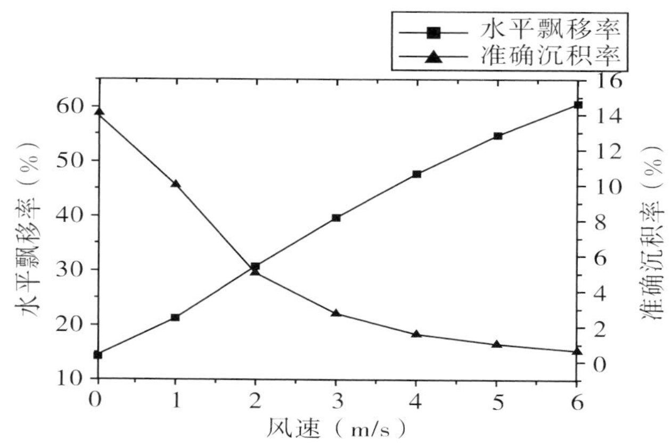

图 5-3-9　模拟所得不同水平风速影响下的离散相准确沉积率和水平飘移率

由图 5-3-9 可以看出，随着水平风速的增加，模拟离散相的准确沉积率 R_a 由 14.11% 呈指数下降到 0.66%，水平飘移率 R_h 由 14.25% 呈线性增加到 60.58%。进一步探索它们和水平风速的相关性，对准确沉积率和水平飘移率与风速分别进行回归分析，其相关性方程分别为

$$R_a=0.1476e-0.529v \tag{5.3.10}$$

其 R^2=0.995。

$$R_h=0.0796v+0.1456 \tag{5.3.11}$$

其 R^2=0.995。

2. 离心式喷头数值模拟结果

在 Fluent 中，离心式喷头的雾滴粒径数据由用户自己定义，作者将无风状态时喷施预试验测得的雾滴粒径数据作为模拟数据输入，不同水平风速下离心式喷头喷施 5 s 时雾滴在空中的分布情况如图 5-3-10 所示。

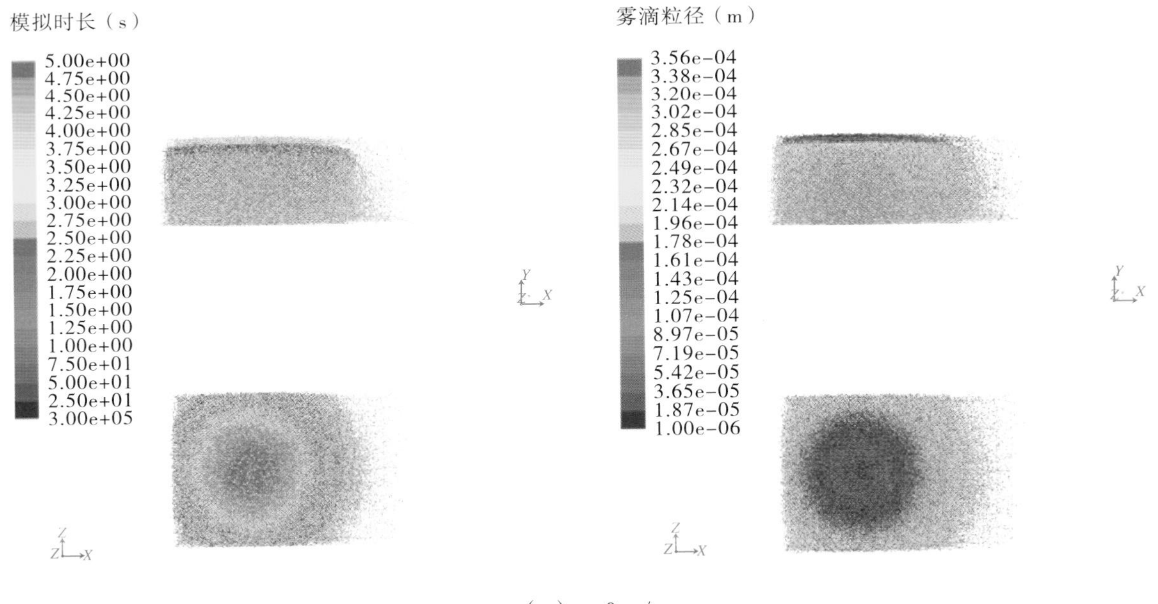

（a）v =0 m/s

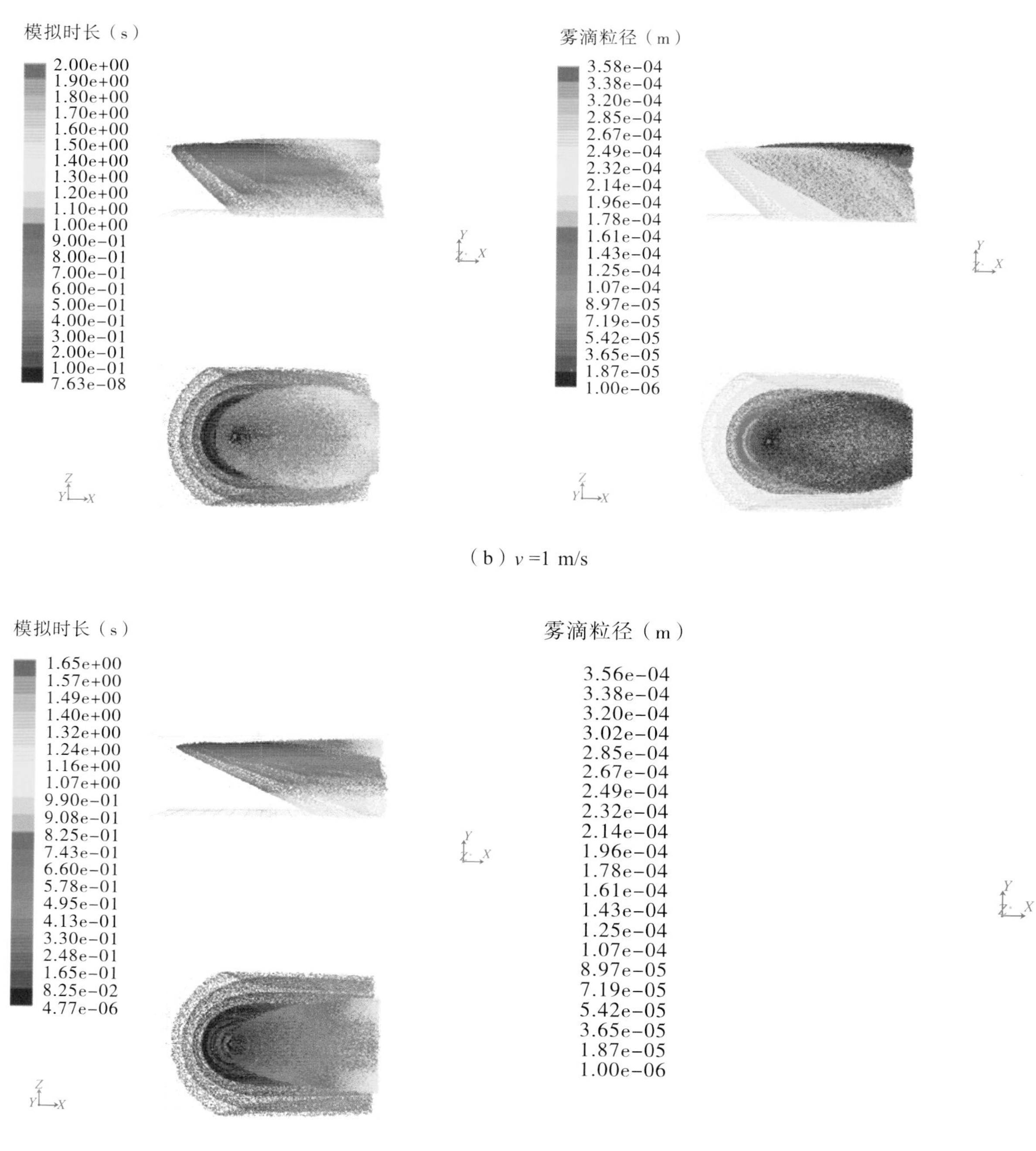
模拟时长（s）
2.00e+00
1.90e+00
1.80e+00
1.70e+00
1.60e+00
1.50e+00
1.40e+00
1.30e+00
1.20e+00
1.10e+00
1.00e+00
9.00e-01
8.00e-01
7.00e-01
6.00e-01
5.00e-01
4.00e-01
3.00e-01
2.00e-01
1.00e-01
7.63e-08
雾滴粒径（m）
3.58e-04
3.38e-04
3.20e-04
2.85e-04
2.67e-04
2.49e-04
2.32e-04
2.14e-04
1.96e-04
1.78e-04
1.61e-04
1.43e-04
1.25e-04
1.07e-04
8.97e-05
7.19e-05
5.42e-05
3.65e-05
1.87e-05
1.00e-06

（b）v =1 m/s

模拟时长（s）
1.65e+00
1.57e+00
1.49e+00
1.40e+00
1.32e+00
1.24e+00
1.16e+00
1.07e+00
9.90e-01
9.08e-01
8.25e-01
7.43e-01
6.60e-01
5.78e-01
4.95e-01
4.13e-01
3.30e-01
2.48e-01
1.65e-01
8.25e-02
4.77e-06
雾滴粒径（m）
3.56e-04
3.38e-04
3.20e-04
3.02e-04
2.85e-04
2.67e-04
2.49e-04
2.32e-04
2.14e-04
1.96e-04
1.78e-04
1.61e-04
1.43e-04
1.25e-04
1.07e-04
8.97e-05
7.19e-05
5.42e-05
3.65e-05
1.87e-05
1.00e-06

（c）v =2 m/s

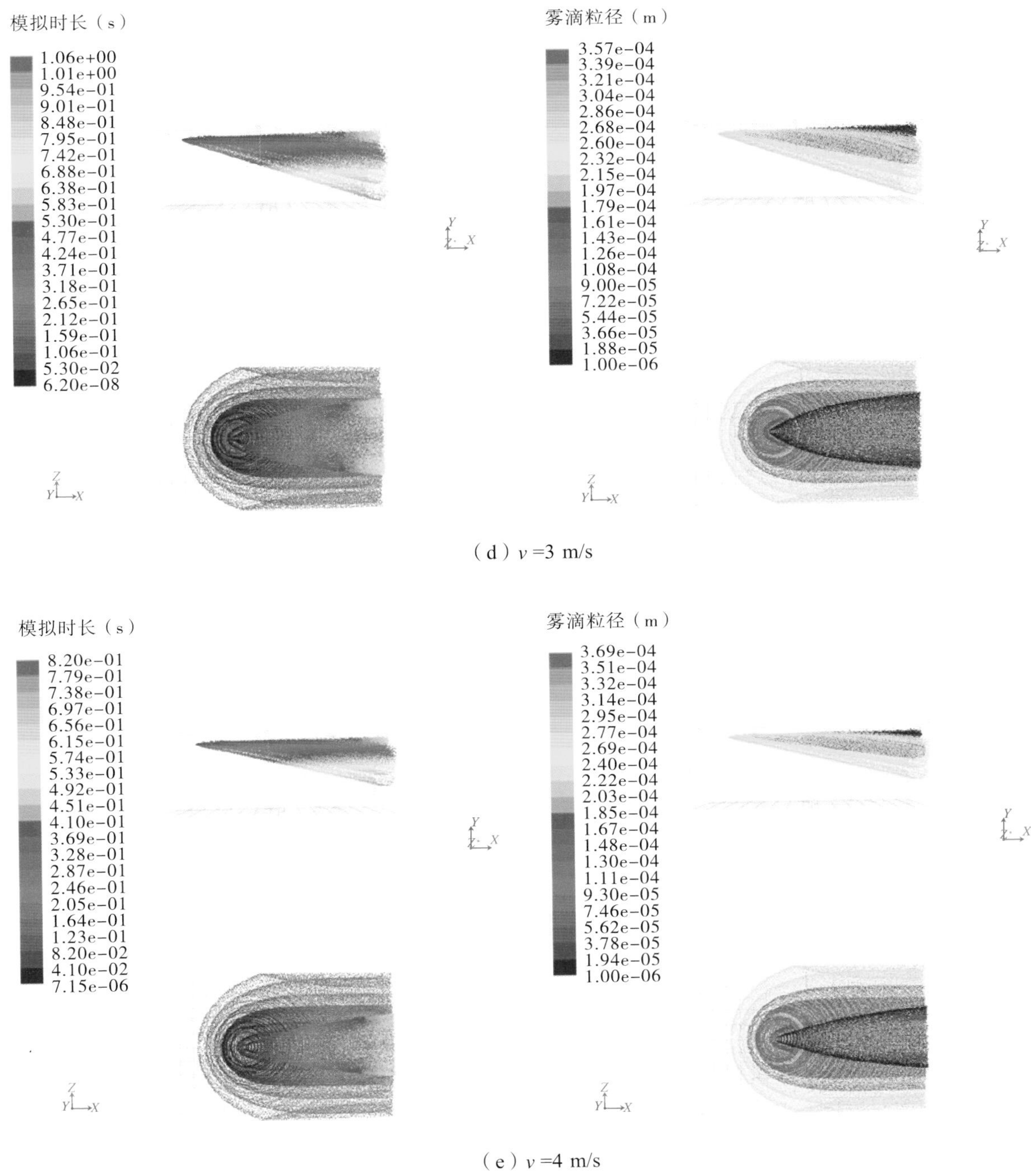
模拟时长（s）
1.06e+00
1.01e+00
9.54e-01
9.01e-01
8.48e-01
7.95e-01
7.42e-01
6.88e-01
6.38e-01
5.83e-01
5.30e-01
4.77e-01
4.24e-01
3.71e-01
3.18e-01
2.65e-01
2.12e-01
1.59e-01
1.06e-01
5.30e-02
6.20e-08
雾滴粒径（m）
3.57e-04
3.39e-04
3.21e-04
3.04e-04
2.86e-04
2.68e-04
2.60e-04
2.32e-04
2.15e-04
1.97e-04
1.79e-04
1.61e-04
1.43e-04
1.26e-04
1.08e-04
9.00e-05
7.22e-05
5.44e-05
3.66e-05
1.88e-05
1.00e-06

（d）v =3 m/s

模拟时长（s）
8.20e-01
7.79e-01
7.38e-01
6.97e-01
6.56e-01
6.15e-01
5.74e-01
5.33e-01
4.92e-01
4.51e-01
4.10e-01
3.69e-01
3.28e-01
2.87e-01
2.46e-01
2.05e-01
1.64e-01
1.23e-01
8.20e-02
4.10e-02
7.15e-06
雾滴粒径（m）
3.69e-04
3.51e-04
3.32e-04
3.14e-04
2.95e-04
2.77e-04
2.69e-04
2.40e-04
2.22e-04
2.03e-04
1.85e-04
1.67e-04
1.48e-04
1.30e-04
1.11e-04
9.30e-05
7.46e-05
5.62e-05
3.78e-05
1.94e-05
1.00e-06

（e）v =4 m/s

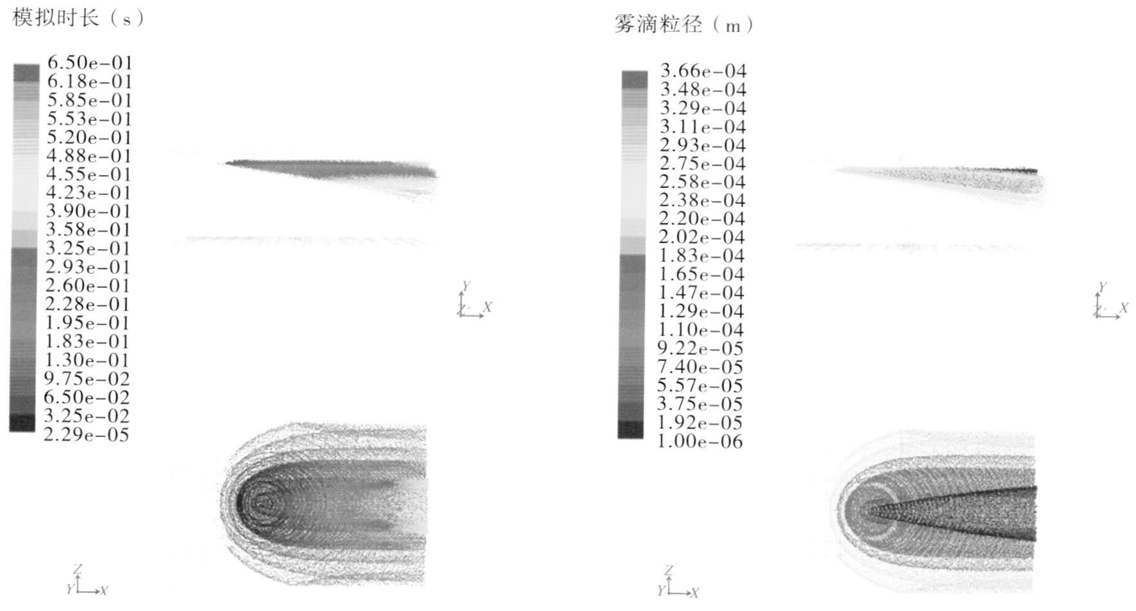

（f）v =5 m/s

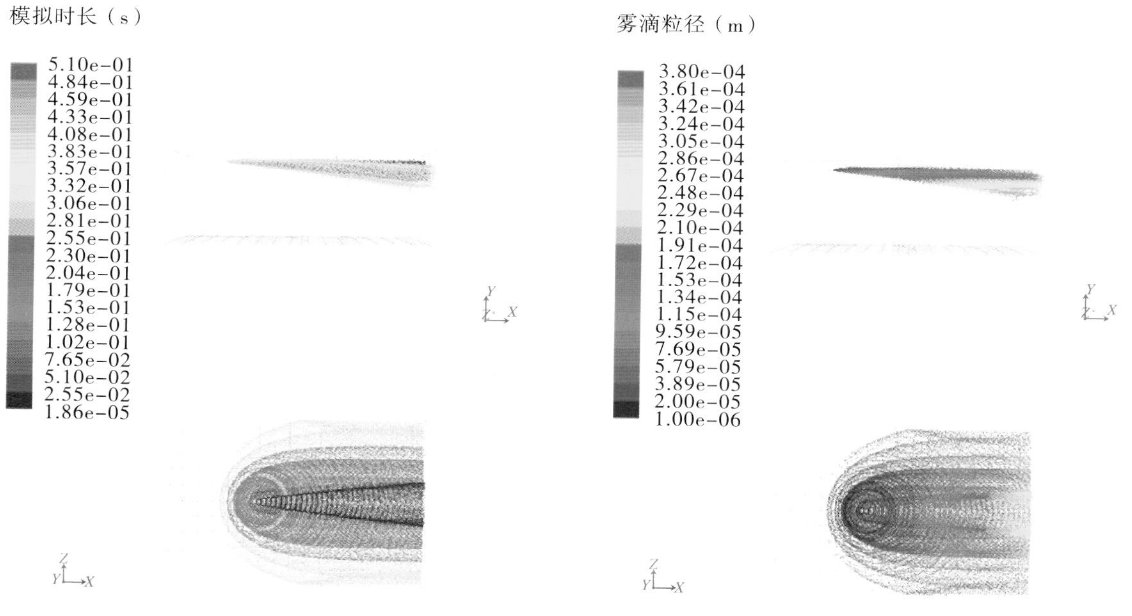

（g）v =6 m/s

图 5-3-10　不同风速条件下离心式喷头模拟雾滴空间分布情况图

由图 5-3-10 可以看出，当水平风速为 0 m/s 时，雾滴在空中呈现出以喷施点为中心的圆形分布，较大的雾滴沉降较快，较小的雾滴沉降较慢且分布在上层；随着风速从 0 m/s 逐渐增加到 6 m/s，喷施雾滴的飘移特性逐渐增加，越先释放的雾滴越偏向于分布在下风向和全部雾滴的下层，原因是越早释放的雾滴受风场影响的时间越长，加上重力影响，其向下风向和竖直向下的动量逐渐增大；越小的雾滴越偏向于分布在上层，也更集中在中轴线处，原因是对于同一时刻释放的一束雾滴，越小的雾滴沉积速度越慢，越容易受到横向风的影响，而随着风速的增加，模拟时间的逐渐缩短，较小的雾滴竖直向下移动距离有限而向下风向移动距离增加。雾滴在 1 m/s、2 m/s、3 m/s、4 m/s、5 m/s 和 6 m/s 水平风速影响下逃逸出 2 m 准确沉积区域的时间分别为 2.00 s、1.65 s、1.06 s、0.82 s、0.65 s 和 0.50 s。

相对于扇形喷头的离散相雾滴空间分布图，离心式喷头喷施的雾滴及其粒径数据更小，雾滴数量中径值在不同风速下为 218.49 ~ 241.78 μm，体积中径则更大。而扇形喷头喷施的雾滴体积中径为 140 μm 左右。另一方面，受水平风速影响程度不同，扇形喷头因为初始速度向下，雾滴在空间中滞留时间短，受侧向风速影响较小；离心式喷头因为初始速度为水平，靠重力加速度提供竖直速度，所以在水平风速影响下，雾滴更容易向下风向移动。由图 5-3-10 可知，离心式喷头喷施的雾滴在侧向风速大于 3 m/s 时几乎全部逃逸出有效喷施范围。

研究不同水平风速对雾滴沉积飘移效果的影响，统计离散相在喷施高度分别为 0 m、0.2 m、0.4 m、0.6 m、0.8 m 及 1.0 m 时平面沿风速方向不同距离内的分布量，结果如图 5-3-11 所示。

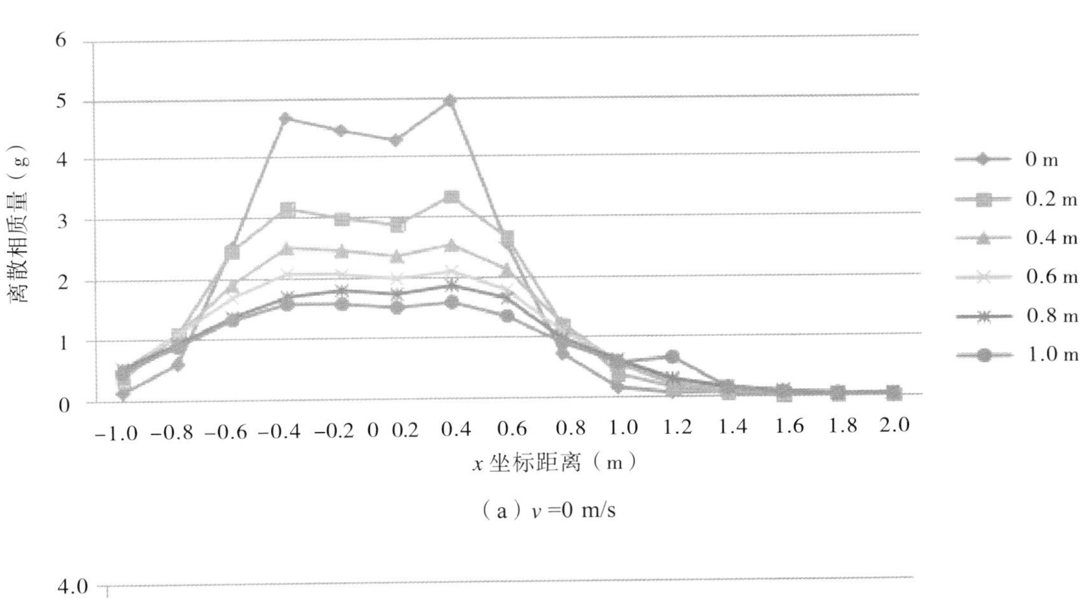

（a）v =0 m/s

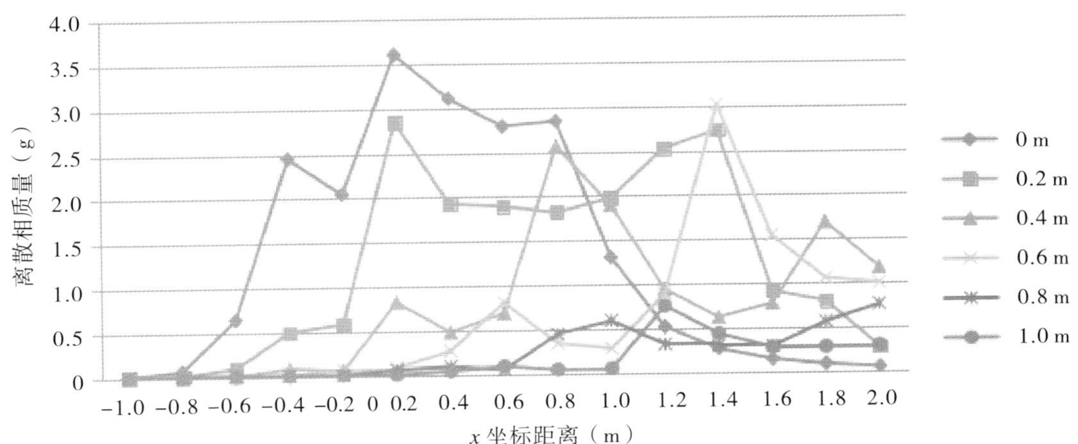

（b）v =1 m/s

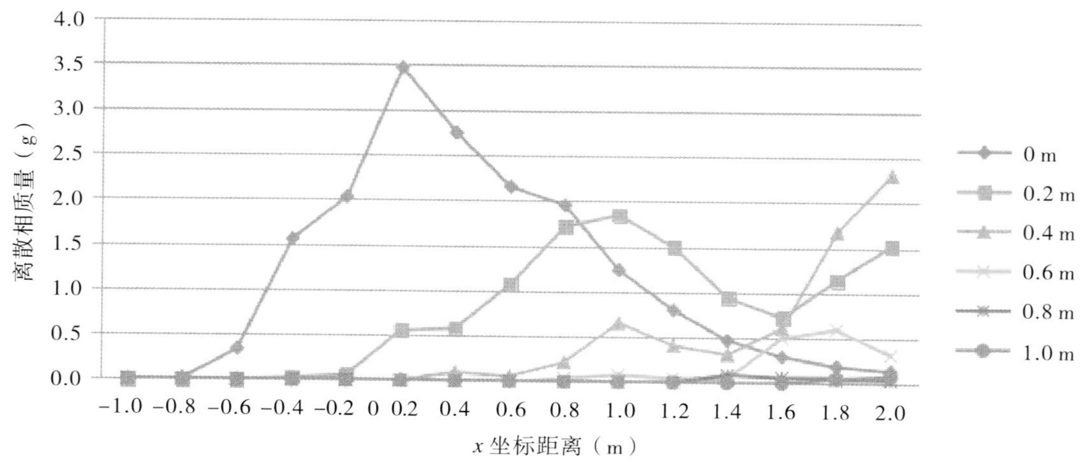

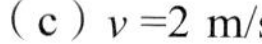
（c）v =2 m/s

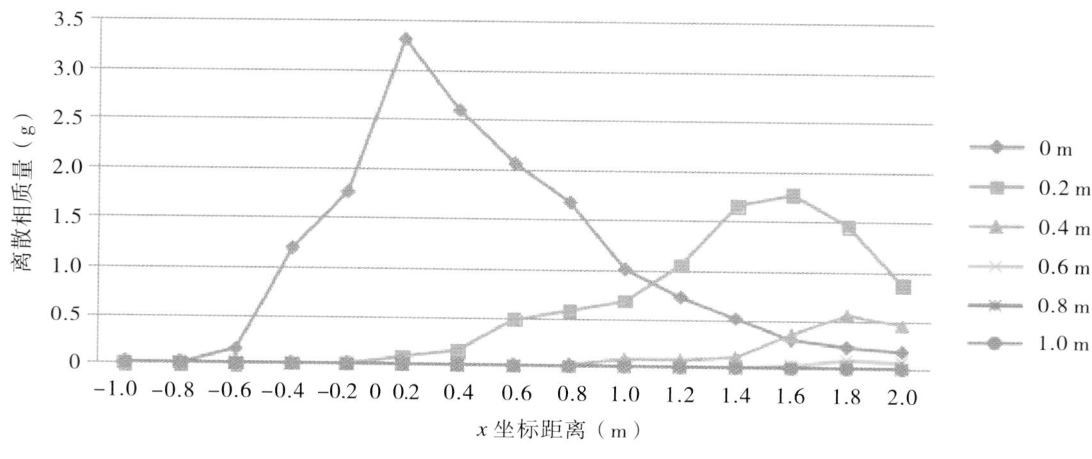

（d）v =3 m/s

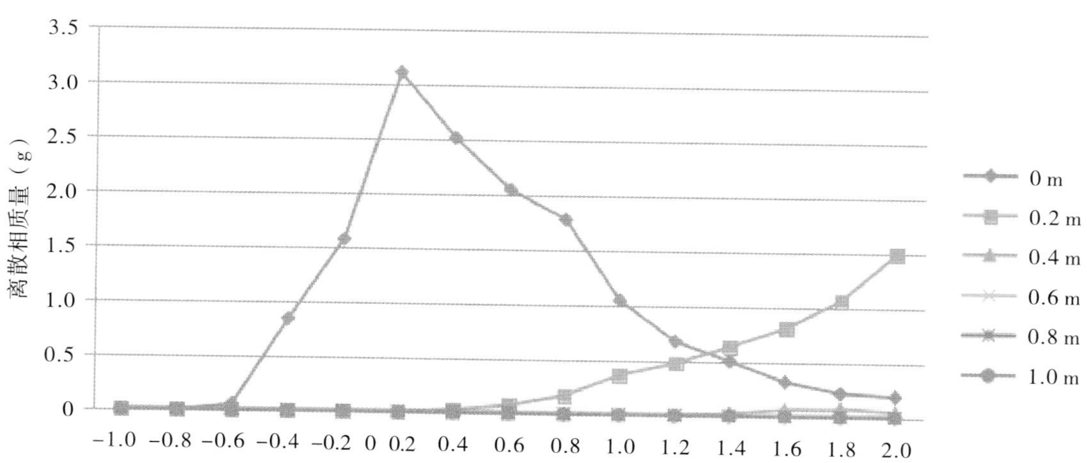

（e）v =4 m/s

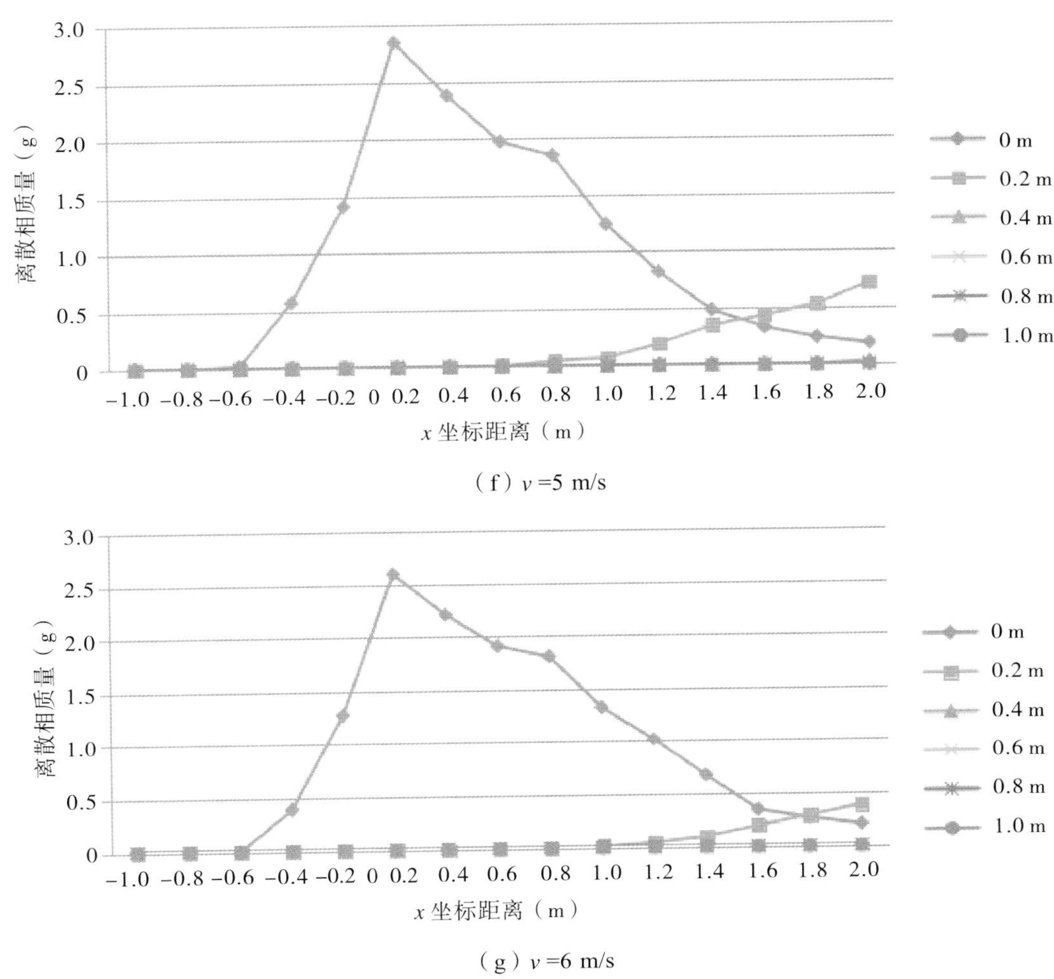

图 5-3-11　不同水平风速条件下离心式喷头雾滴沉积数据统计折线图

由沉积折线图可以看出，当水平风速为 0 m/s 时，离散相雾滴在各个平面上的雾滴沉积在喷施高度为 0 m 处大致对称，雾滴在各高度沉积面上的沉积质量大致相同。随着风速的增加，同一沉积高度上的离散相沉积浓度中心逐渐向下风向移动，且沉积高度越高，其移动距离越远，沉积高度为 1.0 m、0.8 m、0.6 m、0.4 m 的离散相雾滴分别于水平风速为 2 m/s、2 m/s、3 m/s 及 4 m/s 时飘移出有效沉积区域。相对于扇形喷头的沉积折线图，离心式喷头在 0 m 沉积高度沉积总量更多。

统计不同水平风速条件下不同沉积高度平面的总离散相沉积量，结果如图 5-3-12 所示。

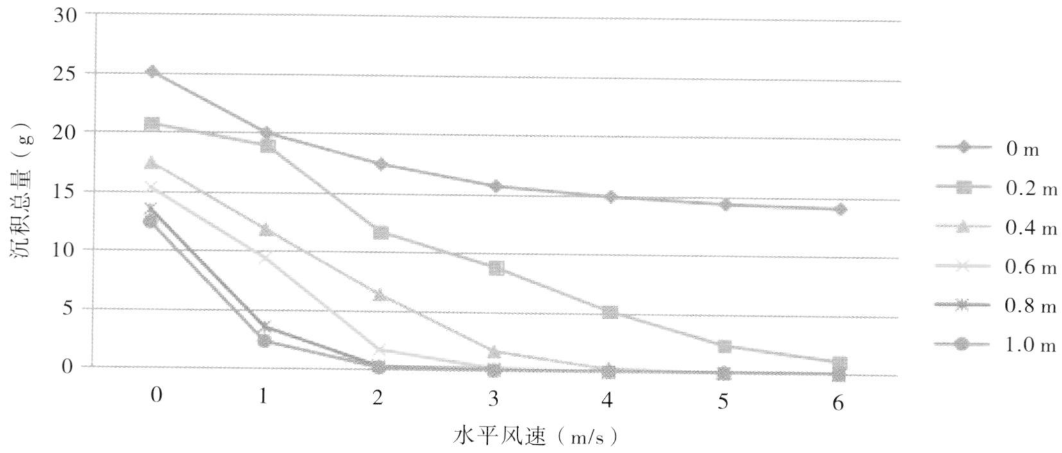

图 5-3-12　不同水平风速条件下离心式喷头喷施各沉积高度离散相沉积总量折线图

由图 5-3-12 可知，随着沉积高度的增加，其沉积总量随风速升高而下降的速度也越来越快。拟合每个高度从风速为 0 到沉积总量为 0 的线性关系，结果见表 5-3-4。

表 5-3-4　不同沉积高度的侧向风速和沉积量拟合线性公式

沉积高度（m）	拟合直线	R^2
0	$y = -1.6646x + 23.975$	0.8227
0.2	$y = -3.5194x + 23.86$	0.9645
0.4	$y = -3.6097x + 18.871$	0.906
0.6	$y = -3.9691x + 17.2$	0.8596
0.8	$y = -4.3598x + 15.2$	0.7958
1.0	$y = -6.1081x + 17.141$	0.8761

由表 5-3-4 可知，对于离心式喷头，不同沉积高度的沉积量与侧向风速均有较好的线性相关性，同时，随着沉积高度逐渐升高，其下降速度也逐渐加大。

由图 5-3-13 可知，由于离心式喷头喷施方式为圆心向四周扩散，因此，其喷施的雾滴以喷施原点为圆心均匀向四周扩散。无侧向风速时，沉积在地面呈圆形，随着风速的增加，沉积浓度形成向下风向扩散的椭圆形。根据雾滴粒径范围，形成的几个高浓度范围，最小粒径雾滴群在侧向风速为 1 m/s 时明显独立，同时在 4 m/s 时完全逃逸出计算域；稍大粒径雾滴群在侧向风速为 1 m/s 时开始独立，随着风速的增加，沉积区域重心逐渐向下风向移动。

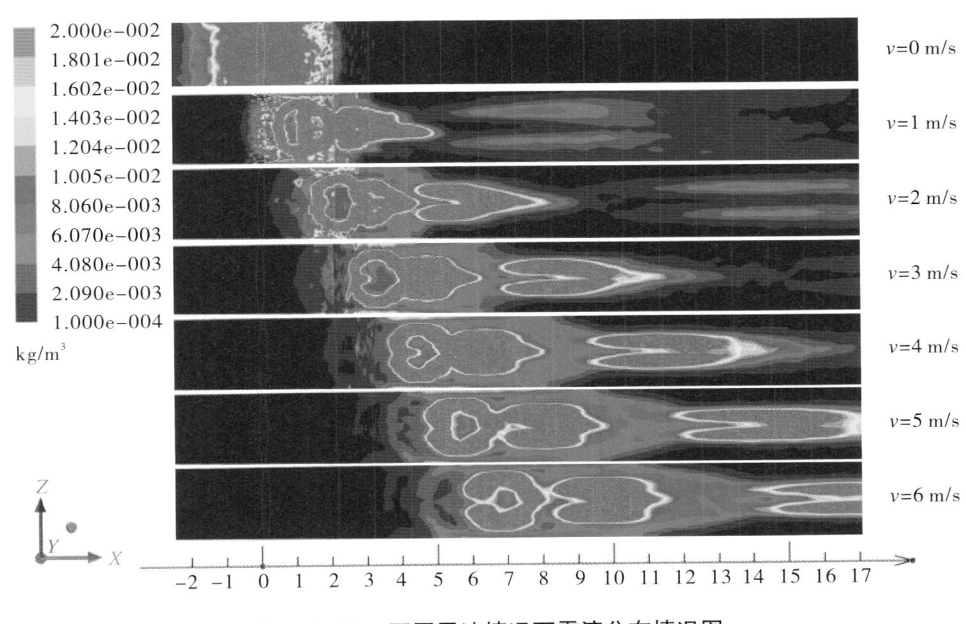

图 5-3-13　不同风速情况下雾滴分布情况图

二、两种类型喷头的风洞试验及与模拟结果的对比分析

（一）风洞试验设备

本试验所用风洞位于华南农业大学国家精准农业航空施药技术国际联合研究中心风洞实验室内(图 5-3-14)。该风洞为符合 ISO 国际标准(ISO 22856)的高低速复合风洞，为直流开口设计，有效试验段尺寸为 20 m（长）×2 m（宽）×1.1 m（高）；标准风速 2 ~ 52 m/s，变频连续可调；截面速度不均匀性≤ 1.0%；均匀区截面不小于 70%；气流方向场 Δ α≤ 1.0°，Δ β≤ 1.0°；轴向静压梯度≤ 0.01/m；湍流度≤ 1.0%；动压稳定性系数≤ 1.0%。试验过程中为防止因反弹造成试验误差，在风洞底面铺设防飞溅人工草皮。

图 5-3-14　华南农业大学国家精准农业航空施药技术国际联合研究中心风洞实验室

试验所用风速测量设备为加野麦克斯公司生产的 Kanomax 6036-BG Anemomaster 带压力传感器式数字风速计。

试验使用的固定喷雾系统是由农业农村部南京农业机械化研究所设计的喷雾控制系统。该系统由延时继电器、储水箱、增压泵、卸压阀、压力表、喷施管道以及喷头组成，通过调节减压阀出口压力，能够精确控制喷施压力，通过调节继电器模式可以实现定时喷施。

雾滴粒径分布测量装置为珠海欧美克仪器有限公司生产的 DP-02 型激光粒度分析仪，测量粒径范围在 0.5 ～ 1500 μm。该仪器从发射端发射激光束穿过喷雾区域，利用不同粒径粒子对激光散射光角度不同，在接收端的不同区域布置感光片收集散射光强，最终获得喷雾雾滴粒径分布比例。

荧光度检测设备为天津港东科技发展有限股份公司生产的 F-380 荧光分光光度计及其配套软件。

（二）风洞试验设计

本试验使用德国 LECHLER 系列 LU 120-03 扇形压力喷头和极飞 P20 2018 款开放式离心喷头进行测试。测试单个 LU 120-03 喷头在 0.3 MPa 压力条件下、流量为 1.19 L/min、喷雾角为 120° 时，以及离心式喷头流量为 0.6 L/min、转速为 12000 r/min 时受侧风影响的情况。试验过程中风洞内温度为 28 ℃左右，湿度为 69% 左右。

（1）测定风速对雾滴粒径的影响。将喷头安装在风洞中心轴线距离风洞底面 0.6 m 高的支架上，调整喷嘴方向，测试扇形喷头时喷嘴正对出风口，测试离心式喷头时喷头转盘轴线竖直，喷施开始前测定风洞内风速，保持风速平稳且恒定。激光粒度分析仪两机体镜头相距 1.5 m，对称放置在喷头两侧的水平支架上，喷施扇面与激光粒度分析仪光束夹角为 75°，喷头与激光粒度分析仪光束距离为 0.35 m，调节喷施压力至 0.3 MPa。考虑到农用航空无人机实际喷施情况和实际作业速度，调节风洞风机频率，获得从 1 ～ 6 m/s 范围的风速条件，取 1 m/s、3 m/s 和 6 m/s 共 3 个风速点作为试验风速。测试时先打开激光粒度分析仪及其配套软件，通过调整其水平朝向和竖直高度完成对齐，然后扣除背景光，消除杂光影响，打开水泵，使喷头正常喷施，调节获得所需喷施压力，待喷施达到稳定状态，点击软件测定按钮开始测试。测试过程中风洞内遮光，以减少因光照变化产生的试验误差。最终结果取 3 次测量的平均值，并要求 3 次测量标准差小于 5%，记录测量结果。

（2）测试风速对雾滴飘移的影响。将喷头安装在风洞中心内距离风洞底面 0.6 m 高的支架上，调整喷嘴方向，使喷嘴竖直朝下，喷施扇面和来风方向垂直。试验介质选用可溶性荧光示踪剂（质量分数为 5‰的罗丹明 B 溶液），雾滴沉积结果由直径为 1 mm 的聚乙烯线收集。在下风向距离喷头平面 2 m 的位置，在风洞地面向上 0.1 ～ 0.8 m 处各放置 8 根间距为 0.1 m 的收集线，用来检测穿过垂直平面空气的雾滴，分别命名为 V1 ～ V8，距离地面最近收集线设置为

0.1 m，目的是消除风的湍流和雾滴在地面的飞溅对收集线的污染。此外，沿水平方向在距离地面 0.1 m 高的位置以 1 m 的间隔距离放置 13 根收集线，用来检测喷雾从 2 ～ 15 m 范围内的水平飘失情况，分别命名为 V1 和 H3 ～ H15（图 5-3-15）。每次喷施时间为 5 s，喷施结束，待附着在线上的雾滴充分晾干后，戴上一次性橡胶手套进行收集，收集过程注意避免将示踪剂从聚乙烯线上蹭下，将收集好的聚乙烯线单独放置在编好号的自封袋中，避光低温保存并及时处理。

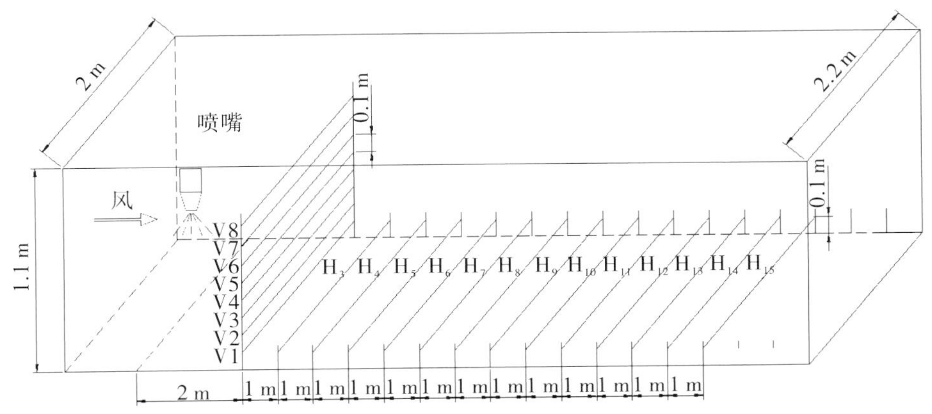

（a）风洞试验布置示意图

（b）压力式喷头

（c）离心式喷头

（d）实际布置图

图 5-3-15　风洞试验布置图

（三）风洞试验雾滴参数及处理

雾滴粒径参数由激光粒度分析仪及其配套软件直接读出，测量统计全部喷施雾滴中粒径大于 1 μm 的部分。考虑到试验所用激光粒度仪量程，设置统计单个区间长度为 5 μm，即可获得准确的 100 μm 以下粒径雾滴所占总雾滴的百分比，即 V100。雾滴其他参数会自动生成，将每一次喷施结果记录并保存。

对于雾滴飘移特性，试验通过测定聚乙烯线上沉积雾滴质量的方法获得。试验物品及设备如图 5-3-16 所示。试验具体操作如下。

首先，调配 6 个不同浓度等级的罗丹明 B 溶液作为标准母液，拟合标准曲线。根据本试验前期计算，调配浓度分别为 10^{-4} g/L、2×10^{-4} g/L、5×10^{-4} g/L、10^{-3} g/L、2×10^{-3} g/L、5×10^{-3} g/L。将调配好的标准母液放入荧光分光光度计中，用 552 nm 波长光激发，测定其 575 nm 发射光强度作为测定溶液中罗丹明 B 浓度的依据。

其次，将当天试验收集的遮光保存的聚乙烯线用装在自封袋中的 40 mL 去离子水浸泡，并用超声波锅充分振荡，使附着在聚乙烯线上的聚乙烯结晶溶解在水中。充分摇匀后，取 1 mL 左右放入分光光度计试管中，用仪器测试其发射光值即得出溶液浓度值（μg/L），如果发现测试溶液浓度不在配置标准曲线范围内，可以根据需要用移液枪再次稀释。

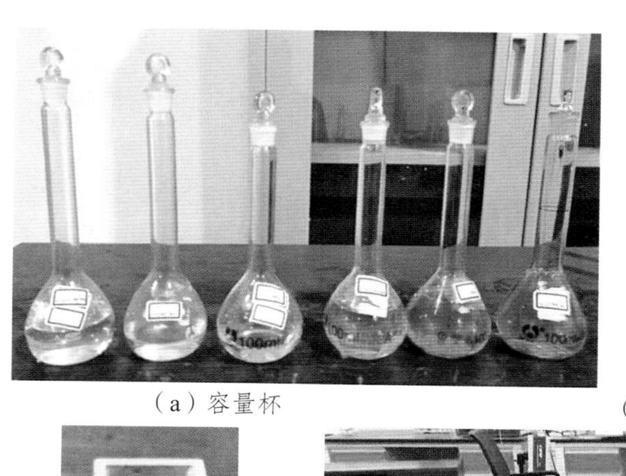

（a）容量杯

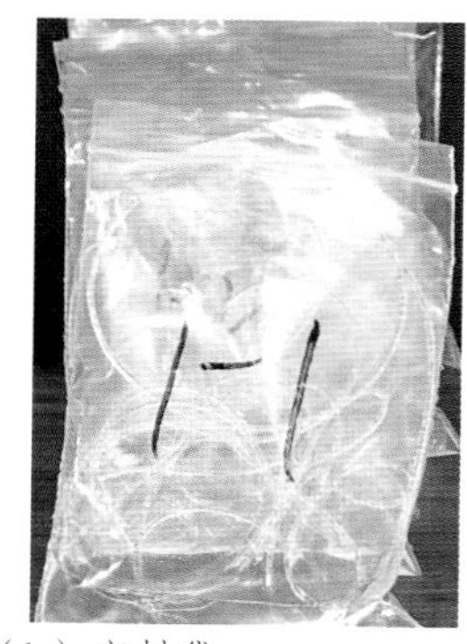

（b）密封袋

（c）比色皿

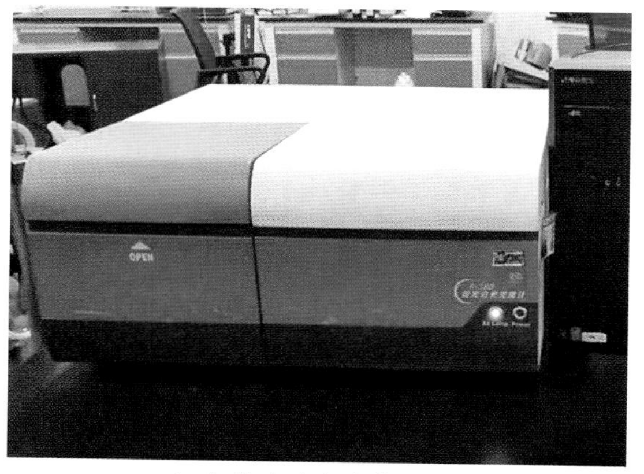

（d）荧光分光光度计

图 5-3-16　雾滴飘移特性试验物品及设备

最后，用测试的溶液浓度（μg/L）乘以溶液体积（L）获得所标记聚乙烯线上的染色剂质量（μg），再通过聚乙烯线的直径和长度反推出喷施时长内聚乙烯线所在位置的平均喷施浓度。用 V1 ～ V8 所在直线处示踪剂沉积浓度拟合喷施下风向 2 m 处垂直平面内各高度雾滴通量，可以得到测试垂直面内雾滴飘移体积通量随高度分布 n 次多项式曲线 $\dot{v}(y)$，用 V1 和 H3 ～ H15 所在直线处沉积浓度拟合 2 ～ 15 m 范围内底面各距离沉积浓度。同时得到飘移量分布的特征高度 h，其定义为

$$h=\frac{\int_{o}^{h_N}\dot{v}(y)y\mathrm{d}y}{\int_{o}^{h_N}\dot{v}(y)\mathrm{d}y} \tag{5.3.12}$$

式中，$\dot{v}(y)$为通过测试截面内任意高度雾滴的体积通量，拟合准确度均超过 97%。

对于雾滴飘移计算，喷雾过程中，雾滴在收集线上的沉积总量用 A_d 来表示，则有：

$$A_\mathrm{d}=\sum_{i=1}^{n}d_i\left(\frac{s}{w}\right) \tag{5.3.13}$$

式中，n 为收集线的数量，对水平方向 13 根聚乙烯线进行求和；d_i 为第 i 根收集线上示踪剂的沉积量，μg；s 为收集线间的距离，m；w 为收集线的直径，本试验中的值是 1 mm。

$$T_\mathrm{a}=v\times c \tag{5.3.14}$$

式中，T_a 为喷施的示踪剂的总量，μg；v 为喷雾体积，L；c 为示踪剂浓度，μg/L。

$$R_\mathrm{h}=\frac{A_\mathrm{d}}{T_\mathrm{a}}\times 100\% \tag{5.3.15}$$

式中，R_h 为雾滴水平飘移率，表示距离地面 0.1 m 布置的 13 根聚乙烯线收集的雾滴沉积量占喷头喷施雾滴的百分比。

（四）风洞试验结果

1. 雾滴粒径参数

两种喷头的风洞试验数据见表 5-3-5。

表 5-3-5　两种喷头雾滴谱参数

喷头型号	喷施条件	雾滴谱参数	风速			
			0 m/s	1 m/s	3 m/s	6 m/s
LU 120-03	0.3 MPa	$Dv_{0.1}$（μm）	96.62	91.75	87.91	82.78
		$Dv_{0.5}$（μm）	216.58	217.82	225.24	237.34
		$Dv_{0.9}$（μm）	340.53	371.55	404.53	440.86
		V100（%）	11.84	12.17	14.73	16.01
		雾滴谱宽度	1.13	1.28	1.41	1.51
极飞 P20 喷头	12000 r/min	$Dv_{0.1}$（μm）	63.16	61.56	54.76	50.25
		$Dv_{0.5}$（μm）	105.20	116.47	118.25	123.42
		$Dv_{0.9}$（μm）	152.77	184.05	202.77	232.51
		V100（%）	46.42	39.76	36.27	33.42
		雾滴谱宽度	0.85	1.05	1.25	1.53

分析试验数据发现，对于两种喷头，随着风速的增大，$Dv_{0.1}$ 逐渐减小，$Dv_{0.5}$ 和 $Dv_{0.9}$ 逐渐增大，且 $Dv_{0.9}$ 的增加幅度远大于 $Dv_{0.5}$，V100 和雾滴谱宽度在此范围内均逐渐增加。由于激光粒度仪的空间粒子统计方式为通过统计空间单位面积的粒子数。在单位时间统计率不变时，随着风速的增大，小粒径雾滴更容易随着气流达到较大速度，因此统计次数较少，而大粒径雾滴运动速度较低，因此统计次数较多，从而使得整体测量粒径偏大。通过对模拟数据和试验数据的对比，发现两者除 $Dv_{0.5}$ 数值和变化趋势相同外，其他粒径参数有一定差异。考虑模拟结果有一定误差的原因是模拟对离散相粒子的统计方法存在误差，它是通过对一系列极短时间内喷施粒子的统计来近似代替激光粒度仪测试时喷嘴喷施出 0.35 m 距离处特定位置的粒子，其统计方法不同，结果也有较大差异。

2. 雾滴飘移参数

两种喷头的喷施雾滴飘移数据如图 5-3-17 所示。

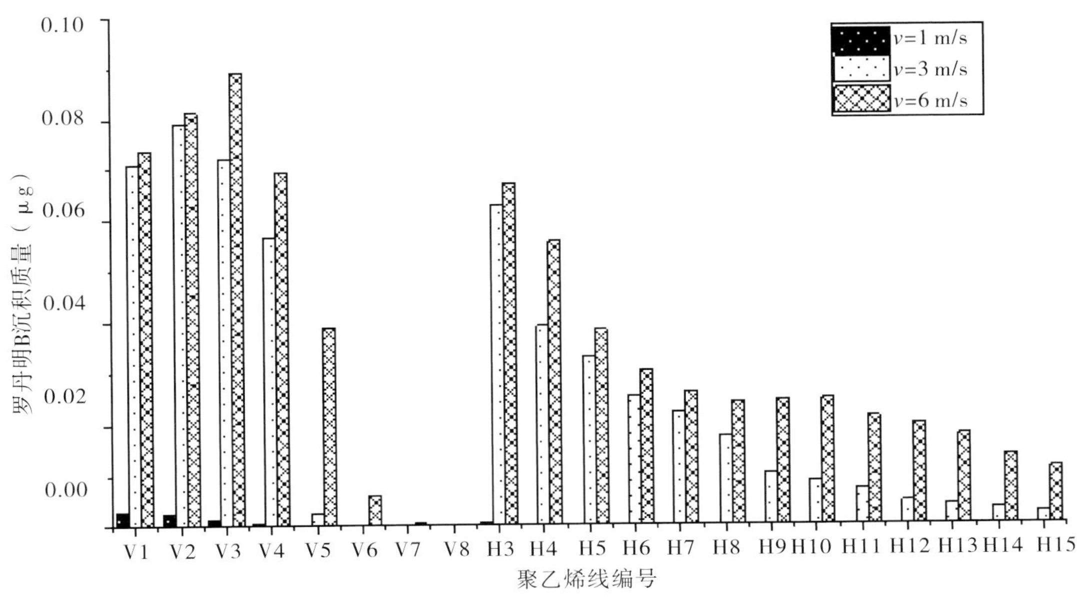

（a）LU 120-03 喷头喷施雾滴的飘移数据

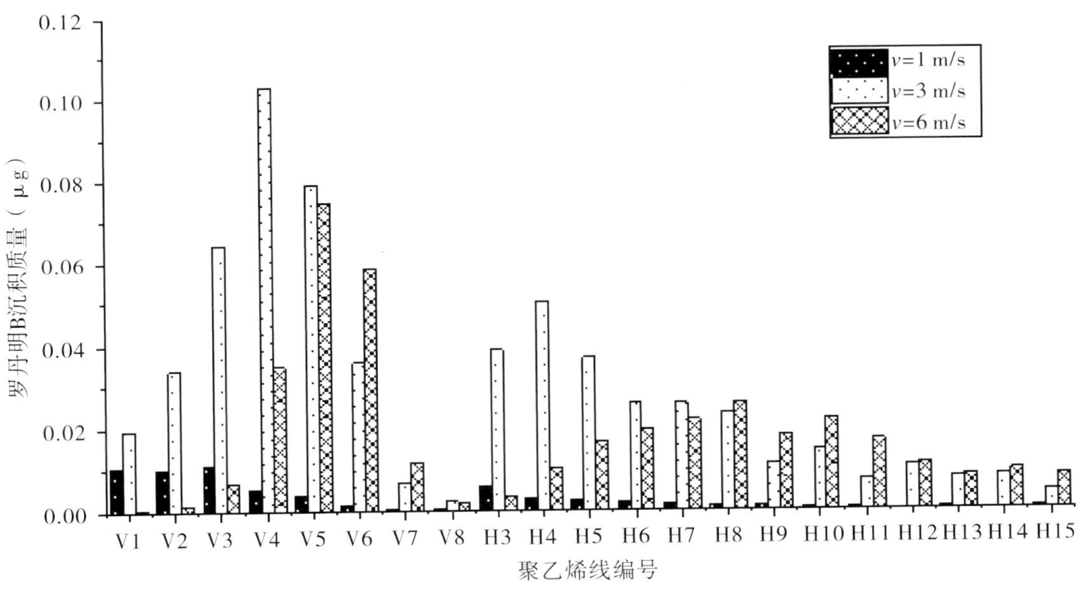

（b）极飞 P20 喷头喷施雾滴的飘移数据

图 5-3-17　两种喷头喷施雾滴的聚乙烯线沉积数据

图 5-3-17 分别是 Lechler 公司 LU 120-03 压力式喷头在喷施压力为 0.3 MPa 和极飞 P20 离心式喷头在流量为 0.6 L/min、转速为 12000 r/min 这两种喷施条件下，侧向风速为 1 m/s、3 m/s、6 m/s 时聚乙烯线上的罗丹明 B 质量。由两幅柱状图可以看出，对于喷头在下风向 2 m 竖直平面内的雾滴通量值，压力式喷头同一高度上的沉积量随风速的增加而增加，3 m/s 和 6 m/s 侧向风速在各高度上的沉积量明显大于 1 m/s 侧向风速。而同一风速条件下，风速为 1 m/s 时，沉积量

随沉积高度的增加而减小；风速为 3 m/s 和 6 m/s 时，随着沉积高度增加，沉积量先增加，分别于 0.2 m 和 0.3 m 高度达到峰值后下降。对于离心式喷头，在三种风速条件下，沉积量随沉积高度同样为先分别增大，在沉积高度为 0.3 m、 0.4 m 和 0.5 m 处达到峰值后减小，不同的是，风速为 6 m/s 时比 3 m/s 时沉积质量高度上升明显滞后。

对于下风向 2 m 及大于 2 m 的雾滴沉积量，压力式喷头在三种侧向风速条件下和离心式喷头在风速为 1 m/s 条件下，从前往后均呈现逐渐下降的趋势。当离心式喷头侧向风速为 3 m/s 和 6 m/s 时表现为先增大后减小，但 3 m/s 侧向风速比 6 m/s 的飘移率减少快。通过线性拟合各个喷施条件 V1（H2）、H3 ～ H15 这几条聚乙烯线上的沉积质量，对沉积质量拟合直线求解，获得雾滴沉积质量为 0.04 mL/（min·cm^2）的距离为飘移距离，其统计见表 5-3-6。两种喷头在测试条件下的飘移距离随侧向风速的增加而增加，相对于压力式喷头，离心式喷头在小的侧向风速下即有大的飘移距离，原因是风速较小时，喷头喷施雾滴初始方向为主要决定因素。在 0.6 m 喷施高度的喷施条件下，初始速度向下会导致雾滴在空中运动的时间有限；而随着侧向风速的增加，压力式喷头的飘移距离增加幅度大于离心式喷头，原因是随着风速的增加，喷施方向导致的飘移已逐渐趋于峰值，因而此时喷头流量为雾滴飘移的主要决定因素。

表 5-3-6 不同喷施条件下的飘移距离

风速（m/s）	飘移距离（m）	
	LU 120-03 喷头，0.3 MPa	极飞 P20 喷头，12000 r/min
1	4.57	10.41
3	14.98	14.82
6	19.53	17.51

此外，对于两种喷头，拟合获得沉积质量与沉积高度的 n 次多项式，见表 5-3-7。

表 5-3-7 两种喷头沉积质量与沉积高度的 n 次多项式

喷头类型	风速（m/s）	n 次项拟合曲线	R^2
压力式喷头	1	$y = 0.0092x^2 - 0.0126x + 0.0042$	0.9858
	3	$y = -23.119x^5 + 49.974x^4 - 38.049x^3 + 12.015x^2 - 1.5525x + 0.1396$	0.9778
	6	$y = 1.378x^4 - 1.0601x^3 - 0.5557x^2 + 0.3674x + 0.0419$	0.9865
离心式喷头	1	$y = -0.2111x^4 + 0.4972x^3 - 0.3847x^2 + 0.0923x + 0.0046$	0.9598
	3	$y = 9.1051x^4 - 15.659x^3 + 8.305x^2 - 1.3914x + 0.0898$	0.9736
	6	$y = 40.182x^5 - 84.397x^4 + 62.866x^3 - 20.136x^2 + 2.7953x - 0.1326$	0.9926

计算得到三个风速下雾滴的飘移量分布。对于压力式喷头，特征高度分别为 h_{p1}=0.175 m、h_{p3}=0.200 m、h_{p6}=0.245 m，水平飘移率分别为 R_{hp1}=0.6%、R_{hp3}=39.6%、R_{hp6}=57.2%。对于离心式喷头，特征高度分别为 h_{c1}= 0.257 m、h_{c3}=0.357 m、h_{c6}=0.659 m，水平飘移率分别为 R_{hc1}=3.5%、R_{hc3}=36.0%、R_{hc6}=24.3%，基本符合随风速增加，雾滴飘移逐渐加强这一常规经验。对于离心式喷头 6 m/s 风速的试验结果，结合离心式喷头数值模拟结果地面沉积离散相云图进行分析，此时大量雾滴已经随风飘移出 15 m 统计区域之外，因此本设计统计方法获得下风向 2 m 以外雾滴飘移量数据准确度不够，应采取于风洞下风向更长距离设置沉积线或在空中布置沉积线等其他措施，进一步改进试验。

（五）风洞试验和数据模拟对照

通过统计模拟结果文件中地面上单位距离内的离散相沉积质量获得模拟飘移量数据，根据风洞内水平布置聚乙烯线上的罗丹明 B 沉积质量反推其所在距离内的飘移量数据。对比模拟和试验在相同侧向风速条件下不同距离飘移量数据，结果见表 5-3-8。

表 5-3-8　两种喷头的数值模拟和风洞试验飘移沉积值对照

喷头类型	距离（m）	风速 1 m/s		风速 3 m/s		风速 6 m/s	
		数值模拟值	试验值	数值模拟值	试验值	数值模拟值	试验值
LU 120-03 喷头	3	0.006403	0.000640	0.009923	0.062848	0.013863	0.067200
	4	0.004032	0.000293	0.006228	0.039051	0.008777	0.055733
	5	0.002681	0.000213	0.004843	0.032853	0.006894	0.038293
	6	0.001431	0.000160	0.003942	0.025280	0.005624	0.030320
	7	0.000147	0.000267	0.003108	0.022240	0.004611	0.026267
	8	1.79×10^{-5}	0.000107	0.001981	0.017440	0.003935	0.024240
	9	1.76×10^{-5}	0.000080	0.000511	0.010347	0.003367	0.024613
	10	3.01×10^{-6}	2.67×10^{-5}	0.000149	0.008811	0.002820	0.024800
	11	1.6×10^{-8}	0.000107	0.000124	0.007061	0.002330	0.021333
	12	1.78×10^{-6}	5.33×10^{-5}	9.97×10^{-5}	0.004597	0.001436	0.019733
	13	2.54×10^{-6}	2.67×10^{-5}	6.32×10^{-5}	0.004155	0.000798	0.017867
	14	3.74×10^{-8}	2.67×10^{-5}	6.34×10^{-5}	0.003291	0.000309	0.013867
	15	1.03×10^{-6}	0	4.3×10^{-5}	0.002347	0.000161	0.011200

续表

喷头类型	距离（m）	风速 1 m/s		风速 3 m/s		风速 6 m/s	
		数值模拟值	试验值	数值模拟值	试验值	数值模拟值	试验值
极飞 P20 喷头	3	0.138239	0.005813	0.194745	0.038693	0.046055	0.003493
	4	0.030209	0.002773	0.068054	0.050133	0.061916	0.009893
	5	0.007334	0.002373	0.025785	0.036800	0.034296	0.016533
	6	0.004098	0.001787	0.022701	0.025600	0.027701	0.019200
	7	0.004884	0.001467	0.024268	0.025600	0.024966	0.021600
	8	0.005840	0.000827	0.020801	0.023467	0.023971	0.025867
	9	0.006156	0.000640	0.016713	0.011200	0.021456	0.018133
	10	0.005763	0.000427	0.014479	0.014533	0.020707	0.021867
	11	0.005852	0.000267	0.014206	0.007013	0.021788	0.016800
	12	0.005812	0.000053	0.013414	0.010587	0.023939	0.011200
	13	0.005827	0.000187	0.009655	0.007707	0.023607	0.008267
	14	0.005669	0.000080	0.007554	0.008213	0.017716	0.009600
	15	0.005970	0.000133	0.004594	0.004267	0.017565	0.008160

通过 SPSS 进行相关性分析，在 1 m/s、3 m/s 和 6 m/s 速度下的飘移量和飘移距离数据相关性分别为 0.905、0.995 及 0.978，对比模拟（R_{hs}）和风洞试验（R_{ht}）在不同侧向风速时水平飘移率的相关性，拟合其结果，获得表达式为 R_{ht}=1.888R_{hs}−0.3533，决定系数为 0.963，可以验证模拟的有效性，对两种喷头建立 R_{ht} 相同喷施空间模型，设置合适的喷施参数，便可以获得有价值的模拟结果，从而反推出试验结果。

三、四旋翼无人机数值模拟仿真

（一）无人机三维模型构建与网格划分

本研究以极飞 P20 四旋翼植保无人机为对象进行模拟，其外形如图 5-3-18 所示。

图 5-3-18　极飞 P20 四旋翼植保无人机

其作业参数见表 5-3-9。

表 5-3-9　极飞 P20 四旋翼植保无人机作业参数

参数	数值
无人机尺寸（mm×mm×mm）	1180×1180×410
桨尺寸（mm）	812.8
作业高度（m）	1 ～ 10
喷洒效率（亩 /h）	80
最大起飞重量（kg）	27
作业速度（m/s）	1 ～ 8
喷雾雾化标准（μm）	80 ～ 130（逐级可调）
着药量（个 /cm^2)	40 ～ 250
喷头直径（mm）	60
喷洒流量（mL/ 亩）	200 ～ 800
喷幅宽度（m）	1.5 ～ 3.0（视作业高度而定）

为了对无人机进行模拟，首先根据无人机实际尺寸对机身建模：对机身进行实体测量，再用 SolidWorks 画出机身三维实体图，如图 5-3-19 所示。

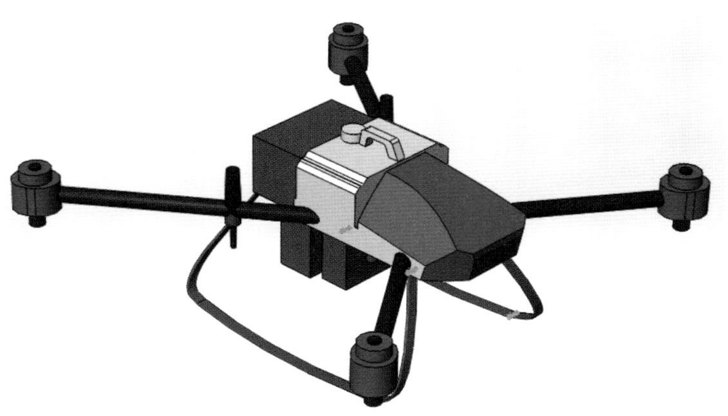

图 5-3-19　P20 三维建模图

旋翼翼型结构对气流影响至关重要。对于旋翼，可用逆向建模方式进行构建，如图 5-3-20 所示。从机身上取得一片旋翼，将旋翼喷涂反光增强剂后在相关部位粘贴标记点，用 GOM Optical Measuring Techniques 及其配套软件 ATOS Professional 进行三维扫描。三维立体扫描的原理是基于三维空间信息的三点式矩阵识别，通过三个及三个以上的空间坐标点，确定被扫描体的三维模型，对于旋翼这样形状复杂的零部件，一次扫描无法获得全部的数据，通过移动或旋转零件，可以得到很多单独的点阵。软件会自动根据诸如圆柱面、球面、平面等特殊的点信息将点阵准确对齐。对于旋翼曲面过于复杂或者扫描环境恶劣导致出现的噪点，可通过软件对点阵进行判断并去掉噪点，以保证结果的准确性。将扫描得到的点云文件导入 Geomagic Design X 软件，按照点云文件逆向构建三维实体模型，再将导出的模型与画好的机体装配，转换成 .xt 格式模型，得到用于后期模拟的三维模型。

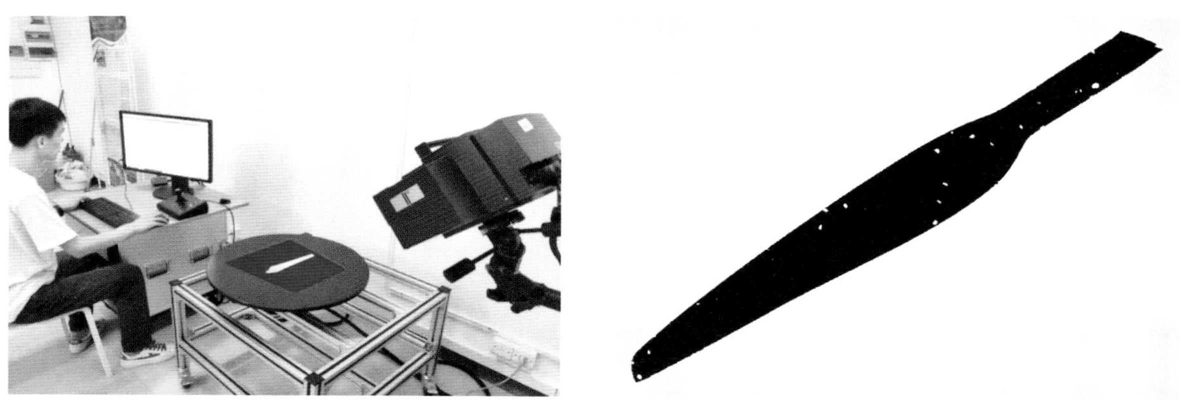

图 5-3-20　逆向建模过程

将获得的三维模型导入 Workbench 的 Geometry 中，根据需要对其进行包裹和布尔减运算，其中对机身整体用箱型（Box）包裹，考虑到计算机性能以及尽可能展现无人机在空中的效果，无人机中心距离箱型包裹区域各面距离见表 5-3-10。

表 5-3-10　无人机中心距离各包裹面距离

各包裹面方位	前	后	左	右	上	下
距离（m）	4	10	4	4	4	8

对旋翼用圆柱（Cylinder）包裹，圆柱轴线和旋翼旋转轴线重合，根据需要，圆柱直径比无人机旋翼长 5 cm，厚度比旋翼螺距大 4 cm，将机身和旋翼独立于空间域，得到如图 5-3-21 所示的计算域模型。

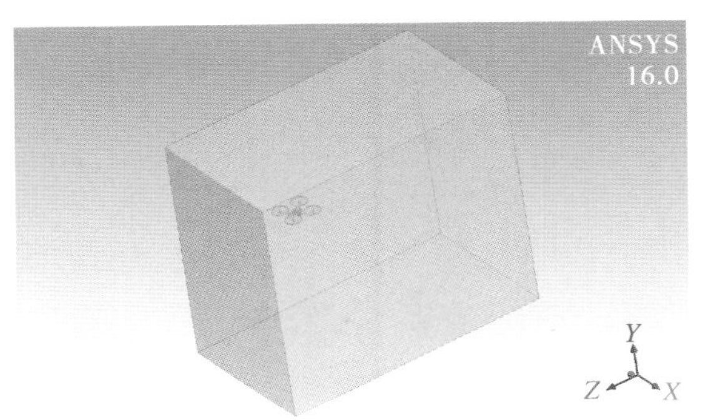

图 5-3-21　计算域切分结果

对计算域模型进行网格划分（图 5-3-22），根据划分精度需要用 Meshing 进行四面体网格（Tetrahedrons）的 Patch Conforming 划分，物理场参照类型（Physics Preference）为 CFD，关联性（Relevance）为 100，对于网格尺寸的控制，相关性中心（Relevance Center）设置为细化（Fine），平滑度（Smoothing）设置为高（High），跨度中心角（Span Angle Center）设置为细化（Fine）。为保证后期结果准确，划分过程优先考虑网格质量，网格密度从机体向四周逐渐减小，网格尺寸从机体向四周逐渐增大，所得网格的数量大约为 1300 万，正交质量为 0.02963。

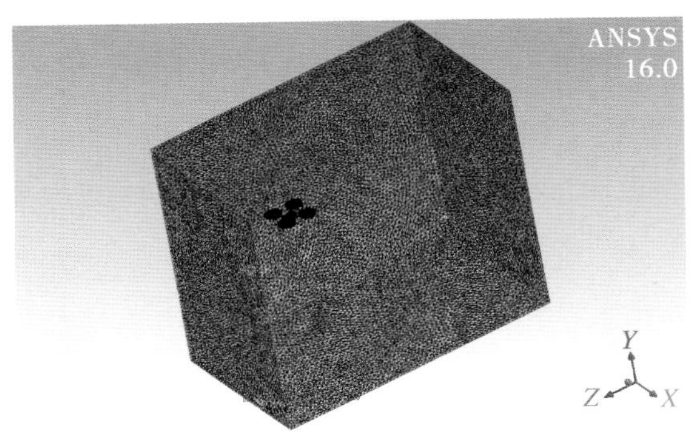

图 5-3-22　计算域网格划分结果

（二）模拟参数确定

根据飞机实际运行情况，在 Fluent 中对模型进行边界条件设置，从实际操作上来讲，在 Fluent 中直接数值模拟旋翼的方法可以分为以下四种。

（1）参考坐标系（Moving Reference Frames）法。该方法通过引入相对运动参考系来处理旋翼的旋转问题，将复杂的问题简化，具有设置简单、计算快速等优点，是一种稳定性好、易于收敛的稳态方法。参考坐标系包括单参考系、多参考系及混合平面模型三种方式，计算精度满足要求，资源耗费较少，性价比高。

（2）网格运动（Meshmotion）法，也被称为滑移网格（Slidingmesh）法。该方法通过网格的旋转来模拟旋翼的运动，在包含旋翼的旋转域和外部静止域之间通过交界面进行流场信息传递，是一种瞬态方法，相比于 MRF，能够得到流场的更多信息，比如压力脉动、流场演变等，但是计算时间较长，对硬件的要求也更高。

（3）动网格（Dynamicmesh）法。该方法用来模拟流场形状由于边界运动而随时间改变的情况，边界运动可以是预先定义的，也可以是计算前指定速度或角速度，还可以是根据前一步迭代结果产生的。相比于前两种方法，动网格法计算更接近实际运动，耗费计算机资源也更多。

（4）重叠网格［Oversetmesh（Ansys workbench 17.0 及以后版本添加）］法，也被称为嵌套网格法。得益于重叠网格在处理诸如极限、交叉、耦合等运动方面的优势，该方法在处理船－桨－舵耦合运动及干扰、自航模、操纵性模拟等方面应用更为广泛。

概括来说，以上四种方法中除第一种方法为稳态处理外，其余三种均为瞬态处理。前两种方法针对区域运动，而后两种方法针对边界运动。对于复杂的、多个边界条件运动不规则或者边界变化的情况，只能用后两种方法来处理，但如果考虑到计算的经济性，前两种方法具有很大优势。本文所使用的方法为参考坐标系法。

边界条件设置：在区域参数设置（Cell Zone Condition）中，四个旋翼所在域类型保持原始设置，仍为流体（Fluid），运动方式设置为参考系运动（Framemotion）。为了设置产生无人机不同前进速度效果，上、下、左、右四个面设置为壁面，前面在模拟悬停状态时设置为压力出口边界，在模拟不同前飞速度时设置为速度入口边界，后面设置为自由出流边界（Outflow），边界处压力值为 0，内部域与域之间的边界面为交界面（Interface），机身和旋翼边界为壁面（Wall），其中机身是固定壁面，全计算过程静止不动，旋翼是移动壁面，相对于流体域的运动速度为 0，根据模型尺寸和摆放设定每个旋翼的旋转中心、转轴轴向及转速。

（三）无人机数值模拟结果

1. 无人机机身附近风场发育情况

为探索不同前进速度下的无人机下洗风场发展过程及其对喷施离散相雾滴的影响，根据流场发育情况，在无人机中心平面所在水平和竖直平面截取有明显特征的图片，如图 5-3-23 所示。

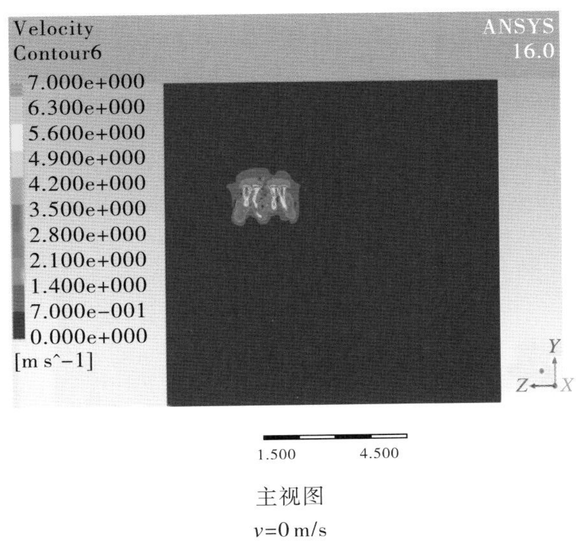

主视图

v=0 m/s

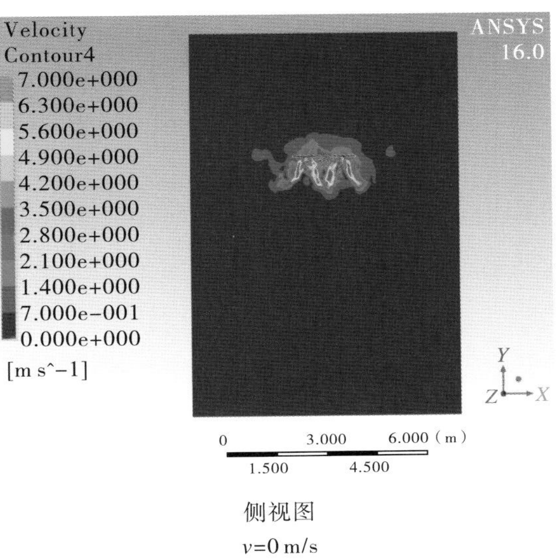

侧视图

v=0 m/s

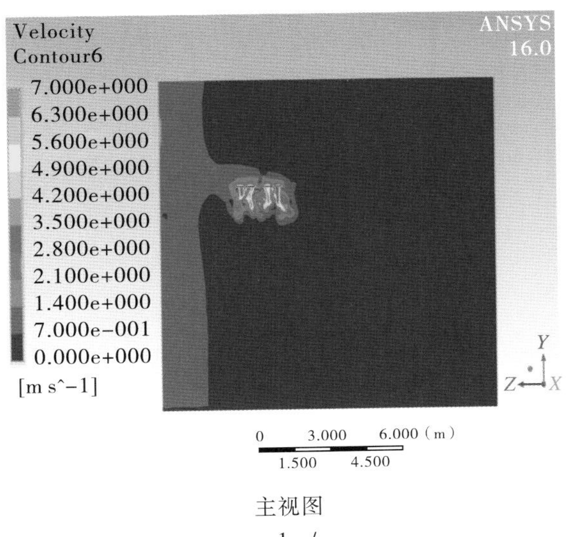

主视图

v=1 m/s

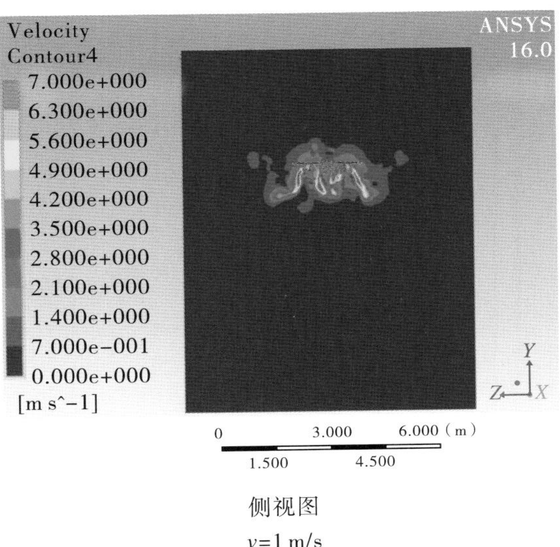

侧视图

v=1 m/s

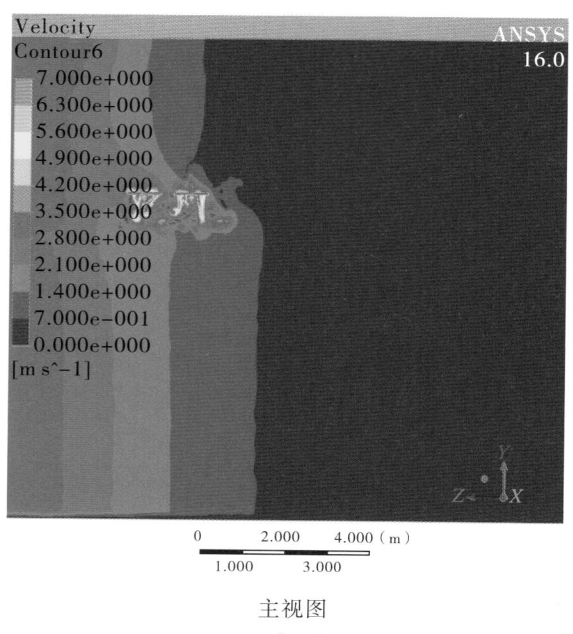

主视图

v=3 m/s

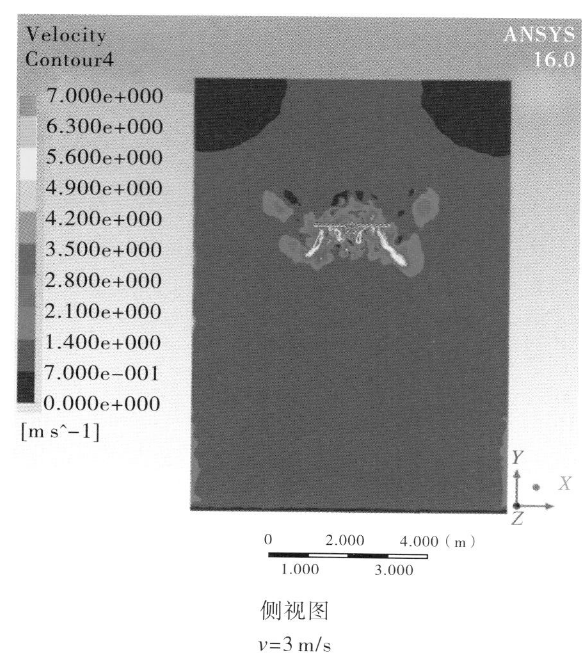

侧视图

v=3 m/s

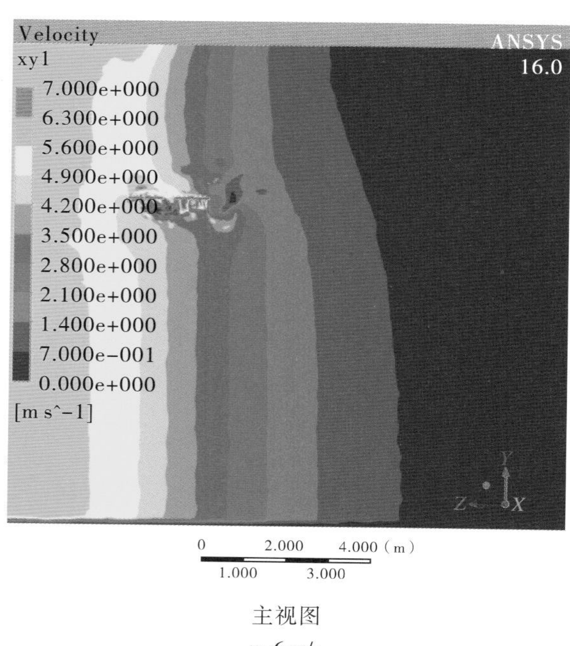

主视图

v=6 m/s

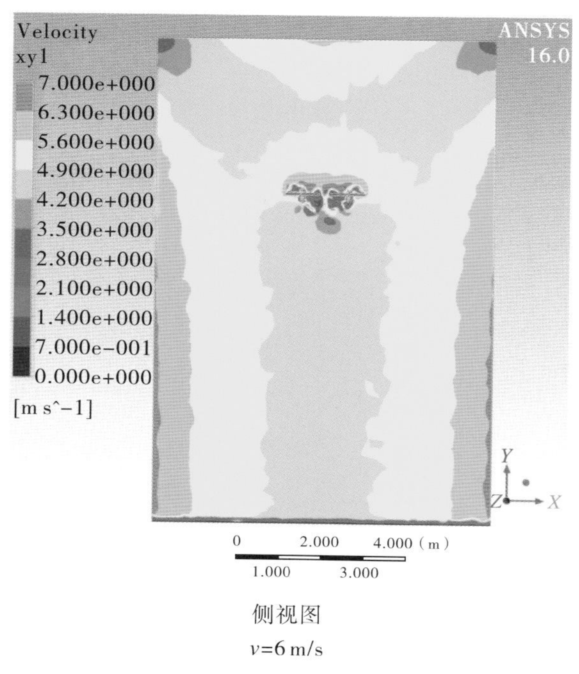

侧视图

v=6 m/s

(a) 风场发育初期阶段

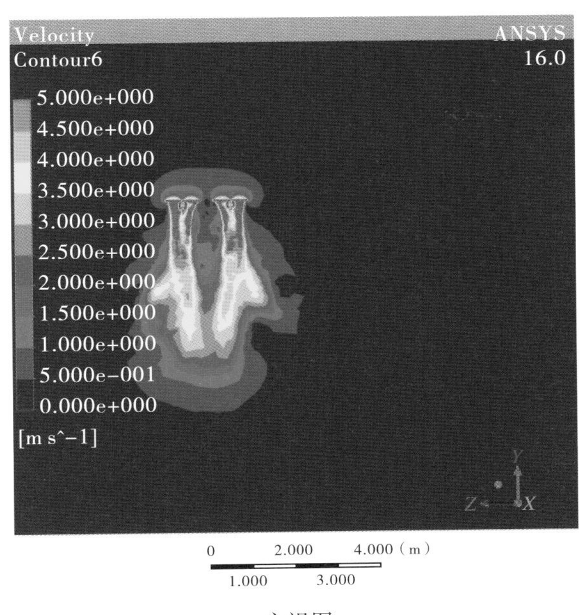

主视图
v=0 m/s

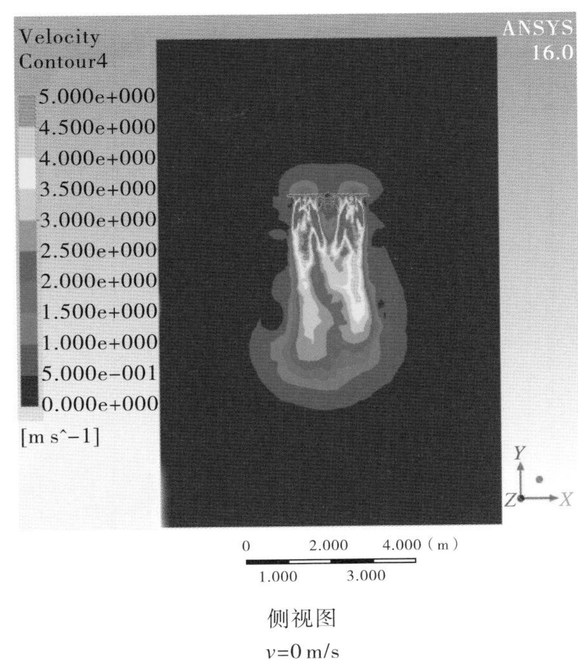

侧视图
v=0 m/s

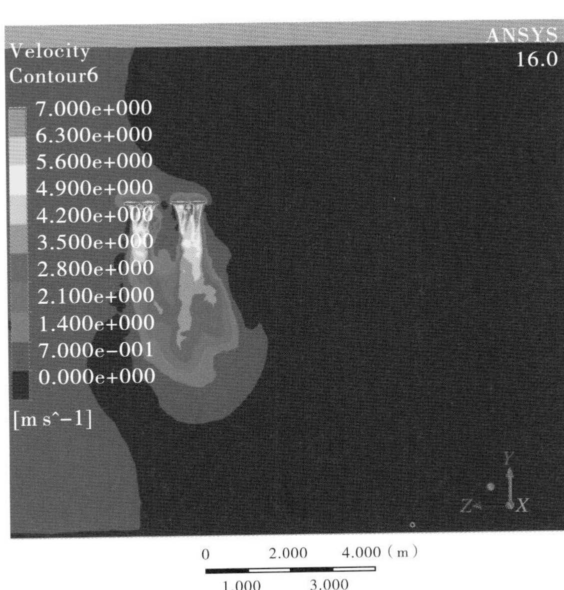

主视图
v=1 m/s

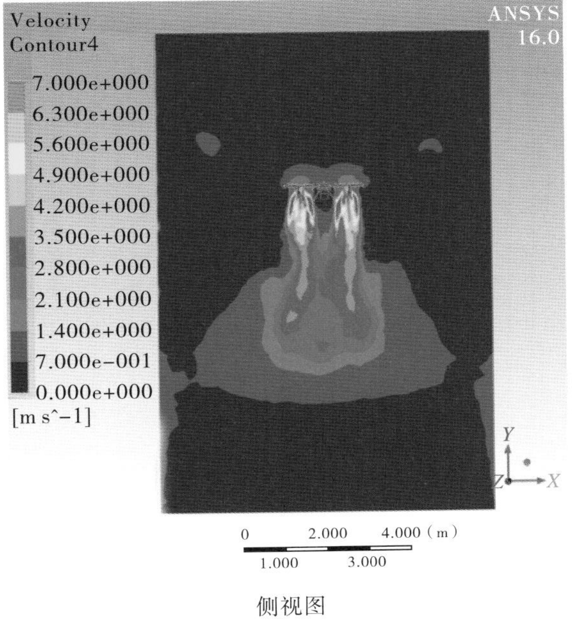

侧视图
v=1 m/s

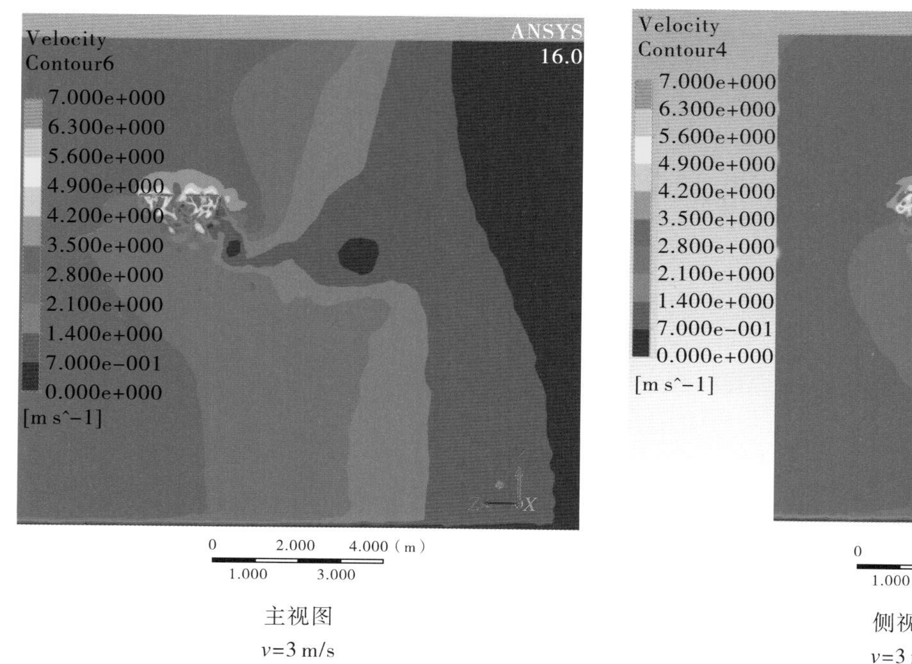

主视图

v=3 m/s

侧视图

v=3 m/s

（b）风场发育中期阶段

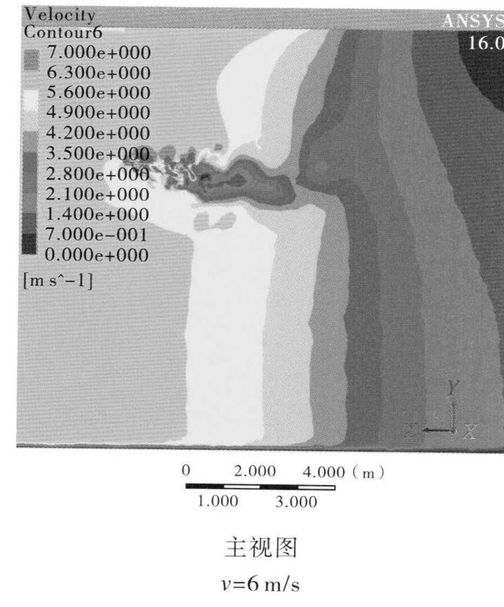

主视图

v=6 m/s

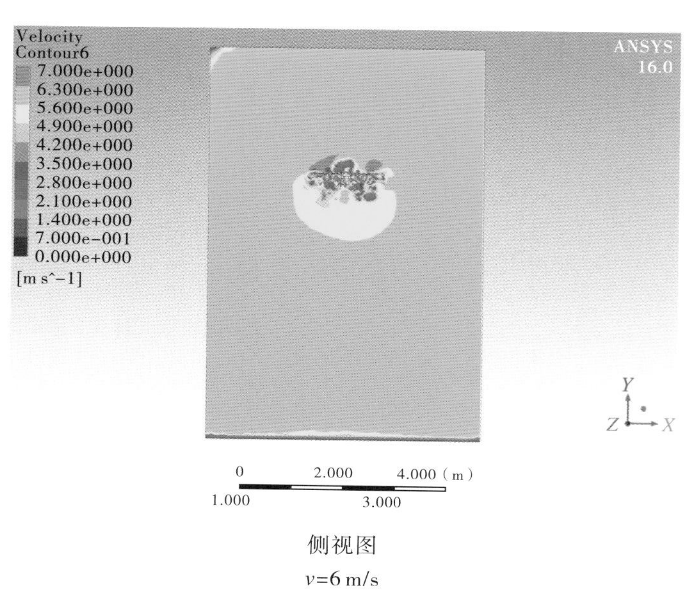

侧视图

v=6 m/s

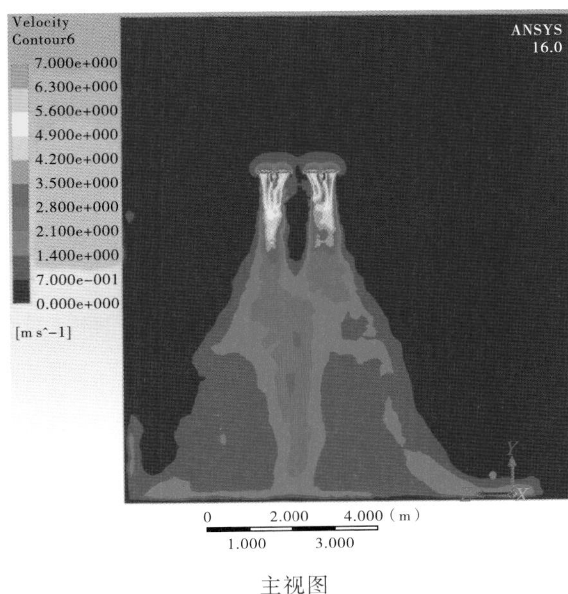

主视图

v=0 m/s

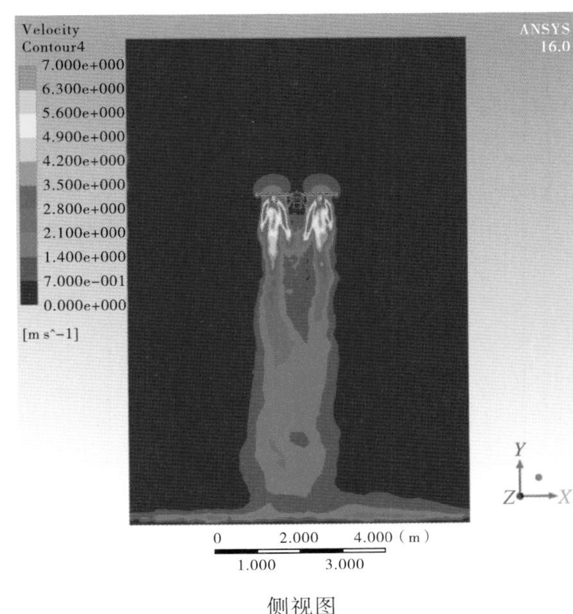

侧视图

v=0 m/s

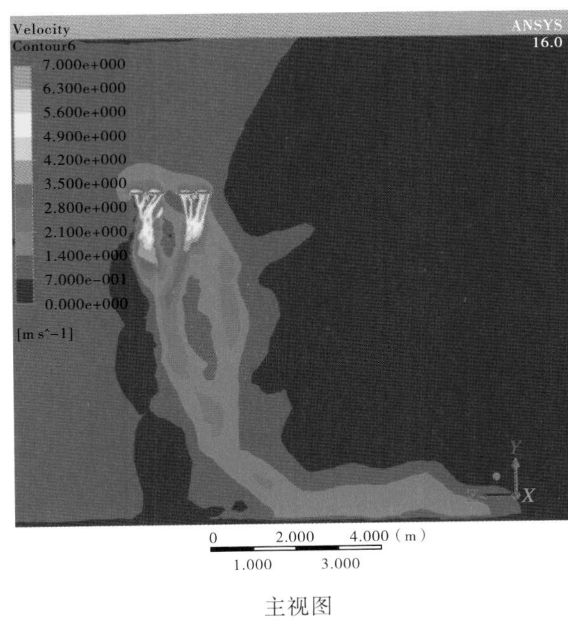

主视图

v=1 m/s

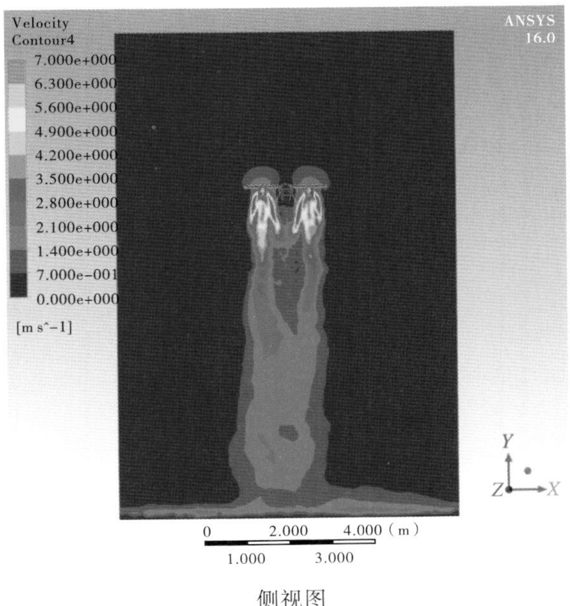

侧视图

v=1 m/s

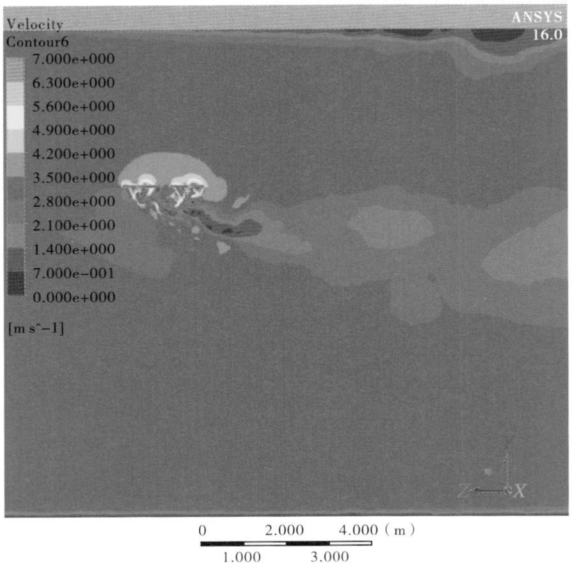

主视图
v=3 m/s

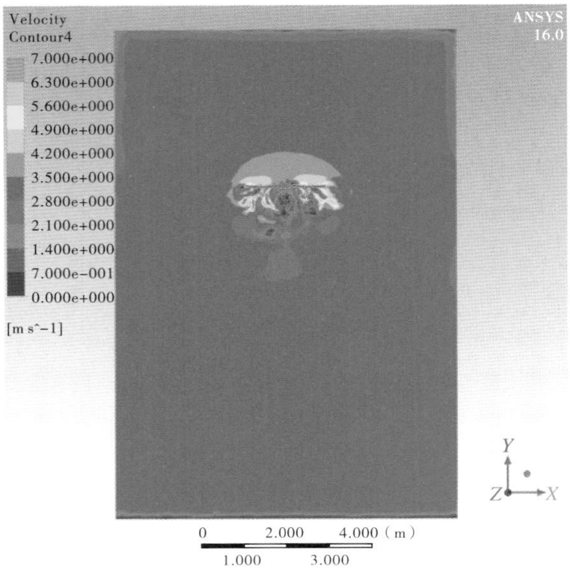

侧视图
v=3 m/s

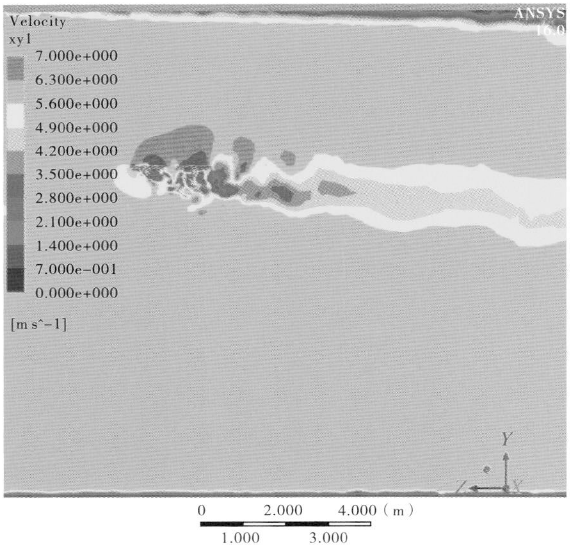

主视图
v=6 m/s

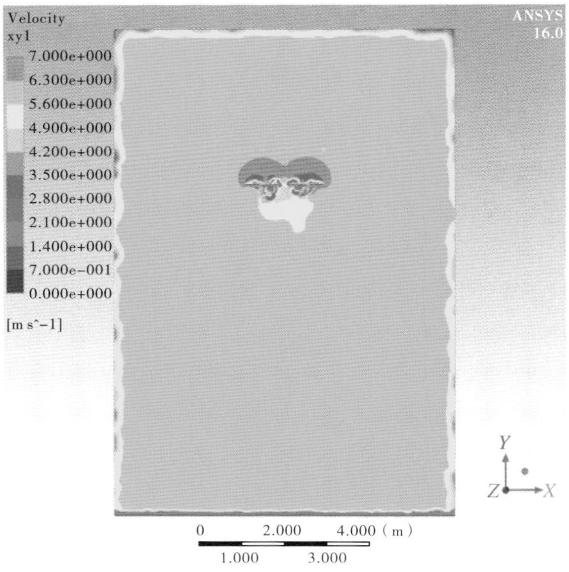

侧视图
v=6 m/s

（c）风场达到稳定阶段

图 5-3-23 不同水平风速时的模拟速度云图

图 5-3-23 是风速分别为 0 m/s、1 m/s、3 m/s、6 m/s 四种不同风速条件下的无人机机体体心所处平面正视和侧视速度云图，颜色由蓝至红表示速度绝对值由 0 变大。由图 5-3-23 可知，当没有水平向后风速时，在无人机启动后短时间内，机身周围空间立即产生水母状的、速度由机身向四周递减的风场：旋翼正上方形成半球状的高速度区域，四个区域共同作用，相互融合，

扩散到整个机身上方，由机身向四周快速递减；旋翼正下方产生向四周扩散的高速气流，随着风场逐渐向下发育直至达到稳定，气流核心区趋于合并，影响范围半径逐渐增大。

随着水平向后风速的增加，水平向后风场与无人机下洗风场相互干扰：一方面由于无人机下洗风场的存在，计算域空间的风速不能均匀向下风向扩散，机身前方机翼上方空间水平风速受旋翼翼尖涡流的影响叠加比同一平面远离机身的计算域速度更大，而机身前方机翼下方，以及机身后方空间的水平风速与旋翼下洗风场抵消，使得速度比同一平面低；另一方面，水平风场影响了无人机周围空间风场速度分布，无人机下洗风场变得紊乱，受水平风速影响叠加下洗风速峰值逐渐降低，速度核心区逐渐趋于消失，随风速增加由机身正下方逐渐向后推移。当水平风速为 1 m/s 时，叠加下洗风速仍能渗透到机身下 8 m 处；当水平风速为 3 m/s 时，叠加下洗风场已经不能影响到无人机下 8 m 深度；当风速为 6 m/s 时，叠加下洗风场达到稳态时已经很少向下贯穿，前面两旋翼前侧上方速度变大而下方后侧速度变小，侧视图中下洗风场速度核心区向两侧扩散。

设置显示无人机的旋翼气流流线图，考虑到旋翼气流的复杂性，为使观察更清晰，只显示以前侧两旋翼为起始点的流线图，如图 5-3-24 所示。

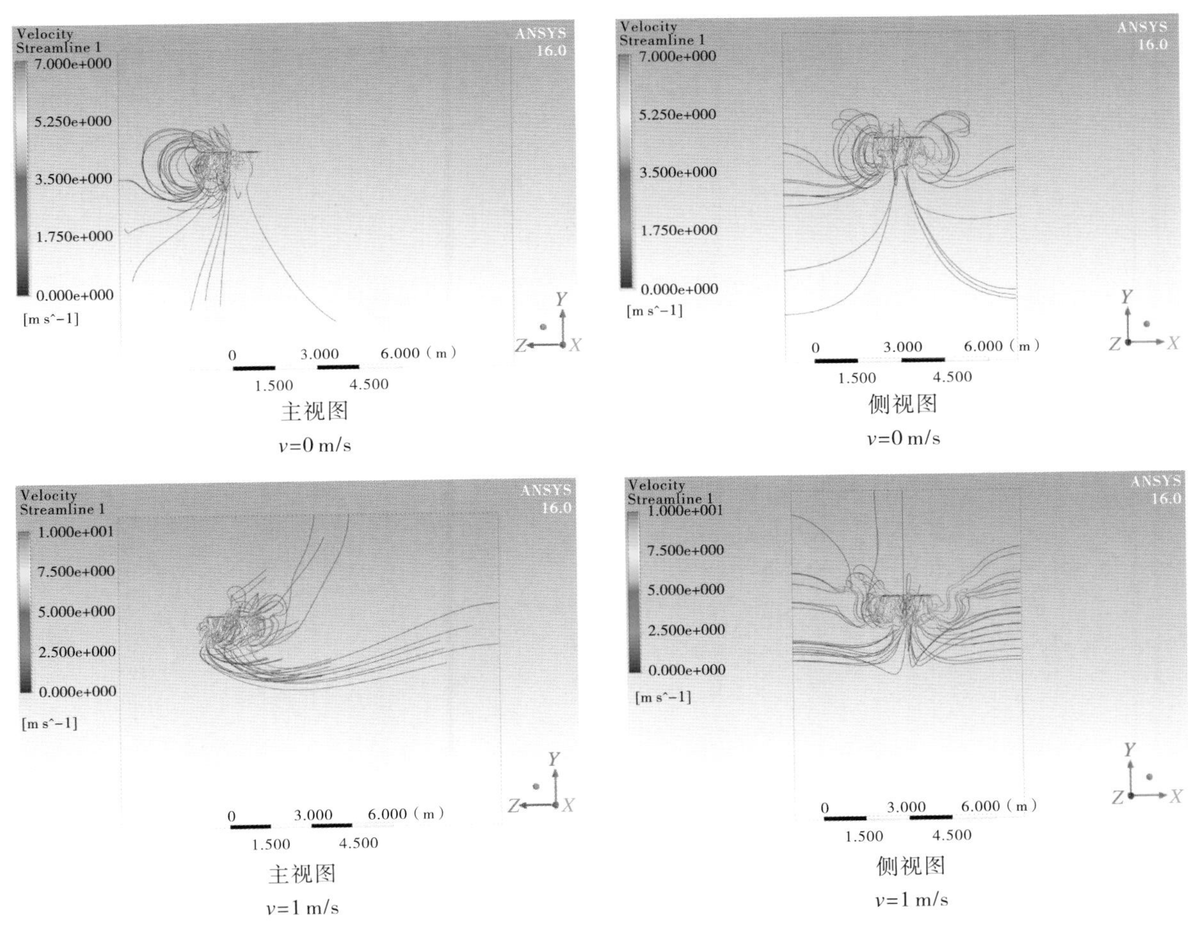

主视图
v=0 m/s

侧视图
v=0 m/s

主视图
v=1 m/s

侧视图
v=1 m/s

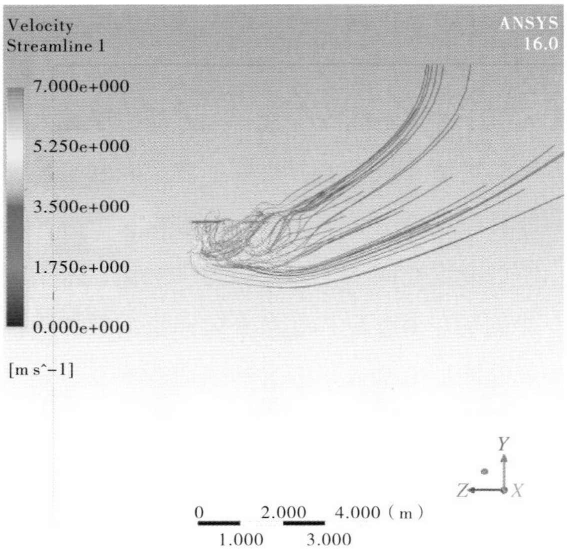

主视图

v=3 m/s

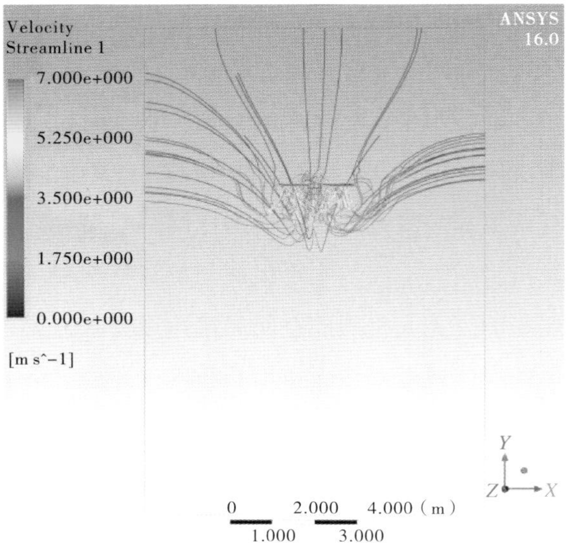

侧视图

v=3 m/s

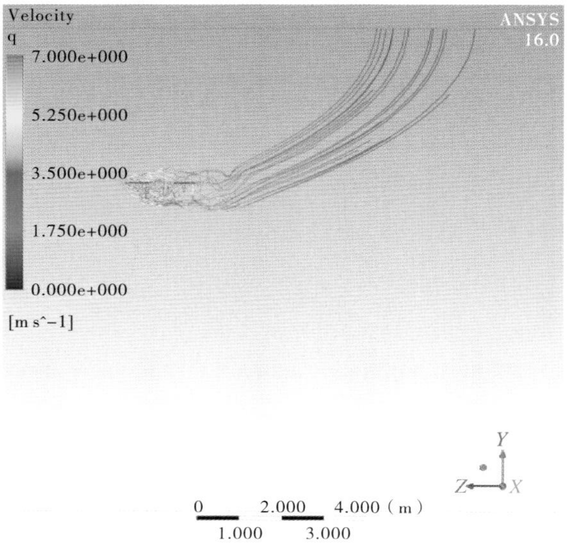

主视图

v=6 m/s

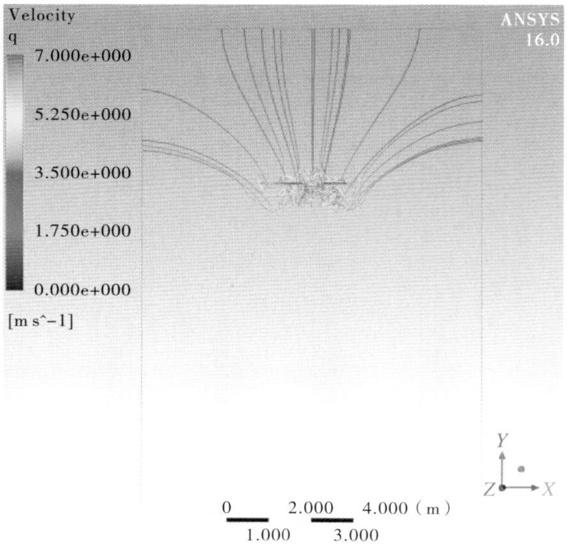

侧视图

v=6 m/s

（a）启动初期风场流线图

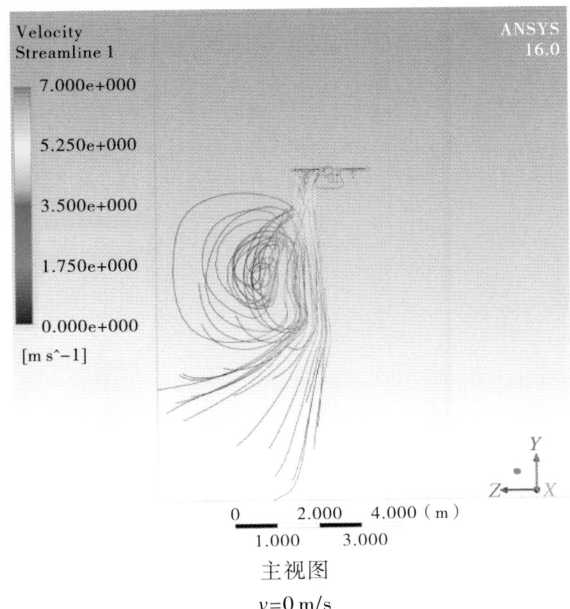

主视图

v=0 m/s

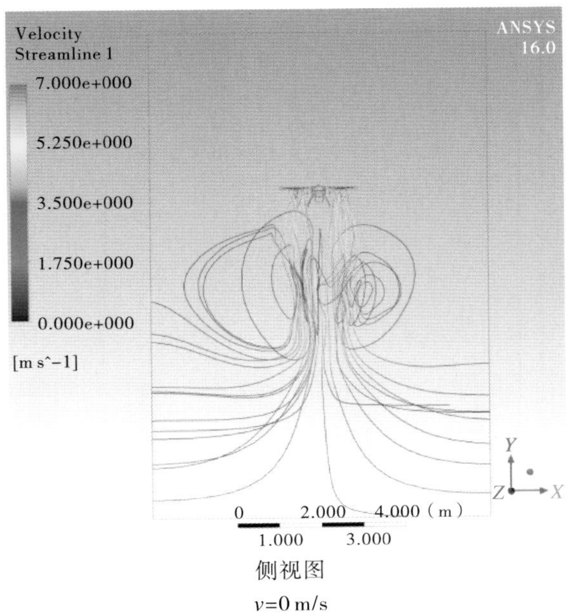

侧视图

v=0 m/s

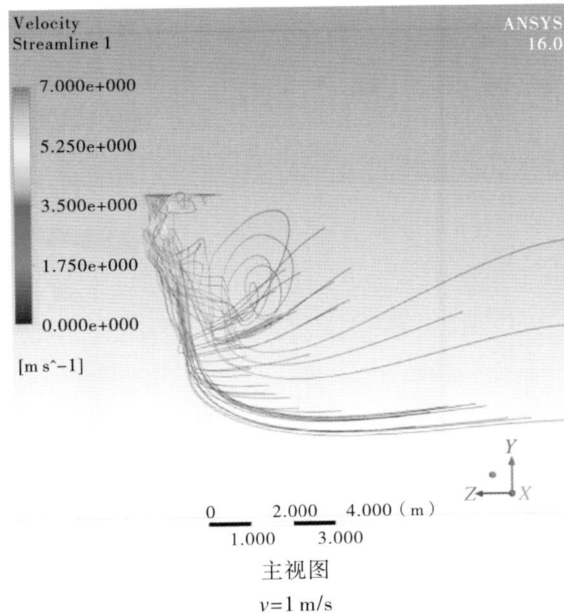

主视图

v=1 m/s

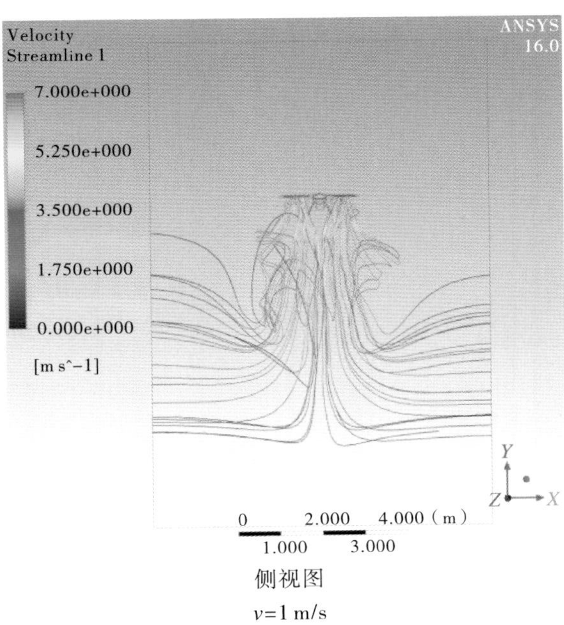

侧视图

v=1 m/s

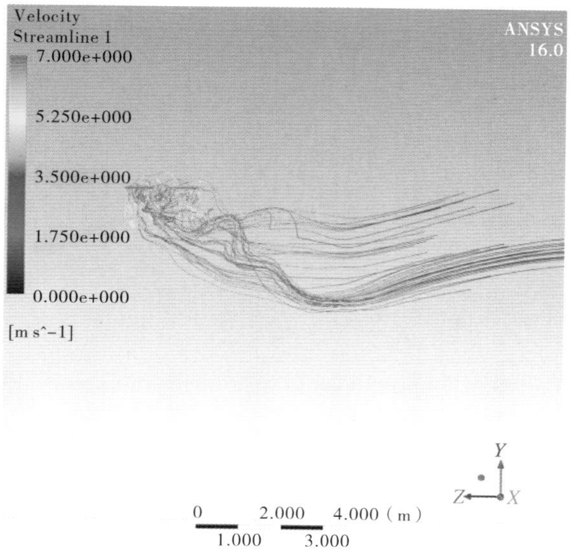

Velocity
Streamline 1
7.000e+000
5.250e+000
3.500e+000
1.750e+000
0.000e+000
[m s^-1]
ANSYS
16.0
Y Z X
0 2.000 4.000 (m)
1.000 3.000

主视图
v=3 m/s

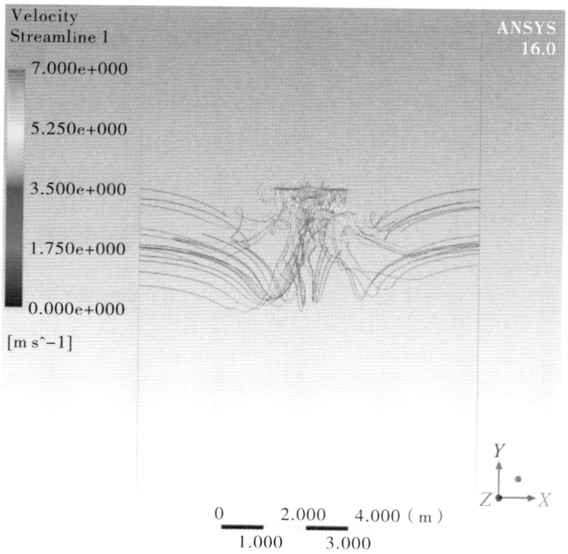

Velocity
Streamline 1
7.000e+000
5.250e+000
3.500e+000
1.750e+000
0.000e+000
[m s^-1]
ANSYS
16.0
Y Z X
0 2.000 4.000 (m)
1.000 3.000

侧视图
v=3 m/s

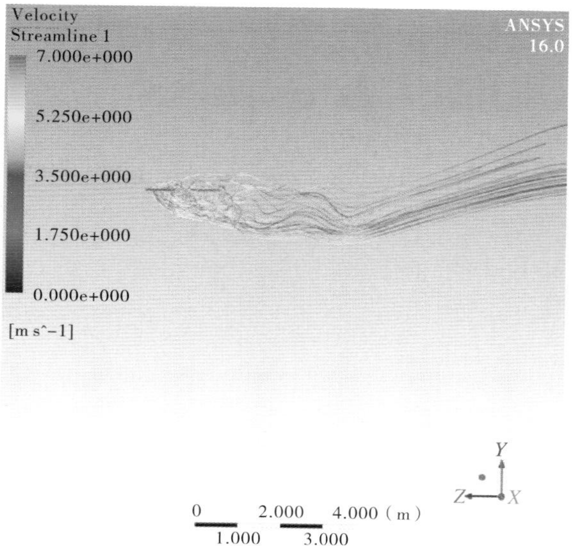

Velocity
Streamline 1
7.000e+000
5.250e+000
3.500e+000
1.750e+000
0.000e+000
[m s^-1]
ANSYS
16.0
Y Z X
0 2.000 4.000 (m)
1.000 3.000

主视图
v=6 m/s

Velocity
Streamline 1
7.000e+000
5.250e+000
3.500e+000
1.750e+000
0.000e+000
[m s^-1]
ANSYS
16.0
Y Z X
0 2.000 4.000 (m)
1.000 3.000

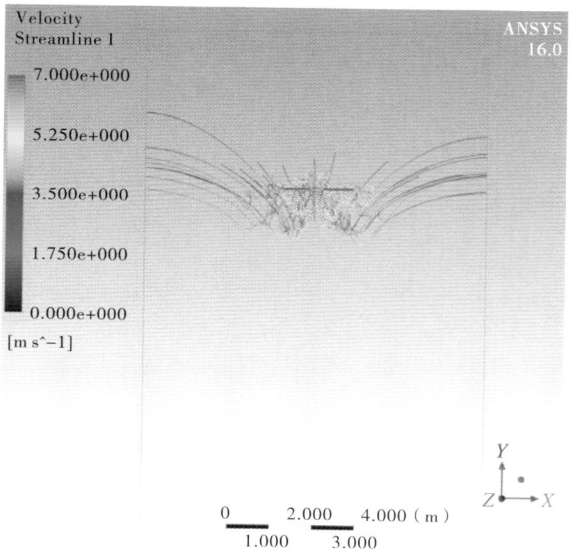

侧视图
v=6 m/s

（b）发育阶段风场流线图

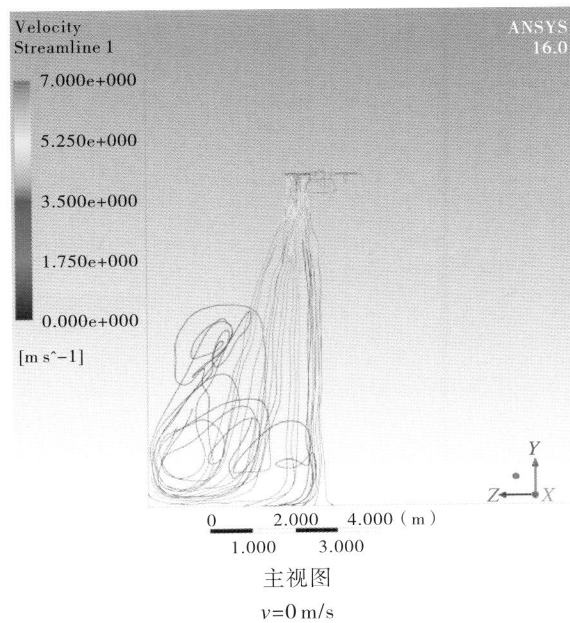

主视图
v=0 m/s

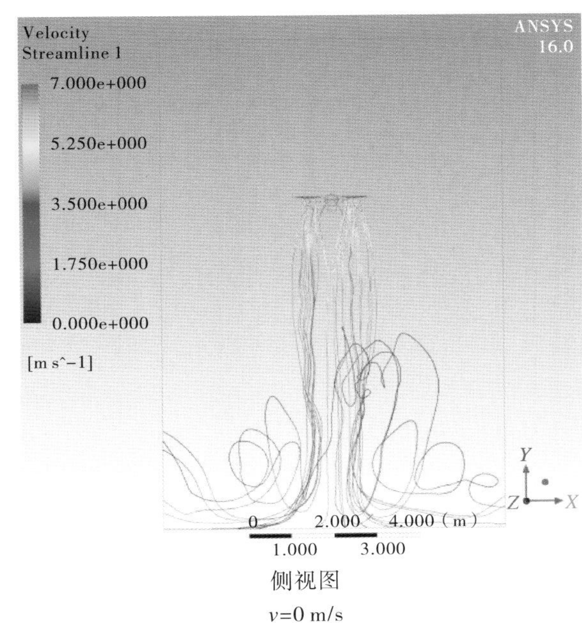

侧视图
v=0 m/s

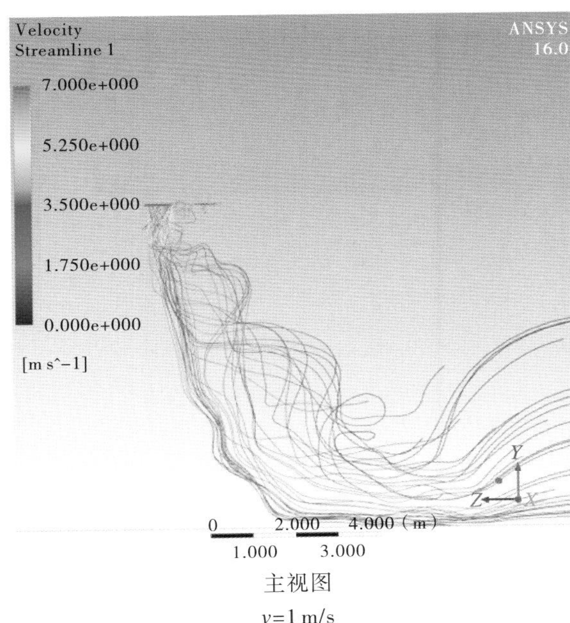

主视图
v=1 m/s

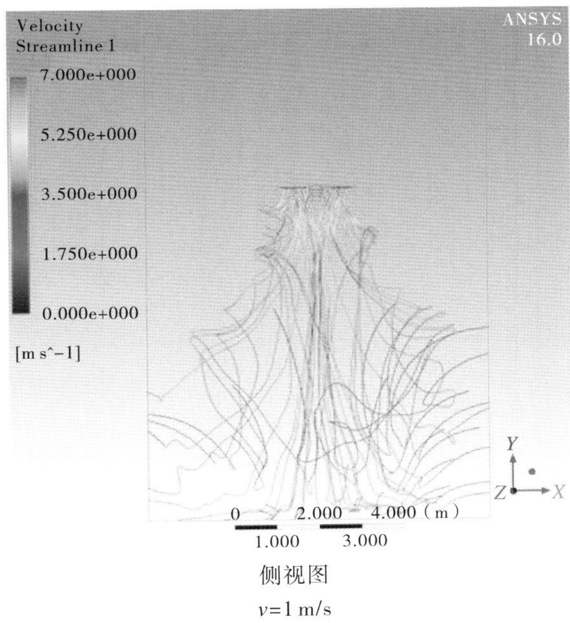

侧视图
v=1 m/s

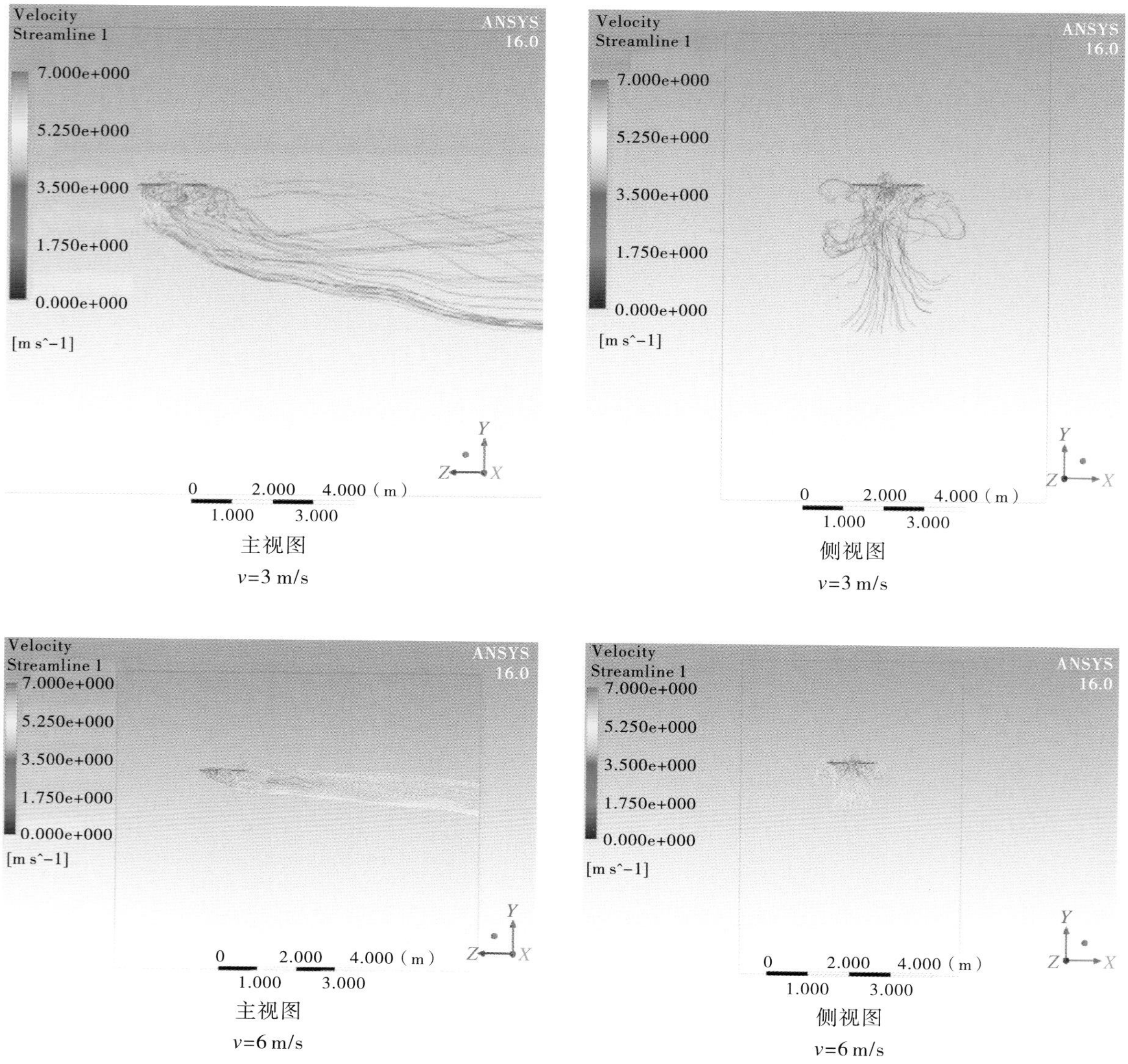

主视图
v=3 m/s

侧视图
v=3 m/s

主视图
v=6 m/s

侧视图
v=6 m/s

（c）稳态时风场流线图

图 5-3-24　不同风速条件下无人机旋翼下洗流场流线图

由图 5-3-24 可以看出，当无人机启动时，被旋翼旋转扰动的气流并不是一开始就全部向下扩散的，而是经历了在竖直平面螺旋下降和水平平面螺旋向外的叠加过程。飞机启动后短时间内机身周围空气流动以螺旋下降为主，这时由于旋翼高速旋转产生快速的向下风场，向下风速受机身下方停滞空气阻碍，反弹并向四周扩散，而后反弹的气流又被高速气流产生的低压吸附，形成竖直空间内的螺旋气流。随着无人机飞行状态趋于稳定，无人机下方形成稳定的下洗气流，下洗气流在到达地面前才有阻碍，因此只在地面附近产生空间环形气流涡，同时，伴随旋翼高速转动产生的水平空间内涡旋特征占据主导，在水平向后风的叠加作用下向飞机后下方传递，最终在空间内形成水平 8 字形对称流场。

2. 离散相雾滴运动情况

按照植保无人机实际作业的情况，在无人机启动一段时间，下洗风场状态达到稳定后，依照风洞平台试验研究，在无人机旋翼正下方喷头对应位置添加离心式喷头模型，运行达到稳定状态后设定显示离散相雾滴在空中的分布流线图，如图 5-3-25 所示。

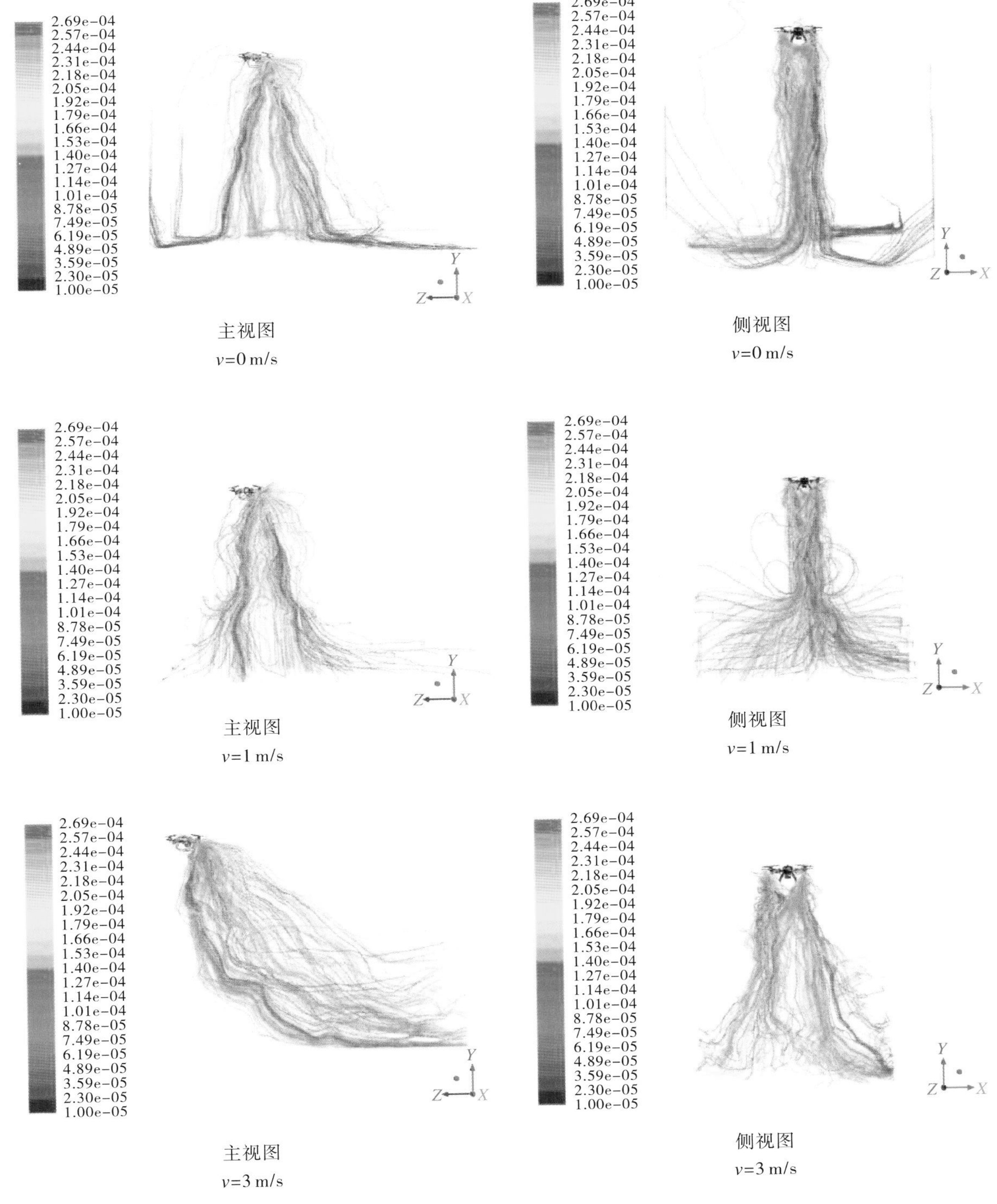

主视图 v=0 m/s　　侧视图 v=0 m/s

主视图 v=1 m/s　　侧视图 v=1 m/s

主视图 v=3 m/s　　侧视图 v=3 m/s

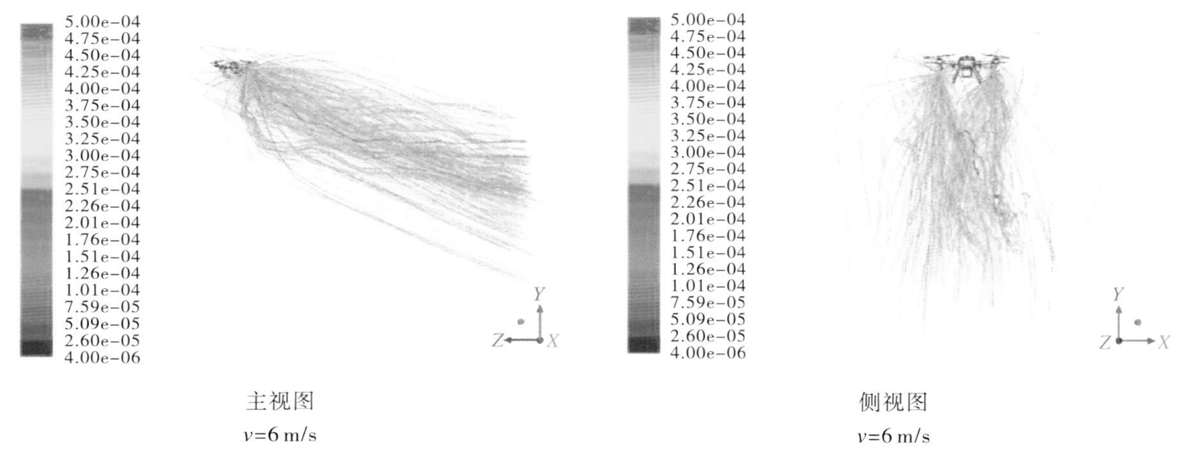

图 5-3-25　不同前进速度下无人机喷施离散相雾滴运动轨迹

图 5-3-25 为极飞 P20 植保无人机在不同前进速度下，从离心式喷头喷施出的不同雾滴粒径运动轨迹图。为便于区分，将无人机显示颜色设置为黑色，其余颜色从蓝到红表示离散相雾滴粒径由小变大。从图中可以看出，受旋翼下洗风场影响，无人机喷施离散相雾滴的粒径和运动规律都发生了明显变化。由于离散相雾滴具有水平初始速度，因此雾滴在离开喷头的短距离内受惯性影响，大粒径雾滴更容易向水平方向运动，对于喷施出的大粒径雾滴，向机身前方向喷施的容易与机身碰撞破碎，同时前方包含上一时刻的雾滴，图中所示不够明显，而因为排除了雾滴之间的相互干扰，所以在无人机后方可以明显看出向后延伸突出然后又被吸引的红色线条群（在图中各个风速条件用黑色方框标示出）。同时，相对于小粒径雾滴，大粒径雾滴更不容易受下洗风速影响而相对更多地分布在外围。当无人机前进速度为 0 时，雾滴全部受无人机垂直下洗风场影响向地面沉降，在机身正下方有一块区域，几乎没有雾滴到达，而后因速度过大，部分雾滴反弹到空中，当前进速度增大后，雾滴向上反弹消失，分析原因是飞机前进时产生的相对向后风速在一定程度上抵消了向下风速，导致雾滴竖直分速度减小。

3. 离散相地面沉积效果

统计不同前进风速下雾滴的地面沉积质量，结果如图 5-3-26 所示（前进风速为 1 m/s 的云图暂缺）。图中，颜色从蓝向红表示沉积质量浓度逐渐升高。

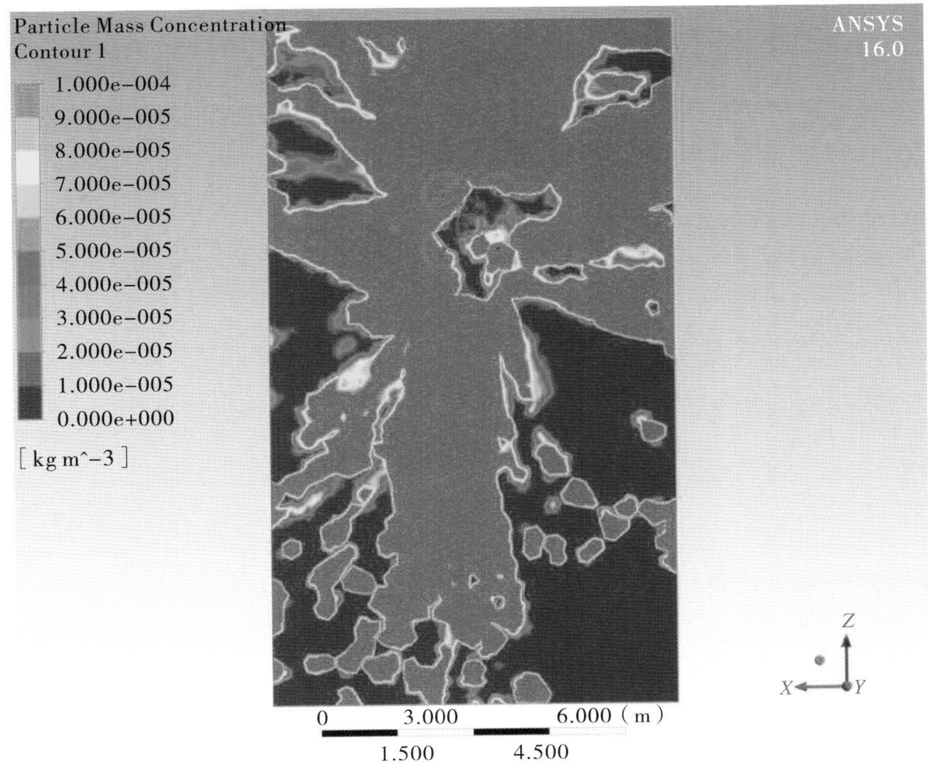
Particle Mass Concentration
Contour 1
1.000e-004
9.000e-005
8.000e-005
7.000e-005
6.000e-005
5.000e-005
4.000e-005
3.000e-005
2.000e-005
1.000e-005
0.000e+000
[kg m^-3]
ANSYS
16.0
Z
X
Y
0
3.000
6.000 (m)
1.500
4.500

v=0 m/s

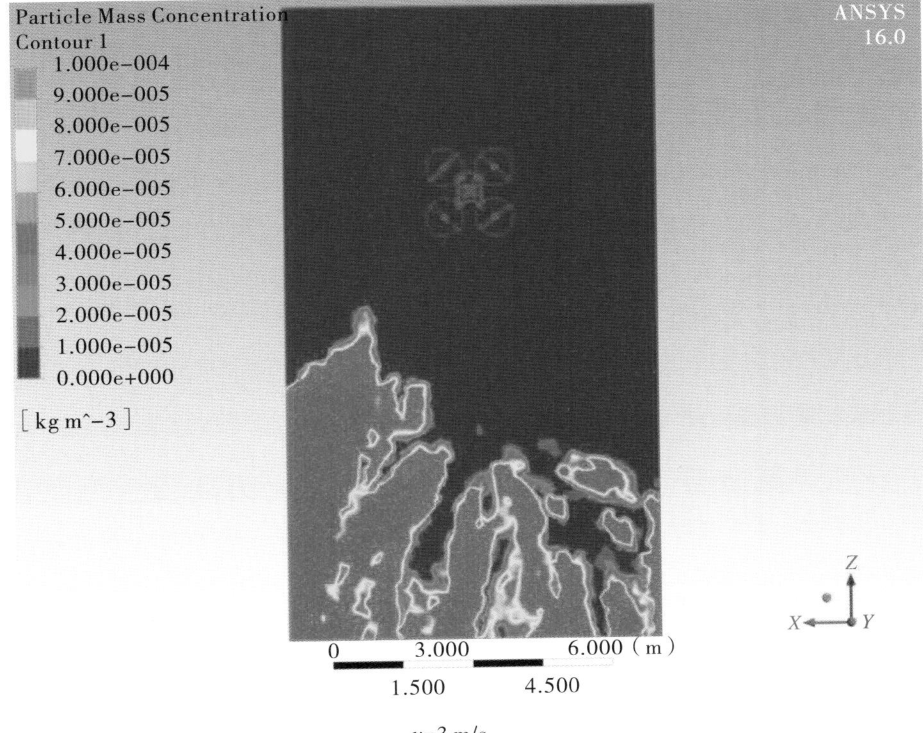
Particle Mass Concentration
Contour 1
1.000e-004
9.000e-005
8.000e-005
7.000e-005
6.000e-005
5.000e-005
4.000e-005
3.000e-005
2.000e-005
1.000e-005
0.000e+000
[kg m^-3]
ANSYS
16.0
Z
X
Y
0
3.000
6.000 (m)
1.500
4.500

v=3 m/s

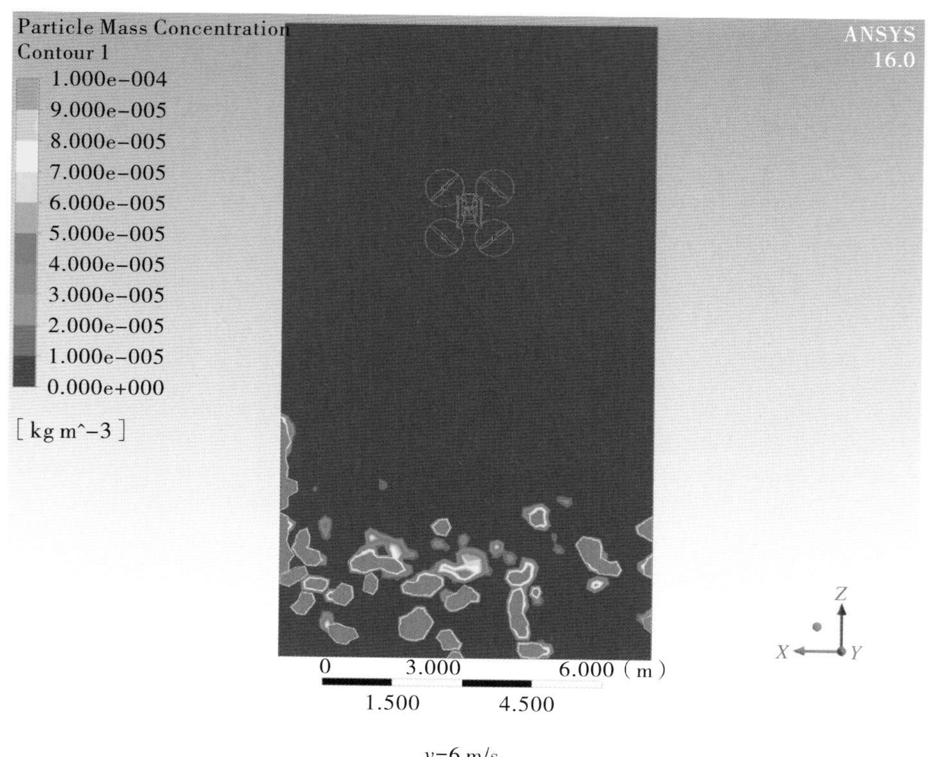

v=6 m/s

图 5-3-26 不同前进风速下雾滴在地面沉积质量浓度云图

从图 5-3-26 可以看出，当无人机悬停时，喷施获得地面离散相沉积浓度从机身正下方往四周辐射扩散缩小，沉积浓度在机体体心正下方大致对称，但机身右后方沉积浓度偏小。在机身正下方附近存在一块沉积浓度为 0 的区域，这与离散相空间运动图相吻合。随着飞机前进速度逐渐增大（从 0 m/s 增加到 3 m/s，再到 6 m/s），机身后初始沉积位置由体心向后 1 m 左右增加到 2.5 m，再到 5 m，且沉积仍然呈现出右后方偏小的趋势，可能是飞机相邻两旋翼转向相反，后面两旋翼产生的流场相对于机身对称，而飞机下喷头转向相同，因此后方两个离心式喷头相对于旋翼旋转方向相反，其组合会产生不同的喷施效果。

第四节 极飞 P20 植保无人机大田试验

本试验基于本章第三节中四旋翼无人机的数值模拟仿真，将模拟数值与大田试验进行比对分析。

一、试验设计

本试验在华南农业大学增城教学科研基地进行，试验田块选择标准为平坦、开阔（远离树木、其他高秆作物、建筑物、大棚、电线杆等障碍物）、植被生长高度不超过 10 cm，最终确定田块大小为40 m×110 m，试验田块如图 5-4-1 所示。为保证试验精度，选择适宜的气象条件进行试验。

图 5-4-1　试验田块

本试验用到的试验器材有美国 Kestrel 公司生产的 NK5500Link 微型气象站（为保证试验气象条件精度，设置每 5 s 自动记录并保存 1 次气象数据）、瑞士先正达植物保护有限公司生产的水敏纸（用水敏纸采集无人机喷施的雾滴，落到其上的雾滴以蓝色显示）、惠普 Scanjet 200 平板扫描仪及其配套软件（用以扫描获得分辨率为 600 PPI 的试验采集水敏纸灰度图像）、美国农业部开发的 DepositScan 软件（用以分析水敏纸图像，获得每张水敏纸上的雾滴沉积参数）。此外，还有 PVC 管、双头水晶万向夹、医用橡胶手套、口罩等防护设备。

本次试验测定不同前进速度对喷施沉积效果的影响，测定 1 m/s、3 m/s 和 6 m/s 共 3 个不同喷施速度对沉积幅宽和均匀性的影响。根据试验要求，在地面上平行于地头水平布置 3 排聚氯乙烯（PVC）圆管，作为试验采集带，在圆管上距地面 0.3 m 高度夹持双头万向夹，作为布置水敏纸的载体。每排采集带包含相距0.2 m的41根圆管，从飞行前进方向由右往左编号1～41(0 m)，分别代表飞机右边 4 m 至 0 m、飞机左边 0 m 至 4 m 的采样点，从而检测极飞 P20 植保无人机左右共 8 m 范围内的雾滴沉积分布情况，每 2 排采集带间相距 5 m，用来减少飞机因喷施不匀产生的结果偏差。试验布置如图 5-4-2 所示。

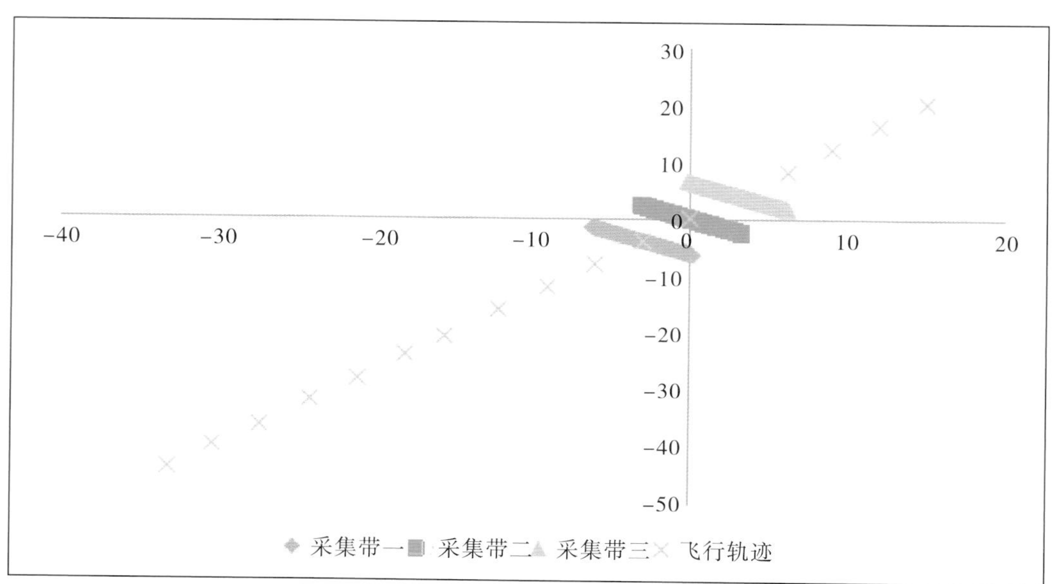

图 5-4-2 试验方案图

试验开始前，在试验采集带附近 10 m 内田边空地距地面 2 m 放置气象站，用来观察记录试验时的气象条件。而后将无人机放置在试验田内距离试验段 30 m 远处，机身中轴线和 3 条采集带中心线重合，无人机空载和满载不喷雾试飞，以提前修正无人机飞行状态，避免正式试验时飞偏或者因风力过大将 PVC 管吹倒、将水敏纸吹掉等情况发生。试验时，水敏纸正面（黄色面）朝上水平放置，以更全面地承接喷施雾滴。设置飞机飞行参数，使得飞机起飞后尽快达到试验所需速度。在距离采集带 10 m 远处开始喷施，喷施流量为 0.6 L/min，喷头转速为 12000 r/min，飞过最后一条采集带 10 m 后停止喷施并尽快结束飞行，整个飞行航迹数据可以通过 P20 手持智能终端获取。每个架次飞完后等待一定的时间，待水敏纸上的雾滴充分干燥后，做好标记并戴一次性医用手套将其收入自封袋尽快处理。试验现场图如图 5-4-3 所示。

（a）雾滴采集带

（b）水敏纸

（c）试验场地

图 5-4-3　试验现场图

二、试验结果及处理

（一）气象条件结果

试验完成后对气象站数据进行处理，试验场地海拔 23 m，试验时气温约 33.5 ℃，空气相对湿度约 65%，试验过程为西北风，平均风速 0.5 m/s，各飞行架次飞行数据见表 5-4-1。

表 5-4-1　各试验架次飞行数据汇总

架次	航速（m/s）	时刻	温度（℃）	相对湿度（%）	风向	风速（m/s）
1#	1.3	9:46	36.1	58.6	—	0
2#	3.3	10:03	33.1	68.6	西北	1.1
3#	5.6	10:20	33.6	67.1	西南	0.3

（二）雾滴沉积结果

根据《中华人民共和国民用航空行业标准》中《农业航空作业质量技术指标》和《航空喷施设备的喷施率和分布模式测定》的相关规定，目前农业上有两种判定有效喷幅宽度的方法：雾滴密度判定法和 50% 有效沉积量判定法。①雾滴密度判定法规定，在飞机进行雾滴喷施作业时，落到作业靶标的雾滴覆盖密度达到 15 个 /cm^2 以上的范围为有效喷幅。② 50% 有效沉积量判定法规定，以航空喷施设备飞行路线两侧采样点为横坐标，以沉积率为纵坐标绘制分布曲线，曲线两侧各有一点的沉积率为最大沉积率的一半，这两点之间的距离可作为有效喷幅宽度。

将每个架次 3 条采集带上对应的位置数据进行平均，得到 P20 植保无人机在 3 个飞行架次喷施作业试验中雾滴在不同采集位置的雾滴沉积密度和雾滴沉积率，分别见表 5–4–2 和表 5–4–3。

表 5–4–2　不同采集位置的雾滴沉积密度

采集位置（m）	雾滴沉积密度（个 /cm²）			采集位置（m）	雾滴沉积密度（个 /cm²）		
	架次 1#	架次 2#	架次 3#		架次 1#	架次 2#	架次 3#
–4.0	1.1	1.0	1.1	0.2	65.5	44.5	42.5
–3.8	1.5	1.5	0.7	0.4	48.1	32.1	38.3
–3.6	1.1	0.5	0.3	0.6	32.8	59.3	55.4
–3.4	1.4	2.3	0.4	0.8	63.5	27.8	35.5
–3.2	1.5	2.3	10.3	1.0	53.5	13.5	20.2
–3.0	6.5	3.3	2.3	1.2	25.2	20.4	19.8
–2.8	15.4	6.2	0.8	1.4	21.3	34.1	54.3
–2.6	10.2	9.8	6.4	1.6	27.8	24.6	38.2
–2.4	17.4	8.9	5.5	1.8	16.9	3.4	4.0
–2.2	15.7	15.0	10.7	2.0	22.1	14.4	3.9
–2.0	22.8	23.0	5.9	2.2	7.6	8.6	7.2
–1.8	16.9	24.0	21.8	2.4	26.4	1.7	4.6
–1.6	31	11.8	14.6	2.6	7.9	5.8	4.9
–1.4	23.1	35.6	22.5	2.8	11.1	3.9	10.7
–1.2	30.7	38.2	25.1	3.0	5.2	6.5	3.9
–1.0	41.1	35.6	25.2	3.2	4.9	2.5	1.2
–0.8	45.1	21.2	22.6	3.4	3.1	0.2	1.7
–0.6	29.8	53.1	27.2	3.6	3.2	6.1	0.8
–0.4	33.2	48.9	42.3	3.8	2.7	0.4	1.7
–0.2	55.6	46.0	54.2	4.0	2.9	0.3	1.1
0.0	64.8	18.3	61.4				

表 5-4-3　不同采集位置的雾滴沉积率

采集位置（m）	雾滴沉积率（%）			采集位置（m）	雾滴沉积率（%）		
	架次 1#	架次 2#	架次 3#		架次 1#	架次 2#	架次 3#
–4.0	0	0.004	0.005	0.2	0.178	0.081	0.076
–3.8	0.002	0.002	0.001	0.4	0.134	0.064	0.060
–3.6	0.014	0.004	0.001	0.6	0.086	0.106	0.061
–3.4	0.003	0.004	0.000	0.8	0.114	0.046	0.081
–3.2	0.002	0.005	0.008	1.0	0.087	0.026	0.018
–3.0	0.019	0.004	0.006	1.2	0.061	0.036	0.021
–2.8	0.041	0.014	0.002	1.4	0.067	0.047	0.020
–2.6	0.136	0.021	0.007	1.6	0.076	0.042	0.024
–2.4	0.034	0.017	0.007	1.8	0.044	0.004	0.004
–2.2	0.132	0.028	0.012	2.0	0.038	0.021	0.006
–2.0	0.074	0.045	0.013	2.2	0.016	0.016	0.019
–1.8	0.052	0.072	0.026	2.4	0.035	0.003	0.007
–1.6	0.109	0.039	0.022	2.6	0.012	0.009	0.008
–1.4	0.077	0.066	0.034	2.8	0.031	0.006	0.014
–1.2	0.182	0.087	0.033	3.0	0.022	0.012	0.005
–1.0	0.190	0.096	0.044	3.2	0.015	0.002	0.003
–0.8	0.189	0.063	0.067	3.4	0.009	0.000	0.004
–0.6	0.110	0.163	0.090	3.6	0.007	0.020	0.005
–0.4	0.099	0.189	0.164	3.8	0.005	0.003	0.004
–0.2	0.118	0.121	0.158	4.0	0.003	0.001	0.005
0.0	0.215	0.033	0.120				

根据表 5–4–2 的雾滴密度沉积结果及雾滴密度判定法对该植保无人机的有效喷幅进行评定，获得 3 个架次试验的有效喷幅分布范围分别为 –2.8 ～ 2.4 m、–2.2 ～ 1.6 m、–1.8 ～ 1.6 m；而根据表 5–4–3 的雾滴沉积率结果及 50% 有效沉积量判定法对该植保机的有效喷幅进行评定，获

得 3 个架次试验的有效喷幅分布范围分别为 –2.6 ～ 0.8 m、–1.2 ～ 0.6 m、–0.6 ～ 0.8 m。根据试验结果得到有效喷幅并不是关于机身中心对称分布的，与雾滴密度判定法判定的范围左右相差 0.2 ～ 0.6 m，与 50% 有效沉积量判定法判定相差 0.2 ～ 1.8 m，根据有效喷幅的判定结果可得表 5–4–4。

表 5–4–4　有效喷幅判定结果

单位：m

试验架次	有效喷幅判定距离	
	雾滴密度判定法	50% 有效沉积量判定法
1#	≥ 5.2	≥ 3.4
2#	≥ 3.8	≥ 1.8
3#	≥ 3.4	≥ 1.4

统计得到 3 种不同飞行速度条件下，通过雾滴密度沉积结果结合雾滴密度判定法判定 P20 植保无人机的有效喷幅距离为 3.4 ～ 5.2 m，平均喷幅为 4.13 m，通过雾滴沉积率结果及 50% 有效沉积量判定法判定的有效喷幅距离为 1.4 ～ 3.4 m，平均喷幅为 2.2 m。2 种判定方法的判定结果表明：对于试验获得的数据，用雾滴密度沉积结果及雾滴密度判定法判定的喷幅距离总是比用雾滴沉积率结果及 50% 有效沉积量判定法判定的喷幅距离要大。结合本章第三节计算机数值模拟结果，分析其原因是在风场作用下，喷施雾滴更容易向机身下方集中，一方面容易产生雾滴斑点重合，导致航线附近沉积密度更大；另一方面，对于沉积量而言，其峰值也过大，导致其余空间内沉积量难以达到 50%，对比产品官方宣传指导，50% 有效沉积量判定法更为准确。

通过采集各张水敏纸上雾滴粒径和沉积密度等数据，进一步计算不同风速采集带雾滴平均沉积量和沉积均匀性，其中沉积均匀性的判定标准为对有效喷幅区域内各采样点沉积量变异系数（CV）的计算，其计算公式如下：

$$\mathrm{CV}=\frac{S}{\overline{X}}\times 100\% \tag{5.4.1}$$

$$S=\sqrt{\sum_{i=1}^{n}\frac{\left(X_i-\overline{X}\right)^2}{n-1}} \tag{5.4.2}$$

式中，S 为同风速下 3 条雾滴采集带采集样本的标准差；X_i 为各采样点沉积量，μL/cm^2；$\overline{X}$ 为同风速下各采样点沉积量平均值，μL/cm^2；n 表示每组试验采样点个数。

通过计算不同风速下采集带的沉积数据，发现 3 个风速下的沉积量变异系数分别为 85.1%、95.3%、103.8%，表明随着前进速度的增加，雾滴沉积效果趋向于不均匀。

参考文献

[1] 茹煜，金兰，周宏平，等.航空施药旋转液力雾化喷头性能试验［J］.农业工程学报，2014，30（3）：50–55.

[2] 曾爱军，何雄奎，陈青云，等.典型液力喷头在风洞环境中的飘移特性试验与评价［J］.农业工程学报，2005（10）：78–81.

[3] 茹煜，朱传银，包瑞，等.航空植保作业用喷头在风洞和飞行条件下的雾滴粒径分布［J］.农业工程学报，2016，32（20）：94–98.

[4] 周莉萍.无人机机载喷雾系统喷雾特性及影响因素的研究［D］.杭州：浙江大学，2017.

[5] 吕晓兰，傅锡敏，吴萍，等.喷雾技术参数对雾滴沉积分布影响试验［J］.农业机械学报，2011，42（6）：70–75.

[6] 燕颖斌.风场对植保无人机喷施雾滴沉积分布的影响规律研究［D］.华南农业大学，2019.

[7] FRITZ B K，HOFFMANN W C，LAN Y B. Evaluation of the EPA Drift Reduction Technology（DRT）low-speed wind tunnel protocol［J］. Journal of ASTM International. 2009，6（4）：147–162.

[8] HEWITT A J. Droplet size spectra classification categories in aerial application scenarios［J］. Crop Protection. 2008，27（9）：1284–1288.

第六章 农用无人机风场特性检测装置与应用

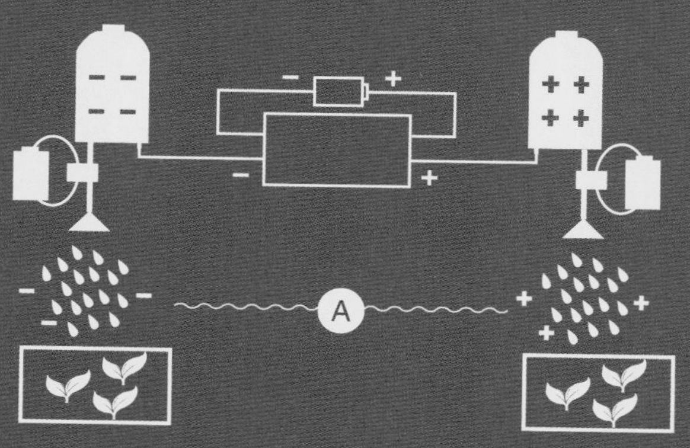
A

在农业航空施药作业中，无人机旋翼风的大小和方向直接影响药液雾滴的运动。若将无人机的风场进行分解，则指向地面的风速对雾滴的穿透和沉积具有显著影响，水平风速则会对喷幅、雾滴均匀性以及雾滴飘移等产生较大影响。

无人机作业时，对旋翼下方风场参数的风速检测技术是研究雾滴飘移的重要部分。由于旋翼式农用无人机在我国的发展比较晚，关于无人机旋翼风场的研究还比较少，因此需要对现有风速检测技术进行研究和比较，以期找到适合于在无人机作业田间实时检测旋翼下方风场参数的风速检测技术。现有的风速检测方法包括机械式测风法、风压式测风法、超声波式测风法、散热率式测风法及光学式测风法等。

第一节　机械式测风法

机械式测风法的技术较为成熟，应用范围广泛。常用的仪器以结构划分，主要分为风杯式测风仪和叶轮式测风仪。

一、风杯式测风仪

风杯式测风仪是使用历史最为悠久的风速测量仪器之一。利用 3 个或 4 个空心杯壳，杯壳固定在形状均匀对称的三叉形支架或者十字形支架上，整个横臂支架又连接 1 个旋转轴，空壳的凸面指向同一个方向（逆时针或顺时针）。在风力的作用下，各风杯对旋转轴产生的力矩不能平衡而使旋转轴转动。转速与风速有比例关系，通过计算转速得到风速。

风杯式测风仪结构简单、成本低，而且易于操作，其维修护理比较方便，受环境影响也较小，但是风杯式测风仪也有较多不可忽视的缺点，例如：

（1）测量较低风速时误差较大。

（2）只适合测平均风速，动态响应性差。由于风杯和支架的惯性，风杯的响应速度慢，且在田间，风场并不稳定，风杯的响应速度无法达到要求。

虽然风杯式测风仪历史较久，但是由于其精度较低，缺点明显，已经不太适合应用于现代精准农业领域的研究。

二、叶轮式测风仪

叶轮式测风仪的结构较风杯式测风仪改进许多，旋转部件为桨叶，桨叶相比风杯有着明显的优势：

（1）结构更轻便，减少了运动件惯性的影响，提高了动态响应特性。

（2）对风速更加敏感，测量范围更广。

叶轮式测风仪成本低廉、使用方便，适合在田间使用。由于是机械式测风，受田间温度与湿度影响较小，再加上其较为可靠的精度，已经应用到了无人机旋翼风场的测量研究之中。华南农业大学的相关研究中，以 3 个叶轮式测风仪为 1 组构成 1 个测量采样节点，在田间沿直线布置测量采样点，直线的垂直平分线为农用无人机进行水稻田间作业的航线，每个测量点的 3 个测风仪分别测量 X、Y、Z 方向的风速，并通过无线传输的方式将采集到的信息传回电脑，可测量无人机作业时在水稻冠层产生的风场参数。这种测量方法使用了特制支架，支架顶端固定 3 个叶轮式测风仪并使 3 个测风仪布置呈坐标状，在田间布置时需要将各个测量采样点同一测量方向的叶轮对齐。

叶轮式测风仪的便携性和稳定性使得其在田间的应用具有突出优势，但也具有某些不足，如仪器体积较大，在较小区域进行多点测量时对风场的干扰不可忽略。

第二节　超声波式测风法

利用超声波进行风速测量是工程领域比较常见的方法，根据测量原理的不同可以分为时差法、多普勒法、相位差法、频率差法、卡门涡街法等。其中，超声波时差法的应用最为广泛。利用超声波进行风速测量无机械磨损、理论上无启动风速，具有反应速度快、分辨率高、维护成本低、能测高频脉动等优点。超声波测风技术在许多工程建设方面得到应用，如桥梁、隧道和高层建筑等。

超声风速测量仪坚固耐用，无磨损，无启动风速，价格适中，体积较小，使用方便，非常适合作为室外定点风速探测工具，若要将超声风速仪应用于田间风速的测量，主要受以下几个因素影响：

（1）结构干扰。超声波测风仪结构繁杂，对风场干扰较大，测风仪探头与所测风向重合，具有较大扰流影响，若使用反射面板，则影响更大。

（2）杂质的影响。田间空气成分较为复杂，灰尘或花粉等杂质较多，使用超声波测风速时，空气中的杂质可能会对超声波进行吸收、散射、折射和频散等，引起超声波信号的衰减等，干扰到测量，若在植被冠层使用，则干扰更严重。

第三节　散热率式测风法

散热率式测风法具有压损低、耐热性强的特点。常用的散热式测风仪器包括热线式风速仪、热球式风速仪和热膜式风速仪等，都是基于热平衡原理来实现测风功能，具体又可以分为恒流式测风仪、恒温式测风仪、恒温差式测风仪。

基于热平衡原理测风的仪器中，恒温式热线风速仪使用较为广泛，最具有代表性。热线传感器探头将加热的热线电阻丝放置在空气流场之中，流动的空气带走金属丝部分热量，从而产生电信号获得风速。相较于恒流式热线风速仪，恒温式热线风速仪具有热滞后效应小、反应更快速等特点。

热线式风速仪具有压损低、量程大的优点，适合测量低速风，因此有的热线式风速仪也称微风仪。热线式风速仪虽然有它突出的特点，但若将其应用于无人机旋翼风场的田间实时测量，一些明显的缺点还是会对实际测量带来较大的影响：

（1）测量的方向性。热线式风速仪需要通过强制对流达到测量风速的目的，有研究表明，当热线式传感器探头与流速方向有偏差时，即传感器探头斜置于流场中时，测量结果误差十分明显。因此，热线式风速仪更适合探测单向稳定风速、在湍涡流明显的无人机旋翼风场，否则测量结果必然产生较大误差。

（2）环境温度的影响。由于热线风速仪需要流动的空气带走金属丝的热量，热交换的效率必然受到空气温度与金属丝之间温差的影响，温差越大，换热效率越高。田间属于室外环境，环境温度不易控制，测量精度易受影响。

（3）湿度的影响。田间的环境湿度较高，对热线式风速仪的测量精度影响较大，特别是在无人机喷雾时使用热线式风速仪测量风场信息，空气湿度达到饱和，空气中的雾滴与热线金属丝接触，会直接影响到电信号，甚至使探头受潮损坏。

热线式风速仪检测精度容易受到田间复杂环境的影响，特别是在无人机施药作业的环境下，该传感器容易受污染、受潮损坏，维护成本较高，这些都限制了热线式风速仪的田间应用。

第四节　光学式测风法

与机械式、散热率式测风方法相比，光学式测风方法在测量精度方面具有显著的优势。光学式流体测量技术包括激光多普勒测速（laser doppler velocimeter，LDV）和粒子成像测速（particle image velocimetry，PIV）等非侵入式流动显示技术，都可以用来测量风场参数。光学式测风法理论上来说具有最高的测量精度，是研究流体湍流、涡流最有效的方法。

一、激光多普勒测速

激光多普勒测速是一种非侵入式、高精度的光学式测风方法。基于激光多普勒效应的风场参数测量已有广泛研究。在多普勒激光雷达中，激光由天线系统发射，经空气中分子或浮质的散射后，由天线系统收集，通过分析其多普勒频移，就可以得出由分子和浮质所构成的风的信息。多普勒激光测风雷达具有分辨率高、精度高、测量范围大等特点。激光多普勒测速精度很高，测量范围广，但仪器贵重，操作复杂。

二、粒子成像测速

粒子成像测速（PIV）通常可以分为 3 个步骤：①在流场中撒播示踪粒子并用片光源照明；②连续拍摄流场中示踪粒子的图像；③对粒子图像进行分析处理得到位移场，再考虑曝光时间间隔得到速度场。粒子成像测速系统由于其非侵入式测量的特点，可用于高温、高腐蚀性流场的测量，如发动机进排气系统的气体流场测量等。

PIV 具有高精度、不干扰被测流场的突出特点，在实验室以及一些相关工业领域得到了应用，但对于将 PIV 系统使用在田间环境测量无人机旋翼风场，仍然有许多难以克服的问题：

（1）测量范围的局限性。由于 PIV 技术需要对所测流场进行图像采集，而采集的工具为 CCD 相机，其测量范围比较小，无法覆盖无人机旋翼风场区域。

（2）难以布置示踪粒子。在实验室使用 PIV 系统测量小区域流场时，示踪粒子的撒播就是技术要求比较高的环节，田间属于露天环境，其流场是气体流场，示踪粒子的产生和铺展极其困难，其稳定性在田间也难以保证。此外，田间的灰尘、花粉、农药雾滴等也会对测量造成干扰。

（3）系统复杂，室外难以使用。PIV 系统组成部件较多，携带不便，各部件的配合与校对要求也很高，加上田间环境缺少电力供应，PIV 技术难以应用于无人机旋翼风场的测量。

（4）价格较高。由于 PIV 系统是高精度仪器，成本较高，因此 PIV 系统多在实验室使用而不是作为实地测量工具。

总之，PIV 系统应用于无人机旋翼风场的田间测量目前并不合适。

第五节　风压式测风法

流体流动时会产生压强的变化，空气作为流体也具有这种特征。当空气流动时，会产生动压，也称风压，风压的大小与流速呈正相关关系，所以可以用测量风压的方法来测量风速。风压无法直接测量，由于总压等于风压与静压之和，因此通常用测量总压和静压的方式来测得风压。测量空气风压最为成熟、使用最为广泛的工具是皮托管。

皮托管又称空速管，是测量流体点速度的装置，其主要优点是测速准确、结构简单、易加工、成本低、使用方便、坚固耐用，因此应用广泛。由于皮托管测速准确，至今仍在各种航空机械中用以测量空速，农用航空机械也有使用。皮托管的探头种类多样，主要包括 L 形和 S 形。L 形皮托管普遍应用于各种管道流速的测量，其测量原理：总压孔正对来流方向，用来测得流体总压，静压孔开在皮托管的侧面，用来测量流体的静压，总压和静压各有其导出管，压强信号导出到相关模块后进行计算，获得流体的流速。S 形皮托管在反向对称的位置开孔，同样是通过计算压差的方法得到流体的流速，其特点是 2 个测压孔都可以作为总压孔使用，相较于 L 形皮托管，S 形皮托管可以用来测量双向风速。

皮托管结构简单、成本低、可靠性强，是测量流体流速的有效工具，相较于其他测速工具，皮托管在田间使用拥有更优的综合性能，研究采用皮托管风速传感器进行风速检测系统的开发。使用皮托管测量田间的风场参数，可以参照李继宇等的论文所述方法将皮托管组合使用，分别测得 x 轴、y 轴、z 轴三向风速。相比叶轮式风速仪，皮托管所占空间显然更小，对空气流场的干扰也大大降低。由于皮托管结构轻巧，便携性强，在田间使用皮托管进行风场测量成为比较实用的方法。皮托管风速传感器最大的问题是低风速段风压较小，伯努利方程不再适用，以伯努利方程推导出的风速计算公式误差较大，需要予以解决。

第六节　基于皮托管的风速检测试验设计

华南农业大学精准农业航空施药技术国际联合研究中心成员针对基于皮托管的风速检测方案进行设计，试验设计方案如下。

一、风速检测系统总体布局

如图 6-6-1 所示，风压转换式风速检测系统由若干个风速测量节点、无人机机载北斗移动站、地面监测控制终端组成。其中，无人机机载北斗移动站为由国家精准农业航空施药技术国际联合研究中心研制的轻型机载北斗 RTK 差分定位系统的移动站。该北斗系统基于 UB351 板卡，平面精度为（$10+5\times D\times 10^{-7}$）mm，高程精度为（$10+D\times 10^{-6}$）mm（其中，$D$ 表示该系统实际测量的距离值，km），用于记录无人机的飞行高度、飞行速度以及飞行轨迹参数，可用于分析风场参数与无人机飞行参数的关系，优化无人机飞行参数以达到更好的作业效果。地面监测控制终端由风速 /GPS 采集分析软件、便携式计算机、无线收发模块天线以及北斗地面站组成。地面监测控制终端与各风速测量节点为星形拓扑结构，各风速测量节点采集到风速后，地面监测控制终端按顺序接受各风速测量节点发来的数据并以数据表格的形式存储于计算机中，总共接收数据的时长 5 s，可用于分析风速的时序变化。

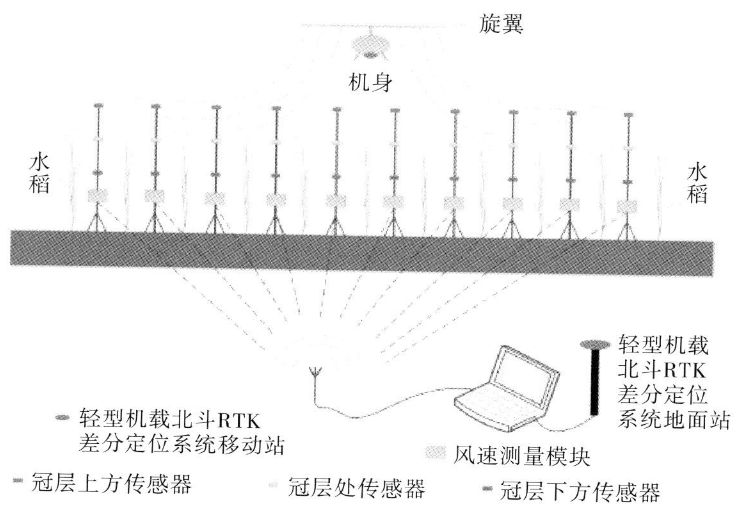

图 6-6-1　风速检测系统网络框架示意图

二、风速检测系统设计原理

采用风压转换式风速测量技术开发一种风速检测系统。该系统的开发基于流体流动时会产生动压力且该动压力与流速成正比这一原理。风压转换式风速测量仪器主要包括皮托管风速传感器等，测量高速风的准确性很高，至今仍然被广泛应用于飞机等航空设备，测量实时速度。皮托管风速传感器成本较低，精度较高，体积小，扰流较小，且不存在惯性延迟，相比叶轮风速计具有显著优势。风压转换式测量是通过皮托管传感器等测量空气流动产生的动压信号（即风压信号）进行风速的测量。在有关皮托管风速测量的研究中，通过伯努利方程可推导得出皮托管所测得的风压信号与风速大小的关系为

$$v = k\sqrt{2\left|\Delta P\right| / \rho} \quad (6.6.1)$$

式中，v 为最后检测所得风速，m/s；ΔP 为气压差（总压与静压之差，即风压），Pa；ρ 为空气密度，kg/m^3；k 为皮托管系数（与皮托管本身有关，取值范围一般为 0.8 ～ 1.0，本试验取值 1.0）。

皮托管主要分为 L 形皮托管和 S 形皮托管，S 形皮托管和 L 形皮托管的主要区别是静压孔的位置不同，且 S 形皮托管的总压孔和静压孔可以实现功能对换。L 形皮托管只能测量单向风速，而 S 形皮托管可以测量同一直线上的正反双向风速，因此，从实际应用的角度，试验选取 S 形皮托管作为开发配件。

S 形皮托管的工作原理：迎风面一侧截面测量空气总压，背风面一侧截面测量空气静压，两截面感应到的气压之差即为动压，也称风压。S 形皮托管风压检测原理如图 6-6-2 所示。

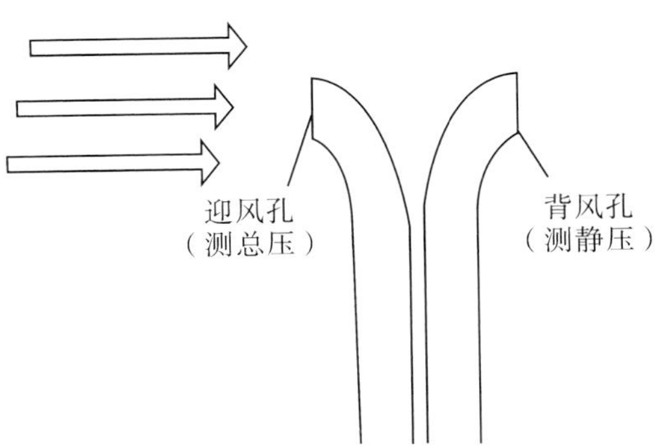

图 6-6-2　S 形皮托管探头风压检测原理示意图

风速越大，皮托管采集到的风压信号越大，将皮托管采集的风压信号进行相关处理，可以计算出风速大小。可基于此原理进行开发和试验。

三、风速检测系统设计目标

本研究设计的风速检测系统的应用目标是无人机作业的多种田间环境，包括水稻、小麦等作物较为低矮的土地，但不包括果树等高大植被的地表环境，且风速检测的主要目标区域是无人机旋翼下方作物冠层区域，因此设计的时候要考虑系统工作环境的具体情况，再结合改进设计的创新点，使系统具有以下特点：

（1）具有多个模块节点，能够实现多点实时采集。要研究无人机旋翼风场对无人机作业效果的影响，必须检测多个位置的风速。

（2）稳定性强，数据传输效果好。在无人机作业田间进行旋翼风速检测，通常障碍物较多，干扰较大，故需要较高的数据传输可靠性。

（3）风速干扰小。现有的叶轮式风速检测系统体积较大，对检测准确性带来较大影响，新开发的系统应该大大减小扰流干扰。

（4）结构简单可靠，易于安装和拆卸，携带方便。无人机作业效率高，作业时间短，如果系统结构复杂、不易安装或不便携，将大大影响工作效率和检测效果。

（5）具有较高的精度，且反应灵敏、实时性强。由于所检测的风速变化快，因此要求检测系统的传感器精度较高且反应灵敏。

（6）具有较久的持续工作时间。由于田间环境缺少电源，无法在田间充电，若要达到室外检测需求，该系统应能持续工作 4 小时以上。

四、风速检测系统数据部分设计

本研究所开发的风压转换风速检测系统具有 10 个风速检测节点，每个节点都具有将感应到的风压信号经过多次转换并最终输出为风速信号的功能。信号传输过程及其载体如图 6-6-3 所示。

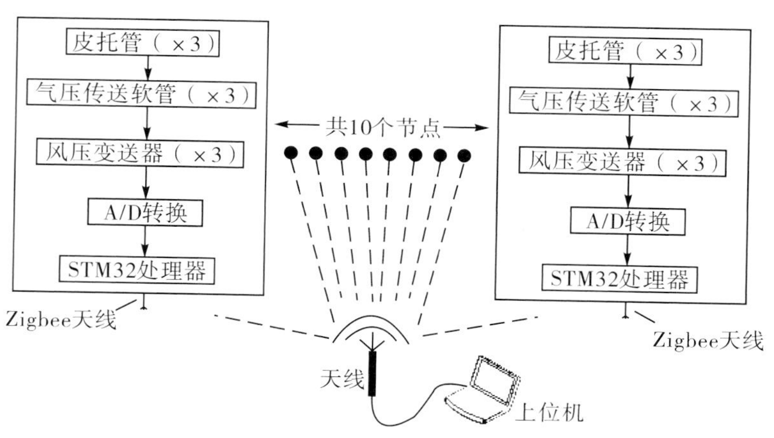

图 6-6-3　信号传输路径及其载体图

整个信号传输的过程需要使用到皮托管探头、气压传送软管、风压变送器、A/D 转换器、STM32 处理器、Zigbee 模块、笔记本电脑（上位机）。其中皮托管探头和气压传送软管负责收集和传输气压信号，风压变送器负责将气压信号转换为模拟电信号，A/D 转换器负责将模拟电信号转换成数字电信号，最后由 STM32 处理器进行相关计算处理，将电信号还原成风速信号，风速信号由 Zigbee 模块无线传输至上位机。

（一）数据采集部分

数据采集部分主要包括皮托管探头、气压传送软管、风压变送器等器件，可合称为皮托管风速传感器。皮托管收集总压信号和静压信号，并通过不同的软管分别传送给风压变送器的总压接口和静压接口，在风压变送器内部，总压和静压的压差信号使感压膜片产生对应的微位移，使传感器的电阻发生变化，用电路检测这一变化，并转换输出一个对应于此压力的标准信号。该系统最终确定的风压变送器的压差测量范围为 –500 ～ 500 Pa，电信号输出范围为 4 ～ 20 mA，该电流信号在电路板上通过电路转换成电压信号 1 ～ 5 V。

皮托管风速传感器收集到的数据为模拟电信号，需要将此信号数字化，为实现模数转换，电路部分使用 16 位 A/D 转换器 ADS1115（图 6–6–4）。

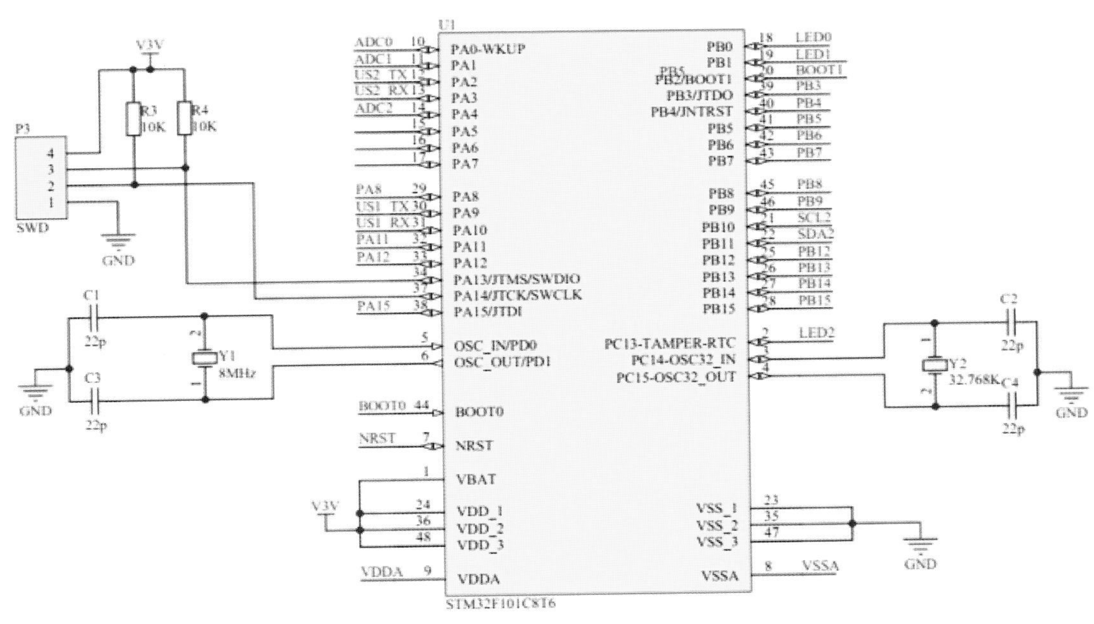

图 6–6–4　风速采集处理器电路

（二）数据处理部分

本系统采用 STM32 单片机控制系统对信号进行计算处理，选用 STM32F101C8T6 处理芯片。风速零点有一个零点电压，零点电压设置为 3000 mV。当风速大于 7 m/s 时，先计算气压差，即

公式（6.6.1）中的 ΔP，若输出电压信号为 V，零点电压信号为 V_0，此时有

$$\Delta P = 0.25(V - V_0) - 750 \tag{6.6.2}$$

将计算得到的压差 ΔP 代入式（6.6.1），计算风速。

若风速小于 7 m/s，由于选用的 S 形皮托管可以测量双向的气压差并指定了某一方向为正，故分两种情况讨论。

（1）压差 $\Delta P \geqslant 0$：　$v=0.0015(\Delta P)^3-0.06(\Delta P)^2+0.98(\Delta P)$　（6.6.3）

（2）压差 $\Delta P < 0$：　$v=-0.0015(\Delta P)^3-0.05(\Delta P)^2-0.65(\Delta P)$　（6.6.4）

以上两种情况所使用公式的参数是后续开发时经过拟合优化处理得到的，因为发现公式（6.6.1）在风速低于 7 m/s 时并不准确，故构建气压差与风速的直接关系进行信号转换。采集到压差信号 ΔP 后，数据处理的流程图如图 6-6-5 所示。

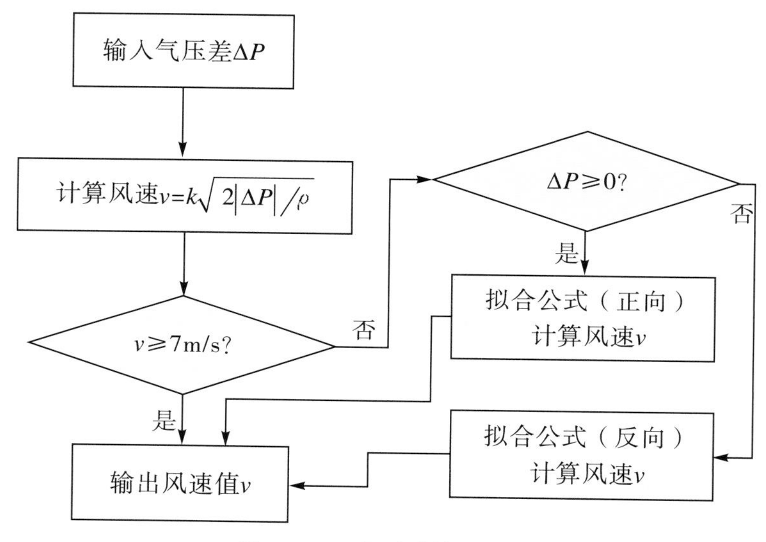

图 6-6-5　风速计算流程图

（三）数据的无线传输部分

为将风速模块收集处理好的风速数据及时传输到上位机，本试验使用 Zigbee 模块进行无线传输。Zigbee 技术是近年发展起来的一种近距离无线通信技术，它功耗低、成本低、易应用，以 2.4 GHz 为主要频段，采用直接序列扩频技术，基于 Zigbee 技术的无线网络作为现存的最适合搭建无线传感器网络的新兴技术，目前已受到人们越来越多的关注。

以一个无线 Zigbee 节点为基础，各节点通过无线传输组成网络，Zigbee 组网形式有三种：星形网、树形网和网状网，各种网络布局如图 6-6-6 所示。星形网是一种典型的多对一的信号传输网络，其信号传输呈辐射状。Zigbee 模块的星形网络有两种类型的节点，即主节点和从节点，每个 Zigbee 星形网络由 1 个主节点和 N 个从节点构成。同一个 Zigbee 星形网络内，所有节点都必须有相同的频道及 PAN ID。星形网最大优点就是结构简单（能减少购置成本）、管理方便（需

要执行的协议较少）。树形网和网状网都是建立在星形网基础上的更复杂的信号传输网络，能够覆盖更大的范围并提高运行可靠性。

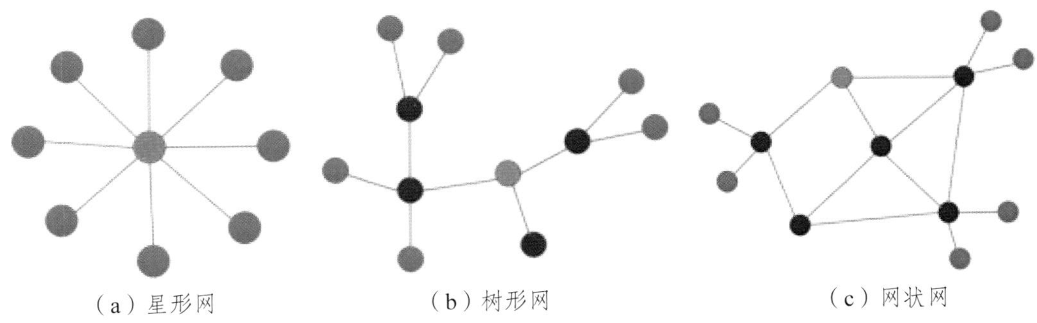

（a）星形网　（b）树形网　（c）网状网

图 6-6-6　各种网络布局图

由于系统节点较少，传输距离较近，星形网能够满足要求，故本研究采用星形网络结构。试验中，主节点为上位机电脑，从节点为布置于田间的各个风速测量节点。风速数据经过风速测量节点的收集、转换和处理，最后由节点电路中的Zigbee无线通信模块将数据传送到上位机并记录。试验所用Zigbee模块DRF1605H的电气参数见表6-6-1，该模块的各种参数比较适合节点电路。

表 6-6-1　Zigbee 模块电气参数

输入电压(V)	温度范围(℃)	串口速率(bps)	无线频率(MHz)	传输距离(m)	工作电流(mA)	接收灵敏度(dBm)
标准：DC3.3 范围：2.6～3.6	-40～85	38400 9600 19200 57600 115200	2460 更改范围：2405～2480 步长5	1600 （理想状态）	发射： 120（最大） 80（平均） 接收：45 待机：40	-110

第七节　基于皮托管的传感器设计与验证

一、传感器外廓风速干扰对比试验分析

目前实时采集无人机田间作业旋翼风场的常见仪器是叶轮风速仪，本研究认为叶轮风速仪体积较大，对风场的干扰不可忽略，而本系统所采用的皮托管体积较小，理论上可以有效减小风场干扰。为验证皮托管风速传感器相较于叶轮风速仪在减小风场干扰方面的优点，试验设计进行了传感器外廓风速干扰对比试验。

试验在密闭无风的室内进行，试验设备包括风速可调的轴流风筒（长度约为 1.1 m，内截面直径 70 mm，风速调节范围 0 ～ 25 m/s）、稳压电源（给轴流风筒供电）、标准热线式风速仪（上海前谨电子有限公司，风速测量范围 0 ～ 30 m/s，基本精度 0.1 m/s，分辨率 0.01 m/s）、用于对比的皮托管和手持式叶轮风速仪等。

在试验开始之前，通过测量得到手持式叶轮风速仪和皮托管探头的外廓基本尺寸：叶轮宽 30 mm，风速测量截面直径 70 mm，手柄长度 80 mm，手柄截面尺寸约为 20 mm × 20 mm；皮托管总长 150 mm，最小管径 3 mm，最大管径 6 mm，最大横截面面积不超过 0.5 cm^2，体积明显小于叶轮。

试验时，使叶轮风速仪测量截面与轴流风机内截面重合，利用套筒将二者密闭接合。换皮托管探头进行试验时，利用适当的套筒开孔使皮托管探头相对于轴流风机的位置与叶轮相同，并使皮托管探头总压孔截面和静压孔截面都与轴流风机中轴线垂直。试验示意图如图 6–7–1 所示。

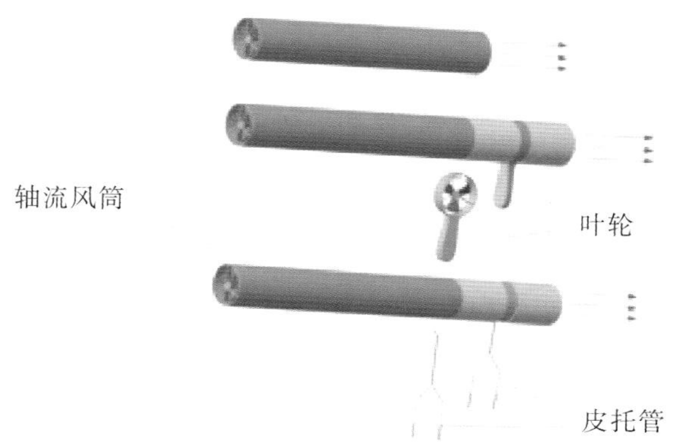

图 6–7–1　传感器外廓风速干扰对比试验示意图

如图 6–7–1 所示，在相同的风源风速下，先测定不安装皮托管或叶轮风速仪时的出风口风速，再利用套筒将皮托管和叶轮风速仪测量风速的部位固定在轴流风筒的相同位置，使用热线式风速仪分别检测两种情况下的出风口风速。试验步骤如下：

（1）在没有加装叶轮或皮托管的时候，利用标准热线式风速仪调节轴流风筒出风口的风速到 10 m/s 左右。

（2）保持风速不变，轴流风筒上加装带有叶轮的套筒组件，利用标准热线式风速仪测量并记录出风口风速。

（3）继续保持风速不变，轴流风筒上换上带有皮托管探头的套筒组件，利用标准热线式风速仪测量并记录出风口风速。

（4）取下套筒组件，利用标准热线式风速仪调节轴流风筒出风口的风速到 11m/s 左右，重复步骤（2）和（3）。

最终风源风速测定 10.10 m/s、11.00 m/s、12.10 m/s、13.05 m/s、14.00 m/s、15.00 m/s 等 6

个挡位，将风速选定在 10 ～ 15 m/s 这个范围，可以更好地排除偶然因素。两种传感器的外廓对风速干扰的数据记录见表 6–7–1。

表 6–7–1　皮托管和叶轮的外廓风速干扰对比测试结果

项目	数值					
无干扰风速（m/s）	10.10	11.00	12.10	13.05	14.00	15.00
皮托管干扰后风速（m/s）	10.10	11.00	12.09	13.00	13.92	14.88
叶轮干扰后风速（m/s）	7.52	8.16	9.08	9.47	10.04	11.40
皮托管干扰后的风速削减量百分比（%）	0.00	0.00	0.08	0.38	0.57	1.13
叶轮干扰后的风速削减量百分比（%）	25.50	25.80	24.90	27.40	28.20	24.00

从表 6–7–1 可以看出，皮托管风速传感器探头部分对所测方向风速的干扰非常小，外廓干扰后的风速削减不超过 0.57%，而叶轮式风速仪仅仅是风速通过截面的桨叶就已经对测量方向的风速产生了较大的影响，干扰后的最大风速削减达到 28.20%，最小也达到了 24.00%。由以上数据可知，在田间进行旋翼风速的多点测量时，叶轮风速仪的多点布置必定会明显削弱风力，从减少风场干扰考虑，皮托管风速传感器更适合应用于无人机旋翼风场进行多点测量。

二、传感器的误差来源分析与修正

皮托管虽然在改善风速干扰方面相较于叶轮风速仪具有明显优势，但是仍然有很多因素可能影响到其测量精度。这些影响因素包括环境因素和皮托管风速传感器自身的因素。

（一）环境因素

外界环境因素的影响主要表现为大气密度的影响，由于大气密度（ρ）是公式（6.6.1）中计算风速的变量，因此使 ρ 产生变化的环境因素也会间接影响到皮托管的测量，这些因素包括温度、湿度和大气压力。一般来说，在同一风速检测区域，大气压力和大气密度的变化都很小，对皮托管的测量精度影响也很小。利用关于皮托管风速测量的总修正公式进行模拟计算，得出大气压力的影响规律，认为在同一检测区域，大气压力变化不超过 500 Pa 时，对皮托管测量的影响极小，而湿度的影响比大气压力还要小，在实际应用时可以忽略。仅从理论分析，在外界环境因素中，温度对皮托管风速传感器的影响较大。

当环境温度高于设定值时，皮托管测得的风速将略小于实际风速，即产生负偏差；当环境温度值低于设定值时，皮托管测得的风速将略大于实际风速，产生正偏差。另外，温度的改变会影响到电路元件的性能参数，对电路板工作产生微小影响，即产生“温飘”现象。本试验所开发的风速检测系统的电路板安装于防水壳内，主要受电路板本身电子器件工作发热影响，故需要传感器工作一段时间（通常不低于 10 min），使电路板温度稳定后再进行零点调节或风速采集的工作。本试验在使传感器工作 15 min 消除了“温飘”现象后，采集随温度变化的零点变化值，结果见表 6–7–2。表中数据采样时间为 30 min，由表中数据可知，零点电压与温度的相关系数为 $R = -0.181$，$P > 0.05$，环境温度的变化对零点的影响线性相关性较差，影响很不明显。

表 6–7–2　变化温度下的零点电压值

项目	数值				
温度（℃）	32.2	35.2	37.4	35.2	40.1
零点电压（mV）	3010.250	3007.625	3009.875	3007.625	3009.125

（二）传感器自身因素

皮托管自身的影响主要包括以下因素的影响：

（1）静压孔的“压力损失”。S 形皮托管的总压孔和静压孔可以实现功能互换，迎风一侧为总压孔，背风一侧为静压孔，当气流流经皮托管表面时，由于受到表面摩擦的影响，皮托管测到的静压偏小，所测的压差比实际压差偏大，这种情况称为“压力损失”。“压力损失”所产生的误差需要通过选择正确的皮托管系数进行修正，为使所开发的系统更加准确，必须使用同一规格的皮托管。

（2）软胶管长度的影响。由于空气的压缩性，不同长度的气压传送软管对气压信号的传输有微小的差异，为避免此影响，系统使用的气压传送软管长度相同。

（3）风压变送器的影响。风压变送器是皮托管风速传感器组件中最为重要的部件，其性能直接影响整个传感器的精确性。风压变送器的工作原理：风压传感器的压力直接作用在传感器的感压膜片上，使膜片产生与介质压力成正比的微位移，使传感器的电阻发生变化，用电路检测这一变化，并转换输出一个对应于此压力的标准信号。因此，感压膜片的性能会直接影响传感器测量风速的准确性。由于风压变送器对传感器的精度影响较大，需要对其误差进行修正。

（三）风压变送器的误差分析修正

实际上，对该风速检测系统测量精度产生影响的因素主要来自风压变送器，包括加工和姿态变化产生的零点误差。风压变送器将风压信号转换成电流信号，该信号在电路板上转换成了电压信号，输出信号范围为 1 ～ 5 V。为配合 S 形皮托管双向测量，零点信号定为中间值

3000 mV，但由于变送器的加工误差等原因，实际零点相对于 3000 mV 有小幅差异，为消除此差异，需对微控制器程序进行补差调节，使零点信号正常。

风压变送器内部实际感应风压信号的元件为感压膜片，感压膜片的重力方向和感压方向呈特定夹角，当风压变送器的姿态改变，该夹角随之改变，进而影响风压变送器零点。为探索风压变送器姿态对零点的影响，试验设计如图 6-7-2 所示，利用角度仪测量风压变送器从正常姿态到翻转姿态（顺时针变化）再回到正常姿态（逆时针变化）过程中的零点变化规律。

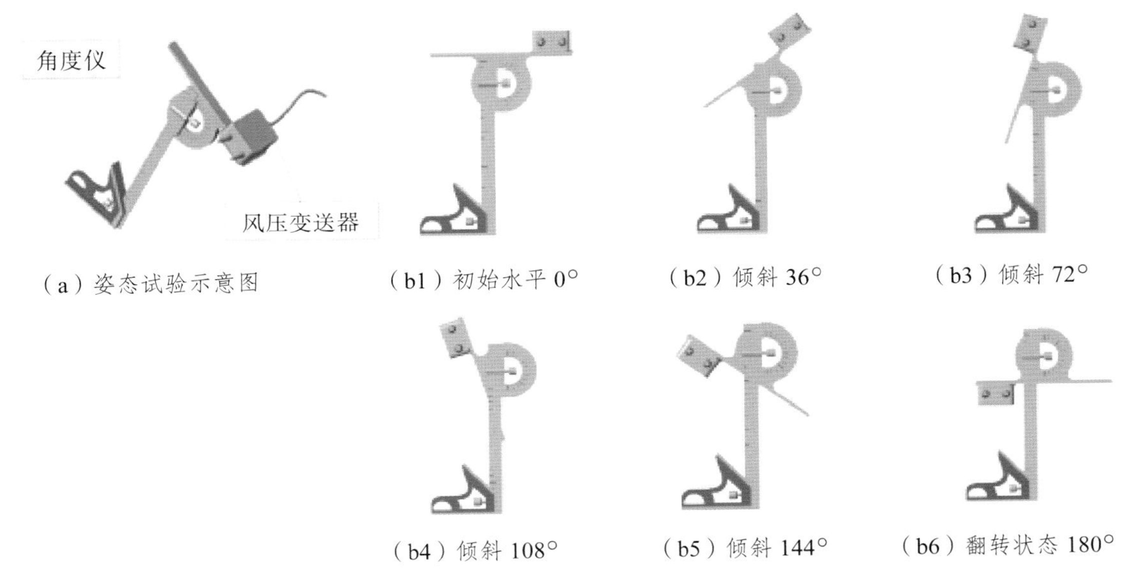

（a）姿态试验示意图 （b1）初始水平 0° （b2）倾斜 36° （b3）倾斜 72°

（b4）倾斜 108° （b5）倾斜 144° （b6）翻转状态 180°

图 6-7-2 风压变送器姿态与输出信号关系测试

该试验所使用的试验材料：带刻度的标准角度仪 1 套、功能正常的风压变送器 1 个、信号采集电路板 1 个、终端显示器（笔记本电脑）1 台、热熔胶枪、热熔胶、透明胶布等。试验步骤如下：

（1）用透明胶布和热熔胶将角度仪底座固定于水平桌面上。

（2）将风压变送器以正常水平姿态固定于角度仪可以转动的平面上，即风压变送器的底部与之固定，如图 6-7-2（b1）所示。

（3）调节角度仪，将角度仪按照逆时针方向从图 6-7-2（b1）0° 状态调整到图 6-7-2（b6）180° 状态，调整的梯度为 36°，每调整一个角度，记录下当时气压零点的电压信号。

（4）调节角度仪，将角度仪按照顺时针方向从图 6-7-2（b6）180° 状态调整到图 6-7-2（b1）0° 状态，调整的梯度为 36°，每调整一个角度，记录下当时气压零点的电压信号。

零点电压信号随姿态角度的变化数据见表 6-7-3。

表 6-7-3　风压变送器零点电压信号随姿态角度的变化数据

单位：mV

编号		不同姿态角度					
		0°	36°	72°	108°	144°	180°
A1	顺时针→	3011.625	3012.250	3013.750	3015.750	3017.500	3018.250
	逆时针←	3012.250	3013.125	3014.750	3016.125	3017.375	3017.750
A2	顺时针→	3011.250	3012.125	3013.875	3015.875	3017.625	3018.375
	逆时针←	3012.375	3013.375	3014.875	3016.250	3017.625	3018.125
B1	顺时针→	3013.500	3014.000	3015.500	3017.375	3018.750	3019.375
	逆时针←	3013.000	3013.625	3015.375	3016.750	3017.875	3018.500
B2	顺时针→	3010.250	3010.750	3012.250	3014.250	3015.750	3016.500
	逆时针←	3010.000	3011.500	3012.875	3014.125	3015.250	3015.875
C1	顺时针→	3007.625	3008.500	3009.250	3011.250	3009.500	3010.250
	逆时针←	3005.375	3006.125	3007.500	3008.750	3009.875	3010.125
C2	顺时针→	3008.875	3009.000	3009.250	3010.750	3012.000	3012.625
	逆时针←	3006.125	3007.125	3008.875	3010.500	3011.625	3012.125

试验结果表明，当风压变送器由正常平放状态顺时针旋转到翻转状态时，零点电压信号逐渐增大；当风压变送器由翻转状态逆时针旋转到正常平放状态时，零点电压信号逐渐减小。即风压变送器在 0° 和 180° 输出的零点电压信号分别为最小值和最大值，在其他倾斜角度输出的零点电压信号均在这两个姿态的输出电压信号之间，零点电压信号最大差异为 7 mV，最大相对误差为 0.167%。基于以上结果分析，所有风压变送器在防水外壳内都应该保证同样的姿态，进行零点调节时，风压变送器的姿态要与实际工作时一致，且实际工作时所有模块都应保证以同样的角度安装，以减小零点误差。

三、传感器的标定试验

（一）电流信号式传感器标定

根据以往田间试验的结果，无人机旋翼风速在冠层区域的最大值一般不超过 20 m/s，故此次对比试验选定的风速范围为 1 ～ 20 m/s，按参考梯度选取风速，参考的风速梯度接近 1 m/s。本次试验在空气流动可忽略的室内进行，试验所需材料：风速可调的轴流风筒 1 个、稳压电源（给风源供电）、S 形皮托管及其套筒、标准风速仪及其套筒、标准长度软胶管、电流式风压变送器

1 个（带控制电路模块，试验前经过调零处理）、数据终端显示器（笔记本电脑）、热熔胶和热熔胶枪，如图 6–7–3 所示。

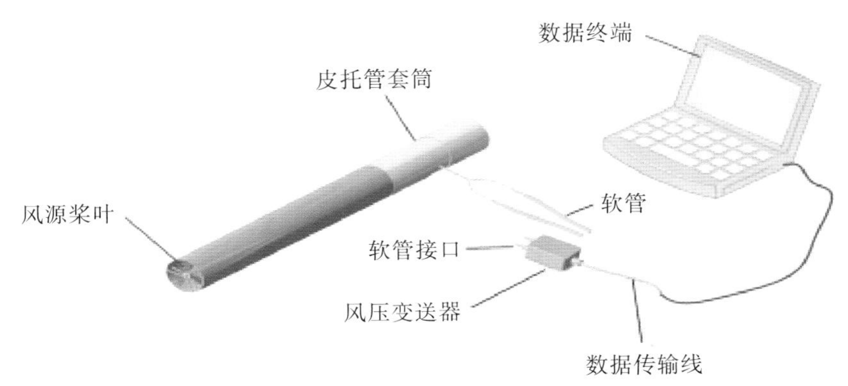

图 6–7–3　试验场景示意图

试验材料准备完成之后，按以下步骤进行试验：

（1）用热熔胶将标准风速仪固定在套筒里，使套筒固定在轴流风筒上之后标准风速仪的风速测量方向与轴流风筒中心轴线相同。

（2）用热熔胶将皮托管固定在套筒里，使套筒固定在轴流风筒上之后皮托管的风速测量方向与轴流风筒中心轴线相同。

（3）打开试验所用的模块，使模块通电 10 min 以进入稳定的工作状态。

（4）将带有标准风速仪的套筒连接到轴流风筒出风口一端，确保连接密闭紧固，调节轴流风机的风速，使标准风速仪的显示风速为 1 m/s 左右，记录此风速，保持此风速挡位不变，取下标准风速仪套筒组件。

（5）将带有皮托管的套筒连接到轴流风筒出风口一端，确保连接密闭紧固，发送采集风速的指令，使 SScom 中记录的风速数据稳定下来后，记录此风速，保持此风速挡位不变，取下标准风速仪套筒组件。

（6）重复步骤（4）和（5），但是使步骤（4）中的标准风速仪的显示风速为 2 m/s 左右，依次类推，直到该风速为 20 m/s 左右。

试验得到的风速数据见表 6–7–4。

表 6–7–4　传感器风速标定数据（电流信号式风压变送器）

风速挡位编号	标准风速（m/s）	测量风速中值（m/s）	误差百分比（%）	风速挡位编号	标准风速（m/s）	测量风速中值（m/s）	误差百分比（%）
				4	4.76	4.25	10.71
1	1.54	2.00	–29.87	5	5.75	5.33	7.22
2	2.87	1.95	32.06	6	7.01	7.06	–0.71
3	3.98	3.40	14.57	7	7.56	7.60	–0.53

续表

风速挡位编号	标准风速（m/s）	测量风速中值（m/s）	误差百分比（%）	风速挡位编号	标准风速（m/s）	测量风速中值（m/s）	误差百分比（%）
8	9.01	9.05	–0.44	14	15.31	15.65	–2.22
9	9.85	10.09	–2.44	15	15.90	16.05	–0.94
10	10.85	10.90	-0.46	16	17.09	17.20	–0.64
11	11.70	12.30	-5.13	17	18.14	18.40	–1.43
12	13.09	13.40	-2.37	18	19.05	19.20	–0.79
13	14.24	14.40	-1.12	19	20.36	20.56	–1.01

为了更直观地反映以上数据，绘制柱状图 6–7–4，图中横坐标为风速挡位，纵坐标为风速，两条不同颜色的图柱分别表示不同风速挡位下的标准风速和传感器的测量风速。

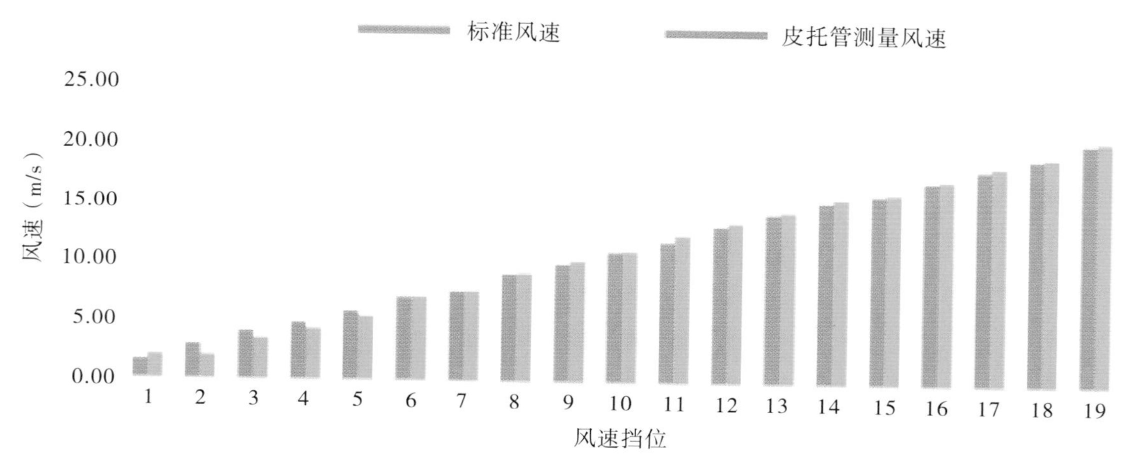

图 6–7–4　数据对比示意图（电流信号式风压变送器，单向）

由表 6–7–4 可知，在风速低于 7 m/s 时，测量风速的中值与标准风速的误差在 7% ～ 32%，当标准风速达到 7 m/s 的时候，测量风速的中值与标准风速的误差减小到 1% 左右，因此可以认为在风速为 7 m/s 以下时该皮托管风速传感器的测量精度较低。

（二）电压信号式传感器标定

由于表 6–7–4 的数据是使用电流式风压变送器时测得的数据，为更好地说明风压转换式测量的特性，使用电压式风压变送器以类似方法进行了试验。具体的试验材料除风压变送器外与本章第七节“风压变送器的误差分析修正”无差异，试验仍在无风室内进行，试验步骤如下：

（1）用热熔胶将标准风速仪固定在套筒里，使套筒固定在轴流风筒上之后标准风速仪的风速测量方向与轴流风筒中心轴线相同。

（2）用热熔胶将皮托管固定在套筒里，使套筒固定在轴流风筒上之后皮托管的风速测量方向与轴流风筒中心轴线相同。

（3）打开试验所用的模块，使模块通电一段时间消除“温飘”现象以进入稳定的工作状态。

（4）将带有标准风速仪的套筒连接到轴流风筒出风口一端，确保连接密闭紧固，调节轴流风机的风速，使标准风速仪的显示风速为 1 m/s 左右，记录此风速，保持此风速挡位不变，取下标准风速仪套筒组件。

（5）将带有皮托管的套筒 A 端连接到轴流风筒出风口一端，确保连接密闭紧固，发送采集风速的指令，使 SScom 中记录的风速数据稳定下来后，记录此风速，保持此风速挡位不变，取下标准风速仪套筒组件。

（6）将带有皮托管的套筒 B 端连接到轴流风筒出风口一端，确保连接密闭紧固，发送采集风速的指令，使 SScom 中记录的风速数据稳定下来后，记录此风速，保持此风速挡位不变，取下标准风速仪套筒组件。

（7）重复步骤（4）（5）（6），但是使步骤（4）中标准风速仪的显示风速为 2 m/s 左右，依次类推，直到该风速为 20 m/s 左右。

试验得到的风速数据见表 6–7–5。其中，风速挡位以标准风速为准，为方便与表 6–7–4 数据进行比较，表 6–7–5 只列出了正向测量风速的中值。

表 6–7–5　传感器风速标定数据（电压信号式风压变送器）

风速挡位编号	标准风速（m/s）	测量风速中值（m/s）	误差百分比（%）	风速挡位编号	标准风速（m/s）	测量风速中值（m/s）	误差百分比（%）
				10	10.27	10.35	–0.78
1	1.30	1.10	15.38	11	11.65	11.78	–1.16
2	2.31	1.57	32.03	12	12.11	12.13	–0.21
3	3.31	2.32	29.91	13	13.70	13.74	–0.33
4	4.10	2.75	32.93	14	14.78	14.76	0.14
5	5.28	4.80	9.09	15	15.43	15.40	0.19
6	6.23	5.68	8.83	16	16.46	16.37	0.55
7	7.25	7.82	–7.86	17	17.18	17.20	–0.12
8	8.21	8.35	–1.77	18	18.42	18.55	–0.52
9	9.76	9.88	–1.28	19	19.45	19.52	–0.39

根据以上数据绘制图 6-7-5。

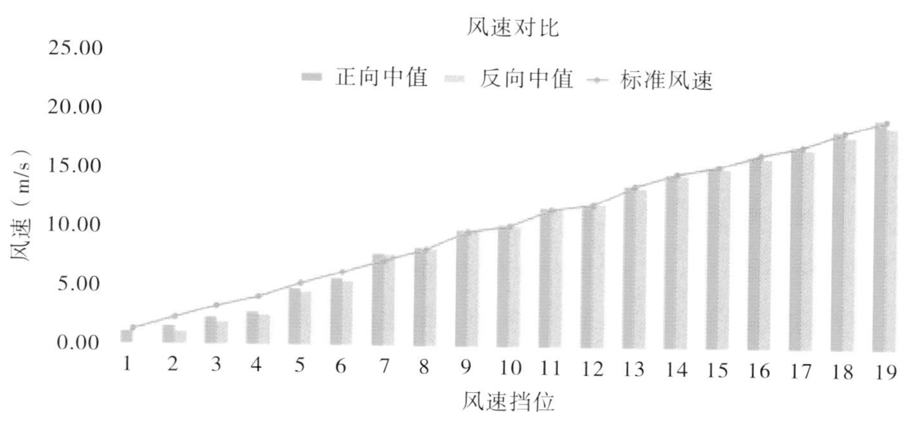

图 6-7-5 数据对比示意图（电压信号式风压变送器，双向）

表 6-7-5 的风速测量特点与表 6-7-4 相似，该试验中 8 m/s 以下的测量风速与标准风速差异较大。两种风压变送器相比，电流式风压变送器测量误差更小，因此最终风压变送器选用电流式风压变送器（工业电流信号 4 ～ 20 mA 比较稳定）。结合表 6-7-4 和表 6-7-5 的数据以及图 6-7-4 和图 6-7-5 的风速对比趋势，可以认为，在使用公式（6.6.1）进行编程之后，传感器所测的风速在 7 m/s 以下时不够准确，为提高该系统的风速测量准确性，需要对 7 m/s 以下的程序进行调整，找到低风速下更合适的计算方法。

四、低风速测量模型的拟合优化

根据表 6-7-5 所得结果，皮托管风速传感器使用公式（6.6.1）在风速为 7 m/s 以下时测量不够准确。为克服公式（6.6.1）在低风速下的不足，对皮托管风速传感器在 7 m/s 以下的风速计算方法和计算参数进行拟合优化，拟通过试验直接构建风压信号与风速的关系。该试验以接近 0.5 m/s 的参考梯度将小于 7 m/s 的风速分为 13 个梯度，在不同的风速下采集风压变送器所产生的风压信号。

试验场景如图 6-7-3 所示，此时已经确定使用电流式风压变送器，电流信号为 4 ～ 20 mA，在电路上连接合适电阻，输出电压信号为 1 ～ 5 V，零点电压值设置为 3000 mV，试验前经过调零处理。该试验在无风室内进行，试验材料主要包括风速可调的轴流风筒 1 个、稳压电源（给风源供电）、S 形皮托管及其套筒、标准风速仪及其套筒、标准长度软胶管、电流式风压变送器 3 个（带控制电路模块）、数据终端显示器（笔记本电脑）、热熔胶和热熔胶枪。试验步骤如下：

（1）用热熔胶将标准风速仪固定在套筒里，使套筒固定在轴流风筒上之后标准风速仪的风速测量方向与轴流风筒中心轴线相同。

（2）用热熔胶将皮托管固定在套筒里，使套筒固定在轴流风筒上之后皮托管的风速测量方向与轴流风筒中心轴线相同。

（3）打开试验所用的模块，使模块通电一段时间消除“温飘”现象以进入稳定的工作状态。

（4）将带有标准风速仪的套筒连接到轴流风筒出风口一端，确保连接密闭紧固，调节轴流风机的风速，使标准风速仪的显示风速为 1 m/s 左右，记录此风速，保持此风速挡位不变，取下标准风速仪套筒组件。

（5）将带有皮托管的套筒 A 端连接到轴流风筒出风口一端，确保连接密闭紧固，发送采集风速的指令，使 SScom 中记录的风速数据稳定下来后，记录此风速，保持此风速挡位不变，取下标准风速仪套筒组件。

（6）将带有皮托管的套筒 B 端连接到轴流风筒出风口一端，确保连接密闭紧固，发送采集风速的指令，使 SScom 中记录的风速数据稳定下来后，记录此风速，保持此风速挡位不变，取下标准风速仪套筒组件。

（7）重复步骤（4）（5）（6），但是使步骤（4）中标准风速仪的显示风速为 1.5 m/s 左右，依次类推，直到该风速为 7 m/s 左右。本次试验使用了 3 个电流式风压变送器，每个变送器都测量了正反两个方向的风压 - 风速数据组，系统其中一个风压变送器测得的正向风压信号 - 风速（ΔP–v）见表 6–7–6。

表 6–7–6　风压变送器的 ΔP–v 值

测量项目	数值												
参考风速（m/s）	0.99	1.54	1.92	2.68	3.14	3.60	4.07	4.50	5.14	5.42	5.94	6.49	6.92
风压信号（Pa）	1.78	1.87	2.25	3.12	3.87	4.87	5.62	10.03	13.37	14.75	18.15	21.28	24.37

风压信号随着风速的增大而增大，但并不呈现等比例变化，为建立低风速下风压信号与风速的函数关系，使用 Matlab 软件对每个风压变送器的 ΔP–v 值进行拟合。

数据拟合有多种公式，经过多次拟合比较，发现三次拟合公式具有较好的效果，公式如下：

$$v = aX^3 + bX^2 + cX + d \tag{6.7.1}$$

式中，v 为风速，m/s；自变量 X 为风压信号，Pa。

应用此公式对表中的 ΔP–v 数据进行拟合时，式中各参数值 a=0.0013，b=–0.06，c=0.9679，d=–0.0273，误差平方和 SSE=0.0996，拟合优度 R^2 >0.96，该 ΔP–v 数据组的拟合曲线图如图 6–7–6 所示。

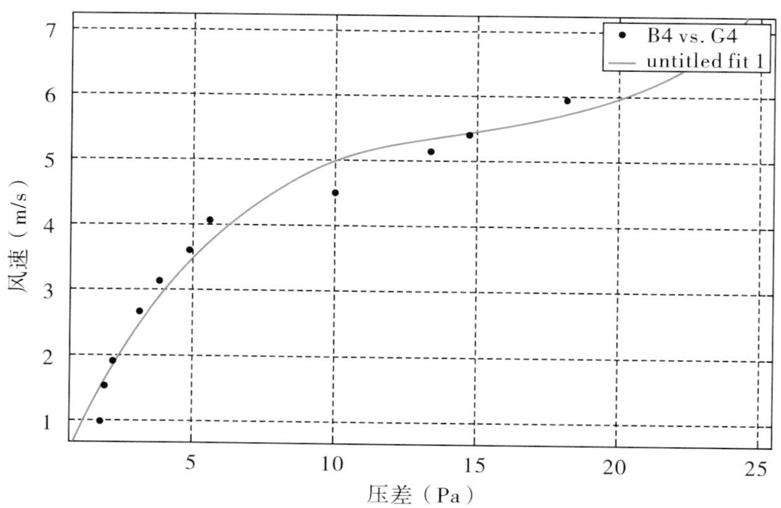

图 6-7-6　Δ P-v 数据拟合曲线图（三次拟合）

由图 6-7-6 可知，拟合曲线能够较好地反映风压与风速的关系。本次试验测试了 3 个风压变送器的 Δ P-v 值，拟合结果见表 6-7-7。

表 6-7-7　Δ P-v 值拟合结果汇总表

编号	a	b	c	d	SSE	R^2
A	0.001324	−0.05993	0.9679	−0.0273	0.9960	0.9774
B	0.001688	−0.06768	0.9869	0.2957	0.9985	0.9775
C	0.001554	−0.07674	1.3340	−0.2686	1.1330	0.9750

表 6-7-7 中 3 组数据的三次线性拟合曲线如图 6-7-7（a）（b）（c）所示。

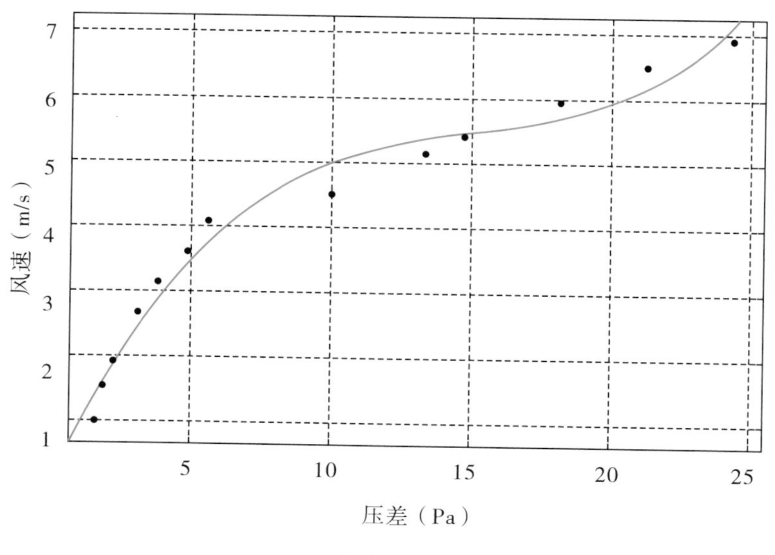

（a）A 组

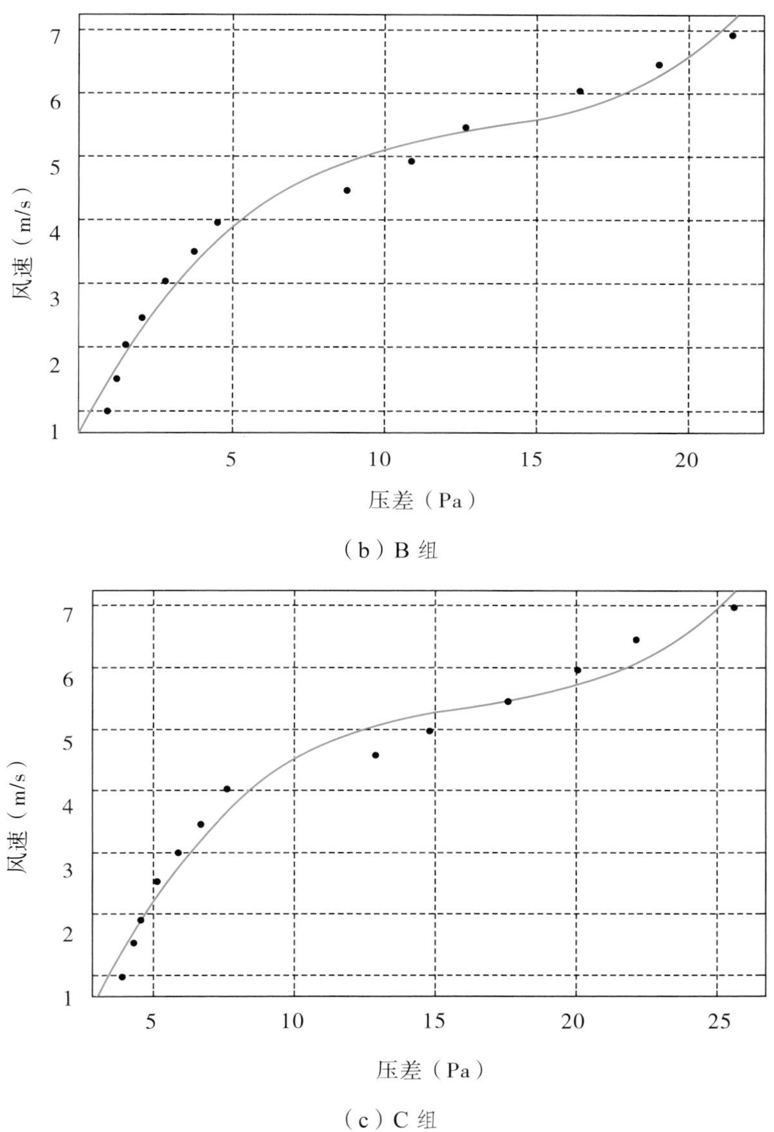

（b）B 组

（c）C 组

图 6-7-7　3 组数据的三次线性拟合曲线

除了使用三次线性拟合外，还使用了其他的拟合方式对以上数据进行拟合，包括傅里叶拟合、高斯拟合、指数拟合、三角函数拟合等多种方式，最接近三次线性拟合的拟合方式是指数拟合。表 6-7-7 中的 3 组数据的指数拟合曲线如图 6-7-8（a）（b）（c）所示。

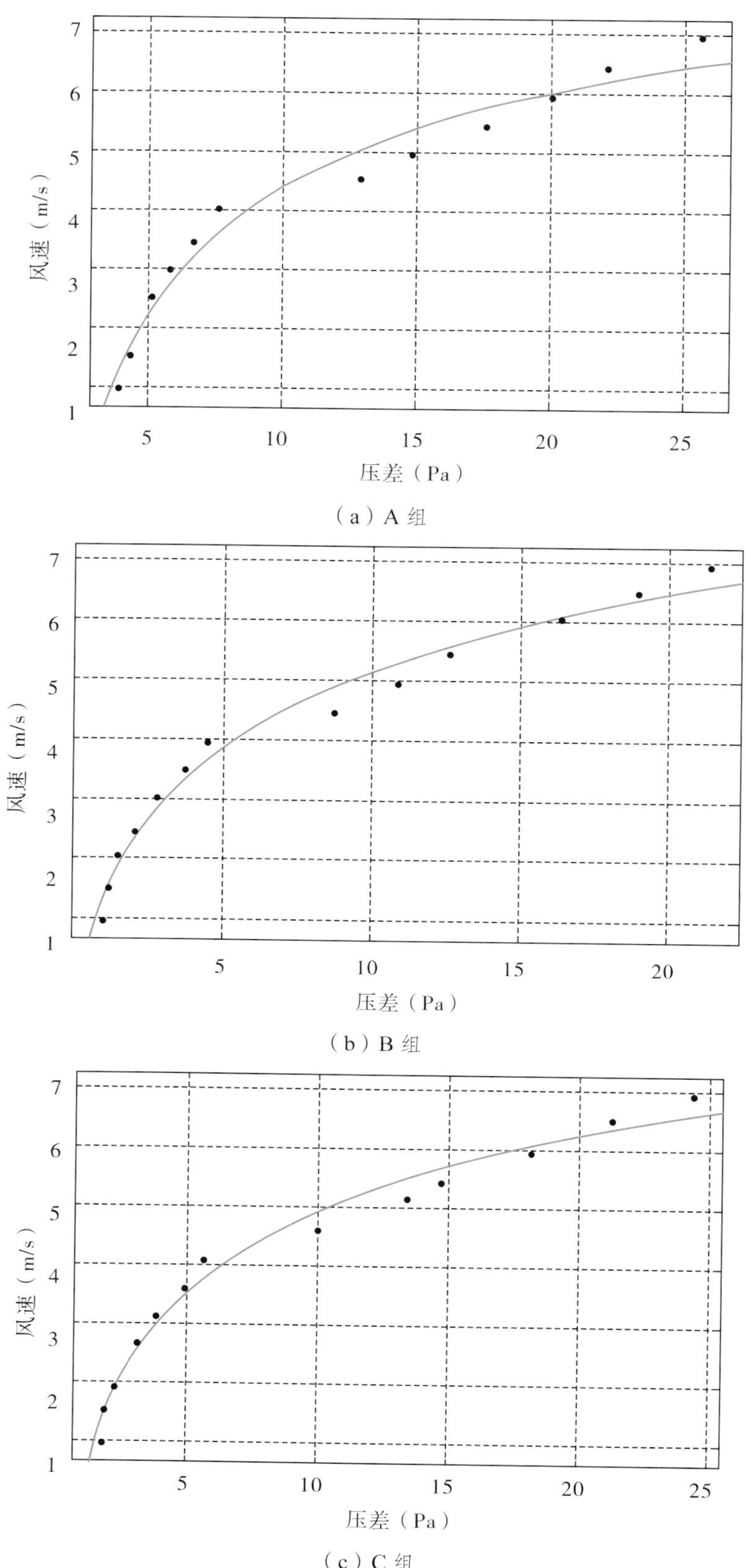

图 6-7-8　3 组数据的指数拟合曲线

由表 6–7–7 数据可知，由于各风压变送器的差异，拟合参数有差别，但差别不大，各拟合参数的 a、b、c 比较接近，R^2 均大于 0.96，都具有较好的拟合优度。如果完全使用拟合公式，有些公式中的 d 接近 0.3，使得风速零点误差较大，为控制零点误差并使传感器的调零处理更加方便，所有风压变送器 7 m/s 以下的计算公式均使用相同参数且 d 均取为 0，经过筛选后得到的 S 形皮托管风速传感器在 7 m/s 以下时正向（压差为正）和反向（压差为负）的风速计算公式分别为

$$v = -0.0015(\Delta P)^3 - 0.05(\Delta P)^2 - 0.65(\Delta P)\text{，}\ \Delta P < 0 \tag{6.7.2}$$

$$v = 0.0015(\Delta P)^3 - 0.06(\Delta P)^2 + 0.98(\Delta P)\text{，}\ \Delta P \geqslant 0 \tag{6.7.3}$$

为使该风速检测系统在其整个测量范围内都具有较高的精度，将所有模块内的风速测量程序应用两种风速计算公式，以公式（6.6.1）计算得到某一风速值。当该风速小于 7 m/s 时，压差信号返回式（6.7.2）或式（6.7.3）进行计算后输出风速值；当该风速不小于 7 m/s 时，该风速直接输出为风速值。

五、传感器的一致性检验

风速是风速检测系统的目标参数，传感器的准确性和一致性都对整套系统的实用性有很大影响，因此需要大量测试确保传感器的性能可靠且差异较小。

该系统有 10 个风速测量节点，每个风速测量节点有 3 套皮托管风速传感器，为确保该系统测量风速时具有良好的一致性，需要各风速测量节点的传感器具有同样的性能。每个独立的皮托管风速传感器包括 1 个 S 形皮托管、1 个风压变送器以及连接二者的气压传送软胶管。为尽可能地降低误差、提高精度，所有的皮托管使用同一尺寸，在同一厂家定做，经检验，各皮托管外形差异不大，可视为具有同样的皮托管参数，即由皮托管造成的风速检测一致性差异可忽略不计。为控制由气压传送软胶管长度造成的气压信号误差，所有气压传送软胶管均经过严格裁剪，使其长度相等，具有相同的空气压缩性，对风速检测一致性差异也可忽略不计。

由于皮托管和气压传送软胶管的性能都能得到很好的控制，故主要测试风压变送器的差异性。由于测试需要，应用轴流风机系统对多个风压变送器进行差异性测试，如图 6–7–9 所示。

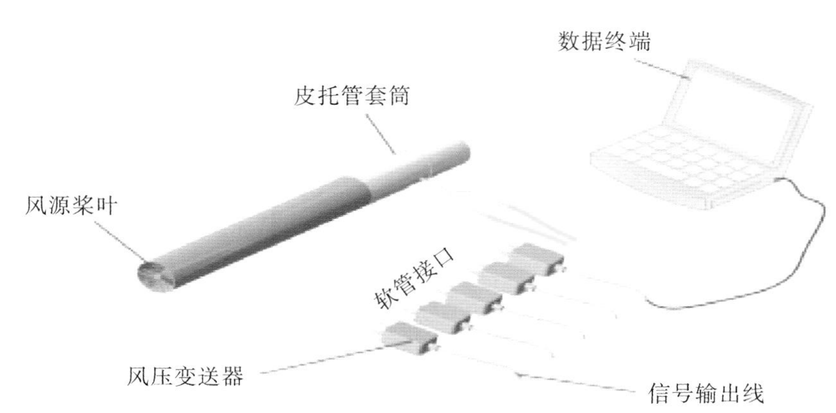

图 6-7-9　风压变送器差异性测试示意图

小型轴流风筒一端由涵道风扇提供稳定风源，该涵道风扇由稳压电源供电，能提供稳定风速，且风速大小可调。该轴流风筒内截面平稳，尺寸合适，能够保证测量端的风速稳定。测量端为固定 S 形皮托管的加长管道（可拆卸），被固定的皮托管感应管道内风压，与该皮托管连接的软管可换接多个风压变送器，在同样的风速条件下用不同的风压变送器测量风速，以比较其一致性。本次试验在相同风速下轮替测试 30 个风压变送器，测试所用标准风速为 15 m/s，测定该标准风速的仪器为标准热线式风速仪（上海前谨电子有限公司，风速测量范围 0 ～ 30 m/s，基本精度 0.1 m/s，分辨率 0.01 m/s）。

本次试验的目的是检测各风压变送器的测速性能和个体差异性。试验材料包括风速可调的轴流风筒 1 个、稳压电源（给风源供电）、S 形皮托管及其套筒、标准热线式风速仪及其套筒、标准长度软胶管、风压变送器 30 个（带控制电路）、数据终端显示器（笔记本电脑）、热熔胶和热熔胶枪。试验步骤如下：

（1）用热熔胶将标准热线式风速仪固定在套筒里，使套筒固定在轴流风筒上之后热线式风速仪的风速测量方向与轴流风筒中心轴线相同。

（2）用热熔胶将皮托管固定在套筒里，使套筒固定在轴流风筒上之后皮托管的风速测量方向与轴流风筒中心轴线相同。

（3）打开模块，使模块通电一段时间消除“温飘”现象以进入稳定的工作状态。

（4）将带有标准热线式风速仪的套筒连接到轴流风筒出风口一端，确保连接密闭紧固，调节轴流风机的风速，使热线式风速仪的显示风速为 15 m/s，保持此风速挡位不变，取下热线式风速仪套筒组件。

（5）将带有皮托管的套筒连接到轴流风筒出风口一端，确保连接密闭紧固，用气压传送软胶管连接皮托管和风压变送器接口。

（6）电脑连接 Zigbee 收发模块，打开风速采集软件，发送采集风速的指令，记录正在进行检测的风压变送器对应测得的风速。

（7）气压传送软胶管在皮托管一侧继续保持连接，另一侧换一个风压变送器连接，重复步骤（6），记录完数据后再换一个风压变送器连接，直到检测完系统中所有风压变送器。

试验所得风压变送器对应测得的风速数据见表 6–7–8。

表 6–7–8　传感器同档风速测量数据对比（标准风速 15 m/s）

风压变送器编号	风速数据（m/s）	风压变送器编号	风速数据（m/s）	风压变送器编号	风速数据（m/s）
1	14.80	11	14.70	21	14.41
2	14.30	12	14.35	22	14.20
3	14.32	13	14.40	23	14.30
4	14.40	14	14.32	24	14.33
5	14.90	15	14.47	25	14.44
6	14.27	16	14.20	26	14.54
7	14.41	17	14.40	27	14.28
8	14.40	18	14.90	28	14.60
9	14.30	19	14.29	29	14.53
10	14.11	20	14.33	30	14.04

对表 6–7–8 数据进行分析，得到这套风速检测系统所采用的 30 个风压变送器在风速为 15 m/s 时的最大绝对误差为 0.96 m/s，最大相对误差为 6.40%，变异系数为 0.1，可以认为这套风速检测系统具有较好的测量一致性。

第八节　基于皮托管传感器的两种风场检测试验

一、无人机旋翼风场对比检测试验

系统开发完成之后，为更好地了解所开发系统的性能，设计风压转换式风速检测系统与现有叶轮式风速检测系统的对比试验，拟在同一架次的无人机旋翼下方对旋翼风速进行检测，比较二者的异同。

该试验拟将皮托管风速测量节点与叶轮风速测量节点等距间隔布置成一条直线，其中 #1、#3、#5、#7、#9 节点为叶轮风速测量节点，#2、#4、#6、#8、#10 为皮托管风速测量节点，各相邻节点距离为 1 m。这 10 个节点可以由上位机统一发送采集风速的指令，每个节点都测量 X、Y、Z 三个方向的风速，即平行无人机飞行方向（X），无人机水平侧向（Y）以及垂直大地方向（Z）。节点布置及预定无人机的航线如图 6-8-1 所示，无人机拟从 #5、#6 节点中间垂直穿过节点线阵。实际试验场景如图 6-8-2 所示。

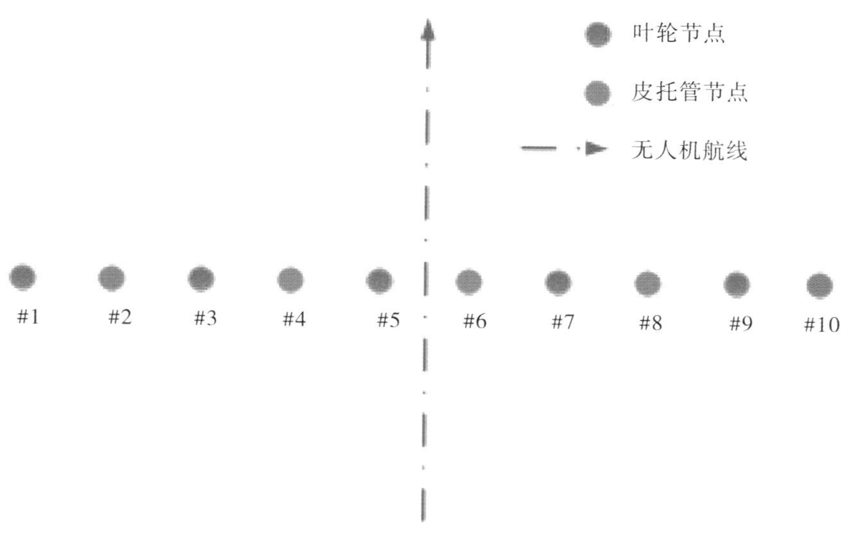

图 6-8-1　节点布置及预定无人机的航线图

图 6-8-2　实际试验场景图

此次试验使用的无人机是高科新农四旋翼 M234，试验地点为华南农业大学校园草地，试验当天自然风速为 0 ～ 1.2 m/s，适合进行室外试验。

试验结束后对试验结果进行分析。本次试验拟从节点最大风速值、节点最大风速值响应时刻、节点风速响应时长来分析与对比两种风速传感器在实际检测时的效果，但由于风速采集时间段内某些节点风速并未回归自然风速状态，故对两种传感器节点的风速响应时长不做讨论。表6-8-1为皮托管节点和叶轮节点的相关风速测量信息，由于无人机风场宽度有限，有些传感器在无人机飞过时风速变化为零或很不明显，即 #1、#2、#7、#9、#10 节点，表格中不做统计。

表 6-8-1　两个节点的风速测量信息

检测项目	节点编号				
	#3	#4	#5	#6	#8
X 向风速最大值（m/s）	3.8	4.3	2.5	9.1	2.1
Y 向风速最大值（m/s）	4.3	4.8	3.2	11.7	2.9
Z 向风速最大值（m/s）	5.3	4.5	5.5	9.6	3.5
X 向最大值时刻（s）	2.6	3.0	3.5	3.2	4.3
Y 向最大值时刻（s）	2.6	4.1	3.0	3.1	4.3
Z 向最大值时刻（s）	2.9	3.9	3.1	3.0	4.4

表 6-8-1 中 #4、#6、#8 为皮托管节点数据，#3、#5 为叶轮节点数据，由表中数据可知，皮托管节点的有效节点更多，共有 3 个，叶轮节点的有效节点只有 2 个。在距离无人机较近的 #5、#6 节点，皮托管节点的测量风速明显更大，两种节点的最大风速值响应时刻很接近，不超过 0.3 s，偶然性较小，因此可以认为，在无人机实际作业时，叶轮风速传感器存在启动惯量，无人机快速飞过时，所测最大风速值比实际最大风速值要小。在旋翼风速变化较快的田间，相较于叶轮风速传感器，皮托管风速传感器的灵敏性更好。

二、田间风场检测试验

为检验该风压转换式风速检测系统实地检测的准确性与灵敏性，将新开发的风速检测系统应用到无人机作业田间，通过设计试验对比不同高度和不同距离节点的风速检测系统，对该系统的实际田间检测效果进行分析，以证明该系统具有良好的风速检测能力。该试验的地点为海南省临高县的某块菠萝地，试验拟通过检测距离菠萝冠层不同高度风速的差异，以及不同位置节点对风速的响应情况，验证该风压转换式风速检测系统是否具有较好的田间可行性和时间响应性。

本次试验的试验对象为全丰 3WQF120 油动单旋翼植保无人机，待测机型及参数见表 6-8-2。从理论上看，油动单旋翼无人机的整机重量较大，旋翼上升力较大，旋翼风速较大，而电动多旋翼整机重量较轻，旋翼上升力较小，旋翼风速较小。

表 6-8-2　测试机型参数

型号	空机质量（kg）	翼展（m）	动力类型	旋翼高度（cm）	满载续航时间（min）
3WQF120-12	30	2.41	油动	67	25

首先，在距离较近的两行菠萝地垄间各布置 1 排风速采样节点，每排各 5 个节点，第 1 排为 #1 ～ #5 节点，第 2 排为 #6 ～ #10 节点。每排各相邻节点间距为 1 m 左右，两排的节点在预定航线方向对齐，所构成的两条直线距离大约 2 m。第 2 排的传感器探头比第 1 排高 25 cm，第 1 排节点则刚好处于菠萝冠层高度，两排节点的中心对称线为预定无人机航线，节点北斗定位图如图 6-8-3 所示，实际节点布置效果图如图 6-8-4 所示。各节点的 3 个传感器探头分别测量 X、Y、Z 三个方向上的风速，即平行无人机飞行方向（X）、无人机水平侧向（Y）及垂直大地方向（Z）。其次，飞机按预定航线正常作业时的高度和速度飞行，飞机旋翼风场接近节点时发送采集风速的指令。无人机预定航线如图 6-8-1 所示。由于两排传感器距离较近，当无人机直线匀速飞过两排节点时，移动的旋翼风场可认为变化较小。最后，采集自然风速和节点位置。试验时自然风速为 0 ～ 1.5 m/s。

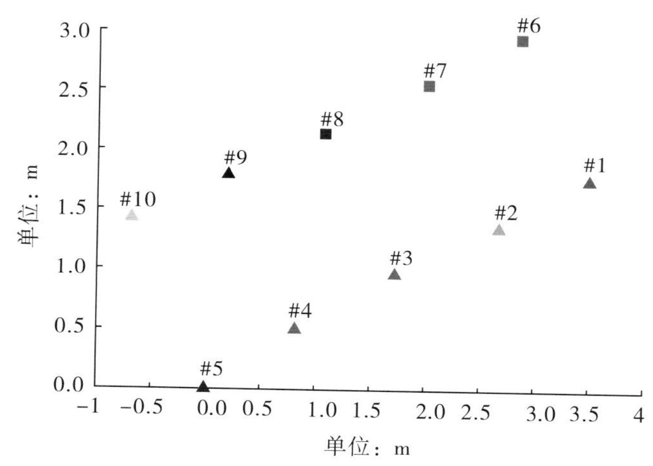

图 6-8-3　节点北斗定位图

图 6-8-4　节点实际位置图

三、试验结果分析

利用风速 GPS 数据分析软件对采集到的风速数据进行分析，得到单旋翼无人机在 10 个节点的三方向风速最大值分布，如图 6–8–5 所示。

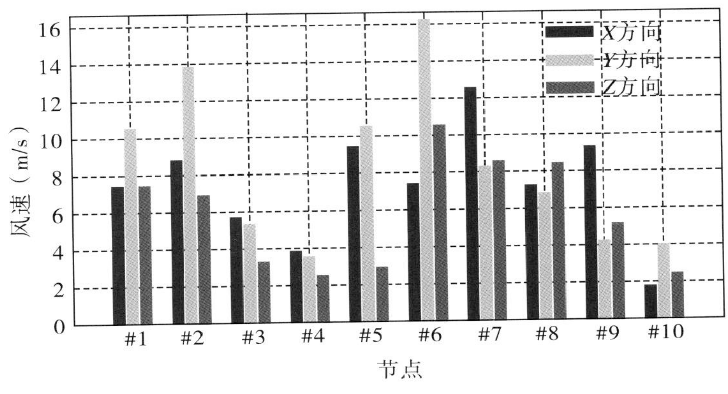

图 6–8–5　三方向风速最大值分布图

图 6–8–5 中 #1 ～ #5 节点为第 1 排节点，#6 ～ #10 节点为第 2 排节点。从图 6–8–5 中可以看出，因为两排风速节点相对于冠层空间位置不同，第 2 排和第 1 排的风速测量节点所测风速最大值有明显不同，整体表现为第 2 排节点测量风速大于第 1 排。为更具体地比较两排传感器节点的风速差异，将两排节点的风数据分开列表对比，如表 6–8–3 至表 6–8–4 所示。

表 6–8–3　第 1 排节点风速最大值数据

单位：m/s

	节点编号					平均
	#1	#2	#3	#4	#5	
X 向风速最大值	7.4	8.8	5.7	3.7	9.4	7.00
Y 向风速最大值	10.5	13.8	5.3	2.4	10.5	8.50
Z 向风速最大值	6.7	6.9	2.8	2.5	2.9	4.36

表 6–8–4　第 2 排节点风速最大值数据

单位：m/s

	节点编号					平均
	#6	#7	#8	#9	#10	
X 向风速最大值	16.2	12.5	7.2	9.3	1.4	9.32
Y 向风速最大值	10.5	8.3	6.8	4.2	2.9	6.54
Z 向风速最大值	12.5	5.7	8.4	5.2	2.2	6.80

系统田间可行性分析：表 6-8-3 和表 6-8-4 中，第 2 排的 X 向风速最大值与 Z 向风速最大值基本大于第 1 排，即飞机飞行方向与垂直地面方向的风速，大于冠层 25 cm 处或基本大于冠层处的风速，这与理论相符合。而无人机水平侧向的风速第 1 排略大于第 2 排，可能与冠层植被对风力的反弹高度和方向有关。因此，可以认为该系统在田间具有较好的可行性。

系统时间响应分析：除了风速最大值数据，从采集的数据还可以分析各节点的最大值风速响应时刻。该风速检测系统总采集时长为 5 s，对于第 1 排的 5 个节点，风速最大值响应时刻分别是第 3.6 s、第 3.6 s、第 3.4 s、第 3.7 s、第 3.8 s；对于第 2 排的 5 个节点，风速最大值响应时刻分别是第 4.2 s、第 4.1 s、第 4.2 s、第 4.4 s、第 4.5 s。由此可知同一排的风速测量节点测得风速最大值的时刻非常接近，而且在飞机飞行方向前后对应的风速节点测得最大风速值的时间差为 #1 与 #6 节点相差 0.6 s，#2 与 #7 节点相差 0.5 s，#3 与 #8 节点相差 0.8 s，#4 与 #9 节点相差 0.5 s，#5 与 #10 节点相差 0.6 s，即两排一一对应的前后节点测得最大风速值的时间差十分接近。因此，可以认为该风速检测系统时间响应性能较好。

参考文献

[1] 王军锋，徐文彬，闻建龙，等.大载荷植保无人直升机喷雾气液两相流动数值模拟[J].农业机械学报，2017，48(9)：62-69.

[2] 杨知伦，葛鲁振，祁力钧，等.植保无人机旋翼下洗气流对喷幅的影响研究[J].农业机械学报，2018，49(1)：116-122.

[3] 叶舟，徐国华，史勇杰.旋翼桨尖涡生成及演化机理的高精度数值研究[J].航空学报，2017，38(7)：48-58.

[4] 陈盛德，兰玉彬，周志艳，等.小型植保无人机喷雾参数对橘树冠层雾滴沉积分布的影响[J].华南农业大学学报，2017，38(5)：97-102.

[5] 陈盛德，兰玉彬，FRITZ B K，等.多旋翼无人机旋翼下方风场对航空喷施雾滴沉积的影响[J].农业机械学报，2017，48(8)：105-113.

[6] 农业部.到2020年化肥使用量零增长行动方案[Z].2015-2-17.

[7] 陈盛德.植保无人机在水稻喷施中的雾滴沉积机理及作业参数研究[D].广州：华南农业大学，2018.

[8] 崔志华，傅泽田，祁力钧，等.风送式喷雾机风筒结构对飘移性能的影响[J].农业工程学报，2008(2)：111-115.

[9] 戴奋奋.风送喷雾机风量的选择与计算[J].植物保护，2008(6)：124-127.

[10] 戴奋奋.农业生态破坏、环境污染与施药技术相关性分析[C]//江苏省植物病理学会.江苏省昆虫学会第十一届会员代表大会暨学术研讨会论文汇编，2004：160-164.

[11] 董祥，张铁，燕明德，等.3WPZ-4型风送式葡萄喷雾机设计与试验[J].农业机械学报，2018，49(S1)：205-213.

[12] 黄聪.一种田间旋翼风速检测系统设计与试验[D].华南农业大学，2017.

[13] QIN W C，QIU B J，XUE X Y，et al. Droplet deposition and control effect of insecticides sprayed with an unmanned aerial vehicle against plant hoppers[J]. Crop Protection，2016，85：79-88.

第七章 农用无人机风幕式防飘移装置与应用

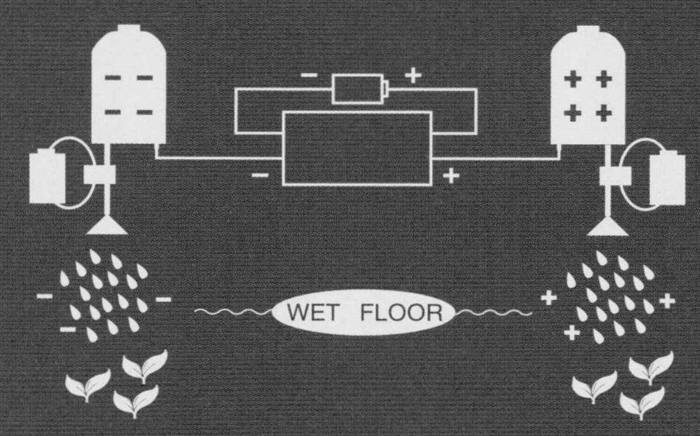
WET FLOOR

自 1945 年瑞士化学家穆勒合成 DDT 以来，农药已成为一种重要的农业生产材料，在防治作物病虫草害、保障国家粮食安全中发挥着不可或缺的作用。据统计数据显示，全球每年粮食损失量约占粮食总产量的一半，农药的出现，大约能恢复 15% 因病虫草害而造成的粮食损失。中国每年农药防治面积高达 70 多亿亩次，农药在防治农业有害生物中的贡献率达 90% 以上。

我国是世界粮食产量最高的国家，2019 年粮食产量达 66384.3 万 t。另外，我国也是农药的生产和使用大国。2017 年，中国农药的总使用量达 178.3 万 t，平均每公顷作物田的农药使用量高达 11.7 kg，是世界平均值的 2.5 倍，存在农药使用过量的情况。为了让足够的农药药液沉积在作物上，我国农户普遍使用大容量喷雾设备，同时增加施药量和施药次数，这种“粗放式”的农药喷施，在大大降低了农药利用率的同时，还带来了严重的土壤污染、水体污染和大气污染及农产品品质降低等问题，甚至威胁着农民的生命安全、造成食品安全隐患。

目前，我国植保工作仍以人工及半机械化操作方式为主，不仅作业效率低下，而且给操作人员的健康带来威胁。据统计资料显示，我国施药喷雾作业使用的器械主要为人工喷雾器和小型机（电）喷雾器，其中 93.07% 植保器械总保有量为人工施药喷雾器。落后的作业方式导致了较低的农药利用率，同时造成农药普遍过量使用的情况。我国大部分农户在作业时使用的大容量喷雾设备，仅可使 25% ～ 50% 的农药药液雾滴沉积在靶标作物的叶片表面，而其中仅有不到 0.03% 的药液可以杀灭靶标害虫。在喷施作业的过程中，细小的药液雾滴大量飘移流失到非靶标作物和非靶标环境中，导致周边环境受污染、生物受药害、农产品中农药残留过量及农药利用率降低等负面后果。有数据显示，我国每年大约超过 10 万人因植保作业操作不当而中毒，致死率高达 20%。

在农药喷施的过程中，从喷雾器械喷洒出的药液雾滴有三个去向：一是沉积到靶标作物叶片上，二是飘移到空气中，三是沉积到地面上。农药飘移是指在施药作业过程中或作业后的一段时间内，药液雾滴在环境因素等非人为控制的条件下，农药药液雾滴或颗粒在环境风的作用下，于空气中从靶标区飘失到非靶标区的现象。农药飘移包括随风飘移和蒸发飘移，前者是小粒径的药液雾滴在环境气流的作用下形成的，后者则是农药的挥发性所导致的。雾滴飘移总是伴随着喷雾作业的进行而发生。农药飘移是农药利用率较低的原因之一，不仅会导致病虫草害防治效果差，还会增加喷施作业成本，甚至危害非靶标区域生物、周围人群的健康安全，影响生态环境。因此，降低农药喷施作业时的飘移率具有非常重要的科学理论意义和现实意义，它对提高我国农药使用水平、降低农药使用量、减少农药对生态环境的危害、提高农产品和环境质量都具有非常积极的影响。

近年来，我国精准农业航空产业发展迅速，植保无人机成为精准农业航空的重要组成部分，引起了社会各界的广泛关注。与传统的人工和地面机械作业方式相比，植保无人机具有作业效率高、不误农时、人工成本低、适用性强，能有效解决高秆作物、水田和丘陵等大型植保器械难以下地等难题的优点。植保无人机采用低容量喷雾技术，还具有省水省药、农药利用率高等优点。与有人驾驶航空施药相比，植保无人机具有无需建设起降跑道、机动灵活、成本低等优势。

与此同时，植保无人机还具有其他植保器械无法比拟的机动性、灵活性，但在飞防作业时会产生复杂的旋翼风场，致使喷施的农药药液雾滴沉积规律与传统植保施药器械的沉积规律存在很大差别。影响农药药液雾滴沉积的因素很多，主要受到以下四个方面的影响：环境参数、施药参数、施药环境特点及药液的物理特性。环境参数包括环境温度、湿度、环境风速等，施药参数包括施药设备、施药速度、喷嘴高度等，施药环境特点包括靶标作物周围植被及遮挡情况，药液物理特性包括药液黏度、表面张力、密度等。植保无人机大多使用低容量、超低容量喷雾技术，雾滴粒径小，加上植保无人机喷施作业高度距离作物冠层远，往往大型喷杆喷雾机距作物冠层 30 ～ 50 cm，而植保无人机的作业高度通常距离作物冠层 100 cm 以上，因此更容易受环境风场和无人机旋翼风场的影响，较传统施药方式具有更高的农药雾滴飘移风险。以衡量非靶标区雾滴沉积的关键指标——飘移缓冲区距离为例，传统地面植保器械的缓冲区距离为 10 ～ 30 m，而植保无人机的缓冲区距离则为 15 ～ 50 m。

为了防止植保无人机施药作业时药液雾滴飘移，本课题通过研究国内外防飘移技术发展现状，综合现有的防飘移技术，结合植保无人机的特点，创新性提出风幕技术与植保无人机相结合的办法，设计了一种搭载于植保无人机上的风幕式防飘移装置。这种飘移装置对减少植保无人机航空喷施作业的雾滴飘移、提高农药利用率，保护作业人员人身安全和生态环境安全均具有重要意义，同时也有利于推动我国农药使用技术和航空植保技术的发展与进步。

农药飘移现象虽然不能完全杜绝，但是使用适当的设备器械和施药技术并令其在适宜的天气条件下作业，能够将农药飘移控制在最低限度。为了尽量减小农药飘移现象所造成的影响，提高植保质量，研究人员研发出多种施药技术和设备，并进行大量的试验和研究。减少农药飘移的方法具体可分为以下几种：

（1）气流辅助喷雾技术：利用高速气流使更多的药液雾滴沉积到靶标作物叶片表面。

（2）改善喷嘴结构或添加农药助剂，减少细小粒径雾滴的体积含量。

（3）静电喷雾技术：利用同性相斥、异性相吸的原理使雾滴附着在靶标作物叶片表面。

（4）循环喷雾技术：将飘移到靶区外的药液雾滴回收利用。

（5）变量施药技术：基于各种传感器和智能识别技术，根据靶标面积和病虫草害情况生成喷施处方图，再根据处方图决定是否需要喷施农药。

其中，气流辅助喷雾技术具有较长的研究和应用历史，被广泛应用于大田和果园等场景进行农药喷施作业。气流辅助喷雾技术不单独使用，往往与其他防飘移技术共同使用，以便进一步提高防农药飘移效果。

第一节　气流辅助式防飘移喷雾技术

一、机械式罩盖喷雾技术

机械式罩盖喷雾技术的原理是通过在喷嘴附近安装机械式罩盖，改变喷嘴周围气流的方向和速度，以降低环境风场对喷嘴喷施效果的影响。机械式罩盖可以发挥屏障功能，阻挡环境风场，减少外界因素的干扰，从而降低喷雾雾滴的飘移量，提高药液雾滴在靶标作物叶片表面的沉积率，以减少药液雾滴向非靶标区域的飘移。图 7–1–1 为一个封闭型机械式罩盖示意图。

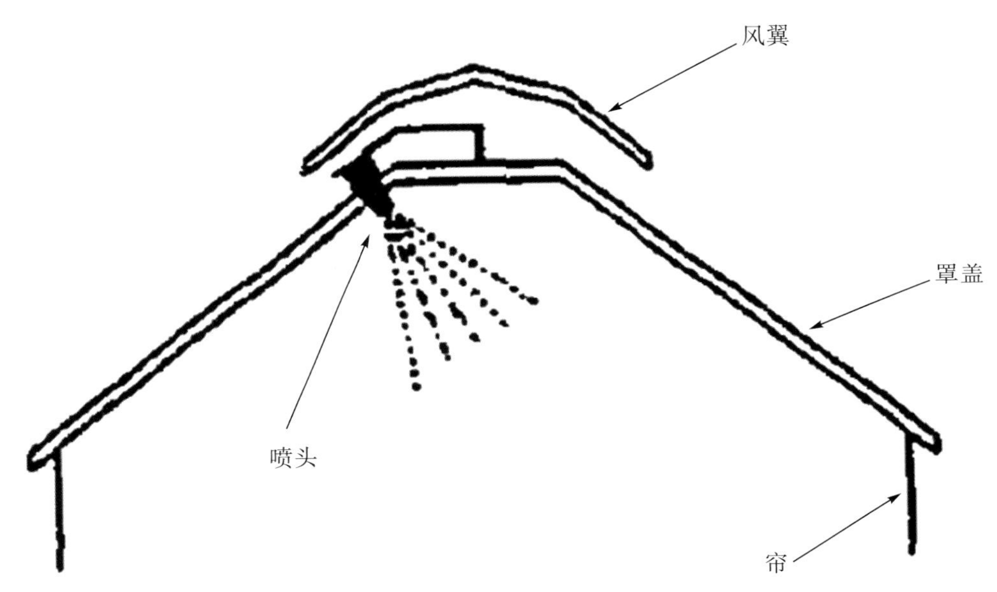

图 7–1–1　封闭型机械式罩盖

二、风送式防飘移喷雾技术

风送式防飘移喷雾技术主要适用于果园农药喷施，通常由送风机和若干喷头组成，风扇所产生的气流包裹、携带着农药雾滴，在高速、高压气流的作用下，将药液雾滴输送到果树冠层的各个位置。相较于常规的只对果树上层的病害进行喷雾的方法，风送式喷雾技术可提高果树中层至下层及叶片背面的药液雾滴沉积率，增加雾滴在叶片中的穿透率，使容易飘移的细小粒径雾滴更容易沉积在果树叶片上，减少药液雾滴的飘移。图 7–1–2 为风送式防飘移喷雾机工作图。

图 7-1-2　风送式防飘移喷雾机工作图

三、风幕式防飘移喷雾技术

风幕式防飘移喷雾技术的原理是在喷杆喷雾机上安设风机和风幕布置筒等装置，使之产生定向的高速风幕气流以辅助农药喷施作业。风幕式防飘移装置主要由风机、风幕布置筒、风向调节装置及风速调节装置组成。在喷杆斜上方设置一个风幕布置筒，风筒进气口安装一台或多台风机，风机负责往风幕布置筒送风，风幕布置筒底部有排状分布的圆形小口径出风口。作业时，风机送进的大量空气在风幕布置筒中流动并从底部的出风口吹出，这时高速均匀的气流形成一堵风幕。当施药环境有侧风时，风幕气流发挥屏障功能，与环境风场互相削弱，达到降低雾滴飘移量的目的。高速的风幕气流可以优化药液雾滴的雾化效果，同时，高速气流还可以翻动靶标作物叶片，有助于药液雾滴沉积在靶标作物叶面、叶背及植株中下层，优化施药效果。风幕式防飘移喷雾主要应用于大田作物。现在商业上应用的风幕式喷雾系统，根据喷雾雾滴在风幕气流中的位置，大致可分成两类：一是 HARDI Twin 风幕式系统，喷嘴喷出的雾滴位于风幕气流外部，气流与雾滴液流形成一定角度，调节风幕出风口气流角度和喷雾角度即可以获得不同的喷雾效果；二是气力喷头喷雾系统，喷嘴设置在气流内部。

风幕式防飘移喷杆喷雾机（工作图如图 7-1-3 所示，结构示意图如图 7-1-4 所示）是应用于大田作物的一种高效、高质量的施药机具。该机具广泛应用于水稻、大豆、玉米和棉花等作物的除草和病虫草害防治。

图 7-1-3　风幕式防飘移喷杆喷雾机工作图

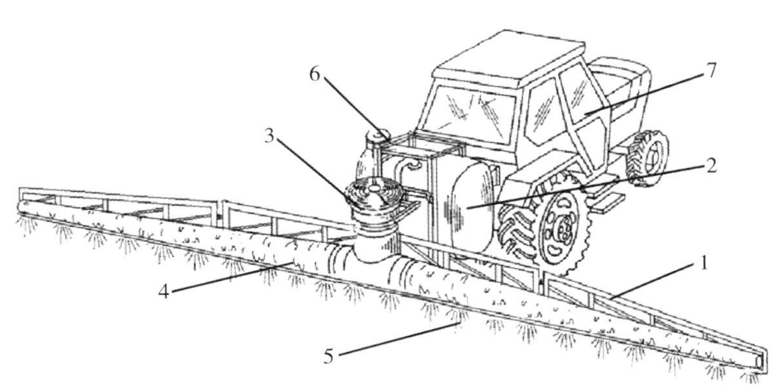

1. 喷杆；2. 药箱；3. 风机；4. 风筒；5. 喷头；6. 机架；7. 拖拉机。

图 7-1-4　风幕式防飘移喷杆喷雾机结构示意图

与传统喷杆喷雾机相比，风幕式防飘移喷雾技术有以下几方面优势。

（1）提高农药利用率，减少农药用量。从风幕吹出的高速气流可以翻动靶标作物叶片，药液雾滴在风幕气流的带动下具有更高的动能，在植株枝叶中也具有更高的穿透率，从而提高靶标作物叶片背面和植株中下部药液雾滴的沉积率，提高农药的利用率，减少农药的使用量。

（2）减少喷雾量，节省用水。依有关统计数据表明，使用传统的植保施药方式，每公顷需要用水 300 L，而使用风幕式防飘移喷雾技术，因为其具有更高的药液雾滴沉积率，可减少喷雾量，每公顷用水量只有传统施药方式的三分之一，且还减少了为植保器械加水而往返的时间及次数，大大提高了农药喷施的作业效率。

（3）对各种作业环境适用性好，有更好的时效性。传统的喷杆喷雾机在施药作业时，只要环境风速超过 4 m/s，就会发生较为严重的药液雾滴飘移现象。而在相同的作业环境下，风幕装置产生的高速风幕气流可与环境风场相互削弱，从而减少对喷施作业的影响。

因此，采用风幕式防飘移喷雾技术可以大大减少药液雾滴的飘移，从而更灵活地选择施药时间，为防治病虫草害赢得时间。

第二节　风幕式防飘移喷雾技术国内外研究现状

一、风幕式防飘移喷雾技术国内研究现状

为了获得满意的防治效果，有研究提出，计算风送喷雾机风量除了要遵循“置换原则”，还应当满足“末速度原则”。置换原则是指从喷雾器械风机吹出的气流，应能完全置换从风机出风口至果树这段空间内的全部空气。末速度原则即当喷雾器械产生的气流到达靶标作物时，气流速度不能低于一定值。因为在实际喷施作业时，辅助气流不仅要携带药液雾滴，还要翻动植株叶片，清除和置换植株中原有的空气，这都要求气流具有一定的动能。

有研究使用计算流体力学的方法对风筒内部的气流流场及其工作区域的外流场进行三维建模和流体力学仿真分析，并根据流体力学仿真的结果对风筒初始设计存在的缺点进行了多目标改进设计。对优化设计后的样机进行试验，结果显示，优化后出风口平均风速提高了 25.26%，距出风口 0.5 m 处的平均风速提高了 13.11%，距出风口 0.5 m 处的风速变异系数提高了 35.6%。图 7-2-1 为优化设计后的风筒导流器。

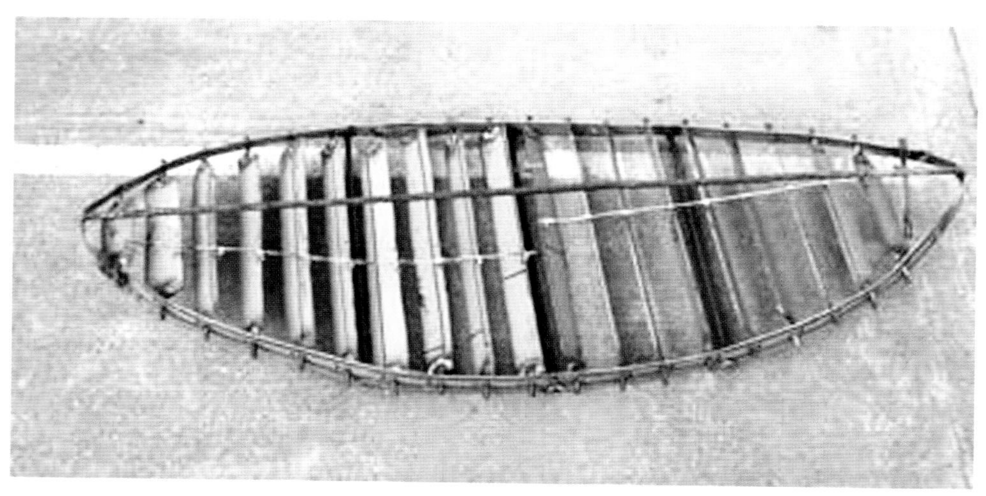

图 7-2-1　优化设计后的风筒导流器

有学者利用多相流计算流体力学模型，研究了雾滴在自然风影响、辅助气流作用和自身重力作用下受到的影响，并分析不同的喷施参数和风幕系统工作参数对气流辅助喷雾的雾滴飘移所产生的影响。试验结果显示，不同因数对雾滴飘移率的影响从大到小为：风幕出风气流风速、环境风速、喷雾流量和喷嘴角度。喷雾流量比较小时，药液雾滴飘移率变小的趋势明显，喷雾流量过大时，雾滴整体抗飘移概率明显降低。风幕气流的角度对减少雾滴飘移的作用相对于自然风速和风幕出风气流风速这两个因素并不显著。

有学者使用相位多普勒粒子分析仪（phase doppler particle analyzer，PDPA）测试系统研究了风幕装置出风速度及风幕的出风口与喷口的水平距离对药液雾滴粒径和雾滴速度分布特性的影响，如图 7-2-2 所示。试验结果显示，风幕气流的速度越大，对药液雾滴的影响越强，雾滴粒径变小且均匀性变好，雾滴飘移率降低；风幕出风口与喷口的水平距离越小，雾滴越早沉积，穿透性能越好，且向后飘移的趋势有所减小。

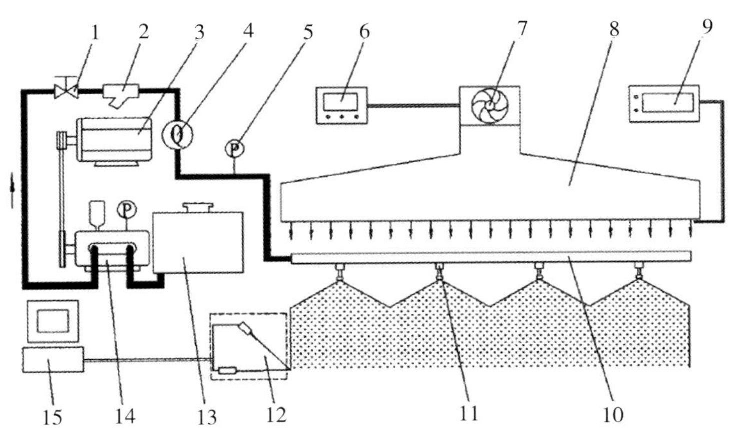

1. 开关阀；2. 过滤器；3. 电动机；4. 智能流量计；5. 压力表；6. 变频器；7. 轴流风机；8. 风幕气囊；9. 风速计；10. 喷杆；11. 喷头；12.PDPA；13. 药箱；14. 三缸柱塞泵；15. 计算机。

图 7-2-2　喷杆喷雾测试系统原理图

有研究通过建立作物茎秆力学模型，采用流固耦合模拟方法研究辅助气流下高郁闭度作物（棉花）冠孔隙率的变化。研究结果表明，对高郁闭度作物施药的特殊性在于，采用小雾滴、静电喷雾等技术，虽然有利于提高药液雾滴在靶标作物冠层的沉积率，但是不能解决雾滴动能不足、无法穿透冠层到达作物中下层的问题。仿真结果显示：辅助气流对作物孔隙率有较大影响，但当风速较小时对改善作物中下层孔隙率的作用则不大；在一定速度区间内，增大风速对作物上层枝叶孔隙率的影响较小，但对中下层枝叶的扰动作用较为明显，可提高药液雾滴的穿透率。

另有研究运用粒子跟踪技术，通过分析在笛卡尔坐标系中单个雾滴颗粒的受力状况，计算出风幕式喷杆喷雾机的雾滴飘移距离。计算和试验结果均显示：在无风幕和环境风场的条件下，药液雾滴飘移主要是喷头雾化药液时的雾滴扩散所造成，雾滴飘移距离为 65 ～ 170 mm；当环境风速增大至 4 m/s 时，在无风幕的条件下雾滴飘移距离较在无环境风场时增大了 52.4 倍；当将风幕出风气流速度提高至 12.3 m/s，雾滴飘移距离降至 340 ～ 390 mm。可见，在 4 级风及 4 级风以下的环境风速条件下，风幕装置的使用可明显减少药液雾滴飘移现象的发生。

此外，也有学者研制了风幕式喷杆喷雾器，并为验证风幕装置的防飘移效果进行了性能试验和田间试验。或在此基础上进行优化，研制了集成风幕式防飘移技术、喷杆姿态调整、液压驱动、液流系统和喷幅标识等技术的 3WQX–1300 型悬挂式风幕喷杆喷雾机。

针对棉花植保作业，相关学者研制了分行冠内冠上组合风送式喷杆喷雾机，并通过性能试验验证了其施药效果。

还有学者研制了风幕式高地隙喷杆喷雾机，该喷雾机的特点是将高地隙底盘和风幕式防飘移技术相结合，主要应用于玉米生长中后期的病虫草害防治工作。

二、风幕式防飘移喷雾技术国外研究现状

几十年来，国外许多学者对风幕式喷杆喷雾机在作业过程中的雾滴沉积分布特性、药液雾滴飘移及农药利用率等方面进行了大量试验、对比和优化。

1989 年有学者使用 HARDI Twin 风幕式喷杆喷雾机进行大田施药作业，对风幕系统的防飘移效果进行研究。结果表明，当使用辅助气流防飘移喷雾时，在农药使用量为 100 L/hm^2 的条件下，农药飘移率与使用传统喷雾方式、用药量为 200 L/hm^2 的条件下发生的农药飘移率相当。甚至在环境风速为 8.5 m/s 的条件下，使用风幕式防飘移喷雾技术的飘移总量低于在环境风速为 4.5 m/s 的条件下没有使用风幕装置的飘移量。

1990 年的试验结果显示，辅助气流不仅有利于增加药液雾滴在马铃薯叶面和叶背的沉积率，还有利于提高药液雾滴在大麦叶片中穿透力。

1991 年，相关学者使用风幕式系统研究不同粒径药液雾滴的防飘移效果。设置风幕装置的出风速度为 30 m/s，在出风角度为垂直向下的条件下，当逆风风速过 2 m/s、液力式喷头喷施的雾滴体积中径为 20 ～ 50 μm 时，风幕装置能够减少药液雾滴飘移现象的发生。可是，随着药液雾滴尺寸的增大，风幕系统对药液雾滴飘移的减少作用也随之减弱。

有研究认为，风幕装置的防飘移效果与距离作物的高度有关。在距离靶标作物 70 cm 时，风幕式防飘移喷雾机会产生比没有使用风幕装置还多 5 ～ 15 倍的飘移量，但当将高度降低至距离靶标作物 50 cm 时，则能够减少辅助气流造成的喷雾飘失。

2002 年，有学者使用计算机数值对风幕式防飘移喷雾技术的防飘移性能进行模拟试验。模拟试验结果显示，风幕装置只有在合适的参数条件下才能够发挥减少雾滴飘移的作用。Tsay 等还通过试验发现：当流量为 1.7 m^3/s、风幕出风速度为 40 m/s、出风口与喷嘴角度为 15° 时，

风幕装置才可产生最好的防飘移效果。但是通过计算机数值模拟得到的结果仍需要田间试验加以验证。

2007 年，有学者使用 CFX5.7 软件对风幕式防飘移喷杆喷雾机进行计算机数值模拟研究，主要研究内容为行驶速度、喷杆高度、风速、风向及掩蔽物后的尾迹对药液雾滴飘移率的影响，并通过田间试验对模拟结果加以验证。试验结果表明，影响药液雾滴飘移率最大的一个因素是拖拉机在行驶过程中不断变化的喷杆高度，侧风风速和雾滴速度这两个因素对雾滴飘移率的影响次之。

第三节　风幕式防飘移装置设计

将风幕式防飘移系统和植保无人机相结合，需要考虑以下几个因素。

（1）由于植保无人机的载荷有限，风幕系统在保证其防飘移效果的同时，应使其结构尽可能紧凑，且功耗水平不能过高，避免过多占用植保无人机的有效载荷并减少滞空时间。

（2）植保无人机使用的农药和助剂通常有一定的腐蚀性，这就要求风幕系统具有一定的抗腐蚀能力，以保证风幕系统工作的稳定性。

（3）不同类型和不同型号的植保无人机大小、结构都不一样，风幕式防飘移系统应最大程度适用于各种不同类型和不同型号的植保无人机的安装和使用。

风机和风幕布置筒是风幕装置的主要工作部件，对风机进行合理选型和风幕布置筒结构进行合理设计，对提高整个装置出风气流速度的均匀性、风幕布置筒内部气流流动效率及防飘移效果起着决定性作用。

一、风幕布置筒设计

风幕布置筒是根据搭载其装置的植保无人机及无人机喷雾系统的尺寸而设计的，主要作用是把风机送入的高压、高速气流均匀地从一系列出风口排出，形成一堵风幕，减少环境风场对雾滴飘移所造成的影响。风幕布置筒的结构如图 7-3-1 所示，主要尺寸参数见表 7-3-1。

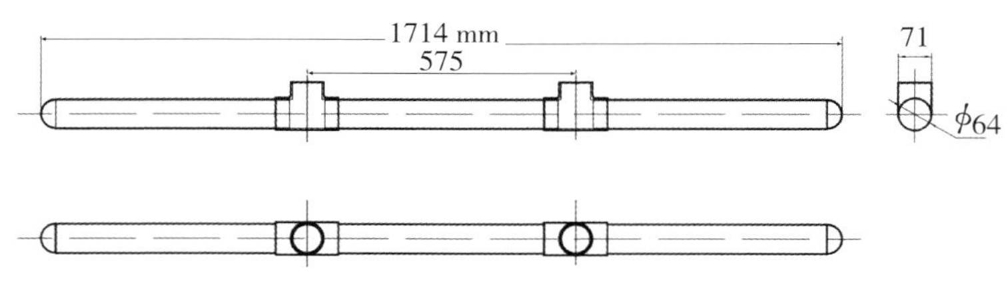

图 7-3-1 风幕布置筒结构图

表 7-3-1 风幕布置筒的主要尺寸参数

进风口内径（mm）	风筒内径（mm）	风筒长度（mm）	出风口尺寸（mm）	出风口圆心距（mm）
64	60	1714	4	8

为保证整个装置足够的结构强度及重量不会过大，风幕布置筒的材料一般选用碳纤维管和 PVC 管材。

二、风机选型

风机是风幕装置的重要部件，也是整个系统的驱动装置，需要满足以下要求。

（1）高秆作物生长中后期有着较高的株高和较多的枝叶，风幕出风气流需要具备较大的风速才可以改善作物枝叶的郁闭度、提高药液雾滴穿透率，以有效抵御环境风的影响，减少药液雾滴飘移现象。

（2）植保无人机载重量有限，如果风幕系统体积设计得太大，会占用植保无人机的可用空间、减少无人机的装药量且影响施药效率，因此要求风机体积小、质量轻，具有安装便利性。

（一）风机参数确定

风幕布置筒下方设置有一系列出风孔，出风孔均为圆形，直径为 4 mm，相邻两孔圆心间隔的距离为 8 mm，出风孔共计 160 个。为减少风量损失，保证各出风孔风速一致，一般采用双风机进气设计。

1. 最大风量计算

风量是风机的重要参数之一，风幕装置工作效果的好坏与风量大小有关。在同一时间段内，风机送入风幕布置筒的风量应等于从各个出风口吹出的气体总量，即

$$Q=N\pi D^2 v/4 \tag{7.3.1}$$

式中，Q 为轴流风机风量，m^3/s；N 为出风孔数量，个；D 为出风孔直径，m；v 为出风孔气流速度，m/s。

为保证风幕系统发挥良好的防飘移效果，借鉴现有风幕风速参数，取 v 为 15 m/s。代入各参数数值，计算得 Q 为 0.03016 m^3/s。由于采用的是双风机设计，则每台风机的进风量至少为 0.01508 m^3/s。

2. 风压的确定

风机的全压主要由动压损失和静压损失组成，静压损失由局部压力损失和沿程压力（摩擦压力）损失组成。

动压损失如下式所示。

$$P_{dF}=\frac{1}{2}\rho v^2 \tag{7.3.2}$$

式中，P_{dF} 为风机动压损失，Pa；ρ 为空气密度，kg/m^3，取 1.29 kg/m^3；v 为气流速度，m/s。

计算得 P_{dF} 等于 145.125 Pa。

沿程压力损失（摩擦压力损失）如下式所示。

$$P_m=\frac{\lambda}{4R}\frac{\rho v^2 L}{2} \tag{7.3.3}$$

式中，P_m 为风机摩擦压力损失，Pa；λ 为气流与气囊内壁摩擦系数，取 0.1；R 为管道半径，取 0.06 m；L 为风筒长度，取 1.8 m。

计算得 P_m 等于 108.84 Pa。

局部压力损失如下式所示。

$$P_j=\zeta\frac{\rho v^2}{2} \tag{7.3.4}$$

式中，P_j 为风机局部压力损失，Pa；ζ 为局部阻力系数，取 0.3。计算得 P_j 等于 43.53 Pa。

风机全压为如下式所示。

$$P_{tF}=P_{dF}+P_m+P_j \tag{7.3.5}$$

式中，P_{tF} 为风机全压，Pa。计算得 P_{tF} 等于 297.50 Pa。

3. 风机轴功率

已知风压为 297.50 Pa，风机风量为 0.01508 m^3/s，风机功率如下式所示。

$$P_{sh}=\frac{QP_{tF}}{1000\,\eta_i\,\eta_m} \tag{7.3.6}$$

式中，P_{sh} 为轴流风机轴功率，kW；η_i 为风机内效率，取 0.98；η_m 为机械效率，取 0.9。代入各参数数值，计算得 P_{sh} 等于 0.0508 kW（50.8 W）。

（二）风机选型

风幕装置中，风机最终选用 EDF64mm4s 涵道风扇，其基本参数见表 7-3-2，实物如图 7-3-2

所示。

表 7-3-2 EDF64mm4s 涵道风扇基本参数

风量（m^3/s）	直径（mm）	最大功率（W）	重量（g）
0.021	64.5	874	150

图 7-3-2 EDF64mm4s 涵道风扇

三、风幕装置连接件设计

（一）结构设计

风幕装置是通过连接件安装到植保无人机的脚架上，且水平的风幕布置筒和竖直的脚架是相互垂直的，因此设计的风幕装置连接件结构是通过螺杆螺栓连接且轴心相互垂直的两个圆环金属箍。通常，可通过调节连接长度（螺杆长度）来调节风幕出风口与植保无人机喷嘴之间的水平距离，也可通过调节风幕在脚架上的安装位置来调节风幕出风口与植保无人机喷嘴之间的垂直距离。风幕装置连接件的三维模型如图 7-3-3 所示。

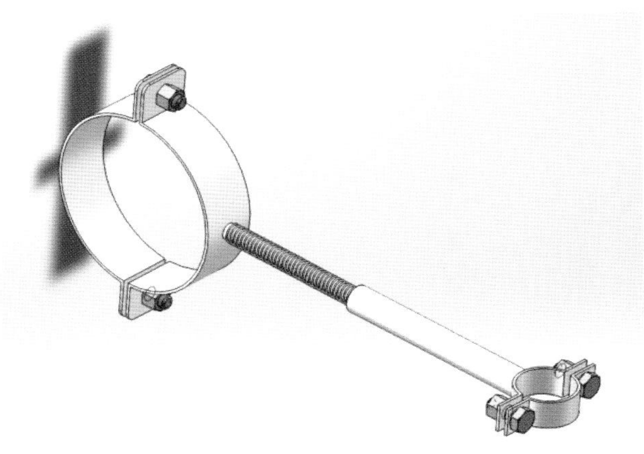

图 7-3-3　风幕装置连接件三维模型

（二）风幕可靠性分析

由于连接件一端固定在植保无人机的脚架上，风幕装置整体固定于连接件的另一端，属于典型的悬臂梁结构。风幕装置固定在连接件最末端，在此工况下，连接件末端处的变形状况最为严重，故需要对风幕装置连接件进行静力学可靠性分析。使用 SolidWorks 对连接件装配体进行有限元静力学分析，过程如下。

1. 定义材料属性

为了使有限元分析的结果接近真实工况，需要根据连接件的真实材料定义有限元计算中模型的材料属性。连接件的各个零件采用的材料为 304 不锈钢，定义材料为 AISI 304，其相关性能参数如图 7-3-4 所示。主要参数：最大屈服强度为 2.068×10^8 N/m^2。

属性	数值	单位
弹性模量	1.9e+011	N/m^2
中泊松比	0.29	不适用
中抗剪模量	7.5e+010	N/m^2
质量密度	8000	kg/m^3
张力强度	517017000	N/m^2
压缩强度		N/m^2
屈服强度	206807000	N/m^2
热膨胀系数	1.8e-005	/K

图 7-3-4　304 不锈钢相关性能参数

2. 添加约束及载荷

根据连接件在植保无人机上的安装方式，在风幕装置连接件左侧小直径金属箍的内壁及上下平面添加固定几何体加以约束，使其固定。连接件右侧大直径金属箍的作用是固定风幕装置，在工作过程中主要受重力作用，因此对右侧大直径金属箍内壁施加重力载荷，并指定重力方向。如图 7-3-5 所示。

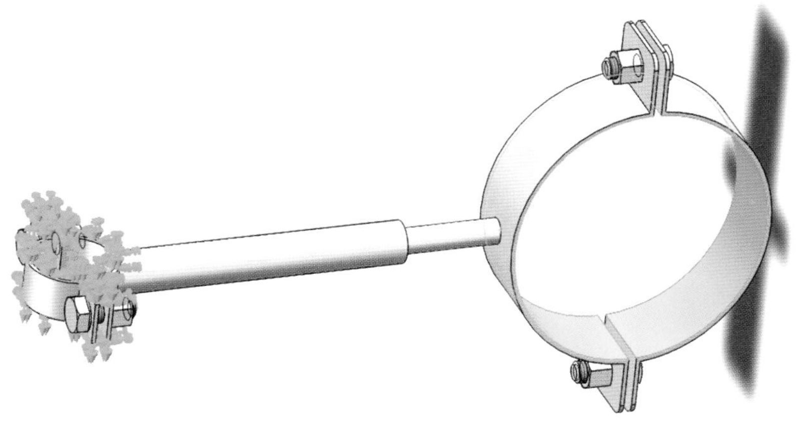

图 7-3-5 对风幕装置连接件添加约束及重力载荷

3. 网格划分及计算

对连接件的网格划分如图 7-3-6 所示。网格划分完成后开始算例计算。图 7-3-7 为连接件静应力分析中应力、应变较大部位云图。

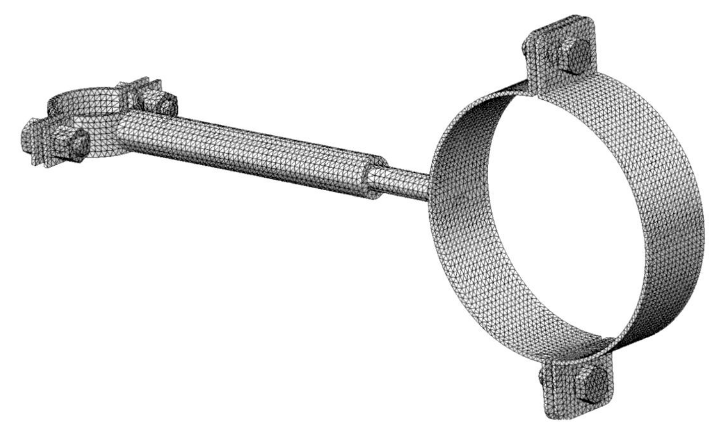

图 7-3-6 连接件网格划分

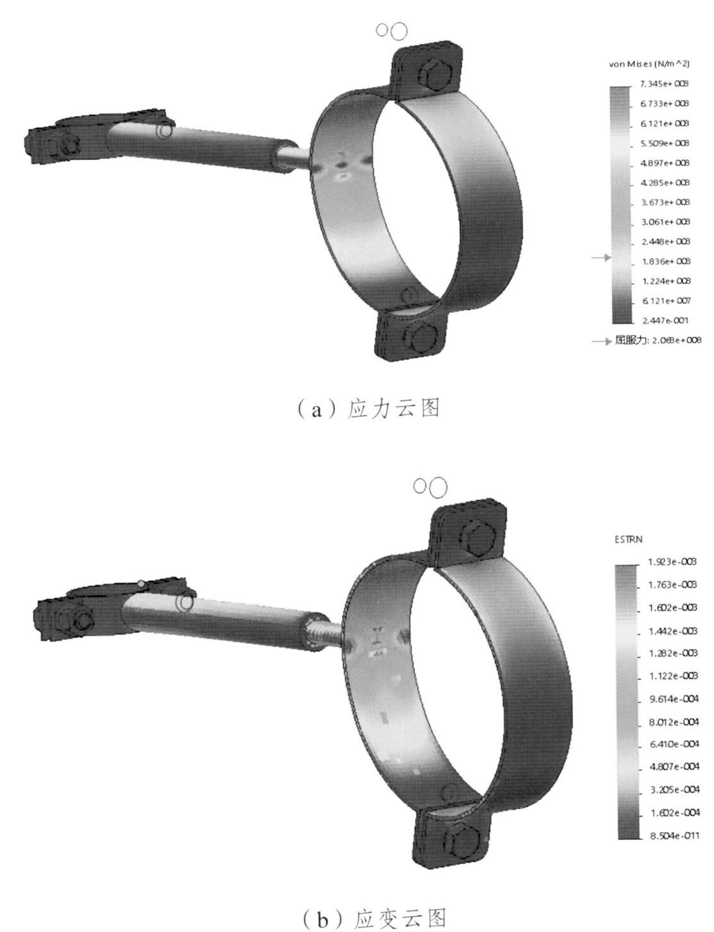

（a）应力云图

（b）应变云图

图 7-3-7　连接件应力、应变较大部位云图

对风幕装置连接件进行静应力分析得到的应力云图进行结果分析可知，右侧固定风幕装置的大直径金属箍与螺杆相接的位置上下处的应力与应变较大，其中最大应力为 7.345×10^8 N/m^2，大于 304 不锈钢的最大屈服强度 2.068×10^8 N/m^2。因此连接件的设计强度不满足强度、可靠性要求，需要进一步改进。

（三）风幕装置连接件优化设计

通过对连接件的大直径金属箍增加材料厚度、增加螺栓直径和增大与螺杆相接处的圆角，可优化风幕装置连接件结构。对优化后的连接件结构重新进行静力学分析，材料属性设置、约束和载荷设置、网格划分等设置与前文相同。图 7-3-8 为优化设计后的风幕装置连接件的应力与应变云图。

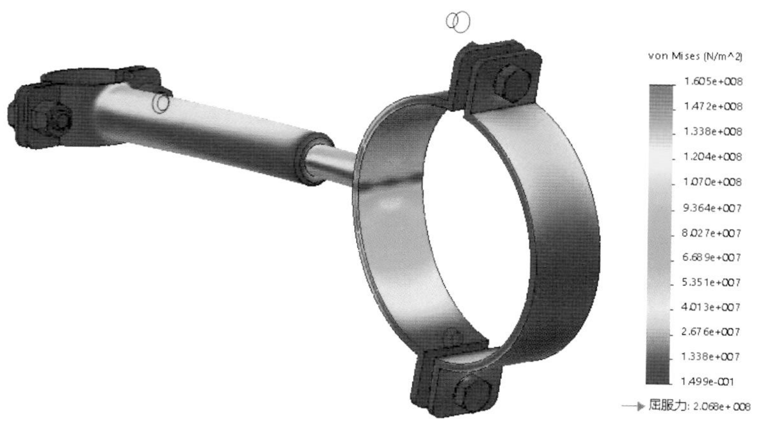

（a）应力云图

（b）应变云图

图 7-3-8　优化后的连接件应力、应变较大部位云图

对优化后的连接件进行静应力分析得到的应力云图进行结果分析可知，右侧固定风幕装置的大直径金属箍与螺杆相接的位置上下处的应力与应变较大，其中最大应力为 1.605×10^{8} N/m^{2}，小于 304 不锈钢的最大屈服强度 2.068×10^{8} N/m^{2}。因此，优化后的风幕装置连接件能够满足强度、可靠性要求，在飞行作业时具有足够的安全性。

四、电机调速器选型

前述选用的涵道风扇为可调速电机，要实现风速调节还需要选用适合的电子调速器（ESC）。该涵道风扇的最大电流高达 52 A，因此选用型号为 Skywalker-50A-UBEC 的电子调速器，该电子调速器基本参数见表 7-3-3，实物如图 7-3-9 所示。该电子调速器可以与植保无人机飞控连接，实现无线遥控，或者与舵机测试仪连接，实现手动控制或测试。

表 7-3-3　Skywalker-50A-UBEC 电子调速器基本参数

型号	持续电流（A）	瞬时电流（A）	BEC 类型	BEC 输出	重量（g）
Skywalker-50A-UBEC	50	65	开关稳压	5V/5A	41

图 7-3-9　Skywalker-50A-UBEC 电子调速器

五、装置零部件加工及装配

（一）结构设计

本装置的风幕布置筒为非标零件，需拆分成不同零件进行加工，其中风机进风口部分的三通零件选用的是 4 mm 厚的 PVC 塑料，风幕出风口部分选用的是 500 mm 长、2 mm 厚的碳纤维管材。风幕布置筒两端的半球零件为 2 mm 厚的亚克力塑料。对碳纤维管材进行钻孔加工后，将三通零件、碳纤维管材和半球零件黏合，组装成完整的风幕布置筒。

（二）结构设计

本风幕式防飘移装置包括风幕布置筒、风机、电子调速器等控制元件及连接件四个部分。风机和电子调速器等电子元件组装完成后，将其与风幕布置筒出风口连接，使用连接件将风幕布置筒固定于植保无人机的脚架上，调节连接件的螺栓长度可以控制风幕装置与植保无人机喷嘴的水平距离，调节连接件在脚架上的位置可以控制风幕装置与喷嘴的垂直距离。风幕式防飘移装置整体装配后如图 7-3-10 所示，图 7-3-11 为将该装置搭载到植保无人机上的效果图。

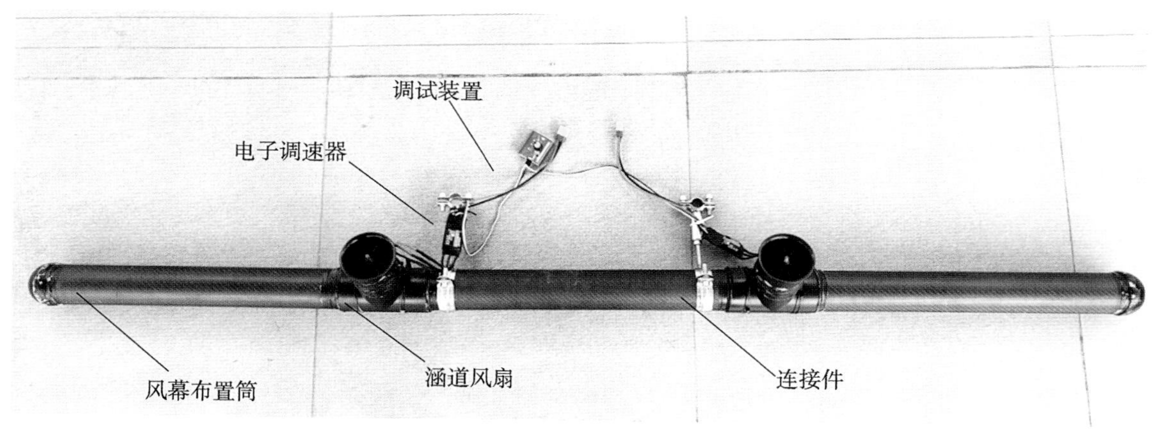

图 7-3-10　风幕式防飘移装置

图 7-3-11　植保无人机搭载风幕式防飘移装置效果图

第四节　风幕布置筒的仿真分析

一、CFD 模拟技术

作为力学的重要分支，流体力学主要研究在各种力的作用下流体本身的静止状态和运动状态，以及流体和固体边界壁之间存在相对运动时的相互作用和流动规律，其主要研究对象是液体和气体。流体力学基于能量守恒定律、动量守恒定律和质量守恒定律三个守恒定律。流体的流动受物理守恒定律支配。

计算流体力学是使用计算机数值计算和图像显示对包含有流体流动和热传导等相关物理现象的系统进行分析。计算流体力学相当于在流体力学基本方程（能量守恒方程、动量守恒方程、质量守恒方程等方程）的控制下对流体流动进行数值模拟。CFD 的基本思想可以概括为：用一系列有限离散点上的一组变量值代替原来在时间域和空间域连续的物理量场，如速度场和压力场，通过一定的方法和原则建立这些离散点上场变量之间关系的代数方程，然后对代数方程进行求解，得到场变量的近似值。

（一）质量守恒定律

所有流体流动问题都必须满足守恒定律。质量守恒定律的定义：单位时间内，流体微元体中质量的增加量或减少量等于该时间段内流入或流出该微元体的净质量。根据这一规律，可以得到质量守恒方程：

$$\frac{\partial\rho}{\partial t}+\frac{\partial(\rho u)}{\partial x}+\frac{\partial(\rho v)}{\partial y}+\frac{\partial(\rho w)}{\partial z}=0 \tag{7.4.1}$$

式中，ρ 为流体密度；u、v、w 分别为速度沿 x、y、z 方向的速度。对于不可压缩流体，式（7.4.1）可以化简为下式：

$$\frac{\partial u}{\partial x}+\frac{\partial v}{\partial y}+\frac{\partial w}{\partial z}=0 \tag{7.4.2}$$

（二）动量守恒定律

该定律可以表述为：单位时间内，微元体中流动的动量对时间的变化率等于各种外界作用在该微元体上的力的和。该定律实质上也是牛顿第二定律。根据这一规律，可以得到动量守恒方程：

$$\frac{\partial(\rho u_i)}{\partial t}+\frac{\partial(\rho u_i u_j)}{\partial x_j}=-\frac{\partial p}{\partial x_i}+\frac{\partial\tau_{ij}}{\partial x_j}+\rho g_i+F_i \tag{7.4.3}$$

式中，ρ 为静压；τ_{ij} 为应力张量；g_i 和 F_i 分别为 i 方向上的重力体积力和外部体积力（如离散相互作用产生的升力），F_i 包含其他模型相关源项，如多孔介质和自定义源项。

应力张量由下式求出。

$$\tau_{ij}=\left[\mu\left(\frac{\partial u_i}{\partial x_j}+\frac{\partial u_j}{\partial x_i}\right)\right]-\frac{2}{3}\mu\frac{\partial u_l}{\partial x_l}\delta_{ij} \tag{7.4.4}$$

（三）能量守恒定律

能量守恒定律是包含有热交换的流动系统必须满足的基本定律，可表述为：微元体中能量的增加率 = 进入微元体的净热流量 + 体积力与表面力对微元体所做的功率。该定律实际上是热力学第一定律，如下式所示。

$$\frac{\partial(pT)}{\partial t}+\text{div}(\rho uT)=\text{div}\left(\frac{k}{c_p}\text{grad}T\right)+S_T \tag{7.4.5}$$

式中，T 为温度；k 为热传系数；c_p 为比热容；S_T 为黏性消耗项。

在大多数情况下，因为传统的流体力学控制方程不能够计算出其解析解，所以传统的流体力学控制方程在复杂的工程实际应用时受到了限制。随着计算机技术的不断进步，CFD 逐渐应用于流体力学的研究和应用领域。通过计算机计算得出结果，并与图像显示方法相结合，从时间和空间两个维度对流场的数值解进行定量描述，可直观地显示计算结果。CFD 除了具有理论性，还具有实践性，这两个优点使其成为继理论流体力学和试验流体力学之后研究流体力学的又一重要手段。

CFD 方法与传统的理论分析方法、试验分析方法共同组成一个完整的研究流体问题的体系。CFD 方法可以形象直观地再现流体运动的情况，达到传统理论分析方法和试验分析方法所不能达到的效果。经 CFD 方法试验分析方法得到的试验结果真实可信，是理论分析和计算机模拟的基础。根据 CFD 流体力学仿真的结果，研究者能够更直观、更深刻地理解现象背后的机理，为真实的流体力学试验提供依据，从而节省大量资源。另外，CFD 流体力学仿真结果对试验结果的整理和规律的推导起到很好的指导作用。CFD 不仅是一个研究工具，还作为高效实用的设计工具被广泛应用在汽车设计、航天设计、涡轮机设计、半导体设计、生物医学工业、化工处理工业等工程领域。

ANSYS Fluent 是目前国际上流行的商用 CFD 软件包。它具有先进的数值方法、丰富的物理模型和强大的前后处理功能，具有较高的可靠性和可信度。

风机需要在风幕布置筒中传递和流动空气，然后从风幕布置筒下方的一系列圆形出风口排出，形成辅助施药的风幕，由于风幕布置筒的内部结构对出风口风速的大小、均匀性具有重大影响，故需使用 ANSYS Fluent 计算流体力学软件对所设计的风筒结构进行仿真与分析，验证其设计的合理性。ANSYS Fluent 的分析流程如图 7-4-1 所示。

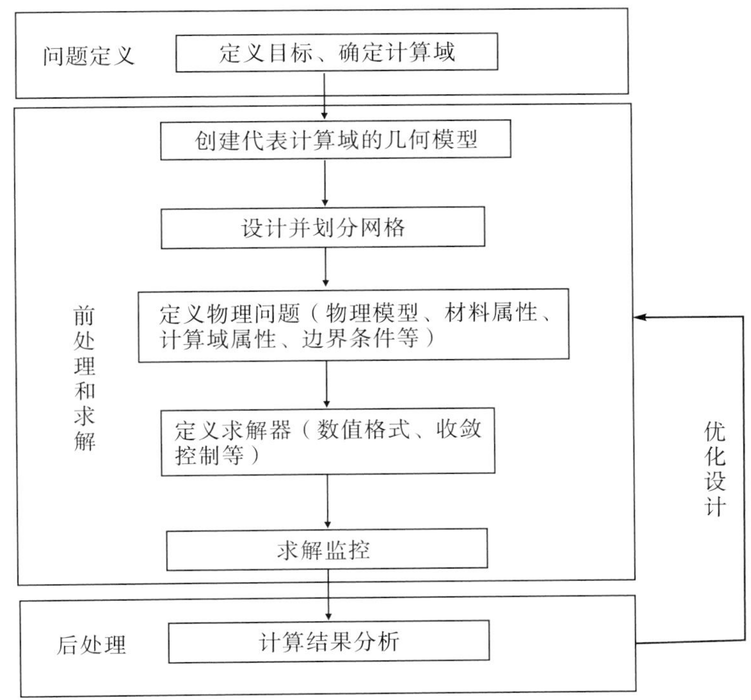

图 7-4-1　ANSYS Fluent 分析流程图

二、前处理和求解

（一）建立计算域

首先使用三维建模软件 SolidWorks 建立风幕布置筒三维模型。由于风幕布置筒为对称结构，因此只取一半模型作为 CFD 计算域便可得到整个风幕布置筒的内部流场分布特性。风幕布置筒的三维模型如图 7-4-2 所示。然后将建立的模型导入 ICEM CFD 19.0 中，进行网格划分等工作。

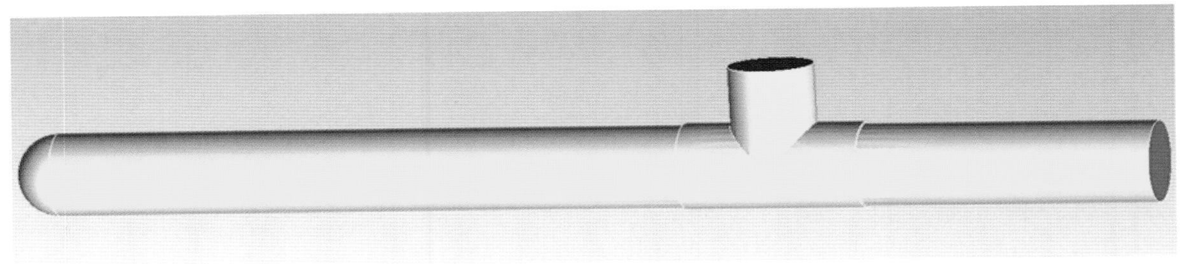

图 7-4-2　风幕布置筒三维模型

（二）算域网格划分

网格划分方案选用适应性较好的非结构化四面体网格，计算域各壁面的尺寸设置如图7–4–3所示。为保证得到较好的仿真结果，需对风幕布置筒出风口的网格进行加密，网格大小取1 mm；进风口、对称面等其余区域的网格大小取2 mm。风幕布置筒模拟区域网格划分结果如图7–4–4所示。使用ICEM CFD 19.0完成网格划分后，选择求解器为ANSYS Fluent，并输出相应的网格文件。

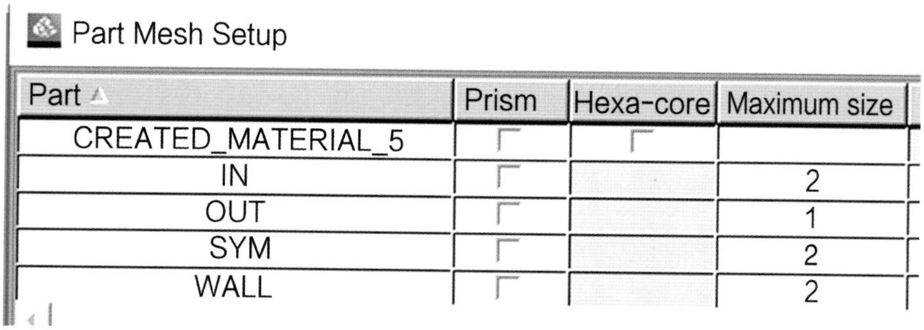

Part Mesh Setup

Part	Prism	Hexa-core	Maximum size
CREATED_MATERIAL_5			
IN			2
OUT			1
SYM			2
WALL			2

图 7–4–3　算域网络壁面尺寸设置

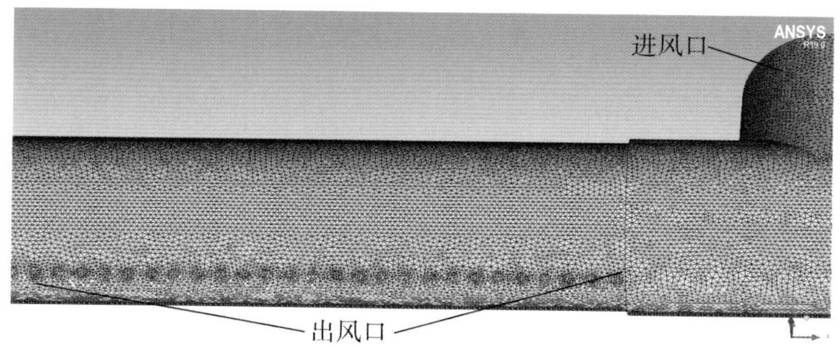

图 7–4–4　风幕计算域网格划分结果

（三）模型和材料属性定义

将网格文件导入ANSYS Fluent后，定义模型，选择湍流模型（Viscous Model）为k–epsilon（2 eqn）类型。

在数学模型的构建中非常重要的一步是正确设置所研究物质的物理参数。在信息树中的材料（materials）面板中，定义流体（fluid）的属性为空气（air）。图7–4–5为空气的物性参数设定。

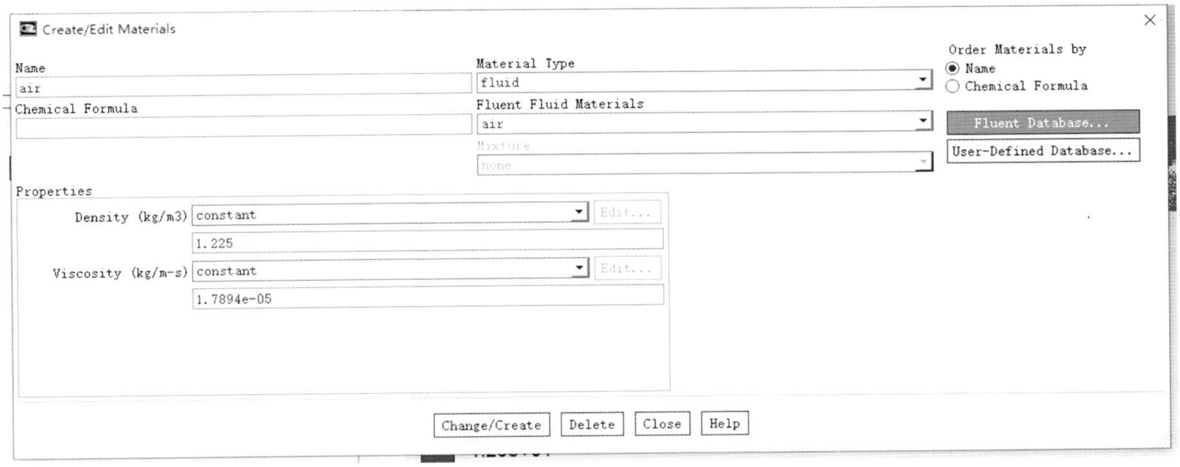

Create/Edit Materials
Name: air
Chemical Formula
Material Type: fluid
Fluent Fluid Materials: air
Mixture: none
Order Materials by: Name / Chemical Formula
Fluent Database...
User-Defined Database...
Properties
Density (kg/m3): constant — 1.225
Viscosity (kg/m-s): constant — 1.7894e-05
Change/Create　Delete　Close　Help

图 7-4-5　空气物性参数设定

（四）边界条件设定及求解设置

边界条件就是流场变量在计算边界上应该满足的数学和物理条件。边界条件和初始条件并称为定解条件。只有当定解条件确定后，流场的解才会存在，而且是唯一的。合理的边界条件设定是流体力学仿真分析产生正确定解的前提，也是计算收敛的前提。

边界条件的设置：作为风幕布置筒的对称面，sym 面将风筒剖成对称的两个部分，因此将 sym 面的边界条件设置为 symmetry 型；将 in 面设定为整个风幕系统的进风口，因此将 in 面的边界条件设置为速度进口（velocity–inlet）类型；out 面是整个风幕系统的出风口，因此将 out 面的边界条件设置为压力出口（pressure–outlet）类型，并将初始出口压力设置为 0；风筒的其他部分皆为壁面，因此设置边界条件为 wall 类型。

求解模型设置：设置求解器类型为稳态求解器，设置残差监控为 10^{-3}，迭代计算次数为 500，当迭代计算的残差小于设定的残差标准时，计算收敛。

三、后处理及结果分析

仿真分析在不同的进风速度下进行，当进风速度分别是 10 m/s、15 m/s、20 m/s 和 25 m/s 时，不同进风速度条件下风筒内部气流场的速度分布、y 方向速度分布结果如图 7-4-6 至图 7-4-13 所示。根据对不同进风速度下风幕内部气流场的对比分析，可以得到风幕内部气流速度场的分布特性。

从风幕内部气流速度场分布特性的模拟结果可以看到，当进风口风速为 10 m/s、15 m/s、20 m/s 和 25 m/s 时，风幕内部气流场内 y 方向最大速度分别为 18 m/s、26 m/s、37 m/s 和 45 m/s。进风口速度越大，风幕内部的 y 方向气流速度就越大，涵道风扇产生的风通过风筒和下方一系列圆形出风口的能量积蓄作用，使 y 方向最大气流速度均位于风幕下方的出风口处，最终产生一堵高速风幕气流。

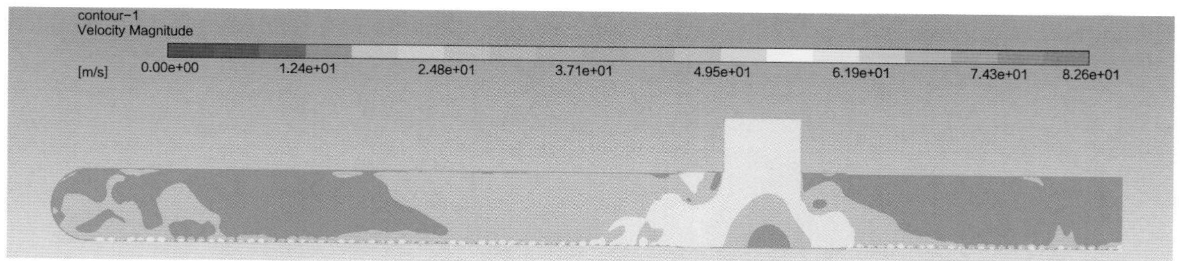

图 7-4-6　风速为 10 m/s 时风幕内部速度云图

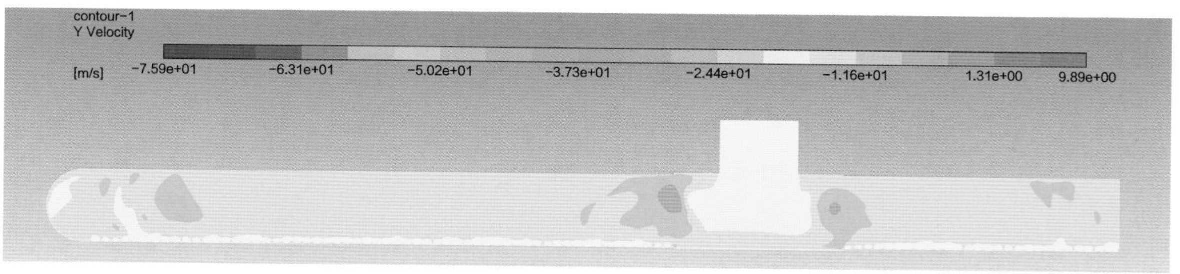

图 7-4-7　风速为 10 m/s 时风幕内部 y 方向速度云图

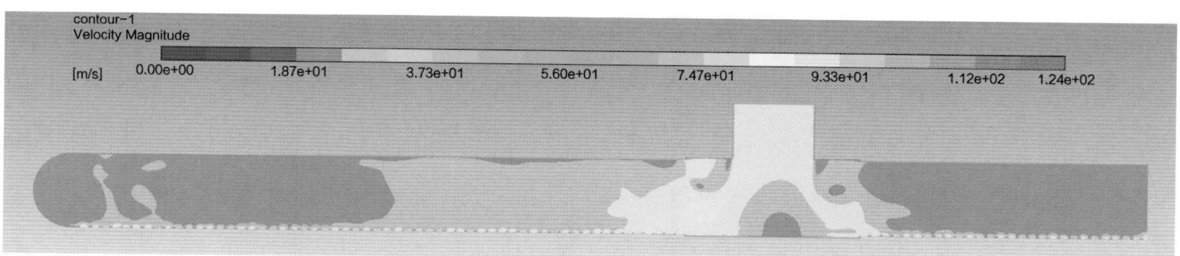

图 7-4-8　风速为 15 m/s 时风幕内部速度云图

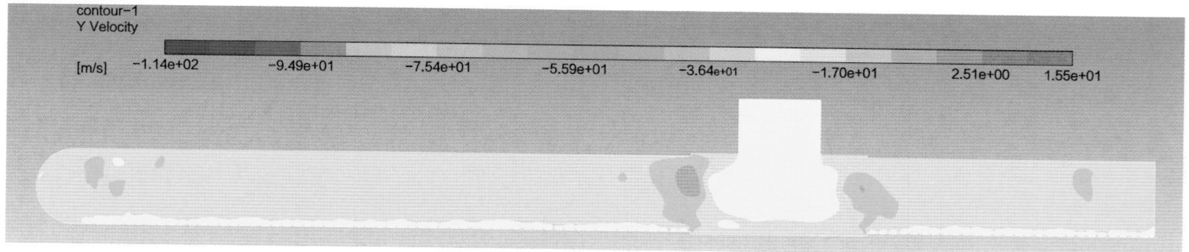

图 7-4-9　风速为 15 m/s 时风幕内部 y 方向速度云图

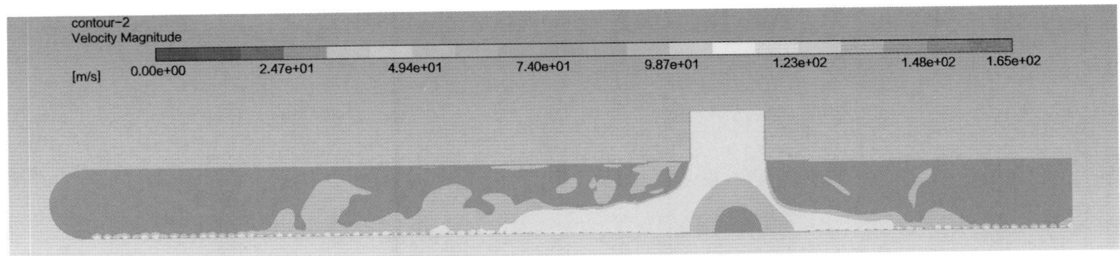

图 7-4-10　风速为 20 m/s 时风幕内部速度云图

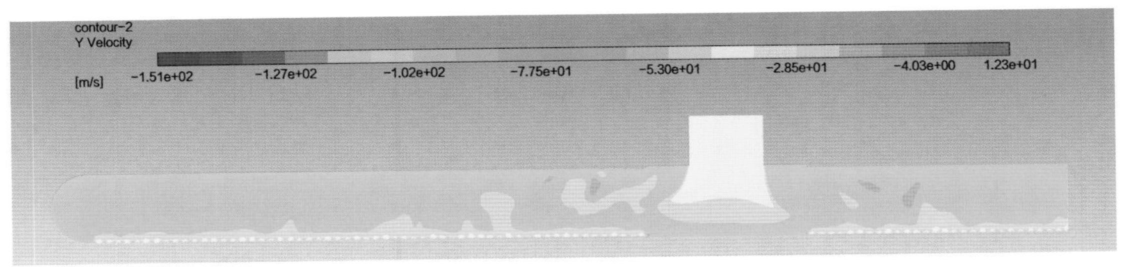

图 7-4-11　风速为 20 m/s 时风幕内部 y 方向速度云图

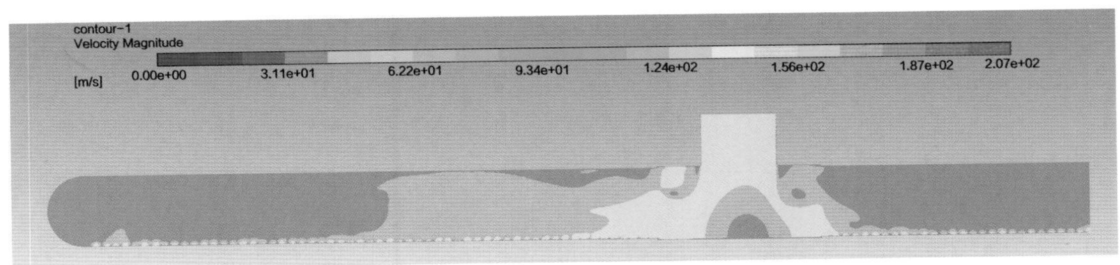

图 7-4-12　风速为 25 m/s 时风幕内部速度云图

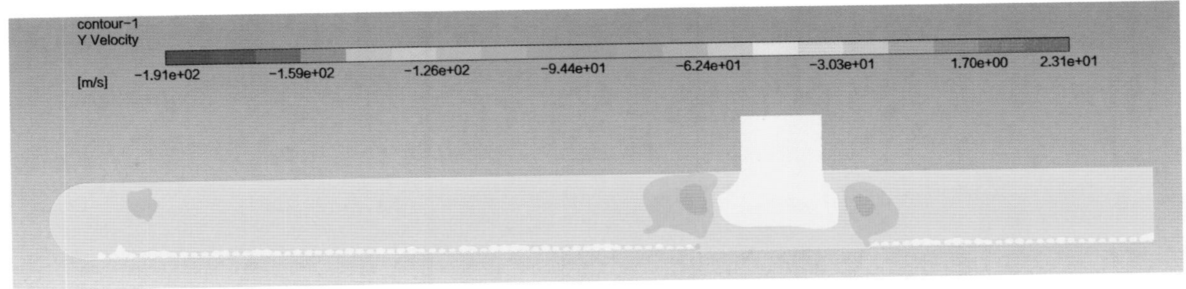

图 7-4-13　风速为 25 m/s 时风幕内部 y 方向速度云图

通过对比不同进风速度下的风幕内部气流速度云图，可以发现，不同进风速度下风幕内部气流速度变化规律基本相同，但风筒内部的气流速度场分布并不均匀。下面，以进风速度为 25 m/s 时风幕内部气流场作为研究对象，图 7-4-14 为风幕内部局部气流速度线迹图，图 7-4-15 为风幕尾部气流速度线迹图。从图 7-4-14 可以看到，在风筒的 a 区域产生了高速湍流区，在风筒的 b 区域产生了低速区域。这是由于风筒的竖直进风口和水平的风筒管道的相交位置没有采用大尺寸圆角过渡，故风机产生的高速气流从竖直进风口进入后，大部分被迫向 a 区域移动。这种现象不仅浪费了能量，还影响了风幕出风气流的均匀性。从图 7-4-12 进风口风速为 25 m/s 时风幕内部速度云图和图 7-4-15 进风口风速为 25 m/s 时风幕尾部局部气流速度线迹图，可以看到，较高速气流均集中在进风口附近，风筒尾部的辅助气流速度较小。造成这一现象的原因是，风幕布置筒狭长的管道造型，当气流在风筒内部流动的过程中，受摩擦作用的影响，气流的能量不断减小，造成风幕尾部辅助气流速度较风幕进风口附近有所降低。对此可通过减小风幕尾部直径降低能量扩散，提高风幕系统效率及出风气流速度均匀性。

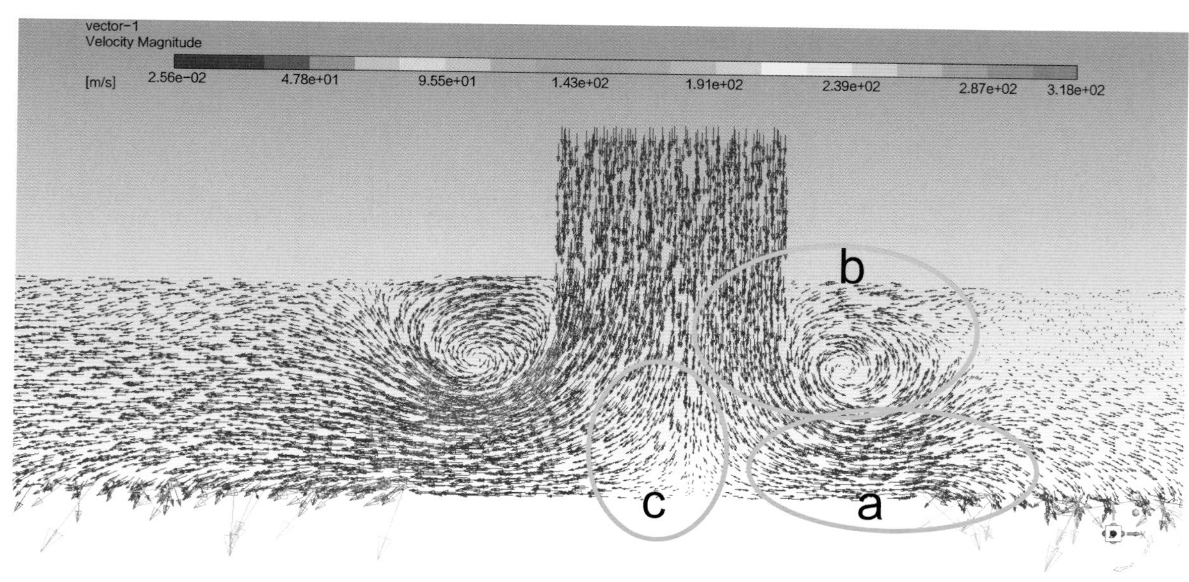

图 7-4-14　风速为 25 m/s 时风幕内部局部气流速度线迹图

图 7-4-15　风速为 25 m/s 时风幕尾部局部气流速度线迹图

四、风幕布置筒结构优化及仿真分析

（一）优化风幕布置筒结构

通过对现有风幕的结构进行仿真分析发现，风幕布置筒尾部辅助气流速度较风幕进风口附近有所降低，故需要对风筒结构进行优化。具体做法是，将风幕垂直进风口和水平风筒管相交处的圆角增大，以减小高速湍流区和气流低速区域；将风筒尾部逐渐收窄，以提高风幕尾部气流速度。通过对风筒结构的系列优化，达到提高气流在风筒内部流动的效率和气流速度均匀性。图 7-4-16 是优化后的风幕布置筒示意图。

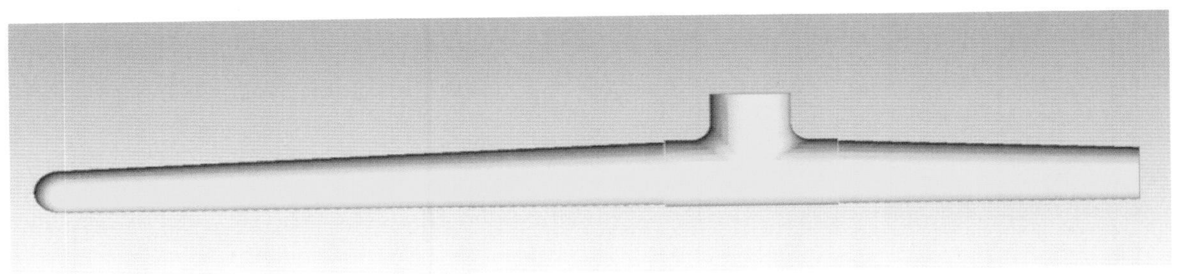

图 7-4-16　优化后的风幕布置筒示意图

（二）优化后的风幕布置筒仿真分析

对优化后的风筒结构进行流体力学仿真分析的计算过程和初始变量设置均与前述仿真分析相同，并对进风速度为 15 m/s、25 m/s 时风筒内部气流速度的分布特性进行了研究。图 7-4-17 为优化后的风幕布置筒网格划分图，图 7-4-18 至图 7-4-23 为仿真分析结果。

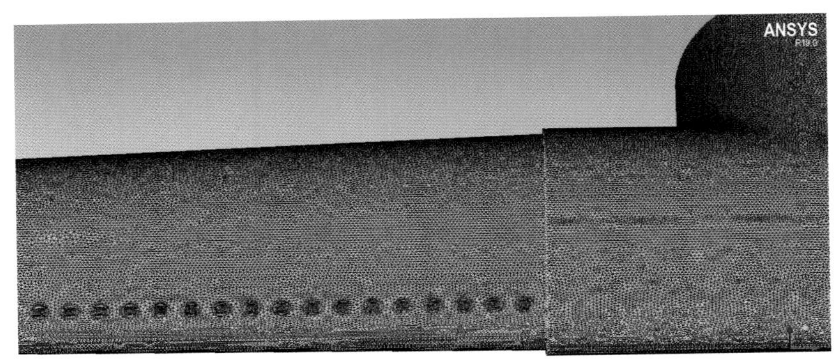

图 7-4-17　优化后的风幕布置筒网格划分图

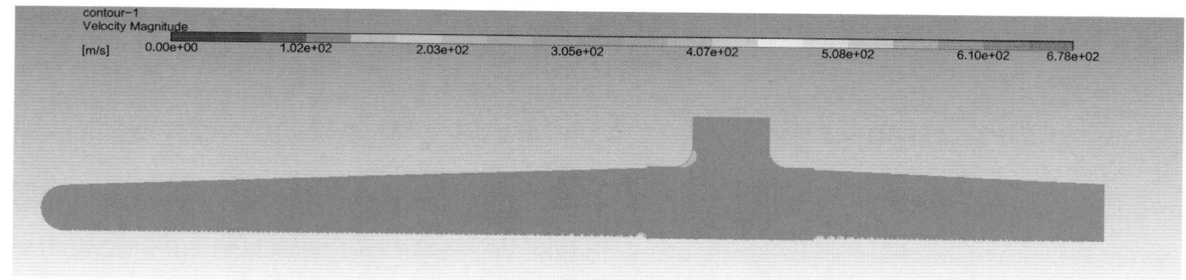

图 7-4-18　风速为 15 m/s 时优化后风幕内部速度云图

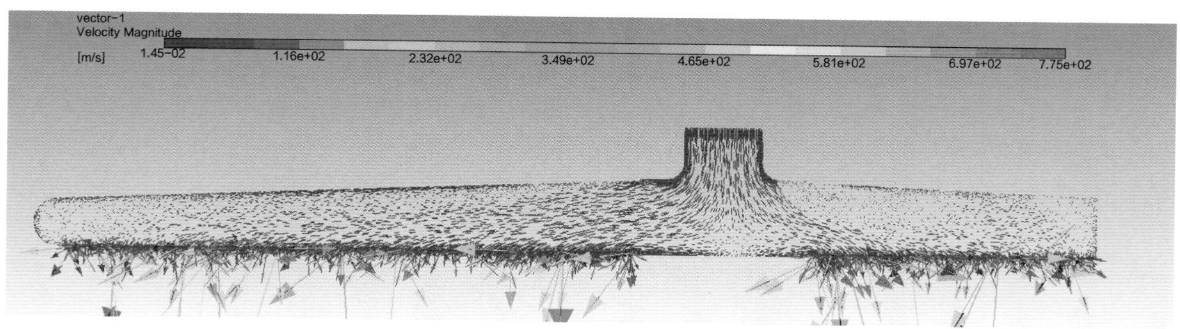

图 7-4-19　风速为 15 m/s 时优化后风幕内部气流线迹图

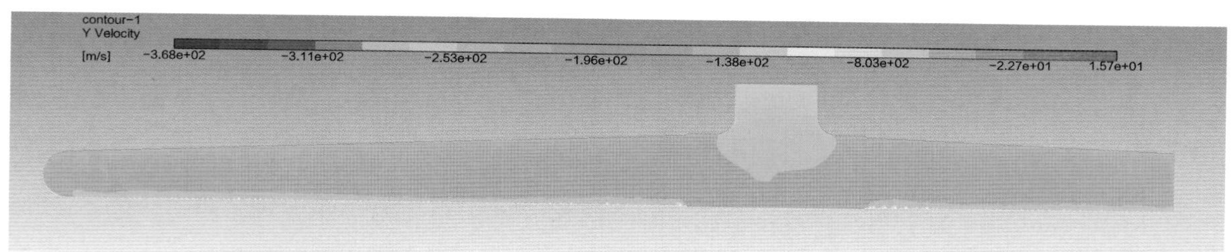

图 7-4-20　风速为 15 m/s 时优化后风幕内部 y 方向速度云图

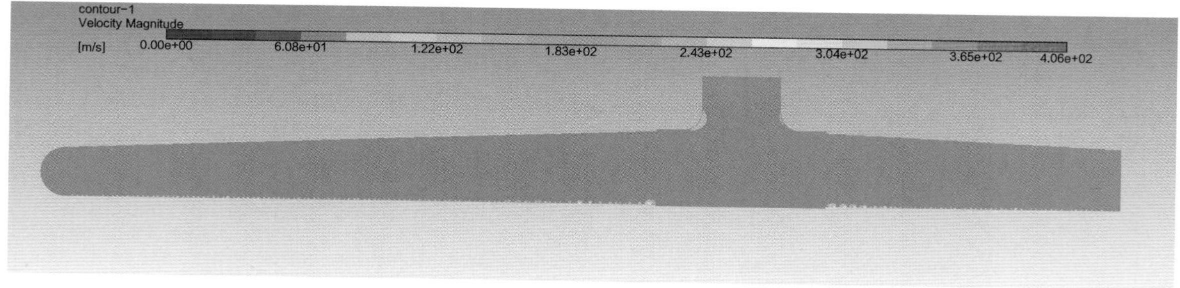

图 7-4-21　风速为 25 m/s 时优化后风幕内部速度云图

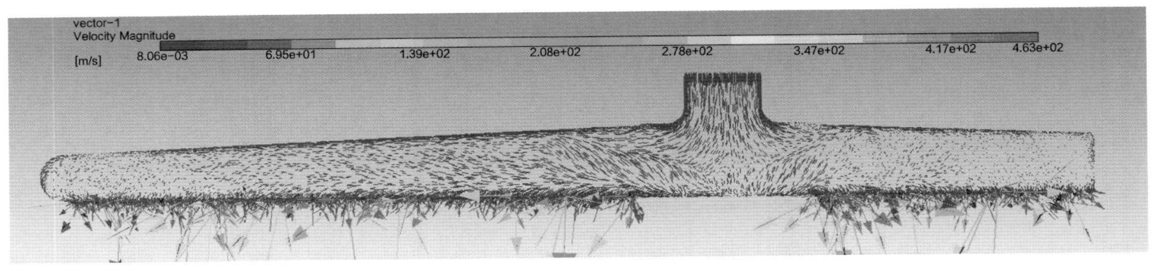

图 7-4-22　风速为 25 m/s 时优化后风幕内部气流线迹图

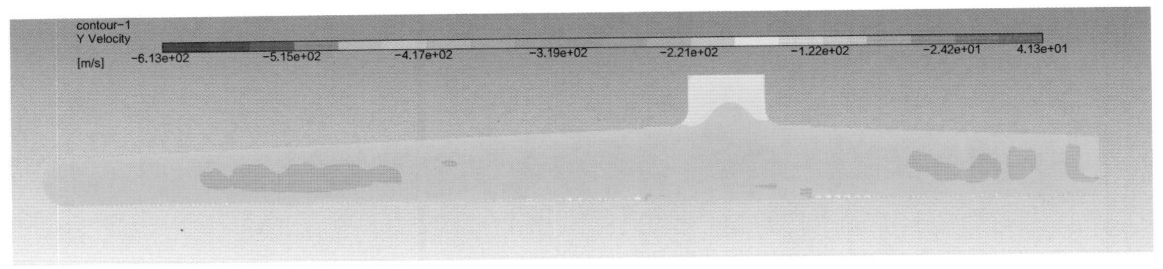

图 7-4-23　风速为 25 m/s 时优化后风幕内部 y 方向速度云图

通过对比图 7-4-18 与图 7-4-8、图 7-4-21 与图 7-4-12，可以看出，优化后的风幕布置筒在进风速度为 15 m/s 及 25 m/s 的情况下，原结构产生的高速湍流区基本消除，风幕尾部的低速气流区域也大大减小，优化后的风筒结构更有利于气流向风筒两侧流动，削弱了进风口处的高速湍流区，减少了气流的能量损失，增大了风幕尾部的气流速度，提高了风筒内部气流的均匀性。

第五节　风幕装置性能试验和田间试验

一、风幕装置性能试验

风幕装置的性能直接影响植保无人机喷施农药时的防飘移效果，为测定风幕布置筒出风口的纵切面风速大小及均匀性，需要进行风幕装置性能试验。

（一）试验方法

以一侧风幕为研究对象，设定不同位置、不同高度的监测点，监测点分布如图 7-5-1 所示。在距风幕布置筒出风口垂直距离为 1 cm、10 cm、30 cm 和 50 cm 的水平方向上，每隔 5 cm 设定一个监测点，使用风速计测定出风口风速，进风速度调至最大。

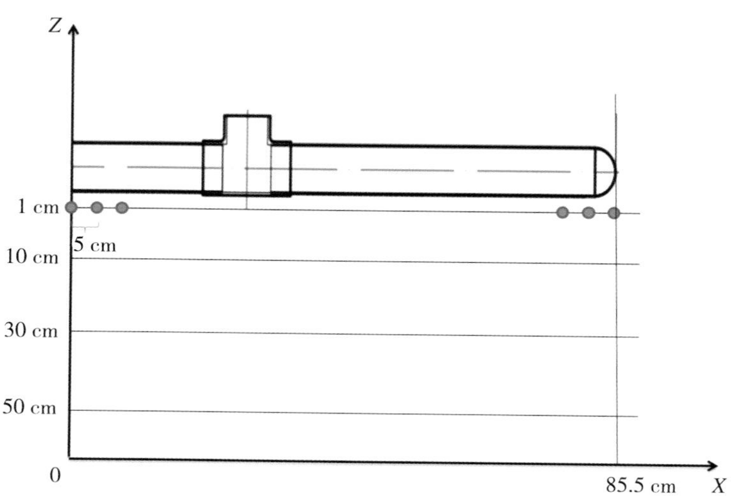

图 7-5-1 风幕装置性能测定监控点布置示意图

（二）数据处理

为了表征各个监测点之间出风速度的均匀性，采变异系数CV来衡量每组风幕速度的均匀性，变异系数为

$$\mathrm{CV}=\frac{S}{\overline{X}}\times 100 \tag{7.5.1}$$

$$S=\sqrt{\sum_{i=1}^{n}(X_i-\overline{X})^2/(n-1)} \tag{7.5.2}$$

式中，S 为同组试验样本标准差；X_i 为各监测点的速度，m/s；$\overline{X}$为各组监测点的速度平均值，m/s；n 为各组采样点个数，取 18 个。

（三）结果与分析

距风幕布置筒出风口不同距离风速分布及分析结果见表 7-5-1。

表 7-5-1 距风幕布置筒出风口不同距离风速分布及分析结果

出风口编号	距出风口距离			
	1 cm	10 cm	30 cm	50 cm
1	12.3 m/s	10.1 m/s	7.4 m/s	4.7 m/s
2	12.0 m/s	9.8 m/s	7.1 m/s	4.5 m/s
3	12.2 m/s	9.9 m/s	7.3 m/s	4.5 m/s
4	12.5 m/s	10.3 m/s	7.5 m/s	4.7 m/s

续表

出风口编号	距出风口距离			
	1 cm	10 cm	30 cm	50 cm
5	12.2 m/s	10.0 m/s	7.5 m/s	4.6 m/s
6	12.8 m/s	10.6 m/s	7.8 m/s	4.8 m/s
7	12.6 m/s	10.5 m/s	7.5 m/s	4.6 m/s
8	12.2 m/s	9.8 m/s	7.1 m/s	4.3 m/s
9	11.9 m/s	9.6 m/s	6.6 m/s	3.8 m/s
10	11.6 m/s	9.5 m/s	6.8 m/s	3.8 m/s
11	11.3 m/s	9.3 m/s	6.6 m/s	3.6 m/s
12	11.2 m/s	9.0 m/s	6.5 m/s	3.5 m/s
13	11.2 m/s	8.9 m/s	6.4 m/s	3.5 m/s
14	11.1 m/s	9.0 m/s	6.4 m/s	3.7 m/s
15	11.4 m/s	9.1 m/s	6.2 m/s	3.5 m/s
16	11.5 m/s	9.3 m/s	6.5 m/s	3.6 m/s
17	11.7 m/s	9.9 m/s	7.2 m/s	4.2 m/s
18	11.9 m/s	10.2 m/s	7.4 m/s	4.6 m/s
平均值	11.87	9.71	6.99	4.14
标准差	0.505525	0.514122	0.475966	0.484354
变异系数	4%	5%	7%	12%

为了更形象地表示距风幕布置筒出风口不同距离处风速的大小，绘制了如图 7-5-2 所示的风幕出风速度测定图。

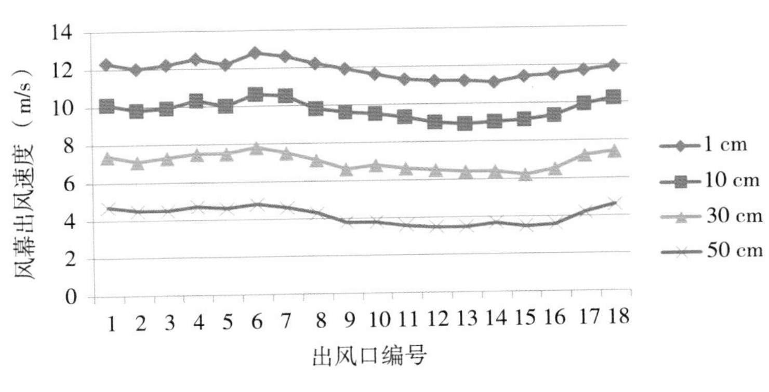

图 7-5-2　风幕出风速度测定图

从表 7-5-1 及图 7-5-2 可以看到，距风幕布置筒出风口各距离的风速都比较均匀，其中距出风口 1 cm 及 10 cm 处的风速均匀性最好，变异系数分别为 4% 和 5%。与风幕布置筒出风口的距离越远，受环境风场的影响越大，变异系数越大，监测到的风速均匀性降低。

二、田间试验

影响药液雾滴飘移的因素很多，主要有环境参数、施药参数、施药环境特点及药液的物理特性四个方面。环境参数包括环境温度、湿度、环境风速等，施药参数包括施药设备、施药速度、喷嘴高度等，施药环境特点包括靶标作物周围植被及遮挡情况，药液的物理特性包括药液黏度、表面张力、密度等。测定药液雾滴飘移的方法主要包括田间测定方法、风洞测定方法及计算机模拟方法。田间试验可以获取在不同作业条件或不同的作业参数下的真实飘移试验结果，同时建立雾滴飘移模型。风洞试验则可以更好地控制飘移条件，对比不同的喷头或农药药液对飘移的影响程度。

计算机模拟提供了一种确定各种因素对农药飘移影响程度的办法。

其中，田间试验是最基础同时也是最常用的试验方式，不管是研究、应用历史还是应用的广泛程度，都远超理论研究及模拟仿真研究这两种方式。因为田间试验往往选择真实的农田地块作为试验场地，所以得出的试验结果能更准确地反映在某一试验条件下的结果。

本文对前文设计及制造的风幕式防飘移样机进行田间农药飘移试验以验证其防飘移效果。

（一）试验场地及试验器材

试验组在广东省农业科学院白云试验基地选择了一块合适的田块进行对比田间试验。田块平坦开阔，远离树木和其他高秆作物，远离建筑物、电线杆等障碍物，田块周围的植被生长高度不超过 10 cm，试验场地如图 7-5-3 所示。

本试验使用的器材除植保无人机外，还有美国 Kestrel 公司生产的 NK5500Link 微型气象站（图 7-5-4）。为保证试验气象条件的精度，设置每 5 s 自动记录并保存一次气象数据。瑞士先正达植物保护有限公司生产的水敏纸可以将沉积其上的雾滴以蓝色显现，从而获得植保无人机喷施雾滴的数据；惠普 Scanjet200 平板扫描仪及其配套软件可以将试验采集的水敏纸通过扫描获得分辨率为 600PPI 的灰度图像；美国农业部开发的 DepositScan 软件用于分析经扫描水敏纸灰度图像，获得每张水敏纸上的雾滴沉积数据。此外，田间试验还用到蓝色 PVC 管、双头万向夹、医用橡胶手套、口罩等材料。

图 7-5-3　试验场地

图 7-5-4　NK5500Link 微型气象站

（二）试验方法

本次试验测定风幕装置及植保无人机飞行速度对喷施效果的影响，测定无人机飞行速度为 3 m/s 和 5 m/s，当风幕布置筒出风口速度为 0 m/s、4 m/s 和 8 m/s 时对雾滴飘移的影响。根据试验要求，在地面上水平布置三排 PVC 管，作为雾滴采集带。在圆管距离地面 1 m 的位置夹持双头万向夹，模拟作物冠层作为布置水敏纸的载体。每排采集带共 18 个采集点，采集点布置如图 7-5-5 所示，上飘移区宽度为 2 m，靶区宽度为 5 m；下飘移区宽度为 15 m，下飘移区按照 1 m、2 m、3 m、4 m、5 m、6 m、7 m、9 m、11 m、13 m、15 m 的规律布置采集点。对采集点进行编号，上飘移区编号为 1# ～ 2#，靶区编号为 3# ～ 8#，下飘移区编号为 9# ～ 18#。每排采集带间距为 3 m，以减少无人机因为喷施不均匀而产生的误差。

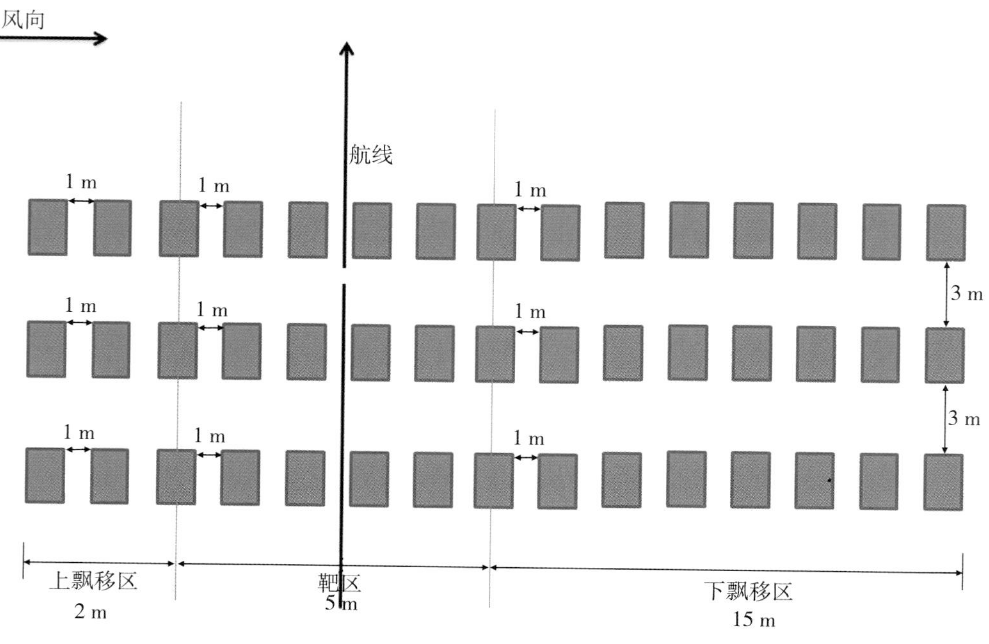

图 7-5-5　采集点布置图

试验开始前，在试验采集带附近的田间空地放置气象站。气象站距离地面 2 m，除气象站自动记录试验时的气象条件外，工作人员还需要实时查看气象站，以保证气象条件达到试验要求，如图 7-5-6 所示。在正式试验前，需要进行试飞，采集点上不布置水敏纸，避免正式试验时飞行路线偏移或者因无人机旋翼风场过大将PVC管吹倒，导致水敏纸被污染等情况的发生。试验时，将水敏纸正面（黄色面）朝上水平放置，使其更全面地接受喷施的雾滴沉积，如图 7-5-7 所示。植保无人机飞行至距离采集带 10 m 处开始喷施（图 7-5-8），当飞过最后一条采集带后停止喷施并尽快结束飞行。每次喷施结束后等待一定时间，待水敏纸上的雾滴充分干燥，按顺序标记好水敏纸，将水敏纸装入自封袋并尽快扫描处理，防止其变质。在布置、收集和扫描水敏纸的过程中，全程戴好一次性医用手套，防止水敏纸被手上的水分污染，影响试验结果。

图 7-5-6　实时监测气象条件

图 7-5-7　布置水敏纸

图 7-5-8　植保无人机喷施试验现场

植保无人机喷洒总量为 2.1 L/ min。表 7–5–2 为从 NK5500Link 微型气象站获得的试验气象参数。试验时，应当保证风向与无人机作业方向夹角在 90° ± 30° 之间。由于试验时间较长，同一天里不同时间，风向不同，因此试验设置了两个不同方向的采样点起始方向。

表 7–5–2 各试验架次气象参数

架次	时刻	温度（℃）	相对湿度（%）	风速（m/s）
1	13：21	18.4	47.1	1.4
2	14：09	18.0	49.6	1.3
3	14：44	18.8	48.1	1.5
4	14：55	19.0	47.0	1.4
5	15：19	19.2	46.8	1.5
6	16：02	18.0	47.3	1.3

（三）数据分析与处理

将试验采集的水敏纸通过惠普 Scanjet200 平板扫描仪及其配套软件扫描获得分辨率为 600PPI 的灰度图像（图 7–5–9），再使用 DepositScan 软件，分析水敏纸灰度图像，获得在不同飞行速度和风幕速度下的雾滴覆盖率、覆盖密度及沉积率等数据。

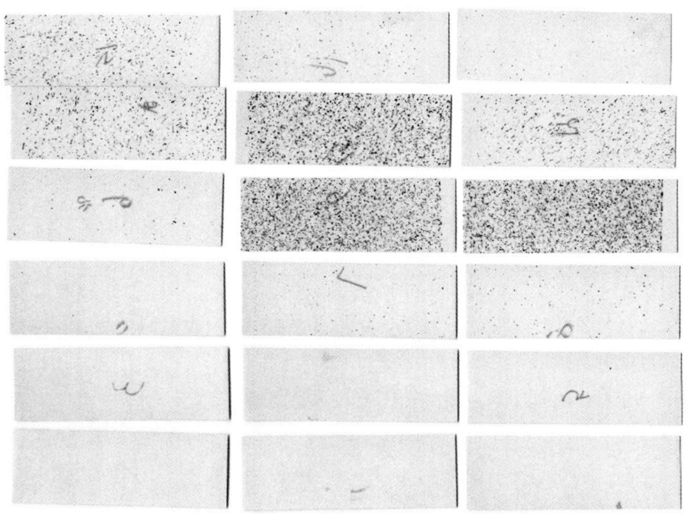

图 7–5–9 水敏纸灰度图像

根据六个架次的试验数据，获得如图 7–5–10 所示的雾滴沉积量分布情况，图中横坐标表示每条雾滴采集带上的 1# ～ 18# 采集点，纵坐标为每个采集点上的雾滴沉积量。

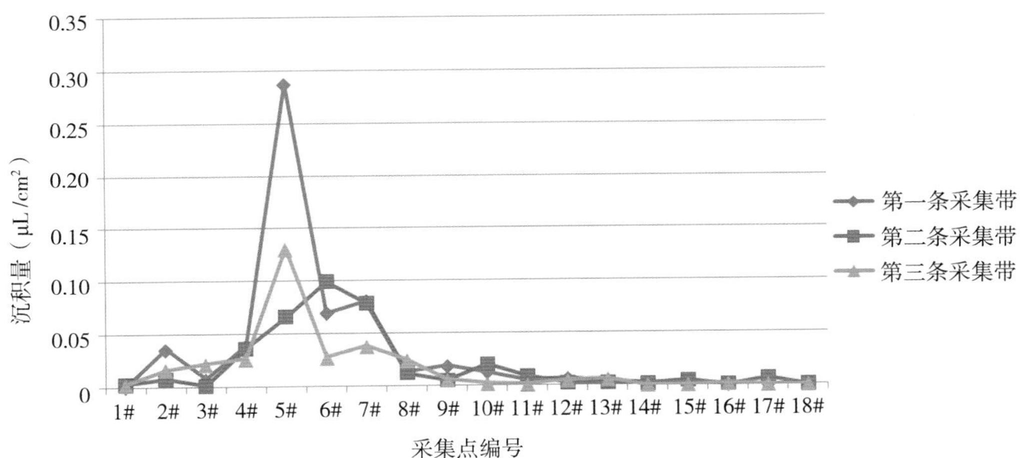

（a）飞行速度 3 m/s、风幕速度 0 m/s 时的雾滴沉积量分布

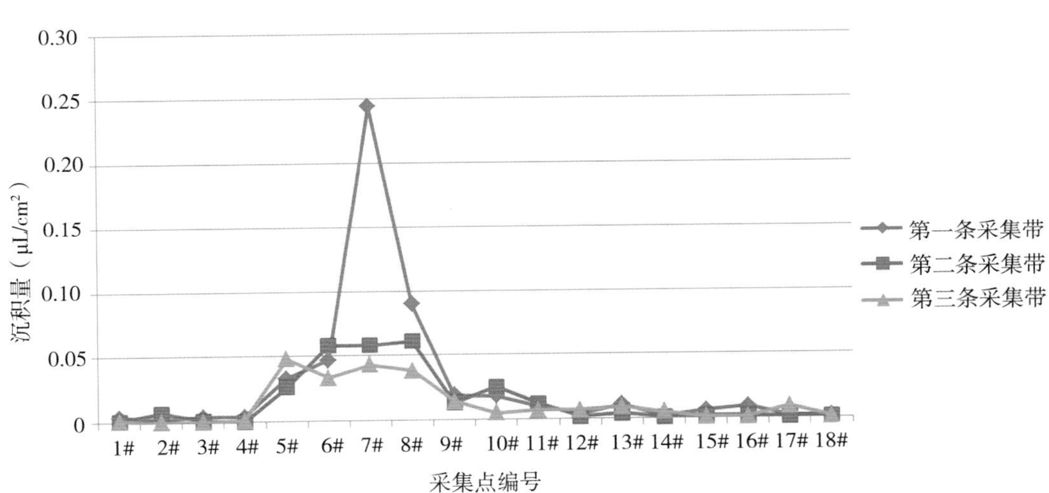

（b）飞行速度 5 m/s、风幕速度 0 m/s 时的雾滴沉积量分布

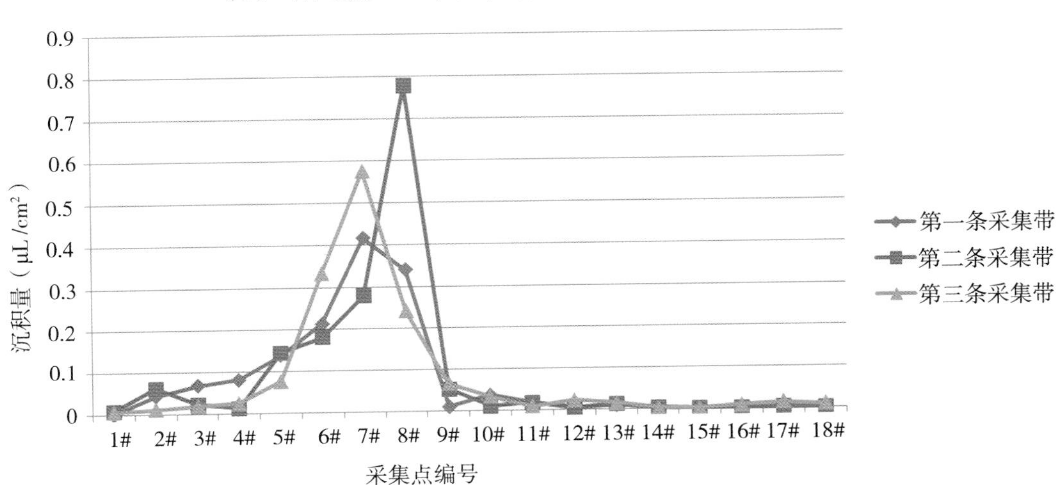

（c）飞行速度 3 m/s、风幕速度 4 m/s 时的雾滴沉积量分布

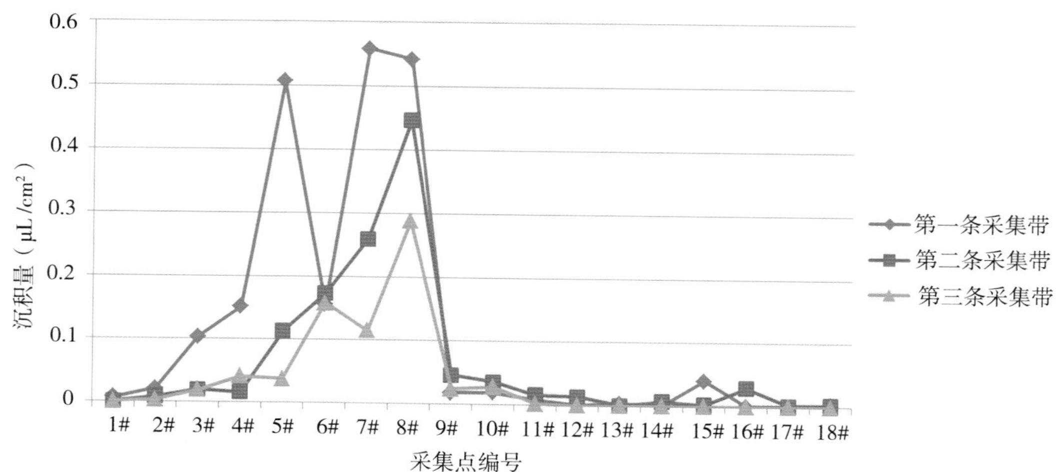

（d）飞行速度 3 m/s、风幕速度 8 m/s 时的雾滴沉积量分布

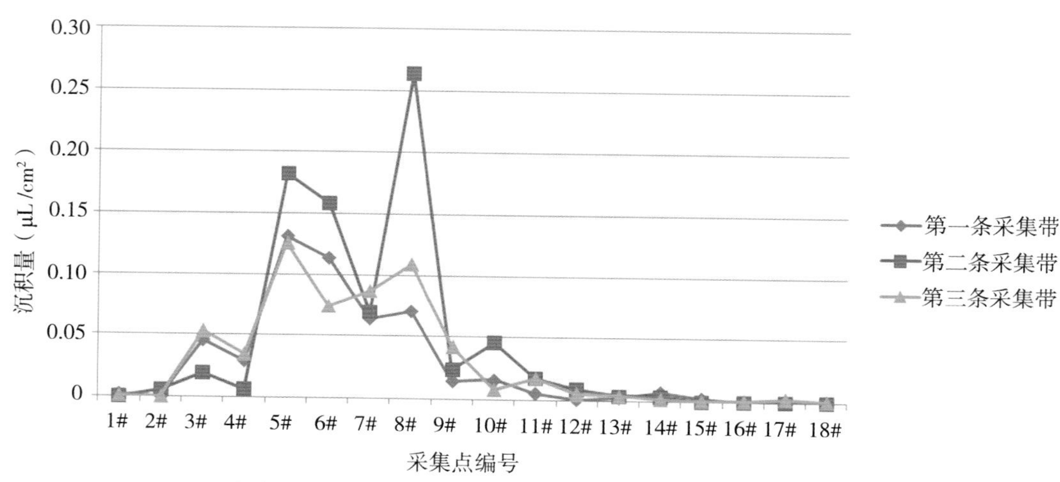

（e）飞行速度 5 m/s、风幕速度 4 m/s 时的雾滴沉积量分布

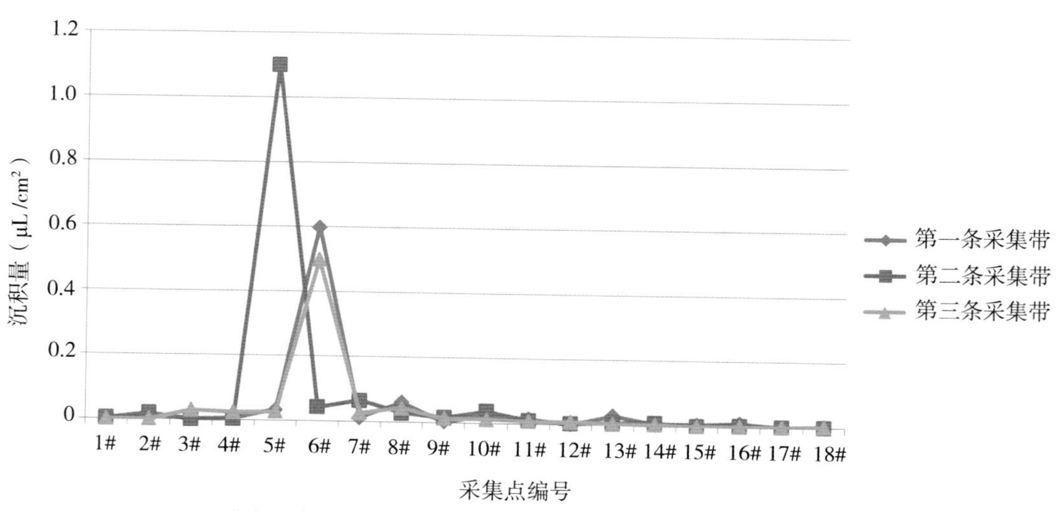

（f）飞行速度 5 m/s、风幕速度 8 m/s 时的雾滴沉积量分布

图 7-5-10　雾滴沉积量分布情况

从图 7–5–10 雾滴沉积量分布情况可以看出，不同采集带的雾滴沉积趋势相同，都是靶区沉积量大于飘移区，并在航线附近达到雾滴沉积量最大化。

为了表征每个采集点之间的雾滴沉积均匀性，采用变异系数 CV 来衡量六组试验中无人机在靶区内各采集点之间的雾滴沉积均匀性，变异系数为

$$CV=\frac{S}{\overline{X}}\times 100\% \tag{7.5.3}$$

$$S=\sqrt{\sum_{i=1}^{n}(X_i-\overline{X})^2/(n-1)} \tag{7.5.4}$$

式中，S 为同组试验样本标准差；X_i 为各采集点的沉积量，μL/cm^2；$\overline{X}$为各组采样点沉积量的平均值，μL/ cm^2；n 为各组采样点个数，取 18 个。表 7–5–3 为雾滴沉积量分布情况。

表 7–5–3　雾滴沉积量分布情况

试验组号	采集带号	靶区总沉积量（μL/ cm^2）	靶区采集点平均沉积量（μL/ cm^2）	变异系数	上、下飘移区总沉积量（μL/ cm^2）	飘移率
1（飞行速度 3 m/s，风幕速度 0 m/s）	第一条	0.500	0.083	114.4%	0.086	14.68%
	第二条	0.293	0.049	72.5%	0.060	17.00%
	第三条	0.271	0.045	85.7%	0.041	13.14%
2（飞行速度 5 m/s，风幕速度 0 m/s）	第一条	0.422	0.070	117.9%	0.089	17.42%
	第二条	0.204	0.034	77.7%	0.071	25.82%
	第三条	0.163	0.027	71.4%	0.060	26.91%
3（飞行速度 3 m/s，风幕速度 4 m/s）	第一条	1.262	0.210	61.5%	0.138	9.86%
	第二条	1.420	0.237	109.1%	0.183	11.42%
	第三条	1.273	0.129	93.5%	0.212	14.28%
4（飞行速度 3 m/s，风幕速度 8 m/s）	第一条	2.015	0.336	59.8%	0.124	5.80%
	第二条	1.028	0.116	87.1%	0.167	13.97%
	第三条	0.656	0.109	85.4%	0.059	8.25%
5（飞行速度 5 m/s，风幕速度 4 m/s）	第一条	0.455	0.076	47.4%	0.052	10.26%
	第二条	0.699	0.117	79.6%	0.109	13.49%
	第三条	0.484	0.081	38.5%	0.085	14.94%
6（飞行速度 5 m/s，风幕速度 8 m/s）	第一条	0.713	0.052	131.5%	0.110	13.37%
	第二条	1.239	0.207	193.8%	0.111	8.22%
	第三条	0.650	0.108	161.0%	0.056	7.93%

从表 7–5–3 可以看出，在不同作业参数下，靶区内雾滴沉积的均匀性不同。在飞行速度为 5 m/s、风幕出风口速度为 8 m/s 的情况下，靶区内的雾滴沉积均匀性最差。造成这一现象的原因可能是无人机飞行速度较快，无人机旋翼转动形成的强大下风场与高速的风幕风场相互作用、相互叠加，使得靶区的雾滴沉积量大大增多，降低了雾滴沉积的均匀性。

（四）不同飞行速度下雾滴飘移分布

雾滴飘移率为

$$D_t = \frac{D}{Q} \times 100\% \tag{7.5.5}$$

式中，D_t 为雾滴飘移率；Q 为总沉积量，μL/cm^2；D 为飘移区沉积量，μL/cm^2。

从第一组试验（飞行速度为 3 m/s，风幕速度为 0 m/s）和第二组试验（飞行速度为 5 m/s，风幕速度为 0 m/s）中的雾滴飘移率对比可以看到，第二组试验三条采集带的飘移率均高于第一组相同位置采集带的数据，第二组试验三条采集带的飘移率分别是第一组三条采集带的 118.6%、152.1% 和 204.8%。第一次试验的侧风风速为 1.4 m/s，第二次试验的侧风风速为 1.3 m/s，因此侧风风场对两次试验的影响不大，出现这一情况的原因可能是进行第二组试验时植保无人机的飞行速度较快，无人机旋翼形成了较强大的旋翼风场，从而对粒径细小的雾滴施加了更大的吹拂力度，因而造成更为严重的雾滴飘移。第三组试验（飞行速度为 3 m/s，风幕速度为 4 m/s）和第五组试验（飞行速度为 5 m/s，风幕速度为 4 m/s），第四组试验（飞行速度为 3 m/s，风幕速度为 8 m/s）和第六组试验（飞行速度为 5 m/s，风幕速度为 8 m/s）的雾滴飘移率相差不大，可能是由于风幕出风口气流削弱了植保无人机旋翼风场，造成风幕出风口在速度相同、飞行速度不同的情况下，雾滴飘移率比较接近。

与此同时，从上述三组对照中可以看到，在其他参数相同的情况下，无人机作业速度越快，在靶区的雾滴总沉积量越少，这是由于植保无人机在单位时间内的喷雾量是恒定的，经过采集带的时间越短则雾滴沉积量越少。

（五）风幕出风口在不同出风速度下雾滴飘移分布情况

对比第一组试验、第三组试验及第四组试验的雾滴飘移率可以发现，在无人机作业速度为 3 m/s、风幕出风口速度为 4 m/s 时，其三条采集带的雾滴飘移率分别是风幕出风口速度为 0 m/s 时（第一组）的 67.2%、67.2% 和 108.6%；风幕出风口速度为 8 m/s 时，三条采集带的雾滴飘移率分别是风幕出风口速度为 0 m/s 时（第一组）的 39.5%、82.2% 和 62.8%。第三组试验的靶区总沉积量分别是第一组试验的 252.4%、484.6% 及 469.7%，第四组试验的靶区总沉积密度分别是第一组试验的 403.0%、350.9% 及 242.1%。

从第二组试验、第五组试验及第六组试验的雾滴飘移率对比可以看到，在无人机作业速度为 5 m/s、风幕出风口速度为 4 m/s 时，当三条采集带的雾滴飘移率分别是风幕出风口速度为 0 m/s 时（第二组）的 58.9%、52.2% 及 55.5%；当风幕出风口速度为 8 m/s 时，三条采集带的雾滴飘移率分别是风幕出风口速度为 0 m/s 时（第二组）的 91.1%、48.35% 及 29.5%。第五组试验的靶区总沉积量分别是第二组试验的 107.8%、342.6% 及 296.9%；第六组试验的靶区总沉积密度分别是第二组试验的 168.9%、607.4% 及 398.8%。

由此可知，风幕式防飘移装置可以有效减少植保无人机在施药作业过程中的雾滴飘移，且风幕出风口的风速越大防飘移效果越好。另外，风幕式防飘移装置还可以大大提高靶区内的雾滴沉积密度，高速的风幕气流可以使药液雾滴在飘失前就沉积在靶区上。

参考文献

[1] 兰玉彬，陈盛德，邓继忠，等．中国植保无人机发展形势及问题分析［J］．华南农业大学学报，2019，40（5）：217-225.

[2] 兰玉彬，王国宾．中国植保无人机的行业发展概况和发展前景[J].农业工程技术，2018，38(9)：17-27.

[3] BAYAT，DERKSEN R C，FOX R D，et al. Wind tunnel evaluation of air-assist sprayer operating parameters［J］.An ASAE Meeting Presentation，1999，No.991117-991132.

[4] BROWN R B，SIDAHMED M M.Simulation of spray dispersal and deposition from a forestry airblast sprayer——Part Ⅱ：Droplet trajectory model［J］.Transactions of the ASAE，2001，44（1）：11-17.

[5] COOKE B K，HISLOP E C，HERRINGTON P J，et al. Air-assisted spraying of arable crops in relation to deposition，drift and pesticide performance［J］. Crop Protection，1990，9（4）：303-311.

[6] HISLOP E C，WESTERN N M，COOKE B K，et al.Experimental air-assisted spraying of cereal plants under controlled conditions［J］. Crop Protection，1993，12（3），193-200.

[7] HOBSON P A，MILLER P C H，WALKLATE P J，et al. Spray drift from hydraulic spray nozzles：the use of a computer simulation model to exa mine factors influencing drift［J］. Journal of Agricultural Engineerine Research，1993，54（4）：293-305.

[8] HOLTERMAN H J，ZANDE J C Van De，PORSKAMP H A J，et al. Modelling spray drift from boom sprayers［J］. Computers & Electronics in Agriculture，1997，19（1）：1-22.

[9] HOWARD K D，MULROONEY J E. Testing protocol for the evaluation of air-assisted boom sprayers［J］. ASAE Paper，1995，96-116.

[10] BAETENS K，NUYTTENS D，VERBOVEN P，et al.Predicting drift from field spraying by means of a 3D computational fluid dynamics model［J］.Computers and Electronics in Agriculture，2007，56（2）：161-173.

[11] MILLER P，TUCK C R. Factors Influencing the Performance of Spray Delivery Systems：A Review of Recent Developments［J］. Journal of ASTM International，2005，2（6）.

[12] REICHARD D L，ZHU H，FOX R D，et al. Wind tunnel evaluation of a computer program to model spray drift［J］.Transactions of the ASAE，1992，35（3）：755-758.

[13] REICHARD D L，ZHU H，FOX R D，et al. Computer simulation of variables that influence

spray drift [J] .Transactions of the ASAE, 1992, 35 (5) : 1401–1407.

[14] TAYLOR W A, ANDERSEN P G. The use of air assistance in field crop sprayer to reduce drift and modify drop trajectories [C] //Proceedings of Brighton Crop Protection Conference.1989: 2631–639.

[15] TSAY J R, LIANG L S, LU L H.Evaluation of an air–assisted boom spraying system under a no–canopy condition using CFD simulation[J].Transactions of the ASAE, 2004, 47(6): 1887–1897.

第八章 农用无人机授粉技术

粮食是人类生存和发展的第一要素，是关系国计民生的重要产品，粮食问题也始终是一个国际性的社会与政治问题。水稻作为主要粮食作物，在世界各地均有大面积种植，但由于对水稻生产技术的掌握程度不同，各地产量不均。再加上世界人口增长过快，耕地面积减少，生物能源对粮食作物的消耗及各种自然灾害时有发生，如 2005 ～ 2006 年，全球主要粮食生产国均遭遇了历史罕见的自然灾害，粮食产量大幅下降。为应对该问题，多个国家开始广泛种植杂交水稻。

中国的水稻种植面积占世界水稻种植面积的三分之一，其中杂交水稻种植面积占大部分。杂交水稻为促进全球粮食安全生产发挥了重要作用。在杂交水稻的生产中，主要任务是制种，而授粉又是保证制种成功的关键。充分、均匀地授粉能保证较高的结实率，对于提高制种质量和产量有着重要意义。水稻属于非严格的自花授粉作物，自然授粉成功概率小，一般在 0.2% ～ 4%，最高仅为 5%，因此，为了获得优质、高产的杂交水稻种子必须进行异花授粉。异花授粉需要借助人工辅助，以确保种子正常、结实。但对水稻进行人工辅助授粉是一项技术要求含量高、精度要求高、时间要求紧的作业。水稻每天的开花期较短，一般在 10：00 ～ 12：00，只持续 1.5 ～ 2 h，且需每天授粉 3 ～ 4 次，每次须在 30 min 内完成，共需授粉 10 ～ 12 天，这些对于人工授粉作业都是极大的挑战。针对授粉实际情况，我国一批又一批的科研工作者大胆创新，研发了各种制种机械，运用新型的无人机进行授粉。同时，我国在制种技术与制种理论研究方面也取得了一些进展，进行了关于田间风场测量研究及对水稻授粉工具作业参数的优选等大量的工作，但目前依然没有一种广泛适用于无人机授粉作业的理论参考依据。

在今后的授粉作业中，以无人机为代表的气力式授粉机械很关键。气力式授粉机械能最大程度地将父本花粉传播给母本，同时，其产生的水平方向的风力足够大，可使父本花粉传播距离尽可能的远。凭借高效、便捷、成本低等优势，无人机将被广泛应用于实际的授粉作业中。另外，研究花粉飘移实时跟踪系统也尤为重要。精确掌握花粉的运动轨迹、运动趋势，根据花粉的运动状况及时调整无人机飞行参数（飞行速度、飞行方向及飞行高度等），能提高作业效率和作业质量。研究花粉与无人机风场之间的分布规律，可以根据花粉传播距离来确定父本与母本的最佳种植行数及植株行间距，提高作业效率和水稻授粉的质量，最大程度地利用资源，减少成本。该研究还能避免因不良品种的水稻花粉传播所导致的基因传播，提高杂交水稻的良种率，且避免因基因漂流的放大效应所导致的破坏生态环境的风险。研究无人机风场与花粉之间的分布规律，通过调节无人机作业参数精确控制花粉的传播距离，符合现今精准农业发展的大趋势。

第一节　国内外农用无人机水稻授粉技术研究现状

一、国内农用无人机水稻授粉技术研究现状

我国是杂交水稻种植大国，于 1973 年率先开始研制三系籼型杂交水稻，并且在 1981 年开始向世界推广该技术。我国水稻授粉主要集中在中南部丘陵地带，该地带气候条件适宜，高温无雨，相对湿度高，风速小。由于我国田间情况复杂，制种技术过于严格，在实际生产中，我国多沿用传统的人力授粉法，仅有部分地区使用机械授粉法、气力授粉法。

（一）人力授粉法

人力授粉法分为单长竿赶粉法、双短竿推粉法和绳索拉粉法，如图 8–1–1 所示。这三种授粉方式操作简单，不受地形限制，每个劳动力每天可授粉 0.2 ～ 0.33 hm^2，目前被广泛应用于生产中。但人力授粉法易损伤植株，劳动强度大，父本花粉传播距离有限，从而导致父本与母本间距较近，作业效率较低且难以获得较高的结实率，影响杂交水稻的制种质量。

图 8–1–1　人力授粉图

（二）机械授粉法

20 世纪 90 年代我国开始研究机械授粉技术。2010 年侯国强发明了一种杂交水稻制种授粉工具及其授粉方法，该方法采用喷雾剂或喷粉机进行喷粉。该方法首先需要利用花粉采集机收集花粉，将花粉低温保存，使花粉离体培养萌发率达 40% 以上，然后在母本花期，取出花粉回醒，加水稀释喷雾。王俊等发明了背负式杂交水稻授粉机，如图 8–1–2 所示。经过不断地试验研究，目前已经形成较成熟的授粉机械理论，但由于应用场景较窄，无法大面积推广。

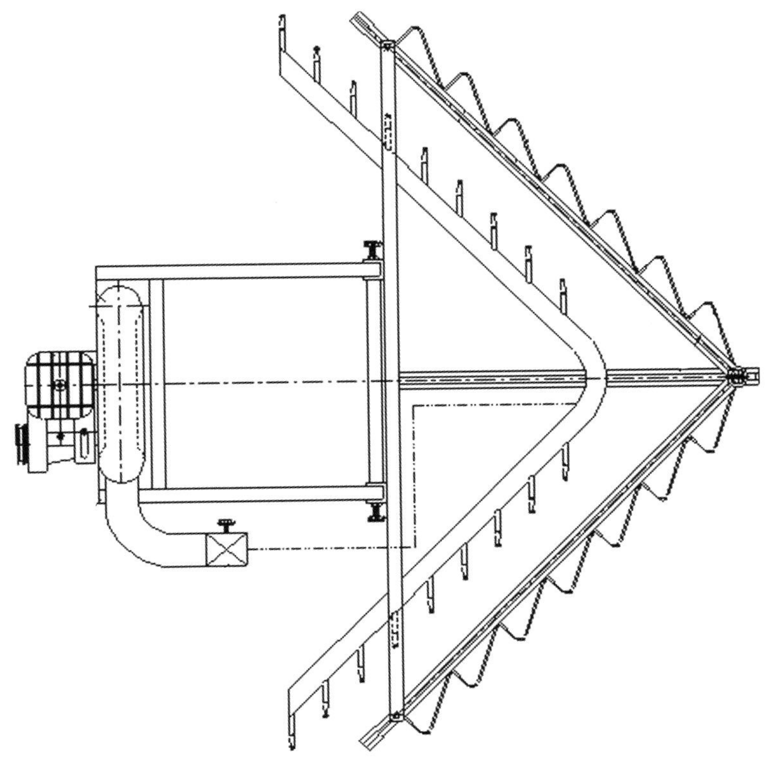

图 8-1-2　背负式杂交水稻授粉机

（三）气力授粉法

气力授粉是通过产生定向可调气流将父本植株雄蕊上的花粉吹散到母本雌蕊柱头上，实现异花受精结实的授粉方式。因优势明显，气力授粉目前已成为水稻授粉研究领域的研究热点，例如方诗伦研究了杂交水稻制种下吹气流授粉机理，李中秋等对气力授粉喷气管道参数进行优化并做了试验验证。

图 8-1-3 为无人机授粉现场图。无人机授粉作为气力授粉的主要方式之一，主要利用旋翼产生的气流使花粉飘落到母本柱头，完成授粉作业。飞机授粉需要飞行员有专业、熟练的飞行技术以完成超低空飞行作业。近年来，我国开始研究无人机授粉技术，例如李继宇等研究了旋翼式无人机授粉作业时冠层风场的分布规律；汪沛等利用风场无线传感器网络测量系统对无人直升机辅助授粉进行了试验与研究，发现风场分布范围的大小与直升机飞行的高度有直接关系：平行于飞行方向的风力最大，且有利于更好地传播水稻花粉。

我国在无人机授粉作业方面已经走在国际前列。无人机授粉扩大了父本与母本相间种植的宽度，有助于实现父本与母本的机械化耕种和收割，不仅授粉效果好，而且大大提高了作业效率，减轻了劳动强度。

图 8-1-3 无人机授粉现场图

二、国外农用无人机水稻授粉技术研究现状

美国是最早开始采用杂交水稻授粉技术的国家之一，从 1979 年开始试验种植杂交水稻，目前美国的杂交水稻种植面积已经超过其水稻种植总面积的 50%。但由于美国的农业人口少、人均耕地面积大、劳动力成本高的现状，并不适用劳动密集型的人力辅助授粉方式，因此美国主要采用全程机械化的杂交水稻种植方式，采用直升机进行水稻授粉。在授粉理论方面，Karl J.Niklas 对花粉在空气中的运动状态进行分析并计算风力授粉的授粉率，同时在扩散理论方面也进行了大量研究。

日本作为水稻种植面积占比较大的国家，以种植常规稻为主，杂交水稻尚处于初步发展阶段，但其在相关植物的授粉技术及器械上发展较好，具有一定的基础优势。

印度、越南等其他亚洲国家较早引进杂交水稻，近年来也开始研究授粉技术，但是由于制种技术有限，目前尚处于试验阶段，杂交水稻的种子大部分是从中国进口。

第二节　基于高速摄影机捕捉水稻花粉运动轨迹的试验

田间水稻的无人机授粉作业主要利用无人机旋翼产生的风将父本花粉直接吹离或使父本植株产生震动进而抖落花粉。风速的大小和方向会直接影响水稻花粉的飘移距离和分散密度，对实际作业效果（制种产量）有着至关重要的影响。因此，对无人机旋翼风场的相关参数如风速等进行测定有着重要意义。

水稻是不严格的自花传粉，有 3% ～ 5% 的异花传粉。水稻的花粉相当细小，会随风力落到隔壁雌蕊柱头上。为观察水稻花粉在非自然环境下传播时的运动状态，试验人员利用高速摄像机尝试拍摄水稻花粉运动轨迹图像。

该试验的主要器材有高速摄像机、笔记本电脑、功率为 35W 的补给 LED 光源、黑色背景板（68 cm × 130 cm）、透明坐标纸（75 cm × 50 cm）、风扇（3 档风速）、黄色粉笔灰、华盛昌 DT–619 手持风速仪（0.01 m/s 的分辨率，0.4 ～ 30 m/s 的量程）。部分试验设备如图 8–2–1 所示，其中，（a）为高速摄像机，（b）为手持风速仪。

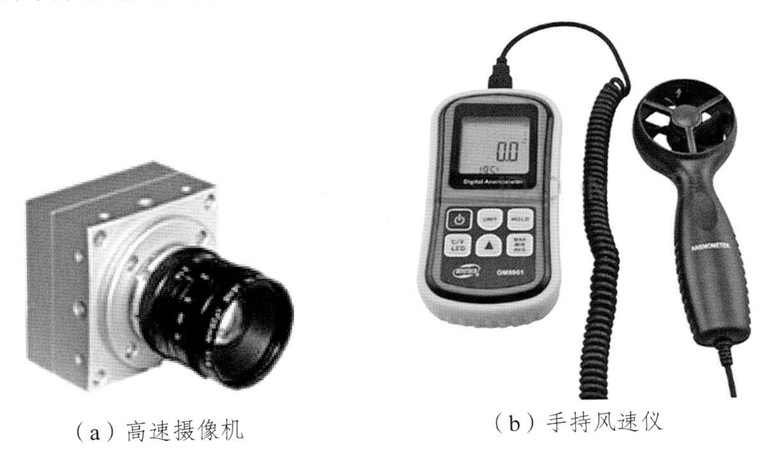

（a）高速摄像机　　（b）手持风速仪

图 8–2–1　部分试验设备

本试验以风扇作为花粉运动的动力源，产生的风力使花粉按照不同轨迹运动。由于试验进行时间为 10 月，缺乏新鲜、合适的水稻花粉，因此采用碾碎的黄色粉笔灰作为测试对象，并使粉笔灰颗粒尽可能小。试验时，将粉笔灰均匀地撒在水稻植株上，以粘贴有坐标纸的黑色背景板作为背景，利用高速摄像机拍摄粉笔灰的运动轨迹，计算粉笔灰的运动距离、运动方向，并记录不同风速下粉笔灰的运动图像，对所获取的运动图像进行各个阈值的二值化处理。试验布置如图 8–2–2 所示。

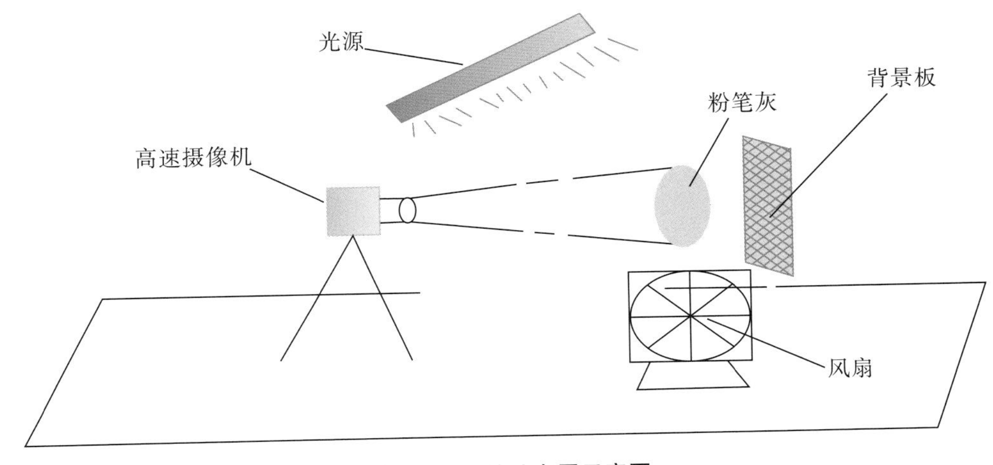

图 8–2–2　试验布置示意图

根据试验布局，试验还包括设置高速摄像机参数、粉笔灰图像的获取与处理、试验分析与总结。

一、设置高速摄像机参数

试验所用的高速摄像机为德国 Optronis 公司的 CR600×2，其高速 24bit cmOS 相机采用 4GB 内存，拍摄的照片可达 1280×1024 像素。相机最短曝光时间 2 μs，快门速度 1 μs。本次试验分辨率为 1280×1024 像素。设置高速摄像机参数还包括焦距、摄像频率等。

（一）确定焦距

在此次试验中，研究对象空间尺寸为粉笔灰的运动轨迹宽度 W、摄像机镜头的画面尺寸宽度为 w，因此得到横向放大率 β 为

$$\beta=w/W \tag{8.2.1}$$

试验中，摄像物距 s 远大于物镜的焦距 f。根据成像原理，横向放大率 β、摄像机焦距 f、摄像物距 s 三者之间关系为

$$\beta=f/s \tag{8.2.2}$$

受试验场地的限制，首先设置摄像物距 s 为 80 cm 左右，拍摄范围取粉笔灰运动轨迹宽度 W 为 100 cm 的正方形区域，摄像机镜头的画面尺寸宽度 w 为 5 cm 左右。根据公式（8.2.2），计算得到摄像机焦距 f 的值为 4 cm。在拍摄时，为确保粉笔灰运动轨迹清晰，尽量使每粒粉笔灰处在图像中，同时使粉笔灰图像尽量充满画幅，不留空白画面，因此在实际操作中需要不断调整摄像机的焦距 f。

（二）确定摄像频率

合适的摄像频率关系到获取的图像数量及图像的高清晰度，故图像数量不能过多或过少。图像数量过多会导致文件太大，而摄像机存储空间有限；图像数量过少则会导致缺少可用于研究的参考样本，对进一步分析粉笔灰运动趋势不利。图像的清晰度也决定了摄像频率，因此最低拍摄频率 N 为

$$N=\beta v\cos\theta/b \tag{8.2.3}$$

式中，$b\leqslant 2L$；v 为粉笔灰运动速度，mm/s；θ 为目标运动方向与图像平面间的夹角；b 为画面所允许的运动模糊量，mm；L 为像元尺寸，μm。

为简化试验，只取运动方向与背景板平面平行的粉笔灰。假设粉笔灰运动速度 v 为 10 ～ 20 cm/s，像元尺寸 L 为 8 μm，则运动模糊量 $b\leqslant 16$ μm。根据公式（8.2.3）得到拍摄频率的最小理论值 $N=0.05\times10^5/16=312.5$ 帧 /s，本试验中设置频率为 500 帧 /s。

除设置摄像机的焦距、摄像频率外，还设定摄像机镜头距地面高度为 72 cm、风扇距背景板的距离为 50 cm。

二、粉笔灰运动图像的获取与处理

试验中，花粉的运动状况主要受风力影响，因此须围绕风扇产生的风力设计试验方案。设置风扇与水稻植株间的距离为 50 cm 左右。为了便于计算粉笔灰粒径，在水稻叶片上选取直径为 1 mm 的原点作为参照点。

试验开始前，将风扇风速调节旋钮分别拨至 1 档、2 档、3 档，利用风速仪测量 3 个档位的风速，结果分别为 1.8 m/s、2.4 m/s、2.9 m/s。试验开始时，在水稻植株上均匀撒上 0.5 g 左右的粉笔灰，再启动风扇。当在摄像机镜头观察到明显的粉笔灰飘落轨迹时，点击电脑软件上的"start"按钮，开始录像。直到软件记录时间结束，然后保存文件。将风扇风速调节旋钮拨至 2 档，再按照同样的步骤进行第二次试验并记录图像。试验现场如图 8-2-3 所示。

图 8-2-3　试验现场

在得到的图像中，由于粉笔灰粒径较小且数目繁多，无法用肉眼辨别，因此需要用 MATLAB 软件对图像进行处理。首先将其灰度化，再对图像二值化。图像二值化比用灰度级图像有着更好的相关性能和去噪效果，更适于用符号来表达。二值化图既保留了原始图像的主要特征，又使图像信息量得到了极大的压缩。

图像二值化是图像处理技术的基本技术，而选取合适的分割阈值是图像二值化的重要步骤。本试验的阈值采用全局阈值算法选取，设置二值化的阈值分别为 0.4、0.5、0.6、0.7、0.8。在算法程序中，将凡是像素的灰度值大于设定阈值的设为 255，小于设定阈值的设为 0。

在 MATLAB 上运行的程序如下：

```
I=imread（'Fig3.24.jpg'）；
```

```
figure（1）;
imshow（I）;
J=find（I<150）;
I（J）=0;
J=find（I>=150）;
I（J）=255;
title（'图像二值化（阈值为 150）'）;
figure（2）;
imshow（I） clc;
I=imread（'Fig3.24.jpg'）;
bw=im2bw（I,0.6）; % 选取阈值为 0.6
figure（3）;
imshow（bw）; % 显示二值图像
```

原图及按照各个阈值处理后的图像如图 8-2-4 所示，其中（a）表示未经图像处理的原图，（b）～（f）分别表示经过阈值为 0.4、0.5、0.6、0.7、0.8 处理后的图像。

（a）原图　（b）阈值为 0.4　（c）阈值为 0.5

（d）阈值为 0.6

（e）阈值为 0.7

（f）阈值为 0.8

图 8-2-4　按各阈值处理后的对比示意图

三、试验分析与总结

该试验是为了验证高速摄像机能否拍摄到花粉颗粒，因此只需要验证拍摄到的粉笔灰粒径在花粉粒径范围内即可。从图中可以看出，随着阈值增大，能显现出的粉粒越少，说明显现出的粉笔灰粒径越大。当阈值为 0.4、0.5 时，粉粒几乎完全显现出来，但参照物无法辨认。当阈值为 0.8 时，粉粒不能从图中显现出来。因此，只需要计算阈值为 0.6 时所拍摄到的最小粉笔灰粒径即可。

从阈值为 0.6 处理后的图中可以看出，最小粉粒占 1 个像素，参考点占 5 个像素，即最小粉笔灰粒径大约是参考物的五分之一，参考物直径为 1 mm，也就是粉粒直径约为 200 μm，而在水稻花粉的直径中，籼稻的为 33.14 ± 2.47 μm；粳稻的为 32.78 ± 1.40 μm，因此在该试验条件下拍摄到的粉笔灰粒大于水稻花粉粒径，可以得出结论：利用该高速摄像机在此次试验条件下无法拍摄到水稻花粉。

为了分析水稻花粉运动轨迹，接下来尝试采用载玻片收集花粉，在显微镜下观察花粉并进行进一步研究。手持式风速仪测量采样点风速值以对比观察花粉在风力作用下的运动规律。

第三节　小型风洞试验分析理论环境下的花粉运动趋势

小型风洞内，风机扇叶产生的气流为花粉运动的动力源，花粉沿着气流方向运动。此运动过程与花粉的特性及风洞的内部结构有直接关系。利用高速摄影机做模拟花粉运动轨迹分析试验时，还需要对风洞内花粉受力情况、花粉量的分布及风洞内的风场进行分析，为进一步研究田间无人机风场分布与花粉分布规律提供理论依据。

一、风洞气流特性对花粉的影响

当风机扇叶转动时，由于扇叶片、轴向、径向三者间的角度，使叶片不停切割空气并将气体往前推，导致风机扇叶前面产生正压，风机扇叶后面产生负压，于是空气在压强的作用下，朝一个方向运动，形成气流。气流的大小与扇叶的结构形态、转速有关。本试验通过调节电机转速控制风速大小。

如图 8-3-1 所示，在承载台上的花粉受风机风力 F_1 的作用，为克服花粉与承载台的黏附力，使花粉脱离承载台，假设花粉离开承载台的初始速度为 v，花粉距离风洞底部距离为 H，当风速 v 大于花粉悬浮速度时，风力会克服花粉的重力 F_2，使花粉沿风力方向做直线向前运动，水平运

动距离为 S。理论上，花粉做平抛运动，花粉的水平位移为

$$S=vt \tag{8.3.1}$$

式中，t 为花粉飘移过程所耗时间，s。

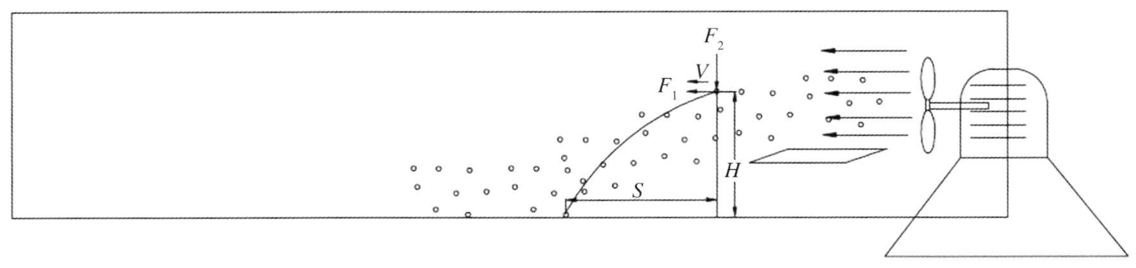

图 8-3-1　花粉受力分析示意图

花粉在风洞的实际传播中，由于逆向气流的阻力、扇叶所产生的风力不均匀，以及风洞壁影响产生扰流，导致花粉在风洞内做不规则运动，因此，公式（8.3.1）仅作为理论参考。在实际作业时，在一定气流速度下，花粉传播距离会随风速的增大而增大。但气流速度并不是越大越好，当气流速度增大到一定值后，花粉的传播距离将会超过母本区间范围，从而造成花粉浪费，降低授粉效率。另外，花粉传播过远，容易造成不同品种的基因交流，对保持品种的优良性状也会造成不利影响，因此气流速度必须严格控制。

二、试验方法

本次试验使用小型风洞模拟花粉在封闭环境下传播的情况。风洞主要用于提供不受自然环境干扰的密闭条件，使花粉在风力的作用下按理想状态运动。风洞的主体材料采用透明的亚克力板，制作时用专用胶黏合，以保证风洞内密封效果良好，防止试验时风洞内气流和花粉的流失。风洞内的风场由风机产生，风场较稳定，花粉只受一个方向的风力所影响。花粉数据采集量大、采集复杂，制作大型风洞成本高、耗时长，经过前期预备试验知道模拟无人机风场的风洞尺寸为 3 m × 0.3 m × 0.3 m 较为合适，因此选用此尺寸制作风洞。

在风洞一端安装功率为 40 W、最高转速为 2800 r/min、风速可调的鼓风机，确保鼓风机叶片轴心与风洞处于同一轴线上。在距离鼓风机约 10 cm 处安装花粉承载台，承载台表面与风洞内部底面平行且右端面与风洞主体的右端面平行，承载台距离风洞底面高度为 20 cm。

在花粉承载台背面固定有电压为 12 V 的振动电机，振动电机轴端与滚珠轴承过盈配合，轴承外圈固定凸轮，凸轮通过不断击打承载台底面使其震动，从而防止花粉黏附在承载台面上，使花粉最终受风力作用而扩散出去。整个风洞装置放置在水平工作台上，如图 8-3-2 所示。

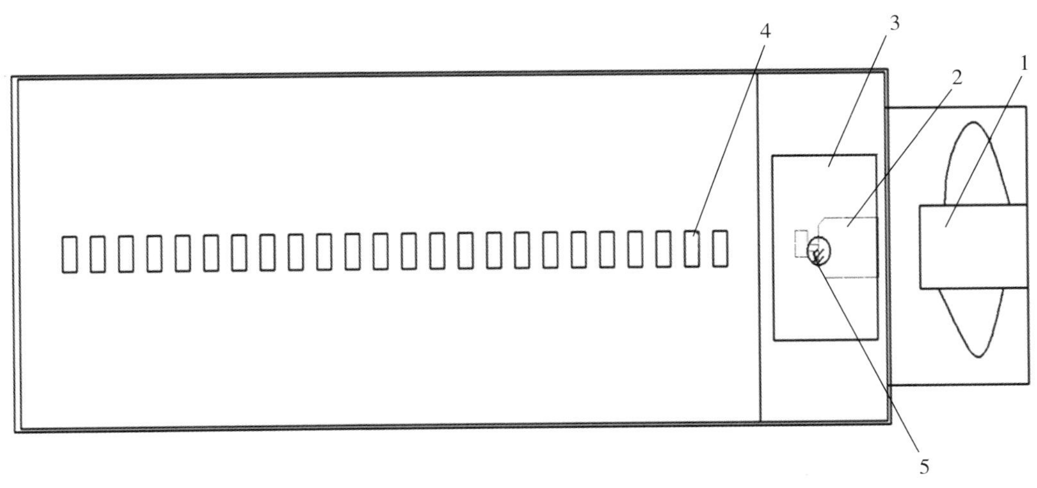

1. 风机；2. 振动电机；3. 花粉承载台；4. 载玻片；5. 水稻花粉。

图 8-3-2　风洞装置示意图

试验中，采用精度为 0.01g 的乐祺电子秤称量花粉，量程 300 g，每次拨取 0.1 g。

所用风速仪为华盛昌 DT-619 手持风速仪，具有 0.01 m/s 的分辨率、0.4 ～ 30 m/s 的量程，仪器精度为 ±（3% ± 0.20 m/s）。

试验用到的显微镜为普通生物显微镜，放大倍数为 40 ～ 1600 倍。为了使花粉能有效黏附在载玻片上，不造成花粉丢失，在每个载玻片表面均匀涂抹少量凡士林。

三、试验材料与设备

在风洞内的水平中心线上设置 25 个花粉采样点，相邻采样点的间距为 10 cm，编号为 1# ～ 25#，1# 距花粉承载台 10 cm。在每处采样点布置涂有凡士林的载玻片以收集花粉，载玻片与地面水平。

本试验基于水稻花粉的悬浮速度原理。悬浮速度是指花粉在垂直上升的气流中，花粉受气流向上的作用力等于花粉的自身重力则保持悬停状态，此时的气流速度称为“花粉的悬浮速度”。在水平气流条件下，因花粉粒的体积和质量小等原因，可忽略不计。仍以垂直气流中测得的花粉悬浮速度作为依据，悬浮速度与水稻花粉自然条件下的授粉一致，有利于花粉传播。根据胡达明对杂交水稻制种授粉花粉悬浮速度（1.1 m/s）的测定，杂交水稻制种授粉适宜风速为花粉悬浮速度的 2 ～ 3 倍，即 2.5 ～ 3.5 m/s。因为在实际授粉作业时，风速过大会导致花粉的传播距离过大，使母本区域内的有效花粉分布量减少，不利于制种。此外，花粉运动距离过大也会带来基因飘移的危害，加大隔离难度。因此，本次试验在上述测定的速度的基础上设置 3 个速度进行试验，预定初始风速分别为 2.5 m/s、3.5 m/s、4.5 m/s，并分别标记为试验 1、试验 2、试验 3，每次试验在花粉承载台放置的花粉量均为 0.1 g。

四、数据采集

（一）风场数据采集

风机分别按 2.5 m/s、3.5 m/s、4.5 m/s 的初始风速启动，利用风速仪测量风洞内各采样点的风速值并记录（表 8-3-1）。为了更加直观地描述风速值与采样位置之间的关系，绘制了折线图，如图 8-3-3 所示。图中，横坐标表示风洞内按等间距分布的 1# ～ 25# 采样点，纵坐标表示每个采样点所对应的风速值。

表 8-3-1　风洞内采样点的风速值

单位：m/s

采样点序号	初始风速		
	2.5 m/s	3.5 m/s	4.5 m/s
1#	2.50	3.50	4.50
2#	2.02	3.21	3.72
3#	1.89	2.89	2.97
4#	1.88	2.54	2.42
5#	1.65	2.48	2.13
6#	1.68	2.30	2.02
7#	1.34	1.87	1.92
8#	1.34	1.81	2.10
9#	1.34	1.77	1.99
10#	1.18	1.39	2.06
11#	1.10	1.54	1.92
12#	1.06	1.53	1.72
13#	0.99	1.18	1.81
14#	1.14	1.34	1.75
15#	1.10	1.38	1.79
16#	0.99	1.42	1.85
17#	0.99	1.38	1.79
18#	1.05	1.42	1.72
19#	1.10	1.38	1.79

续表

采样点序号	初始风速		
	2.5 m/s	3.5 m/s	4.5 m/s
20#	0.99	1.38	1.85
21#	1.06	1.30	1.85
22#	0.87	1.38	1.81
23#	0.99	1.32	1.85
24#	1.06	1.22	1.81
25#	0.99	1.34	1.81

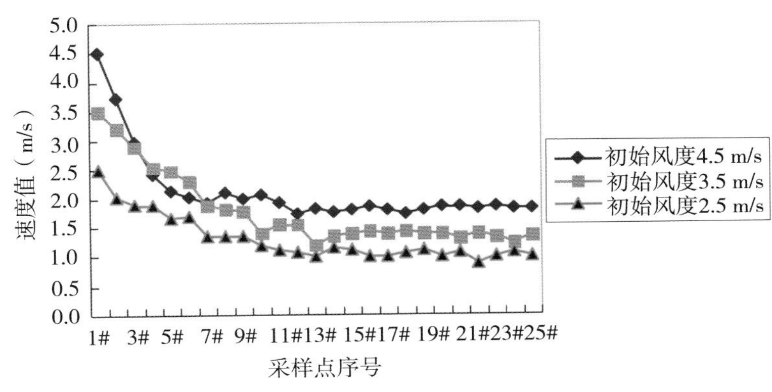

图 8-3-3 风洞内采样点风速分布图

（二）花粉数据采集

调节风机调速器，分别调节风机初始风速为 2.5 m/s、3.5 m/s、4.5 m/s。当承载台上放置的水稻花粉量剩余小于 0.01 g 时，利用风洞内部的载玻片收集每次风速下的各个采样点的花粉量，并逐一用碘 - 碘化钾溶液对载玻片染色，并将染色后的载玻片放在 10 × 10 倍显微镜下观察并计数。每个载玻片成梅花状均匀取 5 个观察点，在每个观察点下随机观察 3 个视野，单个视野内花粉量大于 1 的才作为有效视野。用此 15 个视野的花粉量的平均值作为此载玻片上单个视野的花粉分布量，用此方法采集风洞内所有载玻片上花粉数据，数据见表 8-3-2。为了更加直观地描述采样点花粉量与采样位置之间的关系，将花粉量数值绘制成折线图。花粉分布如图 8-3-4 所示，图中，横坐标表示风洞内按等间距分布的 1# ～ 25# 采样点，纵坐标表示每个采样点的花粉量。

表 8-3-2 风洞内采样点花粉分布量

单位：粒

采样点序号	初始风速		
	2.5 m/s	3.5 m/s	4.5 m/s
1#	3.60	4.73	2.93
2#	3.40	3.53	4.47
3#	3.00	4.07	5.47
4#	2.93	4.13	5.07
5#	3.33	6.00	5.67
6#	5.00	5.00	7.07
7#	5.13	6.07	7.13
8#	4.87	5.40	5.40
9#	4.33	5.87	4.60
10#	3.73	4.53	4.13
11#	2.80	4.40	4.73
12#	3.20	4.47	4.53
13#	2.80	4.07	4.13
14#	2.47	3.13	4.40
15#	2.60	3.60	3.13
16#	3.00	3.20	3.00
17#	3.13	2.60	2.67
18#	2.27	2.73	2.80
19#	1.80	2.33	2.73
20#	1.53	2.40	2.53
21#	2.20	1.47	2.00
22#	1.53	1.93	1.87
23#	1.47	1.47	1.73
24#	1.67	1.67	2.00
25#	1.73	1.47	1.73

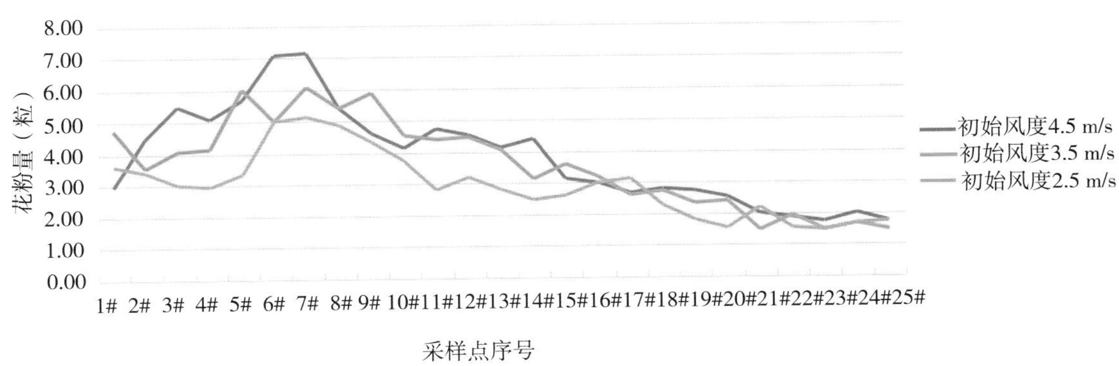

图 8-3-4　风洞试验花粉分布

五、数据分析与处理

（一）风场分布

从图 8-3-3 可以看出，在室内风洞三次试验中，1# ～ 10# 采样点的风速值随着采样点与风机距离的增加而减小，减小的幅度在 2 m/s 左右。该现象是由于在密封环境下，风场扰流弱，风速的振幅较小。此外，在花粉借助风力传播的过程中所消耗的能量导致花粉运动的风速值减小；在 10# ～ 25# 采样点中，试验 1 风速值保持在 1 m/s 左右，试验 2 风速值保持在 1.5 m/s 左右，试验 3 风速值保持在 2 m/s，即试验 1 和试验 2 最小风速均保持在悬浮速度左右。该现象是由于距承载台较远处的采样点花粉量较少，传播花粉所消耗的能量少，因此在一定的距离内，风洞内的风速值均能保持在一定的风速值范围内波动。

为了进一步探索风场参数与初始速度之间的关系，对采集到的风场数据整理分析后得到表 8-3-3 所示的结果。表中记录了小型风洞在三次试验中的风速峰值、风速峰值所对应的采样点位置及根据采样点坐标位置计算而得到的各风速区间内所对应的风场宽度。

表 8-3-3　风洞风场参数

试验序号	预设初始风速（m/s）	风速峰值（m/s）	风速峰值所对应的采样点编号（#）	风场宽度（m）		
				（0～1 m/s）	（1～2 m/s）	（2～4 m/s）
1	2.5	2.53	1	1.8	1.0	0.5
2	3.5	3.64	1	0.5	1.9	1.7
3	4.5	4.52	1	0.5	1.7	0.8

从表 8-3-3 中可以看出，1# 采样点是风速峰值位置。三次试验中，把风速划分为三个风速带，

它们分别为 0 ～ 1 m/s、1 ～ 2 m/s 和 2 ～ 4 m/s，其中水稻花粉的悬浮速度位于 1 ～ 2 m/s 的风速带。当初始风速为 2.5 m/s 时，0 ～ 1 m/s 风速带为 1.8 m，风速带较长，但此风速带风速低于花粉的悬浮速度，不利于花粉传播。当初始风速为 3.5 m/s 和 4.5 m/s 时，各个风场宽度相差不大。对比三次试验的风场宽度，试验 2 与试验 3 在各个阶段的风场宽度相差不大，从节约能源的角度来说，试验 2 的初始风速值较为合适。

在室内风洞试验时，风机不产生与花粉承载台面垂直的风场，因此不考虑垂直风场的分布。经分析可以看出，靠风力传播的花粉量与采样点的位置有关。接下来讨论这两者之间的关系。

（二）花粉分布

从图 8-3-4 可以看出，三次试验 1# ～ 7# 采样点的花粉量随着与风机位置距离的增加而增加，8# ～ 18# 采样点的花粉量随着与风机位置距离的增加而减小，19# ～ 25# 采样点的花粉量均保持在 2 粒左右。

室内风洞三次试验的花粉量峰值、峰值位置、花粉分布密度、花粉分布不均匀度、花粉分布面积比和分布宽度见表 8-3-4。

表 8-3-4　花粉分布量参数

试验序号	花粉量峰值（粒）	峰值采样点编号(#)	花粉平均分布密度（粒）	花粉分布不均匀度（粒）	花粉分布面积比（%）			花粉分布宽度（m）		
					>1 粒	>5 粒	>10 粒	>1 粒	>5 粒	>10 粒
1	5.1	7	2.9	1.1	100	8	0	2.5	0.2	0
2	6.1	7	3.6	1.4	100	20	0	2.5	0.5	0
3	7.1	7	3.8	1.6	100	24	0	2.5	0.6	0

表 8-3-4 可以看出，三次试验的花粉量峰值位置均在 7# 采样点；试验 3 的花粉量峰值达到 7.1 粒，试验 2 为 6.1 粒，试验 1 为 5.1 粒。比较三次试验的花粉平均分布密度、花粉分布面积比、花粉分布宽度发现，各项数据随初始风速的增加而增加，且试验 2 与试验 3 差别较小，试验 1 各项评估参数值均最小。

为进一步分析室内风洞的三次试验花粉分布量的数据模型，利用 SPSS 分析软件中的 Q-Q 图检验花粉分布量是否服从正态分布，操作如图 8-3-5 所示。正态 Q-Q 概率图以样本值为横坐标，以按正态分布计算的相应理论分位数为纵坐标，把样本表现为直角坐标系的散点，直线的斜率为标准差，检验结果如图 8-3-6 所示。

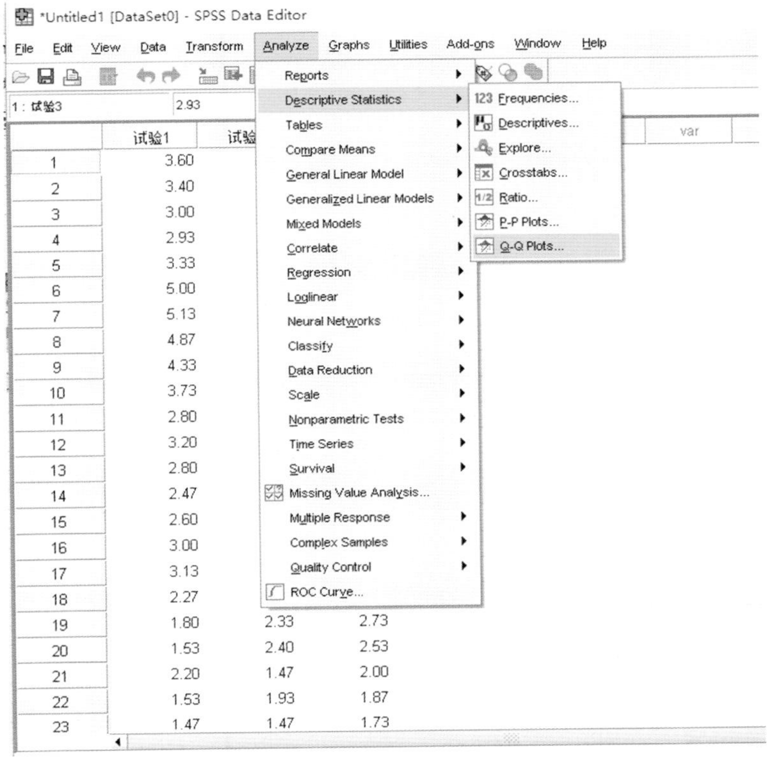

图 8-3-5　Q-Q 检验窗口

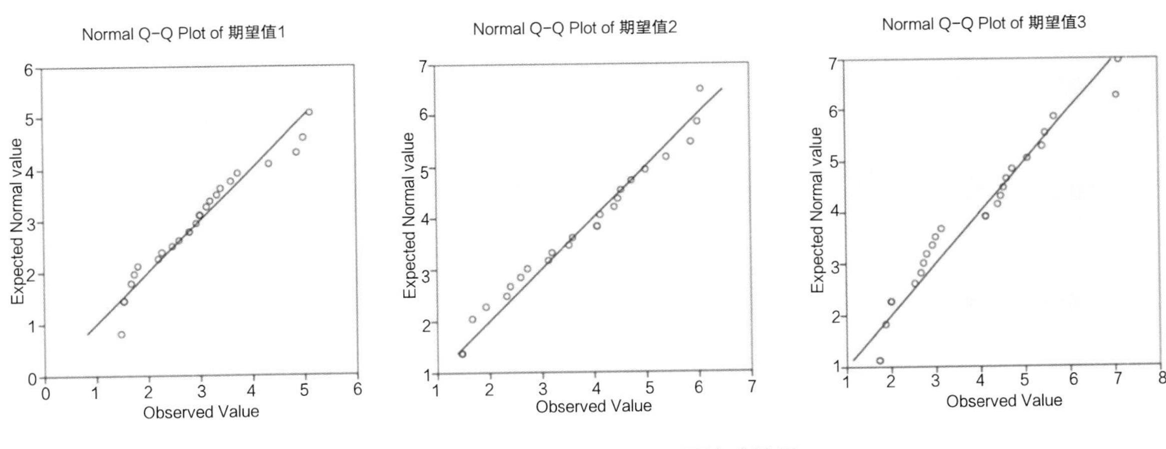

图 8-3-6　风洞试验 Q-Q 图检验结果

从图 8-3-6 可以看出，各采样点花粉量近似围绕着直线分布，这初步说明花粉量数据呈近似正态分布。试验 2 中，当初始风速为 3.5 m/s 时线性度最好。结合表 8-3-4 发现，试验 2、试验 3 所得花粉分布各项指标相差较小，因此推测初始风速值为 3.5 m/s 时对水稻花粉分布较为合适。

Shapiro-Wilk 检验法是由 S.S.Shapiro 与 M.B.Wilk 提出的用顺序统计量来检验分布正态性的一种方法。对研究的对象，先假设认为总体服从正态分布，再将量为 n 的样本按大小顺序排列编秩，然后由确定的显著性水平 α，以及根据样本量为 n 时所对应的系数，计算出检验统计量，如下式所示。

$$W=\frac{\left(\sum_{i=1}^{n} a_i x_i\right)^2}{\sum_{i=1}^{n}\left(x_i-\bar{x}\right)^2} \tag{8.3.2}$$

最后查特定的正态性检验临界值表，比较它们的大小，满足条件则接受假设，认为总体服从正态分布；否则拒绝假设，认为总体不服从正态分布。

Kolmogorov–Smirnov 检验基于累计分布函数，用来检验单一数据的经验分布是否符合已知的理论分布，在这里即是检验是否符合正态分布。

利用Shapiro–Wilk、Kolmogorov–Smirnov统计量分别对该结果做正态性检验，操作如图8–3–7所示。

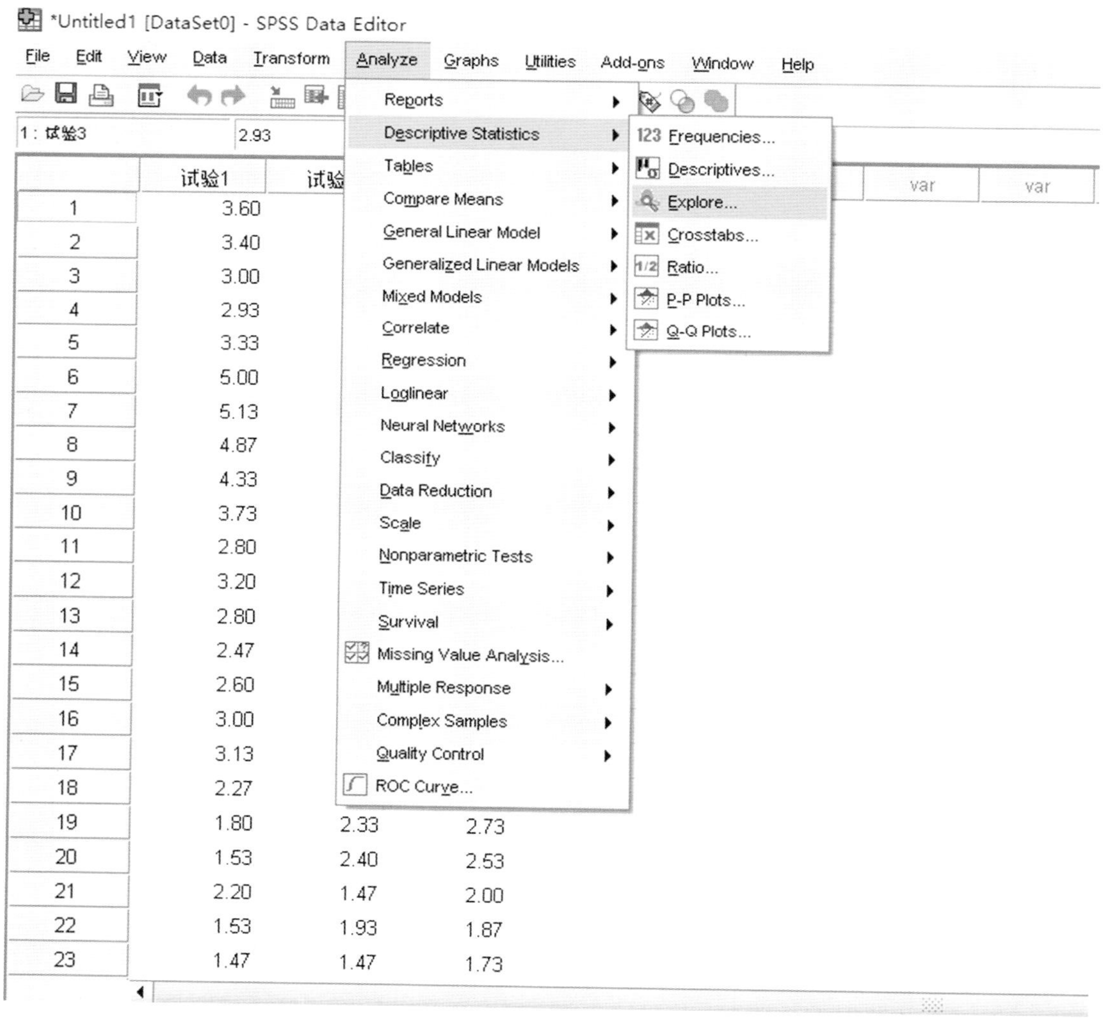

图 8–3–7　正态性检验线性窗口

两种检验的结果见表 8–3–5，显著性水平值均大于 0.05，说明花粉量的分布与正态分布无显著差异，花粉量服从正态分布。

表 8-3-5　风洞花粉正态性检验

试验序号	Kolmogorov–Smirnov 检验			Shapiro–Wilk 检验		
	统计量	自由度	显著性值	统计量	自由度	显著性值
1	0.096	25	0.200	0.936	25	0.120
2	0.103	25	0.200	0.948	25	0.227
3	0.151	25	0.143	0.934	25	0.110

（三）风场对花粉分布的影响

室内风洞的三次试验中，0 ～ 4.6 m/s 风速下各等距区间的花粉分布量如图 8-3-8 所示。图中，横坐标表示风速的各个区间值，纵坐标分别表示采样点个数和花粉量。

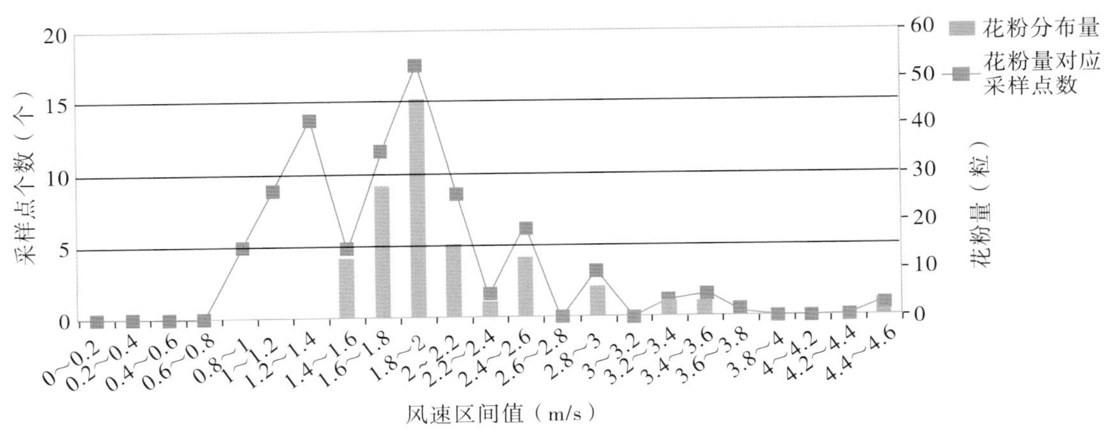

图 8-3-8　风速区间花粉分布图

从图 8-3-8 可以看出，在小型风洞试验中，风速小于花粉悬浮速度区间（0 ～ 1 m/s）的采样点个数为 7，占采样点总个数的 10%，该风速区间的花粉量为 15.2 粒；在小型风洞试验中，风速处于花粉悬浮速度区间（1 ～ 2 m/s）的采样点个数为 52，占采样点总个数的 69%，该风速区间的花粉量为 169.85 粒；在小型风洞试验中，风速大于花粉悬浮速度区间（2 ～ 4.6 m/s）的采样点个数为 16，占采样点总个数的 21%，该风速区间的花粉量为 71.7 粒。由此得到结论：在风洞内，风速区间处于风速带 1 ～ 2 m/s 时的采样点所采集到的花粉量最多。

以上现象可以说明，花粉的悬浮速度对花粉量影响较大，当风速小于花粉悬浮速度时，风力作用效果有限，因此花粉分布量不明显；当风速处于花粉悬浮速度区间时，花粉受风力影响明显，花粉量剧增，且分布宽度广；当风速大于花粉悬浮速度时，花粉受到风力影响较大，导致花粉沿直线传播，水平采样点采集到的花粉量减少。

从表 8-3-3 可以看出，当初始风速为 3.5 m/s 时，1 ～ 2 m/s 风速带（悬浮风速带）的花粉分布最宽。由此得出结论：在三次试验中，当初始风速为 3.5 m/s 时，采样点所占的悬浮风速带最宽，且花粉主要分布在此区域。

为揭示风洞风场分布与花粉量分布之间的规律，用区间的分级尺度代替较大的数字，以揭示风速与花粉量的关系，预报效果比采用数量值统计方法有明显提高。本试验将风速和花粉量按表 8-3-6 的方法分为 1 ～ 5 级，分级结果见表 8-3-7。

表 8-3-6　风速、花粉量分级标准

	风速 X（m/s）					花粉量 M（粒）				
区间	0 ～ 1	1 ～ 1.5	1.5 ～ 2	2 ～ 2.5	>2.5	0 ～ 1	1 ～ 2	2 ～ 3	3 ～ 4	>4
等级	1	2	3	4	5	1	2	3	4	5

表 8-3-7　风速与花粉量数值等级区间

采样点序号	试验 1				试验 2				试验 3			
	风速（m/s）	风速等级 X_1	花粉量（粒）	花粉量等级 M_1	风速（m/s）	风速等级 X_2	花粉量（粒）	花粉量等级 M_2	风速（m/s）	风速等级 X_3	花粉量（粒）	花粉量等级 M_3
1	2.50	4	3.60	4	3.50	5	4.73	5	4.50	5	2.93	3
2	2.02	4	3.40	4	3.21	5	3.53	4	3.72	5	4.47	5
3	1.89	3	3.00	3	2.89	5	4.07	5	2.97	5	5.47	5
4	1.88	3	2.93	3	2.54	5	4.13	5	2.42	4	5.07	5
5	1.65	3	3.33	4	2.48	4	6.00	5	2.13	4	5.67	5
6	1.68	3	5.00	5	2.30	4	5.00	5	2.02	4	7.07	5
7	1.34	2	5.13	5	1.87	3	6.07	5	1.92	3	7.13	5
8	1.34	2	4.87	5	1.81	3	5.40	5	2.10	4	5.40	5
9	1.34	2	4.33	5	1.77	3	5.87	5	1.99	3	4.60	5
10	1.18	2	3.73	4	1.39	2	4.53	5	2.06	4	4.13	5
11	1.10	2	2.80	3	1.54	3	4.40	5	1.92	3	4.73	5
12	1.06	2	3.20	4	1.53	3	4.47	5	1.72	3	4.53	5
13	0.99	1	2.80	3	1.18	2	4.07	5	1.81	3	4.13	5
14	1.14	2	2.47	3	1.34	2	3.13	4	1.75	3	4.40	5
15	1.10	2	2.60	3	1.38	2	3.60	4	1.79	3	3.13	4
16	0.99	1	3.00	4	1.42	2	3.20	4	1.85	3	3.00	3

续表

采样点序号	试验1				试验2				试验3			
	风速（m/s）	风速等级 X_1	花粉量（粒）	花粉量等级 M_1	风速（m/s）	风速等级 X_2	花粉量（粒）	花粉量等级 M_2	风速（m/s）	风速等级 X_3	花粉量（粒）	花粉量等级 M_3
17	0.99	1	3.13	4	1.38	2	2.60	3	1.79	3	2.67	3
18	1.05	2	2.27	3	1.42	2	2.73	3	1.72	3	2.80	3
19	1.10	2	1.80	2	1.38	2	2.33	3	1.79	3	2.73	3
20	0.99	1	1.53	2	1.38	2	2.40	3	1.85	3	2.53	3
21	1.06	2	2.20	3	1.30	2	1.47	2	1.85	3	2.00	2
22	0.87	1	1.53	2	1.38	2	1.93	2	1.81	3	1.87	2
23	0.99	1	1.47	2	1.32	2	1.47	2	1.85	3	1.73	2
24	1.06	2	1.67	2	1.22	2	1.67	2	1.81	3	2.00	2
25	0.99	1	1.73	2	1.34	2	1.47	2	1.81	3	1.73	2

根据风速与花粉量的量化等级，在 SPSS 软件中单击主菜单命令“Analyze”下“Regression”中的“Linear”项，打开如图 8–3–9 所示的线性回归对话窗口。

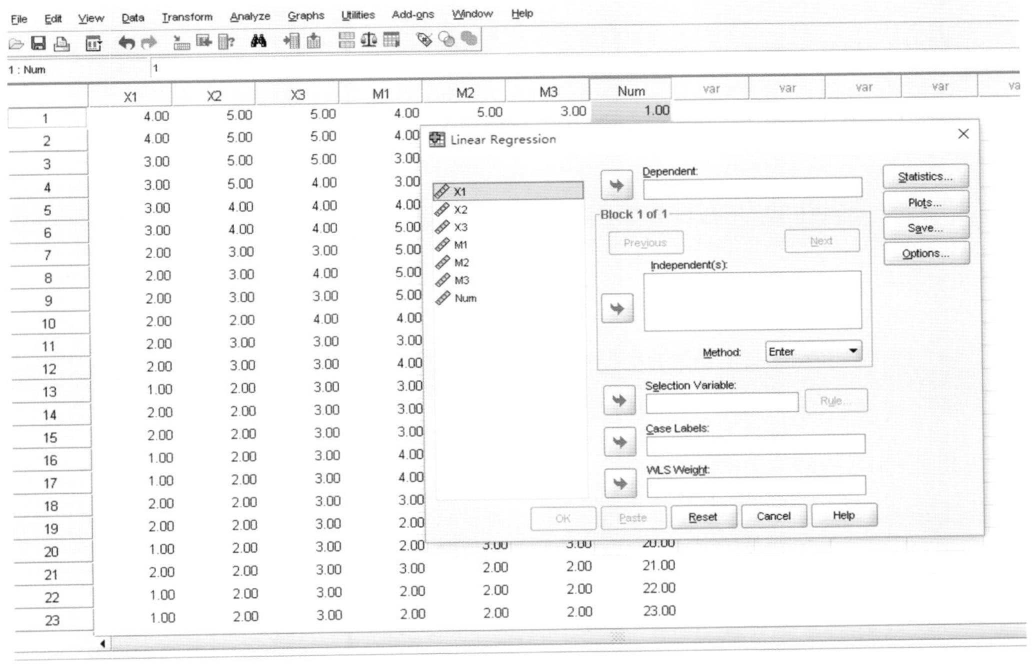

图 8–3–9 线性回归对话窗口

建立花粉分布量等级与风速等级之间的多元线性回归模型的分析表，表中记录显著性水平值等，见表 8–3–8。

表 8-3-8　多元线性回归模型的分析表

试验序号	Model	Unstandardized Coefficients		t	Sig.2.332	F	Sig.
		B	Std. Error				
1	Constant	2.430	0.496	4.898	0.000	4.150	0.053
	X_1	0.456	0.224	2.037	0.053		
2	Constant	2.138	0.551	3.880	0.001	12.093	0.002
	X_2	0.628	0.180	3.477	0.002		
3	Constant	1.526	1.205	1.267	0.218	3.974	0.058
	X_3	0.684	0.343	1.993	0.058		

从表 8-3-8 中可以看出，在试验 2 中，当初始风速值为 3.5 m/s 时，显著性水平值均小于 0.05，被解释变量与解释变量全体的线性关系显著，可建立线性方程，线性方程为

$$M_2=2.138+0.628X_2 \tag{8.3.3}$$

式中，M_2 为花粉量等级，X_2 为风速等级。

此数据模型说明，在 3.5 m/s 初始风速下，风洞内风场的扰流对花粉传播影响较小，各采样点与花粉量存在线性关系，能根据风速值预测花粉量。此外，当初始风速为 2.5 m/s、4.5 m/s 时，风洞内风场的扰流对花粉传播影响较大，风速与花粉量的关系无法用线性关系表示，理论上，在该风场下不利于花粉传播。

第四节　田间小型无人机水稻花粉分布试验

目前，小型无人机在农业方面的运用越来越广，尤其体现在杂交水稻制种辅助授粉作业上。但是在无人机风场参数对水稻授粉花粉分布情况的影响方面迄今尚未有具体的研究成果。因此，在风洞内花粉传播的基础上，研究室外自然环境下无人机不同的风场参数对水稻授粉花粉分布的影响，找出在各风速下花粉分布宽度并得出花粉分布的有效区域值，测试无人机在不同飞行参数下水稻父本花粉飘移距离，并检测无人机产生的风场与父本花粉运动之间的相关性，能为提高杂交水稻授粉质量和授粉作业效率提供理论指导和数据支持。

一、无人机风场特性分析

利用小型无人机进行水稻授粉试验，无人机的旋翼具有一定的拔模角度，通过旋转旋翼推

动空气流动并作用在作物层，形成下压风场。当无人机改变飞行状态时，旋翼与空气的作用面将改变作用方向，引起气流方向发生变化，从而改变下压风场。下压风场作为花粉运动的动力源，其覆盖宽度、各方向风速值等将直接影响授粉作业的效果。

二、花粉运动分析

无人机授粉属于气力式授粉，其主要原理是利用无人机旋翼所产生的下压风力，使其作用在水稻父本的花穗上，令雄蕊花药的花粉沿着力的作用方向扩散出去。根据王慧敏等人对气力式授粉机理的研究，因为无人机旋翼所产生的风力较大、水稻种植株距较小，导致花粉扩散的方式分为两种，其中一种是直接作用于花粉的旋翼风力大于花粉与花药的黏附力，使花粉脱离花药并随着气流扩散出去，受力模型如图 8-4-1 所示。

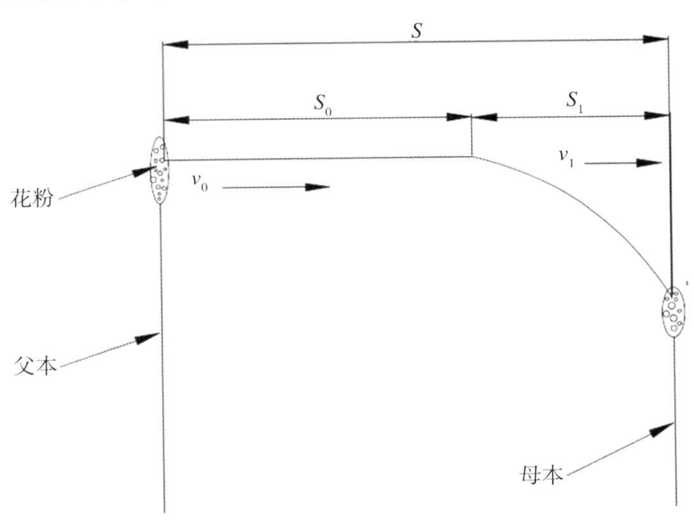

图 8-4-1　花粉受力模型 1

当花粉刚脱离花药时，旋翼气流的风速 v_0 大于花粉悬浮速度，风力克服花粉的重力，使花粉沿气流方向做直线向前传播，当传播至一定距离 S_0 后，旋翼风力衰减，此时风速 v_1 小于花粉的悬浮速度，花粉即开始沿抛物线运动沉降在水稻母本花药上，完成授粉。在这一过程中，花粉水平位移为 S_1，因此整个过程花粉运动位移 S 为

$$S=S_0+S_1 \tag{8.4.1}$$

在杂交水稻气力式授粉中，花粉运动过程与气流本身的特性密切相关，因此符合射流理论及其相关特性，参考等温圆射流经验公式：

$$\frac{v_1}{v_0}=\frac{0.996}{\frac{\alpha S_0}{r}+0.294} \tag{8.4.2}$$

式中，α 为射流扩散角，r 为等温圆半径。

由公式（8.4.1）和公式（8.4.2）可以得出，花粉的总位移与初始速度有关。

另一种方式是旋翼风力作用在水稻植株茎秆、花穗等部位，茎秆、花穗对花粉产生作用力，使花粉受到冲击，当冲击力大于花粉与花药的黏附力，使花粉被扩散出去，花粉受力模式如图 8-4-2 所示。植株茎秆受到风力作用，发生弹性形变，分别位移至 B、C 处，其中在 A、B 处茎秆位移速度为 0 m/s，而 C 处茎秆位移速度达到峰值 v′。

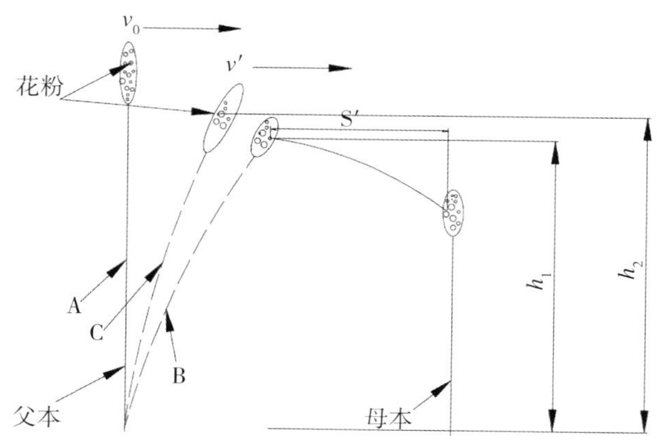

图 8-4-2　花粉受力模型 2

根据冲击理论以及参考王慧敏等人对气力式授粉机理的研究，得到花粉脱离水稻茎秆花药前的公式如下式所示。

$$m_1 v_1^2 = m_f v_0^2 - \frac{(3h_1 - h_2)\ m_f^2\ g^2\ h_2^2}{6EI} \tag{8.4.3}$$

式中，v_0 为初始风速，E 为植株的弹性模量，I 为圆柱面对中性轴的惯性矩，m_f 为一定气体的质量，m_1 为水稻植株的质量，m_f 为气体的重力，g 为重力加速度。

当花粉脱离花药后，忽略环境对花粉的影响作用，花粉以平抛的形式运动，直到沉降到母本花药上，完成整个授粉过程。此过程花粉的水平位移 S' 与花粉初始速度 v' 及父本、母本的高度差有关，再结合公式（8.4.3）可知，花粉的水平位移 S' 与初始风速 v_0 有关。

根据以上两种花粉传播方式可知，花粉传播距离与旋翼风场的初始风速有直接关系，即花粉的传播距离随无人机旋翼风速的增大而增大。当无人机风速较小时，旋翼产生的风场作用力不足以使花粉被吹下，因此受力情况与花粉受力模型 2 一致，花粉主要受振动力作用而扩散出去；当风速大到一定程度后，风力直接将花粉吹下，此时风力起主要作用。在实际授粉作业时，可根据田间母本分布区域空间来确定所需要的旋翼风力大小，以获得最佳的授粉质量，减少因花粉飘移所带来的危害。但是，在无人机实际授粉作业过程中还需要考虑外界环境例如自然风、温度、湿度等，所带来的可变影响因素，因此还要通过收集风场数据和花粉量数据来分析各个影响因子。

三、试验方案设计

（一）试验材料与设备

在此次无人机花粉分布试验中，采用的是湖南大方植保有限公司提供的 80-2 单旋翼油动无人机，如图 8-4-3 所示，该无人机主要性能指标参数见表 8-4-1。

图 8-4-3　80-2 单旋翼油动无人机

表 8-4-1　单旋翼油动无人机性能参数

主要参数	机型	外形尺寸（mm × mm × mm）	主旋翼直径（mm）	尾旋翼直径（mm）	作业速度（m/s）	作业高度（m）
规格及数值	80-2 单旋翼油动无人机	1760 × 580 × 750	2080	350	0 ～ 8	0.5 ～ 3

在此次试验中，所选用的北斗定位系统为华南农业大学兰玉彬、李继宇等人研制的航空用北斗系统 UB351，该系统具有 RTK 差分定位功能，平面精度达 1 cm + 0.5 ppm，高程精度达 2 cm + 1 ppm，速度精度达 0.03 m/s，时间精度达 20 ns。手持该系统移动站给花粉采样点坐标定位，可精确掌握各个采样点的位置坐标与间距。无人机搭载该系统移动站为作业航线绘制轨迹，可通过北斗系统绘制的作业轨迹来观察实际作业航线与各花粉采样点之间的关系，且该系统可直接显示无人机的实时飞行参数，便于读取数据。

在该试验中，无人机风场测量系统采用的是华南农业大学兰玉彬、李继宇等人研制的风场无线传感器网络测量系统，该系统包括叶轮式风速传感器、风速传感器无线测量节点。用叶轮式风速传感器测量每一个采样点无人机授粉作业时所产生的三向风速，测量范围为 0 ～ 45 m/s，精度为 ± 3%，分辨率为 0.1 m/s。风速传感器无线测量节点由 490 MHz 无线数传模块、微控制器及供电模块组成，可将风速数据传输到计算机的智能总控汇聚节点。

环境监测系统包括便携式风速风向仪和试验用数字温湿度表，风速风向仪用于监测和记录试验时的环境风速和风向，温湿度表用于测量试验时环境的温度及湿度。

利用万向夹将涂有凡士林的载玻片固定于水平仪三脚架顶部作为花粉采集玻片，花粉采集玻片如图 8-4-4 所示。

试验用到的显微镜为普通生物显微镜，放大倍数在 40 ～ 1600 倍。

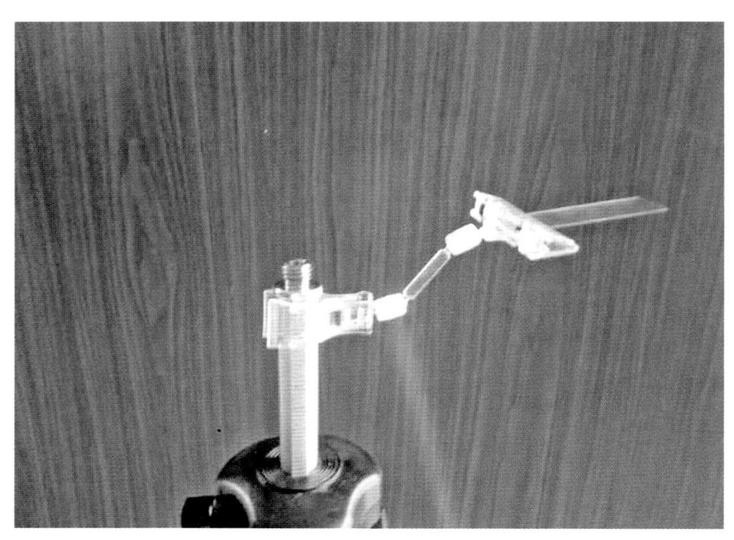

图 8-4-4　花粉采集玻片

（二）试验方法

根据水稻花粉每天的开花期，3 次试验时间设定于 11：00 ～ 12：30 进行，试验地点为湖南省武冈市隆平种业公司杂交水稻制种基地的 6 ：60 行比试验区水稻田。水稻采用机械插秧，植株株行距为 17 cm × 14.5 cm。水稻父本、母本品种、植株生长状况均一致。待测试植株正处于旺盛开花期。

此次室外试验研究无人机在不同飞行速度下，水稻花粉在各个作业因素影响下的分布规律。参考平时无人机授粉作业经验，农用无人机作业高度一般距离作物冠层 3 ～ 10 m，飞行速度为 4 m/s 左右，在最佳飞行速度的基础上增设 2 个飞行速度，即预设定的 3 个飞行速度分别为 3.5 m/s、4 m/s、4.5 m/s，分别将之标记为试验 1、试验 2、试验 3。

3 次飞行速度试验分别在试验区水稻田的 3 个区域依次进行，每个区域的中心种有 6 行父本作为授粉作业的花粉源，每个区域布置 20 个花粉采样点，20 个采样点呈一条直线排列，与区域中心 6 行父本的种植方向相垂直。花粉采样点之间距离预设为 1 m，从航线的左侧到右侧依次编号为 1# ～ 20#，且将每个区域的 10# 采样点与 11# 采样点分别设在区域中心的父本行左右边缘处。相邻两个区域之间以 6 行父本为边界。为防止区域中心的父本花粉传播给相邻区域的母本，区域与区域之间的 6 行父本不用于授粉作业，仅用于隔开相邻两个区域，以防止父本花粉的交叉传播。

按照杂交水稻实际授粉作业的情况，采样点在水稻植株的穗层高度布置采样撑杆。在载玻片上均匀涂抹少量凡士林，然后将载玻片固定在万向夹上，万向夹夹在田间已布置好的采样撑杆顶端。试验时，无人机从区域中心的 6 行父本正上方飞过，试验场景布置如图 8-4-5 所示。

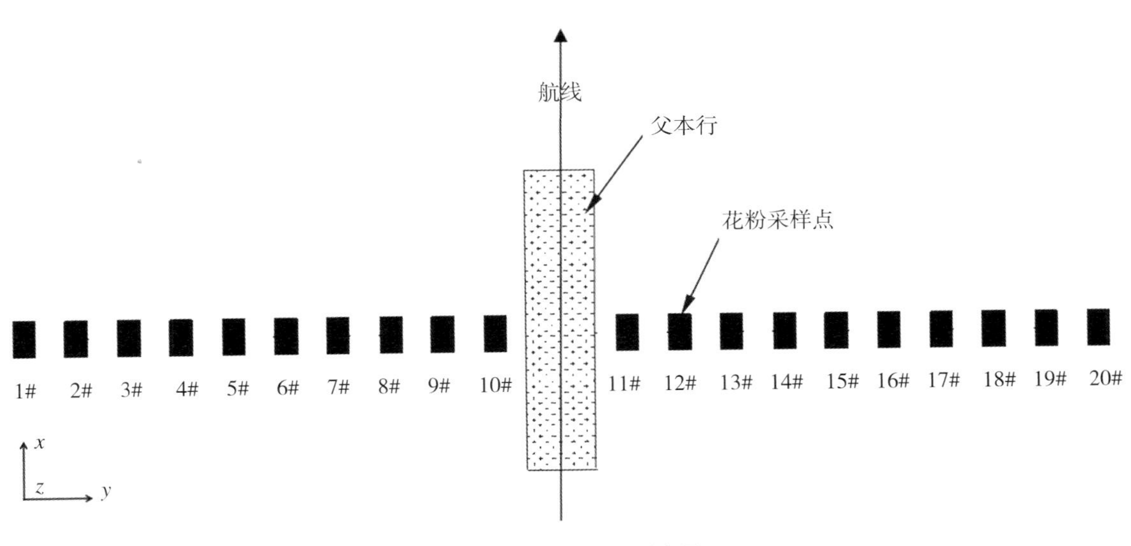

图 8-4-5　试验场景布置

四、数据采集

（一）无人机飞行姿态参数及气象参数的获取

利用无人机搭载北斗定位系统 UB351 获取三次在不同飞行速度下的各项作业参数，包括平均飞行高度、平均飞行速度等。利用环境检测系统获取试验相关气象参数，见表 8-4-2。

表 8-4-2　无人机作业参数、气象参数

试验序号	平均飞行速度（m/s）	平均飞行高度（m）	自然风速（m/s）	平均湿度（%）	平均温度（℃）
1	3.46	1.23	0		
2	3.96	1.33	0.3	64%	33
3	4.53	1.15	0		

（二）室外采样点坐标及无人机航线的绘制

利用北斗定位系统 UB351 对室外无人机授粉作业的花粉采样点定位并获取坐标值，由坐标值绘制试验田花粉采样点坐标图及预设飞行航线，花粉采样点位置如图 8-4-6 所示。

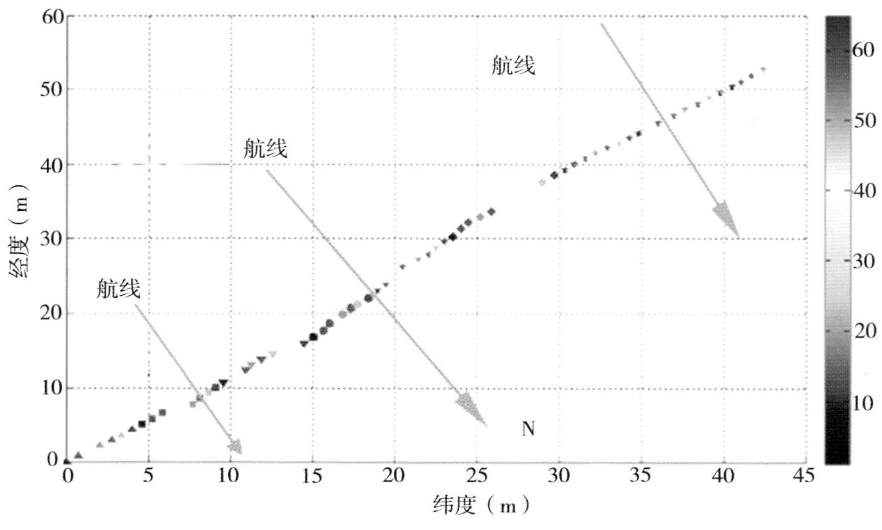

图 8-4-6　花粉采样点位置

根据无人机搭载北斗定位系统 UB351 的移动站及表 8-4-2 的记录，试验 1 与试验 3 的自然风速为 0 m/s，试验 2 的自然风速为 0.3 m/s，绘制无人机三次试验的飞行轨迹，最终航线轨迹如图 8-4-7 至图 8-4-9 所示。

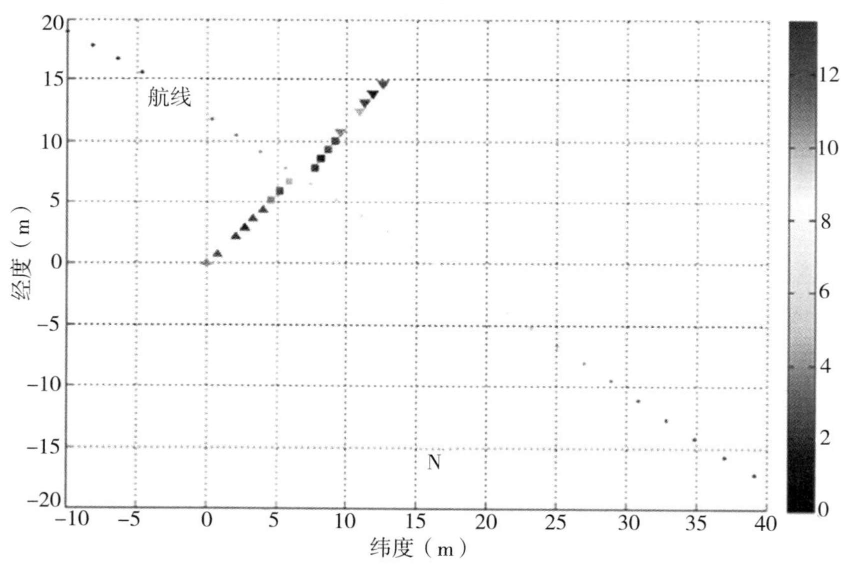

图 8-4-7　试验 1 飞行轨迹

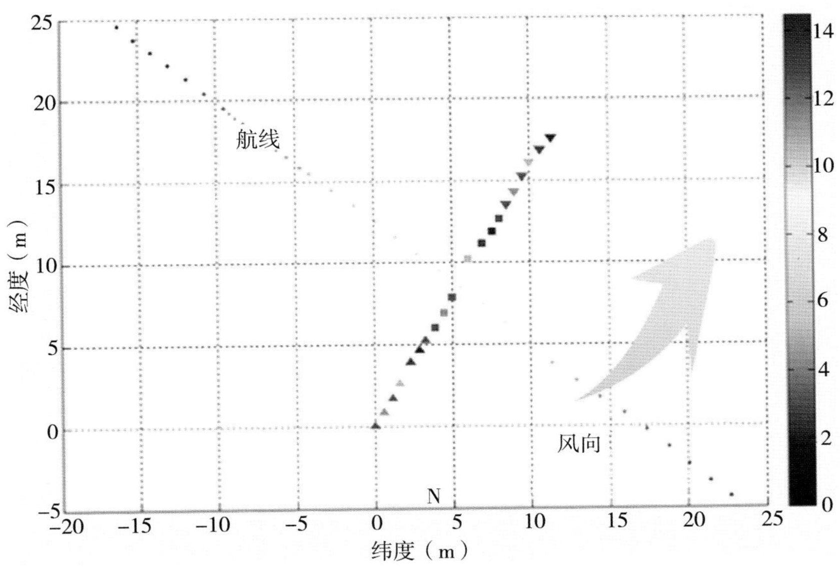

图 8-4-8　试验 2 飞行轨迹

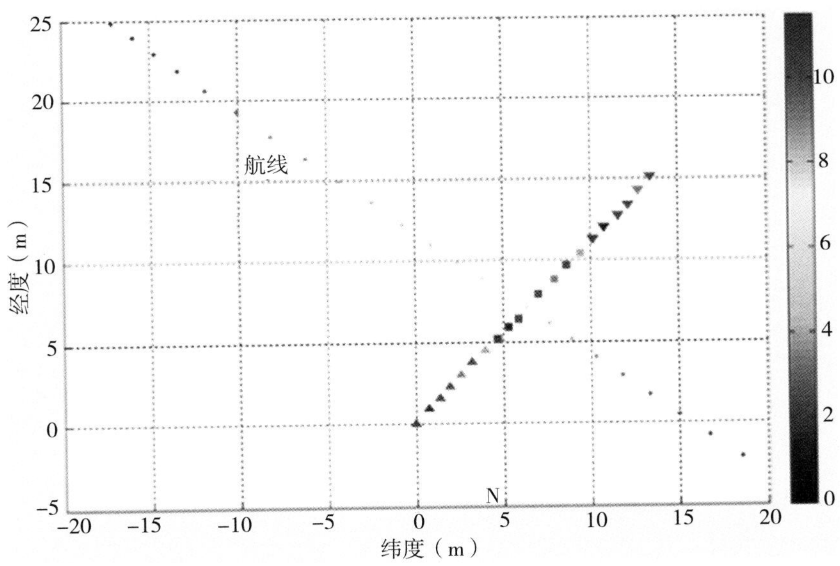

图 8-4-9　试验 3 飞行轨迹

（三）旋翼风场数据采集

参考汪沛等人测量无人油动力直升机田间风场的方法，在每个采样节点上设 x、y、z 三个不同方向的叶轮式风速传感器，风速传感器的高度与水稻冠层平齐，以风速传感器的轴心为参考安装方向。对每个风场测量节点依次编号为 1# ～ 20#，叶轮式风速传感器与花粉采样点的位置、序号对应一致。通过叶轮式风速传感器采集每个采样点的三向风速，其中 x 方向与无人机飞行方向平行、y 方向与飞行方向相垂直、z 方向垂直于地面，无人机风场测量数据见表 8-4-3。

表 8-4-3　无人机风场测量数据（m/s）

采样点序号	试验 1 风速			试验 2 风速			试验 3 风速		
	x	y	z	x	y	z	x	y	z
1#	0	0	0	0	0	0	0	0	0
2#	0	0	0	0	0	0	0	0	0
3#	0	0	0	0	0	0	0	0	0
4#	0	0	0	0	0	0	0	0	0
5#	0	0	0	0	0	0	0	0	0
6#	0	0	0	0	0	0	0	0	0
7#	0	1.0	0	0	1.7	0	0	0	0
8#	0.7	1.0	1.5	1.4	0.9	0.6	0	0	0.6
9#	0	8.6	1.9	0	0	0	0	2.8	0
10#	2.7	7.1	6.1	2.9	6.4	1.5	2.7	4.1	1.5
11#	0	0	0	0	1.8	0	1.0	3.1	0
12#	0.6	5.3	0	0.8	3.7	1.1	0	1.1	1.1
13#	0	0	0	0	0	0	0	0	0
14#	0	0	0	0	0	0	0	0	0
15#	0	0	0	0	0	0	0	0	0
16#	0	0	0	0	0	0	0	0	0
17#	0	0	0	0	0	0	0	0	0
18#	0	0	0	0	0	0	0	0	0
19#	0	0	0	0	0	0	0	0	0
20#	0	0	0	0	0	0	0	0	0

利用 Excel 将风场测量数据绘制成柱形图，如图 8-4-10 所示。图中，横坐标表示试验区域按等间距分布的 1# ～ 20# 采样点，纵坐标表示在每个采样点上 x、y、z 方向的风速值。考察风场宽度，将适宜风速定义为花粉悬浮的参考速度，分别以峰值风速大于 1 m/s、2 m/s、3 m/s 的采样点所覆盖的宽度为风场宽度。根据风场风速值及采样点坐标统计无人机水稻授粉三次试验时的各向风速峰值、风速峰值所对应的采样点位置、各风速区间内所对应的风场宽度，见表 8-4-4。

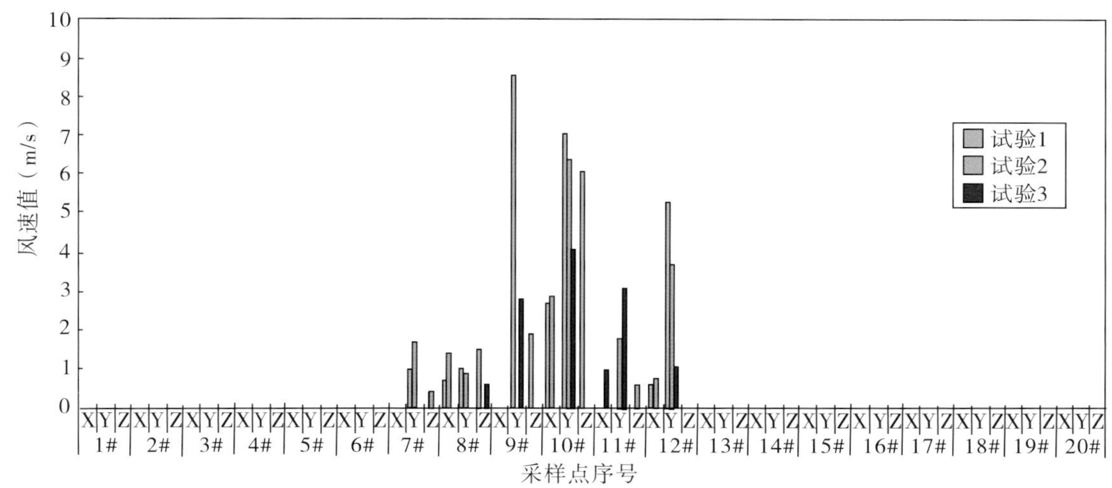

图 8-4-10 无人机风场风速图

表 8-4-4 无人机风场参数

主要参数		*x* 方向			*y* 方向			*z* 方向		
		试验 1	试验 2	试验 3	试验 1	试验 2	试验 3	试验 1	试验 2	试验 3
风速峰值（m/s）		2.7	2.9	1.0	8.6	6.4	4.1	6.1	0.6	1.5
峰值采样点序号		10#	10#	11#	9#	10#	10#	10#	11#	10#
风场宽度（m）	>1 m/s	1.26	0.67	0	5.81	4.16	3.73	3.17	0	0.67
	>2 m/s	0.52	0.67	0	4.39	3.17	2.81	1.65	0	0
	>3 m/s	0	0	0	4.09	2.76	1.75	1.25	0	0

（四）花粉数据采集

无人机分别以 3.46 m/s、3.96 m/s、4.53 m/s 的飞行速度飞过父本行，然后分别收集 20 个采样点的载玻片，在每个载玻片上按照梅花状均匀取 5 个观察点，并用碘 – 碘化钾溶液对这 5 个观察点染色，将染色后的载玻片置于 10 × 10 倍显微镜下，利用移动显微镜物镜，对每个观察点进行任意观察、计数 3 个视野的花粉颗粒数。以单个视野内均值花粉量大于 1 的作为有效视野，因此每个载玻片共产生 15 个有效的计数视野，对这 15 个有效视野的花粉颗粒数取平均值，并以此作为单个载玻片上花粉分布量，最终 3 次无人机授粉作业试验下每个采样点的花粉分布量见表 8-4-5 所示。利用 Excel 将其绘制成折线图，如图 8-4-11 所示。图中，横坐标表示试验区域按等间距分布的 1# ～ 20# 采样点，纵坐标表示每个采样点的花粉量。

表 8-4-5　无人机授粉作业花粉量分布

采样点序号	花粉量（粒）		
	试验 1	试验 2	试验 3
1#	5.80	5.40	6.07
2#	4.67	5.13	4.13
3#	3.47	4.67	3.47
4#	4.27	4.73	3.67
5#	4.27	4.67	5.40
6#	5.93	5.93	4.47
7#	5.40	8.13	6.13
8#	7.53	9.73	8.73
9#	10.60	18.87	17.20
10#	38.33	54.13	27.27
11#	7.67	8.20	9.53
12#	4.67	6.33	7.00
13#	3.20	7.07	3.13
14#	5.13	6.87	3.47
15#	5.27	5.73	3.27
16#	4.07	5.40	4.20
17#	6.53	6.20	6.73
18#	6.33	9.00	5.60
19#	6.93	14.13	5.33
20#	18.13	21.60	10.33

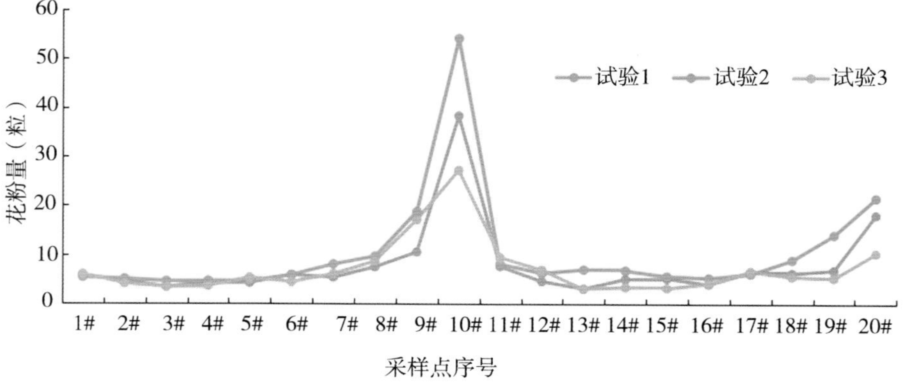

图 8-4-11　无人机授粉作业花粉量分布图

五、小型风洞试验与田间小型无人机花粉分布试验简易分析

（一）环境差异性分析

小型风洞试验是以封闭的风洞为平台，以试验场地为室内，以花粉运动动力源为风机，以测试的花粉为收集的花粉粒，测试时忽略自然风、光照条件、温度、湿度等环境因素。室外无人机田间授粉试验按照实际授粉作业的条件，环境因素主要为自然风、温度、湿度、父本母本的开花期、试验时间点等，同时在试验时初始条件存在差异性，无人机的飞行速度、高度无法保持所要求的特定值，存在微小的误差，这些因素直接关系到风场的大小及花粉的分布。本试验通过对比环境差异性等分析外界因素对无人机授粉作业影响。

（二）风场差异性分析

对比风洞内采样点风速分布图（图 8–3–3），及无人机风场风速图（图 8–4–10），可知风洞内各采样点风速呈线性降低，达到一定风速后保持该风速在 0.5 m/s 的范围内波动，且风速波动平稳。当增大初始风速时，所有采样点的风速均相应地增加 0.4 ～ 0.5 m/s。理论上，风洞内作用在花粉上的风场只包含水平方向的气流，该气流与花粉运动方向一致。在田间无人机授粉时，旋翼产生的风场受水稻植株、自然风、气压等因素影响，风速在父本边缘处呈现峰值，且随距离的增加而迅速减小，当减小幅度达 6 m/s，且风速波动幅度较大时，相邻的采样点风速值差异性较大。旋翼风场包含水平风场与垂直风场，水平风场对花粉飘移距离影响明显。

（三）花粉分布量差异性分析

对比风洞试验花粉分布图（图 8–3–4）及无人机授粉作业花粉量分布图（图 8–4–11），可知花粉分布量均呈现峰值。风洞内花粉主要集中在 6# 采样点和 7# 采样点处，8# 采样点的花粉量迅速下降，这与风洞内风场变化有关，风速从 7# 采样点开始下降，导致花粉量也跟随减少。田间无人机授粉花粉量主要集中在父本边缘处，根据田间风场分布图所示，父本边缘的风场较强。对比两次试验花粉分布的均匀性，无人机授粉作业 3 次试验的花粉分布均匀性较风洞试验差，花粉分布不均匀度最大达到 11.3 粒，但花粉分布密度较风洞试验密集，最高达 10.6 粒，且无人机授粉作业花粉量呈非对称性分布，即 1# ～ 10# 采样点的花粉量明显多于 11# ～ 20# 采样点，这与无人机旋翼的风场有关。

参考文献

[1] 胡达明. 杂交稻制种授粉花粉悬浮速度测定与应用研究 [J]. 杂交水稻，1996（1）：11-13.

[2] 胡继银，蒋艾青. 印度杂交水稻现状及发展对策 [J]. 杂交水稻，2010（3）：82-87.

[3] 黄德明，季申清，黄河清，等. 杂交水稻机械采授粉制种实用新技术 [Z].1992.

[4] 江明，刘辉，黄欢. 图像二值化技术的研究 [J]. 软件导刊，2009，8（4）：175-177.

[5] 李继宇，周志艳，胡炼，等. 单旋翼电动无人直升机辅助授粉作业参数优选 [J]. 农业工程学报，2014，30（10）：10-17.

[6] 李中秋，汤楚宙，李明，等. 杂交水稻制种气力碰撞组合式授粉的花粉分布 [J]. 湖南农业大学学报（自然科学版），2015，41（3）：325-331.

[7] 李中秋，汤楚宙，李明，等. 气力式授粉喷气管道参数优化与试验验证 [J]. 农业工程学报，2015，31（21）：68-75.

[8] 汪沛，胡炼，周志艳，等. 无人油动力直升机用于水稻制种辅助授粉的田间风场测量 [J]. 农业工程学报，2013，29（3）：54-61，294.

[9] 汪政红，周清志. 两种多元正态性检验方法的应用和比较 [J]. 中南民族大学学报（自然科学版），2009，28（3）：99-103.

[10] 王慧敏，汤楚宙，李明，等. 气流速度对杂交水稻制种授粉花粉分布的影响 [J]. 农业工程学报，2012，28（6）：63-69.

[11] 吴一全，吴加明，占必超. 一种可有效分割小目标图像的阈值选取方法 [J]. 兵工学报，2011，32（4）：469-475.

[12] 吴勇. 二维孔口紊动射流流场特性的实验研究 [J]. 科技情报开发与经济，2005（9）：172-173.

[13] 吴中平，吴乔，韩召，等. 利用高速摄影测量水下物体的运动速度 [J]. 水雷战与舰船防护，2007（1）：21-23.

[14] 许世觉. 中国杂交水稻制种技术的发展 [J]. 杂交水稻，1994（Z1）：50-51，57.

[15] 杨俊涛. 人工赶粉技术的改进及配套措施 [J]. 种子，1989（5）：62-63.

[16] 杨明金，杨玲，李庆东，等. 日本水稻生产机械化系统分析及对中国农业机械化发展的建议（英文）[J]. 农业工程学报，2003（5）：77-82.

[17] 宗序平，姚玉兰. 利用 Q-Q 图与 P-P 图快速检验数据的统计分布 [J]. 统计与决策，2010（20）：151-152.

[18] 王建伟. 无人机风场下的水稻花粉运动规律的研究 [D]. 华南农业大学，2016.

[19] BERNI J A J，ZARCO-TEJADA P J，SEPUL CRE-CANTÓ G，et al.Mapping canopy

conductance and CWSI in olive orchards using high resolution thermal remote sensing imagery [J] .Remote Sensing of Environment，2009，113（11）：2380–2388.

[20] GEALY D R，MITTEN D H，RUTGER J N.Gene Flow Between Red Rice（Oryza sativa）and Herbicide Resistant Rice（O.sative）：Implications for Weed Management [J] .Weed Technology，2003，17（3）：627–645.

[21] Government of India，Ministry of Agriculture，Department of Agriculture & Cooperation. Guidelines for Seed Production of Hybrid Rice [M] .Krishi Bhawan，New Delhi，2010.

[22] NIKLAS K J.Equations for the Motion of Airborne Pollen Grains Near the Ovulate Organs of Wind–Pollinated Plants [J] .American Journal of Botany，1988，75（3）：433–444.

第九章 农用无人机撒播技术

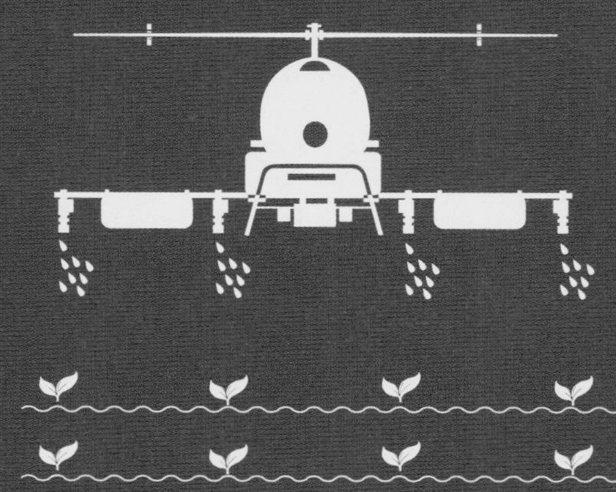

第一节　农用无人机撒播技术的发展现状及发展趋势

随着我国城镇化进程的加快，越来越多农村年轻人涌向城市，农村劳动力日益短缺。农业发展由传统的人工作业转向机械化作业和自动化作业是大势所趋。众所周知，传统农业机械有播种机、插秧机、收割机等大中小型地面机械，相对人工作业而言，地面机械作业可大大提高作业效率，具有省时省力、提高经济效益、促进生产规模化等优点。但地面机械作业也有弊端，即进入田间作业时不仅容易碾压作物造成一定作物损伤，还会压实土壤，对农田土层结构造成一定破坏。另外，地面机械对作业田块的地形、地貌均有一定要求，适用性相对较差。

伴随着我国无人机行业的快速发展以及“精准农业航空”概念的提出，农用无人机开始出现在人们的视野。利用应用农用无人机进行作业具有以下优点：省时省力、作业效率高、不误农时；适用性好，可完成地面机械因地形、地貌的限制所无法完成的作业；人机分离，减少操控人员工作量且操控人员安全系数高；对作物及农田土层结构损伤小。现有的农用无人机喷施水剂、悬浮剂等液态农药的技术日益成熟，并已经得到大力推广与应用。农用无人机除了应用在航空植保施药方面，还可以应用在航空撒播、航空授粉等其他方面。

航空撒播是指在飞机上挂载专用撒播装置，进行种子、固体肥料、颗粒剂农药等农业颗粒物料撒播的作业方式。国内早期的航空撒播作业主要依托有人驾驶固定翼飞机和直升机。目前有人驾驶固定翼飞机的播撒设备已比较成熟，多用于飞播造林和飞播牧草。但使用无人机撒播，近两年才在国内进入研究高速发展阶段，虽已有高等学校、科研机构和无人机企业研发出一些相关撒播装置或撒播无人机，但至今尚未被大规模应用。

一、国内农用无人机撒播技术的发展现状及发展趋势

20 世纪 60 年代，我国已出现飞机播种作业，主要在陕西、新疆、黑龙江等地，且多用于飞播造林、飞播水稻、飞播棉花及飞播牧草等领域。利用飞机进行大面积的播种造林是恢复生态系统的有效措施，同样的，特别是在地广人稀的地方，利用飞机播种牧草，也是大面积改良天然草场和建立人工草地的有效措施和先进手段。据统计，目前我国适合飞机播种树种和草种的荒山、荒原面积高达 5200 hm^2。陕西是全国较早开展飞播造林的省份之一。在汉江、嘉陵江和丹江源头地区，飞播造林形成了集中连片的防护型用材林基地。50 多年来，陕西森林覆盖率增加了 2%，取得了明显的经济效益、生态效益和社会效益。截至 2020 年底，全国飞播造林总面积

达 2572 万 hm^2。飞机播种技术在农业方面的应用主要包括水稻播种和肥料撒施等。1967 ～ 1977 年，我国先后在新疆国营八五七农场、国营八五零农场、云山农场和江川农场尝试采用有人驾驶飞机进行水稻播种，单架次作业面积可达 3.46 hm^2，一天可播 50 ～ 90 hm^2，单程有效幅宽可达 22.5 m。在黑龙江等东北地区，为了抢农时，利用飞机进行播种，可提高种植效率，使水稻生长期适应当地农业要求。随后，飞机播种在新疆、黑龙江、湖南和广东等 10 个省份的农场均受到应用，其中新疆的巴州部队农场飞机播种平均亩产为 400 kg，少数地区最高达 500 kg。

除了东北、新疆及三大平原地区，我国其他地区少有大规模农场，耕地情况多为独立块状，人均耕地少，尤其是南方田块网格化、丘陵化的地貌并不适用有人驾驶飞机播种。而农用无人机具备体积小、携带方便、操作灵活、自动化程度高且不需要专门的起飞跑道等优点，非常适用于在此类地形上进行撒播作业，因此在国内农用无人机航空撒播作业有着很大的潜在市场。

近年来，国内已有高等学校、科研机构和高新科技公司对无人机撒播技术进行了相关研究，并取得了一批撒播专利，见表 9-1-1，并有不少相关撒播专利发表。部分无人机企业已生产相关撒播装置或撒播无人机。目前市场上在售的撒播无人机及配件有深圳高科新农技术有限公司的 M23-G 固态颗粒撒播无人机、深圳市飞客无人机科技有限公司的播种颗粒机、北方天途航空技术发展（北京）有限公司的天智 M8A 施肥撒播多功能无人机、深圳市大疆创新科技有限公司的 MG 播撒系统等，如图 9-1-1 所示。我国对无人机撒播技术的研究已进入快速发展阶段，该技术也为开展精准农业航空撒播提供了全新的途径。

表 9-1-1　国内相关撒播专利

类型	发明单位	名称	专利号
发明专利	华南农业大学	一种用于物料流量控制的无人机撒播装置及其控制方法	CN201710946278.1
发明专利	华南农业大学	一种适于无人机撒播作业的机载装置及撒播方法	CN201410384402.6
发明专利	江西农业大学	一种离心摆管式播种无人机	CN201711439666.7
发明专利	中国农业大学	无人机机载精准对靶播种系统及作业方法	CN201711160207.5
发明专利	广州天翔航空科技有限公司	一种无人机撒肥撒种装置	CN201610158725.2
发明专利	无锡觅睿恪科技有限公司	多喷撒头振动筛料播种农业无人机	CN201510818099.0
发明专利	辽宁猎鹰航空科技有限公司	无人机播种施肥装置	CN201511014147.7
发明专利	深圳高科新农技术有限公司	一种播撒装置及飞行播撒装置	CN201610057408.1
实用新型专利	安阳全丰生物科技有限公司	一种适用于无人机的固体颗粒抛洒装置	CN201720484835.8
实用新型专利	哈尔滨飞机工业（集团）有限责任公司	一种安装在飞机上的播撒器	CN200320131532.6

续表

类型	发明单位	名称	专利号
实用新型专利	珠海羽人农业航空有限公司	播撒器	CN201720278647.X
实用新型专利	四川农业大学	一种小型无人机便携式水稻直播机	CN201621102825.5

（a）深圳高科新农 M23-G 固态颗粒撒播无人机

（b）深圳飞客播种颗粒机

（c）北方天途天智 M8A 施肥撒播多功能无人机

（d）深圳大疆 MG 播撒系统

图 9-1-1 国内在售撒播无人机

二、国外农用无人机撒播技术的发展现状及发展趋势

国外的农用无人机撒播技术起步较早，在美国、荷兰、新西兰和澳大利亚等农用飞机作业使用率排名靠前的国家多以大型固定翼飞机播种为主。最早将有人驾驶飞机运用在农业作业方面的国家是美国。1918 年美国首次尝试使用有人驾驶飞机进行农业作业。美国得克萨斯州博蒙特的有人驾驶固定翼飞机用的风道式航空撒播装置，挂载在大型固定翼飞机底部，播量调控依靠大排量的长轴槽轮，抛撒依靠气流吹送实现，如图 9-1-2 所示。该装置设有入风口、入种口和弧形出种风道，出种风道分别向两侧呈弧形伸展，风道上间隔设置有若干出种孔。它主要利用飞机高速飞行时产生的高速气流，在导流风道内与物料充分混合，使物料颗粒获得较大的初速度，并沿若干风道脱离撒播装置。该装置撒播幅宽大、效率高。与美国风道式航空播种装置类似，荷兰的飞机撒播装置也采用有人驾驶固定翼飞机作为搭载平台。该装置在机舱内部设置种箱，驾驶员手动控制机舱底部的阀门阀杆调节播量，利用锥形风道引导稻种颗粒随气流分散实现播撒，如图 9-1-3 所示。新西兰的农用飞机播种应用于 20 世纪 40 年代末，采用改装的“复

仇者”飞机进行播种尝试，由此推开了研究飞机播种的大门。澳大利亚飞机播种应用于 20 世纪 50 年代，现在多数稻农采用自带卫星导航技术的飞机播种。

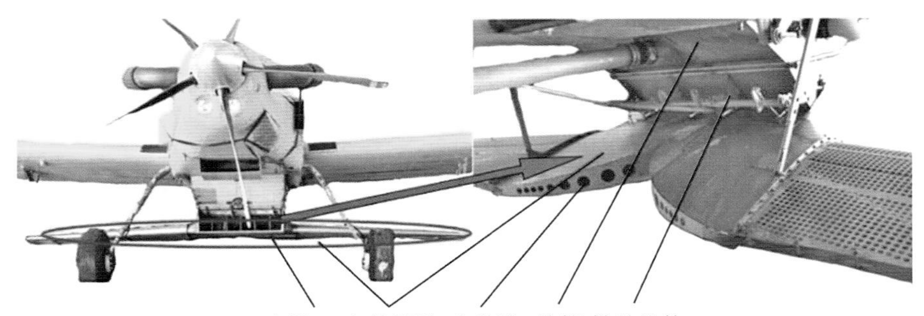

图 9-1-2　美国风道式航空撒播装置

图 9-1-3　荷兰的飞机撒播装置

日本和韩国等国家在水稻种植中也采用飞机播种，但这些国家的田块面积小，山地较多，地形复杂，飞机播种多采用直升机。日本的飞机播种装置主要包括固定式和吊挂式两种类型。吊挂式直升机播种装置如图 9-1-4 所示。

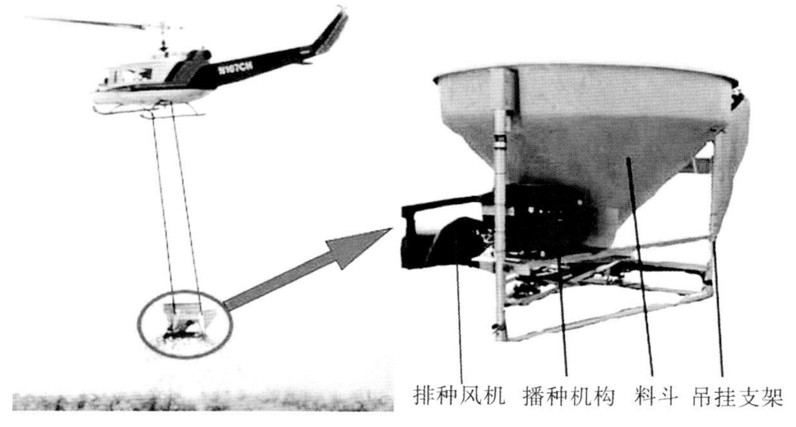

图 9-1-4　日本的吊挂式直升机播种装置

第二节　农用无人机撒播装置的研发与设计

一、装置总体结构的设计

本研究所设计的农业颗粒物料航空撒播装置是一种方便架设于农用无人机上，用于喷撒种子、颗粒肥和颗粒剂型农药等农业颗粒物料的撒播装置。一般撒播装置的机械结构都会分为药箱、定量系统及撒播系统三大部分。本研究所设计的装置也不例外，总体结构设计主要包括可拆卸式药箱单元、旋转叶片轮式定量单元及离心甩盘式撒播单元。

二、装置关键部件的设计

本撒播装置设计属于非标机械设计，主要的零部件是综合考虑了撒播装置的功能需求、撒播颗粒物料的物化特性，以及与无人机连接的便携性、机械设计原理、结构设计和装配合理性等多方面来设计的。下面列举几个关键部件的设计原理及设计思路加以说明。

（一）可拆卸式药箱设计

首先，所有的撒播装置都会设置有药箱单元，用来存储撒播物料，以给定量单元和撒播单元供料。传统的植保药箱绝大部分都是一体式，如图 9-2-1 所示。从药箱进料口到给定量单元供料的下料口之间都是一体的。这对于喷施农药液体制剂等无疑是最适用且最合理的设计，因为液体的易流动性，盛装液体制剂对药箱的密封性要求很高，而对药箱的结构形状没有太多限制。而喷撒固体颗粒物料的撒播装置对药箱的密封性要求相对来说并没有那么高，但其药箱的形状结构设计则需要综合考虑物料的物化特性、装置材料及机械结构功能等因素。

本研究所设计的撒播装置区别于传统植保药箱的一体式设计，采用了上下二分式的可拆卸式药箱设计，如图 9-2-2 所示。该药箱主体分为可拆卸式的上、下两部分。药箱上部的外形尺寸主要是根据该装置所搭载的深圳高科新农 M23 四旋翼无人机机型来设计。如图 9-2-3 所示，药箱上部两侧长边的圆弧面设计是为了更好地贴合无人机的外八式脚架；药箱上部两侧四个带有螺纹孔的大凸台设计是为了与无人机机体进行螺纹连接固定；药箱顶部为两个入料口设计，打开这两个药箱盖，即可往两个入料口同时下料，使得物料在药箱内分布均匀；药箱上部形状可看作是由上下两个长方体加上中间一个上宽下窄类似四棱台的放样几何体组合而成，这样的设计既保证了在有限设计尺寸内获得一个较大的储料空间，也保证了撒播时能产生较好的持续落料效果；药箱下部同时作为定量单元的一个定量外壳，有一个半圆弧面的设计，可与定量叶片轮配合形成一个类闭风器式的定量单元；药箱下部的下料口处设计有带螺纹孔的环形凸台，可与甩盘部件进行螺纹连接；药箱上下部也是通过带螺纹孔的小凸台用螺纹紧固件进行螺纹连接，且在连接面处留有与自行设计的半轴承座配合的凹口设计，用于放置定量单元中的定量叶片轴轴承。

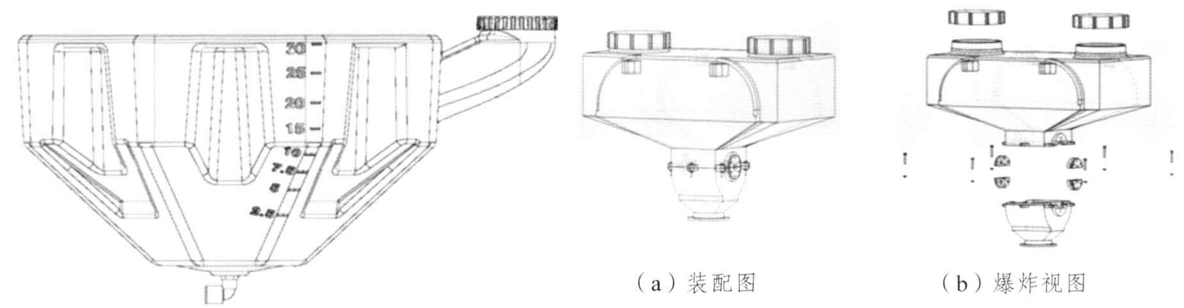

（a）装配图　（b）爆炸视图

图 9-2-1　一体式药箱

图 9-2-2　可拆卸式药箱

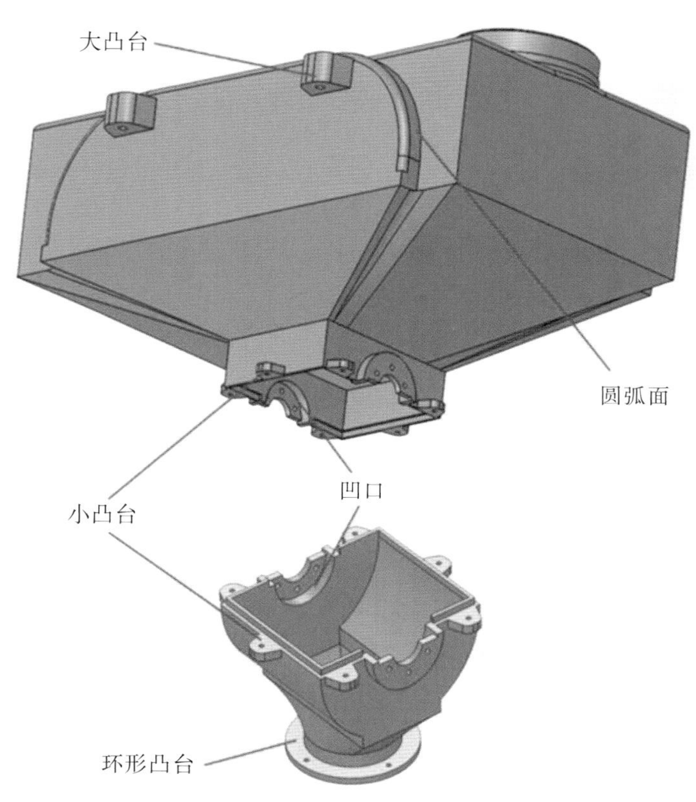

图 9-2-3　药箱上下部细节解析图

（二）定量叶片轮设计

如上所述，药箱下部同时作为定量单元的定量外壳与定量叶片轮（图 9-2-4）、药箱内壁形成一个类似闭风器结构的定量单元，如图 9-2-5 所示。

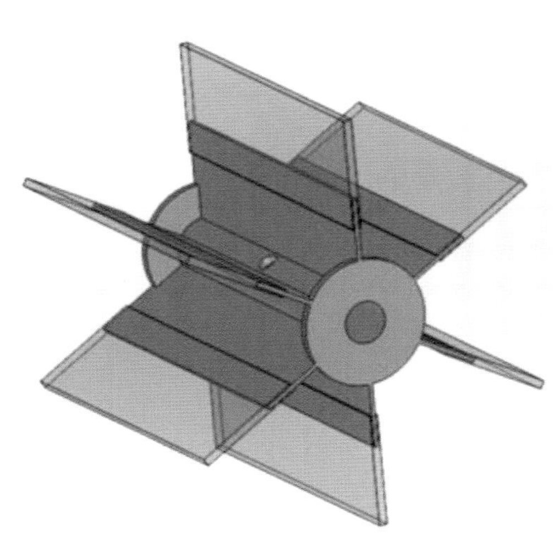

图 9-2-4　定量叶片轮

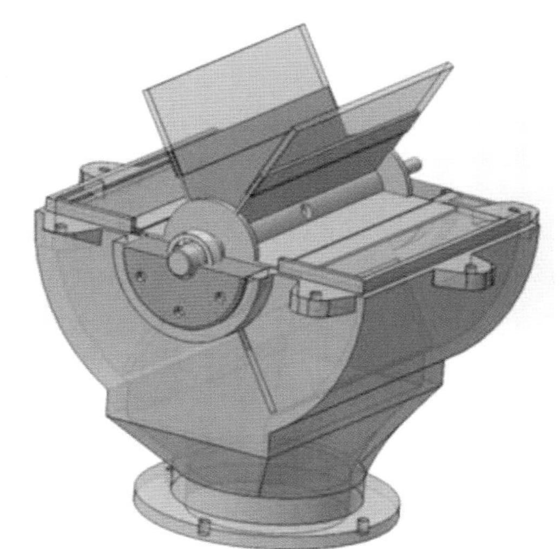

图 9-2-5　定量单元

定量叶片轮由两端带限位板的空心套筒焊接在 6 片径向延展的叶片上。6 片叶片将整圆六等分，即相邻两片叶片之间夹角为 60°。叶片最大外径略微小于定量壳体圆弧面内壁直径，使得叶片与装置内壁共同将装置药箱内的物料完全隔绝在上部所形成的封闭区域内。叶片由硬、软两部分组成。叶片靠外侧为软体材料，韧性较好且具有一定弹性，使得物料落在叶片与定量壳内壁之间时不易发生堵塞。如图 9-2-6 所示，定量叶片轮逆时针旋转，现将叶片分割的小区域用数字 1 ～ 6 命名加以说明。如状态 1 所示，当有叶片旋转到水平状态时，水平的两叶片便将 4、5、6 区域以及整个药箱上部的所有物料完全隔绝在上方，1、3 区域此时为独立封闭区域，只有 2 区域与药箱下部的下料口相连，即此时只有 2 区域的颗粒物料会供料给撒播单元；当叶片轮继续旋转至状态 2 所示位置时，图上红线所画的两叶片就将 3、4、5、6 区域以及整个药箱上部的所有物料完全隔绝在上方，此时 1、2 区域与下料口相连，即 1、2 区域的物料都为撒播单元供料。综上所述，无论定量叶片轮旋转至哪个角度，总有两片叶片可与药箱内壁形成一个封闭区域，将药箱内部物料与下料口加以隔绝，而至少有一个且至多有两个小区域与下料口相连并为撒播单元供料。而当控制定量单元电机启停或改变定量单元电机转速的时候，实际上就是在控制装置是否落料及控制落料速度。

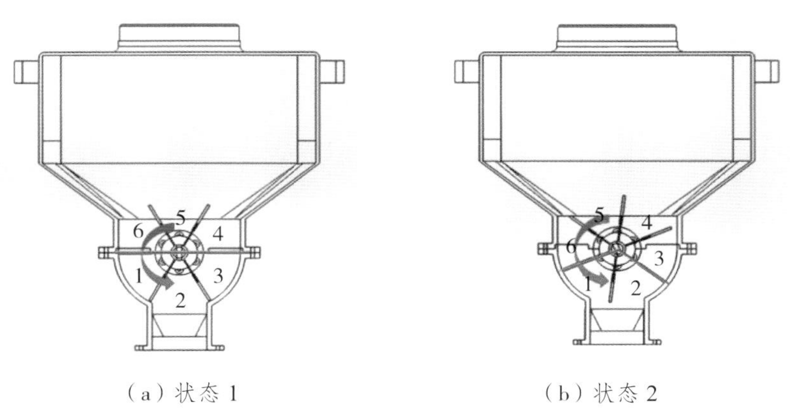

（a）状态 1　　（b）状态 2

图 9-2-6　定量原理示意图

（三）半轴承座设计

半轴承座属于撒播装置定量单元中比较重要的零部件，其中一些设计巧思也契合了本撒播装置的可拆卸式药箱单元与旋转叶片轮式定量单元的设计。

半轴承座外形结构设计创意来自玻璃门的半圆式锁型结构，如图 9-2-7 所示。将半圆式锁的两个独立部分分别与所需连接的两扇门固定在合适位置，固定好的两部分通过某种连接方式合并在一起。与半圆式（玻璃门）锁相似，半轴承座的侧面外观也是半圆形，它的功能是放置定量单元水平方向的两轴承，即药箱上部与药箱下部之间的定量叶片轴的轴承。半轴承座（成对）的结构外形如图 9-2-8 所示。它留有卡槽，与药箱上、下部所预留的凹口可进行无缝配合，以确保半轴承座在定量单元处的准确安装。且其圆心轴处留有轴承凹口，用于放置轴承并起到轴向定位作用，这样一来，两个独立的半轴承座合并在一起成对使用即组成一个完整的轴承座。半轴承座的设计思路非常契合本撒播装置的可拆卸式药箱单元设计。

图 9-2-7　半圆式玻璃门锁

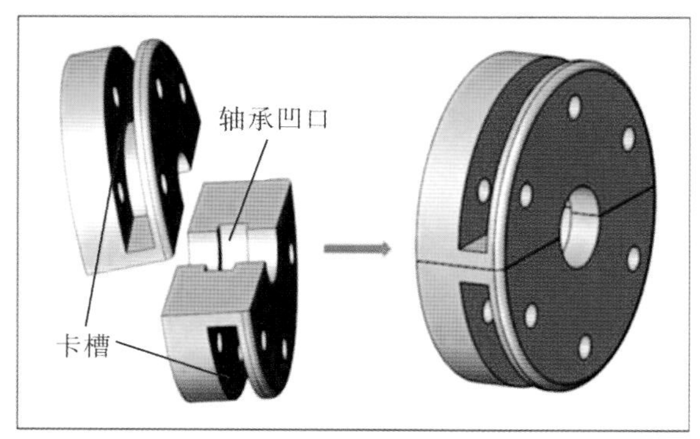

图 9-2-8　半轴承座（成对）

（四）甩盘部件设计

甩盘部件即本撒播装置的离心甩盘式撒播单元中需要自行设计的非标零部件，包括甩盘盖、甩盘底座、甩盘、甩盘轴及甩盘挺杆，如图 9-2-9 所示。

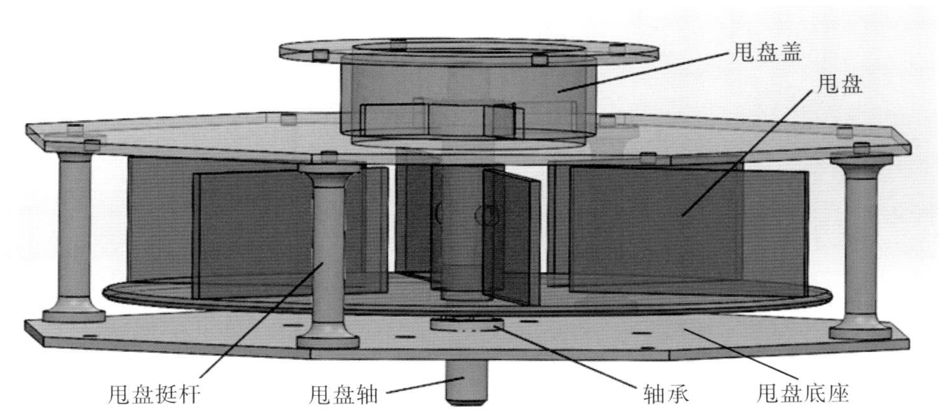

图 9-2-9　甩盘部件

甩盘盖是在本撒播装置甩盘单元中负责与定量药箱单元接合的零件，如图 9-2-10 所示。在其上部有带螺纹孔的环形凸台与药箱下部（定量壳）下料口处的环形凸台相对应，可进行螺纹连接；其下部为尺寸略大于甩盘的正八边形薄片体，外接圆直径为 180 mm，且在其 160 mm 直径圆上平均分布有 8 个螺纹孔，每个螺纹孔所在位置与八边形的 8 个角一一对应。在甩盘盖中心的空心管道焊有如图 9-2-10（b）所示的一个小圆台，用于放置并轴向固定甩盘单元的上止推轴承。小圆台的 4 根薄片支梁保证了圆台与甩盘盖管道内壁的稳定焊接，中间留出的 4 块空区则保证了定量单元对甩盘单元的顺利供料。

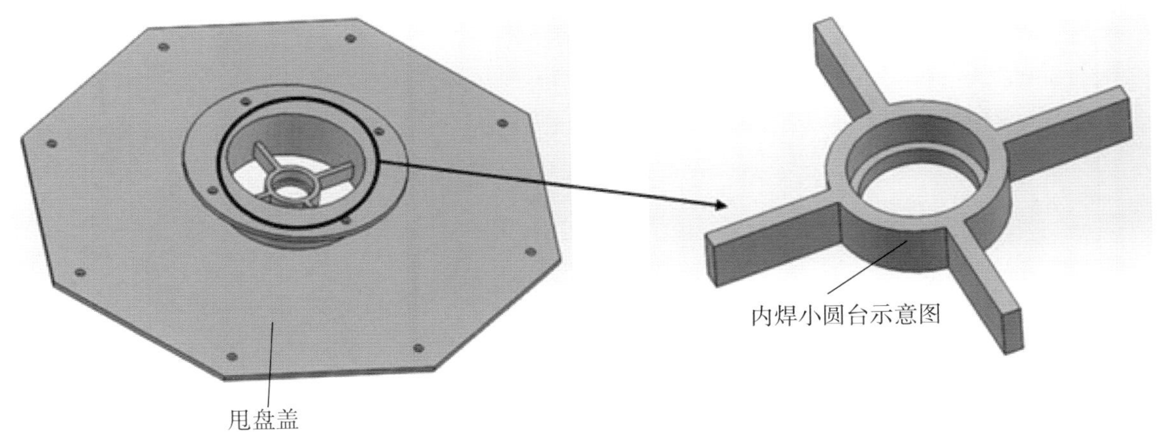

图 9-2-10　甩盘盖结构示意图

甩盘底座是放置下止推轴承、与甩盘盖配合共同保证甩盘竖直旋转轴向的零件，由一个与甩盘盖下部外形尺寸一样的正八边形片体和一个小圆环挡板焊接而成，如图 9-2-11 所示。距圆心 160 mm 处开有与甩盘盖一样的 8 个螺纹孔，另小圆环挡板周围还开有与甩盘电机所连接的 4 个螺纹孔。

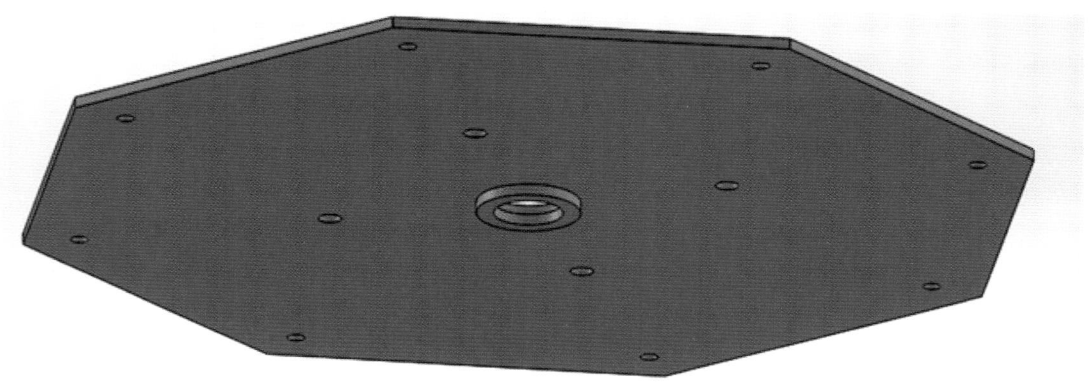

图 9-2-11 甩盘底座

甩盘是甩盘单元最关键的零件，如图 9-2-12 所示。在其中心的圆柱套筒侧面开有一个限位螺纹孔，用于与甩盘轴的螺纹连接，保证了甩盘与甩盘轴的同步旋转；甩盘底部为半径 70 mm 的圆盘，在其上方布有 6 块挡板，将甩盘分为 6 个等角扇形区域。但挡板并没有将甩盘区域全封闭，可保证从下料口落下的颗粒物料在甩盘内自由分布，而中间区域的物料在甩盘离心的作用下，可以从任一扇形区域被甩出。

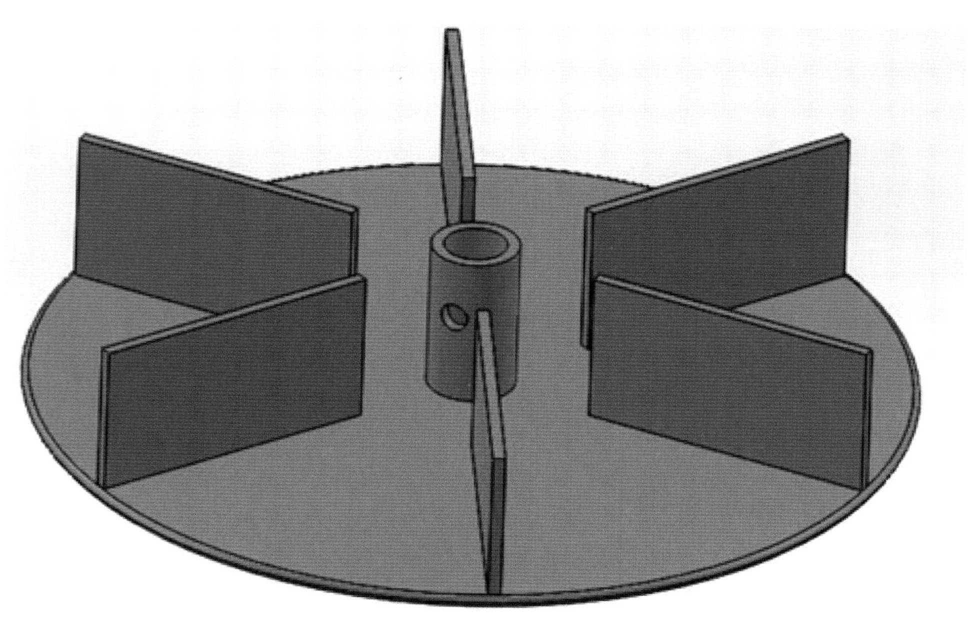

图 9-2-12 甩盘

甩盘轴是甩盘单元中的旋转轴，为阶梯轴式设计，如图 9-2-13 所示。其中间带螺纹孔的最粗段是与甩盘连接的部分。甩盘轴在装置内竖直放置，故上下各需要一个止推轴承，且需要对两个轴承进行轴向固定。甩盘轴还留有两个 M5 卡簧轴槽用来安装卡簧，卡簧与轴承盖和轴承底座配合，对两个轴承进行轴向固定。

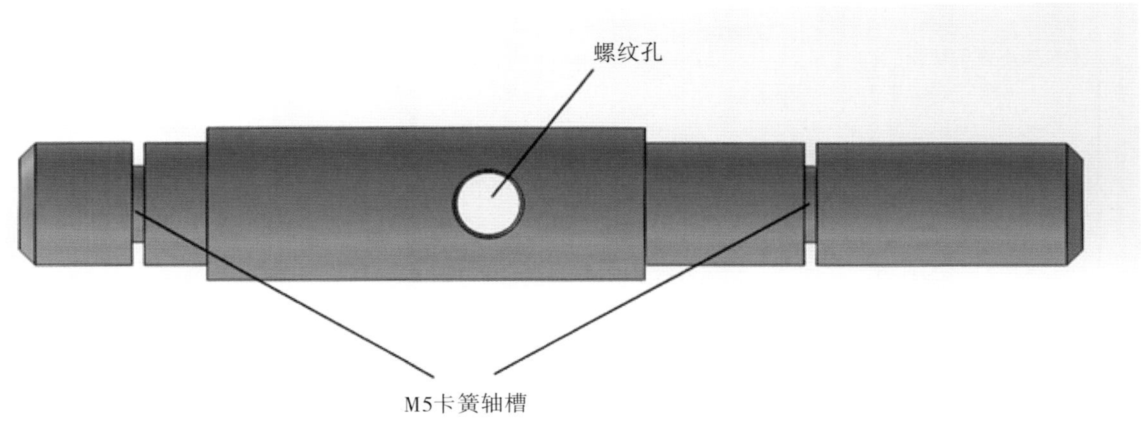

图 9-2-13　甩盘轴

甩盘挺杆是作为甩盘盖与甩盘底座连接固定支撑的零件，主体类似长轴套，但两端有扩宽的小圆环平台，起支撑并保证装配平面水平的作用。甩盘盖与甩盘底座过渡处进行了圆角处理。甩盘挺杆与对应尺寸的长螺栓和螺母配合使用安装于甩盘盖与甩盘底座上预留的螺纹孔位置，可选择 8 个或 4 个进行平均分布配合，如图 9-2-14 所示。

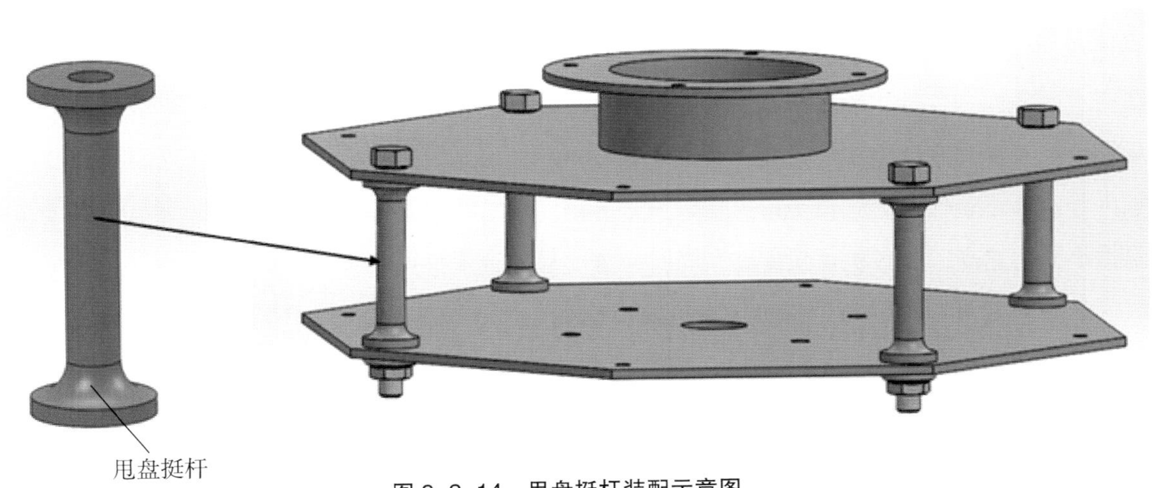

图 9-2-14　甩盘挺杆装配示意图

三、装置标准件选型

本撒播装置为自行设计的装置，绝大部分为非标零件，而所用到的标准件均为螺栓、螺母等螺纹紧固件及轴承、联轴器、弹簧等，如图 9-2-15 所示。

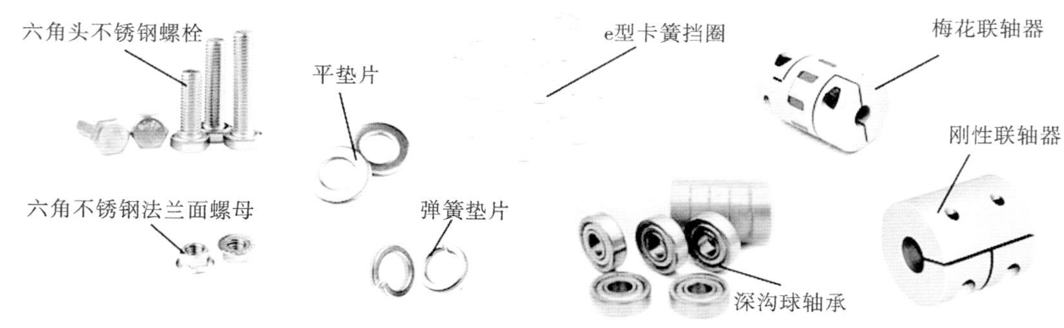

图 9-2-15 撒播装置所用标准件

螺栓均选用六角头不锈钢螺栓，除了药箱单元与无人机机体连接处使用的是 M4 螺栓，其余螺栓均为 M3 螺栓，而连接件上预留的也均为 M3 孔径的螺纹孔。所选的螺母均为六角不锈钢法兰面螺母，其孔径大小与所选螺栓尺寸相匹配。平垫片及弹簧垫片等均选 M3、M4 孔径尺寸。用于轴承轴向固定的卡簧选用的是 M5 孔径的 e 型卡簧挡圈，所用材料均为 304 不锈钢材质。

该装置只有 2 个旋转部件，即只有 2 根转轴零件，因此需要 4 个轴承。水平放置的定量单元的定量叶片轴，两端的轴承安装在半轴承座轴承凹口处，在药箱内颗粒物料的重力作用下，这 2 个轴承需要承受较大的径向载荷。竖直放置的甩盘轴所对应的 2 个轴承分别安装在甩盘盖和甩盘底座之上，由甩盘盖和甩盘底座及卡簧来共同对轴承进行轴向固定。两轴承既承受径向载荷也受轴向载荷的影响。根据对 2 根轴的外形尺寸及轴承所受载荷等因素的综合考虑，4 个轴承均选择了深沟球微型薄壁滚珠小轴承 MR148ZZ L-1480，尺寸为 8 mm × 14 mm × 4 mm，即轴承内径为 8 mm，外径为 14 mm，厚度为 4 mm。该轴承可满足上述尺寸和载荷的要求，且摩擦阻力小，转速高，材料机械强度高，同时，该型号的轴承带法兰盖，可以起到防尘作用等。

最后，定量叶片轴与定量单元电机及甩盘轴与甩盘单元电机之间均需要一个联轴器进行联结，以保证转轴与电机轴同步旋转。综合考虑转轴尺寸、电机轴尺寸和转轴工作参数等因素，定量单元选用外径 16 mm、内径 4 mm × 6 mm、长度 16 mm 的铝合金刚性联轴器，甩盘单元选用外径 14 mm、内径 8 mm × 8 mm、长度 22 mm 的铝合金梅花联轴器。

四、装置控制系统元件选型

本撒播装置的控制系统元件包括两个直流电机与两个遥控调速器。

（一）电机选型

定量单元选用 XD–37GB555 微型直流减速电机（24 V 低速电动机）（图 9–2–16），该电机可调速度范围为 0 ～ 30 r/min，功率为 20 W，具有体积小、力矩大、转速低、可调速、可正反转的特点，非常符合本撒播装置定量单元低转速、大力矩的需求。且该电机尺寸小、重量轻、方便安装，符合无人机机载装置轻量化的需求。

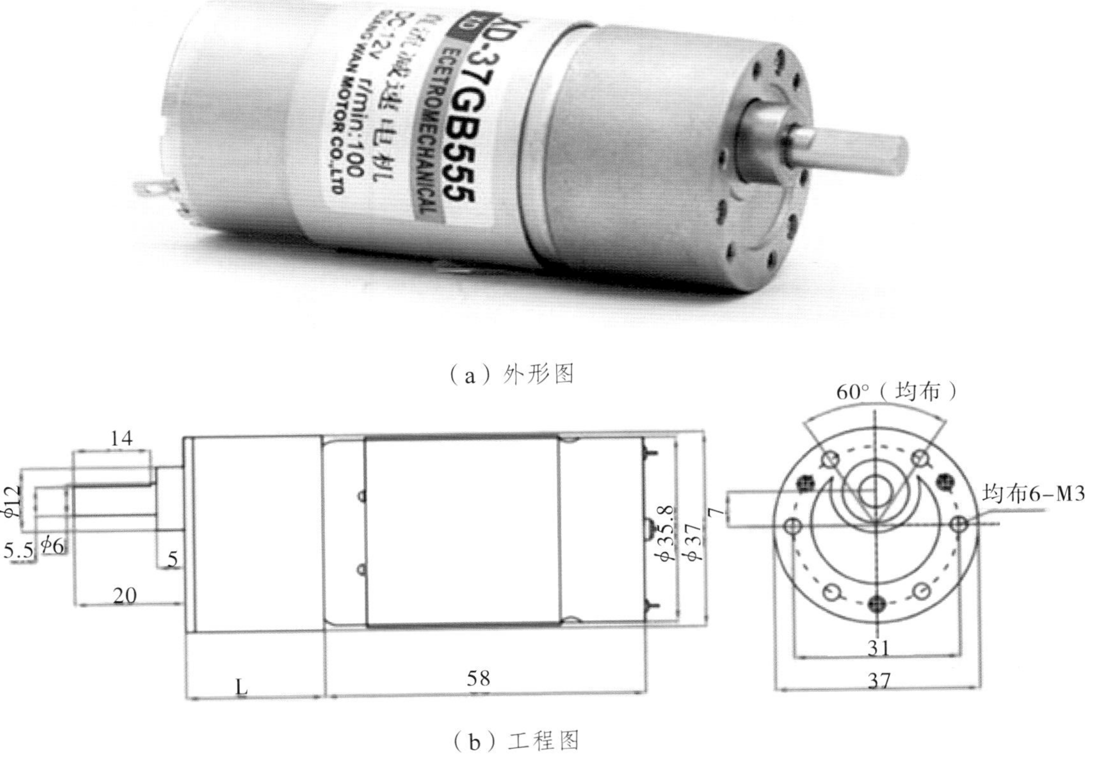

（a）外形图

（b）工程图

图 9–2–16　XD–37GB555 微型直流减速电机

甩盘单元选用 XD–60GA775 直流减速电机（图 9–2–17），选购最大转速为 300 r/min 的型号，即可调速度范围为 0 ～ 300 r/min，功率为 35 W。该电机也属于微电机，具有与 XD–37GB555 微型直流减速电机相同的特点，且功率更大，很适合用来带动甩盘单元运行。

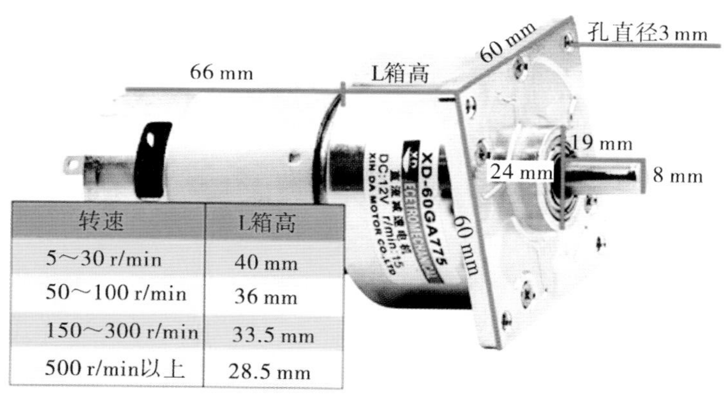

转速	L箱高
5～30 r/min	40 mm
50～100 r/min	36 mm
150～300 r/min	33.5 mm
500 r/min以上	28.5 mm

图 9-2-17　XD-60GA775 直流减速电机

（二）调速器选型

上述两个电机均为可调速电机，而要实现速度可调，还需要选用两个调速器。因为该撒播装置要搭载于农用无人机上，属于移动型装置，所以需要对调速器进行遥控。而两个调速器分别控制两个电机，因此选用的是不同信号频段的两个无线遥控直流电机调速器（PWM 无极调速开关 10A 控制器），如图 9-2-18 所示。其最远遥控距离可达 80 m，通过遥控器上的按钮即可控制两个电机的转速及启停。

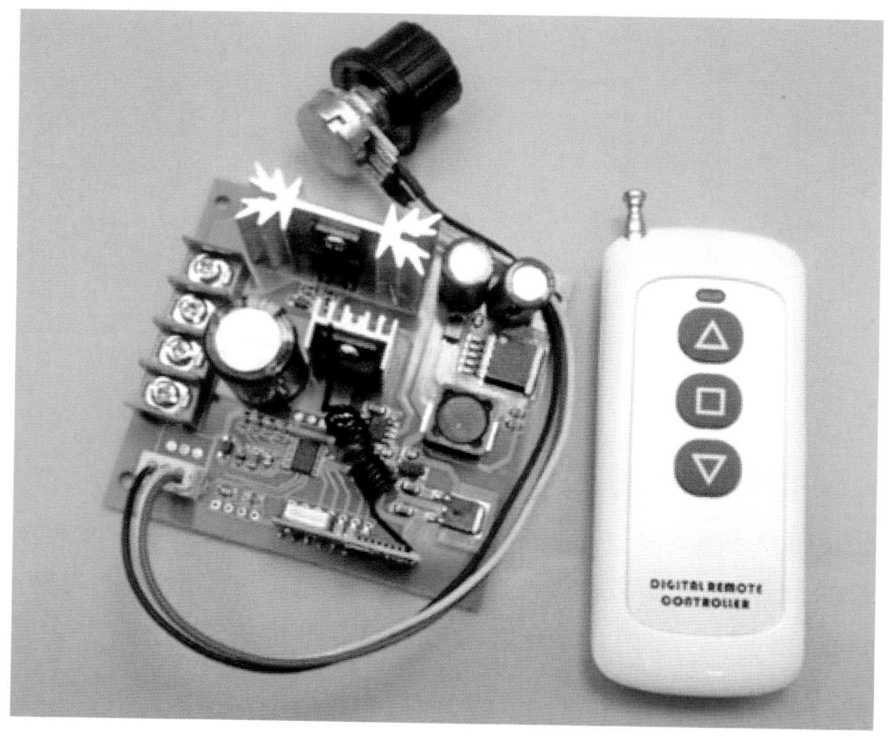

图 9-2-18　无线遥控直流电机调速器

两个调速器分别与电机接线后再并联接上一个航模 6S 电池作为电源，这就构成了本撒播装置的控制系统，只须通过遥控器即可进行撒播装置的无线遥控。

五、装置零部件加工装配

（一）零部件加工

本撒播装置试制样机的甩盘零件和定量单元的电机架座及药箱单元，包括药箱盖、药箱上下部、内挡板，均选用树脂材料通过 3D 打印技术进行加工，其余的半轴承座、甩盘盖、甩盘轴等非标零件为金属件，均通过车削等机械加工方式进行加工。另外，经过多次材料性能测试后，确定定量叶片轮的软体材料选用 1.6 mm 厚的 PVC 塑料，将其裁剪后与定量叶片轮的金属段用胶水黏合形成完整的定量叶片轮。

（二）零部件装配

本撒播装置的机械结构可分为药箱单元、定量单元及甩盘单元三个部分。其中，药箱单元与定量单元有共用的零件且工作域有交集，故也可将药箱单元与定量单元视为一个合并单元部件，即定量药箱单元。装置的定量药箱单元、甩盘单元及整机的装配如图 9-2-19 所示。这些零部件多是通过螺纹紧固件进行连接装配，可先将所有零件按基本装配原则装配成定量药箱单元及甩盘单元两个部件，再将这两个部件通过螺纹连接装配成完整的撒播装置。

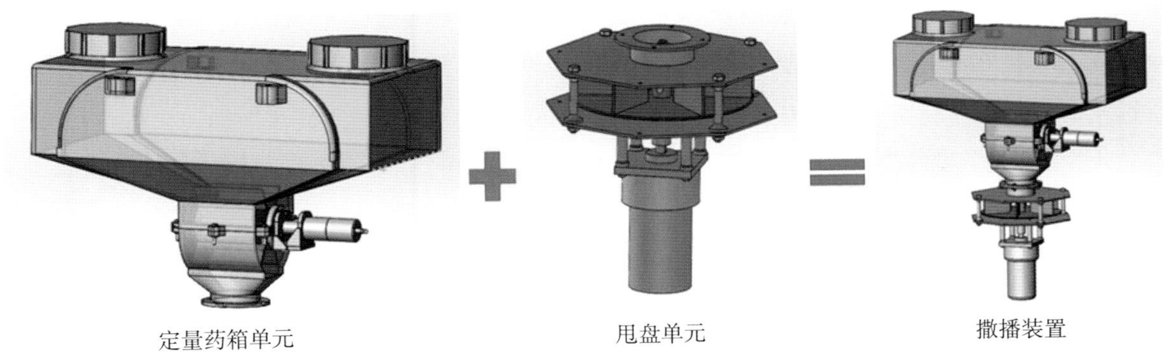

图 9-2-19 撒播装置装配示意图

六、装置工作原理

本撒播装置以深圳高科新农 M23 四旋翼无人机为搭载机型进行设计，因此撒播装置工作时须搭载于深圳高科新农 M23 四旋翼无人机机体上，如图 9-2-20 所示。

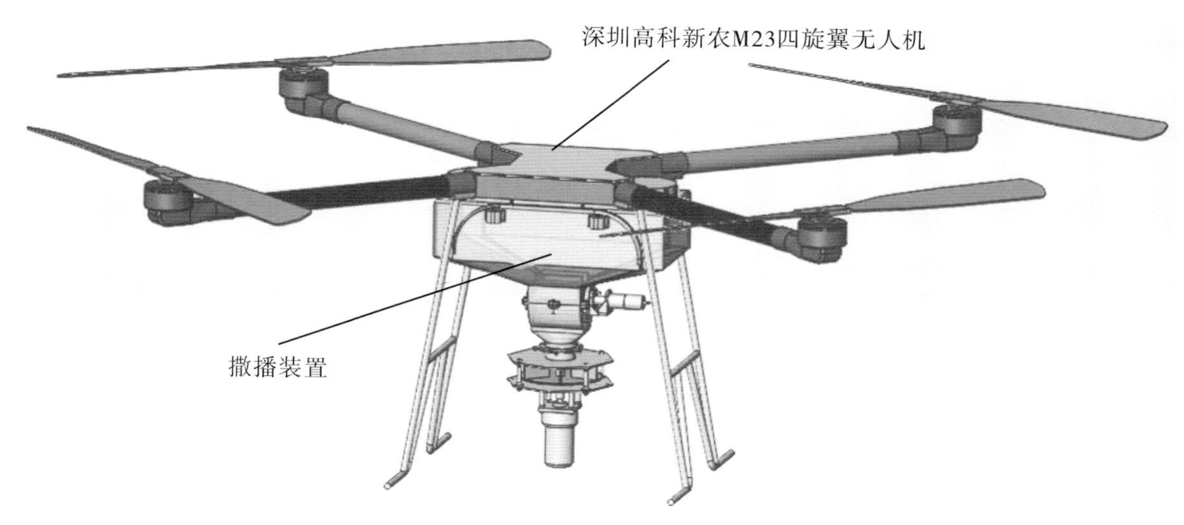

图 9-2-20　搭载于无人机上的撒播装置示意图

将撒播装置装配好，连接好控制系统并搭载于深圳高科新农 M23 四旋翼无人机机体上后，打开药箱单元的两个药箱盖即可倒入需撒播的农业颗粒物料（往两个入料口各倒入一半的物料可保证颗粒物料在药箱内均匀分布），倒完后即封好药箱盖。待无人机起飞至工作高度后，用两个调速器遥控启动定量单元电机和甩盘单元电机。定量单元电机的启动带动定量叶片轮旋转，用遥控器将叶片轮的转速调到一个合适值时，叶片拨动药箱内的颗粒物料，在定量单元形成的类闭风器式结构作用下，通过药箱下部的下料口，可连续稳定地给甩盘单元供料。从下料口落至甩盘的颗粒物料在甩盘的旋转作用下做离心运动从甩盘甩出。可通过调速器遥控甩盘电机的转速从而控制甩盘转速，根据离心力公式（$F=m\omega^2r$）可知，角速度（转速）越大，离心力越大，颗粒物料就会抛得越远，即喷幅越大。

第三节　农用无人机撒播装置仿真技术的研发设计

一、仿真目的及仿真方法步骤

（一）仿真目的

本研究设计的是一种适用于无人机的农业颗粒物料航空撒播装置，撒施的对象是农业颗粒物料。我们将通过仿真模拟农业颗粒物料在该装置内部及物料从甩盘单元甩出后到落地前整个运动过程的运动状态，研究其理论状态下的撒播效果及分布规律，并与实际试验效果做对比。

（二）仿真方法与步骤

本研究的仿真分析使用的是专业做颗粒仿真的软件 EDEM。EDEM 软件会视仿真计算域的大小、装置繁复程度及网格大小等因素来决定仿真运算时间，因此按由简入繁的层次，本次仿真研究可分为三个部分。

第一部分是装置运行状态仿真，即不考虑无人机旋翼风场及自然风等因素对装置的影响，只改变定量叶片轮转速和甩盘转速来观察装置在不同工况下是否能正常运行和农业颗粒物料在该撒播装置内部以及被甩出装置后整个过程的运动状态，从而分析出能保证最佳连续稳定落料效果的定量单元转速。

第二部分是定点撒播仿真，即在第一部分的仿真基础上，根据撒播后下方地面所布置接种盘内的物料分布情况来分析在最佳定量单元转速时，以及在不同的甩盘转速下，撒播装置定点撒播的效果。

第三部分是移动撒播仿真，即将撒播装置与移动滑轨平台小车连接，实现装置在移动过程中进行撒播仿真，可仿真出实际移动撒播时的撒播效果，并根据接种盘内的物料分布情况分析在最佳定量单元转速下，不同甩盘转速的撒播装置移动撒播的效果。

二、农业颗粒物料的仿真构建

使用 EDEM 软件进行颗粒仿真，需要对物料模型进行构建。本研究所选用的试验物料为玉米籽粒和绿豆颗粒。从饱满无损的物料颗粒中先随机选出一个样本进行测绘，在 SolidWorks 软件中对样本模型按 1 : 1 的尺寸比例进行绘制，如图 9-3-1 所示。绘制完成后，将模型图保存为 STL 格式文件，并导入 EDEM 软件中作为物料外形轮廓以进行 particle 物料的进一步构建。

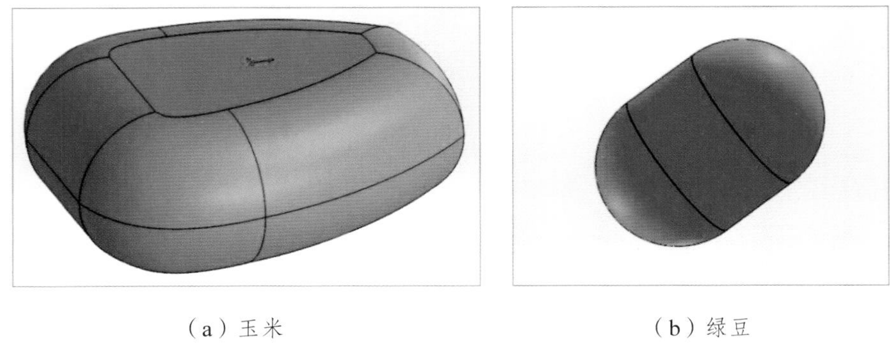

（a）玉米　　（b）绿豆

图 9-3-1　SolidWorks 绘制的颗粒模型图

以玉米物料为例，在 EDEM 中进行颗粒物料进一步构建，首先在 Creator Tree 中的 Bulk Material 中选择 add bulk material 命令添加颗粒材料，输入玉米物料的泊松比、堆积密度等物性参数进行颗粒材料属性的确定，并把所创建的颗粒材料重命名为“the material of corn”。右键点击该材料选择 add particle 命令创建颗粒并将其重命名为“corn”。从标题栏 Tools 的 Options 选项中打开 Particle Display 窗口，再从窗口里的 Display Templates 中选择 Import，导入 SolidWorks 软件创建的玉米颗粒物料 STL 文件，如图 9-3-2 所示。

图 9-3-2　EDEM 软件导入玉米颗粒物料 STL 文件模型过程图

在 Templates 中选择刚导入的 STL 文件，即可显现由三角形网格所表示的玉米颗粒物料表面几何形状。该文件可作为 EDEM 用球形颗粒堆积法创建颗粒过程的轮廓边界，便于确定这些球形单元颗粒的圆心位置和半径大小以及所需球形单元颗粒个数。组成颗粒物料的这些球形单元颗粒的个数会影响运算时的运算量，即所用球形单元颗粒越多，EDEM 实际运算时的运算量越会成几何倍数式增长。因此，在用球形颗粒堆积法创建颗粒物料时，要综合考虑颗粒模型的外形尺寸精度对仿真运算量及装置仿真结果精度的影响，在尽可能不影响仿真结果精度的情况下少用球形单元颗粒来填充堆积组合。如图 9–3–3 所示，该玉米颗粒物料模型由 9 个半径为 2 mm 的球形单元颗粒填充堆积而成，图中 corn Spheres 窗口中所示 *x*、*y*、*z* 坐标即为这些球形单元颗粒的球心坐标位置，它们所组成的颗粒模型近似将导入的 STL 文件所显示的玉米颗粒物料表面边界内部填满，该颗粒即可作为仿真玉米颗粒物料中的一颗。而其他颗粒可以该颗粒模型为模板，通过 EDEM 中的颗粒工厂进行批量生成。在该创建颗粒 corn 的 Size Distribution 中，可将生成玉米物料的尺寸大小选择呈正态分布，设置平均数 Mean 为 1、标准差 Std Dev 为 0.05。在 corn 的 Properties 中选择基于 Spheres 来计算属性，点击 Calculate Properties 即可算出随机生成的一个颗粒物料的重量、体积等属性参数。

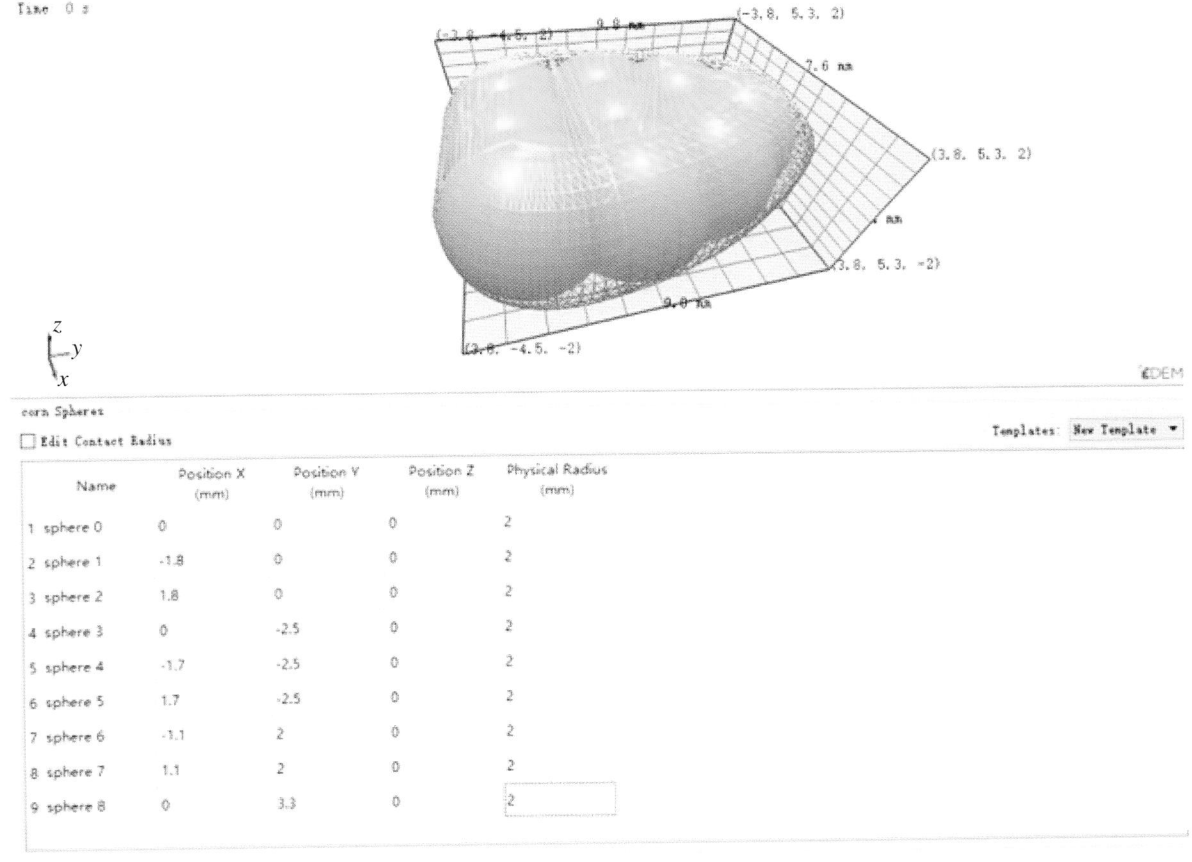

Name	Position X (mm)	Position Y (mm)	Position Z (mm)	Physical Radius (mm)
1 sphere 0	0	0	0	2
2 sphere 1	-1.8	0	0	2
3 sphere 2	1.8	0	0	2
4 sphere 3	0	-2.5	0	2
5 sphere 4	-1.7	-2.5	0	2
6 sphere 5	1.7	-2.5	0	2
7 sphere 6	-1.1	2	0	2
8 sphere 7	1.1	2	0	2
9 sphere 8	0	3.3	0	2

图 9–3–3　球形颗粒堆积法创建颗粒物料模型示意图

以上即为 EDEM 颗粒物料模型所有创建步骤，用同样方法也可以对绿豆颗粒进行创建。为了节省建模时间，可将所创建颗粒模型材料通过 transfer material 命令导入 EDEM 材料库中，下次如再用到该物料时，就可以从材料库中直接选取，如图 9-3-4 所示。

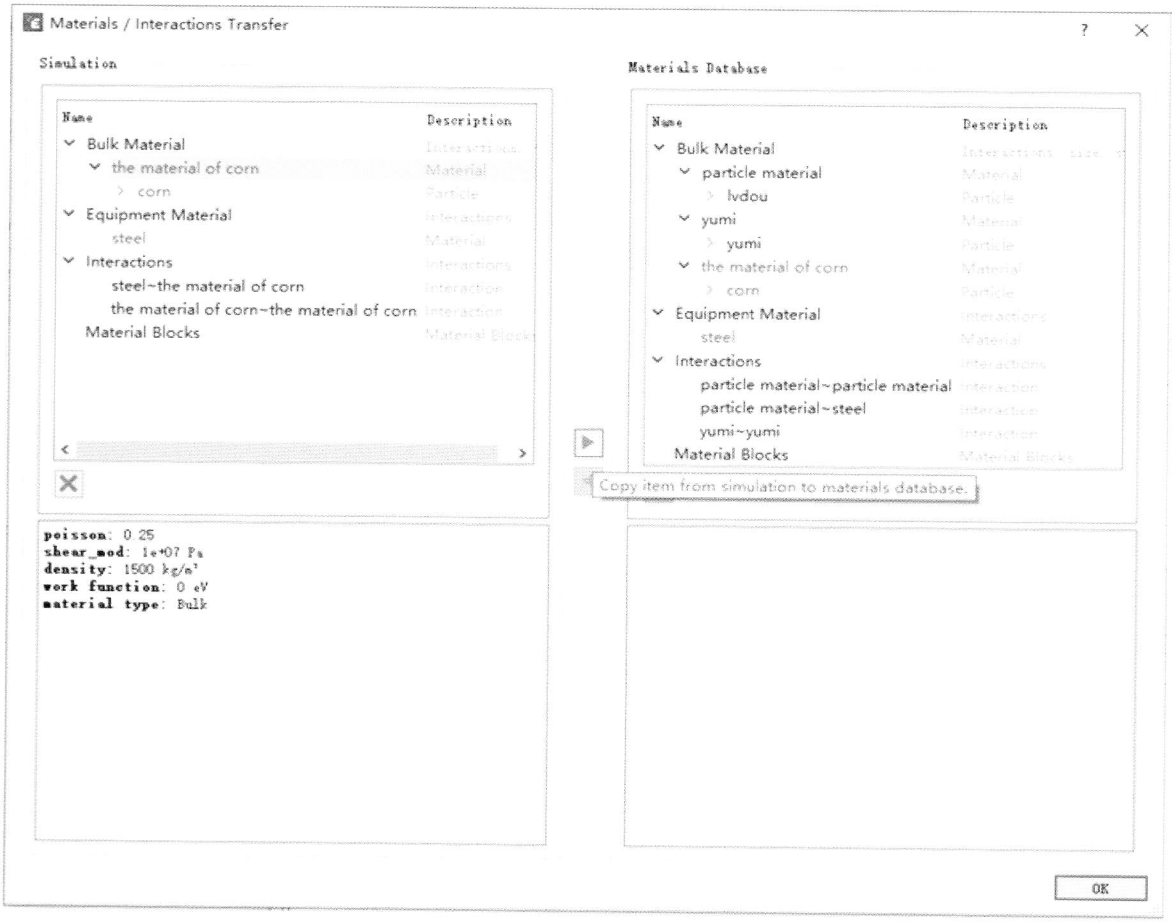

图 9-3-4　EDEM 材料库

三、装置运行状态仿真

本部分仿真是对装置在不同叶片轮转速下撒播装置运行情况的模拟。装置的叶片轮起到拨动药箱内颗粒物料并在定量单元整体作用下实现落料的定量控制作用。选用低转速电机 XD-37GB555，可调转速范围为 0 ～ 30 r/min，因此本次仿真将叶片轮转速设置 5 r/min、10 r/min、15 r/min、20 r/min、30 r/min 五个梯度，将甩盘转速固定为 300 r/min，针对玉米、绿豆两种农业颗粒物料分别进行 10 组模拟分析。

（一）装置仿真几何体构建

该部分仿真不需要考虑无人机旋翼风场及自然风等因素对装置的影响，只改变定量叶片轮及甩盘这两个旋转部件的转速来观察撒播装置在不同工况下是否能正常运行，以及农业颗粒物料在该撒播装置内部及被甩出装置后整个过程的运动状态，因此该几何体的构建不需要绘制无人机机体，只需要将撒播装置单独构建出来。由于需要进行不同工况参数的多组仿真，为了减少仿真运算量及运算时间，需要对装置几何体进行简化。

EDEM 的装置几何体可从外部导入，因此在 EDEM 进行装置运行状态仿真前，需要在专业的三维建模软件 SolidWorks 中将简化后的撒播装置进行绘制。该装置简化为装置壳体、叶片轮、甩盘三个部分，其中壳体是指将药箱上、下部和甩盘盖、甩盘挺杆及甩盘底座等零件进行合并的固定组件。简化后的装置不带螺纹孔等装配孔隙，将绘制好的装置装配体的原心设置为叶片轮中心位置，将药箱侧面设置与 xz、yz 平面平行，便于导入 EDEM 后确定两旋转轴的位置坐标。将 SolidWorks 软件中绘制好的装置几何模型保存为 STL 文件，保存时注意在选项窗口中框选“不要转换 STL 输出数据到正的坐标空间”“在单一文件中保存装配体的所有零部件”这两个选项，如图 9-3-5 所示。

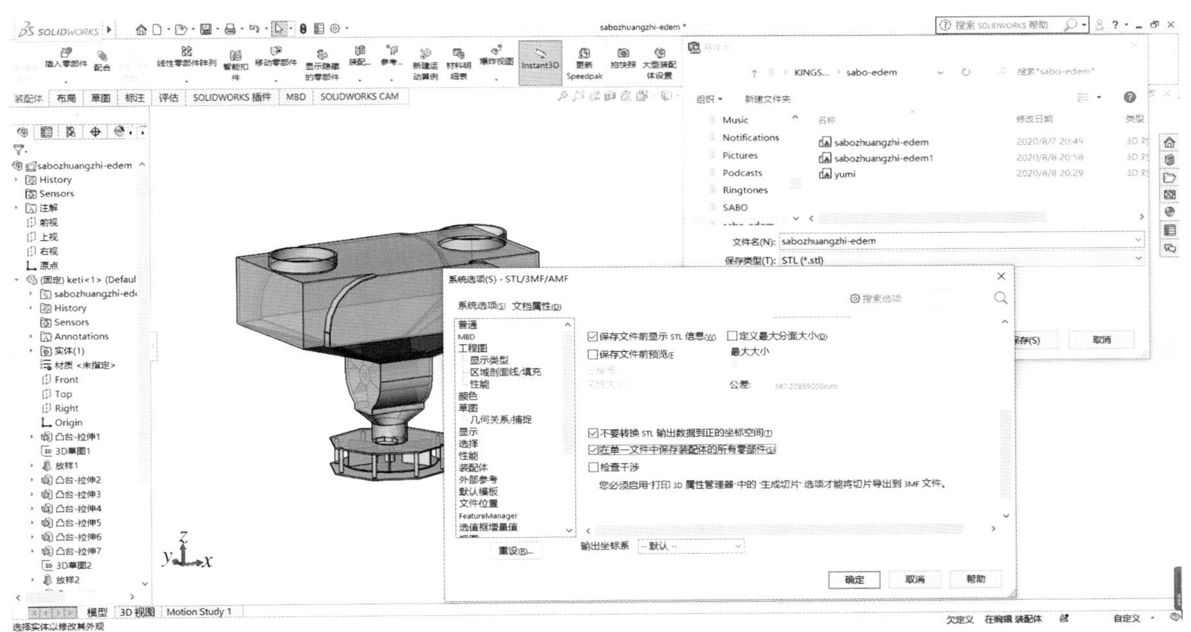

图 9-3-5　将在 SolidWorks 中绘制的简化撒播装置几何模型保存为 STL 文件

（二）EDEM Creator 设置

进行 EDEM 仿真，首先需要进行 Creator 前处理设置，即设置 Creator Tree 中的 Project（项目）、Bulk Material（颗粒材料）、Equipment Material（设备材料）、Geometries（设备几何体）、Physics（物理学特性）以及 Environment（环境参数）。

在 Project 中，可对仿真 STL 文件标题进行命名，并对此次仿真的一些关键参数设置进行备注。这些备注没有格式要求，只是为了方便后续查看。如图 9-3-6 所示，可将标题 Title 命名为“Corn sowing1.1”，在 Description 中备注“5 r/min，300 r/min，2×2 kg，0.5 kg/s，15 s”，指该仿真是用玉米物料进行撒播运行状态模拟，其中叶片轮转速为 5 r/min，甩盘转速为 300 r/min，两个颗粒工厂各生成 2 kg 玉米颗粒物料，单个颗粒工厂以 0.5 kg/s 的速率生成，仿真运行时间为 15 s。

Equipment Material 需设置装置设备材料。实际中，本撒播装置使用了金属材料及非金属材料，但这些材料的属性对装置在运行状态上的仿真结果并没有明显影响，因此为了方便，可将装置材料统一设置为不锈钢材料，将不锈钢材料的属性参数添加于 Equipment Material 新添加的材料中，并将该材料重命名为“steel”，如图 9-3-7 所示。

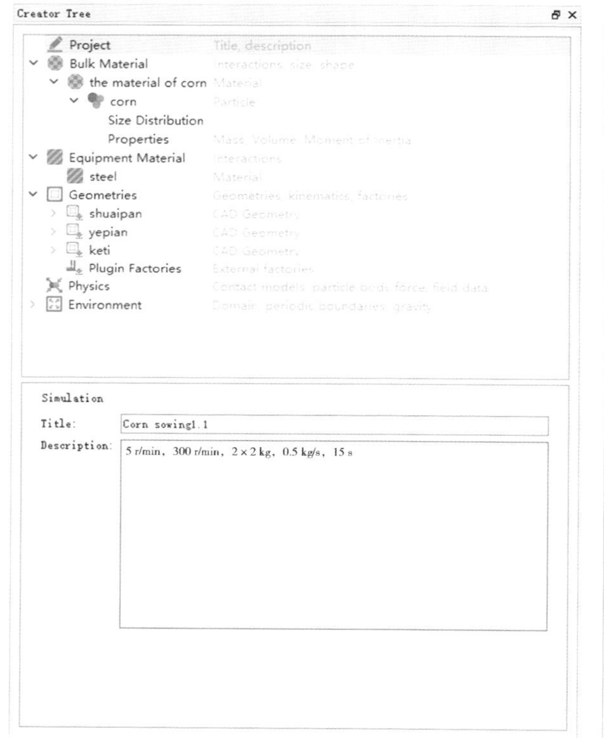

图 9-3-6　EDEM 中的 Project 设置

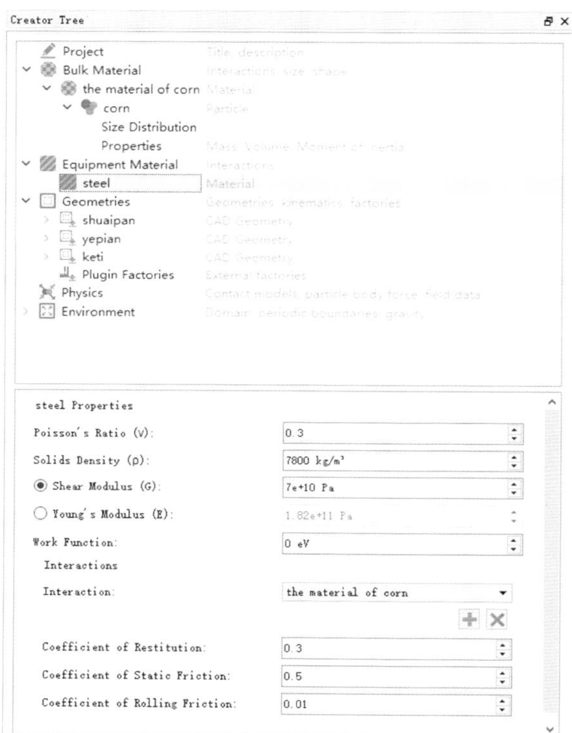

图 9-3-7　EDEM 中的 Equipment Material 设置

Geometries 为 EDEM 仿真的设备对象，在此可以对装置几何体进行创建或导入，对装置运动部件进行运动参数设置，对颗粒工厂进行创建和参数设置。

在本部分仿真的设备几何体为简化后的撒播装置，右键点击 Geometries 选择 Import Geometries 命令，导入在 SolidWorks 软件所绘制的简化后的撒播装置 STL 文件。注意在导入时弹出的选项框中将 Choose Unit（单位选择）设置为 Millimeters（毫米）。将导入的撒播装置的 3 个零件用汉语拼音备注的方法重命名，装置壳体部分重命名为“keti”，甩盘部分重命名为“shuaipan”，叶片轮部分重命名为“yepian”，如图 9-3-8 所示。

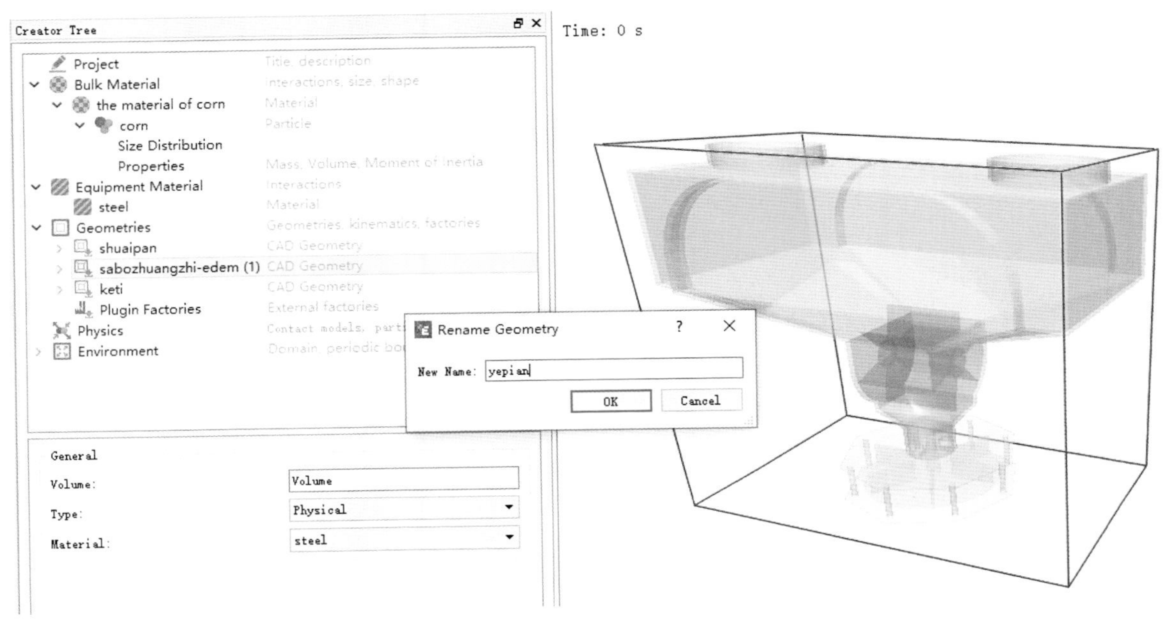

图 9-3-8　在 EDEM 中导入简化后的撒播装置 STL 文件

颗粒工厂创建步骤如图 9-3-9 所示。首先，右键点击 Geometries 选择 Add Geometry，再选择 Polygon 创建一个多边形的平面并将其重命名为“factory-plane1”。将该平面类型设置为 Virtual（虚拟的），表示所创建的颗粒工厂生成面并不实际存在，只在仿真中用于生成颗粒。点开该平面 factory-plane1 的 Polygon 进行参数设置：边数为 8，中心坐标为（-140，0，195），外接圆半径为 45 mm，垂直于 z 轴方向。最后，右键点击 factory-plane1 选择 Add Factory 命令创建颗粒工厂 New Factory1，并对颗粒工厂参数进行设置：选择生成颗粒物料总质量为 2 kg，生产效率为 0.5 kg/s，颗粒生成后的运动初速度设置为 2 m/s，方向为 z 轴负方向，其他参数保持默认设置。所创建多边形的尺寸略小于药箱的入料口尺寸，且该多边形与药箱的其中一个入料口同心。这样的设置可保证生成的颗粒物料能全部落入药箱内。同理，可创建另一个入料口的颗粒工厂 New Factory2，如图 9-3-10 所示。

图 9-3-9　EDEM 中颗粒工厂的创建步骤

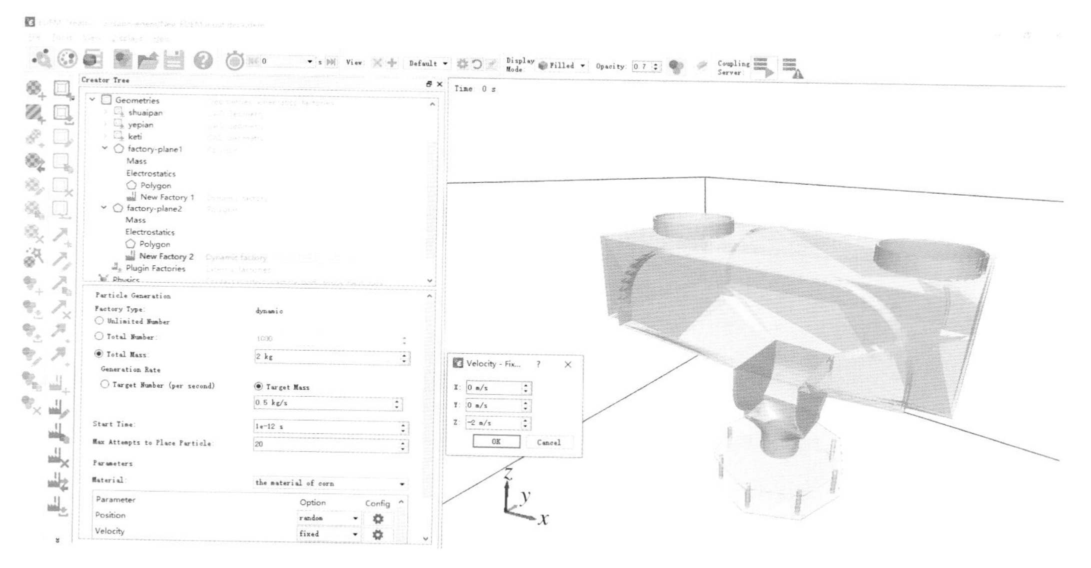

图 9-3-10　在 EDEM 中创建第二个颗粒工厂

Geometries 还可设置撒播装置运动部件的运动参数。在该撒播装置运行状态仿真中，运动部件有叶片轮、甩盘，两者都在做匀速圆周运动。因此，如图 9-3-11 所示，可右键点击所需添加运动的部件，选择 Add Kinematic 中的 Add linear Rotation，对其运动参数进行如图 9-3-12 所示的设置。其中，甩盘与叶片轮的运动开始时间均为第 4 s，因为前 4 s 颗粒工厂在以 0.5 kg/s 的速率进行颗粒物料生成。而运动结束时间均设置为 9999 s，指该运动一直进行至仿真结束。甩盘转速设置为 300 r/min，甩盘转轴位置与 z 轴重合，因此甩盘转轴可由 z 轴的（0，0，−150），（0，0，−100）两点位置坐标确定；而该组仿真叶片轮的转速设置为 5 r/min，叶片轮转轴与 x 轴重合，

其位置可由 x 轴的（-100，0，0），（100，0，0）两点位置坐标确定。根据玉米颗粒物料的不同，除了叶片轮转速设置不一样，叶片轮转速梯度的其他组撒播装置运动状态仿真与其他的设置完全一样。而针对绿豆物料其他组的仿真还需要更改颗粒物料参数设置。

Physics 最主要的任务是设置物料与物料、物料与设备之间的接触模型，在该仿真中选用的是默认的 Hertz-Mindlin（no slip）基础模型设置。

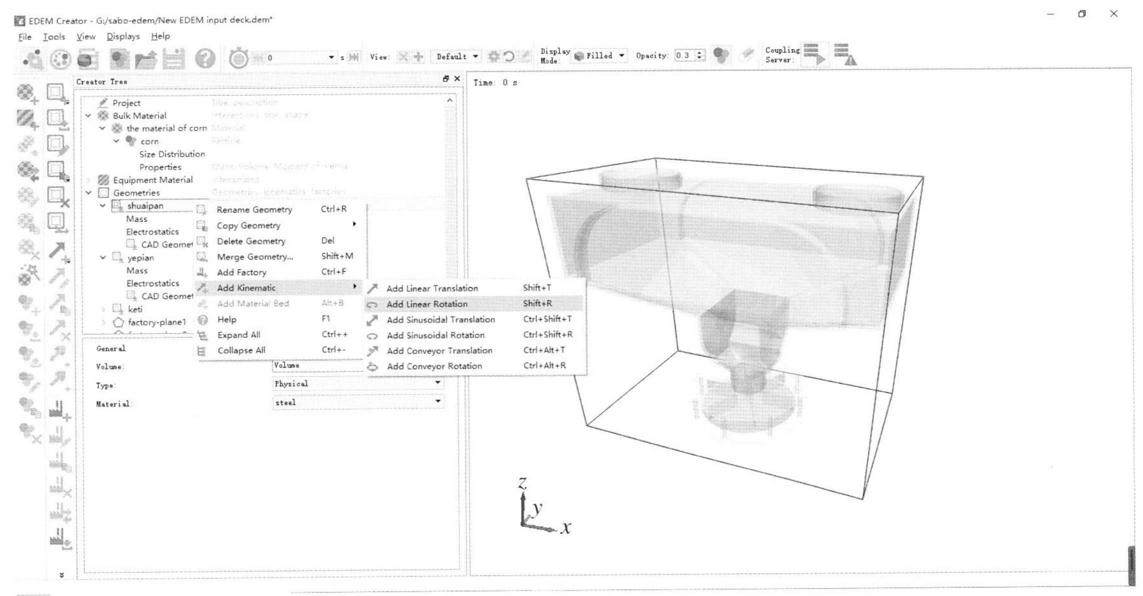

图 9-3-11　添加撒播装置运动部件

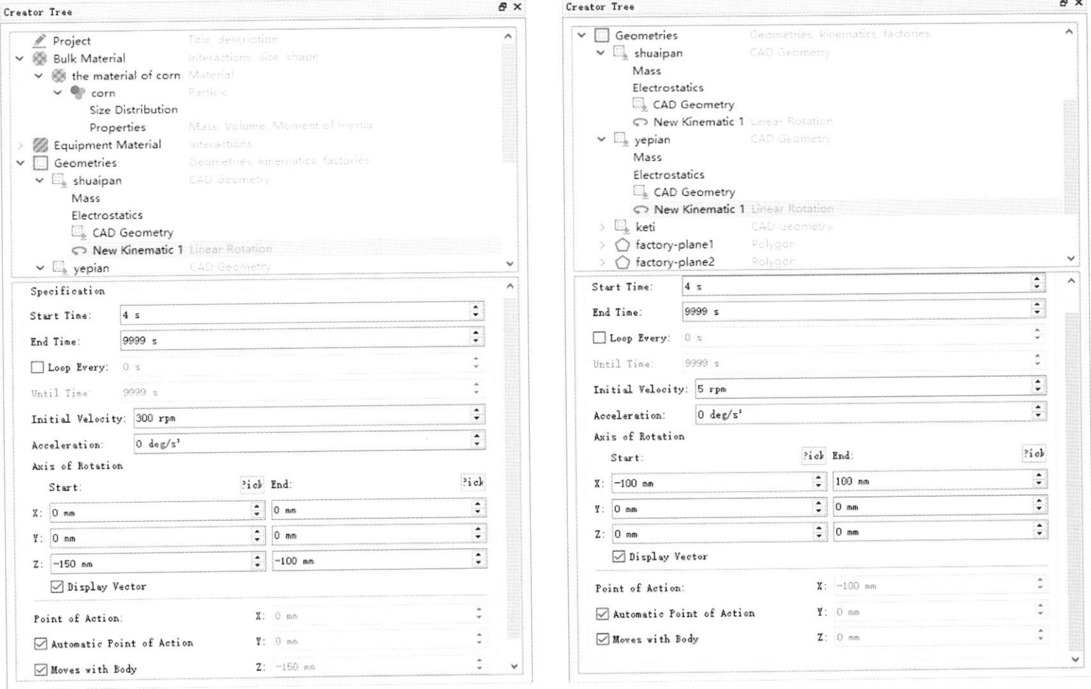

图 9-3-12　设置撒播装置运动部件的运动参数

Environment 的任务是对计算域及重力进行设置。因为本部分仿真只需要对撒播装置的运行状态、物料在装置内部以及被甩出甩盘后整个过程的运动状态进行模拟，不需要对物料在地面的分布情况进行分析，所以可以设置相对数较小的计算域。如图 9-3-13 所示，先取消 Auto Update from Geometry 的框选，设置计算域边界范围 x、y 轴为 –500 ～ 500 mm，z 轴为 –300 ～ 220 mm；重力设置为 9.81 m/s^2，方向为 z 轴负方向。

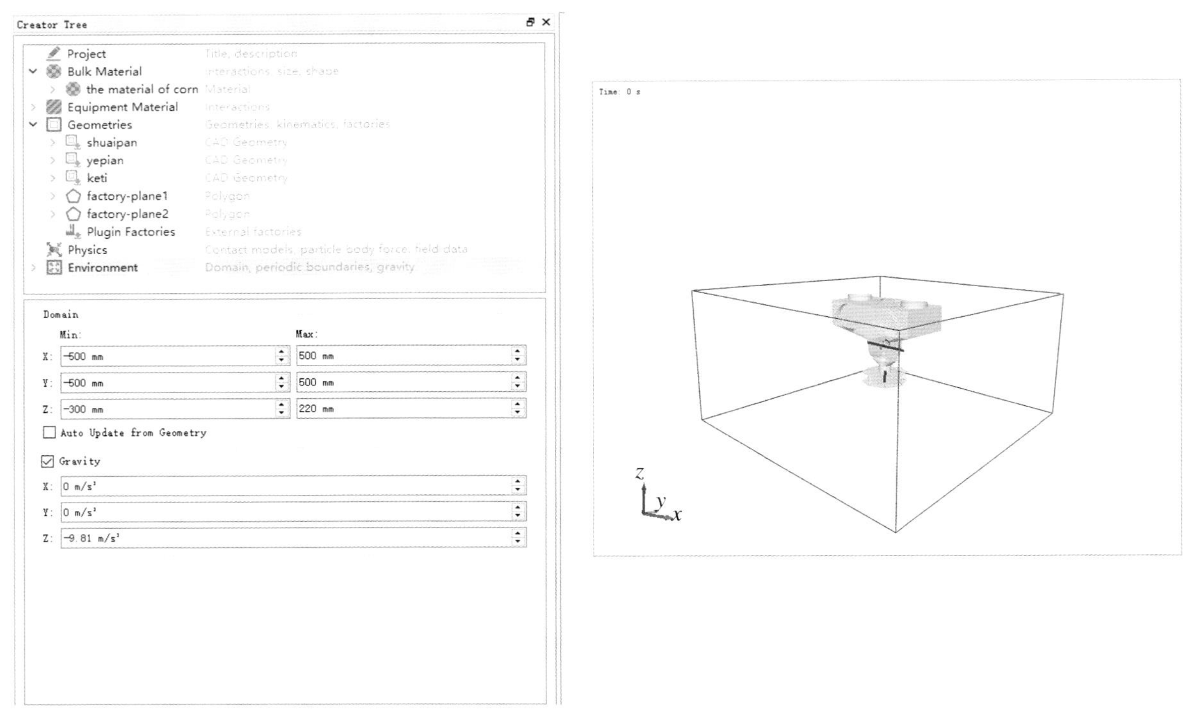

图 9-3-13 撒播装置运行状态仿真 Environment 设置

最后，选择 Save 命令对上述所有的 Creator 设置进行保存，则该 EDEM 仿真的前处理设置全部完成。

（三）EDEM Simulator 设置

在 EDEM 软件中的 Simulator 窗口进行求解器参数设置，如图 9-3-14 所示。首先，是对时间步长的设置，其中 Time Integration 保持默认的 Euler 设置，取消 Auto Time Step（自动时间步）的框选，手动设置时间步长，Fixed Time Step 设置为 19.9936%；其次，将 Simulation Time 中的仿真总时间 Total Time 设置为 15 s；数据保存频率保持默认设置为 0.01 s；将计算域的网格单元尺寸 Cell Size 设置为 3 Rmin，此处“Rmin”是指在创建颗粒物料时所用最小球形单元颗粒的半径。Cell Size 设置不影响计算精度，只会占用内存及影响计算时间。最后，选择该仿真计算所用计算机 CPU 核数为 4（该计算机最大 CPU 核数为 4），点击 Progress 的启动按钮即可开始该仿真的求解计算，如图 9-3-15 所示。

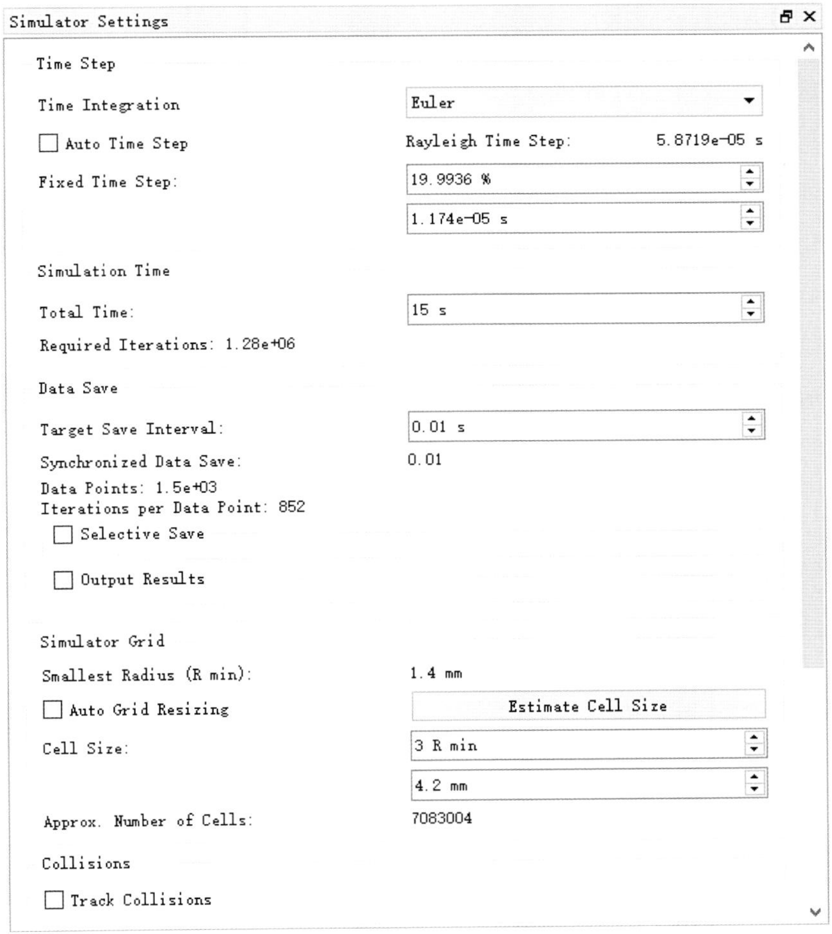

Simulator Settings
Time Step
Time Integration
Euler
Auto Time Step
Rayleigh Time Step:
5.8719e-05 s
Fixed Time Step:
19.9936 %
1.174e-05 s
Simulation Time
Total Time:
15 s
Required Iterations: 1.28e+06
Data Save
Target Save Interval:
0.01 s
Synchronized Data Save:
0.01
Data Points: 1.5e+03
Iterations per Data Point: 852
Selective Save
Output Results
Simulator Grid
Smallest Radius (R min):
1.4 mm
Auto Grid Resizing
Estimate Cell Size
Cell Size:
3 R min
4.2 mm
Approx. Number of Cells:
7083004
Collisions
Track Collisions

图 9-3-14　EDEM 中装置运行状态仿真 Simulator 设置

Time 0.00106834 s
z
y
x
Progress:
Time: 0.00189014s / 0% complete

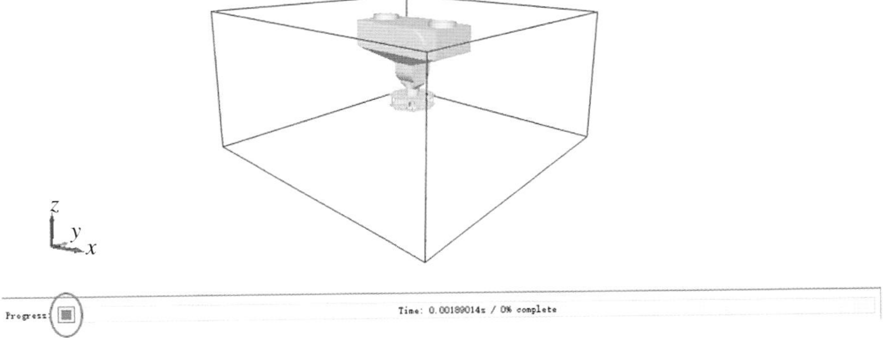

图 9-3-15　启动仿真求解计算

（四）EDEM Analyst 设置

待 EDEM 求解完成后，打开 Analyst 界面对 Analyst Tree 的 Display 进行设置。首先，取消 Geometries 中两个虚拟颗粒工厂生成面的显示状态，即取消 Display factory-plane1 和 Display factory-plane2 的框选；对壳体零件进行透明化显示，即将 keti 的 Opacity（不透明度）调小至 0.5。壳体透明化是为了方便观察装置的运行状态及颗粒物料在装置内部的运动情况。设置前后变化如图 9-3-16 所示。其次，对 Particle 中的 corn 物料进行显示设置，将 Representation 选择为 Template 类型，在 Options 中选用导入的颗粒物料 STL 模板文件 New Template 0 作为显示模型，如图 9-3-17 所示。最后，用图 9-3-17 红框中 scheduler 项的几个时序控制选项来控制求解后装置仿真结果动画的播放，便于观察分析仿真中的撒播装置运行状态。

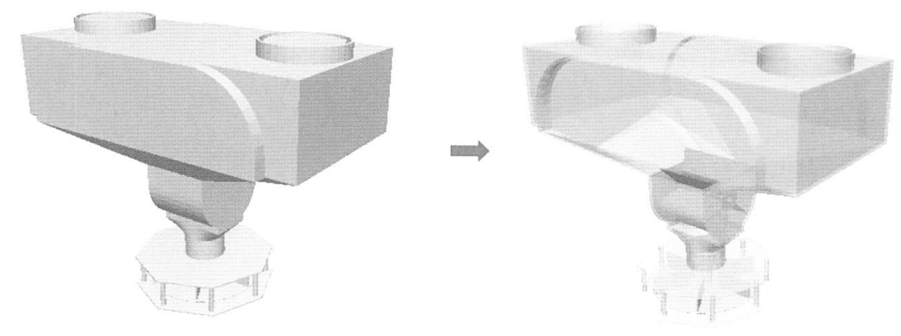

图 9-3-16　壳体透明化设置前后

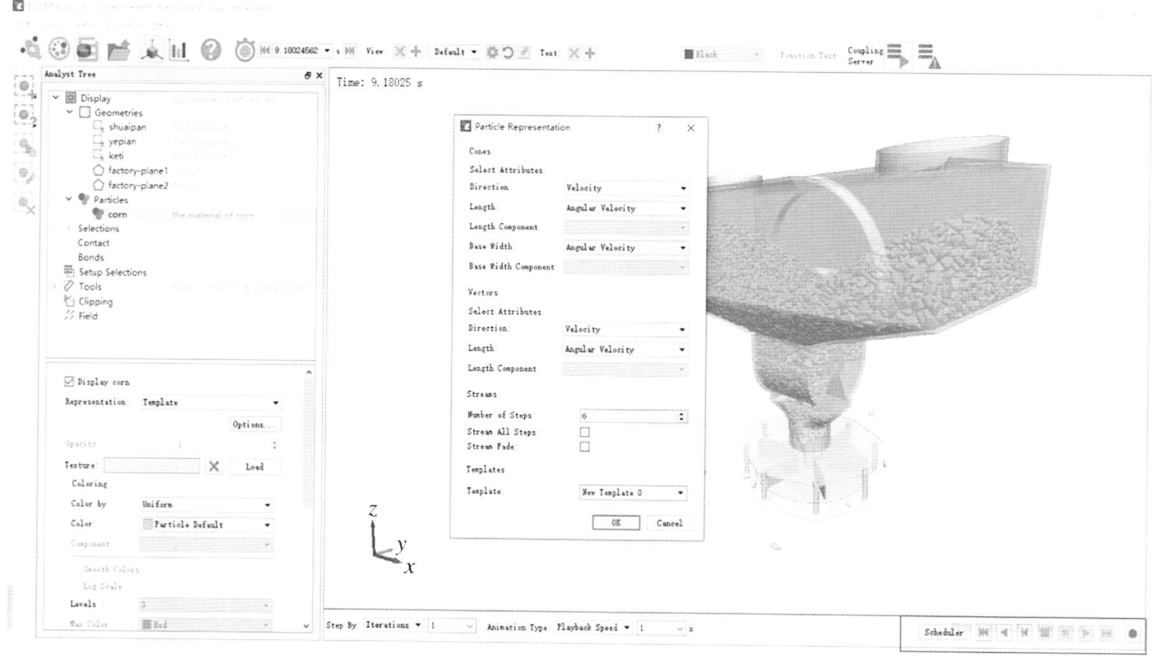

图 9-3-17　物料显示设置

以上便是一组撒播装置运行状态仿真的全部操作设置，该部分需要对玉米和绿豆这两种农业颗粒物料在 5 个梯度的不同叶片轮转速下进行 10 组装置运行状态的仿真，故其他设置与上述设置完全相同。因为 Project 中的 Title 和 Description 包含了仿真所有的关键参数设置备注，所以在此列举这 10 组仿真的 Project 设置以显示仿真内容，见表 9–3–1。

表 9–3–1 10 组撒播装置运行状态仿真 Project 设置

编号	叶片轮转速（r/min）	甩盘转速（r/min）	颗粒工厂生成物料量（kg）	生成速率（kg/s）	仿真时间（s）
Corn sowing1.1	5	300	2×2	2×0.5	15
Corn sowing1.2	10	300	2×2	2×0.5	15
Corn sowing1.3	15	300	2×2	2×0.5	15
Corn sowing1.4	20	300	2×2	2×0.5	15
Corn sowing1.5	30	300	2×2	2×0.5	15
Mung bean sowing1.1	5	300	2×2	2×0.5	15
Mung bean sowing1.2	10	300	2×2	2×0.5	15
Mung bean sowing1.3	15	300	2×2	2×0.5	15
Mung bean sowing1.4	20	300	2×2	2×0.5	15
Mung bean sowing1.5	30	300	2×2	2×0.5	15

四、装置定点撒播仿真

第一部分的装置运行状态仿真已得出玉米和绿豆两种农业颗粒物料在本撒播装置所对应的最佳叶片轮转速，因此可将所得转速应用于第二部分的仿真参数设置，以研究本撒播装置在理想叶片轮转速下，不同甩盘转速的定点撒播效果。

（一）装置仿真几何体构建

定点撒播仿真所用的装置几何体由第一部分的简化撒播装置与其正下方 3 m 处所布置的用于收集颗粒物料的接种盘组成。SolidWorks 软件将 54 mm × 28 mm × 4.5 mm 的 32 穴接种盘按 1∶1 的比例进行绘制，在 SolidWorks 软件中新建一个装配体，将 48 个接种盘按 6 行 8 列的布置方式用装配配合的关系布置于简化撒播装置正下方 3 m 处，以模拟无人机架设该撒播装置悬停于距地面 3 m 的位置进行定点喷洒。将装配好的仿真几何体保存为 STL 文件，如图 9–3–18 所示。

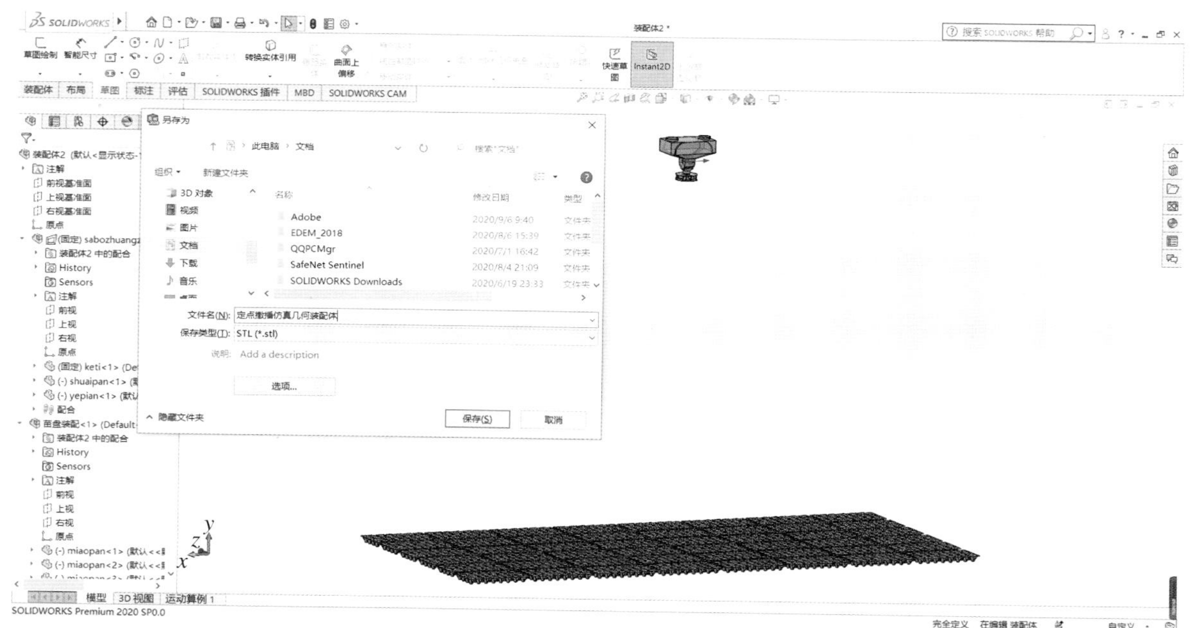

图 9-3-18 保存定点撒播仿真几何装配体

（二）EDEM Creator 设置

在定点撒播仿真的 EDEM Creator 设置中，Project 中的 Title 和 Description 依然是对仿真内容及仿真关键参数设置的备注，比如在 Project 中备注"Title：Corn sowing2.1；Description：10 r/min，60 r/min，2 × 1.5 kg，0.75 kg/s，10 s"则表示第一组玉米物料的定点撒播仿真，叶片轮转速固定为第一部分所测得的最佳转速 10 r/min，甩盘转速设置为 60 r/min，两个颗粒工厂各生成 1.5 kg 玉米颗粒物料，单个颗粒工厂物料生成速率为 0.75 kg/s，仿真总时间为 10 s。因为甩盘单元选购的电机是可调转速范围为 0 ～ 300 r/min 的 XD-60GA775 直流减速电机，所以第二部分仿真所设置的不同甩盘转速为 60 r/min（低档）、180 r/min（中档）、300 r/min（高档）三个梯度。两种颗粒物料的三个甩盘转速梯度下总共 6 组定点撒播仿真的 Projet 设置见表 9-3-2。

表 9-3-2 定点撒播仿真 Project 设置

编号	叶片轮转速（r/min）	甩盘转速（r/min）	颗粒工厂生成物料量（kg）	生成速率（kg/s）	仿真时间（s）
Corn sowing2.1	10	60	2×1.5	2×0.75	10
Corn sowing2.2	10	180	2×1.5	2×0.75	10
Corn sowing2.3	10	300	2×1.5	2×0.75	10
Mung bean sowing2.1	15	60	2×1.5	2×0.75	10
Mung bean sowing2.2	15	180	2×1.5	2×0.75	10
Mung bean sowing2.3	15	300	2×1.5	2×0.75	10

Creator Tree 中的 Bulk Material 和 Equipment Material 的设置与上述第一部分仿真设置一样，将玉米颗粒物料命名为“yumi”，这与之前命名的 corn 都表示同一个物料模型，参数设置也都完全相同。在 Creator Tree 中的 Geometries 导入绘制的定点撒播仿真几何 STL 文件，导入后对零件重命名。将导入的 48 个接种盘被拆分成 48 个单独部分，用 Merge Geometry 命令将其重新组成一个联合的部件并将其重命名为“jiezhongpan”；颗粒工厂生成面的设置与第一部分仿真里的设置相同，只须将创建的颗粒工厂中的 Total Mass 改为 1.5 kg，将 Generation Rate（生成速率）改为 0.75 kg/s，如图 9–3–19 所示。将叶片轮与甩盘两个运动部件的运动开启时间设置为 2 s 后，前 2 s 为颗粒物料生成时间。叶片轮及甩盘转速大小则按 Project 所备注的进行设置，如图 9–3–20 所示。Physics 采用默认的接触基础模型来设置。最后 Environment 的设置如图 9–3–21 所示，取消 Auto Update from Geometry 的框选，对边界值进行取整设置，将重力设置为 9.81 m/s^2，方向为 z 轴负方向。

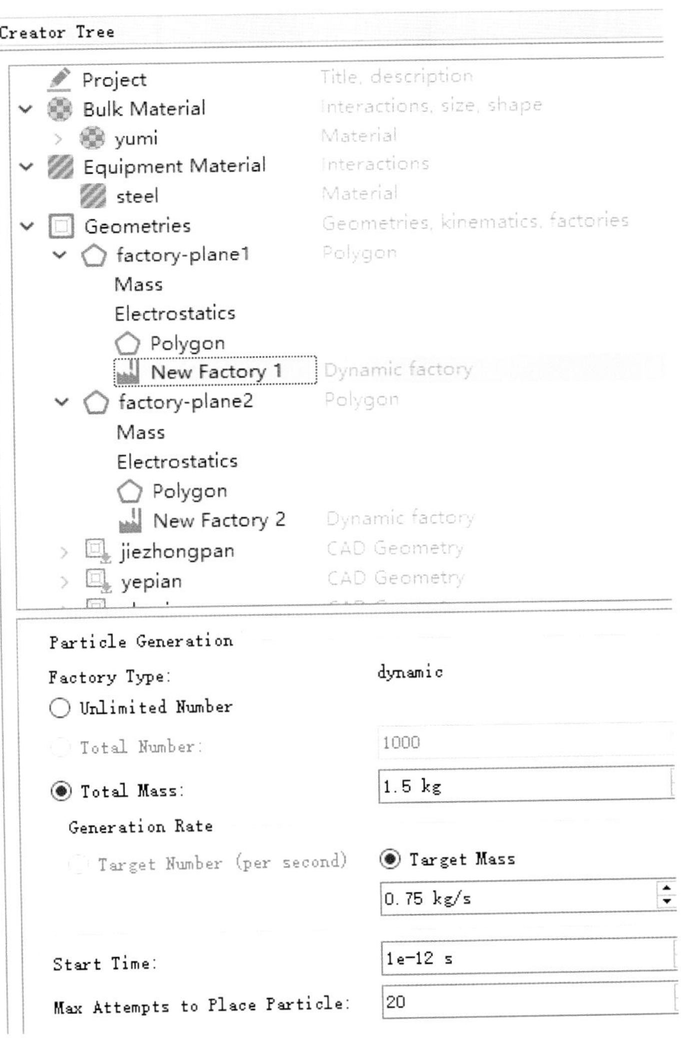

图 9–3–19　EDEM 中定点撒播仿真颗粒工厂参数设置

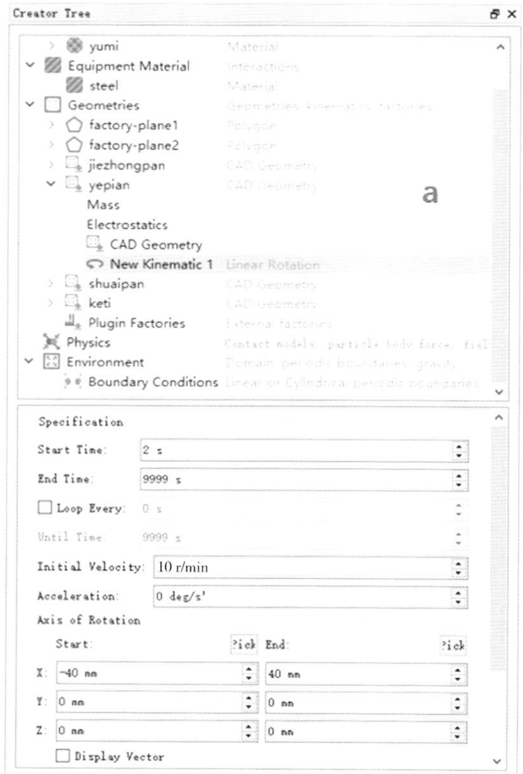

图 9-3-20　EDEM 中定点撒播装置运动部件运动参数设置

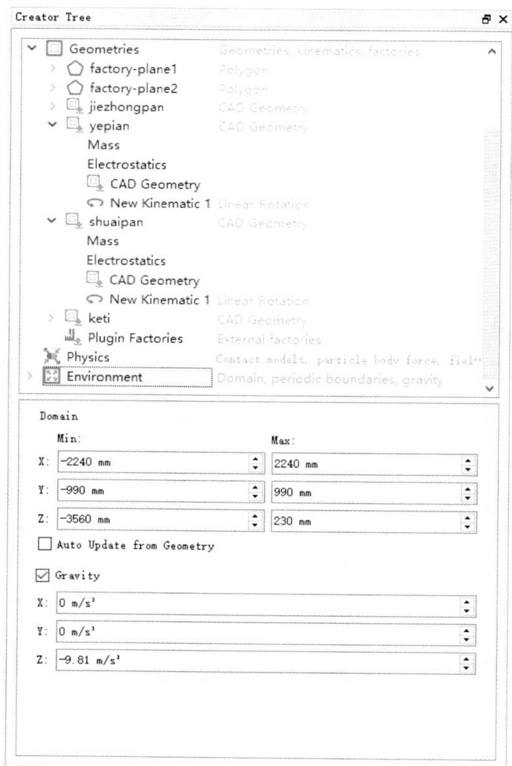

图 9-3-21　EDEM 中定点撒播仿真 Environment 设置

（三）EDEM Simulator 设置

在 EDEM 软件中的 Simulator 窗口进行求解器参数设置，如图 9–3–22 所示。其中设置仿真总时间为 10 s。该部分仿真计算域较大，而如果 Cell Size 设置太小则会导致占用计算机内存过大而无法运行该仿真，因此将计算域的网格单元尺寸 Cell Size 设置为 10 Rmin。选择进行该仿真计算所用计算机 CPU 核数为 4，点击 Progress 的启动按钮即可开始该仿真的求解计算。该部分仿真运算量较大，求解运算时间大概需要 1 周左右。

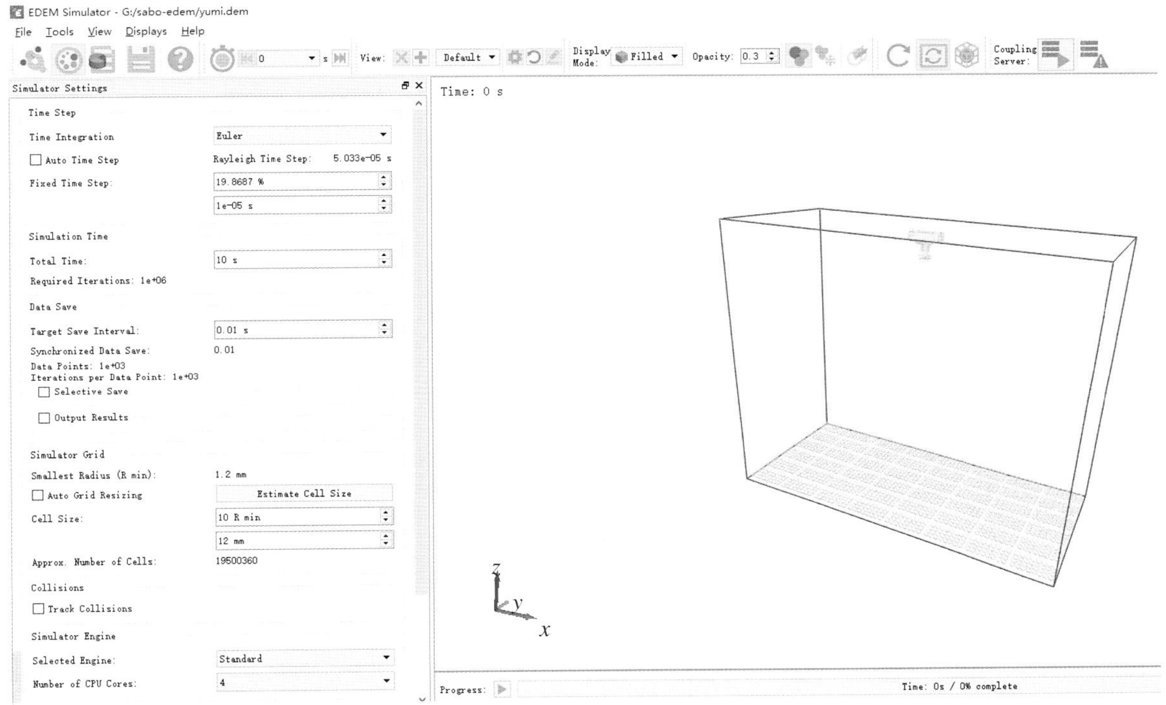

图 9–3–22　EDEM 中定点撒播仿真 Simulator 设置

（四）EDEM Analyst 设置

求解完成后，打开 Analyst 界面对 Analyst Tree 进行参数设置。其中，Display 中的 Geometries、Particle 设置与第一部分仿真设置一样，即对颗粒工厂生成面取消显示设置和对装置的壳体部件进行透明化设置，以及将 Particle 的显示类型设置为 Template，并选择导入 STL 模板文件 New Template 0 作为显示模型。为了对接种盘内的落入物料进行计数，需要创建 Grid Bin Group。该 Grid Bin Group 有 6 行 8 列共 48 个矩形网格，通过如图 9–3–23 所示的参数设置使得每个矩形网格都刚好将一个接种盘包围。对该 Grid Bin Group 进行功能属性设置，如图 9–3–24、图 9–3–25 所示。

首先，点击 Grid Bin Group 参数设置窗中 Queries 的 Edit 命令，弹出 Selection Query Editor 窗口后，选中 Particle 的 Number of Particles 属性，点击下方“+”号将其添加入设置框中，再

选择 Type 为 yumi（玉米物料），点击确定。其次，在 Grid Bin Group 参数设置窗中的 Display Mode 选择 Always 并点击 Display Options 的 Edit 命令，如图 9-3-25 所示，在弹出的 Display Options 窗口中框选 On Screan Query 命令，点击确定，使得该 Grid Bin Group 能在仿真全过程中对接种盘内的物料进行实时计数。最后，用 Scheduler 中的几个时序控制选项来控制求解后的装置仿真结果演示，以便观察分析仿真中的实时定点撒播效果。撒播装置定点撒播仿真结果演示如图 9-3-26 所示。

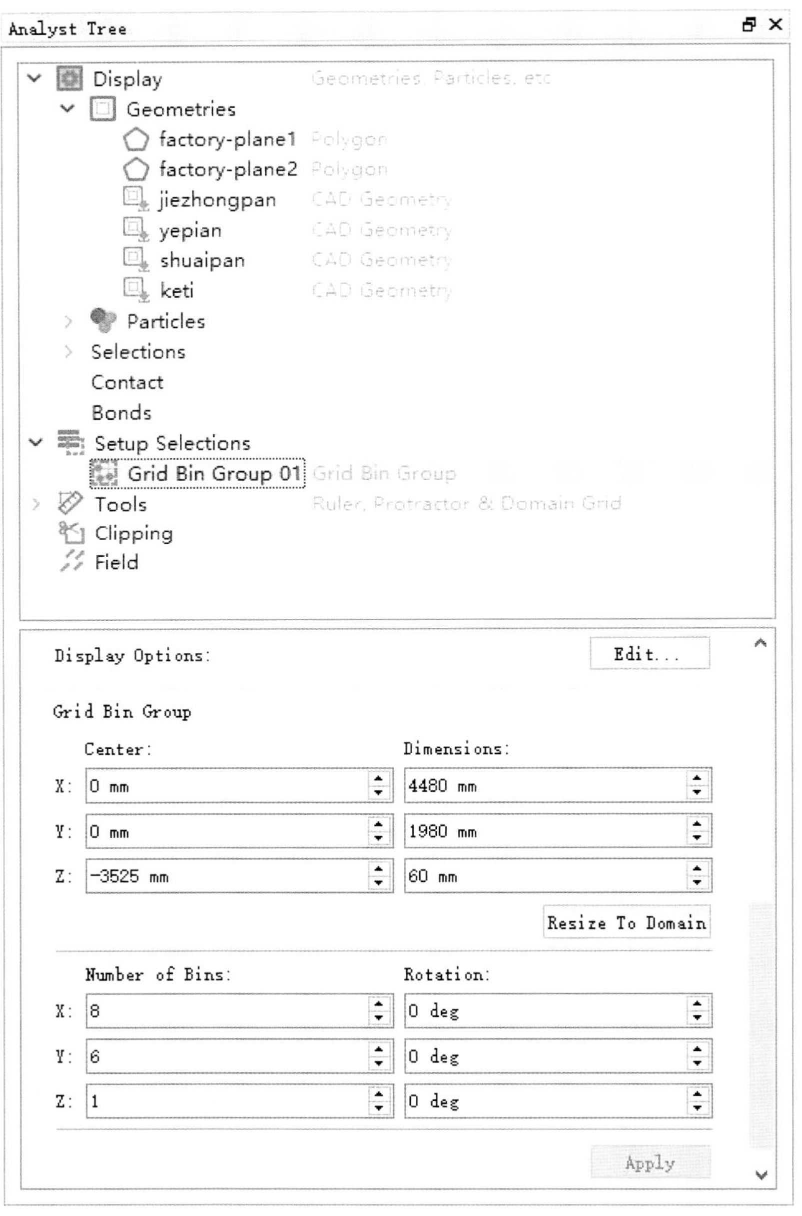

图 9-3-23　定点撒播仿真 Grid Bin Group 参数设置

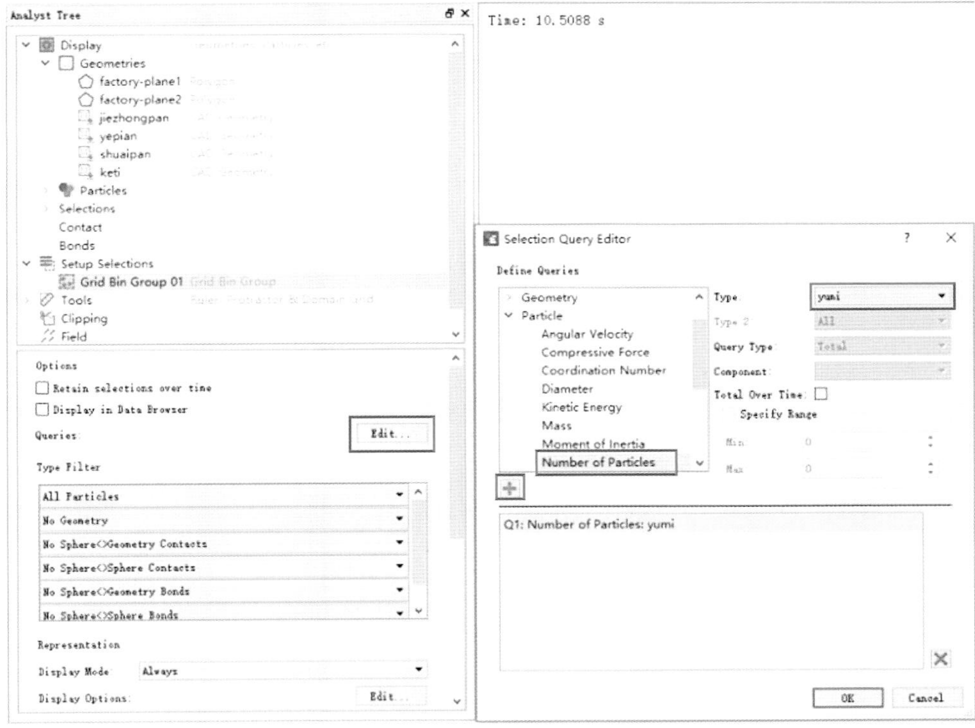

图 9-3-24　定点撒播仿真 Grid Bin Group 功能属性设置 1

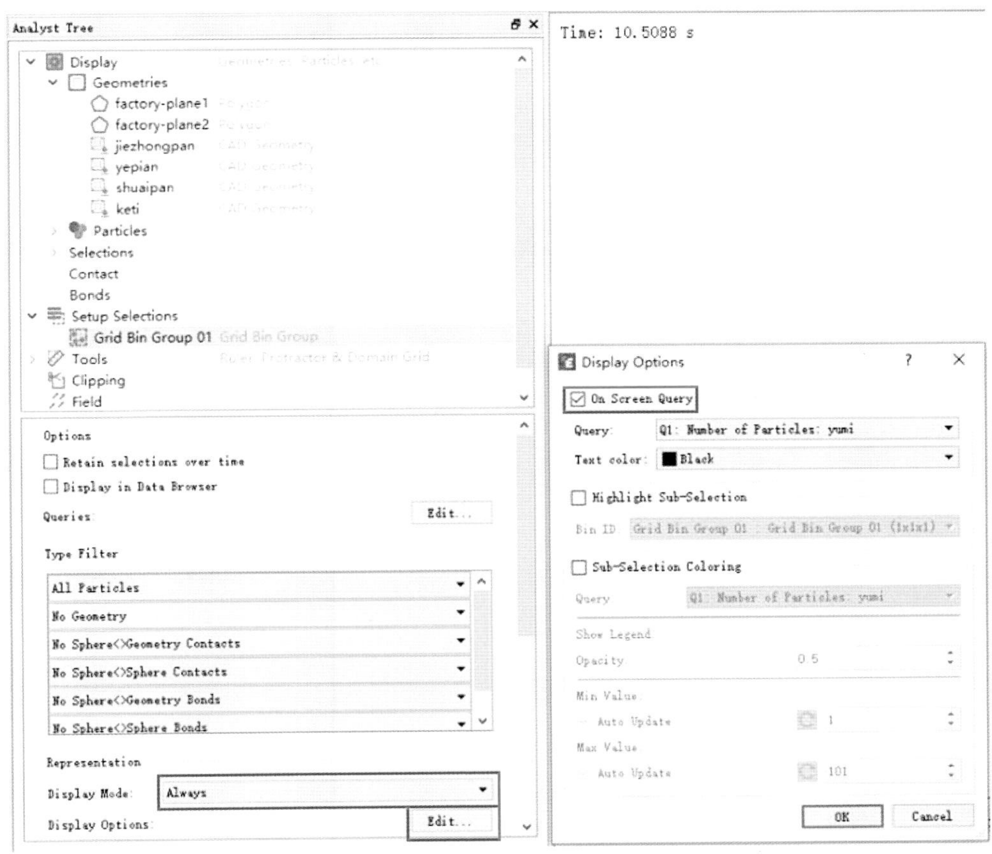

图 9-3-25　定点撒播仿真 Grid Bin Group 功能属性设置 2

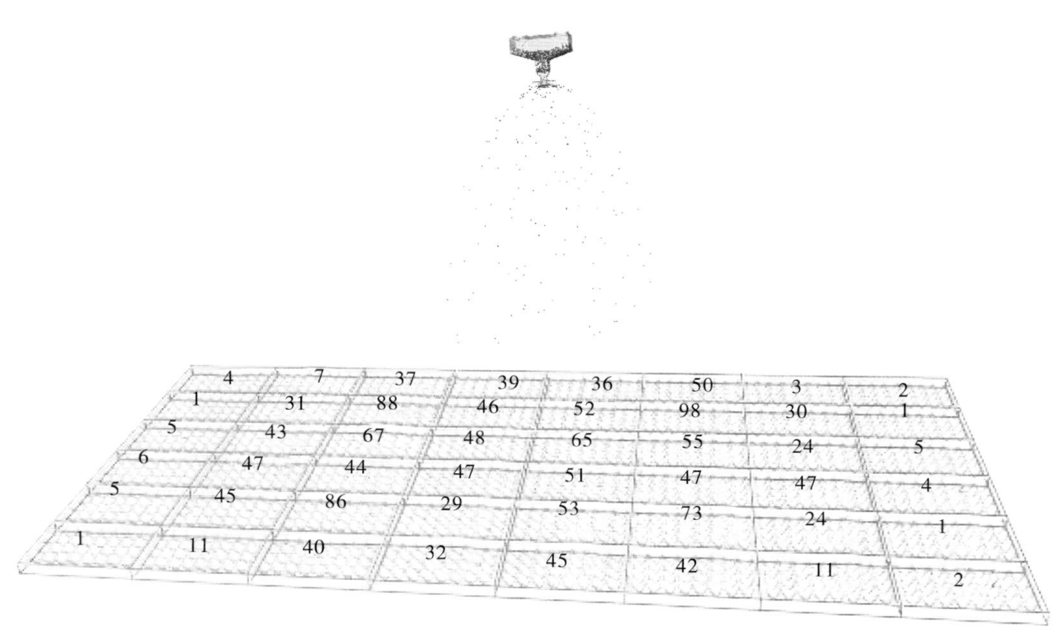

图 9-3-26 撒播装置定点撒播仿真结果演示

（五）撒播装置定点撒播仿真结果分析

根据撒播装置定点撒播仿真结果演示，经对该部分的 6 组定点撒播仿真的接种盘物料分布情况进行对比分析，发现该撒播装置定点撒播时的物料分布规律大致呈圆环放射状变化。如图 9-3-27 所示，当甩盘转速较小时，喷幅较小，且颗粒物料分布较为集中，以装置正下方为圆心，颗粒物料分布按“较多→多→少→很少→无”的量级变化由圆心向外辐射；当甩盘转速较大时，喷幅较大，颗粒物料分布变化按“少→较少→多→少→很少或无”的量级变化由圆心向外辐射。物料量等级从小到大的顺序依次为“无＜很少＜少＜较少＜较多＜多”，其中物料量级在少、较少、较多及多这 4 个等级的区域均属于有效喷幅范围区域，且不同的颗粒物料均符合这种物料分布规律。

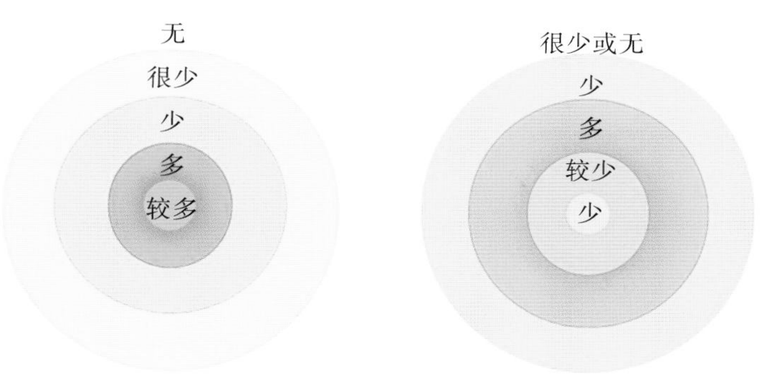

（a）甩盘转速较低时　　（b）甩盘转速较高时

图 9-3-27 定点撒播仿真颗粒物料分布规律

五、装置移动撒播仿真

撒播装置实际工作是搭载于农用无人机上进行移动撒播作业的，因此测试装置的撒播效果需要对装置进行移动撒播仿真。本部分仿真为模拟该装置在 12 m 长的移动滑轨平台做匀速直线运动情况下的移动撒播。因为该部分仿真计算域很大，运算求解时间非常长，所以将装置的叶片轮转速设置为对应的最佳转速值并将甩盘转速固定为 180 r/min。只针对玉米和绿豆两种农业颗粒物料各进行一组仿真模拟。

（一）装置仿真几何体构建

移动撒播仿真所用的装置仿真几何体包括移动滑轨平台（含轨道小车）、撒播装置及地面的若干排接种盘。在 SolidWorks 中绘制该移动撒播装置仿真几何体后另存为 STL 文件，如图 9-3-28 所示。

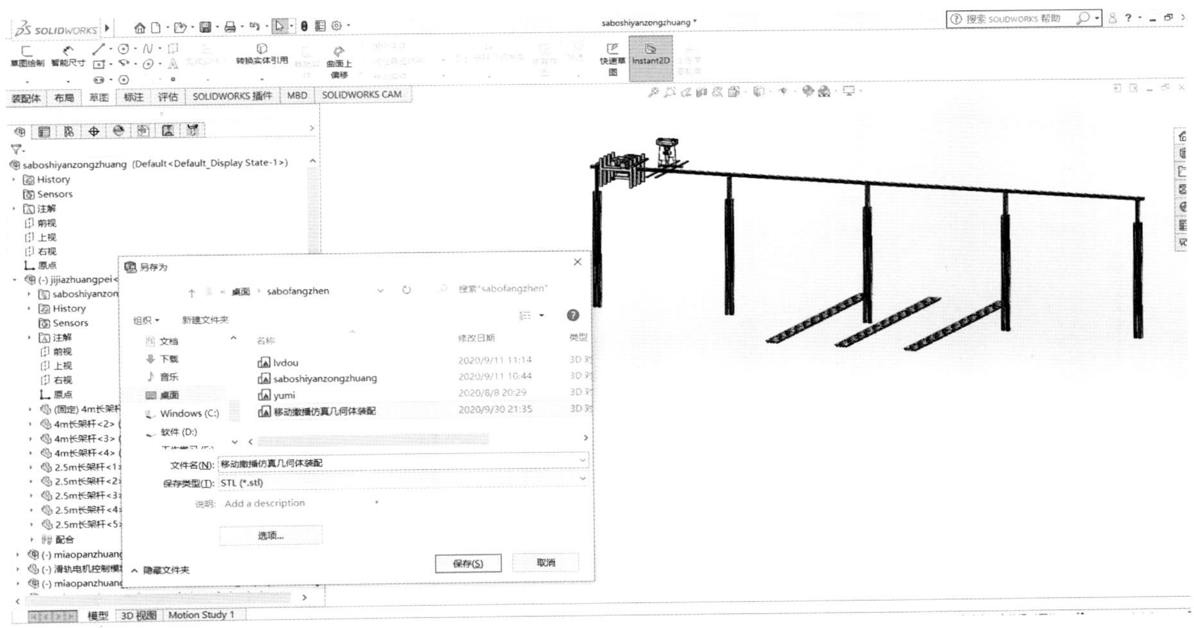

图 9-3-28　绘制、保存移动撒播装置仿真几何体

（二）EDEM Creator 设置

在移动撒播仿真 EDEM Creator 设置中，两组仿真的 Project 设置见表 9-3-3。Creator Tree 中的 Bulk Material 及 Equipment Material 的设置与前两部分仿真设置一样；用 Geometries 导入绘制的装置几何体 STL 文件后，装置几何体会拆分成若干独立零件，用 Merge Geometry 命令将这些零件按功能作用组成滑轨架、轨道小车、接种盘、壳体、叶片轮、甩盘等部件，并用汉语拼音命名法分别重命名为“huaguijia”“xiaoche”“jiezhongpan”“keti”“yepian”及“shuaipan”。

表 9-3-3 两组移动撒播仿真 Project 设置

编号	叶片轮转速（r/min）	甩盘转速（r/min）	颗粒工厂生成物料量（kg）	生成速率（kg/s）	移动速度（m/s）	仿真时间（s）
Corn sowing3.1	10	180	2×2	2×0.5	1	15
Mung bean sowing3.1	15	180	2×2	2×0.5	1	15

工厂创建和参数设置的方法与前两部分仿真一样，不一样的是该部分仿真需要对撒播装置设置成匀速直线运动，而在该 EDEM 软件中，旋转部件的旋转轴一经确定就不能再移动，因此在对装置设置前进方向的直线运动时，装置内的甩盘不能在正常位置进行旋转运动。针对这一问题，本部分仿真采用设置相对运动的方式解决，即将小车与撒播装置固定在原地，而对滑轨架与接种盘这两个部件则设置为方向与前进方向相反，速度为 1 m/s 的匀速直线运动，相关参数设置如图 9-3-29 所示。Physics 选择默认设置；Environment 设置中，取消 Auto Update from Geometry 框选；手动设置计算域边界值，使得计算域体积增加为原来自动生成计算域的 2 倍。

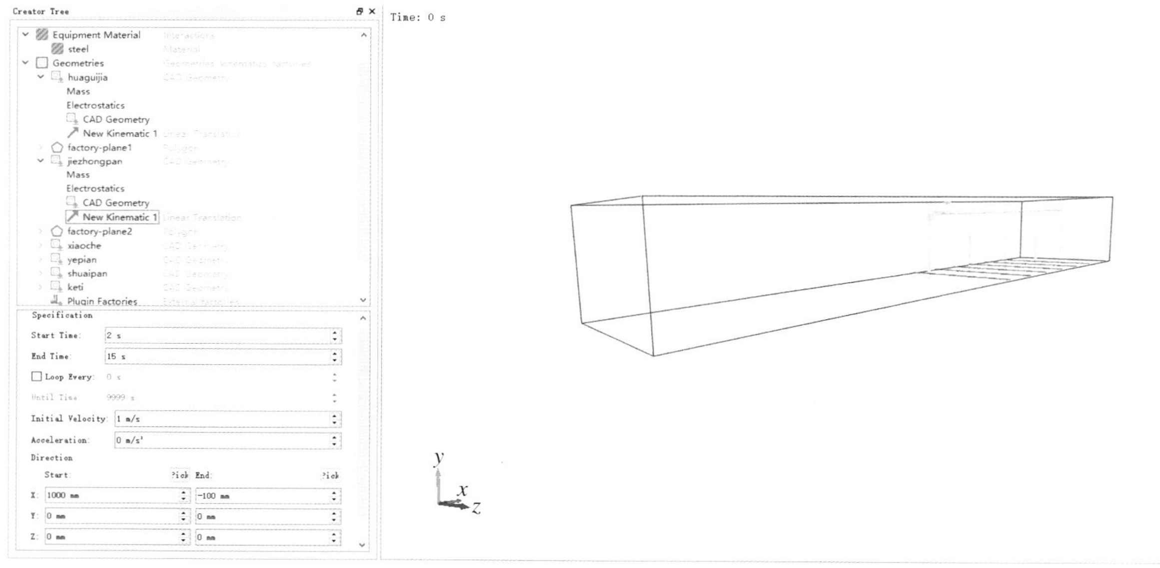

图 9-3-29 移动撒播仿真 Creator 参数设置

（三）EDEM Simulator 设置

移动撒播仿真对 Simulator 窗口进行求解器参数的设置如图 9-3-30 所示。设置仿真总时间为 15 s，将 Cell Size 设置为 12 Rmin，选择进行该仿真计算所用的计算机 CPU 核数为 4，点击 Progress 的启动按钮进行求解计算。该部分仿真的单组运算时间为半个月以上。

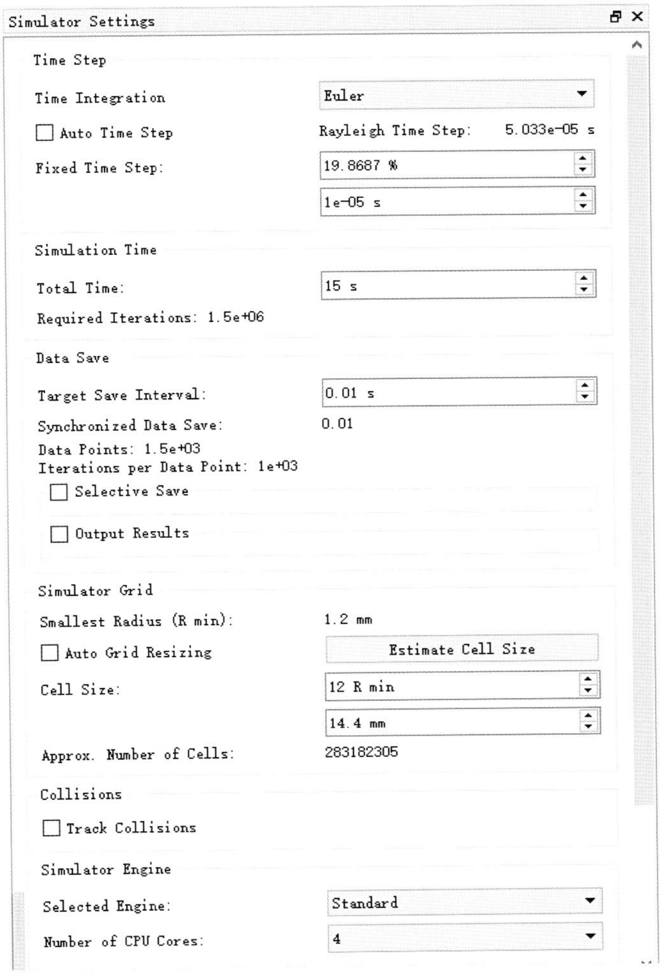

图 9-3-30　移动撒播仿真 Simulator 设置

（四）EDEM Analyst 设置

在移动撒播仿真的 Analyst Tree 中的 Display 设置与前两部分仿真相同；在 Setup Selections 则需要创建与装置几何体构建时所绘制的接种盘行列数所对应数量的 Grid Bin Group。图 9-3-31 为玉米物料移动撒播仿真 Analyst 设置，其中创建的 6 组 Grid Bin Group 刚好可将玉米物料移动撒播仿真装置几何体构建时绘制的 6 排接种盘包围住。这 6 组 Grid Bin Group 设置在仿真 15 s 完全结束后接种盘所在的位置，刚好可对接种盘内的物料进行计数。经过玉米物料移动撒播仿真可以看出，物料在移动滑轨平台中段位置所布置的几排接种盘内分布规律相似，说明移动滑轨平台中段位置为稳定撒播段。在其中布 3 排接种盘即可满足试验的重复要求，因此进行绿豆移动撒播仿真时只设置了 3 排接种盘。在 Analyst Tree 中的 Setup Selections 设置里也只需创建 3 组 Grid Bin Group 对这 3 排接种盘内物料进行计数。对 Grid Bin Group 的属性参数设置方法步骤与第二部分仿真里的设置相同。

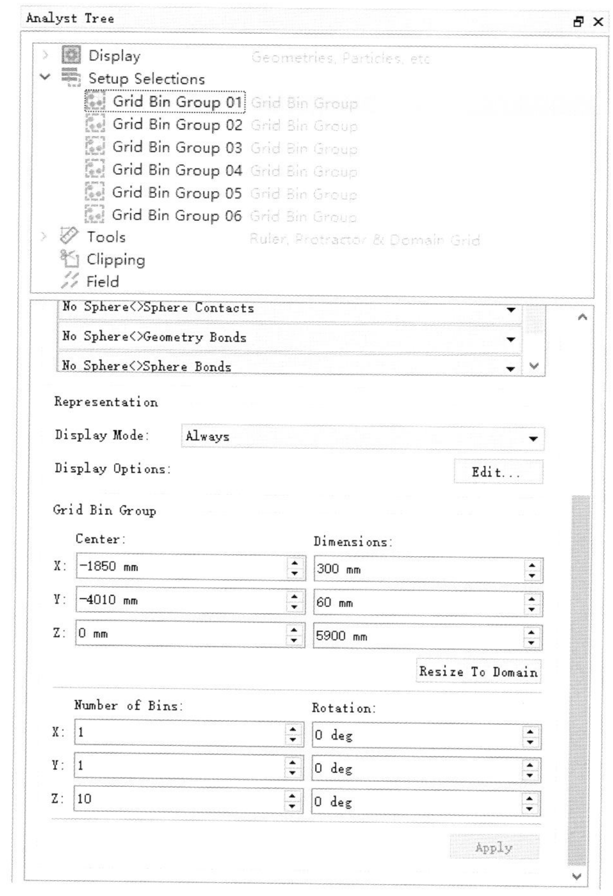

图 9-3-31　玉米物料移动撒播仿真 Analyst 设置

（五）撒播装置移动撒播仿真结果分析

玉米物料移动撒播仿真结果如图 9-3-32 所示。该图显示了在 15 s 仿真时间结束时撒播装置移动至滑轨终端后接种盘内的物料分布情况。

从图 9-3-32 可以看出，最接近滑轨起始端的第 1 排物料分布较少，中段第 4、第 5 排的物料分布规律非常相似。由于装置内颗粒物料未完全生成且装置内的叶片轮及甩盘在尚未开始进行旋转运动时，装置与接种盘间就开始了相对移动，导致前几排处于一个非正常撒播阶段；而最后一排因为接近滑轨终端，在仿真结束时仍有一部分本应落入接种盘的物料尚未落入，使得最后一排的分布规律与第 4、第 5 排这两个稳定撒播段的分布规律并不一样。

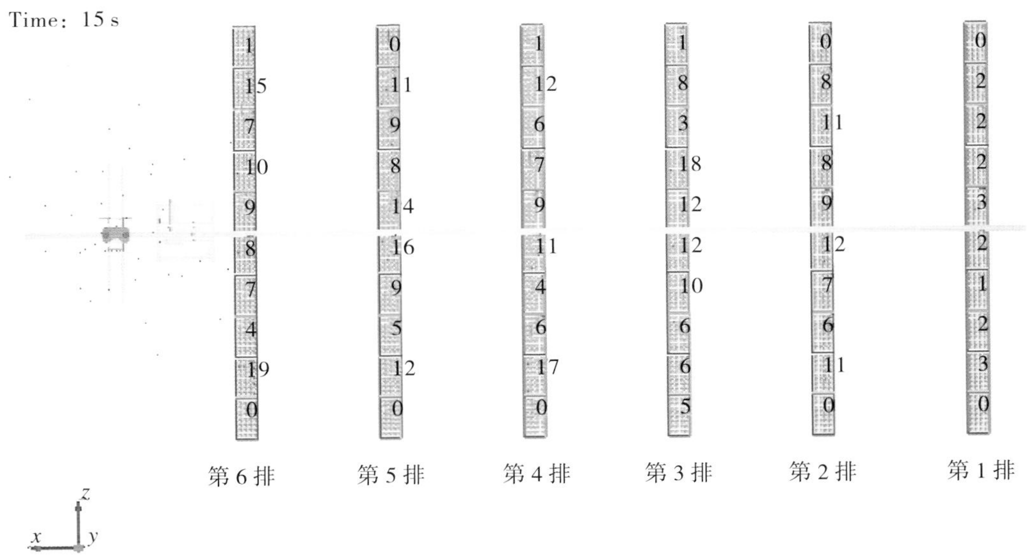

图 9-3-32 玉米物料移动撒播仿真结果

取玉米物料移动撒播仿真稳定撒播段的第 4、第 5 排接种盘进行物料分布规律分析，去掉无效喷幅范围内的首尾 2 列，对中间 8 列接种盘内的物料分布进行折线图绘制并分析规律，如图 9-3-33 所示。观察折线图明显发现，玉米物料移动撒播仿真中，同排物料成 W 形分布；对第 4、第 5 排接种盘的物料分布按公式（9.3.1）和公式（9.3.2）可求得变异系数 CV 分别为 41.15%、33.38%。

$$\mathrm{CV}=\frac{S}{\overline{X}}\times 100\% \tag{9.3.1}$$

$$S=\sqrt{\sum_{i=1}^{n}\left(X_i-\overline{X}\right)^2/(n-1)} \tag{9.3.2}$$

式中，S 为同组试验中同排接种盘内颗粒物料样本的标准差；Xi 为各接种盘内颗粒物料个数；$\overline{X}$ 为各排颗粒物料个数平均值；n 为各组试验接种盘个数。

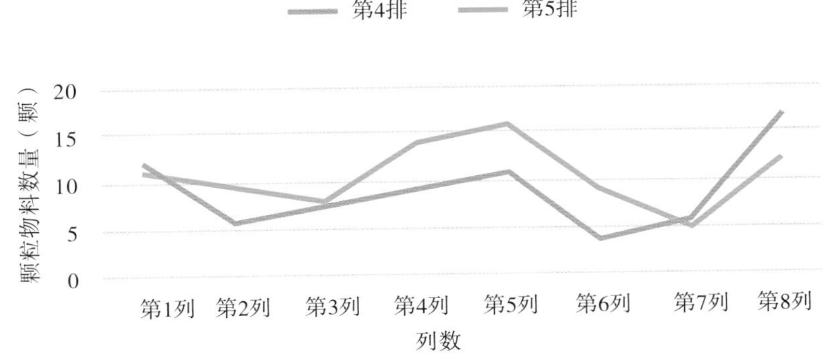

图 9-3-33 玉米物料移动撒播仿真物料分布折线图

与玉米物料移动撒播装置仿真设置不同的是，绿豆物料移动撒播装置仿真将 3 排接种盘间隔 1.5 m 布置于滑轨平台中段，设置在撒播装置两运动部件开启运动的同时进行装置与接种盘的相对移动。绿豆物料移动撒播仿真结果如图 9-3-34 所示。去掉首尾 2 列，对这 3 排接种盘的物料分布进行折线图绘制并分析其分布规律，发现该组仿真撒播物料分布呈波浪状，起伏较多但波动不大，较为均匀，如图 9-3-35 所示。对这 3 排接种盘的物料分布按公式（9.3.1）和公式（9.3.2）可求得变异系数分别为 16.29%、23.72% 和 24.07%。

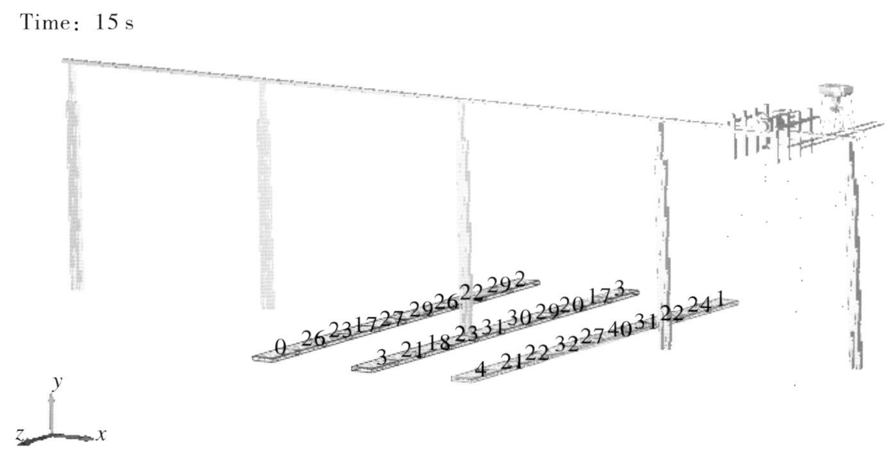

图 9-3-34　绿豆物料移动撒播仿真结果

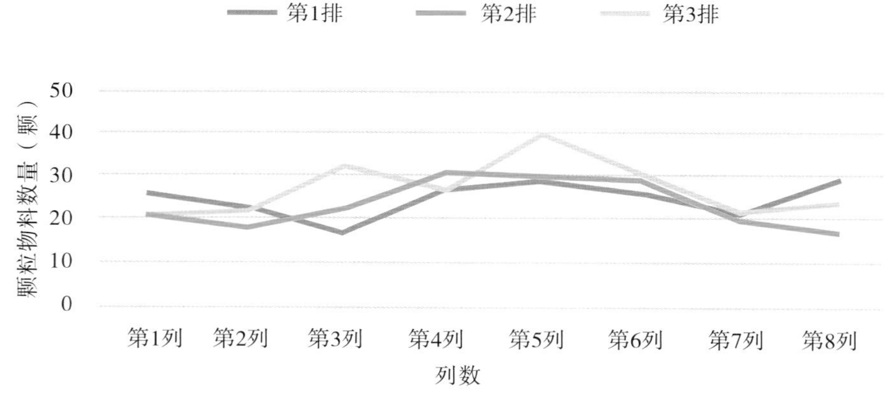

图 9-3-35　绿豆物料移动撒播仿真物料分布折线图

第四节　农用无人机撒播装置研发的验证

一、试验方案设计

将撒播装置架设于移动滑轨架上，用移动滑轨模拟无人机飞行，对玉米和绿豆两种颗粒物料进行不同甩盘转速下的撒播装置均匀性测试。

（一）移动滑轨平台

试验所用移动滑轨平台是团队自行设计并搭建的一个试验平台。该移动滑轨平台由滑轨架和轨道小车组合而成，如图 9-4-1 所示。

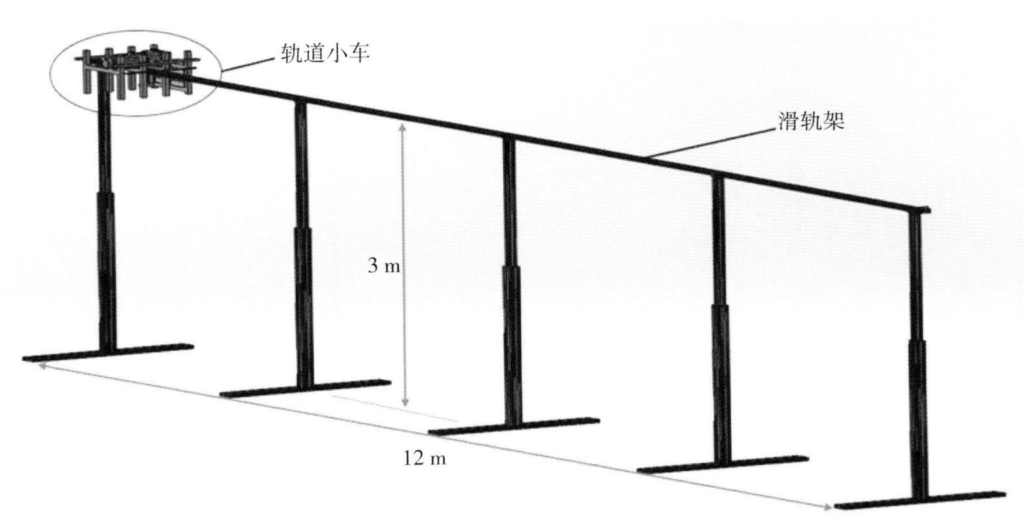

图 9-4-1　移动滑轨平台结构示意图

滑轨架全长 12 m、高 3 m，搭建所用的杆件材料均为铝合金型材，这些杆件按用途可分为 3 种：基座平衡杆、竖直支撑杆及轨道横架杆。图 9-4-1 是移动滑轨平台结构示意图，而实际搭建的移动滑轨平台则如图 9-4-2 所示。从图 9-4-2 中可以看出，上述 3 种杆件并非单根杆，而是在这个滑轨平台中起着相同作用的若干根杆件。其中，基座平衡杆作为移动滑轨平台的基座起平衡作用，3 根基座平衡杆如图 9-4-2 所示呈 T 形分布，构成 1 个基座单元；竖直支撑杆负责支承轨道、轨道小车及移动滑轨平台试验时所搭载的试验设备，3 根竖直支撑杆按图中的联结方式与 1 个千斤顶装置配合构成 1 个支撑单元，5 个支撑单元支撑整个轨道单元、轨道小车和搭载设备所有重量，同时调节 5 个千斤顶装置即可调控移动滑轨平台高度；4 根 3 m 长的轨道横架杆首尾相接连成 12 m 的横梁，在上边铺设长齿条滑块轨道即构成了轨道单元。

图 9-4-2　移动滑轨平台实际拍摄图

如图 9-4-3 所示，轨道小车由小车机架、步进电机、步进电机驱动器、微电脑控制器、齿轮、皮带轮、6S 电池组、电闸、导轨组合式接线端子等部件组成。其中 6S 电池组包括 7 块 6S 电池，将 6 块 6S 电池串联后作为步进电机的电源，另 1 块 6S 电池则单独作为微电脑控制器电源。

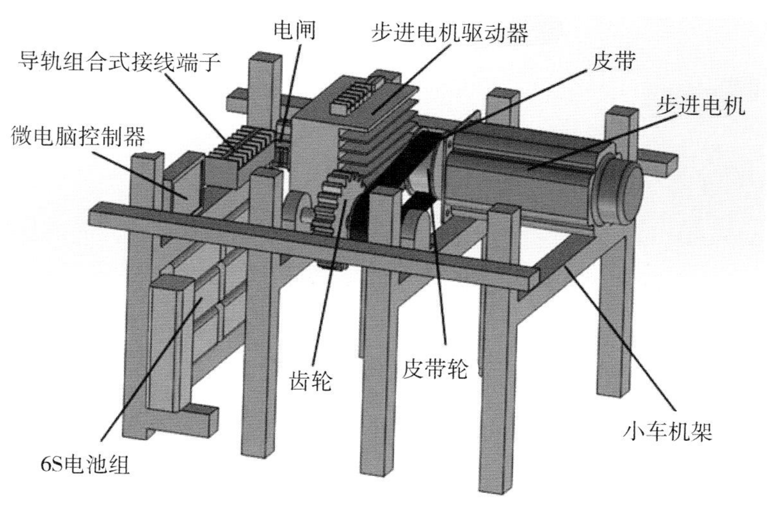

图 9-4-3　轨道小车结构示意图

移动滑轨平台工作原理：将移动滑轨平台架设好并将轨道小车电池组充满电；所有电子元件接线完成后，将电机启动响应时间、步进电机转速、转动圈数及正反转等参数设置录入微电脑控制器中；开启电闸开关并在微电脑控制器上按下启动按键；待电机启动响应时间结束，步进电机启动；电机轴转动带动皮带轮转动，通过 1∶1 的皮带传动带动齿轮轴转动，轨道小车上的齿轮就与滑轨架上的齿条滑块轨道进行啮合传动（图 9-4-4），此时与轨道上滑块机构所连接固定的轨道小车就会沿着轨道方向按微电脑控制器里设置的工作参数行进。

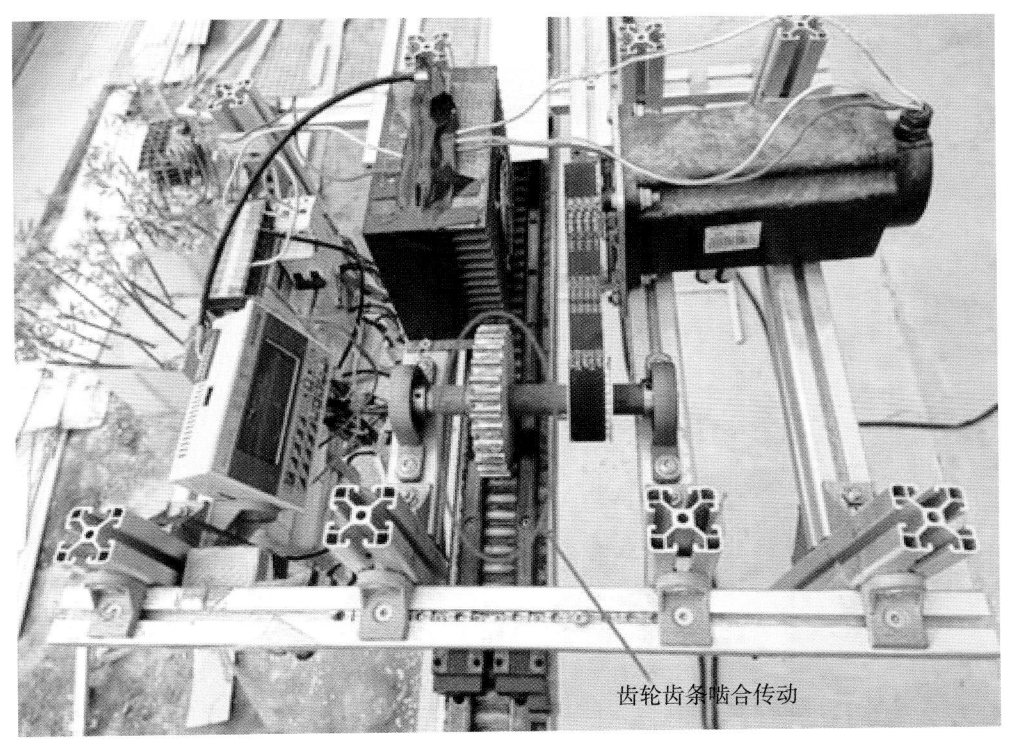

图 9-4-4　轨道小车实际拍摄图

（二）试验方法

本次针对玉米和绿豆 2 种物料共设置 6 组试验，分析 2 种物料在对应最佳叶片轮转速下，在低、中、高三个不同甩盘转速梯度下的撒播装置移动撒播效果。将撒播装置与移动轨道平台上的轨道小车连接，使其能在轨道进行同步滑动；设置微电脑控制器参数，设置撒播装置及小车的移动速度为 1 m/s；在仿真部分所测得的撒播稳定段即滑轨中段位置下方的地面布置 3 排填充好泥土的接种盘，每排间隔 1.5 m，每一排放置 8 块接种盘。试验布置如图 9-4-5 所示。轨道小车启动后，开启撒播装置两运动部件的电机进行喷洒；待小车行至轨道终止端后，停止喷撒并关闭轨道小车的电闸开关，对接种盘中的颗粒物料进行分盘计数，并记录数据；最后将装置和小车复位至轨道初始端即完成一组试验。其中，通过更改撒播装置叶片轮及甩盘的转速设置即可完成对不同组试验参数设置的变换。

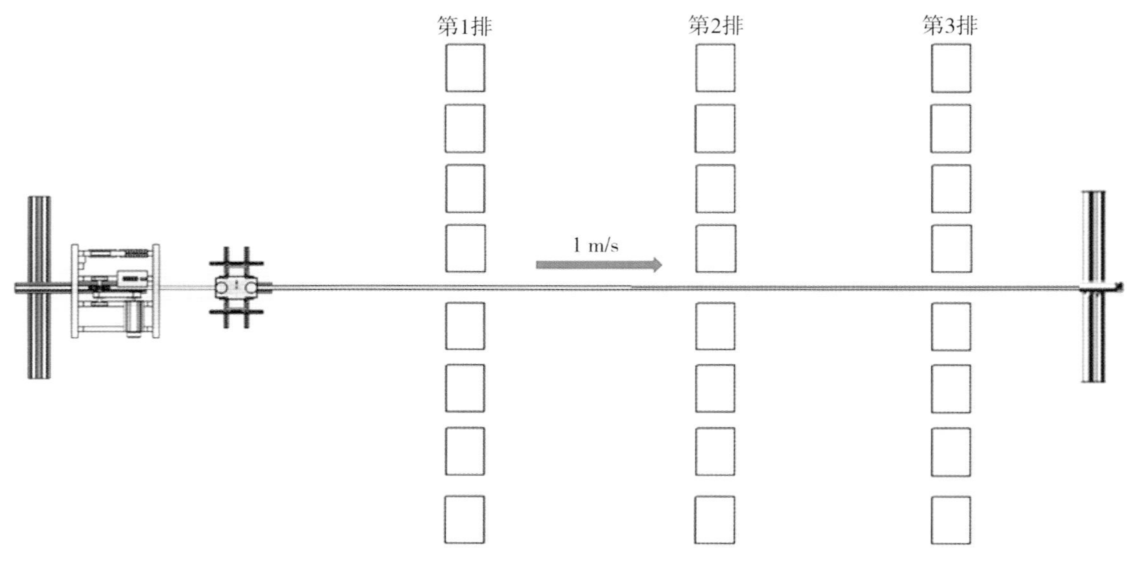

图 9-4-5　试验布置图（俯视）

（三）试验仪器设备及材料准备

试验所需仪器设备及材料：农业颗粒物料撒播装置，一些用于机架连接的铝型材、风洞实验室的移动滑轨平台，光电式转速表，除锈润滑剂，接种盘（颗粒收集），泥土，标记笔，颗粒物料（玉米、绿豆）。

（1）对撒播装置进行装置运行状态预试验。将装配好的撒播装置置于如图 9-4-6 所示的大纸箱内（纸箱高度高于甩盘位置，以使撒播时甩出的物料全部留在纸箱内，便于回收颗粒物料）。将颗粒物料装入药箱中，通过 2 个遥控调速器分别调控 2 个电机的启停与转速大小，观察装置运行状态是否正常及甩盘甩出物料是否连续稳定，验证玉米和绿豆 2 种颗粒物料所对应的最佳叶片轮转速是否与仿真分析一样。（该调速器有 2 种调速方式：一种是调速旋钮调速，通过旋钮角度的大小来控制电机转速，该种调速方式可实现无级调速，但不能远程操控；另一种为遥控器调速，该种调速方式有 8 个档位的有级调速，通过点击遥控器的加速按钮即可实现电机转速档位的变化，该种调速方式可允许中远程操作，适用于本试验的撒播装置。）经验证后发现，当定量单元电机调速器设置为 3 档时，撒播装置进行玉米物料撒播最为连续稳定；当定量单元电机调速器设置为 5 档时，撒播装置进行绿豆物料撒播最为连续稳定。用光电式转速表对叶片轮进行转速测试，当定量单元调速遥控器设置为 3 档时，叶片轮负载转速约为 11 r/min；当定量单元调速遥控器设置为 5 档时，叶片轮负载转速约为 17 r/min，这与仿真结果接近。另外，对甩盘进行转速测试，测得甩盘单元调速器遥控 8 个档位所对应的甩盘负载转速依次为 35 r/min、

75 r/min、110 r/min、145 r/min、180 r/min、215 r/min、248 r/min、285 r/min。因此，按与仿真时所设置甩盘转速梯度近似原则可确定选取 2、5、8 档所对应的 75 r/min、180 r/min、285 r/min 作为本次试验甩盘转速的低档、中档、高档 3 个梯度。

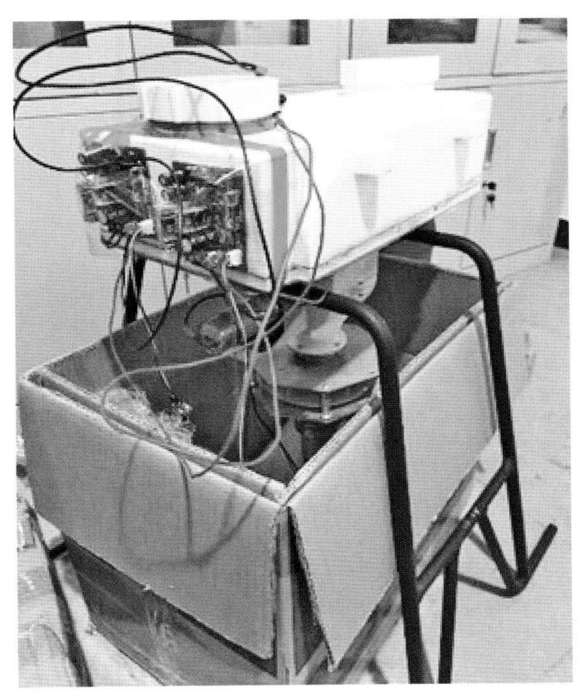

图 9-4-6　装置运行状态预试验平台

（2）对滑轨小车的 6S 电池组电源进行充电，如图 9-4-7 所示。并用除锈润滑剂对滑轨轨道进行润滑除锈，然后试运行移动滑轨平台，确保其能正常运行。

图 9-4-7　对移动滑轨平台的轨道小车 6S 电池组进行充电

（3）卸下移动滑轨平台原有的喷施装置，将撒播装置机架与移动滑轨平台轨道上的滑块机构连接固定，并与轨道小车通过的两平行连接杆连接，使撒播装置可与轨道小车在轨道上同步滑动。

（4）在滑轨平台下方布置3排尺寸为54 mm × 28 mm的接种盘（已对底面漏水口进行密封），布置间隔为0.75 m × 1.5 m。在接种盘中加入部分泥土，以减少物料落在接种盘时的弹跳。给接种盘粘贴上标注有排、列序列号的贴纸，如第1排第3列标为“1-3”。接种盘布置如图9-4-8所示。

图9-4-8　撒播试验接种盘布置图

二、撒播装置移动撒播试验

（一）试验具体操作流程

（1）将一个充满电的6S电池作为电源连接架，设在移动滑轨平台起始端的撒播装置上用以供电。将足量玉米物料倒入药箱内，打开轨道小车电闸，在小车的微电脑控制器中将小车步进电机的启动响应时间设置为 5 s，转动方向设置为正转，180 r/min，转动圈数设置为 28（电机转动 1 圈，小车前进 0.36 m）；启动按键设置为 F4 后，将这些录入设置保存。确定接种盘布置无误后，点击微电脑控制器 F4，待 5 s 响应时间结束，小车步进电机启动，带动小车及撒播装置以约 1 m/s（$3 \times 0.36 \approx 1$）的速度开始沿轨道移动。同时用两个调速遥控器将叶片轮转速和甩盘转速挡位分别调至 3 档（11 r/min）和 2 档（75 r/min）。撒播装置开始移动撒播，待小车步进电机转动 28 圈（即小车行进约 10 m）接近滑轨平台终端时，小车自动停止前进，同时用调速遥控器关闭撒播装置的两个电机，手动关闭小车电闸。对 3 排接种盘内的玉米物料进行计数，并按所标序列号顺序记录数据。记录完成后，将小车及撒播装置复位至轨道初始端（先记录数据再复位装置是为了避免复位时因震动使甩盘中的剩余物料落入下方接种盘，影响试验数据）。最后，清空下方所布置的 3 排接种盘内的物料。上述操作为第 1 组玉米物料在移动滑轨平台撒播试验的完整过程。

（2）打开轨道小车电闸，点击小车的微电脑控制器 F4，5 s 后小车与装置开始以约 1 m/s 的速度向前移动，同时用两个调速遥控器将叶片轮转速和甩盘转速挡位分别调至 3 档（11 r/min）和 5 档（180 r/min），撒播装置开始移动撒播。待小车接近滑轨平台终端自动刹车的同时，用调速遥控器关闭撒播装置，两个电机停止撒播，然后手动关闭小车电闸。对 3 排接种盘内的玉米物料进行计数，并按所标序列号顺序记录数据；记录完成后将小车及撒播装置复位至轨道初始端。清空接种盘内物料。以上操作即为第 2 组玉米物料在移动滑轨平台撒播试验的完整过程。

（3）第 3 组试验与第 2 组试验的操作流程基本一样。打开轨道小车电闸，点击小车的微电脑控制器 F4，5 s 后小车与装置开始以约 1 m/s 的速度向前移动，同时用两个调速遥控器将叶片轮转速和甩盘转速挡位分别调至 3 挡（11 r/min）和 8 档（285 r/min），撒播装置开始移动撒播。待小车接近滑轨平台终端自动刹车的同时，用调速遥控器关闭撒播装置，两个电机停止撒播，然后手动关闭小车电闸。对 3 排接种盘内的玉米物料进行计数，并按序列号顺序记录数据；记录完成后将小车及撒播装置复位至轨道初始端。将药箱内剩余玉米物料全部清空。这时，撒播装置对玉米物料在 3 组不同甩盘转速下的移动滑轨平台撒播试验全部完成。

（4）将玉米物料换成绿豆物料，倒入已清空的撒播装置药箱内。微电脑控制程序保持前 3 组所录入的参数设置，无须重新设置，剩下的 3 组不同甩盘转速下撒播装置在移动滑轨平台的绿豆撒播试验具体操作步骤与前 3 组玉米物料撒播试验操作流程基本相同。只需注意，每次开始撒播时要用定量单元调速遥控器将叶片轮转速调为经过预实验所测得的最适合绿豆物料的 5 档（17 r/min）。

以上即为 6 组撒播试验所有的实际操作过程。

（二）试验结果数据分析

以上 6 组试验的数据记录见表 9-4-1 至表 9-4-6，表中记录的数据为每个接种盘中的物料数量。

表 9-4-1　玉米物料移动撒播试验第 1 组

单位：颗

排数	物料数量							
	第 1 列	第 2 列	第 3 列	第 4 列	第 5 列	第 6 列	第 7 列	第 8 列
第 1 排	2	10	13	16	15	13	8	1
第 2 排	1	9	13	15	14	12	9	0
第 3 排	1	10	12	17	16	13	8	2

注：作业高度为 3 m，移动速度约为 1 m/s，叶片轮转速为 11 r/min，甩盘转速为 75 r/min（低档）。

表 9-4-2　玉米物料移动撒播试验第 2 组

单位：颗

排数	物料数量							
	第 1 列	第 2 列	第 3 列	第 4 列	第 5 列	第 6 列	第 7 列	第 8 列
第 1 排	13	6	8	12	14	9	7	12
第 2 排	12	7	8	14	13	10	8	11
第 3 排	11	8	8	13	14	8	7	10

注：作业高度为 3 m，移动速度约为 1 m/s，叶片轮转速为 11 r/min，甩盘转速为 180 r/min（中档）。

表 9-4-3　玉米物料移动撒播试验第 3 组

单位：颗

排数	物料数量							
	第 1 列	第 2 列	第 3 列	第 4 列	第 5 列	第 6 列	第 7 列	第 8 列
第 1 排	10	9	6	13	15	12	9	11
第 2 排	12	10	7	12	16	8	10	12
第 3 排	11	8	8	11	13	7	13	11

注：作业高度为 3 m，移动速度约为 1 m/s，叶片轮转速为 11 r/min，甩盘转速为 285 r/min（高档）。

表 9-4-4　绿豆物料移动撒播试验第 1 组

单位：颗

排数	物料数量							
	第 1 列	第 2 列	第 3 列	第 4 列	第 5 列	第 6 列	第 7 列	第 8 列
第 1 排	18	25	37	30	36	35	22	13
第 2 排	14	22	35	29	34	37	21	19
第 3 排	15	16	34	33	37	31	20	16

注：作业高度为 3 m，移动速度约为 1 m/s，叶片轮转速为 17 r/min，甩盘转速为 75 r/min（低档）。

表 9-4-5　绿豆物料移动撒播试验第 2 组

单位：颗

排数	物料数量							
	第 1 列	第 2 列	第 3 列	第 4 列	第 5 列	第 6 列	第 7 列	第 8 列
第 1 排	25	24	23	40	38	32	25	28
第 2 排	23	25	22	38	35	27	22	23
第 3 排	26	23	24	34	39	30	22	24

注：作业高度为 3 m，移动速度约为 1 m/s，叶片轮转速为 17 r/min，甩盘转速为 180 r/min（中档）。

表 9-4-6　绿豆物料移动撒播试验第 3 组

单位：颗

排数	物料数量							
	第 1 列	第 2 列	第 3 列	第 4 列	第 5 列	第 6 列	第 7 列	第 8 列
第 1 排	23	22	25	35	32	24	21	23
第 2 排	24	21	28	32	35	27	22	20
第 3 排	21	24	27	33	30	25	23	19

注：作业高度为 3 m，移动速度约为 1 m/s，叶片轮转速为 17 r/min，甩盘转速为 285 r/min（高档）。

由记录数据可以发现，当甩盘转速等级为低档（75 r/min）时，移动滑轨平台下方所布置的 3 排接种盘的首尾 2 列会出现物料明显低于中间几列的现象，尤其是玉米物料试验 1 组的首尾 2 列明显在有效喷幅范围之外，故研究物料分布规律时将该组的这 2 列数据舍弃。对 6 组试验所记录的数据绘制折线图（图 9-4-9），分析撒播装置在行进垂直方向上的物料分布规律。

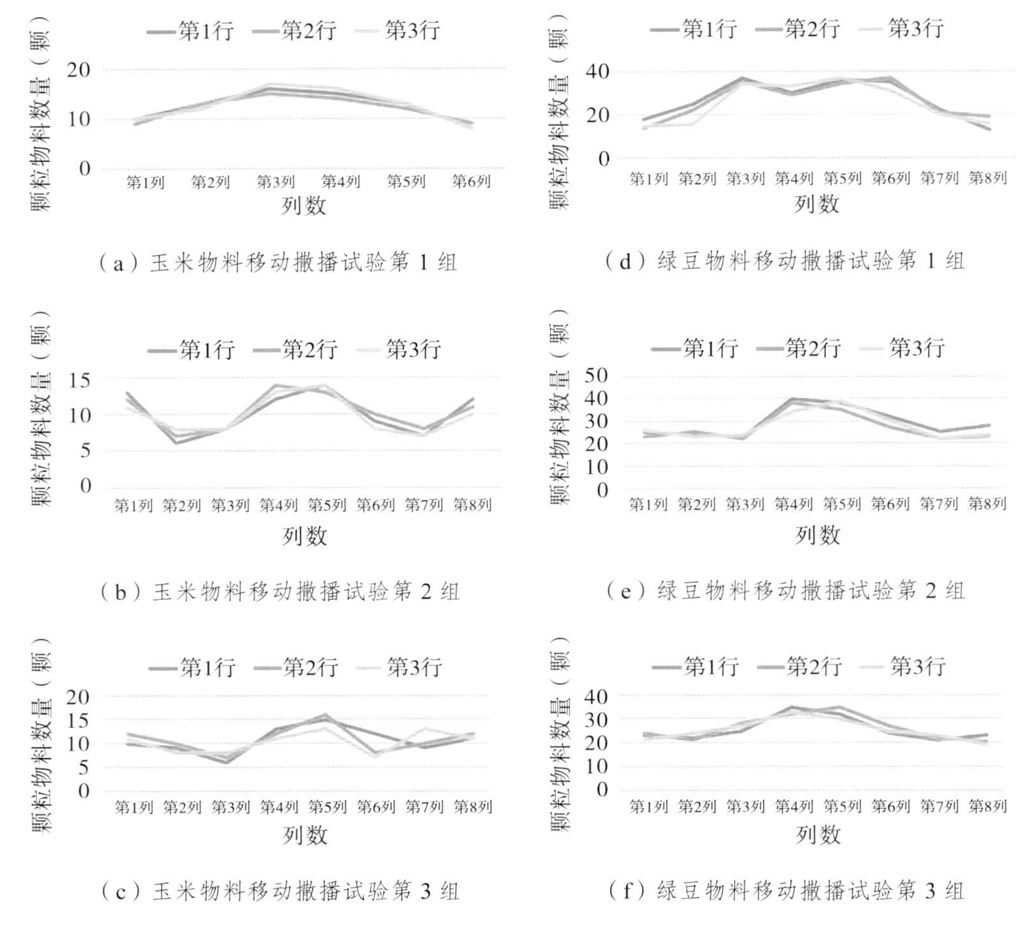

（a）玉米物料移动撒播试验第 1 组

（d）绿豆物料移动撒播试验第 1 组

（b）玉米物料移动撒播试验第 2 组

（e）绿豆物料移动撒播试验第 2 组

（c）玉米物料移动撒播试验第 3 组

（f）绿豆物料移动撒播试验第 3 组

图 9-4-9　6 组移动撒播试验物料分布折线图

6 组试验的折线图显示：

（1）当该撒播装置移动撒播时，装置两侧的物料分布均较为对称。

（2）在低档甩盘转速下，玉米和绿豆这两种物料的撒播分布规律均为中间高，两端低，且喷幅较窄；同单位面积内分布的玉米物料个数要比绿豆物料少，这可能是因为玉米颗粒的体积比绿豆颗粒的体积大，且玉米物料试验所设置的定量单元的叶片轮转速比绿豆物料试验所设置的叶片轮转速小，导致单位时间内通过下料口落入甩盘的物料量较少，从而使得单位面积分布的玉米物料个数比绿豆物料少。

（3）在中档、高档的甩盘转速下，玉米物料撒播均成 W 形分布，即出现 3 个波峰、2 个波谷的规律分布；而绿豆物料分布则较为平均，这一点与移动撒播仿真分析结果相同。

这样的移动撒播分布规律可看成行进路线上无数个组成点的定点撒播物料分布效果叠加。这种分布叠加会使得该撒播装置在移动撒播作业时有较高的整体均匀性。

6 组试验按公式（9.3.1）、公式（9.3.2）及公式（9.4.1）计算变异系数，结果见表 9-4-7。注意，其中玉米撒播试验第 1 组是去掉第 1、第 8 列后进行变异系数求解。

$$\overline{\mathrm{CV}}=\sum_{i=1}^{n}\mathrm{CV}_i/n \tag{9.4.1}$$

式中，n 为排数 3，即所求的平均值为每组试验中的 3 组重复的平均变异系数。

表 9-4-7　6 组移动撒播试验物料分布变异系数

排数	变异系数					
	玉米第 1 组	玉米第 2 组	玉米第 3 组	绿豆第 1 组	绿豆第 2 组	绿豆第 3 组
第 1 排	24.13%	29.60%	26.11%	33.12%	22.43%	19.78%
第 2 排	21.08%	24.67%	25.75%	32.30%	23.15%	20.61%
第 3 排	27.20%	26.21%	22.58%	37.02%	21.86%	18.30%
平均值	24.14%	26.83%	24.81%	34.15%	22.48%	19.56%

综合分析折线图与变异系数可知，本撒播装置在作业高度为 3 m、移动速度约为 1 m/s，且装置叶片轮在对应最佳转速工况下，玉米物料和绿豆物料在中档、高档甩盘转速下有较均匀的撒播效果，尤其是绿豆物料的撒播效果更好；而低档甩盘转速下的喷幅范围较窄，两侧接种盘内物料较少甚至没有落料，变异系数较大，物料在中间 6 列接种盘范围内（约 4.25 m）的分布较为均匀。因此可说明本研究所设计的撒播装置在合适工况参数下有着较好的撒播性能。

参考文献

［1］高志政，彭孝东，林耿纯，等．无人机撒播技术在农业中的应用综述［J］．江苏农业科学，2019，47（6）：24–30.

［2］胡林立，范霞，菅凯敏．我国飞播造林研究进展［J］．江西农业，2018（8）：94.

［3］吕金庆，孙贺，兑瀚，等．锥形撒肥圆盘中肥料颗粒运动模型优化与试验［J］．农业机械学报，2018，49（6）：85–91，111.

［4］兰玉彬．精准农业航空技术现状及未来展望［J］．农业工程技术，2017，37（30）：27–30.

［5］兰玉彬．精准农业航空技术与应用［M］．北京：中国农业出版社，2020.

［6］刘彩玲，黎艳妮，宋建农，等．基于 EDEM 的离心甩盘撒肥器性能分析与试验［J］．农业工程学报，2017，33（14）：32–39.

［7］刘琪，兰玉彬，单常峰，等．四旋翼无人机撒播参数对黄芪种子分布的影响［J］．农机化研究，2020，42（11）：127–132.

［8］潘世强．水平圆盘式撒肥部件的试验研究［D］．长春：吉林农业大学，2004.

［9］秦朝民，刘君辉．离心式撒肥机撒肥部件研究设计［J］．农机化研究，2006（10）：100–102.

［10］宋灿灿，周志艳，姜锐，等．气力式无人机水稻撒播装置的设计与参数优化［J］．农业工程学报，2018，34（6）：80–88，307.

［11］宋灿灿，周志艳，罗锡文，等．农业物料撒播技术在无人直升机中应用的思考［J］．农机化研究，2018，40（09）：1–9.

［12］孙秀芝．日本用无人驾驶直升飞机进行水稻田间管理作业［J］．农业机械，2000（4）：22–23.

［13］JOZEF HORABIK，MAREK MOLENDA. Parameters and contact models for DEM simulations of agricultural granular materials：A review［J］. Biosystems Engineering，2016，147：206–225.

［14］Greipsson S，H. El–Mayas. Large–scale reclamation of barren lands in Iceland by aerial seeding［J］. Land Degradation & Development，1999，10（3）：185–193.

［15］XIAO X，WEI X H，LIU Y Q，et al. Aerial Seeding：An Effective Forest Restoration Method in Highly Degraded Forest Landscapes of Sub–Tropic Regions［J］. Forests，2015，6（6）：1748–1762.

［16］LAN Y B，STEVEN J T，HUANG Y B，et al. Current status and future directions of precision aerial application for site–specific crop management in the USA［J］. Computers and Electronics in Agriculture，2010，74（1）：34–38.

第十章 多旋翼农用无人机能源载荷匹配技术

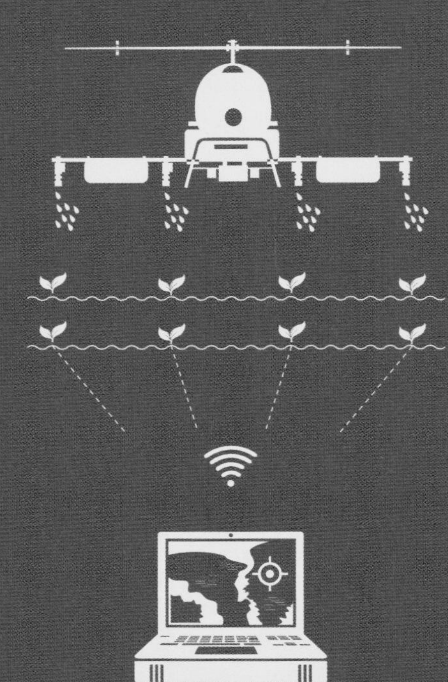

第一节　不同类型农用无人机简介

无人机自产生以来，根据其不同用途和性能，产生了多种类型。根据飞行平台构型可以将无人机分为固定翼无人机、无人直升机、多旋翼无人机及垂直起降固定翼无人机四类，如图 10-1-1 所示。根据其能量源可以分为电动无人机和油动无人机。

（a）固定翼无人机

（b）无人直升机

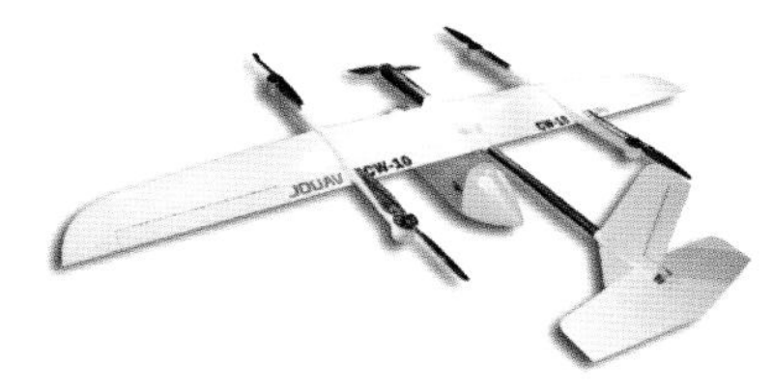

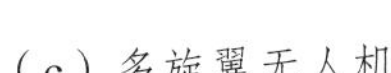

（c）多旋翼无人机

（d）垂直起降固定翼无人机

图 10-1-1　无人机类型

农用无人机依据旋翼种类与数目的不同可分为固定翼无人机、单旋翼无人机和多旋翼无人机。固定翼无人机通过固定安装在机身和尾部的机翼产生升力，由于机翼固定而无法旋转，此类型无人机操作不够灵活，但续航时间较长，因此不适用于小地块的田间植保作业，而较适用于大田块作业。单旋翼无人机结构类似直升机，由主翼和尾翼组成，二者均能绕轴心自由转动。主翼为无人机产生升力的主要部件，尾翼可实现无人机在空中运动与悬停。此类型无人机工作时需要提供较大动力，因此采用发动机提供动力，常用汽油或柴油作为其动力源。多旋翼无人机由多个旋翼提供升力，根据旋翼数的不同可分为四旋翼、六旋翼、八旋翼等。由于每个旋翼均可绕电机轴旋转产生升力，此类型无人机操作十分灵活，是农业植保领域中较为常见的无人机。

依据动力源的不同可分为电动无人机和油动无人机，电动无人机一般采用锂电池供电，续航时间有所限制。油动无人机使用汽油或柴油，具有较长的续航时间，但其灵活性较差且操作与维护复杂。

综上所述，在农业植保中普及程度较高的是电动多旋翼农用无人机。电动多旋翼农用无人机的优势在于其动力由无刷直流电机提供，其整机尺寸小，气流扰动造成的机身振幅小，且重量较轻，便于携带，同时在无人机之上可以搭载喷头等作业器械，喷洒作业精准且环保，使用和维护的成本较低。但目前我国电动多旋翼农用无人机田间作业的续航时间通常仅有10 ～ 15 min，无法满足大规模农田高效率作业，并且缺乏相应的航时估算方法。

第二节　电动多旋翼农用无人机能源载荷匹配技术

能源载荷匹配技术作为精准农业航空技术中的重要一环，针对农业航空作业低成本、高质量、高效率的迫切需求，在保证电动多旋翼农用无人机动力性的前提下，对其续航时间的提升与能源载荷匹配的优化发挥关键作用。

能源载荷匹配技术定义为，对于电动多旋翼农用无人机，能源即锂电池，载荷即无人机上搭载的相机或药箱，能源载荷匹配技术即探究电动多旋翼农用无人机在多种作业参数影响下，其自重、载荷、选用电池及续航时间之间的关系，并对其进行优化分析的技术。

无人机续航性能是能源载荷匹配技术研究的一项重要内容，无人机的续航性能体现在续航时间的长短上，同时必须匹配合适的无人机重量与电池容量。影响电动多旋翼农用无人机续航性能的因素有很多，包括无人机自重、飞行速度、电池容量、电机效率等。此外，旋翼旋转过程中产生的气流对旋翼效率有一定影响，气流与机架的相互作用对旋翼效率也会产生影响。对于小型电动多旋翼无人机，自身重量与飞行速度对续航时间影响较大。对于植保无人机，亩喷量和田间作业的往返距离对续航时间影响较大。同时，飞行状态和电池容量也是重要的影响因素。

第三节　多旋翼农用无人机能源载荷匹配技术国内外研究现状

一、多旋翼农用无人机能源载荷匹配技术国外研究现状

多旋翼农用无人机能源载荷匹配技术目前在国外研究较少，但是可以借鉴固定翼飞机的

气动布局与载荷匹配的设计经验以及无人机续航问题的相关研究成果。美国国家航空航天局（NASA）长期从事航空航天器的气动设计研究，设计了如分布式动力翼身融合布局客机，提出了联结翼布局方案等多种民用飞机的新型气动布局，从而提升能源与载荷的匹配性能。美国航天航空学会（AIAA）于 20 世纪 90 年代初正式提出了多学科优化设计（MDO）这一研究领域，多学科优化设计是设计复杂系统的一套方法论，它通过搜寻与发现复杂系统中具有相互作用的干涉关系来实现。

P.Panagiotou 等提出了一种中高空长航时无人机机翼的优化方法。他们在最开始的设计中考虑对无人机的布局、气动与性能参数进行定义并设计了一种机翼装备，利用 CFD 对几种机翼布局的绕流进行分析，并采用雷诺平均数 navier–stokes 与 spalart–allmaras 湍流模型相结合对无人机机翼部分的流场进行研究，通过比较升阻系数、升阻比、失速特性和翼根弯曲力矩之间的干涉关系，确定优化设计方案。将设计的机翼布局与最优机翼布局相比较，并对无人机整体气流进行研究，以比较无人机的整体气动性能。通过分析给出的升力、阻力和俯仰力矩系数图，以及涡度等值线和翼尖涡等图像得出结论。计算表明优化无人机机翼后，无人机整体的空气动力学性能有了很大的改善，机翼优化使无人机总飞行时间增加约 10%。

加利福尼亚州立大学洛杉矶分校、俄克拉荷马州立大学和 Horizon 燃料电池技术公司在 2007 年合作研发了一款由聚合物电解质膜燃料电池驱动的无人驾驶飞行器。设计无人机总重量为 5 kg，主体由碳与玻璃纤维构成的符合空气动力学要求的高效复合机身构成，燃料电池为无人机巡航提供动力，配备一个锂离子电池组为无人机起飞和爬升提供额外动力，该无人机能实现较长时间的飞行。

加拿大渥太华阿尔冈昆学院机械工程技术项目的研究人员研发了一款具有长航时的高效无人机。该无人机设计为无尾联结翼结构，机身采用碳纤维框架组成，由锂电池提供动力。根据空气动力学及结构稳定性能的分析数据，设计无人机在 SolidWorks 软件包中进行开发和建模，在分别运行任务规划软件和飞行模拟器软件的两台计算机之间进行硬件仿真以实现 PID 整定，并进行优化设计。设计无人机最大重量为 12.5 kg，在加拿大交通部规定的 25 kg 限制范围内允许自由操作。该无人机用于飞行超过 24 h 的任务，执行输油管道监测和检查等作业，具有高效载荷能力。

R.Schacht–Rodríguez 等提出了一种预测锂聚合物电池驱动的多旋翼无人机飞行寿命和剩余任务时间的模型预测算法。在锂电池放电结束之前，建立电池充电状态下的安全电压阈值，考虑到电压与电池充电状态之间的关系定义安全电压阈值。当电池电压达到阈值时，记录无人机飞行时间并将剩余任务时间计算为预测飞行时间与实际飞行时间的差。预测由三部分组成：估计电池荷电状态、预测荷电状态未来变化、更新预测。此模型的预测算法基于无人机动力系统的数学模型，动力系统由一组无刷直流电机和一组锂电池组成。通过仿真试验验证了该算法的有效性，此预测算法在任务过程中能够准确预测无人机飞行寿命。

大多数关于电动多旋翼无人机性能的研究都是基于固定重量的平面模型，因为电池的重量在放电过程中保持不变。Tan Chang 等通过将电量耗尽的电池从飞行中的无人机上卸载下来以延长电动多旋翼无人机的耐久性；研究了电池卸载系统重量比、电池安装和卸载装置重量比、电池组数和电池卸载策略等影响无人机电池卸载能力的因素；利用遗传算法，得到了传统定重模型和电池卸荷概念下的最佳续航力，并进行比较分析。

Duc-KienPhung 等提出了一种小型可变换垂直起降无人机的能耗建模方法。研究人员以一组共面推进螺旋桨和机翼组成的动力系统作为研究对象，根据空气动力学中标准动量和叶片单元理论对螺旋桨进行建模并简化，得到六参数解析模型。选择机翼剖面并定义整个飞行区域的升力和阻力系数近似模型，在模型的基础上将能耗计算简化为只有两个变量的最小化问题。通过比较分析水平飞行范围在 0 ～ 20 m/s 时的不同可变换无人机的能耗，为可变换无人机能耗建模及能源高效利用提供了有用指导。

二、多旋翼农用无人机能源载荷匹配技术国内研究现状

国内对多旋翼农用无人机的研究起步较晚，随着国家政策对无人机植保行业的大力扶持及产学研合作的加深，近年来我国农用无人机的研究得到快速发展。

农用无人机依据作用的不同可分为植保无人机和遥感无人机两大类。植保无人机即利用无人机来代替农民进行植保作业，较常见的有喷药和施粉作业，如图 10-3-1 所示。遥感无人机用以对农田进行遥感监测并及时准确地收集田间信息，包括田块大小及病虫草害等。

图 10-3-1　大疆多旋翼植保无人机作业场景

目前国内对多旋翼农用无人机能源载荷匹配技术的研究较少，但可借鉴对无人机续航性能的研究及与无人机相关优化设计方法的研究，这对固定翼无人机、油动无人机的探究与设计也具有参考意义。

现阶段国内针对多旋翼无人机续航性能的研究已取得一些进展。金伽忆等根据多旋翼无人机的参数特性确定影响航时的因素为无人机重量和飞行姿态等，并推算出续航时间的预测方案与续航性能优化方法。但其仅从理论分析出发进行研究，并未对提出的理论模型进行试验验证，无法证明实际工作中无人机的续航时间。刘伏虎等以无人机续航时间为目标，利用遗传优化算法，对电动无人机主要的总体参数进行了多目标优化，并给出了电动无人机续航性能的提升方法。但其仅从理论出发获取优化参数，并未在优化参数下开展验证试验。刘胜南等把锂电池作为研究切入点，利用电子设备对锂电池电量进行检测与计算，从而估算出无人飞行器的续航时间，并通过自主研制的微型无人飞行器平台进行试验验证，如图 10-3-2 所示。他们提出的根据锂电池电量对微型无人机航时进行实时预测的方法较为新颖，但其仅对电池本身进行研究，探究电流与电压的变化与续航时间的关系，并未对无人机重量和速度等其他因素进行分析。

图 10-3-2　微型四旋翼飞行器

黄嘉豪等以多旋翼无人机的机身作为研究重点，围绕多旋翼无人机机身材料的选用、受力情况和装配方式等方面展开讨论。他们以高弹性的轻质工程木材作为机身的主体材料自行搭建了四旋翼无人机机体，根据拓扑二维结构的基础选择韧性较高的碳纤维作为复合材料。设计的无人机主体结构具有较大的抗拉强度和较高的能效载荷，旋翼产生的升力用于无人机作业运输的部分占比较大。此方法启发了我们对未来多旋翼农用无人机机架的载荷匹配性能研究的思考。钟建卫等的研究对象为垂直起降多旋翼无人机，重点研究其机身构造。他们采用碳纤维的复合材料对四旋翼无人机机身结构的重量进行轻量化设计，同时保障无人机机体强度达到安全作业的标准。

师志强等以电动农用飞翼型无人机为研究对象，根据巡航作业要求设计了不同的无人机飞翼布局样式，通过计算机流体动力学中的数值仿真与实际飞行试验相对比的研究方法，得到了电动农用飞翼型无人机巡航作业时间的最优化参数组合。邢博等以大型固定翼长航时无人机总体研究方案为背景，对大型固定翼长航时无人机的总体参数建立多目标优化模型，并运用多目标遗传算法对其进行优化设计，优化结果可通过其建立的计算机程序得出。优化设计流程如图10-3-3所示。多目标优化能合理评价大型固定翼长航时无人机的总体参数并得出最佳组合，在提高优化设计效率的同时可避免设计上的缺陷。

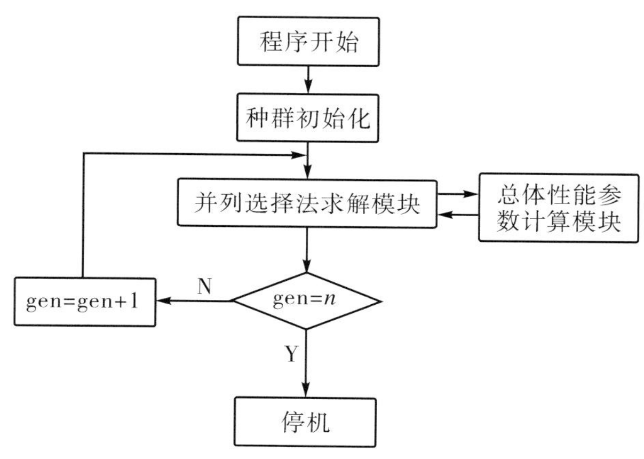

图 10-3-3　优化设计流程简图

李发生等运用基于神经网络响应面的并行子空间优化算法对无人机总体设计方案的优化及其应用进行了研究。并行子空间优化算法主要是把多学科融合的无人机设计优化问题转换成各个独立空间的优化问题。各个独立空间中均建立相应的优化机制以满足相互间资源互换和数据共享，以此方式逐步达到设计指标的最优化。研究结果表明，并行子空间优化算法能有效应用于无人机总体方案的优化设计。

胡芸等认为电池的重量在无人机总体重量中占比很大。由于新的高能量密度电池的研究尚没有明显突破，因此，采用结构能源技术将成为解决电池重量问题的有效途径。结构能源技术将具有较高能量密度的锂离子电池进行特殊设计与加工，将其制造成无人机的结构件，集结构和功能于一体，从而替代无人机原有的结构件，能有效减轻无人机结构重量，提高电池占无人机总体的有效重量，延长无人机的飞行时间。结构能源技术将无人机中的能源装置与支撑结构合二为一，不但减轻了无人机的重量，而且扩展了无人机的有效载荷空间，为无人机设计提供了一种全新途径。

张毅等对长航时无人机总体参数统计数据作出分析总结，并在此基础上利用线性回归的分析方法，结合工程实践经验，推导出长航时无人机结构重量的估算公式。以美国的高空长航时无人机“全球鹰”为例进行估算与验证，表明了结构重量评估公式的可行性。他们根据评价理论对反映高空长航时无人机总体参数变化与结构重量变化规律的数学公式进行推算与建模，对总体指标进行分析。分析结果表明，在无人机总体设计的过程中，若能充分考虑各个性能参数对无人机各部分结构重量的影响规律，则能使高空长航时无人机结构重量的预测结果更加准确合理。

多旋翼无人机在农用、军用领域变得越来越重要。然而，大多数多旋翼无人机的动力系统都是根据过往经验和试错试验设计而成，往往存在成本高和效率低等缺陷。戴勋华等提出一种优化设计方法，帮助无人机设计人员根据给定的设计要求找到最佳的动力系统。他们分别研究了动力系统中三个基本部件的建模方法，包括电机、速度控制器和电池，将优化设计问题简化并解耦为若干子问题，通过求解子问题得到各分量的最优参数，并对此进行试验验证和统计分析，证明该方法的有效性。

另外，在无人机能源载荷匹配的优化设计方面，可以借鉴如飞行器气动设计优化方法及汽车传动系统参数的优化，如北京航空航天大学提出的PARETO遗传算法，以及多目标模糊优化方法。通过几种优化方法效率的仿真比较，算法仿真证明遗传算法计算效率较高。优化设计方法种类繁多，看似各异实则都有一个共同目标，即实现优化设计中的寻找极值问题。传统方法的寻优方式有其优缺点，但从实际运算分析来看，陷入局部最优的可能性较大，而遗传算法具备较强的系统鲁棒性和算法并行性，可实现全局的最优化设计。为避免遗传算法在优化设计使用中存在的不足，提高搜索寻优的效率对优化问题而言意义重大。西北工业大学对现有遗传算法进行了设计并提出改进意见，建立起一套适用于无人机气动优化设计的遗传优化模型，并将其应用在无人机整体气动优化设计中。西安工程大学也提出采用遗传算法优化设计无人机机翼参数，按照无人机飞行任务的要求建立综合优化评价指标，以评价体系为前提采用遗传算法进行无人机主要设计参数的优化分析，并以实际无人机机翼参数优化作为仿真算例运算。但是，多旋翼无人机与固定翼无人机设计不同，能源载荷匹配设计缺少模型、经验和历史数据，这一点与扑翼机的情况类似，北京航空航天大学提出可以借鉴扑翼机的设计经验。扑翼机的能源载荷匹配设计采用了探索式和进化式的设计方法，这种方法是可行的和经济的。

农用无人机能源载荷匹配技术能够指导能源与载荷的合理配置，促进能源的合理利用，在农业生产中起着举足轻重的作用。本研究针对以往农用无人机在植保作业中缺乏航时估算的问题，提出了功率能耗模型并通过搭建试验平台对其进行试验验证，该模型可用于预测定载荷多旋翼农用无人机的续航时间。针对植保作业中能源与载荷不匹配的现象，本研究提出了能源载荷匹配模型并对其进行仿真分析，为无人机植保作业及能源载荷匹配提供必要指导。

第四节　多旋翼农用无人机能源载荷匹配技术模型构建

一、定载荷多旋翼农用无人机功率能耗模型的构建

根据多旋翼农用无人机的设计结构，将无人机分为机架、电机、机载设备、植保配件等部分，其中单个电机与旋翼、电调设计为配套结构，因此无人机质量可表示如下：

$$G=G_1+G_2+nG_3+G_4+G_5+G_6 \tag{10.4.1}$$

式中，G 为总重量，g；G_1 为机架重量，g；G_2 为锂电池重量，g；G_3 为单套电机、旋翼、电调的重量，g；G_4 为机载设备重量，g；G_5 为植保配件重量，g；G_6 为药液重量，g；n 为旋翼数目。

根据锂电池容量、功率与时间的物理学计算模型，估算定载荷下多旋翼农用无人机的续航时间公式如下：

$$T=\frac{\rho G_2}{P_w} \tag{10.4.2}$$

式中，T 为续航时间，h；ρ 为锂电池能量密度，Wh/g；P_w 为飞行功率，W。

电机能效模型反映升力与所需功率的关系，可用以下公式表示：

$$F'=\frac{F}{n} \tag{10.4.3}$$

$$P'=f(F') \tag{10.4.4}$$

$$P=nP' \tag{10.4.5}$$

式中，F 为无人机总升力，N；F' 为单个旋翼产生的升力，N；P' 为单个旋翼产生升力 F' 所需的功率，W；P 为无人机产生总升力 F 所需的总功率，W。

$P'=f(F')$ 为能效方程，不同型号的电机有其对应的能效方程，可通过电机效率试验平台获取升力与功率参数并进行拟合得到。

二、变载荷飞行作业状态能源载荷匹配模型的构建

多旋翼农用无人机定载荷功率能耗模型的构建是对无人机仿真分析的初步研究与验证。要使仿真真正结合到农业实际上来，所需要的参数不只电池重量、升力和功率，还需考虑实际进行农事作业时农用无人机的飞行速度、药液的流量以及农田地块的大小等，因此需要进行变载

荷多旋翼农用无人机飞行作业状态的仿真分析。

对于大田块，施药量等于药箱容量，即 $U=U_{药箱}$，完成一次作业需要无人机通过断点续航飞行多次，中间需要更换电池和药液；对于小田块，施药量小于药箱容量，即 $U < U_{药箱}$，完成一次作业仅需要飞行一次。实际作业时，会出现多旋翼农用无人机药液搭载过多，电池电量无法支撑至药液喷完的情况；或药液搭载过少，喷洒完药液后电池仍有剩余电量但电量不足以进行下一次飞行作业的情况。无论何种情况都会导致药液与电池的剩余和浪费，不利于能源的有效利用。因此，如何选配合适电量的电池使多旋翼农用无人机在药液喷洒完的同时将锂电池电量消耗完，这一问题的研究与解决将促进能源高效利用及能源与载荷的合理匹配。

第五节　多旋翼农用无人机能源载荷匹配分析

一、能效最优电机选择

如何根据已确定的无人机重量，得到合适电量的电池是值得探究的问题。研究此问题需要进行无人机的仿真分析。对多旋翼农用无人机进行仿真分析，首先要确定仿真的变量。由于锂电池容量为电池重量与能量密度的乘积，因此将锂电池重量设为自变量，无人机重量设置为定值，探究悬停状态下电池重量与无人机续航时间的关系。此外，不同的电机有其对应的能效方程，对使用不同电机的无人机进行仿真分析，通过比较可找出能效最优的电机。

二、无人机能源载荷匹配优化设计

（一）优化设计因素

无人机能源载荷匹配优化设计是一个多变量约束问题，如设计功率载荷变量、无人机载荷重量比等。如何确定设计变量构成并选择相关参数直接影响到无人机能源载荷匹配优化设计结果的优劣。无论任何环境、任何优化设计问题，其设计变量构成中都会包含基本的要素：能源载荷匹配性能如何表达，对无人机能源与载荷进行怎样的设计，影响优化设计的约束条件由哪些组成，如何确定影响优化设计的目标函数，如何选择符合要求的优化算法作为搜索最优性能的算法。无人机能源载荷匹配优化设计问题从根本上来说，就是要解决这些影响设计性能的关键问题。

1. 无人机能源载荷匹配性能表达

无人机性能评价体系包含众多影响因素，如无人机工作时的能效、载药量、无人机机体刚性等。无人机搭载合适的药液量可使电机在能效较高的状态下工作，能源载荷匹配性能就好。选用较轻材质搭建无人机，从总体上减轻无人机的重量也能获得较高的能效，但机架并非越轻越好，还需要符合对无人机机体刚性的要求。对无人机能源载荷匹配性能的分析必须包括以上各个方面。

2. 设计变量的表示

变量的选择是进行性能分析的关键要素，设计合适的变量值可为无人机能源载荷匹配性能的分析提供极大便利。根据性能分析的要求，设置变量为载药量、速度、亩喷量、机体刚性等。

3. 影响优化设计的约束条件

多旋翼农用无人机受机身材质、作业速度、搭载药液量及作业田块面积等物理因素限制，有不同的能源与载荷性能要求，即必须有一些性能基本的约束条件对无人机进行限制，从而得到有效能源载荷匹配性能的分析。由于无人机自身材料、设计及电池的限制，设计无人机的约束为最大 / 最小作业速度、最大 / 最小亩喷量、刚性最高的材质及目标函数等。

4. 目标函数的确定

目标函数是多旋翼农用无人机能源载荷匹配性能的评价标准，寻优准则需考虑到无人机工作时的能效、载药量与无人机机体刚性等因素，才能综合得到性能优化的目标函数。不同的优化目标其目标函数也会不同，例如对无人机工作时的能效、载药量、无人机机体刚性及各权重要求不同时，得到的目标函数会有所区别。按照因素在评价体系中的影响程度设定合适的权重系数有利于构建准确的目标函数。

5. 算法的合理选择

对于不同的能源载荷匹配优化设计问题，无人机类型、飞行效率、作业任务及实现方式都不同，因此需要选择不同的优化设计算法，只有适合的优化设计算法才能使能源载荷匹配优化设计的效果更好，做到事半功倍。经过本章第四节“定载荷多旋翼农用无人机功率能耗模型的构建”可知，优化设计约束条件多、各约束条件间关系复杂且存在强耦合。结合本研究实际的优化目标和多旋翼农用无人机的特性及作业要求，选择空间搜索能力与适应能力更强的遗传算法，并进行相应的分析作为多旋翼农用无人机能源载荷匹配优化设计的算法。

（二）优化设计算法分类

能源载荷匹配性能优化的核心是性能优化算法。为了得到优化的性能参数，性能优化算法随之产生。性能优化算法种类很多，每一种都有其自身的优点与局限性。影响因素不同，所选取的性能优化算法也不同。性能优化算法就是为满足相应影响因素下能源载荷匹配性能优化的需求。

根据影响因素的不同，性能优化算法可以分为三大类，分别是无约束优化算法、约束优化算法和智能算法，大致分类如图 10–5–1 所示。

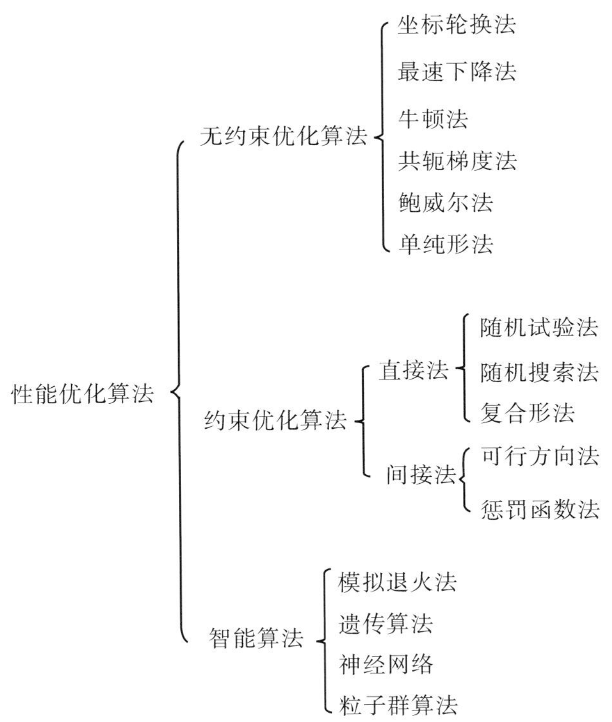

图 10–5–1 性能优化算法分类

1. 最速下降法

基本原理：最速下降法是最早也是最常用的优化设计方法，为了求函数 $F(X)$ 的最小值，从某一起点 X_0 出发，沿搜索方向 S^k 取起点 X_0 的负梯度方向 $-\nabla F(X)$，将使函数值在该点附近区域内下降速度最快，由于搜索方向为起点 X_0 的最快下降方向，因此被称为最速下降法。最速下降法实现简单，当目标函数是凸函数时，最速下降法的解是全局解。最速下降法搜索路径如图 10–5–2 所示。

迭代算法：

$$X^{k+1}=X^{k}-\alpha_k\nabla F(X^{k}) \quad (k=0,1,2,\cdots) \tag{10.5.1}$$

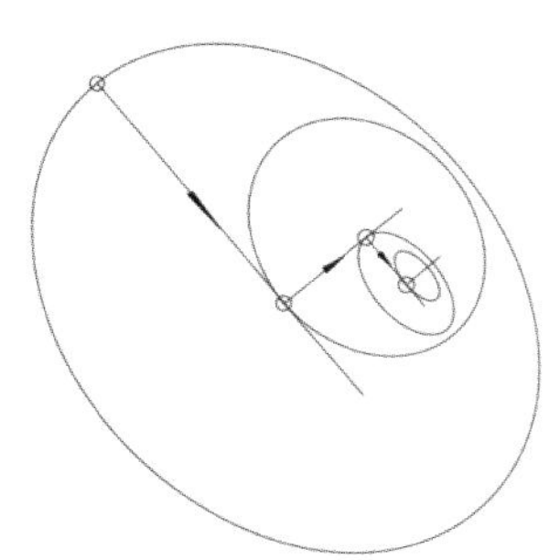

图 10-5-2 最速下降法搜索路径

但是，此优化方法只在局部范围内具有最速属性，靠近极值时收敛速度将减慢。而对整体求解过程而言，运用最速下降法在搜索当中可能会出现锯齿现象，其搜索速度是缓慢的。因此最速下降法不适合作为能源载荷匹配性能优化分析的算法。

2. 复合形法

基本原理：在可行域内任选三个初始点 $X^{(1)}$、$X^{(2)}$、$X^{(3)}$ 连接成三角形，即构造了初始复合形。通过比较三角形各顶点目标函数值，在可行域中找一目标函数值较优的新点 $X^{(4)}$，即映射点，并用其替换目标函数值最差的顶点即坏点 $X^{(H)}$，构成新的复合形。反复循环上述过程，复合形将不断变形、转移、缩小，逐步逼近最优点。当复合形各顶点目标函数值相差不大或各顶点相距很近时，则目标函数值最小的顶点即为最优点。

迭代算法：

$$X^{(4)}=X_0+\alpha\,(X_0-X^{(H)}) \tag{10.5.2}$$

由于能源载荷匹配性能优化要求高，约束条件较复杂，运用复合形法进行优化分析搜索效率不高，寻找最优解时间较长且不容易找到。

3. 遗传算法

基本原理：遗传算法是根据生物进化遗传规律演化而成的一种搜索方法。在遗传算法中，通过编码组成初始群体，按照群体中个体对环境的适应度进行选择、交叉和变异等遗传操作，从而实现优胜劣汰。

遗传操作可使群体不断优化并逼近最优解。改进后的遗传算法不容易陷入局部最优解，搜索过程中不要求目标函数连续可导，适合能源载荷匹配条件下的性能优化要求。

（三）优化设计算法比较

对于一般的小型多旋翼农用无人机，对其能源经济性和能源利用率的考量主要通过其能效来判断，能效高的多旋翼农用无人机更省电且经济性更好，因此将能效的权重系数设置在

0.5 ~ 0.7 较为合适。对于特殊作业条件下的多旋翼农用无人机，如在新疆等地块较大的地区所使用的无人机一般要求其搭载药液量更大，因此将载药量的权重系数设置在 0.3 ~ 0.5 较为合适。

第六节 多旋翼农用无人机能源载荷匹配技术试验

植保作业中的速度变化、转弯折返等特殊作业条件，导致多旋翼农用无人机需要不同的能源载荷匹配方式。本试验通过建立多种约束参数模拟特殊作业条件并输入到动态能源载荷匹配模型中进行综合仿真，得出多旋翼农用无人机施药作业流程最优配置，可降低系统能耗，提高续航能力。

一、能效最优电机选择

根据无人机构建的实际经验，设定无人机机体重量为 14 kg（不包含电机），单套电机重量（包含旋翼和电子调速器）视所选电机型号而定。电机型号选用市面上常见的六种植保电机，分别为飓风 U90、大疆 M10、恒力源 P80、恒力源 EA95、恒力源 X8018、T-MOTOR P80，如图 10-6-1 所示。各电机参数见表 10-6-1。

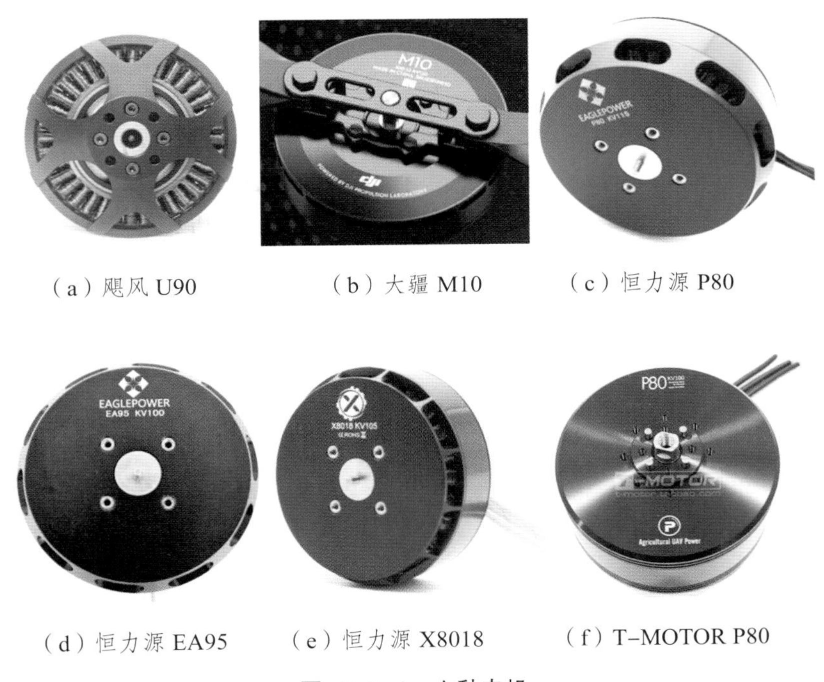

（a）飓风 U90 （b）大疆 M10 （c）恒力源 P80

（d）恒力源 EA95 （e）恒力源 X8018 （f）T-MOTOR P80

图 10-6-1 六种电机

表 10-6-1　六种电机参数表

电机型号	电机尺寸（mm）	电机重量（g）	电机 KV 值	测试电压（V）	配套试验旋翼
飓风 U90	φ92×50	690	80	48	JF30×10
大疆 M10	φ100×10	520	120	44.4	2880 桨
恒力源 P80	φ92×36	578	115	48	UC2880 折叠桨
恒力源 EA95	φ92×40	695	100	48	3080 桨
恒力源 X8018	φ88.5×46	630	105	48	T3095 桨
T-MOTOR P80	φ91.6×43	650	100	48	28×9.2CF 桨

查询电机厂商的“升力－功率”测试表可得到电机“升力－功率”参数。对六种电机的“升力－功率”参数进行多项式拟合，经比较选择二次拟合能满足要求。以电池重量为自变量，续航时间为因变量，结合电机能效方程建立仿真程序并在 MATLAB 中仿真。对六种不同电机的仿真进行整理和分析得出曲线图如图 10-6-2 所示，仿真数据见表 10-6-2。

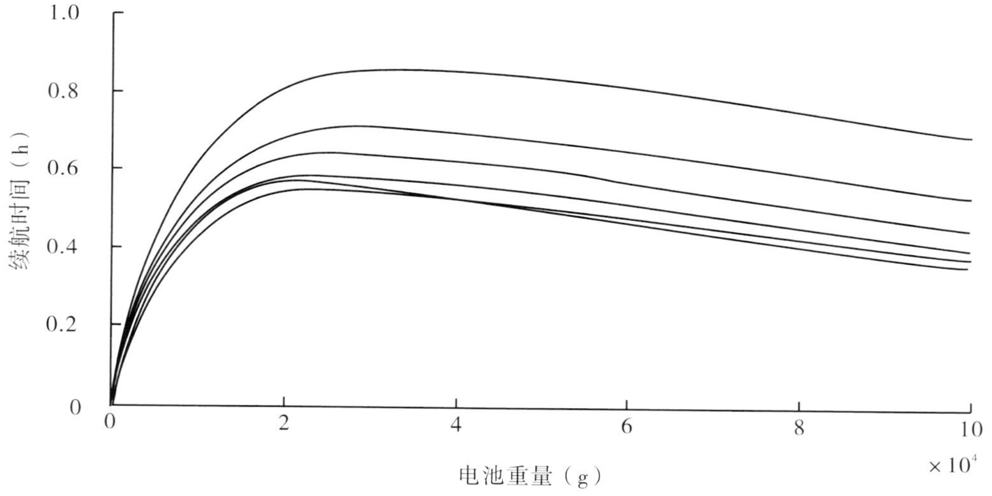

图 10-6-2　六种不同电机仿真曲线对比示意图

表 10-6-2　六种不同电机仿真数据对比

型号	重量（g）	电池重 3 kg 时		线条颜色
		能效比 γ（g/W）	续航时间（min）	
飓风 U90	690	10.57	16.95	蓝
大疆 M10	520	8.66	13.88	黑
恒力源 P80	578	8.50	13.64	绿
恒力源 EA95	695	7.61	12.20	红

续表

型号	重量（g）	电池重 3 kg 时		线条颜色
		能效比 γ（g/W）	续航时间（min）	
恒力源 X8018	630	8.11	13.01	青
T-MOTOR P80	650	9.19	14.75	粉

若仅参照续航时间与能效比两个参数，从六种电机中选择能效最优电机，应选择飓风 U90，其续航时间最长为 16.95 min，能效比最好，为 10.57 g/W。

若考虑电机自身载荷对总体升力的影响，则需要加入电机重量参数。这里引出“荷时比”来反映电机自身重力的影响。“荷”指电机重量，“时”指续航时间，荷时比可描述为无人机悬停时，单位时间内牵引的电机重量。单位时间内牵引的电机重量越小，说明升力抵消电机自身重力部分越小，能效越好。经分析，大疆 M10 单个电机重量为 520 g，荷时比为 520×（4/13.88）= 149.86（g/min），是六种电机中最小的，说明大疆 M10 电机产生升力抵消自身重力部分小于另外五种电机，能效较好。

二、多旋翼农用无人机设计软件

根据前述定载荷多旋翼农用无人机功率能耗计算模型的分析研究，开发了多旋翼农用无人机优化设计软件，实现以下功能：①输入无人机重量、载荷要求、电机能效方程、电池容量等参数，得出无人机理论最长续航时间；②给定无人机续航时间及载荷要求，得出所需设计的无人机参数，包括旋翼数量、各组成部分重量及电池容量。优化设计软件界面如图 10-6-3 所示。

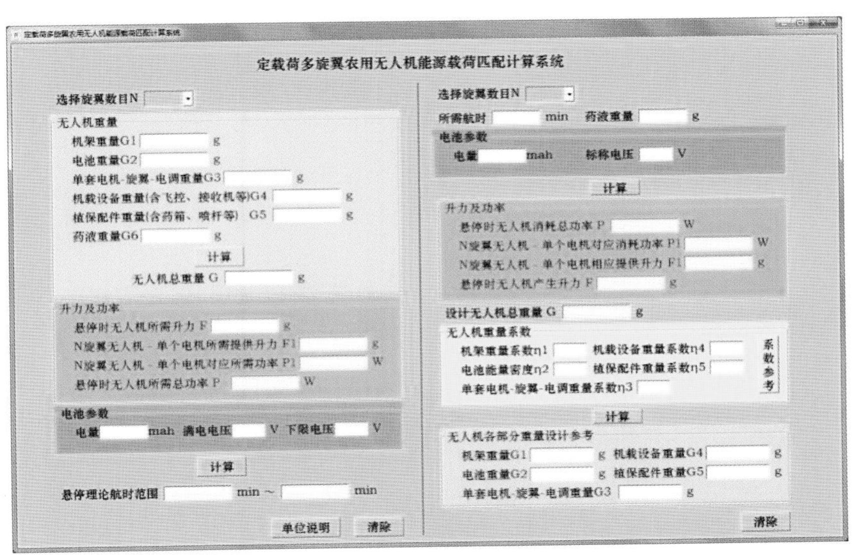

图 10-6-3　优化设计软件界面图

三、无人机能源载荷匹配优化设计

根据无人机能源载荷匹配优化技术，综合分析性能优化模型中各指标对模型的影响程度，设置指标的权重系数 α_1、α_2、α_3 分别为 0.3、0.6 和 0.1。

采用遗传算法对多旋翼农用无人机能源载荷匹配性能主要参数优化的具体流程如图 10-6-4 所示。

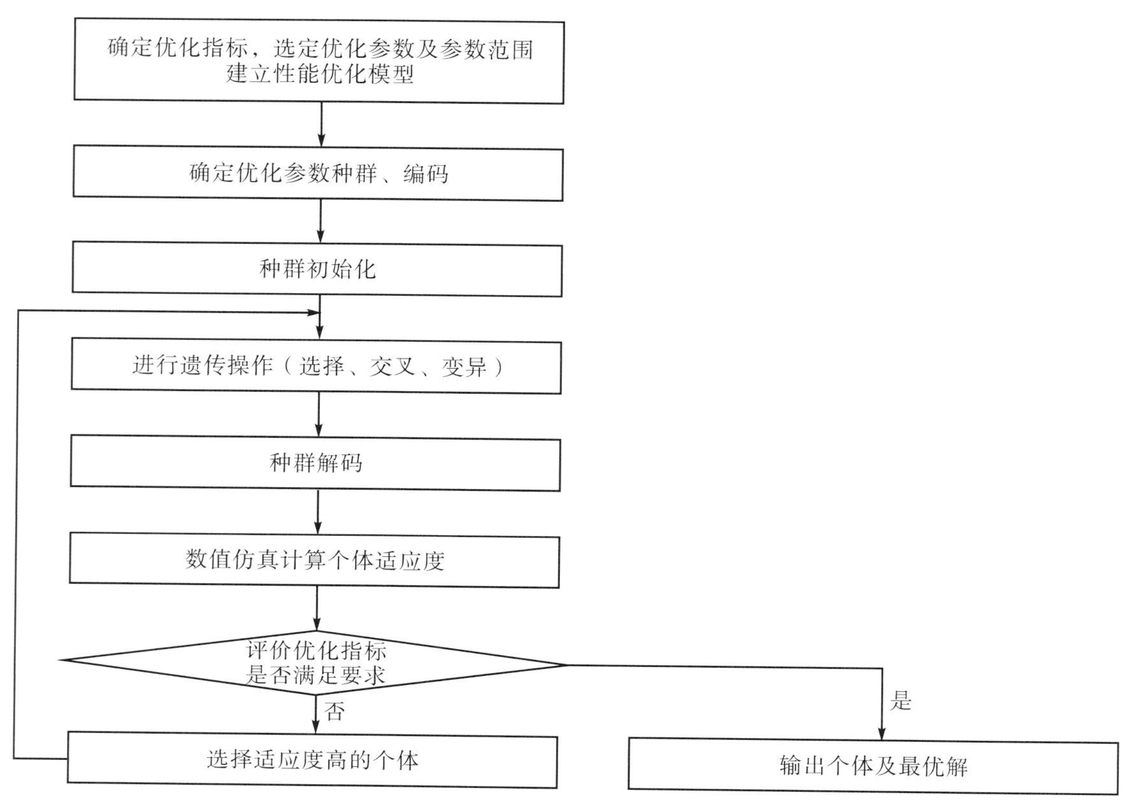

图 10-6-4　采用遗传算法对多旋翼农用无人机能源载荷匹配性能主要参数优化的具体流程图

由流程图可知遗传算法的基本步骤：

（1）选择种群并编码。

由上述分析可知，设计变量为 $X=[u, Z_1, v_1]$，生物学上称其为表现型。遗传算法的运算对象是作为种群中个体的字符串，不能直接处理优化空间中的参数，必须将其转化为遗传空间中由基因按一定排列顺序组成的染色体，因此需要对设计变量 X 进行编码。编码方式有很多种，本研究选用二进制编码。根据约束条件，设定变量取值精度为小数点后 2 位，分别用 4 位无符号二进制整数表示，将其组合形成个体基因型。随机产生一组变量值对其编码示例：

$$X=[1.23, 2.75, 5.18] \Leftrightarrow \overline{X}=[000100100011001001110101010100011000] \qquad (10.6.1)$$

个体的表现型 X 与基因型 $\bar{X}$ 通过 MATLAB 中的编码与解码程序相互转换。

（2）进行遗传操作。

在性能优化的过程中，种群初始化的方法是，在变量的约束条件范围内随机产生相应的个体组成第一代群体，通过选择、交叉和变异的遗传操作获得下一代群体，重复遗传算法的搜索过程得到全局最优解。设定初始种群规模为 50，即群体由 50 个个体组成，每个个体随机产生。进化繁殖 50 代，变异概率为 0.1。

通过适应度函数计算初始种群个体的适应度值。对于此能源载荷匹配性能优化算法，优化的指标为能源载荷匹配的总体性能。在此条件下设置的目标函数为最大值寻优函数且数值均为非负数，因此适应度函数可直接表示为目标函数。对于其他工程优化问题如降低工厂成本等问题，通过目标函数寻求最小值，则要将目标函数通过一定的映射变换转化为寻求最大值且非负数的适应度函数。

对 50 个初始个体的适应度值进行排序，选出较优适应度值的 25 个个体作为下一代新个体的父本，此操作即为选择运算。

遗传算法中产生新个体的遗传操作主要为交叉运算。交叉运算通过一定的概率交换 2 个初始个体间的部分染色体。以随机产生并配对的 2 个个体 $\bar{X}_1$ 和 $\bar{X}_2$ 为例说明交叉运算过程：

$$X_1=[2.30,\ 7.42,\ 6.69] \Leftrightarrow \bar{X}_1=[00100011000|0011101000010010101011001] \quad (10.6.2)$$

$$X_2=[1.85,\ 2.43,\ 4.08] \Leftrightarrow \bar{X}_2=[00011000010|1001001000011010000001000] \quad (10.6.3)$$

交叉点位置随机选择第 11 位，通过 2 个初始个体间的部分染色体交换获得新的个体 $\bar{X}_3$ 和 $\bar{X}_4$：

$$\bar{X}_3=[00100011000|1001001000011010000001000] \quad (10.6.4)$$

$$\bar{X}_4=[00011000010|0011101000010010101011001] \quad (10.6.5)$$

变异运算是对群体中个体的某个基因值按照变异的概率进行改变，类似生物学上的基因突变。变异运算也是产生新个体的遗传操作。

（3）遗传结果分析。

对基于遗传算法的多旋翼农用无人机能源载荷匹配性能优化的仿真操作在 MATLAB 2012 编程环境中进行，设置的相关参数值：

①变量种群大小为 100，每次选取 50 个个体进行遗传计算；

②无人机空机重量值 G_1 为 10 kg，材质选择碳纤维，弹性模量 E=240；

③优化设计速度变量取值最小为 3 m/s，最大为 7 m/s，亩喷量最小为 0，最大为 3 L/ 亩。

在 MATLAB 中运行程序后，得到遗传各代的性能值见表 10-6-3，表中性能值是指遗传的每代中最优的性能值。

表 10-6-3　遗传后代的最优性能值

遗传代数	性能值
1	34.514614
2，3	34.812249
4，5	35.483497
6，7，8，9，10，11	35.959072
12，13	36.337973
14，15，16，17，18，19	36.467623
20，21，22，23，24，25，26，27，28	36.467639
29，30，31，32，33	36.467647
34，35，36，37，38，39，40，41，42	36.467651
43，44	36.467654
45，46，47，48，49，50	36.467655

分析表中数据可知，从第 19 代开始即可得到较为精确的寻优结果。经过 50 代搜索，获得最优性能的个体为 X_{fine}=［2.317，7.89，3.26］，性能值为 36.47。对于空机重量为 10 kg 的碳纤维材质的四旋翼农用无人机，使用飓风 U90 电机，搭载 7.89 L 的药液，当其作业速度为 3.26 m/s，亩喷量为 2.317 L/ 亩时，无人机的总体性能达到最佳，即无人机作业能效最优且能源经济性与利用率更佳。

四、功率能耗试验验证与结果分析

（一）材料选择

试验平台所选材料为欧标 4040L 铝型材，试验仪器选用 JLBS30KG 拉压传感器、XMT808-I 智能显示控制仪、ZFT8 高精曲线功率计以及 LW-6060KD 直流稳压电源。

1. 拉压传感器

拉压传感器利用电阻材料发生应变的原理制成，又称为电阻应变式传感器，它是一种将物理信号转变为可测量的电信号输出的装置，如图 10-6-5 所示。在工业称重系统、吊钩秤、配料秤、平台秤、电子秤等测力场合广泛使用。拉压传感器内部的反应介质为弹性体，力作用于传感器两端的电阻应变片上，电阻与电路连接，阻值产生的变化通过相应的电路转换为电流的变化，从而实现拉压力的测量。其具有结构简单、频响特性好、测算精度高、测量范围广、使用寿命长等优点。

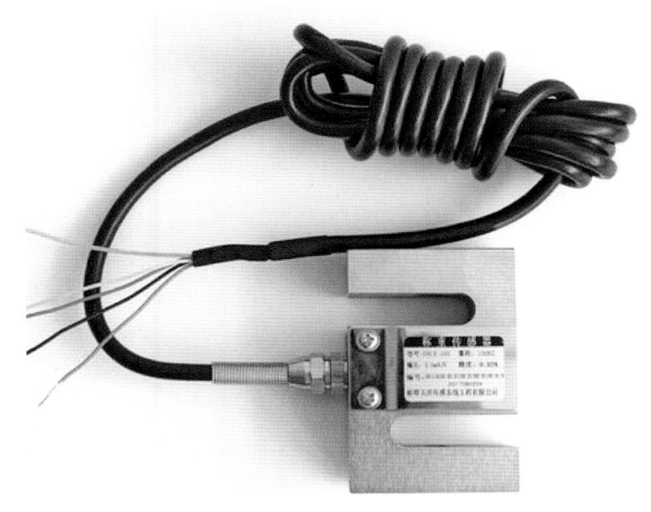

图 10-6-5　拉压传感器

试验选用 JLBS30KG 型拉压传感器，主要技术参数见表 10-6-4。

表 10-6-4　JLBS30KG 拉压传感器技术参数

设备指标	参数值
量程	±30 kg
灵敏度	1.5 ～ 2.0 mV/V
精度	0.1%F·S
非线性	±0.03%F·S
滞后误差	±0.03%F·S
重复性误差	±0.03%F·S
激励电压	5 ～ 12 VDC
工作温度	-20 ～ 70 ℃
允许过负荷	120% F·S
材质	不锈钢（0.5 ～ 1 kg 铝合金）

2. 智能显示控制仪

智能显示控制仪是与各类传感器、变送器配合使用，以实现对温度、压力、液位、容量、力等物理量的测量显示、报警控制、数据采集和记录的仪器，如图 10-6-6 所示。

图 10-6-6　智能显示控制仪

试验选用 XMT808-I 智能显示控制仪，主要技术参数见表 10-6-5。

表 10-6-5　XMT808-I 智能显示控制仪技术参数

设备指标	参数值
输出方式	mV 信号
工作电源	220VAC/50 Hz 或 24VDC
功耗	< 5 W
环境温度	0 ～ 50 ℃
相对湿度	≤ 85%RH 无腐蚀气体场合
显示范围	−1999 ～ 9999
精度	± 0.1%F·S
热电偶	T、R、JWRe3-25、B、S
热电阻	Pt100、Cu50

3. 高精曲线功率计

功率是表征电信号特性的一个重要参数。功率计是测量电信号有功功率的仪表，如图 10-6-7 所示。在直流和低频范围，功率计可以测量负载上的电压有效值、流过负载的电流有效值及电压与电流之间的相位角从而计算功率值。功率计由功率传感器和功率指示器两部分组成。功率传感器把高频电信号通过能量转换为可以直接检测的电信号，由功率指示器显示功率值。

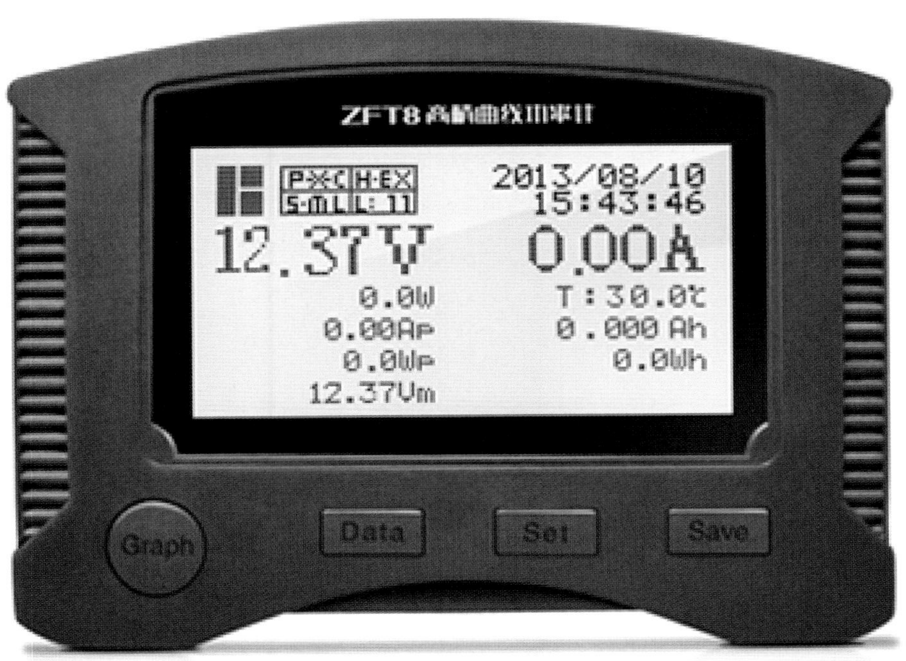

图 10-6-7　高精曲线功率计

试验选用 ZFT8 高精曲线功率计，主要技术参数见表 10-6-6。

表 10-6-6　ZFT8 高精曲线功率计技术参数

设备指标	参数值
电压量程	4.5 ～ 150 V
电流量程	0 ～ 150 A
容量范围	0 ～ 100 Ah
功率量程	0.1 W ～ 15 kW
测量精度	±0.1%

4. 直流稳压电源

由于本试验需要为无人机提供持续、稳定、能够满足无人机运作要求的电能，因此使用能够提供稳定电压的直流电源，如图 10-6-8 所示。直流稳压电源是一台电子装置，专门为负载提供稳定的直流电源，其自身的供电来源为一般家庭所用的标准 220 V 交流电源，当交流电提供的电源电压或负载的电阻值发生改变时，内部稳压器的直流输出电压会保持在稳定的状态。直流稳压电源具有精度高、稳定性强和供电可靠的优点，为电子设备提供了稳定的供电保障。

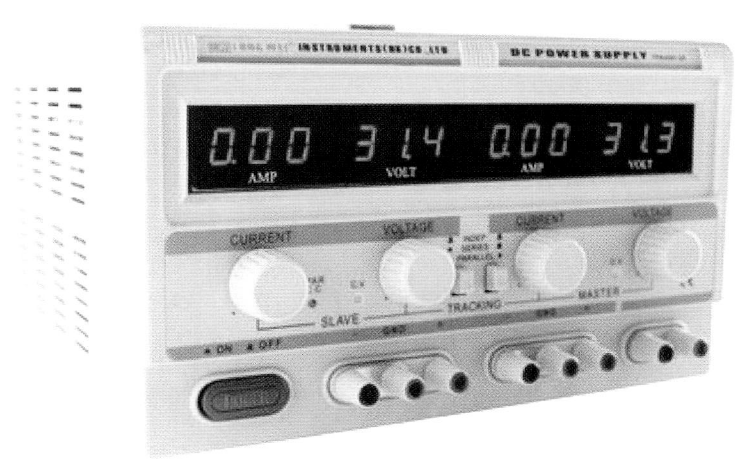

图 10-6-8 直流稳压电源

试验选用 LW-6060KD 直流稳压电源，主要技术参数见表 10-6-7。

表 10-6-7 LW-6060KD 直流稳压电源技术参数

设备指标	参数值
输入电压	AC 220 V
输出电压	DC 0 ～ 60 V
输出电流	DC 0 ～ 60 A/50 A
显示精度	± 1%
电压稳定度	≤ 0.2%
电流稳定度	≤ 0.5%
负载稳定度	≤ 0.5%
纹波及噪声	≤ 1%
整机效率	≥ 86%
工作环境	-10 ～ 40 ℃
接地电阻	＜ 20 mΩ

拉压传感器与智能显示控制仪配合使用，控制仪显示传感器的受力值；功率计用于记录试验时的功率值、电池电压以及耗电量；直流稳压电源可为无人机提供试验要求的稳定恒压电源。

（二）搭建方法

搭建无人机试验平台是进行测试的前提条件，平台搭建应尽量保证旋翼所产生的风场不与机架发生相互作用。

考虑到旋翼风场与机架相互作用的影响，设计平台为Π形结构，机架分布于两侧，保留试验平台中下部空间。图 10-6-9 为试验平台结构示意图，图 10-6-10 为无人机试验平台实物图。

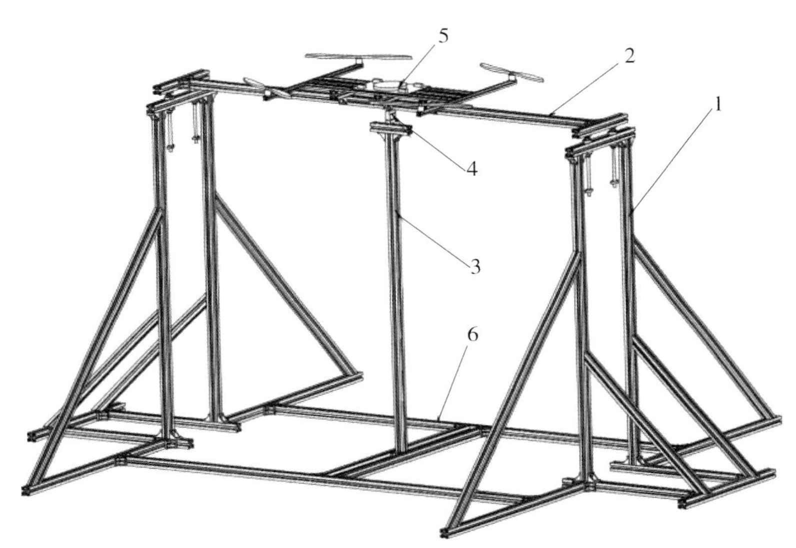

1. 平台支撑架；2. 无人机支承梁；3. 中央立柱；4. 力传感器；5. 测试无人机；6. 底盘。

图 10-6-9　试验平台结构示意图

图 10-6-10　无人机试验平台实物图

试验平台由 6 部分组成，测试无人机被固定在支承梁上，支承梁下方连接力传感器，力传感器由中央立柱承托固定在测试无人机正下方，如图 10-6-11 所示。无人机支承梁两端连接了带直线轴承的双排滑竿，力传感器未固定时，双排滑竿限制其运动自由度，使得无人机和支撑梁仅能在竖直方向上运动；力传感器固定后，支承梁竖直方向固定，运动受到限制。

图 10-6-11　力传感器布置示意图

试验无人机主体采用 2020 铝型材搭建，呈 H 形分布。由中间 3 根 1 m 长的方管连接两边的机臂，机臂两端通过电机座固定安装电机。该无人机所采用的电机型号为飓风 U4110，电机 KV 值为 420，额定电压为 24 V，选配 17 寸碳纤维桨。试验无人机机身上部固定一块尺寸为 300 mm × 200 mm × 3 mm 的木板，用于放置无人机的控制电路，如图 10-6-12 所示。

为了实现通过遥控器油门对试验无人机的自主控制，不采用传统的飞控进行无人机控制，直接使用分线板将锂电池提供的电流一分为四，供 4 个电机使用，保证输入 4 个电机的电流一致。

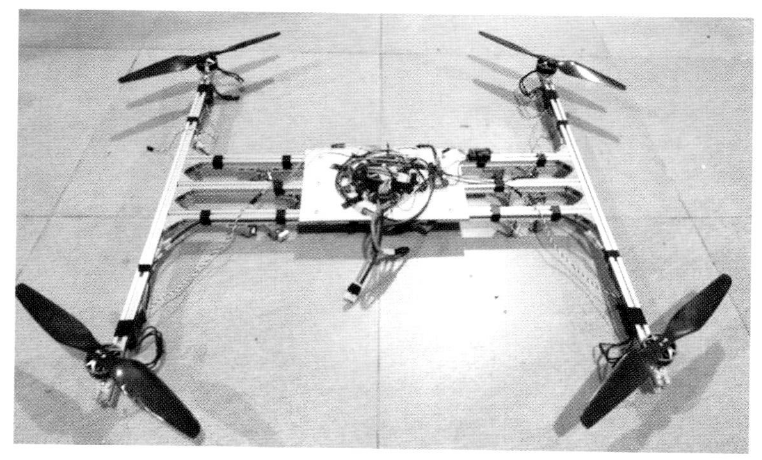

图 10-6-12　测试无人机实物图

（三）应力分析

正常状态下，无人机工作时 4 个电机同时运转且转速基本保持一致，产生的升力值也基本一致，但旋翼升力将使两端机臂产生扭曲变形。为了验证试验无人机机体设计的可靠性，利用 SolidWorks Simulation 插件对无人机机体进行有限元分析，通过静应力分析来验证无人机机体在工作过程中是否安全可靠。

固定无人机机身中间方管，在机臂两侧加入外部载荷作为升力，估计试验所需旋翼提供的总升力最大值不超过 8 kg，因此设置升力值为 80 N。进行网格划分，应用网格控制选取分析面，设置网格密度，运行该算例，分别得出应力、位移分析云图，如图 10-6-13、图 10-6-14 所示。

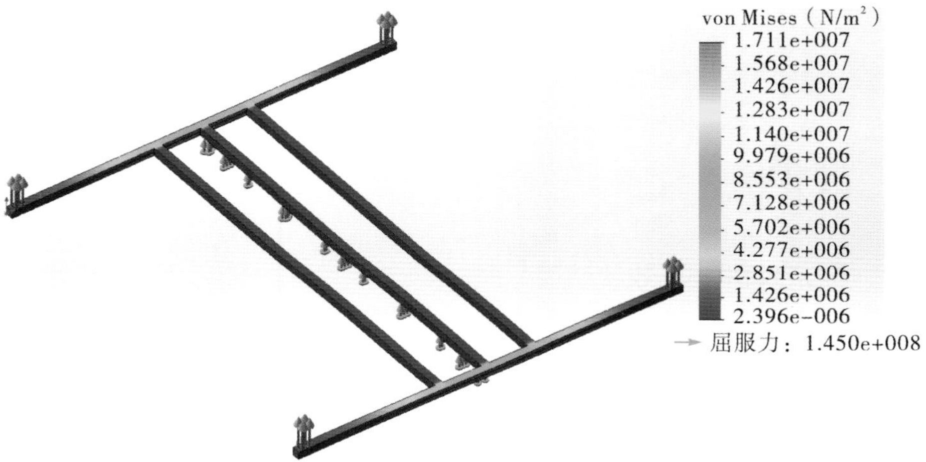

图 10-6-13　无人机机体应力分析

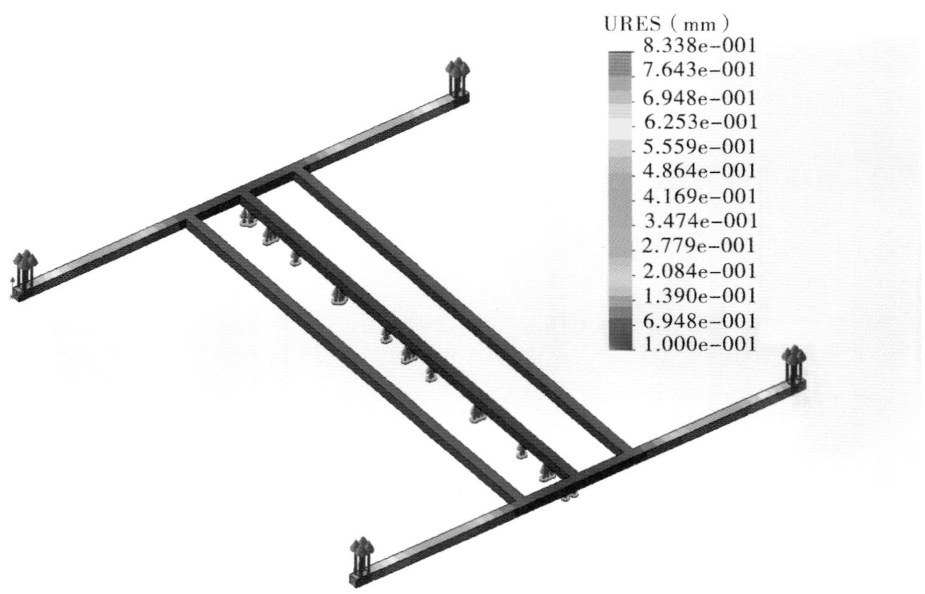

图 10-6-14　无人机机体位移分析

由图 10–6–13 可知，试验无人机机臂两侧受旋翼升力影响，使得应力集中分布于机臂中心，测得其应力最大值为 6.739 MPa。

工程设计中要判定零件或构件受载后的工作应力是否过高或过低，需要预先确定一个衡量的标准，这个标准称为许用应力，即允许零件或构件承受的最大应力值。若零件在工作时承受的最大应力不超过许用应力时，认为这个零件在运转中是安全的，否则就是不安全的。

安全系数是工程设计时为防止因材料缺陷、外力突增、工作偏差等因素所引起的不可控后果而设置的。零件受力部分理论指出，能够承担的力必须大于其实际上能够承担的力，即极限应力与许用应力之比，其值大于等于 1。

试验搭建无人机所用材料为铝型材。铝合金为塑性材料，当其达到屈服而发生显著的塑性变形时将丧失正常工作能力，通常选取屈服极限作为极限应力。试验无人机材质为 6063–T5 铝合金，屈服极限为 1.45 × 106 N/m^2，则许用应力为 145 MPa。

通过分析可知，无人机机体受到最大应力值为 6.739 MPa。在试验允许的升力范围内，最大应力值远小于许用应力值，认为无人机机体的设计是安全可靠的。

五、四旋翼无人机电机效率试验

多旋翼农用无人机旋翼数一般分为四旋翼、六旋翼、八旋翼和十六旋翼，为便于研究，本研究采用自行搭建的四旋翼无人机作为试验对象进行试验。

（一）传感器校准

拆下测试无人机并称重，用精度为 0.1 g 的电子秤测得其重量为 5236.8 g。将测试无人机重新安装于机架上，测得拉压传感器控制仪读数为 5.23 kg，进行单位换算后与无人机重量一致，可认为传感器灵敏准确。

（二）无人机电机能效曲线测量

试验对象是单个电机，电机型号为飓风 U4110，转速值为 KV420，试验电机选配 17 寸碳纤维桨。

由于实际试验时选用额定电压为 24 V 锂电池为无人机供电，因此在测量试验中利用直流稳压电源控制电压为恒定 24 V，通过调节遥控器油门控制升力大小。以升力为自变量，记录对应升力下的功率值，见表 10–6–8。

表 10-6-8　单个电机升力 – 功率试验数据

升力（g）	功率（W）	升力（g）	功率（W）
200	12.5	1800	236.1
400	28.1	2000	278.0
600	48.7	2200	322.9
800	72.3	2400	370.1
1000	99.0	2600	421.9
1200	128.7	2800	475.9
1400	161.5	3000	533.2
1600	197.3	3200	593.1

对飓风 U4110 电机升力与功率数据进行多项式拟合，经对比，选择二次拟合能满足要求。拟合的电机能效方程为

$$P_w=3.8\times10^{-5}F^2+0.065F-3.999 \tag{10.6.6}$$

$R^2=0.9994$，拟合度较高。拟合的能效曲线如图 10-6-15 所示。

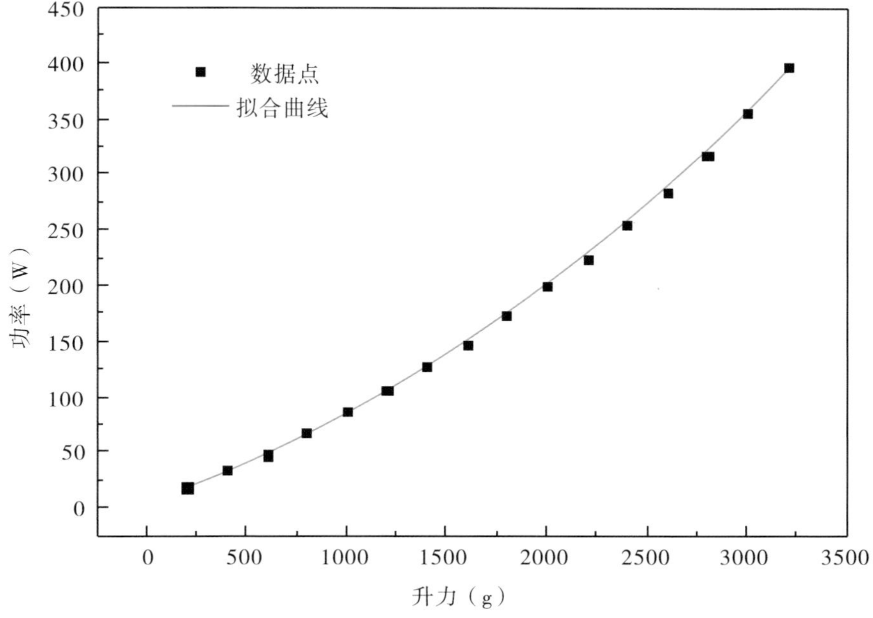

图 10-6-15　飓风 U4110 电机拟合能效曲线图

（三）不同电压下电机能效试验

电机在不同电压下功率与升力的关系不同，即能效曲线不同。因此需进行不同电压下电机能效的测量试验，测定电压对能效曲线的影响程度。

由于试验无人机采用容量为 10000 mAh、电压为 25.2 V 的电池供电。因此设置测试电压最大值为 25.2 V，以 1 V 为压降间隔，设置 6 组测试电压，分别为 25.2 V、24.2 V、23.2 V、22.2V、21.2 V、20.2 V。测试最低电压为 20.2 V，在电压下限 19.8 V 之上，满足试验要求。

测试无人机重约为 5.23 kg，设置测试升力值分别为 1 kg、2 kg、3 kg、4 kg、5 kg、6 kg，测试在不同电压下，相应升力值对应的电机功率。

试验步骤：

（1）将试验无人机固定在搭建的无人机电机功率试验平台上，与功率计相连接，由于功率计有电流进出方向的区别，因此需要将电流出口方向与无人机电源线连接。

（2）功率计电流入口方向接上直流电源。

（3）连接拉压传感器与控制仪，并接通控制仪电源线，根据上述传感器校准原则进行传感器校准。

（4）将遥控器油门杆调至最低，防止通电后旋翼立刻转动而发生危险。

（5）稳压直流电源电压值设置为 25.2 V，接通电源，轻轻拨动油门，观察控制仪显示的升力数值，将其设置为 1 kg，稳定油门。观察功率计读数，待功率值稳定后记录数据。

（6）将升力数值分别调节至 2 kg、3 kg、4 kg、5 kg、6 kg，记录相应功率值。

（7）设置不同电压值，重复上述步骤直至完成试验。

试验数据记录见表 10–6–9，拟合能效曲线如图 10–6–16 所示。

表 10–6–9　不同电压下电机能效测试数据

电压（V）	功率（W）					
	1 kg	2 kg	3 kg	4 kg	5 kg	6 kg
25.2	52.6	136.8	227.2	356.6	491.5	645.1
24.2	51.6	135.7	225.9	355.4	490.6	643.9
23.2	50.0	134.3	224.5	355.5	490.3	643.3
22.2	49.7	134.0	224.0	353.9	487.8	640.7
21.2	48.2	132.9	222.6	352.7	485.5	640.1
20.2	47.0	130.1	221.5	351.3	484.0	638.8

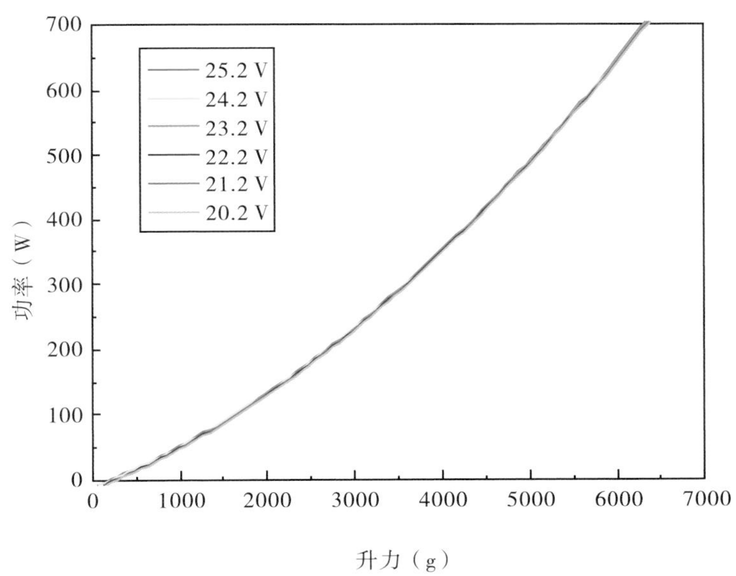

图 10-6-16　不同电压下电机拟合能效曲线图

由试验结果及图表分析可知：

（1）相同电压下，旋翼产生的升力越大，所需电机功率越大。

（2）电压不同，旋翼产生相同升力所需电机功率也不相同，但电机的能效曲线相似。

（3）电压越大，旋翼产生相同升力所需电机功率越大。在 20.2 ～ 25.2 V 范围内，电压对无人机电机功率变化的影响不明显。

六、定载荷多旋翼农用无人机耗电量试验

利用搭建完成的电机效率试验平台进行试验，试验对象为使用铝型材自行搭建的测试无人机。该无人机所采用的电机型号为飓风 U4110，电机 KV 值为 420，额定电压为 24 V，选配 17 寸碳纤维桨。

控制无人机处于悬停状态，以升力平衡无人机自重。因此 $F = G$ =5236.8 g，将升力值与旋翼数目代入上述理论模型中，可得单个电机的功率 P_w =146.2 W。试验采用四旋翼无人机，即使得测试无人机保持悬停状态所需总功率为 584.8 W。

试验时需保持无人机电机转速相同，这里设置接收机工作在 PWN 普通模式。通过分线器分出 4 条信号线连接对应电调，可将电调初始化。遥控器将第 3 通道信号同时发送至 4 个电子调速器，使用一个油门即可同时使 4 个电机保持相同转速，利用转速仪测得 4 个电机转速基本保持一致。

试验采用容量为 10000 mAh、额定电压为 24 V 的锂电池进行供电。通过调节遥控器油门和观察功率计显示值控制电机总功率在 584.8 W 左右，但实际试验时，由于功率跳动范围较大，在 570 ～ 600 W 之间，试验结果存在误差。

开始试验时，油门行程量控制在 40% 即可将功率控制在 584.8 W 左右，随着时间的推移，电池电压不断降低，若要保持功率不变，则必须增大电流。增大电流可通过增大油门行程量来实现。

由锂电池的特性可知，单片电芯电压不能低于 3.6 V，最低下限电压不能低于 3.3 V，否则会将损坏电池。试验中使用的是格氏 6 芯（6S）锂电池，因此控制电压下限为 19.8 V。

当电压值达到下限时，断开电源，试验数据见表 10–6–10。

表 10–6–10　试验数据

消耗电量（mAh）	使用容量（Wh）	电池使用前电压（V）	电池使用后电压（V）	续航时间（min）
10349	227.6	24.8	19.9	20.6

通过上述试验拟合的能效曲线方程可得出不同升力所需的功率。将功率值代入理论模型，可计算出电池理论使用时间，用 $T_{理论}$表示。通过试验获得的电池实际使用时间，用 $T_{实际}$表示。

增加无人机重量，每次增加 250 g，得到 6 组重量值分别为 5236.8 g、5486.8 g 、5736.8 g、5986.8 g 、6236.8 g 和 6486.8 g，重复试验，试验数据见表 10–6–11 及如图 10–6–17 所示。

表 10–6–11　悬停试验数据

无人机重量（g）	飞行状态	$T_{理论}$（min）	$T_{实际}$（min）	耗电量（mAh）
5236.8	悬停	22.8	20.6	10349
5486.8	悬停	21.3	19.7	10022
5736.8	悬停	19.9	17.7	10112
5986.8	悬停	18.4	16.9	10281
6236.8	悬停	17.6	16.2	10095
6486.8	悬停	16.5	15.0	10263

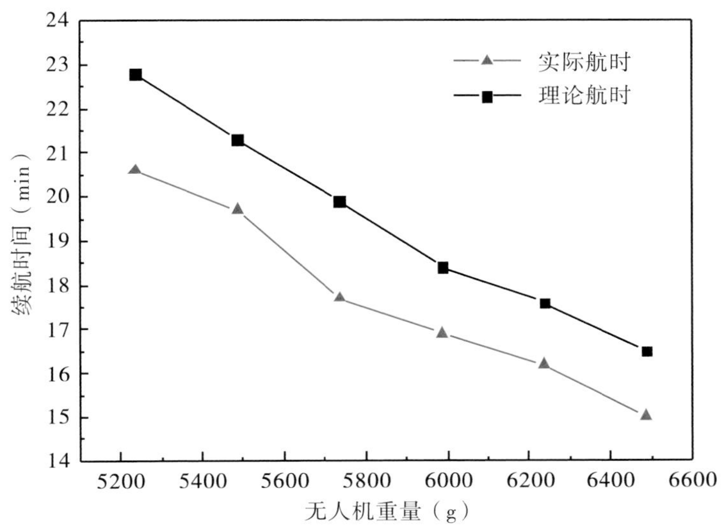

图 10-6-17　不同重量下续航时间比较

从表 10-6-11 可以看出，重量为 5236.8 g 时，无人机实际续航时间为 20.6 min，耗电量为 10349 mAh。重量每增加 250 g，续航时间将相应减少。

6 次试验实际续航时间均比理论续航时间短，下述公式可计算实际续航时间与理论续航时间的百分比：

$$\delta=\frac{T_{实际}}{T_{理论}}\times 100\% \tag{10.6.7}$$

通过试验数据计算 6 次试验的 δ 值，分别为 90.4%、92.5%、88.9%、91.8%、92.0%、90.9%。试验结果表明，无人机悬停状态下实际续航时间为理论续航时间的 88% ～ 93%。

七、定载荷长航时八旋翼农用无人机续航试验

根据能效最优电机的对比分析，选择飓风 U90 电机搭建无人机样机进行试验验证。试验设计要求搭建续航时间大于 30 min 的无人机。在多旋翼农用无人机设计软件中输入所需无人机续航时间为 35 min，选择旋翼数为 8 个，通过计算即可得到所要搭建试验样机的总重量及各部分重量，根据设计重量选用合适材料搭建试验样机。

（一）搭建方法

无人机试验样机选择八旋翼无人机，选用飓风 U90 电机搭配 T3095 螺旋桨。螺旋桨桨径为 76.2 cm，根据同一平面内两两旋翼互不干涉且留有余隙的原则设计，无人机机体为井字结构。由于碳纤维杆密度小，刚性大，故选用其作为机架的材质。井字结构内每根碳纤维管的长度为 180 cm。为了加大机架的稳定程度，在井字碳纤维结构上增加一个 H 形碳纤维结构以稳定

机身，同时安装无人机控制系统。无人机控制系统不采用常规的飞行控制器，直接用分线板将电流分配给各个电机。此控制方法前一节已进行介绍。搭建的八旋翼农用无人机样机如图 10-6-18 所示。

图 10-6-18 自行搭建的八旋翼农用无人机

无人机样机总重 23.2 kg，用 4 块 22000 mAh 的锂电池供电。设计的八旋翼无人机各部分重量组成及负载重量组成分别见表 10-6-12、表 10-6-13。使用所搭建的样机负载 10.3 kg 进行悬停状态下的航时试验。

表 10-6-12 设计无人机各部分重量组成

单位：kg

带电机机架重量	8 个碳纤维螺旋桨重量	脚架重量	4 块电池重量	合计重量
11.80	0.88	1.08	9.40	23.16

表 10-6-13 负载各部分重量组成

单位：kg

功率计	有机玻璃板带光轴	铝材固定块	电压报警器	合计重量
0.480	9.576	0.236	0.035	10.327

（二）试验步骤

（1）将八旋翼农用无人机样机固定在有机玻璃板上，有机玻璃板下方固定有 6 根光轴。测试平台上部是一块布置了 6 个光轴轴承的有机玻璃板，能与无人机固定板上的 6 根光轴配合限制无人机运动自由度，如图 10-6-19 所示。

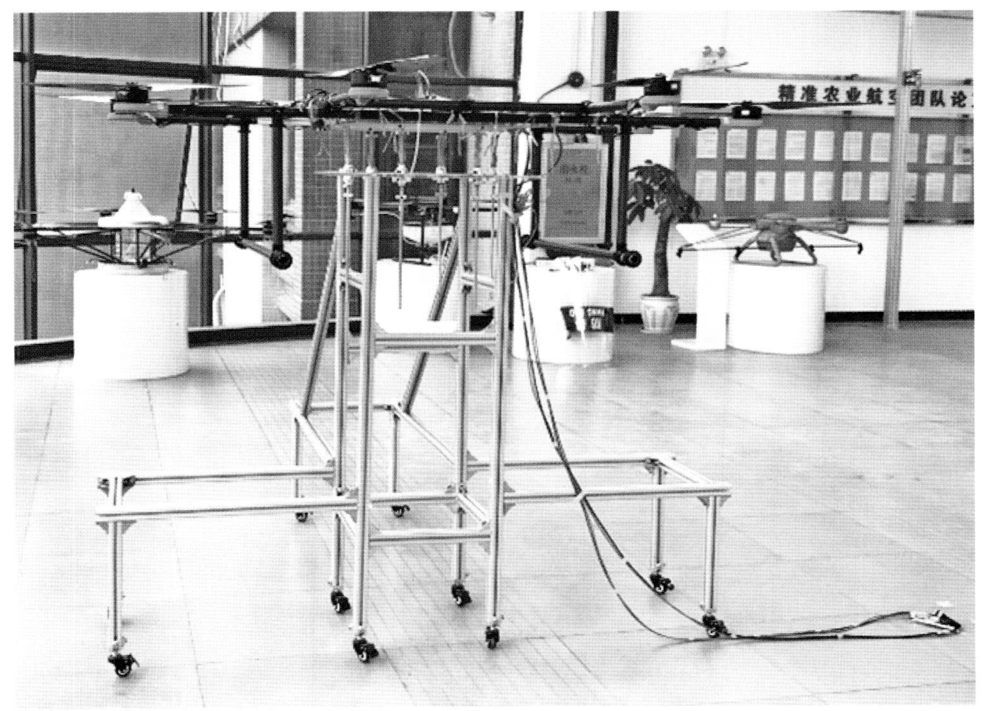

图 10-6-19　无人机试验图

（2）连接锂电池与功率计，接通电源，调整油门杆使无人机离开试验平台并保持悬停，开始计时。

（3）待电压报警器报警后记录无人机续航时间，将油门杆推到最低处，断开无人机电源。记录功率计读数。

试验数据见表 10-6-14。试验开始时调节油门杆至无人机达到悬停状态所用时间为 8 s，因此去掉前 8 s 的功率读数。功率计读数如图 10-6-20 所示，由图中可看出无人机悬停时功率在一定范围内平稳波动。功率波动主要由电池电压与放电电流产生变化所造成。

表 10-6-14　无人机样机试验数据

理论航时（min）	实际航时（min）	实际悬停功耗均值（W）	航时比（%）
35	32.2	3530	92

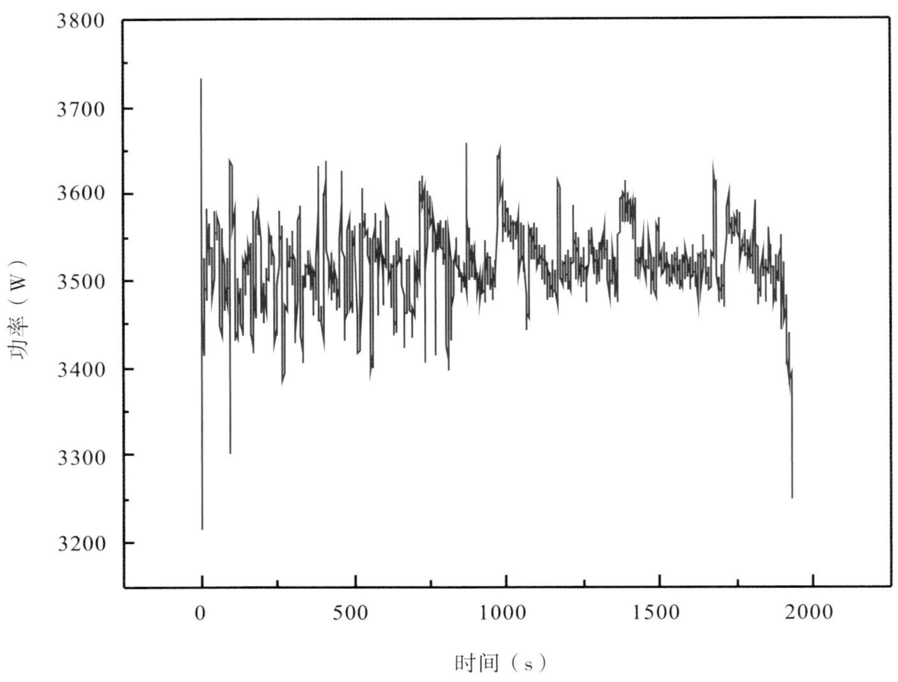

图 10-6-20　无人机功率曲线

分析图表可得，选用最优电机飓风 U90 自行搭建的八旋翼无人机样机进行悬停试验，悬停时间可达 32.2 min。实际航时与理论航时的比值为 92%，预测较准确，进一步表明使用功率能耗模型进行航时预测的可行性与准确性。

参考文献

［1］兰玉彬．精准农业航空技术现状及未来展望［J］．农业工程技术，2017（10）：27–30.

［2］兰玉彬．无人机的农业应用［J］．紫光阁，2017（1）：86.

［3］兰玉彬，林晋立，欧阳帆，等．一种室内多旋翼农用无人机电机效率试验平台及方法：201810401830.3［P］.2018–04–28.

［4］雷瑶.Hex–rotor 无人机多旋翼流场数值模拟与试验研究［D］．长春：中国科学院研究生院（长春光学精密机械与物理研究所），2013.

［5］李继宇，兰玉彬，施叶茵．旋翼无人机气流特征及大田施药作业研究进展［J］．农业工程学报，2018，34（12）：104–118.

［6］李继宇，展义龙，欧阳帆，等．一种纵列式双旋翼气动性能检测装置及检测方法与流程：201810215075. X［P］. 2018–03–15.

［7］李继宇，周志艳，胡炼．圆形多轴多旋翼电动无人机辅助授粉作业参数优选［J］．农业工程学报，2014，30（11）：1–9.

［8］毛镠．长航时重负载多旋翼无人机动力系统及其隔振设计［D］．武汉：华中科技大学，2016.

［9］蒙艳华，周国强，吴春波，等．我国农用植保无人机的应用与推广探讨[J]. 中国植保导刊，2014（S1）：33–39.

［10］潘军茂，席晓燕．浅议传统农业向现代农业转变的思路［J］．基层农技推广，2015（1）：18–20.

［11］孙岩，宋立成．浅谈农业机械化与农业现代化的关系［J］．农业工程，2012，2（3）：12–14.

［12］万宝瑞．当前我国农业发展趋势及其应对［J］．南方农业，2014，8（17）：23–25.

［13］汪懋华．“精细农业”发展与工程技术创新［J］．农业工程学报，1999，15（1）：1–8.

［14］王凤花，张淑娟．精细农业田间信息采集关键技术的研究进展［J］．农业机械学报，2008，39（5）：112–121.

［15］王伟，马浩，徐金琦，等．多旋翼无人机标准化机体设计方法研究［J］．机械设计与制造，2014（5）：147–150.

［16］林晋立．多旋翼农用无人机能源载荷匹配技术研究［D］．华南农业大学，2019.

［17］林晋立，兰玉彬，欧阳帆，等．多旋翼农用无人机功率能耗模型构建与试验验证［J］．农机化研究，2020，42（5）：143-149.

［18］GASIOR P，BONDYRA A，GARDECKI S，et al. Thrust estimation by fuzzy modeling of coaxial propulsion unit for multirotor UAVs [C] //IEEE.2016 IEEE International Conference on Multisensor Fusion & Integration for Intelligent Systems. [S.l：s.n]，2017.

[19] HEIN B R，CHOPRA I. Hover Performance of a Micro Air Vehicle：Rotors at Low Reynolds Number [J] . Journal of the American Helicopter Society，2007，52（3）：254–262.

[20] OTSUKA H，NAGATANI K. Effect of Reynolds Numbers of10,000 to100,000 on Rotor Blades of Small Unmanned Aerial Vehicles [C] //AIAA.AIAA Applied Aerodynamics Conference. [S.l：s.n]，2015.

[21] OTSUKA H，NAGATANI K，YOSHIDA K. Evaluation of Hovering Thrust Performance of Shrouded Rotors for Multi–rotor UAVs to Reduce Weight [J] . Aiaa Journal，2015.

第十一章 农用无人机避障技术

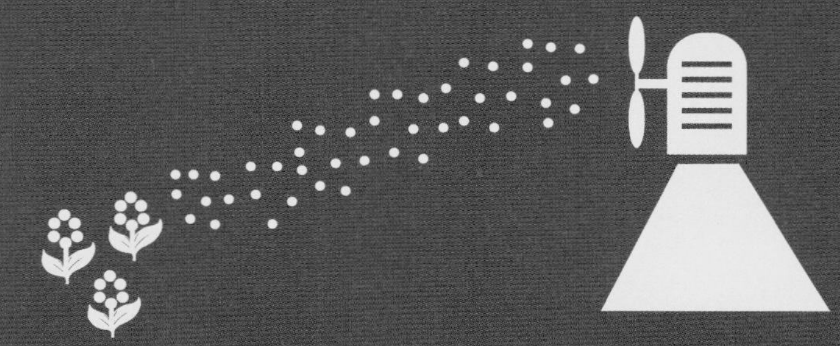

随着精准农业航空技术的进一步发展，实现障碍物的自主识别与实时避障是农用无人机智能化发展的必然趋势之一。然而，农田作业环境复杂、障碍物类型多变，实现农用无人机的实时避障仍任重道远。为提高航空植保作业的安全性，本研究对农田环境中的障碍物进行了分类，并提出作业视场的避障分区及各区避障策略。通过对比分析国内外农用无人机避障技术的应用现状及各类避障传感器，剖析中国农用无人机避障技术研究中存在的不足，并对未来农用无人机避障技术的研究方向和研究热点进行了展望。本章节内容可为中国农用无人机避障技术的有序发展提供参考。

第一节　农用无人机避障技术研究背景

自2004年以来，中央“一号文件”连续19年聚焦“三农”问题。2012年，科技部和农业部在“十二五”科研规划中都将农业航空应用作为重要支持方向。在党的十九大报告中，习近平总书记首次提出了“实施乡村振兴战略”，并提出要坚持农业农村优先发展，加快推进农业农村现代化。

随着中国农业现代化稳步推进，农业生产对农业机械的需求日益增长，中国的农用航空器得到了快速发展。农用无人机是农用航空器的重要组成部分，是精准农业航空领域的一支新兴力量。2016年，农业部农机化司对全国31个省份（不含香港特别行政区、澳门特别行政区和台湾地区）以及新疆建设兵团的植保无人飞机实际拥有量和作业情况进行了专项调查统计。结果表明，截至2016年6月30日，全国实际田间作业植保无人飞机拥有量为4262架，其中，以电动多旋翼植保无人飞机为主；2015年全国农用植保无人飞机的作业面积达476035.67 hm^2。

由于农用无人机起降操作灵活，作业效率高，防治效果好，经济效益明显，不但有利于资源节约与环境友好，而且广泛适用于地面机械难以耕作的农业区域。因此，它在实践推广应用中表现出明显的特点和优势。但作为新生事物，在安全系数的提高、作业流程的规范、管理机制的健全、数据信息的采集等方面，农用无人机的人工智能程度尚待完善与提高。

2017年9月，在农业部办公厅、财政部办公厅、中国民用航空局综合司《关于开展农机购置补贴引导植保无人飞机规范应用试点工作的通知》中，首次明确试点产品的技术条件：补贴机型需加装避障系统软件等，以期实现作业飞行可识别、可监测、可追查。但农田作业环境复杂多变，病虫草害爆发期及夜间作业或环境可视度低时，若主要依靠肉眼观察判断，作业受限因素多且危险性高，因此，实现障碍物的自主识别与有效回避将是农用无人机智能化发展的必然趋势。

农用无人机避障技术指的是，农用无人机能够自主识别障碍物类型并完成指定避障动作的核心智能技术。理想的避障系统能够自动地、及时地避开飞行路径中出现的各类障碍物，避免因操作失误、自主飞行失效或其他突发故障引发的意外事故，有效减少不必要的财产损失及人员伤亡。

第二节　农用无人机避障技术所涉难点、重点

一、农田作业环境复杂

由于气象条件不可控，尤其在强风洪涝、高温干旱、低温冷害、沙暴扬尘等恶劣天气下，农用无人机作业难度系数急剧提高。以主要受光强影响的机器视觉避障技术为例，当农田作业环境存在镜面反射等光污染时，会使飞手产生眩晕及不适感，更会对避障系统的识别判断功能造成光学失真和噪声等干扰；当农田作业环境光照不足时，飞手视物能力减弱，机器视觉避障技术则需辅助红外技术才能实现夜视功能，如广州极飞科技有限公司的 XCope 天目自主避障系统，采用的主动近红外照射技术实现暗环境作业。

二、农田障碍物类型复杂

农田作业中，农用无人机的飞行速度、高度等作业参数将直接对雾滴沉积、病虫草害防治效果产生影响。作业参数的设定与农作物的种类、生长发育状况、作业区的地形地势等有关。但实现农用无人机的低空低量精准喷施作业的同时，应保证农用无人机作业的安全性。农田中为生产需要放置的不同辅助农具，如农田防护网、攀缘植物的支撑引导架等，农田周围的民居建筑、绿化建设、电网设施、通信设施、照明设施等，以及各类出没无规律性的生物都增加了农用无人机避障环境的复杂程度，对农用无人机避障技术的要求也有所提高。

气象条件多变、作业环境复杂，要求农用无人机避障技术需要克服光照变化、场景旋转、图像分辨率低、运动速度变化、目标遮挡甚至淹没特征、目标特征不稳定等因素的干扰，以保证在不同的外界条件下正常工作。例如，视觉避障传感器需避免高速作业时因运动模糊造成的系统误识别，降低镜头畸变，提高成像质量，减少图像的变形和失真。

要解决农用无人机的避障问题，实现避障系统对障碍物的实时感知、图像快速解析、智能

识别、潜在区域获取、避障行为决策等功能，需要从根本上分析农田障碍物的物理特征，如大小、形状、种类等，从而设置针对不同障碍物的最小识别距离、避障动作指令及响应时间等避障参数。以下将根据作业环境中可能出现的各类农田障碍物特点提供两种分类方法。

（一）根据障碍物特征分类

（1）微小型障碍物：电线及斜拉线、树枝、长势突出的农作物、各类电网或通信线、田间树立的木杆或藤架、测试杆、网状物（尼龙网、铁丝网）等。

（2）中小型障碍物：零星树木、电线杆、草垛、风力涡轮机等。

（3）大型障碍物：防护林、高压杆塔、房屋、气象塔等。

（4）无特征规律型障碍物：飞禽走兽、人、表面纹理模糊或易产生镜面反射的物体，如水塘、温室大棚的塑料薄膜、PC 阳光板等。

（二）根据障碍物相对距离分类

（1）短距障碍物：距离农用无人机 5 m 以内的障碍物。

（2）中长距障碍物：距离农用无人机 5 ～ 15 m 的障碍物。

（3）长距障碍物：距离农用无人机 15 m 以外的障碍物。

三、作业视场避障分区

对于飞行状态中的农用无人机，需对其飞行主方向的视场区域进行划分，并结合其自身传感器系统探测到的障碍物远近，对每个区域的不同障碍物执行不同的避障策略。根据障碍物相对距离，将前方视场区域划分为避障执行区、避障预警区和安全区，如图 11–2–1 所示。

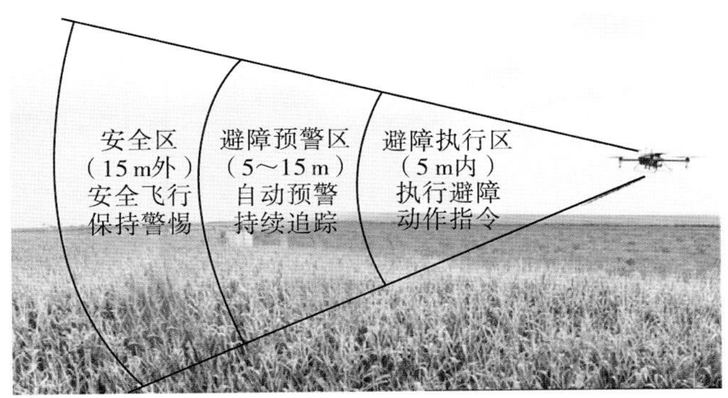

图 11–2–1　避障分区图

障碍物远近随农用无人机的运动而改变，是相对的，但由图 11–2–1 可知，农用无人机主视场的避障分区是固定的、绝对的。避障执行区内需执行避障动作指令，主要回避短距障碍物；

避障预警区需对中长距障碍物进行自动预警，并持续追踪，以防突发事故；安全区内的障碍物暂时可忽略，直到其进入预警区，方可进行避障预处理。

大型、中小型障碍物特征明显，因此，当它位于避障安全区时即可被避障传感器整体或局部有效识别，进入避障预警区、避障执行区后相对容易成功躲避；微小型、无特征规律型障碍物由于其在视场中占比小，出没具有突发性、无规律性，即使它进入避障预警区、避障执行区，仍难以及时地被传感器完全识别并成功躲避。

值得注意的是，在农田作业环境中出现的多为微小型、无特征规律型障碍物，而对于这类障碍物，避障系统的技术难点、重点在于如何实现障碍物的实时感知、大量图像的快速解析、智能识别，高度还原出障碍物潜在区域，并根据障碍物的类型、远近，优化避障路径并执行不同的避障动作。这其中还涉及避障系统的避障动作响应时间、执行效率，避障前后及避障时农用无人机飞行速度、高度、姿态等参数的调整，避障后作业路径的重新规划，避障全程定位信号防丢失及抗磁场干扰，单一、多重、静态、动态农田障碍物的单独或随机组合出现时的避障决策等复杂问题。

目前大多数无人机“炸机”事故，除了人为的操作不当或机器的突发故障，更多的是因避障不及时导致的，尤其是电线、树枝等微小障碍物。虽然因微小障碍物导致的“炸机”事故率较低，但由此引发的财产损失率、人员伤亡率却极高，不能因其事故率低而忽略它的高危险性。因此，微小型障碍物如何避障，应作为当前农用无人机避障问题研究的重中之重。

第三节　农用无人机避障技术的应用现状

一、国外农用无人机避障技术的应用现状

美国农业航空对农业的直接贡献率为 15% 以上。美国在农用航空作业中使用的农用飞机约有 20 多个机型，以有人驾驶固定翼飞机为主，但这类农用飞机与新增电线、新生树木等微小障碍物碰撞导致的安全事故不在少数，且引发的人身伤亡率极高，危害极大。美国小型农用无人机主要用来获取农作物生长状况信息，如 PrecisionHawk 公司是美国最大的农业数据分析提供商之一，通过无人机自主飞行获取农业遥感图像，并进行处理和分析；3D Robotics 公司 Solo 无人机的 Site Scan 程序可扫描农业用地，目前其定点扫描技术已整合进中国的大疆无人机。

澳大利亚、加拿大、巴西、俄罗斯等国由于农田作业环境条件相似，户均耕地面积较大，其农用飞机作业机型也以有人驾驶固定翼飞机和直升机为主。

日本是第一个使用农用无人直升机进行农药喷施的国家。截至 2016 年，日本植保无人飞机

保有量为3045架。日本农用航空作业的发展经历了有人直升机到植保无人飞机的发展阶段，最终选择以植保无人飞机为主的病虫草害防治手段，这与其丘陵地形地貌和小型农户耕作的农业生产模式密切相关。Yamaha公司无人直升机目前的机载GPS飞行控制系统并未增加避障模块，主要依靠飞手与观察员进行避障操作，其飞机的故障率为5.8%，引发坠机的主要原因是飞机与电线、树枝的接触。由于每次修理费用昂贵，因此每架无人机都有保险。

韩国与日本农田作业环境条件相似，人均耕地面积较小，于2003年首次引进直升机用于农业航空作业，农业航空作业面积逐年增加。截至2010年，韩国共有农用飞机121架，其中，农用植保无人飞机101架，有人驾驶直升机20架，约80%的农用飞机归地方农协所有。但韩国本身并不生产农用无人机，主要是引进日本的设备及施药技术。

加拿大AG-NAV公司研发了多重障碍物的相关技术，并在其导航系统里实现了相应功能。飞行员可通过美国联邦航空局下载各州障碍物文件，得到作业区域周围所有探明的障碍物信息，并自行通过谷歌地球或在飞行过程中标记新的障碍物，障碍物依其高度被绘成不同颜色。同时设置了电力线报警的相应功能。受体积、质量所限，目前该套系统只应用于有人驾驶固定翼飞机与直升机。

法国Parrot公司针对精准农业的Disco-Pro AG无人机可通过移动设备制定飞行任务，创建农作物地图。Parrot Sequoia传感器包含两部分：机身下方的多光谱传感器可捕获农作物的RGB图片，通过捕获植物吸收和反射的光量来分析植物的活力；背部的阳光传感器，可记录太阳光的强度，从而执行辐射校准，以确保数据测量的一致性。还可通过Airinov First+农业云平台生成的NDVI地图来了解农作物生长状况。而该公司的Parrot S.L.A.M dunk开源开发套件平台具备自主导航、避障、室内导航、3D重建等能力，即使在存在多障碍及GPS信号弱的环境中依然能够进行避障。它的2个60 fps广角摄像头可获取环境深度图，帮助无人机了解周围环境。

目前，巴西、乌拉圭、阿根廷、智利、澳大利亚、新西兰、南非和东南亚等国家和地区也都在使用无人机定位牧群，监控农作物的生长、收获及旱涝病虫草害的情况。

二、国内农用无人机避障技术的应用现状

据不完全统计，2016年我国共有植保无人飞机生产企业200多家，其中绝大多数企业为中小型企业，技术力量和研发水平较低。通过调研以及在国家工商管理系统查询到的生产植保无人飞机的部分企业名单及区域分布，发现广东（35家）、山东（24家）、河南（11家）等省的植保无人飞机生产企业数量较多。本节将以典型企业的实际生产机型为代表，分析国内农用无人机避障技术的应用现状。

安阳全丰航空植保科技股份有限公司是由安阳全丰生物科技有限公司投资组建的现代农业智能装备高新技术企业，目前该公司已完成了具有自主知识产权的3WQF120-12、3WQF80-10、

3WQF125–16、3WQFDX–10 及 3WQF294–35 等多款农用无人飞机机型的研发、生产与推广。目前正在筹划避障系统的研发。

无锡汉和航空技术有限公司发售的植保无人机有 3CD–15 型农药喷洒无人直升机和水星一号第三代农用植保无人机。目前，无锡汉和植保无人机的避障系统作为选配供用户选择，例如 CD–15 型的自主避障系统采用的是“前后双目 + 激光”探测障碍物，下方采用定高雷达实现仿地飞行。

北京韦加智能科技股份有限公司的植保无人机有四旋翼 5 kg 级无人机“四妹”JF01–04 型、六旋翼 10 kg 级无人机“六叔”JF01–10 型和八旋翼 20 kg 级无人机“八爷”JF01–20 型等。韦加为用户提供两种避障手段：航线避障和探测避障。前者是韦加植保无人机的标配，即通过航线规划来避开作业范围内的大中型障碍物，属于被动避障，具有依赖性；后者为选配，属于主动避障，但选择用户较少。目前，韦加已分别就雷达、红外以及视觉类等传感器进行避障测试，认为相对成熟的方法仍是采用组合传感器避障模式。

深圳高科新农技术有限公司生产的 HY–B–15L、S40、M23 等型号植保无人机在全国得到了广泛应用。目前，高科新农正在研发一套可进行实时避障的毫米波雷达避障系统，未来作为标配搭载在其生产的植保机型上。如外形尺寸较大的无人直升机类将在前后方向各放置一套毫米波雷达避障系统，多旋翼类则只在前视方向安装。该系统目前已在测试中，测试目标包括植保作业中可能遇到的多种障碍物，障碍物的规格不同，探测距离不同。飞机遇障将自主悬停，未解除危险时，遇障方向的前进功能将会自动锁死。

广州极飞科技股份有限公司的植保无人机机型较多，如 P10、P20、P30、P40、P80、P100、V50 等，分别适用于不同面积的作业地块，可在机身前视方向选配 XCope 天目自主避障系统。极飞推出的 XCope 天目自主避障系统可在 20 m 外识别半径大于 5 cm 的障碍物，实现自主绕行避障，并利用主动近红外照射技术，使植保无人机具有夜视能力，保障夜间安全作业。2018 款新机型的下视方向已采用毫米波雷达仿地模块取代 2017 款的超声波仿地模块，性能大大提高，探测范围由不超过 4 m 提升至 30 m，可适应复杂多变的农田地貌。

深圳市大疆创新科技有限公司于 2015 年 12 月开始进军农业植保领域。2016 年底发布产品 MG–1S 型植保无人机。与 MG–1 的调频连续波雷达相比，MG–1S 的前方、后方与下方分别设置了一部高精度毫米波雷达，可通过不间断扫描，提前感知飞行方向的地形变化，并根据地形和作物高度及时调整飞行高度，实现仿地飞行。2017 年底发布的 MG–1S Advanced、MG–1P 系列的第二代高精度雷达将上一代的三个定向雷达与一个避障雷达融合为一体，灵敏度有所提升，可感知前方 15 m 处半径 0.5 cm 的横拉电线。大疆非农用型无人机则应用有双目视觉、3D 传感系统、红外感知系统、超声波避障模块等避障系统。

在植保无人机选配类避障模块市场中，用户选配率低的现象普遍存在，主要是因为目前相关行业配套尚不成熟，整体成本较高，而农田作业环境复杂，障碍物多变，现有的主动避障模块尚不能完全满足用户的需求。同时，目前还缺少对农田障碍物的定义与划分；缺乏避障系统技术性能的指标，如响应时间、遇障避让速度等；目前的避障系统没有进行统一的、具体的避障动作分解及规范，仅停留在悬停警报、自主绕行、紧急迫降等看似具体实则含糊的指令上，无法满足未来农用无人机自主喷施、实时避障、连续作业、协同作业的要求。但这与中国现阶段的精准农业航空产业链不完善、很多领域尚处于空白或起步阶段有关。假以时日，随着科研的发展，科技的进步，各方面政策法规的完善，中国精准农业航空的现代化进程将厚积薄发。

三、农用无人机避障技术的应用

由于农田作业环境复杂，作业时常会遇到以树枝、电线和长势突出的农作物为主的各类障碍物。当飞手距无人机较远时，难以判断其周边飞行环境。因此，随着科技的快速发展，实现障碍物的自主识别与有效回避将是农用无人机智能化发展的必然趋势之一。目前应用在无人机或无人车上的避障方法各有所长，下文首先对各类避障技术进行对比，并就其植保环境适用性进行分析。

（1）RTK 技术。PTK 技术是一种基于载波相位实时动态差分法的 GPS 测量方法。与单点定位技术相比，RTK 可以相对及时地得到厘米级定位精度，在测绘无人机、农用无人机上均有应用。搭载 RTK 定位系统后的农用无人机，在航线制定后的喷施作用中可有效避免因航线偏移导致的重喷、漏喷等问题，并实现避障停喷、断点续喷，不仅节约了人力成本，更提高了喷洒作业的效率和准确性。但由于造价昂贵、部署困难、耗时费力等原因，RTK 技术在农用无人机上的应用未能完全实现。目前，广州极飞电子科技有限公司除了现有的 RTK 技术，将开通云 RTK 网络，让偏远山区的用户能够更快捷地使用 RTK 定位服务，获取地块的作业地图。当 RTK 技术应用于农用无人机避障时，更适合于建立作业区障碍物地图，而非实时性避障，且未来加入 RTK 基站和云技术等解决方案时需投入大量经费。

（2）超声波测距。超声波测距具有结构简单、造价低、易操作等优点，可广泛适用于不同介质。与其他非距离检测式测距方法相比，超声波测距指向性强且能耗低，不易受光照强弱、颜色深浅等因素干扰，可在昏暗、粉尘、烟雾等较差的环境中使用。但超声波的探测范围较小，一般在 10 m 以内，且存在探测盲区，限制了超声波测距系统的使用范围。发射出的超声波速度受环境温度、湿度和大气压强的影响，在大气中传播，除超声波反射、声波间的串扰等引起的损失外，还存在由环境和其他条件引起的逾量衰减，主要包括大气中的声吸收，雨、雪、雾的影响，草地、灌木林、树林等地面效应。目前，超声波传感器更多是作为辅助安全装置，主要应用于农用无人机的下视系统，以获取飞行的高度参数，实现农用无人机的自主起飞、着陆或在地形复杂的环境下超低空飞行。例如，广州极飞科技股份有限公司的植保无人机 P20 2017，机体下方设置有防水型超声波传感器，以实现高精度仿地飞行，防止药液飘移。美国 Kickstarter

平台的众筹项目 eBumper4 超声波避障模组，它的四个声呐传感器为无人机提供关于前方、右侧、左侧和上方的物理环境信息，以防止无人机靠近障碍物。

（3）激光传感器。激光传感器由于获取距离信息精度高、方向性好、抗干扰能力强，目前主要应用于军工无人机的自主导航（激光陀螺仪、激光自导）系统中，极少在农用无人机中应用。因为它受光学系统的制约，并不适合在湿度高、光污染严重、粉尘烟雾等环境中使用。同时它的制作成本、体积质量等亦难以满足农用无人机的要求。目前，激光扫描只能获取场景的离散信息，且扫描时间受扫描点数量限制难以在实时性和范围上获得很好的平衡，如二维激光扫描只能获取前方固定角度的深度信息，无法获取整个场景三维深度信息；三维激光扫描虽然能够获取场景三维深度信息，但扫描整个场景用时较久，扫描速度难以满足无人机自主避障的实时性要求。

（4）红外传感技术。红外传感技术属于被动探测系统，其抗干扰能力强、隐蔽性好，可在夜间及恶劣气候条件下进行测距及轮廓描述。但探测距离较小，系统发出的光容易受到外界环境干扰，必须避开太阳光的主要能量波段，避免因太阳光的直射、反射等对避障系统造成干扰甚至失效。因此，该技术在无人机上的应用多为短距离的环境感知系统。以深圳市大疆创新科技有限公司的消费级无人机为例，红外传感器更多只是辅助地应用于识别距离飞行器最近的物体距离，在无人机升降、悬停时对周围环境保持监控，避免碰撞。例如，Inspire 2 顶部红外障碍物感知范围是 0 ～ 5 m，Phantom4 Pro 机身两侧的红外感知器系统最大检测距离为 7 m。

（5）结构光传感器。激光从激光器发出，经过不同结构的透镜后汇聚成不同形状的光带，呈现线状的光带称为线结构光，发射激光的激光器与各种结构的透镜构成结构光传感器。由于结构光视觉传感器具有抗干扰能力强、精度高、实时性强、主动受控等优点，因此特别适合于应用在复杂环境里的机器人测量和控制任务中。但相邻结构光传感器存在互相干扰的情况，在室外环境时，自然光使结构光传感器几乎失效，因此结构光传感器更多应用于非农用型无人机的室内避障。

（6）飞行时差（ToF）测距。ToF 是目前应用最广泛的测距方法之一，它属于双向测距技术，主要是利用测量信号在节点间的往返飞行时间来测量距离。与其他测距方法相比，ToF 具有能量消耗低、易于部署等特点，适用于对测距精度要求较高的场景。测量信号一般是电磁波信号，传播速度接近于光速，由于光波信号的传递特性，反射、折射、衍射等非直线传播因素都会造成测量时间的偏差，而微小的时间偏差就能导致巨大的距离计算误差，因此，在空旷的环境下，ToF 测距能够具有很高的准确性，而在复杂环境下，ToF 测距通常包含大量的误差。当 ToF 测距应用于农用无人机避障，更适用于 ToF 测距原理与其他传感器结合衍生的安全辅助装置。

（7）毫米波雷达。毫米波雷达是指工作在微波波段的探测雷达，它的频域为 30 ～ 300 GHz。由于农田作业环境复杂，超声波及其他基于光学原理的传感器易受气候条件影响，而毫米波雷达可全天候工作、穿透能力强、作用距离大、检测可靠、抗电磁干扰。毫米波雷达目前已广泛应用于汽车避障问题中，例如，车辆的自动巡航导航、前后向防碰撞系统及盲点探测系统与并道辅助系统等，都应用了毫米波雷达传感器来探知车身周围的环境信息。但汽车驾驶场景为二维环境，而农用无人机的避障问题涉及农田复杂的三维环境，相比于其他测距传感器，毫米波雷达分辨率较低、造价高，只能探测平行距离，无法描述避障对象的轮廓及其在视场中的角度其短距探测能力在农用无人机的避障应用中具有可替换性，如前文提到的超声波、激光、红外等避障测距传感器都能取而代之。毫米波雷达目前主要应用于农用无人机的仿地飞行系统。如广州极飞科技股份有限公司的 2018 款新机型的仿地模块均采用毫米波雷达，最大探测范围可达 30 m，适应复杂多变的农田地貌。深圳市大疆创新科技有限公司植保无人机 MG–1S 的前方、后方与下方分别设置了一部高精度毫米波雷达，前后两部斜视雷达可预先探测地形，并结合下视雷达进行精准定高。MG–1S 也可通过毫米波雷达感知 1.5 ～ 30 m 范围内的障碍物，感知到障碍物后会提示飞手，并在障碍物前自动稳定悬停，同时暂停作业。

（8）单目视觉测距。在视觉避障中，单目视觉测距多采用基于已知运动的测量方法，即利用摄像机的移动信息和摄像机捕获的图片测得深度距离。其结构简单、技术成熟且运算速度快，但无法直接获取障碍物的深度信息，且利用单个特征点进行测量，容易因特征点提取的不准确性而产生误差。对一幅或多幅图片进行特征点的匹配时，匹配误差对测量结果有明显影响，同时处理时间随图片数量的增加而增长。因此，单目视觉测距大多需要在光照均匀的环境下拍摄，且图片必须分辨率高、纹理清晰。由于农田作业环境复杂，环境信息量大，算法计算量剧增，因此单目视觉测距难以满足农用无人机避障问题对实时性、准确率的要求。

（9）双目立体视觉技术。双目立体视觉技术通过借鉴人类双眼感知立体空间，经过双目图像采集、图像校正、立体匹配等步骤得到了视差结果，并计算出场景的深度信息图，进而重建出空间景物的三维信息。立体视觉技术实现障碍物的识别与测距，具有隐蔽性好、信息量全面（障碍物的颜色、纹理等）且能获取场景三维深度信息等优势。但立体匹配是双目视觉中最困难也最关键的问题，光照变化、场景旋转、目标遮挡、图像分辨率低等因素的影响、干扰甚至淹没目标特征，都易导致目标特征不稳定，使目标物的检测精度下降，同时缺乏能有效平衡双目匹配精度和运算速度的立体匹配算法。目前双目立体视觉技术更多地应用于消费级、专业级无人机，例如深圳市大疆创新科技有限公司的 MAVIC 系列、Phantom 4 系列及 Inspire 2，深圳零度智能飞行器有限公司的 Xplorer 2 机型，YUNEEC 昊翔公司的台风 H 及 H520 等机型均使用双目立体视觉技术来实现障碍物的感知及自动避障。在农用无人机的应用中，无锡汉和航空技术有限公司的 CD–15 型植保无人直升机提供“前后双目 + 激光”避障系统供用户选配；广州极飞科技股份有限公司的 P30 2018 植保无人机则配置了天目 XCope 自主避障系统，感知前向环境，可在 20 m 外识别半径大于 5 cm 的障碍物并自主绕行，但电线等微小障碍物仍无法实时识别。

将上述各类避障传感器列表进行对比分析，并进行是否适用于农用无人机避障的判断，见表 11–3–1。

表 11-3-1 各类避障传感器对比

传感器类型	测距	最大距离（m）	优点	缺点	是否适用于农用无人机避障
GPS/RTK	海拔	—	准确	怕遮挡	需现场标定，适合建立障碍物地图，不适合实时避障
超声波	相对	< 10	便宜	探测距离近，存在探测盲区，易受环境干扰	分辨率低，更适合作为短距避障的安全辅助装置
激光、红外	相对	< 50	分辨率高，可靠性高	需机械扫描，单点测量不可靠，多线固态贵且不成熟	光学系统对使用环境要求高，只能获取离散信息，适合短距避障
结构光	相对	< 10	分辨率高，比双目可靠	相邻结构光传感器相互干扰，室外自然光干扰大	只适合室内避障，不适合室外避障
ToF	相对	< 10	可靠性高	分辨率低，易受环境干扰	感知范围较小，适合于避障辅助装置
毫米波雷达	相对	< 250	可靠性高，可在大雨、浓雾等环境中测试	分辨力略低，造价高	更多应用于农用无人机仿地飞行系统，中长距离以上的避障 / 防撞系统性价比低
单目	相对	< 10	成本较低，对计算资源的要求不高，系统结构相对简单	必须不断更新和维护一个庞大的样本数据库	不适合，可靠性低，更适合静态或一维移动物体
双目	相对	< 100	分辨率高	需光线良好	改变基线即可探测不同距离障碍物，适用于农田避障

第四节　农用无人机避障技术的研究方向

通过分析国内外农用无人机避障技术的应用现状及各传感器避障方法的对比情况可知，避障传感器的选用需要考虑植保环境与避障距离等具体情况，总体上可以看出，未来农用无人机避障技术的研究方向和研究热点将集中在以下三个方面。

一、多种传感器组合避障形式

随着精准农业航空技术的进一步发展，多传感器组合的避障系统将成为农用无人机实时避障系统的主流趋势。视觉与非视觉传感器的结合，也将提高植保作业的安全性，为自主喷施、智能导航的实现提供多种可能性，因此未来应考虑采用多种传感器组合的形式以实现较理想的避障效果。

二、实时性主动避障技术

农用无人机广泛适用于地面机械难以耕作的农业区域，但需要通过提前标定障碍物来获取安全飞行路径的作业模式或搭建飞手临时观察台的方法，并不适用于农情紧急或植保人员无法深入的大面积农田区域。同时基于我国农业生产劳动力持续短缺的严峻现状，实现全天候自主作业将是农用无人机未来的发展趋势之一，自主喷施、连续作业、协同作业的实现离不开避障技术、续航能力的突破。而实时性主动避障技术的发展将大幅提高农用植保无人机农田作业的安全性及智能化程度，为农用无人机变量喷施连续作业提供保障，对精准农业航空应用发展及农业航空避障技术的发展起重要的推动作用。

三、避障辅助系统开发及避障流程标准化

由于农田环境的复杂多变性及不同传感器适用环境的局限性，难免存在避障传感器无法有效直接检测到微小型障碍物或仅获得不连续、零散的障碍物碎片信息的情况。若仅停留在识别障碍物本身，技术难度大且短期内难以实现并达到成熟，因此可考虑间接识别方法。例如识别微小型障碍物的替代物，以其作为农用无人机辅助避障方法，并建立农田障碍物的特征数据库，

该方法以识别微小型障碍物为主，微小型障碍物的替代物为辅，如电线的替代物为电线杆（塔），树枝的替代物为树冠，以期实现微小型障碍物的有效避障。由于农田作业环境中出现的多为 10 kV 高压线，一般通过设立一定间距的电线杆来承受电线质量及平衡外界各种作用力，但不排除电线塔出现的可能。显然，电线塔比电线杆更易识别。

结合作业视场分区和障碍物分类，以双目视觉传感器为例，选取微小型障碍物高压电线为避障目标，农用无人机微小型障碍物避障流程图如图 11-4-1 所示。

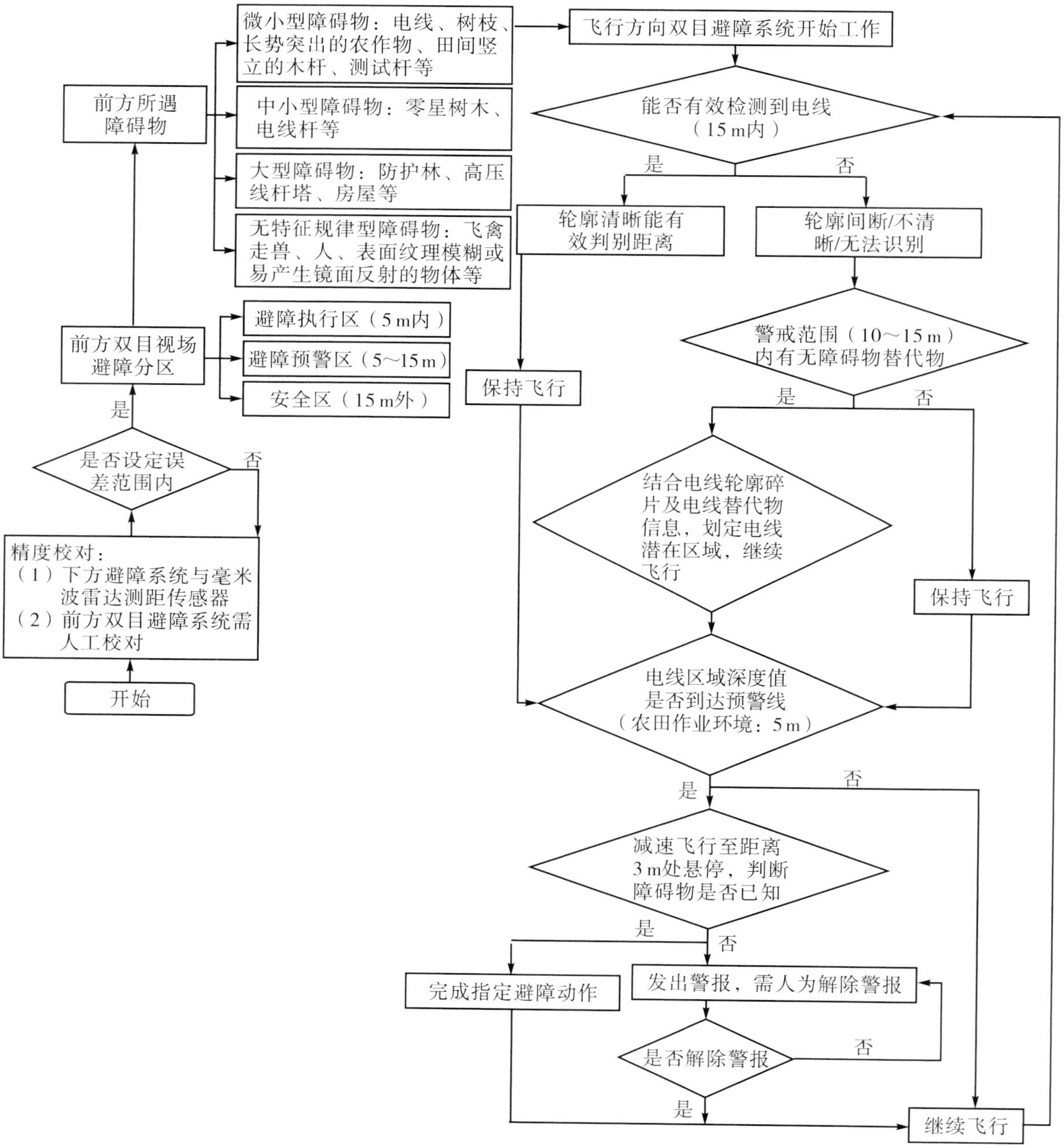

开始
精度校对：
（1）下方避障系统与毫米波雷达测距传感器
（2）前方双目避障系统需人工校对
是否设定误差范围内
否
是
前方双目视场避障分区
避障执行区（5 m内）
避障预警区（5～15 m）
安全区（15 m外）
前方所遇障碍物
微小型障碍物：电线、树枝、长势突出的农作物、田间竖立的木杆、测试杆等
中小型障碍物：零星树木、电线杆等
大型障碍物：防护林、高压线杆塔、房屋等
无特征规律型障碍物：飞禽走兽、人、表面纹理模糊或易产生镜面反射的物体等
飞行方向双目避障系统开始工作
能否有效检测到电线（15 m内）
是
否
轮廓清晰能有效判别距离
轮廓间断/不清晰/无法识别
保持飞行
警戒范围（10～15 m）内有无障碍物替代物
是
否
结合电线轮廓碎片及电线替代物信息，划定电线潜在区域，继续飞行
保持飞行
电线区域深度值是否到达预警线（农田作业环境：5 m）
是
否
减速飞行至距离 3 m处悬停，判断障碍物是否已知
是
否
完成指定避障动作
发出警报，需人为解除警报
是否解除警报
否
是
继续飞行

图 11-4-1　农用无人机微小型障碍物避障流程图

上述间接避障方法与具体传感器类别无关，即如果用非视觉传感器能实现同样的检测效果，也适用于上述避障控制流程。当避障系统检测到的电线轮廓清晰并能有效判别距离时，则可直接根据其深度信息执行相应的避障指令，该类情况属于直接识别，是一种理想的避障情况。当直接识别微小型障碍物本身失败时，即仅获得轮廓间断、不清晰的障碍物碎片，或根本无法识别时，可间接通过识别视场范围内面积、体积或密度较大的微小型障碍物替代物（如电线的代替物电线杆），再结合微小型障碍物的碎片信息（如不完整的电线轮廓碎片），对缺失的障碍物信息进行评估、补充，还原出障碍物的潜在区域，最后结合深度信息，根据不同的避障区域执行不同的避障指令。该类间接识别方法可在维持原机身载重量的基础上，利用原有的避障传感器进行避障辅助系统开发，减少直接识别失败对植保作业的影响，并为农用无人机避障问题的研究提供了新思路。避障流程标准化则有利于实现避障动作规范化，避障动作规范化将有利于未来多机型协同作业时获得最佳飞行秩序，提升农业生产效益。避障流程标准化研究将推动农用无人机避障技术的建章立制，为农用无人机实现安全作业及成功避障提供理论支撑和决策支持。

参考文献

[1] 张东彦，兰玉彬，陈立平，等. 中国农业航空施药技术研究进展与展望[J]. 农业机械学报，2014（10）：53–59.

[2] 娄尚易，薛新宇，顾伟，等. 农用植保无人机的研究现状及趋势[J]. 农机化研究，2017（12）：1–6.

[3] 陈盛德，兰玉彬，李继宇，等. 小型无人直升机喷雾参数对杂交水稻冠层雾滴沉积分布的影响[J]. 农业工程学报，2016（17）：40–46.

[4] 薛新宇，梁建，傅锡敏. 我国航空植保技术的发展前景[J]. 农业技术与装备，2010（5）：27–28.

[5] 陈盛德，兰玉彬，李继宇，等. 植保无人机航空喷施作业有效喷幅的评定与试验[J]. 农业工程学报，2017（7）：82–90.

[6] 王昌陵，何雄奎，王潇楠，等. 无人植保机施药雾滴空间质量平衡测试方法[J]. 农业工程学报，2016（11）：54–61.

[7] 王大帅，张俊雄，李伟，等. 植保无人机动态变量施药系统设计与试验[J]. 农业机械学报，2017（5）：86–93.

[8] 杨道锟. 仿鹰眼大视场目标搜索与目标区域空间分辨率提高技术[D]. 北京: 北京理工大学，2016.

[9] 芳賀俊郎. 航空（有人ヘリ）防除及び無人ヘリ防除の歩みと今後の展望[J]. 日本農薬学会誌，2013，38（2）：224–228.

[10] 何雄奎，程景鸿，孙海艳，等. 日本和韩国水稻田植保机械应用考察[C]// 全国农业技术推广服务中心. 第二十八届中国植保信息交流暨农药械交易会论文汇编[C]. 北京：中国农业出版，2012.

[11] 檀律科，何志文，薛新宇，等. 美国农用无人机的发展困境及启示[J]. 浙江农业科学，2014（11）：1660–1664.

[12] 卢璐，耿长江，边玥，等. 基于 RTK 的 BDS 在农业植保无人直升机中的应用[C]// 中国卫星导航学术年会组委会. 第八届中国卫星导航学术年会论文集. 上海:[出版者不详]，2017.

[13] 王盟. 基于 DSP 与超声波测距的农业机器人定位与避障控制[J]. 农机化研究，2017（8）：207–211.

[14] 刘海波，李冀. 浅析无人机自动避障系统[J]. 中国计量，2017（9）：84–85.

[15] 程珩，李瑾，靳宝全. 基于无源自振抑制的小盲区超声测距方法[J]. 振动. 测试与诊断，

2015（2）：369–374.

[16] 黄娟，张碧星，阎守国，等.一种无人机避障装置和方法：201710294617.2[P].2017–10–03.

[17] 刘慧.基于超声波测距技术的小型无人机高度测量方法研究[D].呼和浩特：内蒙古工业大学，2015.

[18] 马大猷，沈壕.声学手册[M].北京：科学出版社，2004.

[19] 文恬，高嵩，邹海春.基于激光测距的无人机地形匹配飞行方法研究[J].计算机测量与控制，2015（9）：3209–3212.

[20] 周龙.基于立体视觉和激光扫描的无人机自主导航场景测量研究[D].南京：南京航空航天大学，2012.

[21] 路远，冯云松，凌永顺，等.红外三色被动测距[J].光学精密工程，2012（12）：2680–2685.

[22] 徐兴，王臻杰，李君，等.基于三级避障机制的果园植保无人机避障装置及方法：CN201611251528.1[P].2016–12–30.

[23] 兰玉彬，王林琳，张亚莉.农用无人机避障技术的应用现状及展望[J].农业工程学报，2018，34（9）：104–113.

[24] HILZ E，VERMEER A W P. Spray drift review：The extent to which a formulation can contribute to spray drift reduction[J]. Crop Protection，2013，44（1）：75–83.

[25] ZHANG P，DENG L，LV Q，et al. Effects of citrus tree–shape and spraying height of small unmanned aerial vehicle on droplet distribution[J]. International Journal of Agricultural and Biological Engineering（IJABE），2017，33（1）：117–123.

[26] ELTNER A，SCHNEIDER D. Analysis of different methods for 3D reconstruction of natural surface from parallel–axes UAV images[J]. The Photogrammetric Record，2015，30（151）：279 –299.

[27] HE X K，BONDS J，HERBST A，et al. Recent development of unmanned aerial vehicle for plant protection in East Asia[J]. International Journal of Agricultural & Biological Engineering，2017，10（3）：18–30.

[28] QIN W C，QIU B J，XUE X Y，et al. Droplet deposition and control effect of insecticides sprayed with an unmanned aerial vehicle against plant hoppers[J]. Crop Protection，2016，85：79–88.

[29] ENDERLE B. Commercial Applications of UAV's in Japanese Agriculture[C]// Proceedings of the AIAA1st technical conference and workshop on unmanned aerospace vehicles. Portsmouth，Virginia：American Institute of Aeronautics and Astronautics. AIAA，

2002.

[30] BAE Y, KOO Y M. Flight Attitudes and Spray Patterns of a Roll-Balanced Agricultural Unmanned Helicopter [J]. Applied Engineering in Agriculture, 2013, 29 (5): 675-682.

[31] LUONGO S, VITO V D, FASANO G, et al. Automatic Collision Avoidance System: Design, development and flight tests [C] // [S.1]: Digital Avionics Systems Conference. IEEE, 2011.

[32] FAHLSTROM PAUL GERIN, GLEASON THOMAS J. Introduction to UAV systems [M]. New York: John Wiley & Sons, 2012.

[33] LAN Y B, CHEN S D, FRITZ B K. Current status and future trends of precision agricultural aviation technologies [J]. International Journal of Agricultural & Biological Engineering, 2017, 10 (3): 1-17.

[34] ZHAO H J, LIU Y M, ZHU X L, et al. Scene understanding in a large dynamic environment through a laser-based sensing [C] //IEEE International Conference on Robotics and Automation. IEEE, 2010.

[35] KOBAYASHI Y. Laser range finder: USD723080 [P]. 2015-2-24.

[36] HOUSHIAR H, ELSEBERG J, BORRMANN D, et al. A study of projections for key point based registration of panoramic terrestrial3D laser scan [J]. Geo-spatial Information Science, 2015, 18 (1): 11-31.

[37] WANG Z G, LAN Y B, CLINT H W, et al. Low Altitude and Multiple Helicopter Formation in Precision Aerial Agriculture [C] //ASABE. 2013 ASABE Annual International Meeting. Kansas, 2013.

[38] GILES D K, BILLING R, SINGH W. Performance results, economic viability and outlook for remotely piloted aircraft for agricultural spraying [J]. Aspects of Applied Biology, 2016 (132): 15-21.

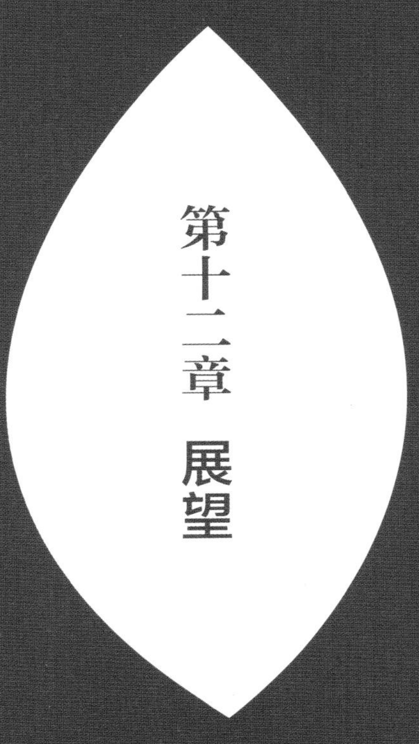

第十二章　展望

第一节　我国植保无人机现阶段存在的问题

现阶段我国植保无人机行业发展还存在较多问题，主要表现为植保无人机相关技术研究滞后、植保无人机相关标准不足和植保无人机监督管理不足。针对这些问题，我们需要做到继续加强对植保无人机精准施药的基础研究，加强高性能植保无人机喷施关键部件的研发，加强适用于植保无人机低容量喷雾专用药剂和助剂制备技术的研发以及完善针对植保无人机施药作业的相关标准规范。

一、植保无人机相关技术研究滞后

（一）植保无人机精准施药的基础研究有待深入

植保无人机精准施药基础研究是开展航空喷施作业的前提。我国对各种类型的植保无人机在喷药过程中的基础研究起步较晚，目前的研究主要集中在两方面：一是雾滴沉积规律及各因素影响的模型研究，通过空气动力学或喷施试验结果建立飞机喷雾的雾滴分布数学模型，运用模型分析雾滴沉降规律，研究飞行速度、飞行高度、风速、风向、雾滴粒径等因素对雾滴沉积与飘移的影响；二是基于农情信息的精准施药控制技术研究，即在航空喷施作业时，通过航空遥感技术获取不同作业区域的作物长势、病虫草害等农情信息，生成处方图并确定不同区域航空喷施所需的农药制剂及施用量，通过变量控制技术实现植保无人机的精准施药。现阶段我国植保行业在上述领域的研究仍处于探索阶段，为掌握植保无人机航空喷施雾滴沉积与飘移规律，实现对农作物的精准施药，需对植保无人机精准施药基础理论和技术开展深入研究。

（二）植保无人机相关装置的研发需要加强

（1）农药自动混药装置。农药自动混药装置的开发使得混药方式从手工混药发展到在线混合，是安全用药和精准用药的一项重大突破。目前，我国已在加快研发农药自动混药装置，其中射流式混药器和静态式混药器研究较多，混药效果较为理想，但也存在一些问题。后续研究中，农药混药装置的自动化程度、清水和农药混药精准性、混药均匀性等还有待提高。同时，随着我国农业航空发展加快，植保无人机在农业领域的应用越来越广泛，在不久的将来必将会成为一种普遍的趋势。

（2）植保无人机避障装置。随着国家农机购置补贴引导植保无人飞机规范应用试点工作的推进，深入研究农用无人机避障技术的迫切性不容忽视。加深对新兴避障技术应用的理解，将为农用无人机提供更好的避障方案，为我国农用无人机避障技术的有序发展提供参考，使我国在精准农业航空避障基础理论研究和相关设备研发方面取得突破，这将有力推动精准农业航空避障技术的快速发展和应用普及，真正实现高效、环保、安全的农业植保要求。

（三）高性能植保无人机喷施关键部件的研究亟须开展

植保无人机所采用的喷雾方式为低容量或超低容量的高浓度喷雾，其施药装备具有特殊性。目前，国内大多数植保无人机的航空喷雾设备均是借用常规喷雾设备或由其改装而来，缺乏专门针对植保无人机设计的高效轻量化喷施关键部件。现阶段我国植保无人机普遍使用的喷施设备还存在较多的缺陷，具体表现为配套的隔膜泵压力小且寿命短，采用的喷嘴存在雾滴谱宽、飘移量大、对靶性差、雾化效果不可控、易堵塞等，难以充分彰显农业航空植保技术的优势。因此，亟待研发高精度、高可靠性的植保无人机喷施关键部件，提升喷施作业效率和作业效果。

（四）缺乏植保无人机施药作业规范

目前，植保无人机已被广泛应用于农作物病虫草害防治，但由于我国作物种类和病虫草害类别繁多，植保无人机机型和药剂类型多样，且作业环境复杂多变，因此，针对不同作物和病虫草害，如何选择合适的施药方法已成为植保作业过程中的难题。现阶段无人机植保作业大多凭经验或参考地面喷雾确定剂量和配置方法，但无人机植保作业与地面机械施药的要求有很大的不同，往往会因为配置或方法不科学影响作业质量，也容易对环境造成较大的负面影响。目前我国还缺乏与植保无人机航空植保作业配套的施药作业技术规范，因此，建立植保无人机施药作业规范，在对使用不同药剂类型、针对不同作物进行喷施作业时可提供决策参考，以达到最佳的喷施作业效果。

（五）适用于植保无人机的专用药剂及助剂的研发亟需推进

随着飞防兴起，农药的使用方式在发生着变化，由传统的低浓度高容量转变为高浓度低容量，药剂的药效评价、残留评价、安全性也在发生着变化，原有常规药剂登记管理制度与现存的飞防药剂的登记管理与使用存在着差别，因此专用药剂的研发以及常规药剂飞防使用时的登记管理尤为重要。目前国内已有不少用于植保无人飞机施药的农药制剂、助剂，但作用效果不一，因此行业内亟需研发适用于植保无人机超低容量喷雾的专用药剂和助剂，才能充分发挥植保无人机对农作物病虫草害的防治优势。

二、植保无人机相关标准不足

与植保无人机行业蓬勃发展形成鲜明对比的是相关标准的缺失。现有的民用无人飞机其他标准（如行业标准、地方标准、团体标准等）大多无法适用于航空植保领域。目前国内已有科研院所、行业联盟组织等开展了植保无人机相关标准制定的工作，如《农用遥控飞行植保机安全技术要求》（原农业部农业行业标准农机化分标委立项，原农业部南京农业机械化研究所负责承担）、《无人驾驶航空器系统作业飞行技术规范》（中国民用航空局运输司提出，由中国民航局第二研究所起草，中国民用航空局 2018 年 8 月 21 日发布）。起草的团体标准有《微轻型单旋翼农用植保无人飞机技术条件》（由华南农业大学起草）、《微轻型多旋翼农用植保无人飞机技术条件》（由华南农业大学起草）、《农用无人驾驶航空器作业质量技术标准——喷洒作业》（由华南农业大学起草）、《多轴农用植保无人飞机系统》（由中国无人机产业联盟起草）、《植保无人飞机作业质量》（由广州极飞科技股份有限公司起草）、《遥控飞行喷雾机棉花脱叶催熟作业规程》（由华南农业大学起草）等。尽管已制定有部分标准，但是距离完善的标准体系还有很长的路要走，特别是在农用无人机生产技术标准、质量检测标准以及作业技术标准三个方面。缺少完善的标准体系会影响整个行业的健康发展，导致鱼龙混杂，同时缺少标准就会缺少评价体系，这导致植保无人机的作业效果难以根据有效的资料进行评估。伴随着植保无人机产业的快速发展，面对各个方面的需求和要求，植保无人机的标准制定工作应成为当前无人机产业的一个焦点。

三、植保无人机监督管理不足

（一）亟待制定并完善植保无人机企业市场准入机制

针对目前植保无人机企业市场的监管措施和行业标准的不足，为规范民用无人机制造业市场竞争秩序，侧面引导行业基本资源与能力需求，引导资源配置、技术研究与管理水平的发展方向，促进国内民用无人机产业的健康快速发展，须尽快制定并完善植保无人机市场准入机制，并严格监管标准的实际执行情况，使得植保无人机能尽早建立起一个健康有序的良性市场。

（二）适当放宽植保无人机的空域管理

《民用无人飞机空中交通管理》（MD－TM－2009－002）指出：组织实施民用无人飞机活动的单位和个人应当按照《通用航空飞行管制条例》（2003 年）等规定申请划设和使用空域，接受飞行活动管理和空中交通服务，保证飞行安全。2014 年 7 月，低空空域改革在空域管理方面获得进展——《低空空域使用管理规定（试行）》（征求意见稿）出台，该管理规定主要针对民用无人飞机，包括无人飞机的飞行计划如何申报，申报应具备哪些条件，以及在哪些空域里可以飞行。目前在国家层面上对植保无人机的空域管理仍处于模糊地带，从控制风险的角度来看，农田一般远离市区，地广人稀，视野较开阔，完全符合监管部门要求的飞行距离不能过高，不能造成交通事故以及需在操作者视野范围之内的安全性要求。此外，由于农作物病虫草害的发生具有突发性和难以准确预报的特点，对于农药喷洒来说，每次飞行喷施及时申报飞行计划难以实现，因此，将民用无人驾驶航空器系统的空域管理办法直接移植到植保无人机的管理上来，不利于整个行业的发展，建议政府相关管理部门适当放宽植保无人机的空域管理，促进植保无人机的行业发展和应用。

第二节　植保无人机未来发展趋势分析

一、市场前景

根据全国农业技术推广服务中心的数据，截至 2021 年 9 月，全国家庭农场有 380 万个，平均经营规模 134.3 亩。据中国农业机械流通协会的调查显示，农机合作组织、种粮大户、家庭农场、农民合作社在消费主体中的比重正以 15% 的年均增长速度快速增长。新型农业主体的崛起，土地高流转率及新形势下农资市场的一系列变革，都在为植保无人机的产业发展和植保作业的推广应用提供有利条件，未来的无人机植保服务市场空间也将十分巨大。截至 2020 年，我国植保无人机的作业面积达 10 亿亩次，平均每亩每年喷洒农药 3 次，每亩收费按 8 元计，则年植保服务费约为 240 亿元。随着中国城镇化、人口老龄化的加快，国内土地流转的持续进行和巨大的植保服务市场，将为植保无人机产业的发展提供有力的支撑，未来的植保无人机市场前景十分广阔。

二、植保无人机技术发展趋势

植保无人机的飞速发展和巨大市场吸引了越来越多的企业纷纷参与到航空植保领域，整个植保无人机行业出现蓬勃发展态势。随着现代城镇化发展导致的农村劳动力缺失、人口老龄化的加快以及人们对生态环境和食品安全的高要求，预计未来植保无人机技术将在如下几个方面得到发展：

（1）作业精准化。植保无人机作业效果是最终影响其应用推广的主要因素之一，因此要求植保无人机能实现自动避障、变量喷施、电子围栏等功能，既可以实现精准高效作业，又可以节约作业成本。

（2）功能更优化。目前影响植保无人机作业效率的因素之一是续航时间较短，作业过程中需频繁更换电池，因此需要进一步提高电池的续航时间，使得植保无人机的作业效率进一步提高。

（3）喷施装备优化。影响航空作业效果的主要参数包括作业压力、喷雾量、雾滴粒径、雾滴分布性能等，因此，研发与优化雾滴谱窄且低飘移率的专用航空压力雾化系列喷嘴，防药液浪涌且空气阻力小的异形流线型药箱，轻型且高强度喷杆喷雾系统和小体积、轻质量、自吸力强、运转平稳可靠的航空施药系列化轻型隔膜泵等与航空施药相关的关键部件和设备是未来需要解决的重要问题。

三、植保无人机作业服务模式

无人机植保服务是一个特殊的服务行业。我国政府应加强对植保无人机经营性服务主体的扶持政策，对不同的植保无人机经济合作社、人员与使用对象，制定有针对性的补贴政策；推动社会化服务体系的均衡发展，牵头建设植保无人机产业园区，促进服务平台的建设与发展。企业应建立完善的服务网络体系，强化从销售、维修、作业到咨询、培训之间的联动，使整个社会化服务体系有机联合、相互协作；培养专业技术人员，注重复合型飞手的培养；打造信息化智能平台，使农业信息、作业数据、供需信息及时获知，为农户提供专业化、集约化、共享化的优质服务。

第三节　结语

加快植保无人机的推广应用是我国现代农业建设的需要。目前，作业实践已经证明，植保无人机及其施药技术由于在不受作物长势和地势限制、提高作业效率、节本增效等方面具有不可替代的优势，在我国得到了极大的发展与应用。随着经济的发展，我国面临着人口老龄化和城镇化发展带来的农村劳动力不足的严峻形势，加上单体农户的小规模生产模式的存在，为了保障我国农业的稳定和可持续发展，加快实现农业机械化和现代化的进程，提高植保机械化水平，特别是山区与水田的全程机械化作业水平已经成为中国国家层面的发展战略。植保无人机及其低空低量施药技术取代传统人力背负式喷雾作业符合当前中国农业现代化发展的要求，在较大程度上提升了中国植保机械化水平。另外，从日本等发达国家植保无人机的发展历程以及我国的市场需求来看，植保无人机方兴未艾，市场前景非常广阔，潜在的应用领域将不断拓展。植保无人机在中国是一个新兴产业，植保无人机及其施药技术与装备也处于不断发展之中，为保证植保无人机的健康发展和推广应用，深入研究植保无人机及其低空低量施药技术的迫切性不容忽视。同时，政府管理部门加强对植保无人机行业的管理、引导和鼓励，对我国植保无人机市场的健康、有序发展具有重要的促进意义。